高等数学

GAODENG SHUXUE

主　编　徐文华　徐畅凯

副主编　艾艺红　殷　羽　田秀霞

王小东　梅玲玲

重庆大学出版社

内容提要

为了适应新形势下应用型本科大学数学基础课程的教学需要,推进信息技术、智能技术与课程教材的深度融合,编者总结多年的教学实践经验,依据应用型本科专业对高等数学课程的教学要求,结合我国初等教育和高等教育发展趋势并吸收同类教材优点的基础上编写了本书.本书包括函数、极限与连续、导数与微分、微分中值定理与导数的应用、不定积分、定积分及其应用、空间解析几何、多元函数微分及其应用、多元函数积分、曲线积分与曲面积分、无穷级数、微分方程与差分方程初步 12 章的内容.教材知识涵盖面较广,选用的应用和例题既有涉及经济管理领域的也有涉及物理和工程领域的,在编写上深入浅出、简洁明了,适合应用型本科经济管理类和理工类各专业发展的需要.

本书可作为高等学校经济管理类和理工类各专业的教材或教学参考书.

图书在版编目(CIP)数据

高等数学 / 徐文华,徐畅凯主编. —— 重庆:重庆
大学出版社,2024.1
ISBN 978-7-5689-4030-6

Ⅰ.①高… Ⅱ.①徐… ②徐… Ⅲ.①高等数学
Ⅳ.①O13

中国国家版本馆 CIP 数据核字(2023)第 166426 号

高等数学

主 编 徐文华 徐畅凯
副主编 艾艺红 殷 羽 田秀霞
王小东 梅玲玲
策划编辑:顾丽萍

责任编辑:夏 宇 版式设计:顾丽萍
责任校对:王 倩 责任印制:张 策

*

重庆大学出版社出版发行
出版人:陈晓阳
社址:重庆市沙坪坝区大学城西路 21 号
邮编:401331
电话:(023)88617190 88617185(中小学)
传真:(023)88617186 88617166
网址:http://www.cqup.com.cn
邮箱:fxk@ cqup.com.cn(营销中心)
全国新华书店经销
重庆华林天美印务有限公司印刷

*

开本:787mm×1092mm 1/16 印张:24.75 字数:620千
2024 年 1 月第 1 版 2024 年 1 月第 1 次印刷
印数:1—2 000
ISBN 978-7-5689-4030-6 定价:69.00元

前　言

本书符合教育部关于"高等教育面向 21 世纪教学内容和课程体系改革计划"的基本要求,为了适应新形势下应用型本科大学数学基础课程的教学需求,推进信息技术、智能技术与课程教材深度融合,编者总结多年的教学实践经验,依据应用型本科专业对高等数学课程的教学要求,吸收国内外同类教材的优点,在结合我国初等教育和高等教育发展趋势的基础上编写的高等数学课程教材.本书包括函数、极限与连续、导数与微分、微分中值定理与导数的应用、不定积分、定积分及其应用、空间解析几何、多元函数微分及其应用、多元函数积分、曲线积分与曲面积分、无穷级数、微分方程与差分方程初步 12 章的内容.主要介绍微积分学的基础知识.

本书在编写过程中力求突出以下几个方面的特点:

(1)针对目前国内已出版的不少《经济数学基础》教材对函数内容的介绍,结合高中数学课程改革(新课程标准)的要求,调整了函数章节的内容,使本书第 1 章与高中数学函数知识得到很好的衔接,学生可以通过阅读第 1 章,学习高中阶段没有学习过的函数知识,为后面内容的学习打下基础.

(2)将一些实际应用有机地渗透到数学概念的学习中,将实用性和适用性体现在教材的例题和习题中.

(3)选择的语言力求通俗易懂,精练准确,尽可能做到简明扼要,深入浅出,易于学生阅读.充分考虑当前应用型本科院校的数学教学实际需求,略去教材中一些非重点内容的定理证明,而以例题和案例进行说明.

(4)力求例题、习题合理配置,形式多样,难易适度.本书每章后的习题均分为(A)(B)两组,其中(A)组习题反映了课程的基本要求,(B)组习题由填空题和选择题两部分组成,可作为复习和总结使用.习题答案附书后.

(5)本书内容预期两学期使用,为满足课程考试的需要,每学期均设置了两套期末检测题,分别供理工类和经济管理类专业学生作为期末检测使用.

(6)增加了附录,介绍了初等数学常用公式与极坐标知识.

本书是面向高等院校应用型本科各专业的教材,各专业可根据专业要求选讲相关内容,建议授课学时为 100~140 学时.不同专业在使用时可根据自身的特点和需要加以取舍.

本书由徐文华、徐畅凯担任主编,艾艺红、殷羽、田秀霞、王小东、梅玲玲担任副主编,唐建民、丁德志参与编写.各章节主要编写负责人如下:徐文华(第 4 章、第 11 章、第 12 章)、徐畅凯(第 1 章、第 2 章、第 10 章)、田秀霞(第 8 章、第 9 章)、王小东(第 5 章、第 6 章)、梅玲玲(第 3 章、第 7 章).另外,徐文华还参与了第 5 章和第 8 章的编写,徐畅凯还参与了第 4 章的编写,艾艺红还参与了第 3 章和第 11 章的编写,丁德志还参与了附录和第 1 章的编写,殷羽参与了第 2 章的编写,唐建民还参与了第 6 章和第 12 章的编写.全书由徐畅凯统撰完成.

本书在出版过程中得到了重庆大学出版社编辑的大力帮助,在此由衷地表示感谢.由于编者水平所限,书中如有不足之处敬请使用本书的师生与读者批评指正,以便修订时改进.如读者在使用本书的过程中有其他意见或建议,恳请向编者提出宝贵的意见.

编　者
2023 年 3 月

目 录

高等数学下学期期末检测

附录　初等数学常用公式

参考文献

第 1 章

函 数

函数是微积分学的基本概念之一,也是微积分学的主要研究对象.本章将讨论函数的概念及其基本性质.

1.1 集 合

1.1.1 集合的概念

考察下列 5 组对象:

①2,4,6,8,10.

②直线 $2x+3y-1=0$ 上的点.

③户籍在北京的全体公民.

④太阳系中的所有行星.

⑤$x,3y^3+x^2,2x+5,x^2+7.$

集合创世人

它们分别是由一些数、一些点、一些公民、一些行星及一些整式组成的.一般将具有某种属性的对象的全体,称为**集合**(有时简称"集"),其中各个对象称为**集合的元素**,通常分别用大小写英文字母表示集合与元素.若元素 a 是集合 A 的元素,则记作 $a \in A$,读作"元素 a 属于集合 A";若元素 a 不是集合 A 的元素,则记作 $a \notin A$,读作"元素 a 不属于集合 A".由有限个元素组成的集合,称为**有限集**;由无限个元素组成的集合,称为**无限集**.

集合具有确定性、互异性、无序性等特征.

1.1.2 集合的表示方法

1)列举法

按任意顺序列出集合中的所有元素,并用大括号"{ }"括起来.

例如:上述①对应的集合表示为 $\{2,4,6,8,10\}$;⑤对应的集合表示为 $\{x,3y^3+x^2,2x+5,$

$x^2 + 7$. 又如,由方程 $x^2 - 5x + 4 = 0$ 的根构成的集合 A,可表示为 $A = \{1, 4\}$.

2)描述法

若 M 是具有某种属性的元素 x 的全体所组成的集合,则可记作

$$M = \{x \mid x \text{ 所具有的属性}\}$$

例如,上述②对应的集合表示为 $\{(x, y) \mid 2x + 3y - 1 = 0\}$. 又如,由全体奇数构成的集合简称奇数集,可表示为 $A = \{x \mid x = 2n + 1, n \text{ 为整数}\}$.

下面是几个常用的数集:

①自然数集,记作 **N**.

②正整数集,记作 $\mathbf{N}^*$ 或 $\mathbf{N}^+$.

③整数集,记作 **Z**.

④有理数集,记作 **Q**.

⑤实数集,记作 **R**.

⑥正实数集,记作 $\mathbf{R}^+$.

⑦复数集,记作 **C**.

1.1.3　集合间的关系

定义 1　如果集合 A 的每一个元素都是集合 B 的元素,即"如果 $a \in A$,则 $a \in B$",则称集合 A 是集合 B 的**子集**,记作 $A \subseteq B$ 或 $B \supseteq A$,读作"A 包含于 B"或"B 包含 A",通常可用如图 1.1 所示的 Venn 图表示. 若 A 是 B 的子集,且 B 中至少有一个元素不属于 A,则称集合 A 是集合 B 的**真子集**,记作 $A \subset B$ 或 $B \supset A$. 若 $A \subseteq B$ 且 $B \subseteq A$,则称集合 A 和 B 相等,记作 $A = B$.

图 1.1

图 1.2

例如:$A = \{1, 2, 3\}$,$B = \{1, 2, 3, 4, 5\}$,则 $A \subset B$.

$A = \{-1, -2\}$,$B = \{x \mid x^2 + 3x + 2 = 0\}$,则 $A = B$.

为了方便起见,把不含任何元素的集合称为空集,记作 $\varnothing$,如

$$\{x \mid x^2 + 2x + 3 = 0 \text{ 且 } x \in \mathbf{R}\} = \varnothing$$

规定:空集是任何集合的子集,是任何非空集合的真子集.

1.1.4　集合的运算

定义 2　设有集合 A 和 B,由 A 和 B 的所有元素构成的集合,称为 A 和 B 的**并集**,记作 $A \cup B$(图 1.2),即

$$A \cup B = \{x \mid x \in A \text{ 或 } x \in B\}$$

定义3 设有集合 A 和 B,由 A 和 B 的所有公共元素构成的集合,称为 A 和 B 的**交集**,记作 $A \cap B$(图1.3),即

$$A \cap B = \{x \mid x \in A \text{ 且 } x \in B\}$$

定义4 由所研究的所有对象构成的集合,称为**全集**,记作 U. 设 A 是 U 的子集,全集 U 中所有不属于 A 的元素构成的集合,称为 A 的**补集**,记作 $\overline{A}$(中学阶段写作 $\complement_U A$)(图1.4),即

$$\overline{A} = \{x \mid x \in U \text{ 且 } x \notin A\}$$

图1.3

图1.4

定义5 设有集合 A 和 B,由属于 A 且不属于 B 的所有元素构成的集合,称为 A 和 B 的**差集**,记作 $A - B$,即

$$A - B = \{x \mid x \in A \text{ 且 } x \notin B\}$$

由差集的定义,集合 $\mathbf{R} - \mathbf{Q}$ 代表无理数集.

【例1.1】 已知 $U = \{1,2,3,4,5\}$,$A = \{1,2,3\}$,$B = \{2,3,4\}$,则 $A \cap B = \{2,3\}$,$A \cup B = \{1,2,3,4\}$,$\overline{A} = \{4,5\}$,$A - B = \{1\}$.

集合间的运算律如下:

①交换律:

$$A \cup B = B \cup A, A \cap B = B \cap A$$

②结合律:

$$(A \cup B) \cup C = A \cup (B \cup C), (A \cap B) \cap C = A \cap (B \cap C)$$

③分配律:

$$(A \cup B) \cap C = (A \cap C) \cup (B \cap C)$$
$$(A \cap B) \cup C = (A \cup C) \cap (B \cup C)$$

④摩根律:

$$\overline{A \cup B} = \overline{A} \cap \overline{B}, \overline{A \cap B} = \overline{A} \cup \overline{B}$$

以上运算律的证明基本可由集合运算的定义得到,下面证明其中之一,其他证明请读者自行完成.

【例1.2】 证明: $\overline{A \cup B} = \overline{A} \cap \overline{B}$.

证 一方面,若 $x \in \overline{A \cup B}$,则 $x \notin A \cup B$,即 $x \notin A$ 且 $x \notin B$,那么 $x \in \overline{A}$ 且 $x \in \overline{B}$,即 $x \in \overline{A} \cap \overline{B}$,故

$$\overline{A \cup B} \subseteq \overline{A} \cap \overline{B}$$

另一方面,若 $x \in \overline{A} \cap \overline{B}$,则 $x \in \overline{A}$ 且 $x \in \overline{B}$,那么 $x \notin A$ 且 $x \notin B$,即 $x \notin A \cup B$,那么 $x \in \overline{A \cup B}$,故

$$\overline{A} \cap \overline{B} \subseteq \overline{A \cup B}$$

综上

$$\overline{A \cup B} = \overline{A} \cap \overline{B}$$

1.2　数　集

微积分研究的对象为函数,其研究基础是数集. 数的发展是伴随人类的发展而发展的,随着人类生活的需要,数也得到很大的发展,从最初人类使用刻痕和结绳记事开始,慢慢引入自然数、整数、小数,直到把数扩展到复数范围,本节主要介绍与复数有关的内容.

1.2.1　复数的分类

在中学阶段已经学习过实数集,众所周知,实数由有理数和无理数两大类组成,全体实数构成的集合,称为实数集,记作 **R**. 有理数集包含零、正负整数与正负分数,其实为分数集,即由无限循环小数组成,则其可表示为 $\dfrac{q}{p}$ 的形式(其中 p,q 为整数,且 $p\neq0$),如 $0,-5,\dfrac{2}{3}$ 等;无理数集为无限不循环小数,如 $\sqrt{2}$,π,e 等. 由此可知,实数集即为小数集.

实数的几何意义是:因为实数与数轴上的点是一一对应的,数轴上的点 a 与数 a 对应,所以通常将实数与数轴上与它对应的点不加区别,用相同的字母表示,数 a 即点 a.

由于在整数范围内,比 1 大且最靠近的数为 2,但在实数范围内比 1 大的数不是 2,也不是 1.1,1.111 等,因此实数对应的点(即实数点)是稠密的,同样有理数对应的点(即有理点)也是稠密的,无理数亦然.

在数的发展过程中,实数集依然不够完备,为了解决代数中负数不能开偶次方根的问题,引入了新数 i,称为虚数单位,并规定:

①$i^2=-1$;

②实数可以与 i 进行四则运算,且原有的运算律仍然成立.

在上述规定下,当 a,b 为实数时就有了形如 $a+bi$ 的数,称为复数,通常用字母 z 表示,即

$$z=a+bi(a,b\in\mathbf{R})$$

其中,a 称为复数的实部,b 称为复数的虚部,若 $b=0$ 时,复数就是实数,若 $b\neq0$ 时,复数就是虚数,全体复数所构成的集合叫作复数集,一般用字母 **C** 表示. 由此,复数的结构如下:

$$复数\begin{cases}实数\begin{cases}有理数\\无理数\end{cases}\\虚数\end{cases}$$

1.2.2　复数的形式

复数一般有 4 种表示形式:代数形式、几何形式、三角形式、指数形式.

(1)代数形式

$z=a+bi(a,b\in\mathbf{R})$ 是复数的代数形式,如 $1,\sqrt{3},3-2i,-1-\sqrt{2}i,\dfrac{1}{4}i$ 等.

（2）几何形式

复数 $z = a + bi(a, b \in \mathbf{R})$ 的几何形式是看作坐标平面上的点 $Z(a, b)$，也可以看作以原点为起点的向量 $\overrightarrow{OZ}$.

（3）三角形式

复数 $z = a + bi(a, b \in \mathbf{R})$ 的三角形式是 $r(\cos\theta + i\sin\theta)$，其中，$r$ 称为复数 z 的模，即复数对应的向量的长度，$r = \sqrt{a^2 + b^2}$，θ 称为复数 z 的辐角，即复数对应的向量与 x 轴正半轴的夹角. 规定在 $[0, 2\pi)$ 的辐角为辐角的主值. 则有

$$z = a + bi = r(\cos\theta + i\sin\theta)$$

（4）指数形式

为了简化复数的运算，引入等式 $\cos\theta + i\sin\theta = e^{i\theta}$，称为欧拉公式，则复数 $z = a + bi(a, b \in \mathbf{R})$ 的指数形式为 $re^{i\theta}$，其中含义 r, θ 同上，即

$$z = a + bi = re^{i\theta}$$

最多产的数学家

其中，$r = \sqrt{a^2 + b^2}$.

复数集不同于实数集的几个特点是：复数中虚数不能比较大小；复数开方运算永远可行；一元 n 次实系数方程总有 n 个根.

1.2.3 实数的绝对值

定义6 设 a 为一个实数，其绝对值记作 $|a|$，定义为

$$|a| = \begin{cases} a, & a \geqslant 0 \\ -a, & a < 0 \end{cases}$$

绝对值的几何意义是：$|a|$ 表示点 a 与原点 O 之间的距离，$|a - b|$ 表示点 a 与点 b 之间的距离，$|x - 1| + |x - 2|$ 表示点 x 与 1 和 2 的距离之和.

绝对值有以下基本性质：

① $|x| \geqslant 0$，$|x| = |-x|$，$|x| = \sqrt{x^2}$，$-|x| \leqslant x \leqslant |x|$.

②当 $a \in \mathbf{R}$ 时，不等式 $|x| \leqslant a$ 与 $-a \leqslant x \leqslant a$ 等价；不等式 $|x| \geqslant a$ 与 $x \geqslant a$ 或 $x \leqslant -a$ 等价.

③ $|x \cdot y| = |x| \cdot |y|$.

一般地，有

$$|a_1 \cdot a_2 \cdot \cdots \cdot a_n| = |a_1| \cdot |a_2| \cdot \cdots \cdot |a_n|$$

④ $\left|\dfrac{x}{y}\right| = \dfrac{|x|}{|y|}$，$y \neq 0$.

⑤ $|x + y| \leqslant |x| + |y|$.

一般地，有

$$|a_1 + a_2 + \cdots + a_n| \leqslant |a_1| + |a_2| + \cdots + |a_n|$$

⑥ $\big||x| - |y|\big| \leqslant |x - y|$.

⑤、⑥也可整合为

$$\big||x| - |y|\big| \leqslant |x \pm y| \leqslant |x| + |y|$$

性质⑤的证明如下：
由①可得
$$-|x|\leqslant x\leqslant|x|,\ -|y|\leqslant y\leqslant|y|$$
两式相加,得
$$-(|x|+|y|)\leqslant x+y\leqslant|x|+|y|$$
则
$$|x+y|\leqslant|x|+|y|$$
其余性质的证明留给读者自行完成.

【例 1.3】 解不等式 $|x-2|+\dfrac{1}{2}|2x+3|\geqslant\dfrac{9}{2}$.

解 原不等式等价于
$$|x-2|+|x+\frac{3}{2}|\geqslant\frac{9}{2}$$

由绝对值的几何含义可知,其应理解为数 x 到 2 与 $-\dfrac{3}{2}$ 的距离之和大于等于 $\dfrac{9}{2}$,则
$$\left\{x\mid x\leqslant-2\ \text{或}\ x\geqslant\frac{5}{2}\right\}$$
即为所求.

1.2.4 集合常用形式

设 $a,b\in\mathbf{R}$,且 $a<b$,则:
①闭区间
$$[a,b]=\{x\mid a\leqslant x\leqslant b\}$$
②开区间
$$(a,b)=\{x\mid a<x<b\}$$
③半开区间
$$(a,b]=\{x\mid a<x\leqslant b\}$$
$$[a,b)=\{x\mid a\leqslant x<b\}$$
④无限区间
$$(-\infty,a]=\{x\mid-\infty<x\leqslant a\}=\{x\mid x\leqslant a\}$$
$$(-\infty,a)=\{x\mid-\infty<x<a\}=\{x\mid x<a\}$$
$$[a,+\infty)=\{x\mid a\leqslant x<+\infty\}=\{x\mid x\geqslant a\}$$
$$(a,+\infty)=\{x\mid a<x<+\infty\}=\{x\mid x>a\}$$
$$(-\infty,+\infty)=\mathbf{R}=\{x\mid-\infty<x<+\infty\}$$
其中①、②、③为有限区间,两端点间的距离称为区间的长度;④为无限区间,其长度不存在.

定义 7 设 $a\in\mathbf{R}$,对任意的 $\delta\in\mathbf{R}$ 且 $\delta>0$,数集 $\{x\mid|x-a|<\delta\}$ 可表示为 $U(a,\delta)$,即
$$U(a,\delta)=\{x\mid|x-a|<\delta\}=(a-\delta,a+\delta)$$
称为以数 a 为中心,δ 为半径的邻域,简称 a 的 δ 邻域. 当不需要注明邻域半径 δ 时,通常对

某个确定的邻域半径 δ，将它表示为 $U(a)$，简称 a 的邻域，如图 1.5(a)所示.

数集 $\{x \mid 0 < \mid x - a \mid < \delta\}$ 可表示为

$$\mathring{U}(a,\delta) = \{x \mid 0 < \mid x - a \mid < \delta\} = (a - \delta, a + \delta) - \{a\}$$

也就是在 a 的 δ 邻域 $U(a,\delta)$ 中去掉数 a，称为以 a 为中心，δ 为半径的去心邻域，简称 a 的 δ 去心邻域，当不需要注明邻域半径 δ 时，通常对某个确定的邻域半径 δ，常将它表示为 $\mathring{U}(a)$，简称 a 的去心邻域. 称开区间 $(a - \delta, a)$ 为 a 的左邻域，$(a, a + \delta)$ 为 a 的右邻域，如图 1.5(b)所示.

图 1.5

例如，$U(5, 0.5)$ 即为以点 5 为中心，0.5 为半径的邻域，即为 $\{x \mid \mid x - 5 \mid < 0.5\}$，也就是开区间 $(4.5, 5.5)$；$\mathring{U}(1, 2)$，即为以点 1 为中心，2 为半径的去心邻域，即为 $\{x \mid 0 < \mid x - 1 \mid < 2\}$，也就是 $(-1, 1) \cup (1, 3)$.

1.3 函 数

1.3.1 函数的相关概念

在观察自然、社会现象或科学技术过程中，通常会遇到各种不同的量，其中有的量在过程中不发生变化，保持一定的数值，这种量称为常量；还有一些量在过程中不断地变化，也就是可以取不同的数值，这种量称为变量. 通常用字母 a, b, c 等表示常量，用字母 x, y, t 等表示变量.

定义 8 设 D 是非空数集，若存在对应法则 f，对 D 中任意数 x（$\forall x \in D$），按照对应法则 f，对应唯一一个 $y \in \mathbf{R}$，则称 f 是定义在 D 上的函数，表示为

$$f: D \to \mathbf{R}$$

数 x 对应的数 y 称为 x 的函数值，表示为 $y = f(x)$. x 称为自变量，y 称为因变量. 数集 D 称为函数 f 的定义域，记作 D_f，即 $D_f = D$. 函数值的集合 $f(D) = \{f(x) \mid x \in D\}$，称为函数 f 的值域，记作 R_f. 符号 $f(x_0)$ 表示自变量取 x_0 的函数值，记作 $y \mid_{x = x_0}$.

函数的两个要素是定义域与对应法则，两个函数相等的充要条件是它们的定义域与对应法则均相同.

1.3.2 函数的表示方法

1）表格法

表格法是指将自变量的值与对应的函数值列成表格的方法.

2）图像法

图像法是指在坐标系中用图形来表示函数关系的方法.

3）解析式法

解析式法是指写出函数的解析表达式和定义域,对于定义域中每个自变量,可按照表达式中所给定的数学运算确定对应的因变量.

根据函数的解析表达式的形式不同,可分为显函数和隐函数两种.若函数 y 是由 x 的解析表达式直接表示的,则称为显函数,如 $y = x^2 + 1 (x \in \mathbf{R})$. 其中,在其定义域的不同范围内具有不同的解析式的函数,称为分段函数,如

$$f(x) = \begin{cases} x + 1, & x \geq 0 \\ -x^2, & x < 0 \end{cases}$$

若函数的自变量 x 与因变量 y 的对应关系由二元方程 $F(x, y) = 0$ 来确定,则称为隐函数,如 $y = \cos(x + 2y)$.

【例 1.4】 已知函数 $f(x), g(x)$ 分别由下表给出.

x	1	2	3	x	1	2	3
$f(x)$	2	3	1	$g(x)$	3	2	1

因此, $f[g(1)] = 1$. 当 $g[f(x)] = 2$ 时,则 $x = 1$.

【例 1.5】 符号函数

$$y = \operatorname{sgn} x = \begin{cases} -1, & x < 0 \\ 0, & x = 0 \\ 1, & x > 0 \end{cases}$$

其定义域 $D = (-\infty, +\infty)$,值域 $R_f = \{-1, 0, 1\}$,如图 1.6 所示.

【例 1.6】 取整函数

$$y = [x]$$

其中, $[x]$ 表示不超过 x 的最大整数,如 $[3] = 3, [-0.1] = -1, [e] = 2, [\sqrt{5}] = 2$. 其定义域 $D = (-\infty, +\infty)$,值域 $R_f = Z$,如图 1.7 所示.

图 1.6　　　　　　　　　　图 1.7

【例 1.7】 狄利克雷函数

$$y = D(x) = \begin{cases} 1, & x \text{ 为有理数} \\ 0, & x \text{ 为无理数} \end{cases}$$

解析数论创始人

其定义域 $D = (-\infty, +\infty)$，值域 $R_f = \{1, 0\}$，因为数轴上有理点与无理点都是稠密的，所以它的图像不能在数轴上准确地描绘出来，如图 1.8 所示.

$$y = D(x) = \begin{cases} 1, & x \text{ 为有理数} \\ 0, & x \text{ 为无理数} \end{cases}$$

图 1.8

在用解析式法表示一个函数时，经常不用写出函数的定义域. 这时，函数的定义域是指使该函数表达式有意义的自变量取值的全体，这种定义域称为函数的自然定义域，简称定义域. 例如，$y = \ln(x-1)$ 的定义域为 $(1, +\infty)$.

按照函数的定义，自变量 x 在 D 内任取一个值，都有唯一一个 y 值与之对应，但通常也遇到另一种关系，如 $x^2 + y^2 = 5$，对于每一个 $x \in (-\sqrt{5}, \sqrt{5})$，都有两个 y 值（即 $\pm\sqrt{5-x^2}$）与之对应，不符合函数的定义，为了方便，把这种关系称为多值函数. 前面研究的函数关系如 $y = x - 1$，可称为单值函数. 若无特别声明，这里研究的函数均指单值函数.

1.3.3　函数的性质

1）单调性

定义 9　设函数 $f(x)$ 的定义域为 D，区间 $I \subseteq D$.

①若对任意的 $x_1, x_2 \in I$，且当 $x_1 < x_2$ 时，恒有 $f(x_1) < f(x_2)$，则称函数 $f(x)$ 在 I 内是单调增加的.

②若对任意的 $x_1, x_2 \in I$，且当 $x_1 < x_2$ 时，恒有 $f(x_1) > f(x_2)$，则称函数 $f(x)$ 在 I 内是单调减少的.

单调增加函数与单调减少函数，统称为单调函数；使函数 $f(x)$ 单调的区间，称为单调区间.

单调增加函数的图形沿 x 轴正向是逐渐上升的，如图 1.9 所示；单调减少函数的图形沿 x 轴正向是逐渐下降的，如图 1.10 所示.

图 1.9

图 1.10

例如，函数 $f(x) = x^3$ 在 $(-\infty, +\infty)$ 内单调增加；$f(x) = \ln x$ 在 $(0, +\infty)$ 内单调增加；函数 $f(x) = (x-1)^2$ 在 $(-\infty, 1]$ 内单调减少，在 $[1, +\infty)$ 内单调增加.

2）奇偶性

定义 10 设函数 $f(x)$ 的定义域为 D.

① 对任意的 $x \in D$，恒有 $f(-x) = f(x)$，则称函数 $f(x)$ 为偶函数.

② 对任意的 $x \in D$，恒有 $f(-x) = -f(x)$，则称函数 $f(x)$ 为奇函数.

由奇、偶函数的定义可知，具有奇偶性的函数其定义域 D 是关于原点对称的集合，如 $D = [-2, -1) \cup (1, 2]$. 奇函数的图像关于原点对称，偶函数的图像关于 y 轴对称. 例如，$y = \sin x$ 是奇函数，$y = \cos x$ 是偶函数.

【例 1.8】 判断下列函数的奇偶性：

$(1)f(x) = x^2 \cos x$；

$(2)g(x) = \begin{cases} 1 - \mathrm{e}^{-x}, & x \geqslant 0 \\ \mathrm{e}^x - 1, & x < 0 \end{cases}$.

解 （1）对任意的 $x \in \mathbf{R}$，恒有
$$f(-x) = (-x)^2 \cos(-x) = x^2 \cos x = f(x)$$
故 $f(x) = x^2 \cos x$ 是 $\mathbf{R}$ 上的偶函数.

（2）当 $x < 0$，则 $-x > 0$，有
$$g(-x) = 1 - \mathrm{e}^{-(-x)} = 1 - \mathrm{e}^x = -(\mathrm{e}^x - 1) = -g(x)$$
当 $x > 0$，则 $-x < 0$，有
$$g(-x) = \mathrm{e}^{-x} - 1 = -(1 - \mathrm{e}^{-x}) = -g(x)$$
当 $x = 0$，有
$$g(0) = 1 - \mathrm{e}^{-0} = 0 = -g(0)$$
综上，对任意的 $x \in \mathbf{R}$，恒有
$$g(-x) = -g(x)$$
故 $g(x)$ 是 $\mathbf{R}$ 上的奇函数.

常见的函数有奇函数、偶函数，也有既不是奇函数也不是偶函数的，如 $y = x^3 + x^2$，$y = \ln x + \sin x$，$y = \sin x + \cos x$ 等.

3）有界性

定义 11 设函数 $f(x)$ 的定义域为 D，区间 $I \subseteq D$.

① 如果存在一个正数 M，使得对任意 $x \in I$，恒有 $|f(x)| \leqslant M$，则称函数 $f(x)$ 为 I 上的有界函数；若这样的 M 不存在，则称函数 $f(x)$ 为 I 上的无界函数.

② 如果存在 M（或 m），使得对任意 $x \in I$，恒有 $f(x) < M$（或 $f(x) > m$），则称函数 $f(x)$ 在 I 上有上界（或有下界）.

显然，有界函数必有上界和下界；反之，既有上界又有下界的函数必有界.

有界函数的图形如图 1.11 所示. 由图 1.11 可知，函数 $y = f(x)$ 的图形位于平行于 x 轴的直线 $y = M$ 与 $y = -M$ 之间.

例如，$|\sin x| \leqslant 1$，则 $f(x) = \sin x$ 是 $\mathbf{R}$ 上的有界函数；函数 $f(x) = \mathrm{e}^x$ 是 $\mathbf{R}$ 上的无界函数，但在 $(-\infty, 0]$ 上是有界函数.

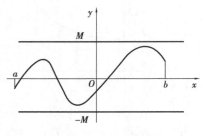

图 1.11

4）周期性

定义 12　设函数 $f(x)$ 的定义域为 D，如果存在一个不为零的数 T，使得对于任意 $x \in D$，有 $x \pm T \in D$，且 $f(x+T)=f(x)$ 恒成立，则称 $f(x)$ 为周期函数，T 称为 $f(x)$ 的周期。通常人们说周期函数的周期是指最小正周期。

周期为 T 的周期函数在其定义域内每隔长度为 T 的区间上，函数图形有相同的形状。

例如，函数 $y=\sin x, y=\cos x$ 都是以 2π 为周期的周期函数，函数 $y=\tan x, y=\cot x, y=\sin\left(2x+\dfrac{\pi}{3}\right)$ 都是以 π 为周期的周期函数。

1.4　反函数与复合函数

1.4.1　反函数

在函数 $y=2x+1(x \in \mathbf{R})$ 中，x 为自变量，y 为 x 的函数，从式子 $y=2x+1$ 中解出 x，就可得到式子 $x=\dfrac{y-1}{2}$。对于任意的 $y \in \mathbf{R}$，通过式子 $x=\dfrac{y-1}{2}$，x 在 $\mathbf{R}$ 中都有唯一确定的值与它对应，因此也可把 y 作为自变量$(y \in \mathbf{R})$，x 作为因变量，将 x 看作 y 的函数。

定义 13　设函数 $f(x)$ 的定义域为 D，值域为 $f(D)$，如果对于任意的 $y \in f(D)$，有满足 $y=f(x)$ 的唯一一个 $x \in D$ 与之对应，其对应法则记作 f^{-1}，这个定义在 $f(D)$ 上的函数 $x=f^{-1}(y)$ 称为 $y=f(x)$ 的反函数，或称它们互为反函数。

在函数式 $x=f^{-1}(y)$ 中，y 表示自变量，x 表示因变量。但在习惯上，一般用 x 表示自变量，用 y 表示因变量。为此，通常对调函数式 $x=f^{-1}(y)$ 中的字母 x,y，把它改写成 $y=f^{-1}(x)$（通常说的反函数都是经过改写后的反函数）。

函数 $y=f^{-1}(x)$ 的定义域就是 $y=f(x)$ 的值域，函数 $y=f^{-1}(x)$ 的值域就是 $y=f(x)$ 的定义域。

【例 1.9】　求下列函数的反函数：

(1) $f(x)=3x+2$；　　　　　　　(2) $g(x)=\begin{cases} x^2+1, & x \geq 0 \\ x-1, & x<0 \end{cases}$。

解　(1) 设 $y=f(x)=3x+2$，由 $y=3x+2(x \in \mathbf{R})$，可得

$$x=\frac{y-2}{3}$$

因此，函数 $f(x)=3x+2(x \in \mathbf{R})$ 的反函数是

$$f^{-1}(x)=\frac{x-2}{3}, x \in \mathbf{R}$$

（2）设

$$y = g(x) = \begin{cases} x^2 + 1, x \geq 0 \\ x - 1, x < 0 \end{cases}$$

当 $x \geq 0$ 时，由 $y = x^2 + 1$，可得 $x = \sqrt{y - 1}$，即当 $x \geq 0$ 时，$y = x^2 + 1$ 的反函数是

$$y = \sqrt{x - 1}, x \geq 1$$

当 $x < 0$ 时，由 $y = x - 1$，可得 $x = y + 1$，即当 $x < 0$ 时，$y = x - 1$ 的反函数是

$$y = x + 1, x < -1$$

综上，$g(x) = \begin{cases} x^2 + 1, x \geq 0 \\ x - 1, x < 0 \end{cases}$ 的反函数为

$$y = g^{-1}(x) = \begin{cases} \sqrt{x - 1}, x \geq 1 \\ x + 1, x < -1 \end{cases}$$

对于例 1.9 中的（1），$f(x) = 3x + 2$，$f^{-1}(x) = \dfrac{x - 2}{3}$，作出它们的函数图像，如图 1.12 所示. 容易看出，两者的图像关于 $y = x$ 对称，点 $P(1,5)$ 在 $y = f(x)$ 的图像上，点 $P'(5,1)$ 在 $y = f^{-1}(x)$ 的图像上. 事实上，函数 $y = f(x)$ 的图像和它的反函数 $y = f^{-1}(x)$ 的图像关于直线 $y = x$ 对称.

同样，函数 $f(x) = 2^x (x \in \mathbf{R})$ 和其反函数 $f^{-1}(x) = \log_2 x (x > 0)$，它们的图像关于直线 $y = x$ 对称，如图 1.13 所示.

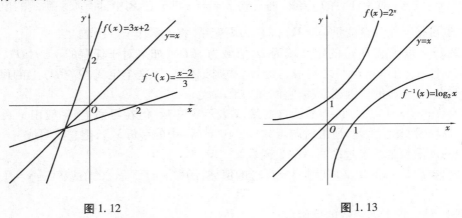

图 1.12　　　　　　　　　　　图 1.13

1.4.2　复合函数

定义 14　设函数 $y = f(u)$ 的定义域为 D，若函数 $u = \varphi(x)$ 的值域为 D^*，$D \cap D^* \neq \varnothing$，则称 $y = f[\varphi(x)]$ 为复合函数. 其中，x 为自变量，y 为因变量，u 为中间变量. 有时把 $y = f[\varphi(x)]$ 记作 $y = (f \circ \varphi)(x)$，即

$$y = (f \circ \varphi)(x) = f[\varphi(x)]$$

复合函数的概念可推广到多个中间变量的情形.

【例 1.10】　讨论下列函数能否复合成复合函数. 若可以，求出复合函数的定义域.

（1）$y = \sqrt{u + 2}$，$u = \ln x$；　　　　　　（2）$y = \log_2(t^2 - 2)$，$t = \sin x$.

解 （1）$y = \sqrt{u+2}$ 的定义域 $D = \{u \mid u \geqslant -2\}$，$u = \ln x$ 的值域 $D^* = (-\infty, +\infty)$，由于 $D \cap D^* = \{u \mid u \geqslant -2\} \neq \varnothing$，故 $y = \sqrt{u+2}$ 与 $u = \ln x$ 可以复合成复合函数.

其解析式为

$$y = \sqrt{\ln x + 2}$$

其定义域为

$$D = \{x \mid \ln x + 2 \geqslant 0\} = \{x \mid x \geqslant \mathrm{e}^{-2}\}$$

（2）$y = \log_2(t^2 - 2)$ 的定义域 $D = \{t \mid t > \sqrt{2}$ 或 $t < -\sqrt{2}\}$，$t = \sin x$ 的值域 $D^* = \{t \mid -1 \leqslant t \leqslant 1\}$，由于 $D \cap D^* = \varnothing$，故 $y = \log_2(t^2 - 2)$ 与 $t = \sin x$ 不能复合成复合函数.

【例 1.11】 将下列函数分解成几个简单函数的复合：

（1）$y = (\sin x)^5$；   （2）$y = \sqrt{\ln \cos^3 x}$；

（3）$y = \cos^2 \ln(2 + \sqrt{x^2 + 4})$.

解 （1）所给函数是由 $y = u^5$，$u = \sin x$ 两个函数复合而成的.

（2）所给函数是由 $y = \sqrt{u}$，$u = \ln t$，$t = w^3$，$w = \cos x$ 这 4 个函数复合而成的.

（3）所给函数是由 $y = u^2$，$u = \cos t$，$t = \ln w$，$w = 2 + v$，$v = \sqrt{h}$，$h = x^2 + 4$ 这 6 个函数复合而成的.

1.5 基本初等函数与初等函数

1.5.1 基本初等函数

通常将常量函数、幂函数、指数函数、对数函数、三角函数与反三角函数这 6 类函数称为基本初等函数. 在中学阶段，已学过常量函数、幂函数、指数函数、对数函数、正弦函数、余弦函数、正切函数，对此我们简要复习，并对三角函数及反三角函数作相应补充.

1）常量函数

$$y = C，C \text{ 为常数}$$

常量函数的图形是一条与 x 轴平行的直线，如图 1.14 所示.

2）幂函数

$$y = x^\alpha，\alpha \text{ 为常数}，\alpha \neq 0$$

图 1.14

幂函数的定义域随 α 的取值而定，当 $\alpha = 1, 2, 3, \dfrac{1}{2}, -1$ 时是最常见的幂函数，如图 1.15 所示.

不论 α 取何值，$y = x^\alpha$ 在 $(0, +\infty)$ 内总是有定义的，当 $\alpha > 0$，则 $y = x^\alpha$ 在 $[0, +\infty)$ 内单调增加，其图形过 $(0,0)$ 和 $(1,1)$ 两点；当 $\alpha < 0$，则 $y = x^\alpha$ 在 $(0, +\infty)$ 单调减少，其图形过点 $(1,1)$.

图 1.15

3)指数函数

$$y = a^x, a \text{ 为常数}, a > 0 \text{ 且 } a \neq 1$$

指数函数的定义域为 $D = (-\infty, +\infty)$,值域为 $(0, +\infty)$.

当 $0 < a < 1$ 时,$y = a^x$ 单调减少;当 $a > 1$ 时,$y = a^x$ 单调增加. 指数函数的图形位于 x 轴上方,且经过点 $(0,1)$,如图 1.16 所示.

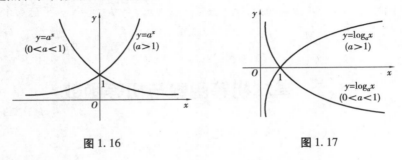

图 1.16   图 1.17

4)对数函数

$$y = \log_a x, a \text{ 为常数}, a > 0 \text{ 且 } a \neq 1$$

对数函数的定义域为 $(0, +\infty)$,值域为 $(-\infty, +\infty)$.

当 $0 < a < 1$ 时,$y = \log_a x$ 单调减少;当 $a > 1$ 时,$y = \log_a x$ 单调增加. 对数函数的图形位于 y 轴的右侧,且经过点 $(1,0)$,如图 1.17 所示.

5)三角函数

$$y = \sin x \quad (\text{正弦函数})$$
$$y = \cos x \quad (\text{余弦函数})$$
$$y = \tan x = \frac{\sin x}{\cos x} \quad (\text{正切函数})$$
$$y = \cot x = \frac{\cos x}{\sin x} \quad (\text{余切函数})$$
$$y = \sec x = \frac{1}{\cos x} \quad (\text{正割函数})$$
$$y = \csc x = \frac{1}{\sin x} \quad (\text{余割函数})$$

以上 6 个函数统称为三角函数.

余切函数 $y = \cot x$ 的定义域 $D = \{x \mid x \in \mathbf{R}$, 且 $x \neq k\pi, k \in \mathbf{Z}\}$, 是以 π 为最小正周期的奇函数, 如图 1.18 所示. 正割函数 $y = \sec x$ 的定义域为 $\{x \mid x \in \mathbf{R}$, 且 $x \neq k\pi + \dfrac{\pi}{2}, k \in \mathbf{Z}\}$, 余割函数 $y = \csc x$ 的定义域为 $\{x \mid x \in \mathbf{R}$, 且 $x \neq k\pi, k \in \mathbf{Z}\}$.

图 1.18

这 6 个三角函数之间有以下关系:

①倒数关系:

$$\sin x \cdot \csc x = 1$$
$$\cos x \cdot \sec x = 1$$
$$\tan x \cdot \cot x = 1$$

②平方关系:

$$\sin^2 x + \cos^2 x = 1$$
$$1 + \tan^2 x = \sec^2 x$$
$$1 + \cot^2 x = \csc^2 x$$

6)反三角函数

由于三角函数都是周期函数,因此按照反函数的定义,在其定义域上三角函数不存在反函数,但是,如果限制 x 的取值区间,使三角函数在选取的区间上保持单调,则其存在反函数.

（1）反正弦函数

$$y = \arcsin x$$

正弦函数 $y = \sin x$ 在区间 $\left[-\dfrac{\pi}{2}, \dfrac{\pi}{2}\right]$ 上单调增加,值域为 $[-1, 1]$. 将 $y = \sin x$ 在 $\left[-\dfrac{\pi}{2}, \dfrac{\pi}{2}\right]$ 上的反函数定义为反正弦函数,记作 $y = \arcsin x$. 其定义域为 $[-1, 1]$,值域为 $\left[-\dfrac{\pi}{2}, \dfrac{\pi}{2}\right]$,如图 1.19 所示.

根据反正弦函数的定义,可得到

$$\sin(\arcsin x) = x$$
$$\arcsin(-x) = -\arcsin x, x \in [-1, 1]$$

图 1.19

图 1.20

（2）反余弦函数

$$y = \arccos x$$

余弦函数 $y = \cos x$ 在区间 $[0,\pi]$ 上单调减少，值域为 $[-1,1]$，将 $y = \cos x$ 在 $[0,\pi]$ 上的反函数定义为反余弦函数，记作 $y = \arccos x$. 其定义域为 $[-1,1]$，值域为 $[0,\pi]$，如图 1.20 所示.

根据反余弦函数的定义，可得到

$$\cos(\arccos x) = x$$

$$\arccos(-x) = \pi - \arccos x, x \in [-1,1]$$

（3）反正切函数

$$y = \arctan x$$

正切函数 $y = \tan x$ 在区间 $\left(-\dfrac{\pi}{2}, \dfrac{\pi}{2}\right)$ 内单调增加，值域为 $(-\infty, +\infty)$，将 $y = \tan x$ 在 $\left(-\dfrac{\pi}{2}, \dfrac{\pi}{2}\right)$ 内的反函数定义为反正切函数，记作 $y = \arctan x$. 其定义域为 $(-\infty, +\infty)$，值域为 $\left(-\dfrac{\pi}{2}, \dfrac{\pi}{2}\right)$，如图 1.21 所示.

根据反正切函数的定义，可得到

$$\tan(\arctan x) = x$$

$$\arctan(-x) = -\arctan x, x \in (-\infty, +\infty)$$

（4）反余切函数

$$y = \operatorname{arccot} x$$

余切函数 $y = \cot x$ 在区间 $(0,\pi)$ 内单调减少，值域为 $(-\infty, +\infty)$，将 $y = \cot x$ 在 $(0,\pi)$ 内的反函数定义为反余切函数，记作 $y = \operatorname{arccot} x$. 其定义域为 $(-\infty, +\infty)$，值域为 $(0,\pi)$，如图 1.22 所示.

根据反余切函数的定义，可得到

$$\cot(\operatorname{arccot} x) = x$$

$$\operatorname{arccot}(-x) = \pi - \operatorname{arccot} x, x \in (-\infty, +\infty)$$

图 1.21

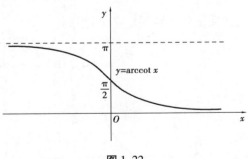

图 1.22

【例 1.12】 求下列各式的值：

（1）$\cos\left(\arcsin\dfrac{4}{5}\right)$；

（2）$\cos(\arcsin x), x \in [-1,1]$；

（3）$\cos\left[\arccos\dfrac{4}{5} + \arccos\left(-\dfrac{5}{13}\right)\right]$.

解 (1)设 $\arcsin\dfrac{4}{5}=\alpha$,则 $\sin\alpha=\dfrac{4}{5}$,由 $\alpha\in\left[-\dfrac{\pi}{2},\dfrac{\pi}{2}\right]$,得 $\cos\alpha\geqslant0$,则

$$\cos\alpha=\sqrt{1-\sin^2\alpha}=\sqrt{1-\left(\dfrac{4}{5}\right)^2}=\dfrac{3}{5}$$

故

$$\cos\left(\arcsin\dfrac{4}{5}\right)=\dfrac{3}{5}$$

(2)设 $\arcsin x=\alpha$,则 $\sin\alpha=x$,且 $\alpha\in\left[-\dfrac{\pi}{2},\dfrac{\pi}{2}\right]$,则

$$\cos\alpha=\sqrt{1-\sin^2\alpha}=\sqrt{1-x^2}$$

故

$$\cos(\arcsin x)=\sqrt{1-x^2}$$

(3)设 $\arccos\dfrac{4}{5}=\alpha$,则 $\cos\alpha=\dfrac{4}{5}$,α 是第一象限的角,故

$$\sin\alpha=\sqrt{1-\cos^2\alpha}=\dfrac{3}{5}$$

又设 $\arccos\left(-\dfrac{5}{13}\right)=\beta$,则 $\cos\beta=-\dfrac{5}{13}$,β 是第二象限的角,故

$$\sin\beta=\sqrt{1-\cos^2\beta}=\dfrac{12}{13}$$

则

$$\begin{aligned}
原式&=\cos(\alpha+\beta)\\
&=\cos\alpha\cos\beta-\sin\alpha\sin\beta\\
&=\dfrac{4}{5}\times\left(-\dfrac{5}{13}\right)-\dfrac{3}{5}\times\dfrac{12}{13}\\
&=-\dfrac{56}{65}
\end{aligned}$$

【例 1.13】 证明:$\arctan x+\operatorname{arccot} x=\dfrac{\pi}{2}$.

证 由于

$$\tan\left(\dfrac{\pi}{2}-\operatorname{arccot} x\right)=\cot(\operatorname{arccot} x)=x$$

因此,$\dfrac{\pi}{2}-\operatorname{arccot} x$ 是正切等于 x 的一个值.

又因为

$$0<\operatorname{arccot} x<\pi$$

故

$$0>-\operatorname{arccot} x>-\pi$$

由此可得

$$\dfrac{\pi}{2}>\dfrac{\pi}{2}-\operatorname{arccot} x>-\dfrac{\pi}{2}$$

即

$$\frac{\pi}{2} - \operatorname{arccot} x \in \left(-\frac{\pi}{2}, \frac{\pi}{2} \right)$$

因此, $\frac{\pi}{2} - \operatorname{arccot} x$ 是属于 $\left(-\frac{\pi}{2}, \frac{\pi}{2} \right)$ 且它的正切等于 x 的一个值, 于是

$$\arctan x = \frac{\pi}{2} - \operatorname{arccot} x$$

故

$$\arctan x + \operatorname{arccot} x = \frac{\pi}{2}$$

1.5.2　初等函数

定义 15　由基本初等函数经过有限次的四则运算和有限次的复合步骤所构成并可用一个式子表示的函数, 称为初等函数. 例如:

$$y = \sqrt{1 - x^2}, \ y = \sin^2 x, \ y = \sqrt[3]{\tan 2x}$$

等都是初等函数, 在本书中所讨论的函数大多数都是初等函数.

形如 $[f(x)]^{g(x)}$ 的函数, 称为幂指函数. 其中, $f(x)$, $g(x)$ 均为初等函数, 且 $f(x) > 0$, 由恒等式

$$[f(x)]^{g(x)} = e^{g(x)\ln f(x)}$$

可知, 幂指函数为初等函数.

例如, $y = x^x \ (x > 0)$, $y = x^{\sin x} \ (x > 0)$, $y = (x - 1)^{\frac{1}{x}} \ (x > 1)$ 等都是幂指函数. 因此, 它们都是初等函数.

初等函数是微积分的主要研究对象. 但根据实际需要, 也会研究一些非初等函数. 例如, 分段函数一般为非初等函数, 因为其在定义域内由多个解析表达式表示. 注意, 绝对值函数 $y = |x| = \sqrt{x^2}$ 为初等函数. 但是, 分段函数在其定义域的各个分段区间上的表达式常由初等函数表示, 故仍可通过初等函数来研究.

1.6　经济学中的几个常见函数

经济学家在用数学方法解决实际经济问题时, 经常需要建立实际经济问题的数学模型, 首先将问题涉及的变量之间相互依赖的关系用数学公式表达出来, 即建立各变量之间的函数关系, 然后利用所建立的数学模型进行分析、综合, 以达到解决问题的目的.

本节介绍经济学中常见的几个函数.

1.6.1　总成本函数、总收益函数和总利润函数

厂商在从事生产经营活动时, 总希望尽可能降低产品的生产成本, 增加收入与利润. 而成本、收入 (也称收益) 与利润这些经济变量都与产品的产量或销售量 x 密切相关. 在忽略其

他次要影响因素的情况下,它们都可看作 x 的函数,并分别称为总成本函数,记作 $C(x)$;总收入(总收益)函数,记作 $R(x)$;总利润函数,记作 $L(x)$.

通常,总成本是指在一定时期中生产一定数量的某种产品所需的费用总和. 它由固定成本(也称不变成本)与可变成本两部分构成. 固定成本与产量 x 无关,如设备维修费与折旧费、企业管理费等;可变成本随产量的增加而增加,如原材料费、动力费、劳动者工资等. 因此,总成本函数 $C(x)$ 是 x 的单调增加函数. 最简单的总成本函数为线性函数,即

$$C(x) = a + bx$$

其中,a,b 为正的常数,a 为固定成本,bx 为可变成本.

总收益是指产品出售后所得到的收入. 如果产品的单位售价为 p,销售量为 x,则总收益函数为

$$R(x) = px$$

总利润等于总收益减去总成本,故总利润函数为

$$L(x) = R(x) - C(x) = px - C(x)$$

【例 1.14】 设生产某种商品 x 件时的总成本(万元)为

$$C(x) = 100 + 2x + x^2$$

(1)若设售出一件该商品的收入是 50 万元,求生产 30 件时的总利润和平均利润;

(2)若每年销售 20 件产品,为了不亏本,单价至少应定为多少?

解 (1)由于该商品的价格 $p = 50$ 万元,故售出 x 件该商品时的总收益函数为

$$R(x) = px = 50x$$

因此,总利润函数

$$L(x) = R(x) - C(x) = 50x - (100 + 2x + x^2) = -100 + 48x - x^2$$

当 $x = 30$ 时,总利润和平均利润分别为

$$L(30) = (-100 + 48x - x^2)\big|_{x=30} = 440(万元)$$

$$\overline{L}(30) = \frac{L(30)}{30} = \frac{440}{30} = 14.67(万元)$$

(2)设单价定位 p 万元,销售 20 件产品的收入为 $R(x) = 20p$ 万元,这时的成本为

$$C(20) = (100 + 2x + x^2)\big|_{x=20} = 540(万元)$$

利润为

$$L(20) = R(20) - C(20) = 20p - 540$$

为了使生产经营不亏本,必须使

$$L = 20p - 540 \geq 0$$

故得

$$p \geq 27(万元)$$

即销售单价不低于 27 万元时才能不亏本.

1.6.2 需求函数和供给函数

需求函数是指在某一特定时期内,市场上某种商品的各种可能的购买量和决定这些购买量的诸因素之间的数量关系.

假定其他因素(如消费者的货币收入、偏好和相关商品的价格等)不变,则决定某种商品

需求量的因素就是这种商品的价格. 因此,需求函数表示的就是商品需求量和价格这两个经济变量之间的数量关系

$$Q = f(p)$$

其中,Q 为需求量,p 为价格.

需求函数的反函数 $p = f^{-1}(Q)$ 称为价格函数,习惯上将价格函数统称为需求函数.

一般商品的需求量随价格的下降而增加,随价格的上涨而减少. 因此,需求函数为单调减少函数.

例如,函数 $Q_d = a - bp(a>0,b>0)$ 称为线性需求函数.

供给函数是指在某一特定时期内,市场上某种商品的各种可能的供给量和决定这些供给量的诸因素之间的数量关系.

假定生产技术水平、生产成本等其他因素不变,则决定某种商品供给量的因素就是这种商品的价格. 此时,供给函数表示的就是商品的供给量和价格这两个经济变量之间的数量关系为

$$S = f(p)$$

其中,S 为供给量,p 为价格.

供给函数以列表方式给出时称为供给表,而供给函数的图像称为供给曲线.

一般商品的供给量随价格的上涨而增加,随价格的下降而减少. 因此,供给函数是单调增加函数.

例如,函数 $Q_s = -c + dp(c>0,d>0)$ 称为线性供给函数.

对于一种商品而言,如果需求量等于供给量,则这种商品就达到了市场均衡,以线性需求函数和线性供给函数为例,令

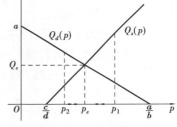

图 1.23

$$Q_d = Q_s, a - bp = -c + dp, p = \frac{a+c}{b+d} = p_e$$

这个价格 p_e 称为该商品的市场均衡价格,如图 1.23 所示.

市场均衡价格就是需求函数和供给函数两条直线的交点的横坐标. 当市场价格高于均衡价格时,将出现供过于求的现象,而市场价格低于均衡价格时,将出现供不应求的现象. 当市场均衡时,有 $Q_d = Q_s = Q_e$,称 Q_e 为市场均衡数量.

根据市场的不同情况,需求函数与供给函数还可以是二次函数、多项式函数与指数函数等. 但其基本规律是相同的,都可找到相应的市场均衡点 (P_e, Q_e).

【例 1.15】 某种商品的供给函数和需求函数分别为

$$Q_s = 25p - 10, Q_d = 200 - 5p$$

求该商品的市场均衡价格和市场均衡数量.

解 由均衡条件 $Q_d = Q_s$,得

$$200 - 5p = 25p - 10, 30p = 210, p_e = 7$$

从而

$$Q_e = 25p_e - 10 = 165$$

即市场均衡价格为 7,市场均衡数量为 165.

【例1.16】 某批发商每次以 160 元/台的价格将 500 台电扇批发给零售商. 在这个基础上零售商每次多进 100 台电扇,则批发价相应降低 2 元. 批发商最大批发量为每次 1 000 台,试将电扇批发价格表示为批发量的函数,并求零售商每次进 800 台电扇时的批发价格.

解 由题意可知,所求函数的定义域为 $\{500,600,\cdots,1\,000\}$,已知每次多进 100 台,价格减少 2 元. 设每次进电扇 x 台,则每次批发价减少 $\frac{2}{100}(x-500)$ 元/台,即所求函数为

$$p = 160 - \frac{2}{100}(x-500) = 160 - \frac{2x-1\,000}{100} = 170 - \frac{x}{50}$$

当 $x = 800$ 时,则

$$p = 170 - \frac{800}{50} = 154(元/台)$$

即每次进 800 台电扇时的批发价格为 154 元/台.

习题 1

（A）

1. 用适当的方法表示下列集合:

(1)大于 5 的所有实数集合;

(2)圆 $x^2 + y^2 = 25$ 内部(不含圆周)一切点的集合;

(3)曲线 $y = x^2$ 与直线 $x - y = 0$ 交点的集合;

(4)方程 $x^2 - 3x + 2 = 0$ 的解的集合;

(5)不等式 $|x-1| \geqslant 5$ 的解的集合.

2. 设集合 $A \subseteq U, B \subseteq U$,证明:

(1)$\overline{A \cap B} = \overline{A} \cup \overline{B}$;   (2)$A \cup (\overline{A \cap B}) \cup B = U$.

3. 设集合 $A = \{(x,y) \mid x+y-1 = 0\}$,集合 $B = \{(x,y) \mid x-y+1 = 0\}$,求 $A \cap B$.

4. 用区间表示满足下列不等式的所有 x 的集合(其中 $\delta > 0$):

(1)$(x-2)^2 > 9$;   (2)$|x+3| > |x-1|$;

(3)$|x-1| < \delta$;   (4)$0 < |x-x_0| < \delta$.

5. 判断下列各对函数是否相同,并说明理由:

(1)$y = x$ 与 $y = \sqrt{x^2}$;

(2)$y = 1$ 与 $y = -\cot^2 x + \csc^2 x$;

(3)$y = \sqrt{2}\,\sin x$ 与 $y = \sqrt{1-\cos 2x}$;

(4)$y = \sqrt{1-x} \cdot \sqrt{x+3}$ 与 $y = \sqrt{(1-x)(x+3)}$;

(5)$y = \ln(x^2 - 2x - 3)$ 与 $y = \ln(x-3) + \ln(x+1)$;

(6)$y = \lg x^2$ 与 $y = 2\lg x$.

6. 求下列函数的定义域:

(1) $y = \sqrt{4 - x^2}$;

(2) $y = (x^2 - 2x - 3)^0$;

(3) $y = \sqrt{\lg \dfrac{x^2 - 9x}{10}}$;

(4) $y = \sqrt{9 - x^2} + \dfrac{1}{\ln(1 - x)}$;

(5) $y = \arcsin \dfrac{1 - x}{3}$;

(6) $y = \sqrt{3 - x} + \arctan \dfrac{1}{x}$.

7. 已知函数 $f(x) = x^2 - 3x + 2$,求 $f(0), f(1), f(2), f(-x), f\left(\dfrac{1}{x}\right) (x \neq 0), f(x + 1)$ 的值.

8. 讨论下列函数的单调性:

(1) $y = e^{|x - 1|}$;

(2) $y = x + \lg x$;

(3) $y = 2 + \sqrt{6x - x^2}$.

9. 判断下列函数是否有界:

(1) $y = \dfrac{x^2}{1 + x^2}$;

(2) $y = \dfrac{x}{1 + x^2}$;

(3) $y = \sin \dfrac{1}{x} + 1$;

(4) $y = 2 + \dfrac{1}{x^2}$.

10. 判断下列函数的奇偶性:

(1) $f(x) = x \sin x + \cos x$;

(2) $y = x \cdot \sin^2 x$;

(3) $f(x) = x^4 - 3x^2$;

(4) $f(x) = \ln(x + \sqrt{x^2 + 1})$;

(5) $y = \dfrac{x \sin x}{2 + \cos x}$;

(6) $y = \dfrac{e^x - e^{-x}}{2}$;

(7) $f(x) = \begin{cases} 1 - x, & x < 0 \\ 1, & x = 0 \\ 1 + x, & x > 0 \end{cases}$.

11. 求下列函数的反函数及其定义域:

(1) $y = 2x + 1$;

(2) $y = \dfrac{1 - x}{1 + x}$;

(3) $y = 2 + \ln(x - 2)$;

(4) $y = x^3 - 2$;

(5) $y = 2 \sin \dfrac{x}{3}, x \in \left[-\dfrac{\pi}{2}, \dfrac{\pi}{2} \right]$;

(6) $y = \begin{cases} 2x - 1, & 0 < x \leqslant 1 \\ 2 - (x - 2)^2, & 1 < x \leqslant 2 \end{cases}$.

12. 下列函数可以看作由哪些简单函数复合而成的?

(1) $y = \sqrt{3x - 1}$;

(2) $y = \sqrt[3]{x + 1}$;

(3) $y = (1 + \lg x)^5$;

(4) $y = \sqrt{\lg \sqrt{x}}$;

(5) $y = \lg^2 \arccos x^3$;

(6) $y = e^{e^{-x^2}}$.

13. 设 $f(x) = \dfrac{x}{1 - x}$,求 $f[f(x)], f\{f[f(x)]\}$.

14. 如果 $f(x) = 3x^2 + 2x, \varphi(t) = \lg(1 + t)$,求 $f[\varphi(t)]$.

15. 设 $f\left(\dfrac{2x + 1}{2x - 2}\right) - \dfrac{1}{2} f(x) = x$,求 $f(x)$.

16. 设 $f(x) = e^{x^2}$，$f[\varphi(x)] = 1 - x$，且 $\varphi(x) \geqslant 0$，求 $\varphi(x)$ 及其定义域.

17. 化简下列各式：

（1）$\sin^2 190° \cdot \csc^2 190°$；

（2）$(1 + \tan^2 \alpha) \cdot \cos^2 \alpha$；

（3）$\csc^2 \theta - \tan \theta \cot \theta$；

（4）$\sec^2 A - \tan^2 A - \sin^2 A$.

18. 证明下列恒等式：

（1）$(\sin A - \csc A) \cdot (\cos A - \sec A) = \dfrac{1}{\tan A + \cot A}$；

（2）$\dfrac{\tan^2 A - \cot^2 A}{\sin^2 A - \cos^2 A} = \sec^2 A + \csc^2 A$；

（3）$(\sin A + \sec A)^2 + (\cos A + \csc A)^2 = (1 + \sec A \cdot \csc A)^2$；

（4）$\dfrac{\tan A - \tan B}{\cot B - \cot A} = \dfrac{\tan B}{\cot A}$.

19. 求下列各式的值：

（1）$\cos\left(\arcsin \dfrac{\sqrt{5}}{4} \right)$；

（2）$\sin\left(2 \arcsin \dfrac{1}{6} \right)$；

（3）$\sin\left[\dfrac{\pi}{3} + \arcsin\left(-\dfrac{\sqrt{3}}{2} \right) \right]$；

（4）$\arcsin\left(\sin \dfrac{15}{4}\pi \right)$；

（5）$\sin\left(2 \arccos \dfrac{2}{3} \right)$；

（6）$\arccos\left[\cos\left(-\dfrac{\pi}{3} \right) \right]$.

（B）

一、填空题

1. 设 $f(x)$ 的定义域为 $[1,2]$，则 $f(1 - \lg x)$ 的定义域为 _____.

2. 设函数 $f(x) = \sin x$，$f[g(x)] = 1 - x^2$，则 $g(x) =$ _____，其定义域为 _____.

3. 函数 $y = \ln(2 - \ln x)$ 的定义域为 _____.

4. 若 $f\left(x + \dfrac{1}{x} \right) = \dfrac{x^3 + x}{x^4 + 1}$，则 $f(x) =$ _____.

5. 已知某商品的需求函数，供给函数分别为 $Q_d = 100 - 2p$，$Q_s = -20 + 10p$，则均衡价格 $p =$ _____.

二、单项选择题

1. 如果函数 $f(x)$ 的定义域为 $[1,2]$，则函数 $f(x) + f(x^2)$ 的定义域为（   ）.

　　A. $[1,2]$　　　　B. $[-\sqrt{2},\sqrt{2}]$　　　　C. $[1,\sqrt{2}]$　　　　D. $[-\sqrt{2}, -1] \cup [1,\sqrt{2}]$

2. $f(x) = \dfrac{1}{\lg |x - 5|}$ 的定义域为（   ）.

　　A. $(-\infty, 5) \cup (5, +\infty)$　　　　　　B. $(-\infty, 4) \cup (4, +\infty)$

　　C. $(-\infty, 6) \cup (6, +\infty)$　　　　　　D. $(-\infty, 4) \cup (4,5) \cup (5,6) \cup (6, +\infty)$

3. 设 $f(x) = \dfrac{1}{\sqrt{3 - x}} + \lg(x - 2)$，那么 $f(x + a) + f(x - a)\left(0 < a < \dfrac{1}{2} \right)$ 的定义域为（   ）.

　　A. $(2 - a, 3 - a)$　　B. $(2 + a, 3 - a)$　　C. $(2 - a, 3 + a)$　　D. $(2 + a, 3 + a)$

4. 下列函数中是偶函数的是(　　　　).

A. $f(x) = \begin{cases} x-1, & x>0 \\ 0, & x=0 \\ x+1, & x<0 \end{cases}$

B. $f(x) = \begin{cases} 1, & x>0 \\ 0, & x=0 \\ -1, & x<0 \end{cases}$

C. $f(x) = \begin{cases} 2x^2, & x \leqslant 0 \\ -2x^2, & x>0 \end{cases}$

D. $f(x) = \begin{cases} 1-x, & x \leqslant 0 \\ 1+x, & x>0 \end{cases}$

5. 函数 $y = \lg(\sqrt{x^2+1} + x) + \lg(\sqrt{x^2+1} - x)$(　　　　).

　A. 是奇函数,不是偶函数　　　　　　B. 是偶函数,不是奇函数

　C. 既不是奇函数,又不是偶函数　　　D. 既是奇函数,又是偶函数

6. 设 $f(x) = \sin 2x + \tan \dfrac{x}{2}$,则 $f(x)$ 的周期是(　　　　).

　A. $\dfrac{\pi}{2}$　　　　　　　B. π　　　　　　　C. 2π　　　　　　　D. 4π

7. 设 $f(x)$ 是以 T 为周期的函数,则函数 $f(x) + f(2x) + f(3x) + f(4x)$ 的周期是(　　　　).

　A. T　　　　　　　B. $2T$　　　　　　　C. $12T$　　　　　　　D. $\dfrac{T}{12}$

8. 下列函数中不是初等函数的是(　　　　).

　A. $y = x^x$　　　　　B. $y = |x|$　　　　　C. $y = \text{sgn}\, x$　　　　　D. $e^x + xy - 1 = 0$

9. 下列函数 $y = f(u)$, $u = \varphi(x)$ 中能构成复合函数 $y = f[\varphi(x)]$ 的是(　　　　).

　A. $y = f(u) = \lg(1-u)$, $u = \varphi(x) = x^2 + 1$

　B. $y = f(u) = \arccos u$, $u = \varphi(x) = -x^2 + 2$

　C. $y = f(u) = \dfrac{1}{\sqrt{u-1}}$, $u = \varphi(x) = -x^2 + 1$

　D. $y = f(u) = \arcsin u$, $u = \varphi(x) = x^2 + 2$

第2章

极限与连续

极限是微积分学的基础性概念,是微积分学后续各种概念(导数、微分、积分和无穷级数等)和相应计算方法能够建立和应用的基础.本章介绍极限以及与极限概念密切相关的函数连续性的基本知识.

2.1 数 列

2.1.1 数列的定义

定义1 无穷多个数按如下顺序排成一列
$$x_1, x_2, \cdots, x_n, \cdots$$
称为数列,简记为 $\{x_n\}$.

数列 $\{x_n\}$ 中的数称为数列的项,称 x_1 为第 1 项,x_2 为第 2 项,$\cdots$,x_n 为第 n 项,$\cdots$. 通常称 x_n 为数列的一般项或通项,正整数 n 称为数列的下标.

数列既可看作数轴上的一个动点,它在数轴上依次取值 $x_1, x_2, \cdots, x_n, \cdots$ [图 2.1(a)],也可看作自变量为正整数 n 的函数:$x_n = f(n)$,其定义域是全体正整数,当自变量 n 依次取 $1, 2, 3, \cdots$ 时,对应的函数值就排成数列 $\{x_n\}$ [图 2.1(b)].

图2.1

2.1.2 数列的极限

定义2 设有数列 $\{x_n\}$ 与常数 a，如果当 n 无限增大时，x_n 无限接近于常数 a，则称常数 a 为数列 $\{x_n\}$ 的极限，或称数列 $\{x_n\}$ 收敛于 a，记作

最早使用极
限的数学家

$$\lim_{n\to\infty}x_n=a \text{ 或 } x_n\to a(n\to\infty)$$

如果一个数列没有极限，则称该数列是发散的.

【例2.1】 下列各数列是否收敛. 若收敛，试指出其收敛于何值.

(1) $\{2^n\}$； (2) $\left\{\dfrac{1}{n}\right\}$；

(3) $\{(-1)^{n+1}\}$； (4) $\left\{\dfrac{n-1}{n}\right\}$.

解 (1) 数列 $\{2^n\}$ 即为

$$2,4,8,\cdots,2^n,\cdots$$

易知，当 n 无限增大时，2^n 也无限增大，故该数列是发散的.

(2) 数列 $\left\{\dfrac{1}{n}\right\}$ 即为

$$1,\frac{1}{2},\frac{1}{3},\cdots,\frac{1}{n},\cdots$$

易知，当 n 无限增大时，$\dfrac{1}{n}$ 无限接近于 0，故该数列收敛于 0，即 $\lim\limits_{n\to\infty}\dfrac{1}{n}=0$.

(3) 数列 $\{(-1)^{n+1}\}$ 即为

$$1,-1,1,-1,\cdots,(-1)^{n+1},\cdots$$

易知，当 n 无限增大时，$(-1)^{n+1}$ 无休止地反复取 1，-1 两个数，而不会无限接近于任何一个确定的常数，故该数列是发散的.

(4) 数列 $\left\{\dfrac{n-1}{n}\right\}$ 即为

$$0,\frac{1}{2},\frac{2}{3},\frac{3}{4},\cdots,\frac{n-1}{n},\cdots$$

易知，当 n 无限增大时，$\dfrac{n-1}{n}$ 无限接近于 1，故该数列收敛于 1，即 $\lim\limits_{n\to\infty}\dfrac{n-1}{n}=1$.

从定义2给出的数列极限概念的定性描述可知，下标 n 的变化过程与数列 $\{x_n\}$ 的变化趋势均借助了"无限"这样一个明显带有直观模糊性的形容词. 为了引进数列极限的严格数学定义，考察数列

$$x_n=\frac{n+(-1)^n}{n}=1+\frac{(-1)^n}{n} \tag{2.1}$$

直观上看，当 n 无限增大时，x_n 将无限接近于常数 1，这在数轴上表现为动点 x_n 与定点 1 的距离（即 x_n 与 1 之差的绝对值）

$$|x_n-1|=\left|1+\frac{(-1)^n}{n}-1\right|=\frac{1}{n}$$

可以任意小. 这时称数列 (2.1) 的极限为 1.

但是,"无限增大""无限接近"和"可以任意小"的确切意义是什么呢? 或者说,如何用严格的数学语言表达呢? 请看下面的分析.

如果描述 x_n 与 1 接近程度的距离为 0.1,则当 $n>10$ 时,有 $|x_n-1|=\dfrac{1}{n}<0.1$,这表明自第 10 项 x_{10} 之后,所有项 x_n 与 1 的距离都小于给定的 0.1. 如果给定更小的距离为 0.01,则当 $n>100$ 时,有 $|x_n-1|<0.01$,即 x_{100} 之后的所有项 x_n 与 1 的距离都小于给定的 0.01. 一般地,更重要的是,对于不论多么小的距离 $\varepsilon>0$,都能有类似的分析. 换言之,对于任意给定的 $\varepsilon>0$,当 $n>\dfrac{1}{\varepsilon}$ 时,恒有 $|x_n-1|=\dfrac{1}{n}<\varepsilon$,即自第 $\left[\dfrac{1}{\varepsilon}\right]$ 项之后的所有项 x_n 与 1 的距离都小于给定的 ε. $n>\left[\dfrac{1}{\varepsilon}\right]$ 刻画的是"n 无限增大"的程度,而 $|x_n-1|<\varepsilon$ 刻画的是"x_n 无限接近于 1"或"$|x_n-1|$ 可以任意小"的程度.

由此例可给出数列极限的严格数学定义如下:

定义 3 设有数列 $\{x_n\}$ 与常数 a,如果对任意给定的 $\varepsilon>0$,存在正整数 N,使得当 $n>N$ 时,恒有

$$|x_n-a|<\varepsilon$$

成立,则称常数 a 为数列 $\{x_n\}$ 的极限,或称数列 $\{x_n\}$ 收敛于 a,记作

$$\lim_{n\to\infty}x_n=a \text{ 或 } x_n\to a(n\to\infty)$$

如果一个数列没有极限,则称该数列是发散的.

按照定义 3 和上面的分析可知,数列(2.1)的极限为 1,即有 $\lim\limits_{n\to\infty}\left[\dfrac{n+(-1)^n}{n}\right]=1$.

以下有 3 点说明:

① ε 的任意性. 定义 3 中的正数 ε 是任意给定的,但一经给定就暂时定下来,并由它确定 N 的取值. ε 是用来刻画"x_n 无限接近于 a"的程度,ε 越小,x_n 越接近于 a.

② N 的存在性. 定义 3 中满足条件的正整数 N 很多,只需找到满足条件的一个 N 即可. N 是随 ε 而定的,用来刻画"n 无限增大"的程度.

③数列极限的几何意义. 将常数 a 及数列 $x_1,x_2,\cdots,x_n,\cdots$ 表示在数轴上,并在数轴上作以 a 为中心、任意给定的正数 ε(无论多么小)为半径的 ε 邻域,如图 2.2 所示.

图 2.2

注意到不等式 $|x_n-a|<\varepsilon$ 等价于 $a-\varepsilon<x_n<a+\varepsilon$,所以当 $n>N$,即从第 $N+1$ 项开始,后面所有的项都落在开区间 $(a-\varepsilon,a+\varepsilon)$ 内,而只有有限项(至多只有 N 项)落在开区间 $(a-\varepsilon,a+\varepsilon)$ 外.

为了书写方便,定义 3 也可简记为 $\lim\limits_{n\to\infty}x_n=a\Leftrightarrow$ 对 $\forall\varepsilon>0$,$\exists N\in\mathbf{N}^*$,使得当 $n>N$ 时,恒有 $|x_n-a|<\varepsilon$ 成立.

数列极限的定义并未给出求极限的方法,只给出了论证数列 $\{x_n\}$ 的极限为 a 的方法,常称为 $\varepsilon-N$ 论证法. 其论证步骤如下:

①任意给定正数 ε;

②由 $|x_n-a|<\varepsilon$ 开始分析倒推,推出 $n>\varphi(\varepsilon)$;

③取 $N = [\varphi(\varepsilon)] + 1$，再用 $\varepsilon - N$ 定义顺述结论.

【例 2.2】 用定义证明 $\lim\limits_{n \to \infty} c = c$. 其中，$c$ 为常数.

证 对任意给定的 $\varepsilon > 0$，由于

$$|c - c| = 0 < \varepsilon$$

恒成立，故对任意 $N \in \mathbf{N}^*$，都有当 $n > N$ 时

$$|c - c| < \varepsilon$$

恒成立.

因此，由定义 3 可知

$$\lim\limits_{n \to \infty} c = c$$

【例 2.3】 用定义证明 $\lim\limits_{n \to \infty} \dfrac{n}{3n + 2} = \dfrac{1}{3}$.

证 对任意给定的 $\varepsilon > 0$，要使

$$\left| \frac{n}{3n + 2} - \frac{1}{3} \right| = \frac{2}{3(3n + 2)} < \varepsilon$$

恒成立，只需 $n > \dfrac{2 - 6\varepsilon}{9\varepsilon}$ 成立.

故取 $N = \left[\dfrac{2 - 6\varepsilon}{9\varepsilon} \right] + 1$，则当 $n > N$ 时，有

$$n > N > \frac{2 - 6\varepsilon}{9\varepsilon}$$

即有

$$\left| \frac{n}{3n + 2} - \frac{1}{3} \right| = \frac{2}{3(3n + 2)} < \varepsilon$$

恒成立.

因此，由定义 3 可知

$$\lim\limits_{n \to \infty} \frac{n}{3n + 2} = \frac{1}{3}$$

【例 2.4】 设 $|q| < 1$，用定义证明 $\lim\limits_{n \to \infty} q^n = 0$.

证 若 $q = 0$，则结果显然成立. 现设 $0 < |q| < 1$，对任意给定的 $\varepsilon > 0$，要使

$$|q^n - 0| = |q|^n < \varepsilon$$

恒成立，只需 $n > \dfrac{\ln \varepsilon}{\ln |q|}$ 成立.

故取 $N = \left[\dfrac{\ln \varepsilon}{\ln |q|} \right] + 1$，则当 $n > N$ 时，有

$$n > N > \frac{\ln \varepsilon}{\ln |q|}$$

即有

$$|q^n - 0| = |q|^n < \varepsilon$$

恒成立.

因此，由定义 3 可知，当 $|q| < 1$ 时

$$\lim\limits_{n \to \infty} q^n = 0$$

2.1.3 收敛数列的性质

定理1(唯一性) 收敛数列的极限是唯一的.

证 设 $\lim\limits_{n\to\infty}x_n=a$, $\lim\limits_{n\to\infty}x_n=b$, 由定义知, 对 $\forall\varepsilon>0$, $\exists N_1\in\mathbf{N}^*$, 使得当 $n>N_1$ 时, 恒有

$$|x_n-a|<\varepsilon$$

$\exists N_2\in\mathbf{N}^*$, 使得当 $n>N_2$ 时, 恒有

$$|x_n-b|<\varepsilon$$

取 $N=\max\{N_1,N_2\}$, 则当 $n>N$ 时, 恒有

$$|a-b|=|(x_n-b)-(x_n-a)|\leqslant|x_n-b|+|x_n-a|<\varepsilon+\varepsilon=2\varepsilon$$

上式仅当 $a=b$ 时才能成立, 从而证得结论.

定义4 对数列 $\{x_n\}$, 若存在正数 M, 使得对一切自然数 n, 恒有 $|x_n|\leqslant M$, 则称数列 $\{x_n\}$ 有界, 否则, 称其无界.

例如, 数列 $x_n=\dfrac{n-1}{n}$ $(n=1,2,\cdots)$ 是有界的, 因为可取 $M=1$, 使得 $\left|\dfrac{n-1}{n}\right|\leqslant1$ 对一切正整数 n 都成立.

数列 $x_n=2^n$ $(n=1,2,\cdots)$ 是无界的, 因为当 n 无限增加时, 2^n 可超过任何正数.

几何上, 若数列 $\{x_n\}$ 有界, 则存在 $M>0$, 使得数轴上对应于有界数列的点 x_n 都落在闭区间 $[-M,M]$ 上.

定理2(有界性) 收敛数列必定有界.

证 设 $\lim\limits_{n\to\infty}x_n=a$, 由定义知, 取 $\varepsilon=1$, 则 $\exists N\in\mathbf{N}^*$, 使得当 $n>N$ 时, 恒有

$$|x_n-a|<1$$

即

$$a-1<x_n<a+1$$

取 $M=\max\{|x_1|,|x_2|,\cdots,|x_N|,|a-1|,|a+1|\}$, 则对一切自然数 n, 皆有 $|x_n|\leqslant M$, 故 $\{x_n\}$ 有界.

推论1 无界数列必定发散.

【例2.5】 证明数列 $x_n=(-1)^{n+1}$ 是发散的.

证 设 $\lim\limits_{n\to\infty}x_n=a$, 由定义知, 取 $\varepsilon=\dfrac{1}{2}$, 则 $\exists N\in\mathbf{N}^*$, 使得当 $n>N$ 时, 恒有

$$|x_n-a|<\dfrac{1}{2}$$

即当 $n>N$ 时, $x_n\in\left(a-\dfrac{1}{2},a+\dfrac{1}{2}\right)$, 区间长度为1. 而 x_n 无休止地反复取 1、-1 两个数, 不可能同时位于长度为1的区间内, 矛盾. 因此, 该数列是发散的.

此例同时也表明, 有界数列不一定收敛.

定理3(局部保号性) 若 $\lim\limits_{n\to\infty}x_n=a$ 且 $a>0$(或 $a<0$), 则存在 $N\in\mathbf{N}^*$, 使得当 $n>N$ 时, 恒有

$$x_n>0\ (\text{或}\ x_n<0)$$

证 先证 $a>0$ 的情形. 设 $\lim\limits_{n\to\infty} x_n = a$, 由定义知, 对 $\varepsilon = \dfrac{a}{2}>0$, $\exists N\in \mathbf{N}^*$, 使得当 $n>N$ 时, 恒有

$$|x_n - a| < \frac{a}{2}$$

即

$$x_n > a - \frac{a}{2} = \frac{a}{2} > 0$$

同理, 可证 $a<0$ 的情形.

推论 2 若数列 $\{x_n\}$ 从某项起有 $x_n\geqslant 0$ (或 $x_n\leqslant 0$), 且 $\lim\limits_{n\to\infty} x_n = a$, 则 $a\geqslant 0$ (或 $a\leqslant 0$).

证 设数列 $\{x_n\}$ 从第 N_1 项起有 $x_n\geqslant 0$. 用反证法.

若 $\lim\limits_{n\to\infty} x_n = a < 0$, 由定理 3 知, $\exists N_2\in \mathbf{N}^*$, 使得当 $n>N_2$ 时, 有 $x_n<0$. 取

$$N = \max\{N_1, N_2\}$$

则当 $n>N$ 时, 有 $x_n<0$, 但按假定有 $x_n\geqslant 0$, 矛盾. 故必有 $a\geqslant 0$.

同理, 可证数列 $\{x_n\}$ 从某项起有 $x_n\leqslant 0$ 的情形.

2.2 函数的极限

数列可看作自变量为正整数 n 的函数: $x_n = f(n)$, 数列 $\{x_n\}$ 的极限为 a, 即当自变量 n 取正整数且无限增大 ($n\to\infty$) 时, 对应的函数值 $f(n)$ 无限接近数 a. 若将数列极限概念中自变量 n 和函数值 $f(n)$ 的特殊性撇开, 可由此引出函数极限的一般概念: 在自变量 x 的某个变化过程中, 如果对应的函数值 $f(x)$ 无限接近于某个确定的数 a, 则 a 就称为 x 在该变化过程中函数 $f(x)$ 的极限. 显然, 极限 a 是与自变量 x 的变化过程紧密相关的. 自变量的变化过程不同, 函数的极限就有不同的表现形式. 本节分以下两种情况来讨论:

①自变量趋向有限值时函数的极限.

②自变量趋向无穷大时函数的极限.

2.2.1 $x\to x_0$ 时函数 $f(x)$ 的极限

所谓 "$x\to x_0$ 时函数 $f(x)$ 的极限", 就是研究当自变量 x 无限接近于 x_0 时 (记作 $x\to x_0$), 函数 $f(x)$ 的变化趋势. 如果 $f(x)$ 无限接近于某个常数 a, 则称 $x\to x_0$ 时, 函数 $f(x)$ 以 a 为极限或 $f(x)$ 的极限为 a.

例如, 由观察可知, $x\to 2$ 时, 函数 $f(x) = 2x+1$ 的值无限接近于数 5, 即 $x\to 2$ 时, $f(x) = 2x+1$ 的极限为 5, 记作

$$\lim_{x\to 2}(2x+1) = 5$$

同理, 由观察可知

$$\lim_{x\to 2}(10x+9) = 29, \lim_{x\to 2}\frac{1}{2x+1} = \frac{1}{5}$$

在上述例子中,函数 $f(x)$ 在 $x_0 = 2$ 处是有定义的. 但是,有时需要考虑当 $x \to 2$ 时,函数 $f(x) = \dfrac{2x^2 - 3x - 2}{x - 2}$ 的极限.

显然,由于 $x = 2$ 不在 $f(x)$ 的定义域内,$x \to 2$ 时,应限定 $x \neq 2$,即限定 x 的取值应位于 2 的某去心邻域之内. 在点 2 的某去心邻域内有

图 2.3

$$f(x) = \frac{2x^2 - 3x - 2}{x - 2} = \frac{(2x + 1)(x - 2)}{x - 2} = 2x + 1$$

于是有

$$\lim_{x \to 2} f(x) = \lim_{x \to 2} \frac{2x^2 - 3x - 2}{x - 2} = \lim_{x \to 2} (2x + 1) = 5$$

从图 2.3 中可以看出,$x \neq 2$ 时,曲线

$$y = \frac{2x^2 - 3x - 2}{x - 2} = 2x + 1$$

上的动点 $M(x, f(x))$ 随其横坐标 x 无限接近于 2(即 $x \to 2$)时,点 M 将向定点 $M_0(2, 5)$ 无限接近,即有 $\lim\limits_{x \to 2} f(x) = 5$.

关于 $x \to x_0$ 时函数 $f(x)$ 的极限的确切含义,可仿照对数列极限的分析过程. 例如,对上面的例子可分析如下:当 $x \to 2$ 且 $x \neq 2$ 时,$f(x) = \dfrac{2x^2 - 3x - 2}{x - 2} = 2x + 1$ 无限接近于 5,是指

$$|f(x) - 5| = |(2x + 1) - 5| = 2|x - 2|$$

可以任意小,即对任意给定的正数 ε(无论 ε 多么小),只要 x 位于 2 的某去心邻域之内,即满足不等式 $0 < |x - 2| < \dfrac{\varepsilon}{2} = \delta$,则恒有

$$|f(x) - 5| = 2|x - 2| < \varepsilon$$

由上述分析知,可给出以下严格的数学定义:

定义 5 设函数 $f(x)$ 在 x_0 的某去心邻域内有定义,a 为常数. 如果对任意给定的 $\varepsilon > 0$(无论 ε 多么小),总存在 $\delta > 0$,使得当 $0 < |x - x_0| < \delta$ 时,恒有

$$|f(x) - a| < \varepsilon$$

则称常数 a 为 $x \to x_0$ 时函数 $f(x)$ 的极限,或称 $x \to x_0$ 时函数 $f(x)$ 的极限为 a,记作

$$\lim_{x \to x_0} f(x) = a \quad \text{或} \quad f(x) \to a \quad (x \to x_0)$$

以下有 4 点说明:

①由定义可知,极限 $\lim\limits_{x \to x_0} f(x)$ 是否存在或存在时极限为何值,与 $f(x)$ 在 x_0 处是否有定义或有定义时的函数值 $f(x_0)$ 无直接关系.

②定义中的 ε 是任意给定的正数,但一经给定就暂时定下来,并由此确定 δ 的取值. ε 用来刻画函数 $f(x)$ 与常数 a 的接近程度;δ 用来刻画 x 与 x_0 的接近程度.

③极限 $\lim\limits_{x \to x_0} f(x) = a$ 的几何意义是:对任意给定的 $\varepsilon > 0$(无论 ε 多么小),作平行于 x 轴的两条直线 $y = a + \varepsilon$ 和 $y = a - \varepsilon$. 根据定义,对上述 ε,总存在 $\delta > 0$,使得当 $y = f(x)$ 的图形上的点的横坐标 x 落在 x_0 的去心 δ 邻域 $(x_0 - \delta, x_0) \cup (x_0, x_0 + \delta)$ 内时,这些点对应的纵坐标必落在带形区域 $a - \varepsilon < f(x) < a + \varepsilon$ 之内,如图 2.4 所示.

图 2.4

④定义中 $x \rightarrow x_0$ 的方式是任意的,x 既可从 x_0 的左侧趋于 x_0,也可从 x_0 的右侧趋于 x_0. 但是,有时需考虑 x 仅从 x_0 的左侧($x < x_0$)趋于 x_0(记作 $x \rightarrow x_0^-$)或仅从 x_0 右侧($x > x_0$)趋于 x_0(记作 $x \rightarrow x_0^+$)时函数 $f(x)$ 的极限. 例如,在函数定义区间的端点或分段函数的分段点处,就需要考虑这种单侧极限的情形.

一般来说,若 $x \rightarrow x_0^-$(或 $x \rightarrow x_0^+$)时,函数 $f(x)$ 无限接近于常数 a,则称常数 a 为 $x \rightarrow x_0^-$(或 $x \rightarrow x_0^+$)时函数 $f(x)$ 的左极限(或右极限).

左、右极限的严格数学定义如下.

定义 6 设有函数 $f(x)$ 和常数 a. 如果对任意给定的 $\varepsilon > 0$(无论 ε 多么小),总存在 $\delta > 0$,使得当 $0 < x_0 - x < \delta$(或 $0 < x - x_0 < \delta$)时,恒有

$$|f(x) - a| < \varepsilon$$

则称常数 a 为 $x \rightarrow x_0^-$(或 $x \rightarrow x_0^+$)时函数 $f(x)$ 的左极限(或右极限),记作

$$\lim_{x \rightarrow x_0^-} f(x) = a \left(\text{或} \lim_{x \rightarrow x_0^+} f(x) = a \right)$$

有时,可简记为

$$f(x_0 - 0) = a \left(\text{或} f(x_0 + 0) = a \right)$$

函数的左、右极限与函数的极限是 3 个不同的概念,但三者之间有以下重要的定理:

定理 4 $\lim_{x \rightarrow x_0} f(x)$ 存在且等于 a 的充分必要条件是 $\lim_{x \rightarrow x_0^-} f(x)$ 和 $\lim_{x \rightarrow x_0^+} f(x)$ 都存在且都等于 a,即有

$$\lim_{x \rightarrow x_0} f(x) = a \Leftrightarrow \lim_{x \rightarrow x_0^-} f(x) = \lim_{x \rightarrow x_0^+} f(x) = a$$

直观上,定理 4 的结论显然正确,有兴趣的读者可利用定义 5、定义 6 给出严格证明.

【例 2.6】 用定义证明

$$\lim_{x \rightarrow x_0} (ax + b) = ax_0 + b$$

其中,a, b 为已知常数.

证 若 $a = 0$,则 $ax + b = b$,显然有

$$\lim_{x \rightarrow x_0} b = b$$

设 $a \neq 0$,则对任意给定的 $\varepsilon > 0$,要使

$$|(ax + b) - (ax_0 + b)| = |a| |x - x_0| < \varepsilon$$

只需

$$|x - x_0| < \frac{\varepsilon}{|a|}$$

取 $\delta = \dfrac{\varepsilon}{|a|} > 0$,则当 $0 < |x - x_0| < \delta$ 时,恒有

$$\left|(ax+b)-(ax_0+b)\right|=|a||x-x_0|<|a|\cdot\frac{\varepsilon}{|a|}=\varepsilon$$

于是,根据定义有

$$\lim_{x\to x_0}(ax+b)=ax_0+b$$

【例2.7】 已知函数

$$f(x)=\begin{cases}x+1,x<0\\0,x=0\\x-1,x>0\end{cases}$$

讨论极限$\lim_{x\to 0}f(x)$是否存在?

解 由图2.5有

$$\lim_{x\to 0^-}f(x)=1,\ \lim_{x\to 0^+}f(x)=-1$$

由此可知,函数$f(x)$在$x=0$处的左、右极限都存在,但二者不相等. 因此,由定理4可知,极限$\lim_{x\to 0}f(x)$不存在.

图2.5   图2.6

2.2.2 $x\to\infty$时函数$f(x)$的极限

对于函数$f(x)$的自变量x,若x取正值且无限增大,则记作$x\to+\infty$,读作"x趋于正无穷大";若x取负值且其绝对值$|x|$无限增大,则记作$x\to-\infty$,读作"x趋于负无穷大";若x既取正值又取负值,且其绝对值$|x|$无限增大,则记作$x\to\infty$,读作"x趋于无穷大".

所谓"$x\to\infty$时函数$f(x)$的极限",就是研究自变量x趋于无穷大(即$x\to\infty$)时,函数$f(x)$的相应变化趋势. 若$f(x)$无限趋近某个常数a,则称$x\to\infty$时函数$f(x)$的极限为a或$f(x)$以a为极限.

例如,由图2.6观察可知,$x\to\infty$时,函数$f(x)=\dfrac{1}{x}$将无限趋于数0,这时称$x\to\infty$时,函数$f(x)=\dfrac{1}{x}$的极限为0.

与数列极限类似,$x\to\infty$时函数$f(x)$的极限有以下严格的数学定义:

定义7 设函数$f(x)$在$|x|>A$(A为正的常数)时有定义,a为常数. 如果对任意给定的$\varepsilon>0$(无论ε多么小),总存在正数M,使得当$|x|>M$时,恒有

$$|f(x)-a|<\varepsilon$$

则称常数a为$x\to\infty$时函数$f(x)$的极限,或称$x\to\infty$时函数$f(x)$的极限为a,记作

$$\lim_{x\to\infty}f(x)=a\ \text{或}\ f(x)\to a(x\to\infty)$$

以下有 3 点说明:

①定义中的 ε 是任意给定的正数,但一经给定就暂时定下来,并由此确定 M 的取值. ε 用来刻画函数 $f(x)$ 与常数 a 的接近程度;M 用来刻画 $|x|$ 无限增大的程度.

②极限 $\lim\limits_{x\to\infty}f(x)=a$ 的几何意义是:对任意给定的 $\varepsilon>0$(无论 ε 多么小),作平行于 x 轴的两条直线 $y=a+\varepsilon$ 和 $y=a-\varepsilon$. 根据定义,对上述 ε,总存在 $M>0$,使得当 $y=f(x)$ 的图形上的点的横坐标 x 落在区域 $(-\infty,-M)\cup(M,+\infty)$ 之内时,这些点对应的纵坐标必落在带形区域 $a-\varepsilon<f(x)<a+\varepsilon$ 之内(图 2.7).

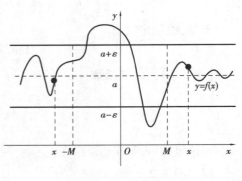

图 2.7

③定义中 $x\to\infty$ 的方式是任意的,$|x|$ 既可沿 x 轴负方向无限增大,也可沿 x 轴正方向无限增大. 有时需考虑 $|x|$ 沿 x 轴负方向无限增大(即 $x\to-\infty$),或 $|x|$ 沿 x 轴正方向无限增大(即 $x\to+\infty$)的情形.

若当 $x\to-\infty$(或 $x\to+\infty$)时,函数 $f(x)$ 无限趋近常数 a,则称常数 a 为 $x\to-\infty$(或 $x\to+\infty$)时函数 $f(x)$ 的极限,记作

$$\lim\limits_{x\to-\infty}f(x)=a(\text{或}\lim\limits_{x\to+\infty}f(x)=a)$$

读者不难给出它们严格数学定义,也可参见表 2.1.

$\lim\limits_{x\to\infty}f(x)$ 与 $\lim\limits_{x\to-\infty}f(x)$,$\lim\limits_{x\to+\infty}f(x)$ 是 3 个不同的极限概念,也有与定理 4 类似的以下定理.

定理 5 $\lim\limits_{x\to\infty}f(x)$ 存在且等于 a 的充分必要条件是 $\lim\limits_{x\to-\infty}f(x)$ 和 $\lim\limits_{x\to+\infty}f(x)$ 都存在且都等于 a,即有

$$\lim\limits_{x\to\infty}f(x)=a\Leftrightarrow\lim\limits_{x\to-\infty}f(x)=\lim\limits_{x\to+\infty}f(x)=a$$

【例 2.8】 用定义证明:$\lim\limits_{x\to\infty}\dfrac{\sin x}{x}=0$.

证 对任意给定的 $\varepsilon>0$,要使

$$\left|\frac{\sin x}{x}-0\right|=\frac{|\sin x|}{|x|}\leqslant\frac{1}{|x|}<\varepsilon$$

只需

$$|x|>\frac{1}{\varepsilon}$$

取 $M=\dfrac{1}{\varepsilon}>0$,则当 $|x|>M$ 时,恒有

$$\left|\frac{\sin x}{x}-0\right|=\frac{|\sin x|}{|x|}\leqslant\frac{1}{|x|}<\frac{1}{M}<\varepsilon$$

于是,根据定义有

$$\lim\limits_{x\to\infty}\frac{\sin x}{x}=0$$

【例 2.9】 讨论 $\lim\limits_{x\to\infty}\arctan x$ 是否存在.

解 由函数 $f(x)=\arctan x$ 的图形(图 1.21)可知

$$\lim\limits_{x\to-\infty}\arctan x=-\frac{\pi}{2},\ \lim\limits_{x\to+\infty}\arctan x=\frac{\pi}{2}$$

由于极限 $\lim\limits_{x \to -\infty} \arctan x$ 与 $\lim\limits_{x \to +\infty} \arctan x$ 都存在,但不相等,故由定理 5 可知,极限 $\lim\limits_{x \to \infty} \arctan x$ 不存在.

2.2.3 函数极限的性质

利用函数极限的定义,采用与数列极限相应性质的证明类似的方法,可得函数极限的一些相应性质.下面仅以 $x \to x_0$ 的极限形式为代表给出这些性质,至于其他形式的极限性质,只需作些修改即可得到.

性质 1(唯一性) 若 $\lim\limits_{x \to x_0} f(x)$ 存在,则其值是唯一的.

性质 2(局部有界性) 若 $\lim\limits_{x \to x_0} f(x) = a$,则存在常数 $M > 0$ 和 $\delta > 0$,使得当 $0 < |x - x_0| < \delta$ 时,有

$$|f(x)| \leq M$$

性质 3(局部保号性) 若 $\lim\limits_{x \to x_0} f(x) = a$,且 $a > 0$(或 $a < 0$),则存在常数 $\delta > 0$,使得当 $0 < |x - x_0| < \delta$ 时,有

$$f(x) > 0 \ (\text{或} \ f(x) < 0)$$

推论 3 若 $\lim\limits_{x \to x_0} f(x) = a$,且在 x_0 的某去心邻域内 $f(x) \geq 0$(或 $f(x) \leq 0$),则

$$a \geq 0 \ (\text{或} \ a \leq 0)$$

2.2.4 极限概念小结

上节介绍了数列极限的概念,本节又根据自变量 x 变化过程的 6 种不同情形,介绍了函数极限的概念.下面汇总数列与函数极限的严格数学定义,以供比较和理解(表 2.1).

表 2.1 极限定义汇总

极限类型	定义内容			
	任意给定	总存在	使当……时	恒有
① $\lim\limits_{n \to \infty} x_n$		正整数 N	$n > N$	$|x_n - a| < \varepsilon$
② $\lim\limits_{x \to x_0} f(x)$			$0 < |x - x_0| < \delta$	
③ $\lim\limits_{x \to x_0^-} f(x)$		$\delta > 0$	$0 < x_0 - x < \delta$	
④ $\lim\limits_{x \to x_0^+} f(x)$	$\varepsilon > 0$		$0 < x - x_0 < \delta$	$|f(x) - a| < \varepsilon$
⑤ $\lim\limits_{x \to \infty} f(x)$			$|x| > M$	
⑥ $\lim\limits_{x \to -\infty} f(x)$		$M > 0$	$x < -M$	
⑦ $\lim\limits_{x \to +\infty} f(x)$			$x > M$	

注:①ε 是任意给定的正数,用来刻画 x_n,$f(x)$ 与 a 的接近程度.

②N,δ,M 随 ε 而定,N,M 用来刻画 n,$|x|$ 无限增大的程度;δ 用来刻画 x 与 x_0 的接近程度.

7 种类型的极限中,以类型①、②、⑤为重点,理解了这三种类型的极限概念,其他 4 种类型的极限概念也就不难理解了.

显然,直接由极限定义求一个数列或函数的极限是不可行的. 那么,如何求一个数列或函数的极限呢? 前两节通过观察曾求出一些简单的数列或函数的极限. 显然,这种通过观察求极限的方法仅对少数简单极限问题有效.

为了解决如何求解数列与函数极限的问题,需要研究数列与函数极限的一些共有运算法则,下面两节将介绍这方面的内容. 由于极限共有 7 种类型,为了简化叙述和论证过程,将用 $\lim f(x)$ 的简化形式泛指极限的任何一种类型(数列理解为下标函数 $x_n = f(n)$). 需要证明时,只对其中一种类型(如 $x \to x_0$)给出证明,其他类型的证明只需根据表 2.1 的相应定义略作修改即可.

2.3 无穷小与无穷大

2.3.1 无穷小的概念

创立极限的数学家

定义 8 极限为零的变量称为无穷小或无穷小量.

例如,因为 $\lim\limits_{x \to 0} x^2 = 0$,所以 $x \to 0$ 时,x^2 是无穷小;因 $\lim\limits_{x \to -\infty} e^x = 0$,故 $x \to -\infty$ 时,e^x 是无穷小;同理,$x \to \infty$ 时,$\dfrac{1}{x}$ 是无穷小;$x \to 0^+$ 时,$e^{-\frac{1}{x}}$ 是无穷小.

以下有 4 点说明:

①定义 8 中所说的极限,包括数列极限和 6 种类型的函数极限.

②无穷小是相对于自变量的某一具体变化过程而言的. 例如,$x \to \infty$ 时,$\dfrac{1}{x}$ 是无穷小,而 $x \to 1$ 时,$\dfrac{1}{x} \to 1$ 就不是无穷小了.

③无穷小是指在自变量的某个变化过程中极限为零的变量,而不是绝对值很小很小的常量.

④因 $\lim 0 = 0$,故常数 0 在自变量的所有变化过程中都是无穷小. 但是,无穷小不一定是零.

定理 6 极限 $\lim\limits_{x \to x_0} f(x) = a$ 的充分必要条件是,函数 $f(x)$ 在 x_0 的某去心邻域内可表示为 $a + \alpha(x)$,即有

$$\lim\limits_{x \to x_0} f(x) = a \Leftrightarrow f(x) = a + \alpha(x)$$

其中,$\alpha(x)$ 为 $x \to x_0$ 时的无穷小,即 $\lim\limits_{x \to x_0} \alpha(x) = 0$.

证 必要性:设 $\lim\limits_{x \to x_0} f(x) = a$,则对任意给定的 $\varepsilon > 0$,存在 $\delta > 0$,使得当 $0 < |x - x_0| < \delta$ 时,恒有

$$|f(x) - a| = |[f(x) - a] - 0| < \varepsilon$$

于是,由函数极限的定义可知

$$\lim_{x \to x_0} [f(x) - a] = 0$$

因此,$x \to x_0$ 时,$f(x) - a$ 为无穷小,令 $\alpha(x) = f(x) - a$,则有

$$f(x) = a + \alpha(x)$$

其中,$\alpha(x)$ 为 $x \to x_0$ 时的无穷小.

充分性:设 $f(x) = a + \alpha(x)$,且 $\lim_{x \to x_0} \alpha(x) = 0$,则对任意给定的 $\varepsilon > 0$,存在 $\delta > 0$,使得当 $0 < |x - x_0| < \delta$ 时,恒有

$$|\alpha(x)| = |f(x) - a| < \varepsilon$$

于是,根据极限定义有

$$\lim_{x \to x_0} f(x) = a$$

定理6表明,"$f(x)$ 以 a 为极限"与"$f(x)$ 与 a 之差为无穷小"是两个等价的说法. 该定理在今后的讨论中经常会用到.

注:对自变量 x 的其他变化过程,也有类似于定理6的结论. 一般有

$$\lim f(x) = a \Leftrightarrow f(x) = a + \alpha(x), \lim \alpha(x) = 0$$

2.3.2 无穷小的运算性质

下面不加证明地给出无穷小的运算性质.

性质4 在同一极限过程中,有限个无穷小之和、差、积仍为无穷小.

性质5 无穷小与有界变量的积仍为无穷小.

推论4 常数与无穷小的乘积仍为无穷小.

推论5 有极限的变量与无穷小的乘积仍为无穷小.

【例2.10】 求极限 $\lim_{x \to 0} x \sin \dfrac{1}{x}$.

解 因 $x \to 0$ 时,$x \neq 0$,且 $\left| \sin \dfrac{1}{x} \right| \leqslant 1$,故 $x \neq 0$ 时,$\sin \dfrac{1}{x}$ 为有界变量;又因 $\lim_{x \to 0} x = 0$,故 $x \to 0$ 时,x 为无穷小. 于是,由性质5可知,$x \to 0$ 时,$x \sin \dfrac{1}{x}$ 为无穷小,即有

$$\lim_{x \to 0} x \sin \frac{1}{x} = 0$$

2.3.3 无穷大的概念

在函数极限不存在的情形中,有一种特殊情形受到特别重视. 例如,当 $x \to 0$ 时,函数 $f(x) = \dfrac{1}{x}$ 的绝对值无限地增大;函数 $g(x) = \dfrac{1}{x^2}$ 恒为正,且其值无限地增大;函数 $h(x) = -\dfrac{1}{x^2}$ 恒为负,且其绝对值无限地增大. 因此,当 $x \to 0$ 时,这3个函数的极限都不存在. 但它们的共同特点是,当 $x \to 0$ 时,函数的绝对值都无限地增大,通常借用函数极限的记法,将上述3种极限不存在的情形分别记作

$$\lim_{x \to 0} \frac{1}{x} = \infty \ , \lim_{x \to 0} \frac{1}{x^2} = +\infty \ , \lim_{x \to 0} \left(-\frac{1}{x^2} \right) = -\infty$$

一般有以下直观定义：

定义 9 在自变量的某一变化过程中,若变量 y 的绝对值 $|y|$ 无限地增大,则称 y 为无穷大,记作

$$\lim y = \infty$$

若 y 恒为正且 y 无限地增大,则称 y 为正无穷大,记作

$$\lim y = +\infty$$

若 y 恒为负且 $|y|$ 无限地增大,则称 y 为负无穷大,记作

$$\lim y = -\infty$$

例如：

当 $x \to 2$ 时,$y = \dfrac{1}{x-2}$ 的绝对值无限地增大,即当 $x \to 2$ 时,$y = \dfrac{1}{x-2}$ 是无穷大,故

$$\lim_{x \to 2} \frac{1}{x-2} = \infty$$

当 $x \to +\infty$ 时,$y = 10^x$ 恒为正且其值无限地增大,故有

$$\lim_{x \to +\infty} 10^x = +\infty$$

当 $x \to 0^+$ 时,$y = \ln x$ 恒为负 $(0 < x < 1)$ 且其绝对值无限地增大,故有

$$\lim_{x \to 0^+} \ln x = -\infty$$

上述 3 例的几何图形如图 2.8 所示.

图 2.8

以下有 4 点说明：

①定义 9 对数列也适用. 例如

$$\lim_{n \to \infty} (-1)^n n = \infty \ , \lim_{n \to \infty} n^2 = +\infty \ , \lim_{n \to \infty} (1-n^2) = -\infty$$

②无穷大是相对于自变量某个变化过程而言的. 例如,$x \to 0$ 时,$\dfrac{1}{x}$ 是无穷大,而 $x \to 1$ 时,

$\dfrac{1}{x} \to 1$ 不是无穷大.

③无穷大是指自变量的某个变化过程中,其绝对值无限增大的变量,而不是绝对值很大很大的常量.

④定义 9 只是无穷大的一种直观描述,而不是严格的数学定义. $\lim\limits_{x \to x_0} f(x) = \infty$（或 $+\infty$,或 $-\infty$）的严格数学定义是：对任意给定的正数 M（不论多大）,总存在 $\delta > 0$,使得当

$0<|x-x_0|<\delta$时,恒有

$$|f(x)|>M(或 f(x)>M,或 f(x)<-M)$$

2.3.4 无穷小与无穷大的关系

可以证明,无穷小与无穷大有以下重要的关系:

定理7 在自变量的同一变化过程中,无穷大的倒数为无穷小;恒不为零的无穷小的倒数为无穷大.

根据这个定理,可将无穷大的讨论归结为关于无穷小的讨论.

【例2.11】 求$\lim\limits_{x\to\infty}\dfrac{x^4}{x^3+5}$.

解 因为

$$\lim_{x\to\infty}\frac{x^3+5}{x^4}=\lim_{x\to\infty}\left(\frac{1}{x}+\frac{5}{x^4}\right)=0$$

于是,根据无穷小与无穷大的关系有

$$\lim_{x\to\infty}\frac{x^4}{x^3+5}=\infty$$

2.3.5 无穷小的比较

由无穷小的性质可知,两个无穷小的和、差、积仍为无穷小. 但是,两个无穷小的商,则情况比较复杂. 例如,$x\to 0$时,$x,2x,x^2$和$x-x^2$都是无穷小,但它们之间比值的极限却不相同,容易看出

$$\lim_{x\to 0}\frac{2x}{x}=2,\lim_{x\to 0}\frac{x^2}{x}=0,\lim_{x\to 0}\frac{x}{x^2}=\infty,\lim_{x\to 0}\frac{x-x^2}{x}=1$$

一般有以下的定义:

定义10 设α和β是同一变化过程中的两个无穷小,且$\lim\dfrac{\alpha}{\beta}=a$.

①若$a=0$,则称α是比β高阶的无穷小(或β是比α低阶的无穷小),记作$\alpha=o(\beta)$;

②若$a=\infty$,则称α是比β低阶的无穷小(或β是比α高阶的无穷小);

③若$a\neq 0$,则称α与β是同阶无穷小;若$a=1$,则称α与β是等价无穷小,记作$\alpha\sim\beta$.

例如,由上面的讨论可知,$x\to 0$时,$2x$与x是同阶无穷小,x^2是比x高阶的无穷小,$x-x^2$与x是等价无穷小(即$x-x^2\sim x,x\to 0$).

性质6(无穷小等价替换定理) 如果$\alpha_1\sim\beta_1,\alpha_2\sim\beta_2$,且极限$\lim\dfrac{\beta_1}{\beta_2}$存在,则有

$$\lim\frac{\alpha_1}{\alpha_2}=\lim\frac{\beta_1}{\beta_2}$$

证 $\lim\dfrac{\alpha_1}{\alpha_2}=\lim\dfrac{\alpha_1}{\beta_1}\cdot\dfrac{\beta_1}{\beta_2}\cdot\dfrac{\beta_2}{\alpha_2}=\lim\dfrac{\alpha_1}{\beta_1}\cdot\lim\dfrac{\beta_1}{\beta_2}\cdot\lim\dfrac{\beta_2}{\alpha_2}=\lim\dfrac{\beta_1}{\beta_2}$

注:以后将会看到,性质6对简化某些极限的求解过程将起到重要作用. 但应注意,等价无穷小替换可用于乘除运算的各因式,而不能随意用于和差运算.

2.4 极限运算法则

2.4.1 极限的四则运算法则

利用极限与无穷小的关系(定理6)和无穷小的性质,可以证明以下的极限四则运算法则:

定理8 如果极限 $\lim f(x)$ 与 $\lim g(x)$ 都存在,则

$$\lim[f(x) \pm g(x)] = \lim f(x) \pm \lim g(x)$$

$$\lim[f(x)g(x)] = [\lim f(x)][\lim g(x)]$$

$$\lim \frac{f(x)}{g(x)} = \frac{\lim f(x)}{\lim g(x)} \quad (\lim g(x) \neq 0)$$

证 设 $\lim f(x) = a$,$\lim g(x) = b$,则由定理6有

$$f(x) = a + \alpha(x), g(x) = b + \beta(x)$$

其中,$\alpha(x)$ 与 $\beta(x)$ 是同一变化过程中的无穷小. 于是有

$$f(x) \pm g(x) = (a \pm b) + [\alpha(x) \pm \beta(x)]$$

$$f(x)g(x) = ab + [a\beta(x) + b\alpha(x) + \alpha(x)\beta(x)]$$

$$\frac{f(x)}{g(x)} = \frac{a}{b} + \left[\frac{a+\alpha(x)}{b+\beta(x)} - \frac{a}{b}\right] = \frac{a}{b} + \frac{b\alpha(x) - a\beta(x)}{b[b+\beta(x)]}$$

由无穷小的性质可知,$\alpha(x) \pm \beta(x)$ 与 $a\beta(x) + b\alpha(x) + \alpha(x)\beta(x)$ 以及 $\frac{b\alpha(x) - a\beta(x)}{b[b+\beta(x)]}$ 都是无穷小.

因此,由定理6可得

$$\lim[f(x) \pm g(x)] = a \pm b = \lim f(x) \pm \lim g(x)$$

$$\lim[f(x)g(x)] = ab = [\lim f(x)][\lim g(x)]$$

$$\lim \frac{f(x)}{g(x)} = \frac{a}{b} = \frac{\lim f(x)}{\lim g(x)}(\lim g(x) \neq 0)$$

定理得证.

上述极限的和、差、积的运算法则,可推广到有限个函数的情形.

推论6 设极限 $\lim f(x)$ 存在,c 为常数,则有

$$\lim[cf(x)] = c \lim f(x)$$

推论7 设极限 $\lim f_1(x), \lim f_2(x), \cdots, \lim f_n(x)$ 都存在,$c_1, c_2, \cdots, c_n$ 为常数,则有

$$\lim[c_1 f_1(x) + c_2 f_2(x) + \cdots + c_n f_n(x)] = c_1 \lim f_1(x) + c_2 \lim f_2(x) + \cdots + c_n \lim f_n(x)$$

推论8 设极限 $\lim f_1(x), \lim f_2(x), \cdots, \lim f_n(x)$ 都存在,则有

$$\lim[f_1(x) \cdot f_2(x) \cdot \cdots \cdot f_n(x)] = \lim f_1(x) \cdot \lim f_2(x) \cdot \cdots \cdot \lim f_n(x)$$

特别地,若极限 $\lim f(x)$ 存在,n 为正整数,则有

$$\lim[f(x)]^n = [\lim f(x)]^n$$

定理 9(复合函数的极限,变量替换定理) 设 $y = f(u)$ 与 $u = \varphi(x)$ 构成复合函数 $y = f[\varphi(x)]$. 若 $\lim\limits_{u \to u_0} f(u) = a$, $\lim\limits_{x \to x_0} \varphi(x) = u_0$, 且 $\varphi(x) \neq u_0 (x \neq x_0)$, 则有

$$\lim_{x \to x_0} f[\varphi(x)] = \lim_{u \to u_0} f(u) = a \tag{2.2}$$

证明从略.

以下有 3 点说明:

①定理 9 为极限计算中经常用到的"变量替换法"提供了理论依据. 实际上,式(2.2)就是计算极限的变量替换公式. 若令 $u = \varphi(x)$, 则极限 $\lim\limits_{x \to x_0} f[\varphi(x)]$ 就转化为求极限 $\lim\limits_{u \to u_0} f(u)$, 而后者可能较易计算.

另外,实际利用式(2.2)时,不必事先验证 $\lim\limits_{u \to u_0} f(u)$ 的存在性,因其是否存在会随计算过程自动显示出来.

②对其他类型的极限,也有类似的结论.

例如,若 $\lim\limits_{u \to \infty} f(u) = a$(或 ∞), 且 $\lim\limits_{x \to x_0} \varphi(x) = \infty$, 则

$$\lim_{x \to x_0} f[\varphi(x)] = \lim_{u \to \infty} f(u) = a(\text{或} \infty)$$

③对幂指函数的极限,有以下推论:

推论 9(幂指函数的极限) 设 $\lim f(x) = a(a > 0)$, $\lim g(x) = b$, 则有

$$\lim f(x)^{g(x)} = \left[\lim f(x)\right]^{\lim g(x)} = a^b$$

证明从略.

2.4.2 法则的应用

【例 2.12】 求极限 $\lim\limits_{x \to 3}(2x^2 - 3x + 2)$.

解 由推论 7 和推论 8,得

$$\begin{aligned}
\lim_{x \to 3}(2x^2 - 3x + 2) &= \lim_{x \to 3}(2x^2) - \lim_{x \to 3}(3x) + \lim_{x \to 3} 2 \\
&= 2\left(\lim_{x \to 3} x\right)^2 - 3\lim_{x \to 3} x + 2 \\
&= 2 \times 3^2 - 3 \times 3 + 2 \\
&= 11
\end{aligned}$$

【例 2.13】 设有 n 次多项式函数

$$P_n(x) = a_0 x^n + a_1 x^{n-1} + \cdots + a_{n-1} x + a_n$$

其中,$a_0, a_1, \cdots, a_{n-1}, a_n$ 为常数,且 $a_0 \neq 0$. 求 $\lim\limits_{x \to x_0} P_n(x)$.

解 由推论 7 和推论 8,得

$$\begin{aligned}
\lim_{x \to x_0} P_n(x) &= a_0 \lim_{x \to x_0} x^n + a_1 \lim_{x \to x_0} x^{n-1} + \cdots + a_{n-1} \lim_{x \to x_0} x + a_n \\
&= a_0 x_0^n + a_1 x_0^{n-1} + \cdots + a_{n-1} x_0 + a_n \\
&= P_n(x_0)
\end{aligned}$$

【例 2.14】 求极限 $\lim\limits_{x \to 3} \dfrac{2x^2 - 9}{5x^2 - 7x - 2}$.

解 由定理 8 及例 2.13 的结论,有

$$\lim_{x\to3}\frac{2x^2-9}{5x^2-7x-2}=\frac{\lim_{x\to3}(2x^2-9)}{\lim_{x\to3}(5x^2-7x-2)}=\frac{9}{22}$$

【例 2. 15】 求极限 $\lim\limits_{x\to1}\dfrac{4x-1}{x^2+2x-3}$.

解 由于分母的极限为零,不能直接利用定理 8,但有

$$\lim_{x\to1}\frac{x^2+2x-3}{4x-1}=\frac{\lim_{x\to1}(x^2+2x-3)}{\lim_{x\to1}(4x-1)}=\frac{0}{3}=0$$

于是,由无穷小与无穷大的关系,有

$$\lim_{x\to1}\frac{4x-1}{x^2+2x-3}=\infty$$

【例 2. 16】 求极限 $\lim\limits_{x\to1}\dfrac{x^2-1}{x^2+2x-3}$.

解 由例 2. 13 可得

$$\lim_{x\to1}(x^2-1)=0$$
$$\lim_{x\to1}(x^2+2x-3)=0$$

因分子、分母的极限均为零,故不能直接利用定理 8. 但是,由于
$$x^2-1=(x+1)(x-1)$$
$$x^2+2x-3=(x-1)(x+3)$$

且 $x\to1$ 时,$x\neq1$,可见分子、分母有公因子 $x-1$ 可以消去,于是有

$$\lim_{x\to1}\frac{x^2-1}{x^2+2x-3}=\lim_{x\to1}\frac{(x+1)(x-1)}{(x-1)(x+3)}=\lim_{x\to1}\frac{x+1}{x+3}=\frac{1}{2}$$

例 2. 14、例 2. 15 和例 2. 16 的求解方法,可推广到一般情形. 设

$$R(x)=\frac{P_n(x)}{Q_m(x)}=\frac{a_0x^n+a_1x^{n-1}+\cdots+a_{n-1}x+a_n}{b_0x^m+b_1x^{m-1}+\cdots+b_{m-1}x+b_m}\tag{2.3}$$

其中,$a_0,a_1,\cdots,a_n;b_0,b_1,\cdots,b_m$ 均为常数,且 $a_0\neq0,b_0\neq0$.

①若 $Q_m(x_0)\neq0$,则 $\lim\limits_{x\to x_0}R(x)=R(x_0)$;

②若 $Q_m(x_0)=0,P_n(x_0)\neq0$,则 $\lim\limits_{x\to x_0}R(x)=\infty$;

③若 $Q_m(x_0)=P_n(x_0)=0$,则 $Q_m(x)$ 与 $P_n(x)$ 必有公因子 $x-x_0$,将 $Q_m(x)$ 与 $P_n(x)$ 因式分解,并将分解后的 $R(x)$ 的公因子约去,然后再求解.

【例 2. 17】 求 $\lim\limits_{x\to1}\dfrac{2x^2-1}{3x^2-5x+a}$. 其中,$a$ 为常数.

解 由于

$$\lim_{x\to1}(2x^2-1)=1,\lim_{x\to1}(3x^2-5x+a)=a-2$$

因此,当 $a\neq2$ 时,分母的极限不为零,故

$$\lim_{x\to1}\frac{2x^2-1}{3x^2-5x+a}=\frac{1}{a-2},a\neq2$$

当 $a=2$ 时,由于分母的极限为零,但分子的极限不为零,故

$$\lim_{x\to1}\frac{2x^2-1}{3x^2-5x+a}=\infty,a=2$$

【例 2.18】 求极限 $\lim\limits_{x\to 1}\dfrac{\sqrt{x^2+3}-2}{\sqrt{x^2+8}-3}$.

分析 本题出现根式. 由复合函数的求极限法则,得

$$\lim_{x\to 1}(\sqrt{x^2+3}-2)=\sqrt{\lim_{x\to 1}(x^2+3)}-2=\sqrt{4}-2=0$$

$$\lim_{x\to 1}(\sqrt{x^2+8}-3)=\sqrt{\lim_{x\to 1}(x^2+8)}-3=\sqrt{9}-3=0$$

由于分子、分母的极限均为零,不能直接利用定理 8,但根据式(2.3)第③种情况的思想,可通过对分子、分母同乘共轭根式的方法,将所求极限变形,并约去变形后分子分母的公因子,然后再利用定理 8 求解.

解

$$
\begin{aligned}
\lim_{x\to 1}\frac{\sqrt{x^2+3}-2}{\sqrt{x^2+8}-3}&=\lim_{x\to 1}\frac{(\sqrt{x^2+3}-2)(\sqrt{x^2+3}+2)(\sqrt{x^2+8}+3)}{(\sqrt{x^2+8}-3)(\sqrt{x^2+8}+3)(\sqrt{x^2+3}+2)}\\
&=\lim_{x\to 1}\frac{(x^2-1)(\sqrt{x^2+8}+3)}{(x^2-1)(\sqrt{x^2+3}+2)}\\
&=\lim_{x\to 1}\frac{\sqrt{x^2+8}+3}{\sqrt{x^2+3}+2}\\
&=\frac{6}{4}\\
&=\frac{3}{2}
\end{aligned}
$$

【例 2.19】 求下列极限:

$(1)\ \lim\limits_{x\to\infty}\dfrac{x^4-x^3+2x-5}{2x^3+x^2-3x+6}$; $(2)\ \lim\limits_{x\to\infty}\dfrac{2x^3+x^2-x+1}{x^3-2x^2+x-4}$.

分析 本例中两个待求极限的分子、分母的极限均不存在,不能利用定理 8. 但分子、分母同除以 x 的最高次幂将其变形,并利用无穷小与无穷大的关系,即可求解.

解 (1)分子、分母交换位置并同时除以 x^4,可得

$$\lim_{x\to\infty}\frac{2x^3+x^2-3x+6}{x^4-x^3+2x-5}=\lim_{x\to\infty}\frac{\dfrac{2}{x}+\dfrac{1}{x^2}-\dfrac{3}{x^3}+\dfrac{6}{x^4}}{1-\dfrac{1}{x}+\dfrac{2}{x^3}-\dfrac{5}{x^4}}=0$$

所以

$$\lim_{x\to\infty}\frac{x^4-x^3+2x-5}{2x^3+x^2-3x+6}=\infty$$

(2)分子、分母同除以 x^3,得

$$\lim_{x\to\infty}\frac{2x^3+x^2-x+1}{x^3-2x^2+x-4}=\lim_{x\to\infty}\frac{2+\dfrac{1}{x}-\dfrac{1}{x^2}+\dfrac{1}{x^3}}{1-\dfrac{2}{x}+\dfrac{1}{x^2}-\dfrac{4}{x^3}}=2$$

一般有以下结论:设 $R(x)$ 由式(2.3)确定,则有

$$\lim_{x\to\infty}R(x)=\begin{cases}\dfrac{a_0}{b_0},\ 若\ n=m\\[2mm]0,\ 若\ n<m\\[2mm]\infty,\ 若\ n>m\end{cases} \qquad (2.4)$$

此外,式(2.4)对数列极限也适用. 例如

$$\lim_{n\to\infty}\frac{2n^4+n-1}{n^4+2n^2+2}=\frac{2}{1}=2$$

【例2.20】 求 $\lim\limits_{n\to\infty}\left(\dfrac{1}{n^2}+\dfrac{2}{n^2}+\cdots+\dfrac{n}{n^2}\right)$.

分析 式中每一项都是无穷小,但由于项数随 n 增大而不断增大,故不是有限项之和,不能直接利用定理8.

解 由于

$$
\begin{aligned}
\frac{1}{n^2}+\frac{2}{n^2}+\cdots+\frac{n}{n^2} &=\frac{1}{n^2}(1+2+\cdots+n)\\
&=\frac{n(n+1)}{2n^2}\\
&=\frac{n+1}{2n}
\end{aligned}
$$

所以

$$\lim_{n\to\infty}\left(\frac{1}{n^2}+\frac{2}{n^2}+\cdots+\frac{n}{n^2}\right)=\lim_{n\to\infty}\frac{n+1}{2n}=\frac{1}{2}$$

【例2.21】 求极限 $\lim\limits_{x\to\infty}\dfrac{x^2+1}{x^3+x+2}(\sin x+\cos x)$.

解 由于

$$\lim_{x\to\infty}\frac{x^2+1}{x^3+x+2}=0$$

且 $|\sin x+\cos x|\leqslant 2$,故由无穷小的性质5,得

$$\lim_{x\to\infty}\frac{x^2+1}{x^3+x+2}(\sin x+\cos x)=0$$

注:以下求解过程是错误的.

$$\lim_{x\to\infty}\frac{x^2+1}{x^3+x+2}(\sin x+\cos x)=\lim_{x\to\infty}\frac{x^2+1}{x^3+x+2}\cdot\lim_{x\to\infty}(\sin x+\cos x)=0$$

这是因为,极限 $\lim\limits_{x\to\infty}(\sin x+\cos x)$ 不存在,不能运用极限的乘积运算法则.

【例2.22】 已知极限 $\lim\limits_{x\to\infty}\left(\dfrac{x^2+2}{x-1}-ax-b\right)=0$,求常数 a 和 b.

解 由于

$$
\begin{aligned}
\lim_{x\to\infty}\left(\frac{x^2+2}{x-1}-ax-b\right) &=\lim_{x\to\infty}\frac{x^2+2-(x-1)(ax+b)}{x-1}\\
&=\lim_{x\to\infty}\frac{(1-a)x^2+(a-b)x+2+b}{x-1}\\
&=0
\end{aligned}
$$

于是,由式(2.4)可知,上式分子多项式的次数应为零,故有 $1-a=0$,$a-b=0$,由此解得

$$a=b=1$$

【例2.23】 求 $\lim\limits_{x\to\frac{\pi}{2}}\dfrac{\cos^2 x}{2-\sin x-\sin^2 x}$.

解
$$\lim_{x\to\frac{\pi}{2}}\frac{\cos^2 x}{2-\sin x-\sin^2 x}=\lim_{x\to\frac{\pi}{2}}\frac{1-\sin^2 x}{2-\sin x-\sin^2 x}$$

$$=\lim_{x\to\frac{\pi}{2}}\frac{(1-\sin x)(1+\sin x)}{(1-\sin x)(2+\sin x)}$$

$$=\lim_{x\to\frac{\pi}{2}}\frac{1+\sin x}{2+\sin x}$$

$$=\frac{2}{3} \qquad (2.5)$$

注:式(2.5)中也可先作变量替换,令 $u=\sin x$,则当 $x\to\frac{\pi}{2}$ 时, $u\to 1$. 于是,由式(2.2),可得

$$\lim_{x\to\frac{\pi}{2}}\frac{(1-\sin x)(1+\sin x)}{(1-\sin x)(2+\sin x)}=\lim_{u\to 1}\frac{(1-u)(1+u)}{(1-u)(2+u)}=\lim_{u\to 1}\frac{1+u}{2+u}=\frac{2}{3}$$

2.5 极限存在性定理与两个重要极限

2.5.1 极限存在性定理

定理 10(夹逼定理) 假设在 x_0 的某去心邻域 $(x_0-\delta_0,x_0)\cup(x_0,x_0+\delta_0)$ 内,恒有
$$g(x)\leqslant f(x)\leqslant h(x)$$
其中, $\delta_0>0$,且有
$$\lim_{x\to x_0}g(x)=\lim_{x\to x_0}h(x)=a$$
则极限 $\lim_{x\to x_0}f(x)$ 存在,且有
$$\lim_{x\to x_0}f(x)=a$$

证 由题设可知,对任意给定的 $\varepsilon>0$,必存在 $\delta_1>0,\delta_2>0$,使得:
当 $0<|x-x_0|<\delta_1$ 时,有 $|g(x)-a|<\varepsilon$;
当 $0<|x-x_0|<\delta_2$ 时,有 $|h(x)-a|<\varepsilon$.
令 $\delta=\min\{\delta_0,\delta_1,\delta_2\}>0$,则当 $0<|x-x_0|<\delta$ 时,有
$$|g(x)-a|<\varepsilon,|h(x)-a|<\varepsilon$$
即有
$$a-\varepsilon<g(x)<a+\varepsilon,a-\varepsilon<h(x)<a+\varepsilon$$
于是,由假设有
$$a-\varepsilon<g(x)\leqslant f(x)\leqslant h(x)<a+\varepsilon$$
从而当 $0<|x-x_0|<\delta$ 时,有
$$|f(x)-a|<\varepsilon$$
由定义可知, $\lim_{x\to x_0}f(x)=a$.

注：①对于 $x \to \infty$ 等其他函数极限的情形，也有类似的结果. 读者可仿照定理 10，写出 $x \to \infty$ 时的夹逼定理，作为练习.

②数列也有类似的夹逼定理.

如果存在正整数 n_0，使得当 $n \geq n_0$ 时，恒有

$$x_n \leq y_n \leq z_n$$

且 $\lim\limits_{n \to \infty} x_n = \lim\limits_{n \to \infty} z_n = a$，则 $\lim\limits_{n \to \infty} y_n$ 存在，且有

$$\lim_{n \to \infty} y_n = a$$

与函数类似，数列作为下标函数也有单调性. 其具体定义如下：

定义 11 设有数列 $\{x_n\}$，如果 $x_n \leq x_{n+1}(n \in \mathbf{N})$，则称数列 $\{x_n\}$ 是单调递增的；如果 $x_n \geq x_{n+1}(n \in \mathbf{N})$，则称数列 $\{x_n\}$ 是单调减少的；单调增加数列与单调减少数列统称为单调数列.

定理 11 单调有界数列必有极限.

从数轴上直观分析，定理 11 的结论是显然的. 因为 x_n 作为数轴上的动点，若 $\{x_n\}$ 单调增加，当它保持向右移动时，若不趋近数轴上某个定点，则必定无限远离原点，这与 $\{x_n\}$ 的有界性相矛盾. 若 $\{x_n\}$ 单调减少，x_n 向左移动且不趋近数轴上某个定点，同样会远离原点，从而与 $\{x_n\}$ 的有界性矛盾. 证明从略.

【例 2.24】 利用夹逼定理求极限

$$\lim_{n \to \infty} \left(\frac{1}{\sqrt{n^2+1}} + \frac{1}{\sqrt{n^2+2}} + \cdots + \frac{1}{\sqrt{n^2+n}} \right)$$

解 显然，对 $n = 1, 2, \cdots$，恒有

$$\frac{n}{\sqrt{n^2+n}} \leq \frac{1}{\sqrt{n^2+1}} + \frac{1}{\sqrt{n^2+2}} + \cdots + \frac{1}{\sqrt{n^2+n}} \leq \frac{n}{\sqrt{n^2+1}}$$

且有

$$\lim_{n \to \infty} \frac{n}{\sqrt{n^2+n}} = 1, \lim_{n \to \infty} \frac{n}{\sqrt{n^2+1}} = 1$$

于是，由夹逼定理得

$$\lim_{n \to \infty} \left(\frac{1}{\sqrt{n^2+1}} + \frac{1}{\sqrt{n^2+2}} + \cdots + \frac{1}{\sqrt{n^2+n}} \right) = 1$$

2.5.2　两个重要极限

1）重要极限之一

$$\lim_{x \to 0} \frac{\sin x}{x} = 1 \qquad\qquad (2.6)$$

证 由于 $\frac{\sin x}{x}$ 是偶函数，故只需讨论 $x \to 0^+$ 的情况. 作单位圆，设圆心角 $\angle AOB = x$（弧度），$x \in \left(0, \frac{\pi}{2}\right)$；过点 A 的切线与 OB 的延长线相交于 D；$AC \perp OB$，如图 2.9 所示.

由图 2.9 可知，$\triangle AOB$ 的面积 $<$ 扇形 AOB 的面积 $< \triangle AOD$ 的面积.

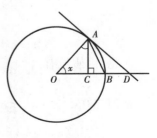

图 2.9

而

$$\triangle AOB \text{ 的面积} = \frac{1}{2}\sin x$$

$$\text{扇形 } AOB \text{ 的面积} = \frac{1}{2}x$$

$$\triangle AOD \text{ 的面积} = \frac{1}{2}\tan x$$

于是

$$\frac{1}{2}\sin x < \frac{1}{2}x < \frac{1}{2}\tan x, 0 < x < \frac{\pi}{2}$$

即有

$$\sin x < x < \tan x, 0 < x < \frac{\pi}{2}$$

由上式可得

$$\cos x < \frac{\sin x}{x} < 1, 0 < x < \frac{\pi}{2} \tag{2.7}$$

由 $\sin x < x$ 有 $\sin\frac{x}{2} < \frac{x}{2}$，于是

$$1 - \cos x = 2\left(\sin\frac{x}{2}\right)^2 < 2\left(\frac{x}{2}\right)^2 = \frac{1}{2}x^2$$

即有 $\cos x > 1 - \frac{1}{2}x^2$. 于是,由式(2.7)得

$$1 - \frac{1}{2}x^2 < \cos x < \frac{\sin x}{x} < 1, 0 < x < \frac{\pi}{2}$$

由于

$$\lim_{x \to 0^+}\left(1 - \frac{1}{2}x^2\right) = 1, \lim_{x \to 0^+}1 = 1$$

于是,由夹逼定理得

$$\lim_{x \to 0^+}\cos x = 1, \lim_{x \to 0^+}\frac{\sin x}{x} = 1$$

从而有

$$\lim_{x \to 0}\cos x = 1, \lim_{x \to 0}\frac{\sin x}{x} = 1$$

利用重要极限式(2.6),可求解很多涉及三角函数的极限.

【例 2.25】 求下列极限:

(1) $\lim\limits_{x \to 0}\dfrac{\tan x}{x}$;   (2) $\lim\limits_{x \to 0}\dfrac{\arcsin x}{x}$;

(3) $\lim\limits_{x \to 0}\dfrac{\arctan x}{x}$;   (4) $\lim\limits_{x \to 0}\dfrac{1 - \cos x}{x^2}$.

解 (1) $\lim\limits_{x \to 0}\dfrac{\tan x}{x} = \lim\limits_{x \to 0}\left(\dfrac{\sin x}{x} \cdot \dfrac{1}{\cos x}\right) = 1$

(2) 令 $u = \arcsin x$,则 $x = \sin u$,且 $x \to 0$ 时,$u \to 0$. 于是

$$\lim_{x\to 0}\frac{\arcsin x}{x}=\lim_{u\to 0}\frac{u}{\sin u}=1$$

（3）令 $u=\arctan x$，则 $x=\tan u$，且 $x\to 0$ 时，$u\to 0$. 于是

$$\lim_{x\to 0}\frac{\arctan x}{x}=\lim_{u\to 0}\frac{u}{\tan u}=\lim_{u\to 0}\frac{u}{\sin u}\cdot\cos u=1$$

$$（4）\lim_{x\to 0}\frac{1-\cos x}{x^2}=\lim_{x\to 0}\frac{2\sin^2\frac{x}{2}}{x^2}=\lim_{x\to 0}\frac{2\sin^2\frac{x}{2}}{4\left(\frac{x}{2}\right)^2}=\frac{1}{2}$$

由此例得到几个常用等价无穷小的关系[其中式(2.8b)将在下节例2.30中证明].

$$\begin{cases}\sin x\sim x & x\to 0\\ \tan x\sim x & x\to 0\\ \arcsin x\sim x & x\to 0\\ \arctan x\sim x & x\to 0\\ 1-\cos x\sim\frac{1}{2}x^2 & x\to 0\end{cases}\tag{2.8a}$$

$$\begin{cases}\ln(1+x)\sim x & x\to 0\\ a^x-1\sim x\ln a & x\to 0,0<a\neq 1\\ 特别地，e^x-1\sim x & x\to 0\\ (1+x)^\alpha-1\sim\alpha x & x\to 0,\alpha\ 为常数，\alpha\neq 0\end{cases}\tag{2.8b}$$

运用性质6无穷小等价替换定理，可简化某些极限的求解过程.

【例2.26】 求下列极限.

（1）$\lim\limits_{x\to 0}\dfrac{\sin ax}{\sin bx},ab\neq 0$；　　　　（2）$\lim\limits_{x\to 0}\dfrac{1-\cos 2x}{x\sin x}$；

（3）$\lim\limits_{x\to 0}x\cot x$；　　　　（4）$\lim\limits_{x\to 1}\dfrac{\sin(x-1)}{x^2-1}$；

（5）$\lim\limits_{x\to\pi}\dfrac{\sin x}{\pi-x}$；　　　　（6）$\lim\limits_{x\to 0}\dfrac{x-\sin 2x}{x+\sin 2x}$；

（7）$\lim\limits_{x\to 0}\dfrac{\tan x-\sin x}{x}$；　　　　（8）$\lim\limits_{x\to 0}\dfrac{\tan x-\sin x}{x^3}$.

解　（1）$\lim\limits_{x\to 0}\dfrac{\sin ax}{\sin bx}=\lim\limits_{x\to 0}\dfrac{ax}{bx}=\dfrac{a}{b}$

（2）$\lim\limits_{x\to 0}\dfrac{1-\cos 2x}{x\sin x}=\lim\limits_{x\to 0}\dfrac{\frac{1}{2}(2x)^2}{x\cdot x}=2$

（3）$\lim\limits_{x\to 0}x\cot x=\lim\limits_{x\to 0}\dfrac{x}{\tan x}=1$

（4）$\lim\limits_{x\to 1}\dfrac{\sin(x-1)}{x^2-1}=\lim\limits_{x\to 1}\dfrac{x-1}{(x-1)(x+1)}\lim\limits_{x\to 1}\dfrac{1}{x+1}=\dfrac{1}{2}$

（5）$\lim\limits_{x\to\pi}\dfrac{\sin x}{\pi-x}=\lim\limits_{x\to\pi}\dfrac{\sin(\pi-x)}{\pi-x}=1$

$$(6)\ \lim_{x\to 0}\frac{x-\sin 2x}{x+\sin 2x}=\lim_{x\to 0}\frac{\dfrac{x}{2x}-\dfrac{\sin 2x}{2x}}{\dfrac{x}{2x}+\dfrac{\sin 2x}{2x}}=\frac{\dfrac{1}{2}-1}{\dfrac{1}{2}+1}=-\frac{1}{3}$$

$$(7)\ \lim_{x\to 0}\frac{\tan x-\sin x}{x}=\lim_{x\to 0}\frac{\tan x}{x}-\lim_{x\to 0}\frac{\sin x}{x}=1-1=0$$

$$(8)\ \lim_{x\to 0}\frac{\tan x-\sin x}{x^3}=\lim_{x\to 0}\frac{\tan x(1-\cos x)}{x^3}=\lim_{x\to 0}\frac{x\cdot\frac{1}{2}x^2}{x^3}=\frac{1}{2}$$

错解：$\lim\limits_{x\to 0}\dfrac{\tan x-\sin x}{x^3}=\lim\limits_{x\to 0}\dfrac{x-x}{x^3}=0$

2）重要极限之二

$$\lim_{x\to\infty}\left(1+\frac{1}{x}\right)^x=e \qquad (2.9)$$

一个神秘的常数

证 先考虑 x 取正整数 n，且 $n\to +\infty$ 的情形.

设 $x_n=\left(1+\dfrac{1}{n}\right)^n$，下面先证明数列 $\{x_n\}$ 单调增加且有界.

$$x_n=\left(1+\frac{1}{n}\right)^n$$
$$=1+\frac{n}{1!}\cdot\frac{1}{n}+\frac{n(n-1)}{2!}\cdot\frac{1}{n^2}+\frac{n(n-1)(n-2)}{3!}\cdot\frac{1}{n^3}+\cdots+\frac{n(n-1)\cdots(n-n+1)}{n!}\cdot\frac{1}{n^n}$$
$$=1+1+\frac{1}{2!}\left(1-\frac{1}{n}\right)+\frac{1}{3!}\left(1-\frac{1}{n}\right)\left(1-\frac{2}{n}\right)+\cdots+\frac{1}{n!}\left(1-\frac{1}{n}\right)\left(1-\frac{2}{n}\right)\cdots\left(1-\frac{n-1}{n}\right)$$

又

$$x_{n+1}=1+1+\frac{1}{2!}\left(1-\frac{1}{n+1}\right)+\frac{1}{3!}\left(1-\frac{1}{n+1}\right)\left(1-\frac{2}{n+1}\right)+\cdots+\frac{1}{n!}\left(1-\frac{1}{n+1}\right)\left(1-\frac{2}{n+1}\right)\cdots$$
$$\left(1-\frac{n-1}{n+1}\right)+\frac{1}{(n+1)!}\left(1-\frac{1}{n+1}\right)\left(1-\frac{2}{n+1}\right)\cdots\left(1-\frac{n}{n+1}\right)$$

比较 x_n,x_{n+1} 展开式的各项可知，除前两项相等外，从第三项起，x_{n+1} 的各项都大于 x_n 的各对应项，而且 x_{n+1} 还多了最后一个正项，故

$$x_{n+1}>x_n,n=1,2,3,\cdots$$

即 $\{x_n\}$ 为单调增加数列.

再证 $\{x_n\}$ 有界，如果 x_n 的展开式中各项括号内的数用较大的数 1 代替，得

$$x_n<1+1+\frac{1}{2!}+\frac{1}{3!}+\cdots+\frac{1}{n!}<1+1+\frac{1}{2}+\frac{1}{2^2}+\cdots+\frac{1}{2^{n-1}}$$

$$=1+\frac{1-\frac{1}{2^n}}{1-\frac{1}{2}}=3-\frac{1}{2^{n-1}}<3$$

故 $\{x_n\}$ 有上界.

根据定理 11 可知，$\{x_n\}$ 收敛，以 e 记 $\{x_n\}$ 的极限，即

$$e = \lim_{n \to \infty} \left(1 + \frac{1}{n}\right)^n$$

可以证明,当 x 取实数而趋于 $+\infty$ 或 $-\infty$ 时,函数 $\left(1 + \frac{1}{x}\right)^x$ 的极限存在且都等于 e.

因此

$$\lim_{x \to \infty} \left(1 + \frac{1}{x}\right)^x = e$$

e 为无理数,其近似值为

$$e \approx 2.718\ 28$$

在前面 1.5 节中提到的指数函数 $y = e^x$ 以及自然对数 $y = \ln x$ 中的底数 e 就是这个常数.

利用复合函数的极限运算法则,可把式(2.9)写为另一种形式. 令 $\alpha = \frac{1}{x}$,则 $x \to \infty$ 时, $\alpha \to 0$,于是

$$\lim_{x \to \infty} \left(1 + \frac{1}{x}\right)^x = \lim_{\alpha \to 0} (1 + \alpha)^{\frac{1}{\alpha}} = e \tag{2.10}$$

利用重要极限式(2.9)或式(2.10),可求解很多涉及幂指数形式的极限.

【例 2.27】 求下列极限:

(1) $\lim\limits_{x \to \infty} \left(1 - \frac{1}{x}\right)^x$; (2) $\lim\limits_{x \to 0} (1 + 3x)^{\frac{1}{x}}$;

(3) $\lim\limits_{x \to \infty} \left(\frac{x-2}{x+2}\right)^x$.

解 (1) $\lim\limits_{x \to \infty} \left(1 - \frac{1}{x}\right)^x = \lim\limits_{x \to \infty} \left[1 + \left(-\frac{1}{x}\right)\right]^{-x \cdot (-1)} = e^{-1}$

(2) $\lim\limits_{x \to 0} (1 + 3x)^{\frac{1}{x}} = \lim\limits_{x \to 0} (1 + 3x)^{\frac{1}{3x} \cdot 3} = e^3$

(3) $\lim\limits_{x \to \infty} \left(\frac{x-2}{x+2}\right)^x = \lim\limits_{x \to \infty} \left(\frac{x+2-4}{x+2}\right)^x = \lim\limits_{x \to \infty} \left(1 + \frac{-4}{x+2}\right)^x = \lim\limits_{x \to \infty} \left(1 + \frac{-4}{x+2}\right)^{\frac{x+2}{-4} \cdot \frac{-4}{x+2} \cdot x} = e^{-4}$

【例 2.28】 连续复利问题.

设有一笔本金 A_0 存入银行,年利率为 r,则一年末结算时,其本利和为

$$A_1 = A_0 + rA_0 = A_0(1 + r)$$

如果一年分两期计息,每期利率为 $\frac{r}{2}$,目前一期的本利和为后一期的本金,则一年末的本利和为

$$A_2 = A_0 \left(1 + \frac{r}{2}\right) + A_0 \left(1 + \frac{r}{2}\right) \frac{r}{2} = A_0 \left(1 + \frac{r}{2}\right)^2$$

如果一年分 n 期计息,每期利率为 $\frac{r}{n}$,且前一期的本利和为后一期的本金,则一年末的本利和为

$$A_n = A_0 \left(1 + \frac{r}{n}\right)^n$$

于是,到 t 年末共计复利 nt 次,其本利和为

$$A_n(t) = A_0 \left(1 + \frac{r}{n}\right)^{nt} \tag{2.11a}$$

令 $n \to \infty$,则表示利息随时计入本金. 因此,t 年末的本利和为

$$A(t) = \lim_{n \to \infty} A_n(t)$$

$$= \lim_{n \to \infty} A_0 \left(1 + \frac{r}{n}\right)^{nt}$$

$$= A_0 \lim_{n \to \infty} \left[\left(1 + \frac{r}{n}\right)^{\frac{n}{r}}\right]^{rt}$$

$$= A_0 \mathrm{e}^{rt} \tag{2.11b}$$

式(2.11a)称为 t 年末本利和的离散复利公式,而式(2.11b)称为 t 年末本利和的连续复利公式. 本金 A_0 称为现在值或现值. t 年末本利和 $A_n(t)$ 或 $A(t)$ 称为未来值. 已知现在值 A_0,求未来值 $A_n(t)$ 或 $A(t)$,称为复利问题;已知未来值 $A_n(t)$ 或 $A(t)$,求现在值 A_0,称为贴现问题,这时称利率 r 为贴现率.

2.6 函数的连续性

在观察自然与社会现象时,所观察到的许多变量都是"连续不断"变化的,如物体的运动、气温的升降、人和生物的生长、物价的涨跌等. 这种现象在数学中体现为函数的连续性,连续性的实质在于,自变量的微小变化仅引起因变量的微小变化. 与连续性相反的现象是"间断",如断裂、爆炸、恶性通货膨胀,以及由自然灾害或战争引起的人与生物的大量死亡等. 间断的实质在于自变量的微小变化将导致因变量的剧烈变化. 当然,这里所谓的"微小"与"剧烈"变化的确切含义尚需说明,这得借助极限的概念.

2.6.1 连续与间断的概念

定义 12 设函数 $f(x)$ 在点 x_0 的某邻域内有定义.
①如果

$$\lim_{x \to x_0} f(x) = f(x_0) \tag{2.12}$$

则称 $f(x)$ 在点 x_0 连续,并称 x_0 为 $f(x)$ 的一个连续点;
②如果 $f(x)$ 在开区间 (a,b) 内每点都连续,则称 $f(x)$ 在 (a,b) 内连续;
③如果 x_0 不是 $f(x)$ 的连续点,则称 x_0 为 $f(x)$ 的间断点,或称 $f(x)$ 在点 x_0 间断.
若令 $\Delta x = x - x_0$,$\Delta y = f(x) - f(x_0)$,则式(2.12)等价于

$$\Delta y = f(x_0 + \Delta x) - f(x_0) \to 0 \ (\Delta x \to 0)$$

这正是前面所说的"自变量的微小变化引起因变量的微小变化"的含义.
连续与间断具有明显的几何解释:若 $f(x)$ 连续,则曲线 $y = f(x)$ 的图形是一条连续不间断的曲线;若 x_0 是 $f(x)$ 的间断点,则曲线 $y = f(x)$ 在点 $(x_0, f(x_0))$ 处发生断裂. 如图 2.10 所示,函数 $f(x)$ 在区间 (a,b) 内共有 3 个间断点:x_1, x_2, x_3. 在这 3 个点附近 $f(x)$ 的图形形态各

图 2.10

异,但其共同点是曲线 $y = f(x)$ 在 3 个点处出现"断裂".

利用单侧极限可定义单侧连续的概念.

定义 13 ①若函数 $f(x)$ 在点 x_0 的某左邻域内有定义,且 $\lim\limits_{x \to x_0^-} f(x) = f(x_0)$,则称 $f(x)$ 在点 x_0 左连续;若 $f(x)$ 在点 x_0 的某右邻域内有定义,且 $\lim\limits_{x \to x_0^+} f(x) = f(x_0)$,则称 $f(x)$ 在点 x_0 右连续.

②若 $f(x)$ 在闭区间 $[a,b]$ 上有定义,在开区间 (a,b) 内连续,且在点 a 右连续、在点 b 左连续,则称 $f(x)$ 在闭区间 $[a,b]$ 上连续. 若 $f(x)$ 在点 x_0 的某邻域内有定义,则由定义 13 和左、右极限与极限的关系可知:

$$f(x) \text{在点} x_0 \text{连续} \Leftrightarrow f(x) \text{在点} x_0 \text{既左连续又右连续}$$

【**例 2.29**】 讨论函数

$$f(x) = \begin{cases} 1 + x, & x \leqslant 0 \\ 1 + x^2, & 0 < x \leqslant 1 \\ 5 - x, & x > 1 \end{cases}$$

在点 $x = 0$ 和 $x = 1$ 处的连续性.

解 在点 $x = 0$ 处,有

$$f(0) = 1 + 0 = 1$$
$$\lim_{x \to 0^-} f(x) = \lim_{x \to 0^-} (1 + x) = 1$$
$$\lim_{x \to 0^+} f(x) = \lim_{x \to 0^+} (1 + x^2) = 1$$

由此可知

$$\lim_{x \to 0} f(x) = 1 = f(0)$$

因此,由定义可知,$f(x)$ 在 $x = 0$ 处连续.

图 2.11

在点 $x = 1$ 处,有

$$f(1) = 1 + 1^2 = 2$$
$$\lim_{x \to 1^-} f(x) = \lim_{x \to 1^-} (1 + x^2) = 2$$
$$\lim_{x \to 1^+} f(x) = \lim_{x \to 1^+} (5 - x) = 4$$

因左、右极限不相等,故 $\lim\limits_{x \to 1} f(x)$ 不存在,依定义,$x = 1$ 是 $f(x)$ 的间断点. 但是,由 $\lim\limits_{x \to 1^-} f(x) = f(1) = 2$ 可知,$f(x)$ 在 $x = 1$ 处左连续. 该函数的图形如图 2.11 所示.

由定义 12 可知,函数 $f(x)$ 在点 x_0 处连续必须满足以下 3 个条件:

①$f(x)$ 在点 x_0 处有定义.

②极限 $\lim\limits_{x \to x_0} f(x)$ 存在.

③$\lim\limits_{x \to x_0} f(x) = f(x_0)$.

这 3 个条件中只要有一个条件不满足,则依定义,$f(x)$ 在点 x_0 处不连续或 x_0 是 $f(x)$ 的间断点. 据此,可将间断点进行分类.

定义 14 ①若 x_0 是 $f(x)$ 的间断点,且左、右极限 $\lim\limits_{x \to x_0^-} f(x)$,$\lim\limits_{x \to x_0^+} f(x)$ 皆存在,则称 x_0 为 $f(x)$ 的第一类间断点. 其中,若 $\lim\limits_{x \to x_0^-} f(x) = \lim\limits_{x \to x_0^+} f(x) \neq f(x_0)$ 或 $f(x_0)$ 无定义,则称 x_0 为 $f(x)$ 的可去间断点(此时重新定义 $f(x_0) = \lim\limits_{x \to x_0^-} f(x) = \lim\limits_{x \to x_0^+} f(x)$,可消去间断);若 $\lim\limits_{x \to x_0^-} f(x) \neq \lim\limits_{x \to x_0^+} f(x)$,则称 x_0 为跳跃间断点.

②若 x_0 是 $f(x)$ 的间断点,且 $\lim\limits_{x \to x_0^-} f(x)$ 与 $\lim\limits_{x \to x_0^+} f(x)$ 中至少有一个不存在,则称 x_0 为 $f(x)$ 的第二类间断点. 其中,若 $\lim\limits_{x \to x_0^-} f(x)$,$\lim\limits_{x \to x_0^+} f(x)$ 中至少有一个为无穷大,则称 x_0 为无穷间断点;否则,称 x_0 为非无穷第二类间断点.

例如,函数

$$f_1(x) = x \sin \frac{1}{x}, x \neq 0$$

$$f_2(x) = \begin{cases} x + 1, x \neq 0 \\ 0, x = 0 \end{cases}$$

易知 $x \to 0$ 时,它们的极限均存在,分别为 0 和 1. 但 $f_1(x)$ 在 $x = 0$ 处无定义,$f_2(0) = 0 \neq 1$. 因此,$x = 0$ 是这两个函数的第一类间断点. 若补充定义 $f_1(0) = 0$,重新定义 $f_2(0) = 1$,则 $f_1(x)$ 与 $f_2(x)$ 在 $x = 0$ 处皆连续,因此 $x = 0$ 为 $f_1(x)$ 与 $f_2(x)$ 的可去间断点.

例 2.29 中的 $x = 1$ 为该函数的跳跃间断点.

又如,$x = 0$ 是 $f_3(x) = \frac{1}{x}$ 和 $f_4(x) = \cot x$ 的无穷间断点;$x = \frac{\pi}{2}$ 是 $f_5(x) = \tan x$ 的无穷间断点;而 $x = 0$ 是 $f_6(x) = \sin \frac{1}{x}$ 的非无穷第二类间断点.

2.6.2 连续函数的性质

函数的连续性是在极限理论基础上建立的,因而利用函数极限的性质可证明连续函数的以下性质.

定理 12(连续函数的四则运算) 设 $f(x)$ 与 $g(x)$ 在点 x_0(或区间 I 上)连续,则:

①$f(x) \pm g(x)$ 在点 x_0(或区间 I 上)连续.

②$f(x)g(x)$ 在点 x_0(或区间 I 上)连续.

③当 $g(x_0) \neq 0$(或 $g(x) \neq 0, x \in I$)时,$\frac{f(x)}{g(x)}$ 在点 x_0(或区间 I 上)连续.

利用极限的四则运算法则容易证明:

定理 13(复合函数的连续性) 设函数 $y = f(u)$ 在点 u_0 连续,$u = \varphi(x)$ 在点 x_0 连续,且

$\varphi(x_0) = u_0$，则复合函数 $y = f[\varphi(x)]$ 在点 x_0 连续，即有

$$\lim_{x \to x_0} f[\varphi(x)] = f[\varphi(x_0)]$$

由复合函数的极限定理（定理 9）直接可得.

注：因 $\varphi(x)$ 在 x_0 连续，由上式可得

$$\lim_{x \to x_0} f[\varphi(x)] = f[\lim_{x \to x_0} \varphi(x)] \tag{2.13}$$

式（2.13）表明，函数 $f(x)$ 在点 x_0 连续时，函数符号"f"与极限符号"$\lim\limits_{x \to x_0}$"可以交换. 利用式（2.13）可简化很多函数极限的求解过程，后面将举例说明.

定理 14（反函数的连续性） 设函数 $y = f(x)$ 在区间 $[a,b]$ 上单调、连续，且 $f(a) = \alpha$，$f(b) = \beta$，则其反函数 $y = f^{-1}(x)$ 在区间 $[\alpha, \beta]$ 或 $[\beta, \alpha]$ 上单调、连续.

证明从略.

*下面利用定理 12—定理 14 研究初等函数的连续性.

① 常量函数 $y = C$（C 为常数）. 显然处处连续.

② 指数函数 $y = a^x$（$0 < a \neq 1$）的连续性.

首先，由极限定义可证明 $\lim\limits_{x \to 0} \mathrm{e}^x = 1$. 于是，对任意给定的 $x_0 \neq 0$，由式（2.13）有

$$\lim_{x \to x_0} \mathrm{e}^x = \lim_{x \to x_0} \mathrm{e}^{x_0} \mathrm{e}^{x - x_0} = \mathrm{e}^{x_0} \lim_{x \to x_0} \mathrm{e}^{x - x_0} = \mathrm{e}^{x_0}$$

因此，e^x 在 $(-\infty, +\infty)$ 内连续.

其次，若 $0 < a \neq 1$，则由 $a^x = \mathrm{e}^{x \ln a}$ 和式（2.13）可知，a^x 在 $(-\infty, +\infty)$ 内连续.

③ 三角函数的连续性.

首先，易证 $|\sin x| \leqslant |x|$，$x \in (-\infty, +\infty)$. 于是，对任意给定的 x_0, x，有

$$|\sin x - \sin x_0| = \left| 2 \sin \frac{x - x_0}{2} \cos \frac{x + x_0}{2} \right|$$

$$\leqslant 2 \left| \sin \frac{x - x_0}{2} \right|$$

$$\leqslant |x - x_0|$$

于是，由夹逼定理可知

$$\lim_{x \to x_0} \sin x = \sin x_0$$

因此，$\sin x$ 在 $(-\infty, +\infty)$ 内连续.

其次，由

$$\cos x = \sin\left(x + \frac{\pi}{2}\right), \tan x = \frac{\sin x}{\cos x}, \cot x = \frac{\cos x}{\sin x}, \sec x = \frac{1}{\cos x}, \csc x = \frac{1}{\sin x}$$

以及定理 12 可知，这些函数在各自定义域内连续.

④ 对数函数的连续性.

由指数函数的连续性和定理 14 可知，对数函数在其定义域 $(0, +\infty)$ 内连续.

⑤ 幂函数的连续性.

首先，由定理 12 可知，x^n（n 为正整数）在 $(-\infty, +\infty)$ 内连续，x^{-n} 在 $(-\infty, 0) \cup (0, +\infty)$ 内连续.

其次，由定理 14 可知，若 n 为偶数，则 $\sqrt[n]{x}$ 在 $[0, +\infty)$ 内连续；若 n 为奇数，则 $\sqrt[n]{x}$ 在 $(-\infty, +\infty)$ 内连续.

最后,对任意实数 α,由 $x^\alpha = \mathrm{e}^{\alpha \ln x}$ 和定理 13 可知,x^α 在 $(0, +\infty)$ 内连续.

⑥反三角函数的连续性.

由三角函数的连续性和定理 14 可知,反三角函数在其定义域内连续.

总之,基本初等函数在其定义域内连续.

由于初等函数是由基本初等函数经有限次四则运算与复合运算而得到的函数,故由基本初等函数的连续性和定理 12—定理 14 可知,初等函数在其有定义的区间内连续.

2.6.3　利用函数连续性求极限

利用函数连续性求极限时,可分以下两种情形:

①直接利用函数连续性定义,即式(2.12).

②利用复合函数的连续性,即式(2.13).

【例 2.30】　求下列极限:

$(1) \lim\limits_{x \to 1} \left(\sin \dfrac{\pi}{2} x^2 + \mathrm{e}^{x^2} \right)$;　　　　$(2) \lim\limits_{x \to 1} \dfrac{4 \arctan x}{1 + \ln(1 + x^2)}$;

$(3) \lim\limits_{x \to 0} \dfrac{\cos x + \ln(1 + x^2)}{1 + x}$.

解　(1)所给函数为初等函数,其定义域为 **R**. 因 $x_0 = 1 \in \mathbf{R}$,故由初等函数连续性得

$$\lim_{x \to 1} \left(\sin \frac{\pi}{2} x^2 + \mathrm{e}^{x^2} \right) = \sin \left(\frac{\pi}{2} \times 1^2 \right) + \mathrm{e}^{1^2} = 1 + \mathrm{e}$$

(2)所给函数为初等函数,其定义域为 **R**. 因 $x_0 = 1 \in \mathbf{R}$,故由初等函数连续性得

$$\lim_{x \to 1} \frac{4 \arctan x}{1 + \ln(1 + x^2)} = \frac{4 \times \dfrac{\pi}{4}}{1 + \ln 2} = \frac{\pi}{1 + \ln 2}$$

(3)所给函数为初等函数,其定义域为 $(-\infty, -1) \cup (-1, +\infty)$. 因 $x_0 = 0 \in (-\infty, -1) \cup (-1, +\infty)$,故所给函数在 $x_0 = 0$ 处连续,则

$$\lim_{x \to 0} \frac{\cos x + \ln(1 + x^2)}{1 + x} = \frac{\cos 0 + \ln(1 + 0^2)}{1 + 0} = 1$$

【例 2.31】　求下列极限:

$(1) \lim\limits_{x \to 0} \dfrac{\ln(1 + x)}{x}$;　　　　$(2) \lim\limits_{x \to 0} \dfrac{a^x - 1}{x} (a > 0, a \neq 1)$;

$(3) \lim\limits_{x \to 0} \dfrac{(1 + x)^\alpha - 1}{x} (\alpha \text{ 为常数}, \alpha \neq 0)$.

解　(1)由对数函数连续性和式(2.10),得

$$\lim_{x \to 0} \frac{\ln(1 + x)}{x} = \lim_{x \to 0} \ln(1 + x)^{\frac{1}{x}}$$

$$= \ln \left[\lim_{x \to 0} (1 + x)^{\frac{1}{x}} \right]$$

$$= \ln \mathrm{e}$$

$$= 1$$

（2）令
$$u = a^x - 1$$
则
$$x = \frac{\ln(1+u)}{\ln a}$$

由指数函数 a^x 的连续性知，$x \to 0$ 时，$u \to 0$. 于是，由例 2.31(1)，得
$$\lim_{x \to 0} \frac{a^x - 1}{x} = \lim_{u \to 0} \frac{u \ln a}{\ln(1+u)} = \ln a \left[\lim_{u \to 0} \frac{\ln(1+u)}{u} \right]^{-1} = \ln a$$

（3）$\lim_{x \to 0} \frac{(1+x)^\alpha - 1}{x} = \lim_{x \to 0} \frac{e^{\alpha \ln(1+x)} - 1}{x} = \lim_{x \to 0} \frac{\alpha \ln(1+x)}{x} = \lim_{x \to 0} \frac{\alpha x}{x} = \alpha$

由例 2.31，可得式(2.8b)中的 3 对等价无穷小.
$$\begin{cases} \ln(1+x) \sim x & x \to 0 \\ a^x - 1 \sim x \ln a & x \to 0, 0 < a \neq 1 \\ 特别地，e^x - 1 \sim x & x \to 0 \\ (1+x)^\alpha - 1 \sim \alpha x & x \to 0, \alpha 为常数，\alpha \neq 0 \end{cases}$$

【例 2.32】 讨论函数
$$f(x) = \begin{cases} 1 - e^{\frac{1}{x-2}}, & x < 2 \\ \sin \frac{\pi}{x}, & x \geq 2 \end{cases}$$
的连续性.

解 $f(x)$ 在其定义域 $(-\infty, +\infty)$ 内不是初等函数. 但在 $(-\infty, 2)$ 内 $f(x) = 1 - e^{\frac{1}{x-2}}$ 为初等函数，在 $(2, +\infty)$ 内 $f(x) = \sin \frac{\pi}{x}$ 也为初等函数，故 $f(x)$ 在 $(-\infty, 2) \cup (2, +\infty)$ 内连续. 在分段点 $x = 2$ 处，有
$$\lim_{x \to 2^-} f(x) = \lim_{x \to 2^-} (1 - e^{\frac{1}{x-2}}) = 1 = f(2)$$
$$\lim_{x \to 2^+} f(x) = \lim_{x \to 2^+} \left(\sin \frac{\pi}{x} \right) = 1 = f(2)$$

因此，$f(x)$ 在 $x = 2$ 处既左连续又右连续，从而 $f(x)$ 在 $x = 2$ 处连续.

综上所述，$f(x)$ 在其定义域 $(-\infty, +\infty)$ 内连续.

例 2.32 表明，讨论分段函数连续性时，首先利用初等函数的连续性，分段说明函数在各分段子区间内的连续性；然后按连续性定义，讨论函数在各分段点处的连续性；最后得出函数的连续区域.

2.6.4 闭区间上连续函数的性质

本小节不加证明地介绍闭区间上连续函数的两个重要性质：最值定理和介值定理，它们是某些理论证明的基础，后续内容中将会多次用到.

定义 15 设函数 $f(x)$ 在区间 I 上有定义. 若存在 $x_0 \in I$，使对 I 内的一切 x，恒有
$$f(x) \leq f(x_0) \text{ 或 } f(x) \geq f(x_0)$$

则称 $f(x_0)$ 是 $f(x)$ 在 I 上的最大值或最小值. 最大值与最小值统称为最值.

定理 15（最值定理） 设函数 $f(x)$ 在闭区间 $[a,b]$ 上连续,则 $f(x)$ 在 $[a,b]$ 上必能取得最大值与最小值. 即在 $[a,b]$ 上至少存在两点 x_1,x_2,使得对任意的 $x\in[a,b]$,恒有

$$f(x_1)\leqslant f(x)\leqslant f(x_2)$$

由上式可得:

推论 10 闭区间上的连续函数一定是有界函数.

定理 16（介值定理） 设函数 $f(x)$ 在闭区间 $[a,b]$ 上连续,且 $f(x)$ 在 $[a,b]$ 上的最大值为 M,最小值为 m,则对任意实数 $C,m<C<M$,至少存在一点 $x_0\in(a,b)$,使得

$$f(x_0)=C$$

推论 11（零点定理） 设函数 $f(x)$ 在闭区间 $[a,b]$ 上连续,且 $f(a)f(b)<0$,则至少存在一点 $x_0\in(a,b)$,使得

$$f(x_0)=0$$

图 2.12

注:①最值定理与介值定理的几何意义（图 2.12）,$f(x_1)=m$ 与 $f(x_2)=M$,分别为 $f(x)$ 的最小值与最大值,而 $m<f(x_3)=f(x_4)=C<M$.

②最值定理与介值定理中的条件“$f(x)$ 在闭区间上连续”是必要的,否则定理不一定成立. 例如,函数

$$f(x)=\begin{cases}1-x,0\leqslant x<1\\1,x=1\\3-x,1<x\leqslant1.5\end{cases}$$

在闭区间 $[0,1.5]$ 上不连续. 该函数既不能取得最小值（$m=0$）,也不能取得最大值（$M=2$）；当 $C\in(1,1.5)$ 时,也不存在 $x_0\in(0,1.5)$,使得 $f(x_0)=C$（图 2.13）.

③零点定理（推论 11）的几何意义如图 2.14 所示. 图 2.14 中有 3 个点满足

$$f(x_i)=0,i=1,2,3$$

零点定理常用于证明方程根的存在性.

图 2.13

图 2.14

【例 2.33】 证明方程 $e^x-3x=0$ 在 $(0,1)$ 内至少有一个实根.

证 设 $f(x)=e^x-3x$,则 $f(x)$ 为初等函数,它在闭区间 $[0,1]$ 上连续,且有

$$f(0)=1>0,f(1)=e-3<0$$

于是,由零点定理可知,至少存在一个 $x_0\in(0,1)$,使得

$$f(x_0)=e^{x_0}-3x_0=0$$

x_0 即为方程 $f(x)=e^x-3x=0$ 在 $(0,1)$ 内的实根.

习题 2

(A)

1. 观察判别下列数列的敛散性. 若收敛,求其极限值:

(1) $u_n = \dfrac{5n-3}{n}$;

(2) $u_n = \dfrac{1}{n}\cos n\pi$;

(3) $u_n = 2 + \left(-\dfrac{1}{2}\right)^n$;

(4) $u_n = 1 + (-2)^n$;

(5) $u_n = \dfrac{n^2-1}{n}$;

(6) $u_n = a^n$ (a 为常数).

2. 利用数列极限的定义证明下列极限:

(1) $\lim\limits_{n\to\infty}\left(-\dfrac{1}{3}\right)^n = 0$;

(2) $\lim\limits_{n\to\infty}\dfrac{n^2+1}{n^2-1} = 1$.

3. 求下列数列的极限:

(1) $\lim\limits_{n\to\infty}\dfrac{3n+5}{\sqrt{n^2+n+4}}$;

(2) $\lim\limits_{n\to\infty}(\sqrt{n+3}-\sqrt{n})$.

4. 利用函数极限的定义,证明下列极限:

(1) $\lim\limits_{x\to3}(2x-1) = 5$;

(2) $\lim\limits_{x\to2}\dfrac{x^2-4}{x-2} = 4$.

5. 讨论下列函数在给定点处的极限是否存在? 若存在,求其极限值.

(1) $f(x) = \begin{cases} 1-\sqrt{1-x}, & x<1 \\ x-1, & x>1 \end{cases}$ 在 $x=1$ 处;

(2) $f(x) = \begin{cases} 2x+1, & x\leqslant 1 \\ x^2-x+3, & 1<x\leqslant 2 \\ x^3-1, & 2<x \end{cases}$ 在 $x=1$ 与 $x=2$ 处.

6. 求下列函数的极限:

(1) $\lim\limits_{x\to3}(3x^3-2x^2-x+2)$;

(2) $\lim\limits_{x\to0}\left(5+\dfrac{4}{2-x}\right)$;

(3) $\lim\limits_{x\to16}\dfrac{x-5\sqrt{x}+4}{x-16}$;

(4) $\lim\limits_{x\to0}\dfrac{(x+a)^2-a^2}{x}$ (a 为常数).

7. 求下列函数的极限:

(1) $\lim\limits_{x\to\infty}(\sqrt{x^2+1}-\sqrt{x^2-1})$;

(2) $\lim\limits_{x\to\infty}\dfrac{(x-1)^{10}(3x-1)^{10}}{(x+1)^{20}}$;

(3) $\lim\limits_{x\to+\infty}\dfrac{5x^3+3x^2+4}{\sqrt{x^6+1}}$;

(4) $\lim\limits_{x\to+\infty}x(3x-\sqrt{9x^2-6})$.

8. 求解下列各题中的常数 a 和 b:

(1)已知 $\lim\limits_{x\to3}\dfrac{x-3}{x^2+ax+b}=1$;

(2)已知 $\lim\limits_{x\to+\infty}(\sqrt{x^2+x+1}-ax-b)=1$.

9. 求下列极限:

(1) $\lim\limits_{x\to0}\dfrac{\tan 5x}{\sin 2x}$;

(2) $\lim\limits_{x\to0}\dfrac{\arctan 4x}{\arcsin 2x}$;

(3) $\lim\limits_{x\to0}x\sin\dfrac{1}{x}$;

(4) $\lim\limits_{x\to\infty}x\sin\dfrac{1}{x}$;

(5) $\lim\limits_{x\to0}\dfrac{\sin^2(2x)}{x^2}$;

(6) $\lim\limits_{x\to0}\dfrac{\arcsin 5x-\sin 3x}{\sin x}$;

(7) $\lim\limits_{x\to1}\dfrac{x-1}{\ln x^2}$;

(8) $\lim\limits_{x\to0}\dfrac{e^{x^2}-1}{1-\cos\dfrac{x}{2}}$;

(9) $\lim\limits_{x\to0}\dfrac{\sqrt{1+x\sin x}-1}{1-\cos x}$.

10. 求下列极限:

(1) $\lim\limits_{x\to\infty}\left(1-\dfrac{1}{x}\right)^x$;

(2) $\lim\limits_{x\to0}\left(1-\dfrac{x}{2}\right)^{\frac{2}{x}}$;

(3) $\lim\limits_{x\to\infty}\left(1+\dfrac{1}{x+1}\right)^x$;

(4) $\lim\limits_{x\to\infty}\left(\dfrac{x-3}{x+3}\right)^x$;

(5) $\lim\limits_{x\to+\infty}\left(1-\dfrac{1}{x}\right)^{\sqrt{x}}$;

(6) $\lim\limits_{x\to0}(1-\sin x)^{\frac{1}{x}}$;

(7) $\lim\limits_{x\to0}(\cos x)^{\frac{1}{1-\cos x}}$;

(8) $\lim\limits_{x\to\frac{\pi}{2}}(1+\cos x)^{5\sec x}$.

11. 讨论下列函数在 $x=0$ 处的连续性:

(1) $f(x)=\begin{cases}\dfrac{x}{1-\sqrt{1-x}},&x<0\\ x+2,&x\geqslant0\end{cases}$;

(2) $f(x)=\begin{cases}e^{\frac{1}{x}},&x<0\\ 0,&x=0\\ \dfrac{1}{x}\ln(1+x^2),&x>0\end{cases}$;

(3) $f(x)=\begin{cases}x\sin\dfrac{1}{x},&x\neq0\\ 0,&x=0\end{cases}$.

12. 证明方程 $x\cdot3^x=1$ 在 $[0,1]$ 内至少存在一个根.

13. 证明曲线 $y=xe^x-x^2-1$ 在 $x=0$ 与 $x=1$ 之间至少与 x 轴有一个交点.

(B)

一、填空题

1. $\lim\limits_{x\to0}\dfrac{\ln(x+a)-\ln a}{x}\ (a>0)=$ _____.

2. $\lim\limits_{x \to 0} \sin \dfrac{1}{x}$ _____（填"存在"或"不存在"）.

3. 如果 $\lim\limits_{x \to x_0} f(x) = \infty$，则 $f(x)$ 在 $x \to x_0$ 时，极限为_____（填"存在"或"不存在"）.

4. 当 $x \to 0$ 时，$\sin(kx^2) \sim 1 - \cos x$，则 $k = $ _____.

5. 设 $y = \dfrac{1}{x+1}$，当 $x \to$ _____时，y 为无穷小量；当 $x \to$ _____时，y 为无穷大量.

6. 用"$+\infty$""$-\infty$""∞"或"0"填空.

$\lim\limits_{x \to 0^+} \ln x = $ _____；$\lim\limits_{x \to +\infty} \ln x = $ _____；$\lim\limits_{x \to 0^+} \mathrm{e}^{\frac{1}{x}} = $ _____；$\lim\limits_{x \to 0^-} \mathrm{e}^{\frac{1}{x}} = $ _____；$\lim\limits_{x \to 0} \cot x = $ _____.

7. $x \to 0$ 时，$\sqrt{1+x} - \sqrt{1-x}$ 是 x 的_____无穷小.

8. 设 $f(x) = \sin x \cdot \sin \dfrac{1}{x}$，则 $x = 0$ 是 $f(x)$ 的_____间断点.

9. 设 $f(x) = \dfrac{|x|}{x}$，则 $x = 0$ 是 $f(x)$ 的_____间断点.

10. 函数 $f(x) = \dfrac{1}{\sqrt{x^2 - 5x + 6}}$ 的连续区间是_____.

二、单项选择题

1. 函数 $f(x)$ 在点 x_0 处有定义，是极限 $\lim\limits_{x \to x_0} f(x)$ 存在的（   ）.

    A. 必要条件　　　　B. 充分条件　　　　C. 充分必要条件　　　　D. 无关条件

2. 从 $\lim\limits_{x \to x_0} f(x) = 1$ 不能推出（   ）.

    A. $\lim\limits_{x \to x_0^-} f(x) = 1$　　　　　　　　B. $\lim\limits_{x \to x_0^+} f(x) = 1$

    C. $f(x_0) = 1$　　　　　　　　　　　D. $\lim\limits_{x \to x_0} [f(x) - 1] = 0$

3. 若 $\lim\limits_{x \to x_0} f(x) = A$，$\lim\limits_{x \to x_0} g(x) = 0$，则 $\lim\limits_{x \to x_0} \dfrac{f(x)}{g(x)}$（   ）.

    A. 必为 0　　　　　B. 必为 ∞　　　　　C. 必不存在　　　　　D. 无法判断

4. 下列结论中，正确的是（   ）.

    A. 无界变量一定是无穷大

    B. 无界变量与无穷大的乘积是无穷大

    C. 两个无穷大的和仍是无穷大

    D. 两个无穷大的乘积仍是无穷大

5. 设函数 $f(x) = \begin{cases} 1, & x \neq 1 \\ 0, & x = 1 \end{cases}$，则 $\lim\limits_{x \to 1} f(x)$ 为（   ）.

    A. 0　　　　　　　　B. 1　　　　　　　　C. 不存在　　　　　　D. ∞

6. 若 $\lim\limits_{x \to 2} \dfrac{x^2 + ax + b}{x^2 - 3x + 2} = -1$，则（   ）.

    A. $a = -5, b = 6$　　B. $a = -5, b = -6$　　C. $a = 5, b = 6$　　D. $a = 5, b = -6$

7. 若 $f(x)$ 在区间（   ）上连续，则 $f(x)$ 在该区间上一定取得最大、最小值.

    A. (a, b)　　　　　B. $[a, b]$　　　　　C. $[a, b)$　　　　　D. $(a, b]$

8. 下列命题错误的是(　　).

A. $f(x)$在$[a,b]$上连续,则存在$x_1,x_2\in[a,b]$,使得$f(x_1)\leqslant f(x)\leqslant f(x_2)$

B. $f(x)$在$[a,b]$上连续,则存在常数M,使得对任意$x\in[a,b]$都有$|f(x)|\leqslant M$

C. $f(x)$在(a,b)内连续,则$f(x)$在(a,b)内必定没有最大值

D. $f(x)$在(a,b)内连续,则$f(x)$在(a,b)内可能既没有最大值也没有最小值

第 3 章

导数与微分

微积分的起源

在解决实际问题时,除了需要了解变量之间的函数关系以外,还经常需要从数量上研究函数相对于自变量的变化率问题. 例如,物体运动的速度、城市人口增长的速度、国民经济发展的速度、劳动生产率等. 这就引出了导数的概念,而微分则与导数密切相关,它表示了自变量有微小变化时,函数在局部范围内的线性近似. 这两个问题构成了微分学中两个最基本的概念,本章主要阐述导数与微分的概念及运算.

3.1　导数的概念

3.1.1　两个经典问题——速度与切线

微积分创立之争

1)变速直线运动的瞬时速度

设 S 表示一物体从某个时刻开始到时刻 t 作直线运动所经过的路程,则 S 是时刻 t 的函数,即

$$S = S(t)$$

现在研究物体在 $t = t_0$ 时的运动速度.

当时间由 t_0 改变到 $t_0 + \Delta t$ 时,物体在 Δt 这一段时间内所经过的距离为

$$\Delta S = S(t_0 + \Delta t) - S(t_0)$$

当物体作匀速运动时,它的速度不随时间而改变,即

$$\frac{\Delta S}{\Delta t} = \frac{S(t_0 + \Delta t) - S(t_0)}{\Delta t}$$

$\dfrac{\Delta S}{\Delta t}$ 是一个常量,它是物体在时刻 t_0 的速度,也是物体在任意时刻的速度.

但是,当物体作变速运动时,它的速度随时间而变化,此时 $\dfrac{\Delta S}{\Delta t}$ 表示从 t_0 到 $t_0 + \Delta t$ 这一段时间内的平均速度 $\bar{v}$,即

$$\bar{v} = \frac{\Delta s}{\Delta t} = \frac{S(t_0 + \Delta t) - S(t_0)}{\Delta t}$$

当 Δt 很小时,可用 $\bar{v}$ 近似地表示物体在时刻 t_0 的速度,Δt 越小,近似的程度就越好. 当 $\Delta t \to 0$ 时,如果极限 $\lim\limits_{\Delta t \to 0} \dfrac{\Delta s}{\Delta t}$ 存在,就称此极限为物体在时刻 t_0 的瞬时速度,即

$$v(t_0) = \lim_{\Delta t \to 0} \frac{\Delta s}{\Delta t} = \lim_{\Delta t \to 0} \frac{S(t_0 + \Delta t) - S(t_0)}{\Delta t}$$

2)切线问题

什么是切线? 如图 3.1 所示,设 $M_0(x_0, y_0)$ 为曲线上的一点,$M(x_0 + \Delta x, y_0 + \Delta y)(\Delta x \neq 0)$ 为曲线上另一点,连接点 M_0 与点 M 的直线 M_0M,称为曲线的割线. 当动点 M 沿曲线趋向点 M_0 时,割线 M_0M 的极限位置 M_0T 就是曲线在点 M_0 处的切线.

设割线 M_0M 的倾斜角为 φ,则由图 3.1 可知,M_0M 的斜率为

$$\tan \varphi = \frac{MN}{M_0N} = \frac{\Delta y}{\Delta x} = \frac{f(x_0 + \Delta x) - f(x_0)}{\Delta x}$$

图 3.1

当 $\Delta x \to 0$ 时,动点 M 将沿曲线趋向于定点 M_0,而当 $\Delta x \to 0$ 时,割线 M_0M 的倾斜角 φ 将趋向于切线 M_0T 的倾斜角 α,即切线 M_0T 的斜率为

$$\tan \alpha = \lim_{\Delta x \to 0} \tan \varphi = \lim_{\Delta x \to 0} \frac{\Delta y}{\Delta x} = \lim_{\Delta x \to 0} \frac{f(x_0 + \Delta x) - f(x_0)}{\Delta x}$$

上面两个实际例题的具体含义有很大的不同,但从抽象的数量关系来看,它们的实质是一样的,都归结为计算函数的改变量与自变量改变量的比,当自变量改变量趋于零时的极限,这种极限称为函数的导数.

3.1.2 导数的定义

定义 1　设函数 $y = f(x)$ 在点 x_0 的某邻域内有定义,当自变量在点 x_0 处取得改变量 Δx $(\Delta x \neq 0)$ 时,函数 $f(x)$ 取得相应的改变量,即

$$\Delta y = f(x_0 + \Delta x) - f(x_0)$$

如果当 $\Delta x \to 0$ 时,$\dfrac{\Delta y}{\Delta x}$ 的极限存在,即

$$\lim_{\Delta x \to 0} \frac{\Delta y}{\Delta x} = \lim_{\Delta x \to 0} \frac{f(x_0 + \Delta x) - f(x_0)}{\Delta x} \tag{3.1}$$

存在,则称此极限值为函数 $f(x)$ 在点 x_0 处的导数(或微商),可记作

$$f'(x_0), \; y' \Big|_{x=x_0}, \; \frac{\mathrm{d}y}{\mathrm{d}x} \Big|_{x=x_0}, \; \frac{\mathrm{d}}{\mathrm{d}x}f(x) \Big|_{x=x_0}$$

即

$$f'(x_0) = \lim_{\Delta x \to 0} \frac{f(x_0 + \Delta x) - f(x_0)}{\Delta x} \tag{3.2}$$

若令 $x = x_0 + \Delta x$,则 $\Delta x \to 0$ 时,$x \to x_0$,于是,式(3.1)可表示为

$$f'(x_0) = \lim_{x \to x_0} \frac{f(x) - f(x_0)}{x - x_0} \tag{3.3}$$

如果极限式(3.1)不存在,则称函数 $y = f(x)$ 在点 x_0 处不可导,称 x_0 为 $y = f(x)$ 的不可导点. 特别地,若式(3.1)的极限为 ∞,此时导数不存在,有时也称函数 $y = f(x)$ 在点 x_0 处的导数为无穷大.

$\frac{\Delta y}{\Delta x}$ 反映的是自变量 x 从 x_0 改变到 $x_0 + \Delta x$ 时,函数 $f(x)$ 的平均变化速度,称为函数的平均变化率;而导数 $f'(x_0) = \lim\limits_{\Delta x \to 0} \frac{\Delta y}{\Delta x}$ 反映的是函数在点 x_0 处的变化速度,称为函数在点 x_0 处的变化率.

如果函数 $y = f(x)$ 在开区间 I 内的每点处都可导,则称函数 $f(x)$ 在开区间 I 内可导.

设函数 $y = f(x)$ 在开区间 I 内可导,则对 I 内每一点 x,都有一个导数值 $f'(x)$ 与之对应. 因此,$f'(x)$ 也是 x 的函数,称其为 $f(x)$ 的导函数,记作

$$f'(x), y', \frac{dy}{dx}, \frac{df(x)}{dx}$$

由导数定义可知,求函数 $y = f(x)$ 的导数 y' 可分为以下 3 个步骤:

①求增量:

$$\Delta y = f(x + \Delta x) - f(x)$$

②算比值:

$$\frac{\Delta y}{\Delta x} = \frac{f(x + \Delta x) - f(x)}{\Delta x}$$

③求极限:

$$y' = \lim_{\Delta x \to 0} \frac{\Delta y}{\Delta x} = \lim_{\Delta x \to 0} \frac{f(x + \Delta x) - f(x)}{\Delta x}$$

下面根据导数定义求一些基本初等函数的导数.

【例 3.1】 求函数 $y = C$(C 是常数)的导数.

解 $$y' = \lim_{\Delta x \to 0} \frac{\Delta y}{\Delta x} = \lim_{\Delta x \to 0} \frac{C - C}{\Delta x} = \lim_{\Delta x \to 0} 0 = 0$$

这就是说,常数函数的导数为

$$(C)' = 0$$

【例 3.2】 求函数 $y = \sin x$ 的导数.

解 因为

$$\Delta y = f(x + \Delta x) - f(x) = \sin(x + \Delta x) - \sin x$$

应用三角函数中的和差化积公式有

$$\Delta y = 2 \cos \frac{(x + \Delta x) + x}{2} \sin \frac{(x + \Delta x) - x}{2}$$

$$= 2 \cos \left(x + \frac{\Delta x}{2} \right) \sin \frac{\Delta x}{2}$$

则

$$\frac{\Delta y}{\Delta x} = \frac{2\cos\left(x + \frac{\Delta x}{2}\right)\sin\frac{\Delta x}{2}}{\Delta x} = \cos\left(x + \frac{\Delta x}{2}\right)\frac{\sin\frac{\Delta x}{2}}{\frac{\Delta x}{2}}$$

由 $\cos x$ 的连续性及第一个重要极限 $\lim\limits_{x\to 0}\dfrac{\sin x}{x} = 1$，得

$$\frac{\mathrm{d}y}{\mathrm{d}x} = \lim_{\Delta x \to 0}\frac{\Delta y}{\Delta x}$$

$$= \lim_{\Delta x \to 0}\cos\left(x + \frac{\Delta x}{2}\right)\frac{\sin\frac{\Delta x}{2}}{\frac{\Delta x}{2}}$$

$$= \lim_{\Delta x \to 0}\cos\left(x + \frac{\Delta x}{2}\right)\lim_{\Delta x \to 0}\frac{\sin\frac{\Delta x}{2}}{\frac{\Delta x}{2}}$$

$$= \cos x$$

即正弦函数的导数为

$$(\sin x)' = \cos x$$

类似地，可得余弦函数 $y = \cos x$ 的导数为

$$(\cos x)' = -\sin x$$

【例 3.3】　求函数 $y = x^{\alpha}\,(\alpha \neq 0)$ 的导数.

解　因为

$$\Delta y = (x + \Delta x)^{\alpha} - x^{\alpha} = x^{\alpha}\left[\left(1 + \frac{\Delta x}{x}\right)^{\alpha} - 1\right]$$

而由第 2 章式(2.8b)等价无穷小可知

$$\left(1 + \frac{\Delta x}{x}\right)^{\alpha} - 1 \sim \alpha \cdot \frac{\Delta x}{x}, \ \Delta x \to 0$$

于是

$$(x^{\alpha})' = \lim_{\Delta x \to 0}\frac{\Delta y}{\Delta x}$$

$$= x^{\alpha}\lim_{\Delta x \to 0}\frac{\alpha \cdot \frac{\Delta x}{x}}{\Delta x}$$

$$= \alpha x^{\alpha - 1}\lim_{\Delta x \to 0}\frac{\Delta x}{\Delta x}$$

$$= \alpha x^{\alpha - 1}$$

即幂函数的导数为

$$(x^{\alpha})' = \alpha x^{\alpha - 1}, \alpha \neq 0$$

【例 3.4】　求函数 $y = a^{x}\,(a > 0, a \neq 1)$ 的导数.

解　因为

$$\Delta y = a^{x + \Delta x} - a^{x} = a^{x}(a^{\Delta x} - 1)$$

而由第 2 章式(2.8b)等价无穷小可知

$$a^{\Delta x} - 1 \sim \Delta x \ln a, \Delta x \to 0$$

于是

$$(a^x)' = \lim_{\Delta x \to 0} \frac{\Delta y}{\Delta x} = a^x \lim_{\Delta x \to 0} \frac{\Delta x \ln a}{\Delta x} = a^x \ln a$$

即指数函数的导数为

$$(a^x)' = a^x \ln a, a > 0 \text{ 且 } a \neq 1$$

特别地,有

$$(e^x)' = e^x$$

3.1.3 左、右导数

定义 2 设函数 $y = f(x)$ 在点 x_0 处的某个邻域内有定义,如果 $\lim\limits_{\Delta x \to 0^-} \dfrac{f(x_0 + \Delta x) - f(x_0)}{\Delta x}$ 存在,则称它为 $f(x)$ 在点 x_0 处的**左导数**,记作 $f'_-(x_0)$;如果 $\lim\limits_{\Delta x \to 0^+} \dfrac{f(x_0 + \Delta x) - f(x_0)}{\Delta x}$ 存在,则称它为 $f(x)$ 在点 x_0 处的**右导数**,记作 $f'_+(x_0)$,即

$$
\begin{aligned}
f'_-(x_0) &= \lim_{\Delta x \to 0^-} \frac{\Delta y}{\Delta x} \\
&= \lim_{\Delta x \to 0^-} \frac{f(x_0 + \Delta x) - f(x_0)}{\Delta x} \\
&= \lim_{x \to x_0^-} \frac{f(x) - f(x_0)}{x - x_0}
\end{aligned}
\tag{3.4}
$$

或

$$
\begin{aligned}
f'_+(x_0) &= \lim_{\Delta x \to 0^+} \frac{\Delta y}{\Delta x} \\
&= \lim_{\Delta x \to 0^+} \frac{f(x_0 + \Delta x) - f(x_0)}{\Delta x} \\
&= \lim_{x \to x_0^+} \frac{f(x) - f(x_0)}{x - x_0}
\end{aligned}
\tag{3.5}
$$

根据函数极限与函数左右极限的关系可知,导数 $f'(x_0)$ 与其左、右导数 $f'_-(x_0)$、$f'_+(x_0)$ 的关系为

$$f'(x_0) = A \Leftrightarrow f'_-(x_0) = f'_+(x_0) = A$$

函数 $f(x)$ 在 $[a,b]$ 上可导,是指 $f(x)$ 在开区间 (a,b) 内处处可导,且存在 $f'_+(a)$ 及 $f'_-(b)$.

3.1.4 导数的几何意义

由切线问题和导数的定义可知,如果函数 $y = f(x)$ 在点 x_0 处可导,则其导数 $f'(x_0)$ 的几何意义是:$f'(x_0)$ 为曲线 $y = f(x)$ 在点 $(x_0, f(x_0))$ 处的切线斜率. 特别地,若 $f'(x_0) = 0$,则曲线 $y = f(x)$ 在点 $(x_0, f(x_0))$ 处的切线平行于 x 轴;若 $f'(x_0)$ 不存在,且 $f'(x_0) = \infty$,则曲线 $y = f(x)$ 在点 $(x_0, f(x_0))$ 处的切线垂直于 x 轴,因此,曲线 $y = f(x)$ 在点 (x_0, y_0) 处的切线方

程为

$$y - y_0 = f'(x_0)(x - x_0)$$

法线方程为

$$y - y_0 = -\frac{1}{f'(x_0)}(x - x_0)$$

【例 3.5】 求曲线 $y = x^2$ 在点 $(1,1)$ 处的切线方程与法线方程.

解 由例 3.3 可知

$$y' = 2x, y'\big|_{x=1} = 2$$

故曲线 $y = x^2$ 在点 $(1,1)$ 处的切线斜率为 2,于是,切线方程为

$$y - 1 = 2(x - 1)$$

即

$$y = 2x - 1 \text{ 或 } y - 2x + 1 = 0$$

法线方程为

$$y - 1 = -\frac{1}{2}(x - 1)$$

即

$$y = -\frac{1}{2}x + \frac{3}{2} \text{ 或 } y + \frac{1}{2}x - \frac{3}{2} = 0$$

3.1.5 可导与连续的关系

定理 1 如果函数 $y = f(x)$ 在点 x_0 处可导,则它在点 x_0 处一定连续.

证 因为函数 $y = f(x)$ 在点 x_0 处可导,所以有

$$\lim_{\Delta x \to 0} \frac{\Delta y}{\Delta x} = f'(x_0)$$

由

$$\Delta y = \frac{\Delta y}{\Delta x} \cdot \Delta x$$

可得

$$\lim_{\Delta x \to 0} \Delta y = \lim_{\Delta x \to 0} \frac{\Delta y}{\Delta x} \cdot \Delta x = \lim_{\Delta x \to 0} \frac{\Delta y}{\Delta x} \cdot \lim_{\Delta x \to 0} \Delta x = f'(x_0) \cdot 0 = 0$$

因此,函数 $f(x)$ 在点 x_0 处连续.

这个定理的逆定理不成立,即函数 $y = f(x)$ 在点 x_0 处连续,但在点 x_0 处不一定可导.

例如,函数 $y = |x| = \begin{cases} x, x \geq 0 \\ -x, x < 0 \end{cases}$ 在 $x = 0$ 处,函数的改变量为

$$\Delta y = |\Delta x| = \begin{cases} \Delta x, \Delta x \geq 0 \\ -\Delta x, \Delta x < 0 \end{cases}$$

显然有

$$\lim_{\Delta x \to 0} \Delta y = \lim_{\Delta x \to 0} |\Delta x| = 0$$

即 $y = |x|$ 在 $x = 0$ 处连续,但是在该点处不可导,因为 $\Delta x \neq 0$ 时,有

$$\frac{\Delta y}{\Delta x} = \frac{|\Delta x|}{\Delta x} = \begin{cases} 1, \Delta x > 0 \\ -1, \Delta x < 0 \end{cases}$$

所以

$$\lim_{\Delta x \to 0^+} \frac{\Delta y}{\Delta x} = 1, \lim_{\Delta x \to 0^-} \frac{\Delta y}{\Delta x} = -1$$

即有 $f'_+(0) \neq f'_-(0)$，故 $y = |x|$ 在 $x = 0$ 处不可导. 从几何上看，$x = 0$ 处为 $y = |x|$ 图形的"尖点"（图 3.2）. 因此，该点切线不存在，所以函数连续是可导的必要条件而不是充分条件.

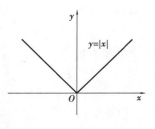

图 3.2

【例 3.6】 讨论函数

$$f(x) = \begin{cases} x - 1, & x \leq 0 \\ 2x, & 0 < x \leq 1 \\ x^2 + 1, & 1 < x \leq 2 \\ \frac{1}{2}x + 4, & x > 2 \end{cases}$$

在点 $x = 0$，$x = 1$ 及 $x = 2$ 处的连续性与可导性.

解 （1）在点 $x = 0$ 处，则

$$\lim_{x \to 0^-} f(x) = \lim_{x \to 0^-} (x - 1) = -1$$

$$\lim_{x \to 0^+} f(x) = \lim_{x \to 0^+} 2x = 0$$

$$\lim_{x \to 0^-} f(x) \neq \lim_{x \to 0^+} f(x)$$

因此，在点 $x = 0$ 处 $f(x)$ 不连续，从而在点 $x = 0$ 处也不可导.

（2）在点 $x = 1$ 处，则

$$\lim_{x \to 1^-} f(x) = \lim_{x \to 1^-} 2x = 2$$

$$\lim_{x \to 1^+} f(x) = \lim_{x \to 1^+} (x^2 + 1) = 2, 且 f(1) = 2$$

即

$$\lim_{x \to 1} f(x) = 2 = f(1)$$

因此，在点 $x = 1$ 处 $f(x)$ 连续，又

$$f'_-(1) = \lim_{x \to 1^-} \frac{f(x) - f(1)}{x - 1}$$

$$= \lim_{x \to 1^-} \frac{2x - 2}{x - 1}$$

$$= \lim_{x \to 1^-} \frac{2(x - 1)}{x - 1}$$

$$= 2$$

$$f'_+(1) = \lim_{x \to 1^+} \frac{f(x) - f(1)}{x - 1}$$

$$= \lim_{x \to 1^+} \frac{(x^2 + 1) - 2}{x - 1}$$

$$= \lim_{x \to 1^+} \frac{x^2 - 1}{x - 1}$$

$$= \lim_{x \to 1^+} (x + 1)$$

$$= 2$$

因为
$$f'_-(1) = f'_+(1)$$
所以,在点 $x = 1$ 处 $f(x)$ 可导,且 $f'(1) = 2$.

(3)在点 $x = 2$ 处,则
$$\lim_{x \to 2^-} f(x) = \lim_{x \to 2^-} (x^2 + 1) = 5$$
$$\lim_{x \to 2^+} f(x) = \lim_{x \to 2^+} \left(\frac{1}{2} x + 4 \right) = 5, \text{且} f(2) = 5$$

即
$$\lim_{x \to 2} f(x) = 5 = f(2)$$

因此,在点 $x = 2$ 处 $f(x)$ 连续,又
$$
\begin{aligned}
f'_-(2) &= \lim_{x \to 2^-} \frac{f(x) - f(2)}{x - 2} \\
&= \lim_{x \to 2^-} \frac{(x^2 + 1) - 5}{x - 2} \\
&= \lim_{x \to 2^-} \frac{x^2 - 4}{x - 2} \\
&= \lim_{x \to 2^-} (x + 2) \\
&= 4 \\
f'_+(2) &= \lim_{x \to 2^+} \frac{f(x) - f(2)}{x - 2} \\
&= \lim_{x \to 2^+} \frac{\left(\frac{1}{2} x + 4 \right) - 5}{x - 2} \\
&= \lim_{x \to 2^+} \frac{\frac{1}{2}(x - 2)}{x - 2} \\
&= \frac{1}{2}
\end{aligned}
$$

因为 $f'_-(2) \neq f'_+(2)$,$f'(2)$ 不存在. 因此,在点 $x = 2$ 处,$f(x)$ 不可导.

3.2 求导法则

按照导数的定义可求出一些函数的导数. 但是,如果对每一个函数都直接按定义去求它的导数,那将是极为复杂和困难的. 因此,希望找到一些求导的法则,以便简化求导的过程.

3.2.1 和、差、积、商的导数

定理 2 设 $u = u(x)$,$v = v(x)$ 为可导函数,则 $u(x) \pm v(x)$,$u(x)v(x)$,$\frac{u(x)}{v(x)} (v(x) \neq 0)$

也可导,且有以下法则:

①$[u(x) \pm v(x)]' = u'(x) \pm v'(x)$.

②$[u(x)v(x)]' = u'(x)v(x) + u(x)v'(x)$.

特别地,$[Cu(x)]' = Cu'(x)$(C 为常数).

③$\left[\dfrac{u(x)}{v(x)}\right]' = \dfrac{u'(x)v(x) - u(x)v'(x)}{v^2(x)}$($v(x) \neq 0$).

特别地,$\left[\dfrac{1}{v(x)}\right]' = -\dfrac{v'(x)}{v^2(x)}$($v(x) \neq 0$).

证 ①由导数的定义不难证明,略.

②令

$$y = u(x)v(x), \Delta u(x) = u(x + \Delta x) - u(x), \Delta v(x) = v(x + \Delta x) - v(x)$$

则

$$\begin{aligned}
\Delta y &= u(x + \Delta x)v(x + \Delta x) - u(x)v(x) \\
&= [u(x + \Delta x) - u(x)]v(x + \Delta x) + u(x)[v(x + \Delta x) - v(x)] \\
&= \Delta u(x)v(x + \Delta x) + u(x)\Delta v(x) \\
\frac{\Delta y}{\Delta x} &= \frac{\Delta u(x)}{\Delta x}v(x + \Delta x) + u(x)\frac{\Delta v(x)}{\Delta x}
\end{aligned}$$

注意到 $v(x)$ 可导时,$v(x)$ 连续,于是

$$\begin{aligned}
y' &= [u(x)v(x)]' \\
&= \lim_{\Delta x \to 0}\frac{\Delta y}{\Delta x} \\
&= \lim_{\Delta x \to 0}\left[\frac{\Delta u(x)}{\Delta x}v(x + \Delta x) + u(x)\frac{\Delta v(x)}{\Delta x}\right] \\
&= \lim_{\Delta x \to 0}\frac{\Delta u(x)}{\Delta x} \cdot \lim_{\Delta x \to 0}v(x + \Delta x) + u(x)\lim_{\Delta x \to 0}\frac{\Delta v(x)}{\Delta x} \\
&= u'(x)v(x) + u(x)v'(x)
\end{aligned}$$

③令

$$y = \frac{u(x)}{v(x)}, \Delta u(x) = u(x + \Delta x) - u(x), \Delta v = v(x + \Delta x) - v(x)$$

则

$$\Delta y = \frac{u(x + \Delta x)}{v(x + \Delta x)} - \frac{u(x)}{v(x)} = \frac{u + \Delta u}{v + \Delta v} - \frac{u}{v} = \frac{v\Delta u - u\Delta v}{v(v + \Delta v)}$$

因为 $v(x)$ 可导,故连续,从而 $\Delta x \to 0$ 时,$\Delta v \to 0$,于是

$$\begin{aligned}
y' &= \lim_{\Delta x \to 0}\frac{\Delta y}{\Delta x} \\
&= \lim_{\Delta x \to 0}\frac{v \cdot \dfrac{\Delta u}{\Delta x} - u\dfrac{\Delta v}{\Delta x}}{v(v + \Delta v)} \\
&= \frac{1}{v(v + \lim\limits_{\Delta x \to 0}\Delta v)}\left(v\lim_{\Delta x \to 0}\frac{\Delta u}{\Delta x} - u\lim_{\Delta x \to 0}\frac{\Delta v}{\Delta x}\right) \\
&= \frac{vu' - uv'}{v^2}, v(x) \neq 0
\end{aligned}$$

法则①、②可推广到有限个函数的情形:
$$[u_1(x) + u_2(x) + \cdots + u_n(x)]' = u_1'(x) + u_2'(x) + \cdots + u_n'(x)$$
$$[u_1(x)u_2(x)\cdots u_n(x)]' = u_1'(x)u_2(x)\cdots u_n(x) + u_1(x)u_2'(x)\cdots u_n(x) + \cdots +$$
$$u_1(x)\cdots u_{n-1}(x)u_n'(x)$$

【例 3.7】 求函数 $y = 4x^3 - 2$ 的导数.

解 $y' = (4x^3 - 2)' = (4x^3)' - 2' = 4(x^3)' - 0 = 12x^2$

【例 3.8】 求下列函数的导数:

$(1)y = \tan x;$ $\qquad\qquad\qquad\qquad (2)y = \cot x;$

$(3)y = \sec x;$ $\qquad\qquad\qquad\qquad (4)y = \csc x.$

解 (1)
$$(\tan x)' = \left(\frac{\sin x}{\cos x}\right)'$$
$$= \frac{(\sin x)'\cos x - \sin x(\cos x)'}{\cos^2 x}$$
$$= \frac{\cos^2 x + \sin^2 x}{\cos^2 x}$$
$$= \frac{1}{\cos^2 x}$$
$$= \sec^2 x$$

即正切函数的导数为
$$(\tan x)' = \sec^2 x$$

(2)与(1)类似,可得余切函数的导数为
$$(\cot x)' = -\csc^2 x$$

(3)
$$(\sec x)' = \left(\frac{1}{\cos x}\right)' = -\frac{(\cos x)'}{\cos^2 x} = \frac{\sin x}{\cos^2 x} = \sec x \tan x$$

即正割函数的导数为
$$(\sec x)' = \sec x \cdot \tan x$$

(4)与(3)类似,可得余割函数的导数为
$$(\csc x)' = -\csc x \cdot \cot x$$

3.2.2 复合函数的导数

定理 3 设函数 $y = f[\varphi(x)]$ 由函数 $y = f(u)$ 和 $u = \varphi(x)$ 复合而成,若函数 $u = \varphi(x)$ 在点 x 处可导,函数 $y = f(u)$ 在对应点 $u = \varphi(x)$ 处可导,则复合函数 $y = f[\varphi(x)]$ 在点 x 处可导,且

$$\frac{dy}{dx} = \{f[\varphi(x)]\}' = f'(u) \cdot \varphi'(x) \qquad\qquad (3.6)$$

可简记为

$$y_x' = y_u' \cdot u_x' \text{ 或} \frac{dy}{dx} = \frac{dy}{du} \cdot \frac{du}{dx}$$

证 设 x 取得改变量 Δx,则 u 取得相应的改变量 Δu,从而 y 取得相应的改变量 Δy,即
$$\Delta u = \varphi(x + \Delta x) - \varphi(x)$$

$$\Delta y = f(u + \Delta u) - f(u)$$

当 $\Delta u \neq 0$ 时,则有

$$\frac{\Delta y}{\Delta x} = \frac{\Delta y}{\Delta u} \cdot \frac{\Delta u}{\Delta x}$$

因为 $u = \varphi(x)$ 可导,则必连续,所以当 $\Delta x \to 0$ 时,$\Delta u \to 0$. 因此

$$\lim_{\Delta x \to 0} \frac{\Delta y}{\Delta x} = \lim_{\Delta x \to 0} \frac{\Delta y}{\Delta u} \cdot \frac{\Delta u}{\Delta x}$$

$$= \lim_{\Delta u \to 0} \frac{\Delta y}{\Delta u} \cdot \lim_{\Delta x \to 0} \frac{\Delta u}{\Delta x}$$

于是,可得

$$\frac{dy}{dx} = f'(u) \cdot \varphi'(x) \text{ 或 } y'_x = y'_u \cdot u'_x$$

注:①式(3.6)表明,复合函数对自变量的导数等于复合函数对中间变量的导数乘以中间变量对自变量的导数,这种由外向内逐层求导的方法也称为**链式法则**.

②复合函数求导法可推广到多个中间变量的情形. 例如,设

$$y = f(u), u = \varphi(v), v = \psi(x)$$

则复合函数 $y = f\{\varphi[\psi(x)]\}$ 对 x 的导数为

$$\frac{dy}{dx} = \frac{dy}{du} \cdot \frac{du}{dv} \cdot \frac{dv}{dx}$$

【例 3.9】 求函数 $y = (1 + 2x)^{20}$ 的导数.

解 设 $y = u^{20}, u = 1 + 2x$,则

$$\frac{dy}{dx} = \frac{dy}{du} \cdot \frac{du}{dx} = 20u^{19} \cdot 2 = 40(1 + 2x)^{19}$$

【例 3.10】 求函数 $y = \tan(1 + 2^x)$ 的导数.

解 设 $y = \tan u, u = 1 + 2^x$,则

$$\frac{dy}{dx} = \frac{dy}{du} \cdot \frac{du}{dx} = \sec^2 u \cdot 2^x \ln 2 = \sec^2(1 + 2^x) \cdot 2^x \cdot \ln 2$$

注:复合函数求导既是重点又是难点. 在求复合函数的导数时,首先要分清函数的复合层次,然后从外向内,逐层求导,不要遗漏,也不要重复. 在求导过程中,始终要明确所求的导数是哪个函数对哪个变量的导数,在熟练掌握链式法则后,求导时,中间变量可省略不写,只把中间变量记在心上,直接把表示中间变量的部分写出来,整个过程一气呵成.

例如,例 3.10 可改写为

$$y' = \sec^2(1 + 2^x) \cdot (1 + 2^x)'$$

$$= \sec^2(1 + 2^x) \cdot 2^x \cdot \ln 2$$

【例 3.11】 求函数 $y = \left(\frac{x}{x+1}\right)^n$ 的导数.

解

$$y' = n\left(\frac{x}{x+1}\right)^{n-1} \cdot \left(\frac{x}{x+1}\right)'$$

$$= n\left(\frac{x}{x+1}\right)^{n-1} \cdot \frac{x+1-x}{(x+1)^2}$$

$$= \frac{nx^{n-1}}{(x+1)^{n+1}}$$

【例 3.12】 求函数 $y = \sin^2 x$ 的导数.

解 $y' = (\sin^2 x)' = 2\sin x \cdot (\sin x)' = 2\sin x \cdot \cos x = \sin 2x$

【例 3.13】 求函数 $y = \sin x^2$ 的导数.

解 $y' = (\sin x^2)' = \cos x^2 \cdot (x^2)' = 2x\cos x^2$

3.2.3 反函数的导数

定理 4 设函数 $x = \varphi(y)$ 在某区间 I_y 内可导,且 $\varphi'(y) \neq 0$,则它的反函数 $y = f(x)$ 在相应区间 I_x 内可导,且

$$f'(x) = \frac{1}{\varphi'(y)} \text{或} \frac{dy}{dx} = \frac{1}{\frac{dx}{dy}} \tag{3.7}$$

即反函数的导数等于直接函数导数的倒数.

证 由于 $y = f(x)$,故 $x = \varphi(y)$ 右端为 x 的复合函数,于是,函数 $x = \varphi(y)$ 两边对 x 求导,得

$$1 = \varphi'(y) \cdot y'_x$$

故

$$y'_x = f'(x) = \frac{1}{\varphi'(y)}$$

【例 3.14】 求函数 $y = \log_a |x|$ 的导数,其中 a 为常数,且 $a > 0, a \neq 1$.

解 当 $x > 0$ 时,$y = \log_a x$ 是 $x = a^y$ 的反函数,由式(3.7)得

$$(\log_a x)' = \frac{1}{(a^y)'} = \frac{1}{a^y \ln a} = \frac{1}{x \ln a}$$

当 $x < 0$ 时,$y = \log_a(-x)$ 是 x 的复合函数,故有

$$[\log_a(-x)]' = \frac{1}{(-x)\ln a} \cdot (-x)' = \frac{1}{x \ln a}$$

因此,对数函数的导数为

$$(\log_a |x|)' = \frac{1}{x \ln a}, x \neq 0$$

特别地,当 $a = e$ 时,有

$$(\ln |x|)' = \frac{1}{x}, x \neq 0$$

【例 3.15】 求函数 $y = \arcsin x$ 的导数.

解 因为 $y = \arcsin x$ 是 $x = \sin y$ 的反函数,且 $x \in (-1,1)$ 时,有

$$y \in \left(-\frac{\pi}{2}, \frac{\pi}{2}\right), \cos y > 0$$

所以有

$$(\arcsin x)' = \frac{1}{(\sin y)'} = \frac{1}{\cos y} = \frac{1}{\sqrt{1-\sin^2 y}} = \frac{1}{\sqrt{1-x^2}}$$

因此,反正弦函数的导数为

$$(\arcsin x)' = \frac{1}{\sqrt{1-x^2}}$$

同理可得,反余弦函数的导数为

$$(\arccos x)' = -\frac{1}{\sqrt{1-x^2}}$$

反正切函数的导数为

$$(\arctan x)' = \frac{1}{1+x^2}$$

反余切函数的导数为

$$(\text{arccot } x)' = -\frac{1}{1+x^2}$$

3.2.4 隐函数的导数

由方程 $F(x,y)=0$ 确定 y 是 x 的函数,称为隐函数.

前面讨论的函数 $y=f(x)$ 都是以自变量 x 的明显形式表达因变量 y,这种函数称为显函数.

注:给定一个方程 $F(x,y)=0$,有可能确定一个隐函数或多个隐函数,也有可能不存在隐函数. 这里仅考虑隐函数存在且可导的情形,并通过例题说明隐函数的求导方法.

【例 3.16】 求由方程 $x^2+y^2+xy=0$ 所确定的隐函数 $y=y(x)$ 的导数 y'.

解 将方程中的 y 看作 x 的函数,利用复合函数求导法则,将方程两端对 x 求导,得

$$2x+2y \cdot y'+y+x \cdot y'=0$$

解得

$$y'=-\frac{y+2x}{x+2y}$$

【例 3.17】 求由方程 $xy+\ln y=2$ 所确定的曲线在点 $(2,1)$ 的切线方程.

解 方程两端同时对 x 求导,得

$$y+x \cdot y'+\frac{1}{y} \cdot y'=0$$

解得

$$y'=\frac{-y^2}{1+xy}$$

于是,曲线在点 $(2,1)$ 处的切线斜率为

$$y'\big|_{(2,1)}=\frac{-1^2}{1+2\times 1}=-\frac{1}{3}$$

从而,曲线在点 $(2,1)$ 处的切线方程为

$$y-1=-\frac{1}{3}(x-2)$$

即

$$x+3y-5=0$$

由例 3.16 和例 3.17 可知,在求隐函数导数时,无须将它变成显函数,只要将方程 $F(x,y)=0$ 两端同时求关于 x 的导数,并将 y' 表示成 x 和 y 的函数即可.

3.2.5 取对数求导法

对形如 $y = [f(x)]^{g(x)}$ 的幂指函数,以及由多个函数之积或商构成的函数,可采用首先取对数,然后化成隐函数求导数的方法,这将使得求导过程大为简化,通常称这种求导方法为取对数求导法.

【例3.18】 求幂指函数 $y = x^x$ 的导数.

解 先对 $y = x^x$ 两边取对数,得

$$\ln y = x \ln x$$

因为 y 是 x 的函数,将上式两端对 x 求导,得

$$\frac{1}{y} \cdot y' = \ln x + x \cdot \frac{1}{x} = \ln x + 1$$

于是

$$y' = y(\ln x + 1) = x^x(\ln x + 1)$$

另外,由 $y = x^x = e^{x \ln x}$ 直接对 x 求导,得

$$y' = e^{x \ln x} \cdot (x \ln x)' = e^{x \ln x} \cdot (\ln x + 1) = x^x(\ln x + 1)$$

【例3.19】 求函数 $y = \sqrt{\frac{(x-1)(x-2)}{(2x-3)(x-4)}}$ 的导数.

解 先将方程两边取对数,得

$$\ln y = \frac{1}{2}\left[\ln(x-1) + \ln(x-2) - \ln(2x-3) - \ln(x-4)\right]$$

再两端同时对 x 求导,得

$$\frac{1}{y} \cdot y' = \frac{1}{2}\left(\frac{1}{x-1} + \frac{1}{x-2} - \frac{2}{2x-3} - \frac{1}{x-4}\right)$$

于是

$$y' = \frac{1}{2}\sqrt{\frac{(x-1)(x-2)}{(2x-3)(x-4)}} \cdot \left(\frac{1}{x-1} + \frac{1}{x-2} - \frac{2}{2x-3} - \frac{1}{x-4}\right)$$

3.2.6 参数方程的函数求导

一般地,参数方程 $\begin{cases} x = \varphi(t) \\ y = \psi(t) \end{cases}$ 可以确定 y 与 x 之间的函数关系,这种关系,有时可以用显函数表示出来.

例如,$\begin{cases} x = 2t \\ y = t^2 \end{cases} \Rightarrow t = \frac{x}{2}$ 消去参数 t,得 $y = t^2 = \left(\frac{x}{2}\right)^2 = \frac{x^2}{4}$,故 $y' = \frac{1}{2}x$.

问题:消参困难或无法消参如何求导?

在方程 $\begin{cases} x = \varphi(t) \\ y = \psi(t) \end{cases}$ 中,设函数 $x = \varphi(t)$ 具有单调连续的反函数 $t = \varphi^{-1}(x)$,则

$$y = \Psi\left[\varphi^{-1}(x)\right]$$

再设函数 $x = \varphi(t), y = \psi(t)$ 都可导,且 $\varphi(t) \neq 0$,则由复合函数及反函数的求导法则得

$$\frac{dy}{dx} = \frac{dy}{dt} \cdot \frac{dt}{dx} = \frac{dy}{dt} \cdot \frac{1}{\frac{dx}{dt}} = \frac{\psi'(t)}{\varphi'(t)}$$

即

$$\frac{dy}{dx} = \frac{\frac{dy}{dt}}{\frac{dx}{dt}} \text{或} \frac{dy}{dx} = \frac{\psi'(t)}{\varphi'(t)}$$

【例 3.20】 求由参数方程 $\begin{cases} x = a \cos t \\ y = b \sin t \end{cases}$ 确定的函数的导数.

解 因为

$$\frac{dx}{dt} = -a \sin t, \frac{dy}{dt} = b \cos t$$

所以

$$\frac{dy}{dx} = \frac{\frac{dy}{dt}}{\frac{dx}{dt}} = \frac{b \cos t}{-a \sin t} = -\frac{b}{a} \cot t$$

【例 3.21】 求曲线 $\begin{cases} x = 2e^t \\ y = e^{-t} \end{cases}$ 在点 $(2,1)$ 处的切线方程和法线方程.

解 因为对应于点 $(2,1)$ 的参数 $t = 0$

所以

$$k = \frac{dy}{dx}\bigg|_{(2,1)} = \frac{\frac{dy}{dt}}{\frac{dx}{dt}}\bigg|_{t=0} = \frac{-e^{-t}}{2e^t}\bigg|_{t=0} = -\frac{1}{2}$$

故切线方程为

$$y - 1 = -\frac{1}{2}(x - 2)$$

即

$$x + 2y - 4 = 0$$

法线方程为

$$y - 1 = 2(x - 2)$$

即

$$2x - y - 3 = 0$$

3.2.7 基本导数公式和基本求导法则

为了便于记忆和使用,将本节讲过的所有导数公式总结如下:
①$C' = 0(C$ 为常数$)$.
②$(x^\alpha)' = \alpha x^{\alpha-1}$.
③$(a^x)' = a^x \ln a, (e^x)' = e^x$.

④ $(\log_a |x|)' = \dfrac{1}{x \ln a}$, $(\ln |x|)' = \dfrac{1}{x}$.

⑤ $(\sin x)' = \cos x$.

⑥ $(\cos x)' = -\sin x$.

⑦ $(\tan x)' = \dfrac{1}{\cos^2 x} = \sec^2 x$.

⑧ $(\cot x)' = -\dfrac{1}{\sin^2 x} = -\csc^2 x$.

⑨ $(\sec x)' = \sec x \cdot \tan x$.

⑩ $(\csc x)' = -\csc x \cdot \cot x$.

⑪ $(\arcsin x)' = \dfrac{1}{\sqrt{1-x^2}}$.

⑫ $(\arccos x)' = -\dfrac{1}{\sqrt{1-x^2}}$.

⑬ $(\arctan x)' = \dfrac{1}{1+x^2}$.

⑭ $(\operatorname{arccot} x)' = -\dfrac{1}{1+x^2}$.

基本求导法则如下：

① $(u \pm v)' = u' \pm v'$.

② $(uv)' = u'v + uv'$.

③ $\left(\dfrac{u}{v}\right)' = \dfrac{u'v - uv'}{v^2}\ (v \neq 0)$.

④ $\{f[\varphi(x)]\}' = f'[\varphi(x)] \cdot \varphi'(x)$.

⑤ $f'(x) = \dfrac{1}{\varphi'(y)}$, $\varphi'(y) \neq 0$, 其中, $y=f(x)$ 为 $x=\varphi(y)$ 的反函数.

3.3　高阶导数

本章开始时曾讲过物体作变速直线运动的瞬时速度问题, 如果物体的运动方程为 $S = S(t)$, 则物体在时刻 t 的瞬时速度为 S 对 t 的导数, 即 $v(t) = S'(t)$; 速度 v 对时间 t 的导数称为物体在时刻 t 的瞬时加速度 a, $a = v'(t) = (S'(t))'$, 记作 S'', 称为 S 对 t 的二阶导数.

一般地, 如果函数 $y=f(x)$ 的导数 $f'(x)$ 在点 x 处可导, 则称 $f'(x)$ 在点 x 处的导数为函数 $f(x)$ 在点 x 处的二阶导数, 记作

$$y'', f''(x) \text{ 或 } \dfrac{\mathrm{d}^2 y}{\mathrm{d}x^2}$$

类似地, 二阶导数 $y''=f''(x)$ 的导数就称为函数 $y=f(x)$ 的三阶导数, 记作

$$y''', f'''(x) \text{ 或 } \dfrac{\mathrm{d}^3 y}{\mathrm{d}x^3}$$

如果函数 $y = f(x)$ 的 $n-1$ 阶导数存在且可导,则称 y 的 $n-1$ 阶导数的导数为 $y = f(x)$ 的 n 阶导数,记作

$$y^{(n)}, f^{(n)}(x) \text{ 或 } \frac{\mathrm{d}^n y}{\mathrm{d} x^n}$$

二阶和二阶以上的导数统称为高阶导数. 函数 $f(x)$ 的各阶导数在点 $x = x_0$ 处的数值记作

$$f'(x_0), f''(x_0), \cdots, f^{(n)}(x_0)$$

或

$$y' \big|_{x=x_0}, y'' \big|_{x=x_0}, \cdots, y^{(n)} \big|_{x=x_0}$$

【例 3.22】 求 $y = x^4$ 的各阶导数.

解
$$y' = 4x^3$$
$$y'' = 12x^2$$
$$y''' = 24x$$
$$y^{(4)} = 24$$
$$y^{(5)} = y^{(6)} = \cdots = 0$$

【例 3.23】 求 $y = e^x$ 的 n 阶导数.

解 因为 $(e^x)' = e^x$,所以

$$y^{(n)} = (e^x)^{(n)} = e^x$$

【例 3.24】 求 $y = \sin x$ 的 n 阶导数.

解
$$y' = (\sin x)' = \cos x = \sin\left(x + \frac{\pi}{2}\right)$$

$$y'' = \left[\sin\left(x + \frac{\pi}{2}\right)\right]' = \cos\left(x + \frac{\pi}{2}\right) = \sin\left(x + 2 \cdot \frac{\pi}{2}\right)$$

$$y''' = \left[\sin\left(x + 2 \cdot \frac{\pi}{2}\right)\right]' = \cos\left(x + 2 \cdot \frac{\pi}{2}\right) = \sin\left(x + 3 \cdot \frac{\pi}{2}\right)$$

$$\vdots$$

一般,有

$$y^{(n)} = (\sin x)^{(n)} = \sin\left(x + n \cdot \frac{\pi}{2}\right) (n = 1, 2, \cdots)$$

同理,可得

$$(\cos x)^{(n)} = \cos\left(x + n \cdot \frac{\pi}{2}\right) (n = 1, 2, \cdots)$$

3.4 函数的微分

3.4.1 微分的概念

前面讲过函数的导数是表示函数在点 x 处的变化率,它描述了函数在点 x 处变化的快

慢程度,有时还需要了解函数在某一点处当自变量取得微小改变量时,函数值取得的相应改变量的大小,这就引进了微分的概念.

先看一个具体的例子.

设有一块边长为 x_0 的正方形金属薄板,由于受温度变化的影响,其边长 x_0 取得一个改变量 Δx,则面积 S 的改变量为

$$\Delta S = (x_0 + \Delta x)^2 - x_0^2 = 2x_0 \cdot \Delta x + (\Delta x)^2$$

由上式可知,面积改变量 ΔS 由两部分构成:一部分为 $2x_0\Delta x$(即图 3.3 中两个阴影部分的面积之和),是 Δx 的线性函数,当 $|\Delta x|$ 很微小时,是 ΔS 的主要部分,称为 ΔS 的线性主部;另一部分是 $(\Delta x)^2$(即图 3.3 中右上方小正方形的面积),当 $\Delta x \to 0$ 时,它是比 Δx 高阶的无穷小,显然,当 $|\Delta x|$ 很微小时,面积改变量 ΔS 可由它的线性主部近似代替,即

图 3.3

$$\Delta S \approx 2x_0\Delta x$$

对于一般函数 $y = f(x)$,若存在上述近似公式,则无论在理论分析中还是在实际应用中,都有十分重要的意义.

定义 3 设函数 $y = f(x)$ 在某区间内有定义,如果对自变量在点 x 的改变量 Δx,函数的相应改变量

$$\Delta y = f(x + \Delta x) - f(x)$$

可表示为

$$\Delta y = A\Delta x + \alpha(\Delta x)\Delta x \tag{3.8}$$

其中,A 是 x 的函数且与 Δx 无关;$\alpha(\Delta x)$ 是 $\Delta x \to 0$ 时的无穷小,则称函数 $y = f(x)$ 在点 x 可微,并称 $A\Delta x$ 为函数 $y = f(x)$ 在点 x 的微分,记作 $\mathrm{d}y$ 或 $\mathrm{d}f(x)$,即

$$\mathrm{d}y = A\Delta x \text{ 或 } \mathrm{d}f(x) = A\Delta x \tag{3.9}$$

如果改变量 Δy 不能表示为式(3.8)的形式,则称函数 $y = f(x)$ 在点 x 不可微或微分不存在.

由式(3.8)可知,当 $|\Delta x|$ 很微小时,$\Delta y \approx \mathrm{d}y = A\Delta x$,而 $A\Delta x$ 是 Δx 的线性函数,故有时也称 $\mathrm{d}y = A\Delta x$ 为函数改变量 Δy 的线性主部.

现在的问题是怎样确定 A?先来看看"可微"与"可导"的关系.

定理 5 函数 $y = f(x)$ 在点 x 可微的充分必要条件是:函数 $y = f(x)$ 在点 x 可导,且 $A = f'(x)$.

证 必要性:设 $y = f(x)$ 在点 x 可微,则式(3.8)成立,将式(3.8)两端同除以 $\Delta x \neq 0$,得

$$\frac{\Delta y}{\Delta x} = A + \alpha(\Delta x)$$

于是,根据定义中的条件,得

$$\lim_{\Delta x \to 0}\frac{\Delta y}{\Delta x} = \lim_{\Delta x \to 0}[A + \alpha(\Delta x)] = A + \lim_{\Delta x \to 0}\alpha(\Delta x) = A$$

因此,$y = f(x)$ 在点 x 可导,且 $f'(x) = A$.

充分性:设 $y = f(x)$ 在点 x 可导,则

$$\lim_{\Delta x \to 0} \frac{\Delta y}{\Delta x} = f'(x)$$

存在,由函数极限与无穷小的关系知,当 $\Delta x \to 0$ 时,有

$$\frac{\Delta y}{\Delta x} = f'(x) + \alpha(\Delta x)$$

其中,$\lim_{\Delta x \to 0} \alpha(\Delta x) = 0$,由上式可得

$$\Delta y = f'(x)\Delta x + \alpha(\Delta x)\Delta x$$

若在上式中令 $A = f'(x)$,则因 $\alpha(\Delta x) \to 0(\Delta x \to 0$ 时)可知,式(3.8)成立,故 $y = f(x)$ 在点 x 可微.

定理 5 表明,函数 $y = f(x)$ 可微与可导是等价的,因此,式(3.9)也可表示为

$$dy = df(x) = f'(x)\Delta x$$

当 $y = x$ 时,由上式得

$$dy = dx = (x)'\Delta x = \Delta x$$

因此,自变量的微分就是它的改变量. 于是,函数 $y = f(x)$ 微分可写为

$$dy = df(x) = f'(x)dx \tag{3.10}$$

由此,得

$$\frac{dy}{dx} = \frac{df(x)}{dx} = f'(x)$$

此式表明,函数 $y = f(x)$ 的导数等于函数的微分与自变量的微分之商,故有时也称导数为微商. 由于求微分的问题可归结为求导数的问题,因此,求导数与求微分的方法称为微分法.

设 $y = f(u)$ 是可微函数,若 u 是自变量,则式(3.10)有

$$dy = f'(u)du$$

若 $u = u(x)$ 是可微函数,则由式(3.10)有

$$dy = \{f[u(x)]\}'dx = f'[u(x)]u'(x)dx = f'(u)du$$

由上述分析可知,若函数 $y = f(u)$ 可微,则不论 u 是自变量,或 u 是中间变量,其微分形式 $dy = f'(u)du$ 保持不变,称微分的这一性质为一阶微分形式的不变性,简称为**微分形式不变性**.

【**例 3.25**】 求下列函数的微分:

(1) $y = \ln x^2$;   (2) $y = xe^x, dy|_{x=1}$;

(3) $y = x + \arccos y$.

解 (1)由式(3.10),得

$$dy = (\ln x^2)' \, dx = \frac{1}{x^2} \cdot (x^2)' \, dx = \frac{2}{x}dx$$

(2)由式(3.10),得

$$dy = (xe^x)' \, dx = (e^x + xe^x)dx = (1 + x)e^x dx$$

$$dy|_{x=1} = (1 + 1)e^1 dx = 2edx$$

(3)方程两端同时对 x 求导,得

$$y' = 1 - \frac{1}{\sqrt{1 - y^2}}y'$$

解得

$$y' = \frac{\sqrt{1-y^2}}{1+\sqrt{1-y^2}}$$

故

$$dy = \frac{\sqrt{1-y^2}}{1+\sqrt{1-y^2}}dx$$

3.4.2 微分的几何意义

在直角坐标系中作函数 $y = f(x)$ 的图形(图 3.4),取一定点 $M(x_0, y_0)$,过点 M 作曲线的切线,则此切线的斜率为 $f'(x) = \tan \alpha$.

图 3.4

当自变量在点 x_0 处取得改变量 Δx 时,就得到曲线上另一点 $M_1(x_0 + \Delta x, y_0 + \Delta y)$,由图 3.4 易知

$$MN = \Delta x, NM_1 = \Delta y$$

且

$$NT = MN \cdot \tan \alpha = f'(x) \Delta x = dy$$

因此,函数 $y = f(x)$ 的微分 dy 就是过点 $M(x_0, y_0)$ 的切线的纵坐标的改变量. 图 3.4 中,线段 TM_1 是 Δy 与 dy 之差,它是 Δx 的高阶无穷小量.

3.4.3 微分的基本公式与运算法则

由式(3.10)可知,求微分 dy 只需求出导数 $f'(x)$ 即可. 因此,利用导数基本公式与运算法则,可直接导出微分的基本公式与运算法则.

基本初等函数的微分公式如下:

①$dC = 0$(C 为常数).

②$d(x^\alpha) = \alpha x^{\alpha-1} dx$.

③$d(a^x) = a^x \ln a dx$, $d(e^x) = e^x dx$.

④$d(\log_a x) = \frac{1}{x \ln a} dx$, $d(\ln x) = \frac{1}{x} dx$.

⑤$d(\sin x) = \cos x dx$.

⑥$d(\cos x) = -\sin x dx$.

⑦d(tan x) $= \sec^2 x \mathrm{d}x$.

⑧d(cot x) $= - \csc^2 x \mathrm{d}x$.

⑨d(sec x) $= \sec x \tan x \mathrm{d}x$.

⑩d(csc x) $= - \csc x \cot x \mathrm{d}x$.

⑪d(arcsin x) $= \dfrac{1}{\sqrt{1-x^2}} \mathrm{d}x$.

⑫d(arccos x) $= - \dfrac{1}{\sqrt{1-x^2}} \mathrm{d}x$.

⑬d(arctan x) $= \dfrac{1}{1+x^2} \mathrm{d}x$.

⑭d(arccot x) $= - \dfrac{1}{1+x^2} \mathrm{d}x$.

基本微分运算法则如下:

①d($au + bv$) $= a\mathrm{d}u + b\mathrm{d}v (a, b$ 为常数$)$.

②d(uv) $= v\mathrm{d}u + u\mathrm{d}v$.

③d $\dfrac{u}{v} = \dfrac{v\mathrm{d}u - u\mathrm{d}v}{v^2}, v \neq 0$.

④$y = f(u), u = u(x)$,则 $\mathrm{d}y = \mathrm{d}f(u) = f'(u)\mathrm{d}u$.

3.4.4　微分的应用

这里只介绍微分在近似计算中的应用,已知,如果函数 $y = f(x)$ 在点 x 处导数 $f'(x) \neq 0$,那么当 $\Delta x \to 0$ 时,微分 $\mathrm{d}y$ 是函数改变量 Δy 的线性主部. 因此,当$|\Delta x|$很微小时,忽略高阶无穷小量,可用 $\mathrm{d}y$ 作为 Δy 的近似值,即

$$\Delta y \approx \mathrm{d}y = f'(x)\Delta x \tag{3.11}$$

因为

$$\Delta y = f(x + \Delta x) - f(x)$$

因此,式(3.11)可改写为

$$f(x + \Delta x) - f(x) \approx f'(x)\Delta x$$

或

$$f(x + \Delta x) \approx f(x) + f'(x)\Delta x \tag{3.12}$$

在式(3.12)中,令 $x = 0, \Delta x = x$,得下面更简单的近似公式,当$|x|$充分小时,有

$$f(x) \approx f(0) + f'(0)x \tag{3.13}$$

【例 3.26】　求 $\sqrt[3]{1.02}$ 的近似值.

解　这个问题可看作求函数 $f(x) = \sqrt[3]{x}$ 在点 $x = 1.02$ 处的函数值的近似值问题,由式(3.12)得

$$f(x + \Delta x) \approx f(x) + f'(x)\Delta x = \sqrt[3]{x} + \frac{1}{3\sqrt[3]{x^2}}\Delta x$$

令 $x = 1, \Delta x = 0.02$,则有

$$\sqrt[3]{1.02} \approx \sqrt[3]{1} + \frac{1}{3\sqrt[3]{1^2}} \times 0.02 \approx 1.006\ 7$$

【例3.27】 求 $\sin 46°$ 的近似值.

解 令 $f(x) = \sin x, x = 45° = \dfrac{\pi}{4}, \Delta x = 1° = \dfrac{\pi}{180}$,则由式(3.12)得

$$\sin 46° \approx \sin \frac{\pi}{4} + \cos \frac{\pi}{4} \cdot \frac{\pi}{180}$$

$$= \frac{\sqrt{2}}{2}\Big(1 + \frac{\pi}{180}\Big)$$

$$\approx 0.719\ 4$$

查表得 $\sin 46° \approx 0.719\ 33$.

习题 3

（A）

1. 用定义求下列函数的导数.

（1）$y = \sqrt{x}$；

（2）$y = x^2 + 1$；

（3）$y = \dfrac{1}{x^2}$；

（4）$y = \cos x$.

2. 设 $f'(x_0)$ 存在,求下列极限.

（1）$\lim\limits_{\Delta x \to 0} \dfrac{f(x_0 - \Delta x) - f(x_0)}{\Delta x}$；

（2）$\lim\limits_{\Delta x \to 0} \dfrac{f(x_0 + \Delta x) - f(x_0 - \Delta x)}{\Delta x}$；

（3）$\lim\limits_{\Delta x \to 0} \dfrac{f(x_0 + 2\Delta x) - f(x_0)}{\Delta x}$；

（4）$\lim\limits_{h \to 0} \dfrac{f(x_0 - 2h^2) - f(x_0)}{\sin^2 h}$.

3. 设函数 $f(x)$ 在 $x = 0$ 处可导,且 $f(0) = 0$,求下列极限(其中,$a \neq 0$,a 为常数):

（1）$\lim\limits_{x \to 0} \dfrac{f(x)}{x}$；

（2）$\lim\limits_{x \to 0} \dfrac{f(ax)}{x}$；

（3）$\lim\limits_{x \to 0} \dfrac{f(ax)}{a}$.

4. 求曲线 $y = \sqrt[3]{x^2}$ 上点 $(1,1)$ 处的切线方程与法线方程.

5. 讨论下列函数在 $x = 0$ 处的连续性和可导性. 若可导,求出 $f'(0)$.

（1）$f(x) = x|x|$；

（2）$f(x) = \begin{cases} x \sin \dfrac{1}{x}, & x \neq 0 \\ 0, & x = 0 \end{cases}$；

（3）$f(x) = \begin{cases} x, & x < 0 \\ \ln(1+x), & x \geqslant 0 \end{cases}$；

（4）$f(x) = \begin{cases} \ln(1+x), & -1 < x \leqslant 0 \\ \sqrt{1+x} - \sqrt{1-x}, & 0 < x < 1 \end{cases}$.

6. 求下列函数的导数(其中,a,b 为非零常数):

（1）$y = 3x^4 - x^2 + 6$；

（2）$y = x^{a+b}$；

（3）$y = 2\sqrt{x} - \dfrac{1}{x} + 3\sqrt{2}$；

（4）$y = \dfrac{x^2}{2} + \dfrac{2}{x^2}$；

$(5)y = \dfrac{a - x^3}{\sqrt{x}}$; $(6)y = x^2(2x + 1)$;

$(7)y = \dfrac{1}{\sqrt{x} + 1} + \dfrac{1}{\sqrt{x} - 1}$; $(8)y = \dfrac{bx + a}{a + b}$;

$(9)y = \dfrac{x^2 + 1}{x^2 - 1}$; $(10)y = \dfrac{x^2 - x + 1}{x^2 + x + 1}$;

$(11)y = (x - a)(x - b)$; $(12)y = x \sin x + \cos x$;

$(13)y = x \sec x + \csc x$; $(14)y = \tan x - x \tan x$;

$(15)y = \dfrac{1 - \sin x}{1 + \cos x}$; $(16)y = \dfrac{\cos x - x \sin x}{\sin x + x \cos x}$;

$(17)y = x^2 \ln x$; $(18)y = \dfrac{x - \ln x}{x + \ln x}$;

$(19)y = a^x \arctan x$; $(20)y = \arcsin x + \arccos x$.

7. 求下列函数的导数(其中,a,n 为常数):

$(1)y = \dfrac{e^x - e^{-x}}{e^x + e^{-x}}$; $(2)y = (x^2 + 2)^2$;

$(3)y = \dfrac{x^3}{(1 - x)^2}$; $(4)y = \dfrac{x}{\sqrt{1 - x^2}}$;

$(5)y = \ln(a^2 - x^2)$; $(6)y = \ln \sqrt{x} + \sqrt{\ln x}$;

$(7)y = \ln \tan x$; $(8)y = \ln \ln x$;

$(9)y = e^{3x}$; $(10)y = e^{-x^2}$;

$(11)y = 3^{\ln x}$; $(12)y = \sec^2(e^{3x})$;

$(13)y = e^{x \ln x}$; $(14)y = \arcsin \dfrac{x}{2}$;

$(15)y = \operatorname{arccot} \dfrac{1}{x}$; $(16)y = \arctan \dfrac{1 + x}{1 - x}$;

$(17)y = \sqrt{x - x^2} + \arcsin \sqrt{x}$; $(18)y = x^2 e^{-2x}$;

$(19)y = \sin e^{x^2 + x - 2}$; $(20)y = \ln(e^x + \sqrt{1 + e^{2x}})$.

8. 利用对数求导法求下列函数的导数:

$(1)y = x \sqrt{\dfrac{1 - x}{1 + x}}$; $(2)y = (1 + x^2)^{\tan x}$;

$(3)y = \dfrac{\sqrt{x + 2}(3 - x)^4}{(x + 1)^5}$; $(4)y = (\sin x)^{\tan x}$.

9. 计算下列由参数方程所确定的函数 $y = f(x)$ 的导数:

$(1)\begin{cases} x = t^3 + 3t + 1 \\ y = t^3 - 3t + 1 \end{cases}$; $(2)\begin{cases} x = a(t - \sin t) \\ y = b(1 - \cos t) \end{cases}$.

10. 求由下列方程确定的隐函数 $y = y(x)$ 的导数:

$(1)x^2 + y^2 - xy = 2$; $(2)\sqrt{y} - \sqrt{x} = \sqrt{3}$;

$(3)y = x + \ln y$; $(4)\sin(x + y) = xy$.

11. 求下列各函数的二阶导数:

$(1)y = \ln(1 + x^2)$; $(2)y = x \ln x$;

$(3) y = \dfrac{1}{a^2 + x^2}$;　　　　　　　　　$(4) y = e^x \cos x.$

12. 求下列函数的 n 阶导数:

$(1) y = \cos x$;　　　　　　　　　　　$(2) y = \ln(1 + x)$;

$(3) y = \sin^2 x$;　　　　　　　　　　$(4) y = x e^x.$

13. 证明:

(1) 可导偶函数的导数是奇函数;

(2) 可导奇函数的导数是偶函数;

(3) 可导周期函数的导数是具有相同周期的周期函数.

14. 设 $f(x)$ 是可导偶函数,且 $f'(0)$ 存在,求证: $f'(0) = 0.$

15. 求下列各函数的微分:

$(1) y = 4x^3$;　　　　　　　　　　　$(2) y = \ln \sqrt{1 - x^2}$;

$(3) y = e^{\sin^2 x}$;　　　　　　　　　$(4) y = x e^{2x}$;

$(5) y = \arctan e^x$;　　　　　　　　$(6) y = \tan \dfrac{x}{2}.$

16. 求下列隐函数的微分:

$(1) xy = e^{x+y}$;　　　　　　　　　　$(2) y = 1 + x e^y$;

$(3) x e^y - \ln y + 5 = 0$;　　　　　$(4) y \sin x - x \sin y = 2.$

17. 求下列各数的近似值:

$(1) \sqrt[3]{8.02}$;　　　　　　　　　　$(2) \sin 29°$;

$(3) e^{0.2}.$

(B)

一、填空题

1. $y = e^{\tan \frac{1}{x}}$,则 $y' = \underline{\qquad}$.

2. 设 $f'(x)$ 存在,则 $\lim\limits_{h \to 0} \dfrac{f(x + 2h) - f(x - 3h)}{h} = \underline{\qquad}$.

3. 若 $f(t) = \lim\limits_{x \to \infty} t \left(1 + \dfrac{1}{x}\right)^{2tx}$,则 $f'(t) = \underline{\qquad}$.

4. $\dfrac{d(\arcsin x)}{d(\arccos x)} = \underline{\qquad}$.

5. 曲线 $y = \dfrac{1}{x^2}$ 在点 $(-1, 1)$ 的切线方程为 $\underline{\qquad}$.

6. 可导函数 $f(x)$ 的图形与曲线 $y = \sin x$ 相切于原点,则 $\lim\limits_{n \to \infty} n f\left(\dfrac{2}{n}\right) = \underline{\qquad}$.

7. 设 $x + y = \tan y$,则 $dy = \underline{\qquad}$.

8. 设 $f(x) = \dfrac{1 - x}{1 + x}$,则 $f^{(n)}(x) = \underline{\qquad}$.

9. 设 $f(x) = \begin{cases} x^\alpha \sin \dfrac{1}{x}, & x \neq 0 \\ 0, & x = 0 \end{cases}$,当 $\alpha \underline{\qquad}$ 时,$f(x)$ 在 $x = 0$ 处可导.

10. 设 $y = y(x)$ 是由方程 $e^{x+y} - \cos xy = 0$ 所确定的隐函数,则 $y'(0) = $ _____.

二、单项选择题

1. 下列条件中,当 $\Delta x \to 0$ 时,使 $f(x)$ 在点 $x = x_0$ 处不可导的充分条件是( ).

　A. Δy 与 Δx 是等价无穷小量　　　　B. Δy 与 Δx 是同阶无穷小量

　C. Δy 是比 Δx 较高阶的无穷小量　　D. Δy 是比 Δx 较低阶的无穷小量

2. 下列结论错误的是( ).

　A. 如果函数 $f(x)$ 在点 $x = x_0$ 处连续,则 $f(x)$ 在点 $x = x_0$ 处可导

　B. 如果函数 $f(x)$ 在点 $x = x_0$ 处不连续,则 $f(x)$ 在点 $x = x_0$ 处不可导

　C. 如果函数 $f(x)$ 在点 $x = x_0$ 处可导,则 $f(x)$ 在点 $x = x_0$ 处连续

　D. 如果函数 $f(x)$ 在点 $x = x_0$ 处不可导,则 $f(x)$ 在点 $x = x_0$ 处也可能连续

3. 设 $f(x) = \begin{cases} x^2, & x \leq 0 \\ x^{\frac{1}{3}}, & x > 0 \end{cases}$,则 $f(x)$ 在点 $x = 0$ 处( ).

　A. 左导数不存在,右导数存在　　　　B. 右导数不存在,左导数存在

　C. 左、右导数都存在　　　　　　　　D. 左、右导数都不存在

4. 曲线 $y = x^2 + 2x - 3$ 上切线斜率为 6 的点是( ).

　A. $(1,0)$　　　　B. $(-3,0)$　　　　C. $(2,5)$　　　　D. $(-2,-3)$

5. 设曲线 $y = x^3 + ax$ 与曲线 $y = bx^2 + 1$ 在 $x = -1$ 处相切,则( ).

　A. $a = b = -1$　　B. $a = -1, b = 1$　　C. $a = b = 1$　　D. $a = 1, b = -1$

6. 设 $f'(a)$ 存在,则 $\lim\limits_{x \to a} \dfrac{xf(a) - af(x)}{x - a} = $ ( ).

　A. $af'(a)$　　　　B. $f(a) - af'(a)$　　C. $-af'(a)$　　　　D. $af'(a) - f(a)$

7. 设函数 $f(x)$ 在点 $x = 0$ 处连续,且 $\lim\limits_{x \to 0} \dfrac{f(x)}{x} = a (a \neq 0)$,则 $f(x)$ 在点 $x = 0$ 处( ).

　A. 可导且 $f'(0) = 0$　　　　　　　　B. 可导且 $f'(0) = a$

　C. 不可导　　　　　　　　　　　　　D. 不能断定是否可导

8. 已知 $f(x) = (x - a)(x - b)(x - c)(x - d)$,且 $f'(x_0) = (c - a)(c - b)(c - d)$,则必有( ).

　A. $x_0 = a$　　　　B. $x_0 = b$　　　　C. $x_0 = c$　　　　D. $x_0 = d$

9. 设 $y = x^x$,则 $y'' = $ ( ).

　A. $(1 + \ln x)x^x$　　　　　　　　　　B. $(1 + \ln x)^2 x^x$

　C. $(1 + \ln x)x^x + x^{x-1}$　　　　　D. $(1 + \ln x)^2 x^x + x^{x-1}$

10. 设 $f(x) = x(x + 1)(x + 2)(x + 3)$,则 $f'(0) = $ ( ).

　A. 6　　　　　　B. 3　　　　　　　C. 2　　　　　　D. 0

11. $y = \cos^2 2x$,则 $dy = $ ( ).

　A. $(\cos^2 2x)' (2x)' dx$　　　　　　B. $(\cos^2 2x)' d \cos 2x$

　C. $\cos 2x \sin 2x dx$　　　　　　　　D. $2 \cos 2x d \cos 2x$

12. 设函数 $y = f(x)$ 在点 $x = x_0$ 处可微,$\Delta y = f(x_0 + \Delta x) - f(x_0)$,则当 $\Delta x \to 0$ 时,必有( ).

　A. dy 是比 Δx 高阶的无穷小量　　　　B. dy 是比 Δx 低阶的无穷小量

　C. $\Delta y - dy$ 是比 Δx 高阶的无穷小量　D. $\Delta y - dy$ 是与 Δx 同阶的无穷小量

第4章

微分中值定理与导数的应用

微分中值定理是一系列中值定理的总称,包括费马定理、罗尔定理、拉格朗日中值定理、柯西中值定理、泰勒公式.它是反映函数与导数之间联系的重要定理,也是微积分学的理论基础,在许多方面都有重要的作用,其主要作用在于理论分析和证明.

4.1 微分中值定理

函数与其导数是两个不同的函数,而导数只是反映函数在一点的局部特征.如果要了解函数在其定义域上的整体形态,就需要在导数及函数间建立起联系,微分中值定理就是这种作用.它是研究函数的有力工具,是沟通导数值与函数值之间的桥梁,是利用导数的局部性质推断函数的整体性质的工具.

4.1.1 费马定理

定义1 若函数 $f(x)$ 在点 x_0 的某邻域 $U(x_0)$ 内对一切 $x \in U(x_0)$ 有
$$f(x_0) \geqslant f(x)(f(x_0) \leqslant f(x))$$
则称函数 $f(x)$ 在点 x_0 取得极大(小)值,称点 x_0 为极大(小)值点.极大值、极小值统称为极值;极大值点、极小值点统称为极值点.

业余数学家之王

如图4.1所示,函数 $f(x)$ 在 $x_2, x_3, x_5, x_9, x_{11}$ 处取得极大值,在点 $x_6, x_7, x_8,$ x_{10} 处取得极小值.

图 4.1

定理 1（费马定理） 设函数 $f(x)$ 在点 x_0 的某邻域内有定义，且在点 x_0 可导. 若点 x_0 为 $f(x)$ 的极值点，则必有

$$f'(x_0) = 0 \qquad\qquad (4.1)$$

证 下面不妨设定理中 x_0 为极大值点.

因为 x_0 为 $f(x)$ 的极大值点，且 $f(x)$ 在点 x_0 的某邻域有定义. 因此，存在去心邻域 $\mathring{U}(x_0)$ 使得当 $x \in \mathring{U}(x_0)$，恒有

$$f(x) \leqslant f(x_0)$$

因此，当 $x > x_0$ 时，$\dfrac{f(x) - f(x_0)}{x - x_0} \leqslant 0$；当 $x < x_0$ 时，$\dfrac{f(x) - f(x_0)}{x - x_0} \geqslant 0$.

故由 $f(x)$ 在点 x_0 可导及极限的局部保号性，有

图 4.2

$$f'(x_0) = f'_+(x_0) = \lim_{x \to x_0^+} \frac{f(x) - f(x_0)}{x - x_0} \leqslant 0$$

$$f'(x_0) = f'_-(x_0) = \lim_{x \to x_0^-} \frac{f(x) - f(x_0)}{x - x_0} \geqslant 0$$

所以 $f'(x_0) = 0$.

这个定理的几何意义是：如果曲线 $f(x)$ 在点 x_0 取得极大值或者极小值，并且曲线 $f(x)$ 在点 x_0 具有切线 P（图 4.2）. 那么，由费马定理可知，切线 P 必是水平的.

4.1.2 罗尔定理

定理 2（罗尔定理） 如果函数 $f(x)$ 满足：

①$f(x)$ 在 $[a,b]$ 连续；

②$f(x)$ 在 (a,b) 可导；

③$f(a) = f(b)$.

则至少存在一点 $\xi \in (a,b)$，使得

$$f'(\xi) = 0 \qquad\qquad (4.2)$$

洞察微分先机的数学家

证 因为 $f(x)$ 在 $[a,b]$ 上连续，所以有最大值与最小值，分别用 M 与 m 表示，现分两种情况讨论：

①若 $m = M$，则 $f(x)$ 在 $[a,b]$ 上必为常数，从而结论显然成立.

②若 $m < M$，则因 $f(a) = f(b)$，使得最大值与最小值至少有一个在 (a,b) 内某点 ξ 处取得，从而 ξ 是 $f(x)$ 的极值点，由条件②可知，$f(x)$ 在 ξ 点可导，故由费马定理推知

$$f'(\xi) = 0$$

罗尔定理的几何意义：在两端高度相同的连续光滑曲线弧 $\overset{\frown}{AB}$ 上，除端点 A，B 外，若在 $\overset{\frown}{AB}$ 上每一点都可作不垂直于 x 轴的切线，则至少有一条切线平行于 x 轴，切点坐标为 $(\xi, f(\xi))$，如图 4.3 所示有两条切线与 x 轴平行.

注：①罗尔定理的结论仅告诉我们，至少存在一点 $\xi \in (a,b)$，使 $f'(\xi) = 0$. 至于 $\xi \in (a,b)$ 的具体位置，定理并未说

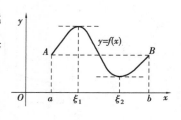

图 4.3

明,这不会影响罗尔定理的应用.

②定理中的 3 个条件缺少任何一个,结论将不一定成立,如图 4.4 所示.

（a）缺条件①　　　（b）缺条件②　　　（c）缺条件③

图 4.4

【例 4.1】 已知函数 $f(x) = x^3 + 2x + C$,其中 C 为任意常数,证明方程 $f(x) = 0$ 至多有一个实根.

证 可反证如下.

倘若 $f(x) = 0$ 有两个实根 x_1 和 x_2(不妨设 $x_1 < x_2$),则由 $f(x) = x^3 + 2x + C$ 可知,$f(x)$ 在 $[x_1, x_2]$ 上满足罗尔定理的 3 个条件,从而至少存在一点 $\xi \in (x_1, x_2)$,使 $f'(\xi) = 0$,即 $3\xi^2 + 2 = 0$,此式矛盾,故方程不可能有重根.

4.1.3 拉格朗日中值定理

本定理是微分学中值定理中最重要的一个定理,可以说其他中值定理都是拉格朗日中值定理的推广.

定理 3(拉格朗日中值定理) 如果 $f(x)$ 满足:

①$f(x)$ 在 $[a, b]$ 上连续;

②$f(x)$ 在 (a, b) 上可导.

则至少存在一点 $\xi \in (a, b)$,使得

$$f'(\xi) = \frac{f(b) - f(a)}{b - a} \tag{4.3}$$

使数学变得独立的数学家

特别地,当 $f(a) = f(b)$ 时,本定理的结论即为罗尔定理的结论. 这表明罗尔定理是拉格朗日中值定理的一个特殊情形.

证 作辅助函数

$$F(x) = f(x) - f(a) - \frac{f(b) - f(a)}{b - a}(x - a)$$

因为 $f(x)$ 在 $[a, b]$ 上连续,在 (a, b) 上可导,则 $F(x)$ 在 $[a, b]$ 上连续,在 (a, b) 上可导,又 $F(a) = F(b)$,因此,$F(x)$ 在 $[a, b]$ 上满足罗尔定理,故至少存在一点 $\xi \in (a, b)$,使

$$F'(\xi) = f'(\xi) - \frac{f(b) - f(a)}{b - a} = 0$$

即

$$f'(\xi) = \frac{f(b) - f(a)}{b - a}, \xi \in (a, b)$$

拉格朗日中值定理的几何意义:如果连续光滑曲线弧 $\overset{\frown}{AB}$ 上每一点都有不垂直于 x 轴的切线,则至少有一条切线平行于弦 AB. 如图 4.5 所示有两条平行于弦 AB.

图 4.5

注:通常称拉格朗日中值定理为微分中值定理,称式(4.3)为拉格朗日中值公式. 式(4.3)常改写为如下的等价形式:

$$f(b) = f(a) + f'(\xi)(b-a), \xi \in (a,b) \tag{4.4}$$

$$f(b) = f(a) + f'[a + \theta(b-a)](b-a), \theta \in (0,1) \tag{4.5}$$

$$f(x + \Delta x) = f(x) + f'(x + \theta \Delta x) \cdot \Delta x, \theta \in (0,1) \tag{4.6}$$

从拉格朗日中值定理立刻可以得到下面 3 个重要的推论.

推论 1 若函数 $f(x)$ 在开区间 (a,b) 内可导,则 $f(x) \equiv C, x \in (a,b)$ 的充分必要条件是

$$f'(x) \equiv 0, x \in (a,b)$$

其中,C 为常数.

证 必要性显然成立.下面证充分性.

设 $f'(x) \equiv 0$ 成立.任取 $x_1, x_2 \in (a,b)$,且 $x_1 < x_2$,则 $f(x)$ 在 $[x_1, x_2]$ 上满足拉格朗日中值定理的条件,故至少存在一点 $\xi \in (x_1, x_2)$,使得

$$f'(\xi) = \frac{f(x_2) - f(x_1)}{x_2 - x_1}$$

由于 $f'(\xi) \equiv 0, x_1 < x_2$,故有

$$f(x_1) = f(x_2)$$

于是,由 x_1, x_2 的任意性可知,$f(x)$ 在 (a,b) 内必为常数.

推论 2 若函数 $f(x)$ 及 $g(x)$ 在 (a,b) 内可导,且恒有 $f'(x) = g'(x)$ 成立,则在 (a,b) 内有

$$f(x) = g(x) + C, x \in (a,b)$$

其中,C 为任意常数.

证 设 $F(x) = f(x) - g(x)$,则由假设有

$$F'(x) = [f(x) - g(x)]' = f'(x) - g'(x) \equiv 0, x \in (a,b)$$

于是,由推论 1 可知

$$F(x) = f(x) - g(x) = C, x \in (a,b)$$

故结论成立.

推论 3 如果在区间 (a,b) 上 $f'(x) > 0 (< 0)$,则 $f(x)$ 在 (a,b) 上单增(减)(证明见 4.3 节).

【例 4.2】 设 $a > 0$,试证:至少存在一点 $\xi \in (a,b)$,使得 $n\xi^{n-1} = \frac{b^n - a^n}{b - a}$.

证 作辅助函数 $f(x) = x^n, x \in [a,b], a > 0$,易知 $f(x)$ 在 $[a,b]$ 上连续,在 (a,b) 内可导,因此,$f(x)$ 在 $[a,b]$ 上满足拉格朗日中值定理的条件.故至少存在一点 $\xi \in (a,b)$,使得

$$f'(\xi) = \frac{f(b) - f(a)}{b - a}$$

又因为 $f(x) = x^n, f'(x) = nx^{n-1}$,代入上式,即得

$$n\xi^{n-1} = \frac{b^n - a^n}{b - a}$$

【例 4.3】 试证明:对于任意实数 x_1, x_2,恒有

$$|\sin x_1 - \sin x_2| \leq |x_1 - x_2|$$

证 令函数 $f(x) = \sin x$,显然 $f(x)$ 在任何闭区间上都满足拉格朗日中值定理的条件,因

此,对于区间$[x_1,x_2]$或$[x_2,x_1]$,至少存在一点$\xi(\xi$介于x_1与x_2之间$)$,使得

$$f'(\xi)=\frac{f(x_2)-f(x_1)}{x_2-x_1}$$

即

$$\cos\xi=\frac{\sin x_2-\sin x_1}{x_2-x_1}$$

也即

$$\sin x_2-\sin x_1=(x_2-x_1)\cos\xi$$

又因为

$$|\cos\xi|\leqslant1$$

所以

$$|\sin x_1-\sin x_2|=|(x_2-x_1)\cos\xi|\leqslant|x_1-x_2|$$

【例4.4】　试证明:对任意x满足$|x|<1$,都有$\arctan\sqrt{\dfrac{1-x}{1+x}}+\dfrac{1}{2}\arcsin x=\dfrac{\pi}{4}$.

证　设$f(x)=\arctan\sqrt{\dfrac{1-x}{1+x}}+\dfrac{1}{2}\arcsin x$,因为

$$f'(x)=\frac{1}{1+\dfrac{1-x}{1+x}}\cdot\frac{1}{2\sqrt{\dfrac{1-x}{1+x}}}\cdot\frac{-2}{(1+x)^2}+\frac{1}{2}\cdot\frac{1}{\sqrt{1-x^2}}$$

$$=\frac{1+x}{2}\cdot\frac{\sqrt{1+x}}{2\sqrt{1-x}}\cdot\frac{-2}{(1+x)^2}+\frac{1}{2\sqrt{1-x^2}}$$

$$=0$$

所以

$$f(x)=C(C\text{ 为常数})$$

又因为$f(0)=\dfrac{\pi}{4}$,所以$f(x)=\dfrac{\pi}{4}$.

【例4.5】　设$x>0$,证明$\dfrac{x}{1+x}<\ln(1+x)<x$.

证　令$f(x)=\ln(1+x)-x$. 因为当$x>0$时

$$f'(x)=\frac{1}{1+x}-1=\frac{-x}{1+x}<0$$

因此,当$x>0$时,$f(x)$单调递减,又

$$f(0)=0$$

因此,当$x>0$时,$f(x)<f(0)$,即

$$f(x)=\ln(1+x)-x<0$$

也即

$$\ln(1+x)<x$$

同理,令$g(x)=\ln(1+x)-\dfrac{x}{1+x}$. 因为当$x>0$时

$$g'(x)=\frac{1}{1+x}-\frac{1}{(1+x)^2}=\frac{x}{(1+x)^2}>0$$

因此,当 $x>0$ 时,$g(x)$ 单调递增,又

$$g(0)=0$$

因此,当 $x>0$ 时,$g(x)>g(0)$,即

$$g(x)=\ln(1+x)-\frac{x}{1+x}>0$$

即

$$\ln(1+x)>\frac{x}{1+x}$$

综上所述,当 $x>0$ 时,$\frac{x}{1+x}<\ln(1+x)<x$.

作为拉格朗日中值定理的一个推广,还可得到下面的定理.

4.1.4 柯西中值定理

定理 4(柯西中值定理)　若 $f(x)$ 与 $g(x)$ 满足:
① 在闭区间 $[a,b]$ 上连续;
② 在开区间 (a,b) 内可导;
③ 对 $\forall x \in (a,b)$,$g'(x) \neq 0$.
则至少存在一点 $\xi \in (a,b)$,使得

使微积分变得
更严谨的数学家

$$\frac{f'(\xi)}{g'(\xi)}=\frac{f(b)-f(a)}{g(b)-g(a)} \tag{4.7}$$

证　首先可以肯定 $g(a) \neq g(b)$,否则若 $g(a)=g(b)$,由已知条件知 $g(x)$ 在区间 $[a,b]$ 上满足罗尔定理,从而至少存在一点 $\xi \in (a,b)$ 使得 $g'(\xi)=0$,与已知 $\forall x \in (a,b)$,$g'(x) \neq 0$ 矛盾. 由此,可作辅助函数

$$F(x)=f(x)-\frac{f(b)-f(a)}{g(b)-g(a)}g(x)$$

因为 $f(x)$,$g(x)$ 在 $[a,b]$ 上连续,在 (a,b) 上可导. 所以 $F(x)$ 在 $[a,b]$ 上连续,在 (a,b) 上可导,又 $F(a)=F(b)$,故 $F(x)$ 在 $[a,b]$ 上满足罗尔定理. 因此,至少存在一点 $\xi \in (a,b)$,使得

$$F'(\xi)=f'(\xi)-\frac{f(b)-f(a)}{g(b)-g(a)}g'(\xi)=0$$

即

$$\frac{f'(\xi)}{g'(\xi)}=\frac{f(b)-f(a)}{g(b)-g(a)}$$

若取 $g(x)=x$,则从本定理的结论立即得到拉格朗日中值定理. 故拉格朗日中值定理是本定理的一个特例,而本定理可看作拉格朗日中值定理的一个推广.

【例 4.6】　设函数 $f(x)$ 在 $[0,1]$ 上连续,在 $(0,1)$ 内可导,证明至少存在一点 ξ,使

$$f'(\xi)=2\xi[f(1)-f(0)]$$

证　分析结论可变形为

$$\frac{f(1)-f(0)}{1-0}=\frac{f'(\xi)}{2\xi}=\frac{f'(x)}{(x^2)'}\bigg|_{x=\xi}$$

设 $g(x)=x^2$，显然 $f(x),g(x)$ 在 $[0,1]$ 上满足柯西中值定理的条件.

因此，至少存在一点 $\xi\in(0,1)$，使 $\dfrac{f'(\xi)}{g'(\xi)}=\dfrac{f(1)-f(0)}{g(1)-g(0)}$，即

$$\frac{f'(\xi)}{2\xi}=\frac{f(1)-f(0)}{1-0}$$

即

$$f'(\xi)=2\xi[f(1)-f(0)]$$

4.2　洛必达法则

如果极限 $\lim f(x)=\lim g(x)=0$ 或 ∞，则极限 $\lim\dfrac{f(x)}{g(x)}$ 可能存在也可能不

存在，这种极限统称为未定式极限，分别记作 $\dfrac{0}{0}$ 型未定式或 $\dfrac{\infty}{\infty}$ 型未定式，对于

这类未定式极限，不能直接用函数商的极限运算法则计算. 现在将以导数为工 具研究未定式极限，这个方法通常称为洛必达法则. 柯西中值定理则是建立洛 必达法则的理论依据.

洛必达和 伯努利的渊源

定理 5（洛必达法则）　设函数 $f(x),g(x)$ 满足下列条件：

① $\lim\limits_{x\to x_0}f(x)=\lim\limits_{x\to x_0}g(x)=0$ 或者 $\lim\limits_{x\to x_0}f(x)=\infty$，$\lim\limits_{x\to x_0}g(x)=\infty$；

② 在 x_0 的某去心邻域内可导，且 $g'(x)\neq0$；

③ $\lim\limits_{x\to x_0}\dfrac{f'(x)}{g'(x)}=A$ 或 ∞（A 为常数）.

则

$$\lim_{x\to x_0}\frac{f(x)}{g(x)}=\lim_{x\to x_0}\frac{f'(x)}{g'(x)}=A \text{ 或 } \infty \tag{4.8}$$

证　由于极限 $\lim\limits_{x\to x_0}\dfrac{f(x)}{g(x)}$ 存在与否，与函数值 $f(x_0),g(x_0)$ 取何值无关. 故不妨补充定义

$f(x_0)=g(x_0)=0$，使得 $f(x)$ 和 $g(x)$ 在点 x_0 处连续. 任取 $x\in\overset{\circ}{U}(x_0)$，在区间 $[x_0,x]$（或 $[x,x_0]$）上应用柯西中值定理，有

$$\frac{f(x)-f(x_0)}{g(x)-g(x_0)}=\frac{f'(\xi)}{g'(\xi)}$$

即

$$\frac{f(x)}{g(x)}=\frac{f'(\xi)}{g'(\xi)}（\xi \text{ 介于 } x_0 \text{ 与 } x \text{ 之间}）$$

当令 $x\to x_0$ 时，也有 $\xi\to x_0$，又由条件③，故得

$$\lim_{x\to x_0}\frac{f(x)}{g(x)}=\lim_{\xi\to x_0}\frac{f'(\xi)}{g'(\xi)}=\lim_{x\to x_0}\frac{f'(x)}{g'(x)}=A \text{ 或 } \infty$$

注：①应用洛必达法则之前，必须判定所求极限是否为 $\dfrac{0}{0}$ 型或 $\dfrac{\infty}{\infty}$ 型未定式极限.

②定理 5 中极限过程 $x \to x_0$ 改为 $x \to x_0^-$, $x \to x_0^+$, $x \to \infty$, $x \to -\infty$, $x \to +\infty$ 时,只需将定理中条件②作适当修改,定理仍然适用.

③若 $\lim\limits_{x \to x_0} \dfrac{f'(x)}{g'(x)}$ 仍为 $\dfrac{0}{0}$ 型或 $\dfrac{\infty}{\infty}$ 型未定式,可再次运用洛必达法则,直至求出极限值为止.

④在利用此方法求解极限的过程中,可综合运用求极限的其他方法,以达到简化计算的目的.

4.2.1 $\dfrac{0}{0}$ 型未定式

【例 4.7】 求 $\lim\limits_{x \to 0} \dfrac{e^x - x - 1}{x - x^2}$.

解 这是 $\dfrac{0}{0}$ 型未定式. 由洛必达法则,得

$$原式 = \lim\limits_{x \to 0} \frac{(e^x - x - 1)'}{(x - x^2)'} = \lim\limits_{x \to 0} \frac{e^x - 1}{1 - 2x} = 0$$

【例 4.8】 求 $\lim\limits_{x \to 1} \dfrac{x^3 - 3x + 2}{x^3 - x^2 - x + 1}$.

解 这是 $\dfrac{0}{0}$ 型未定式. 由洛必达法则,得

$$\begin{aligned}
原式 &= \lim\limits_{x \to 1} \frac{3x^2 - 3}{3x^2 - 2x - 1} \qquad \left(\frac{0}{0} \text{型}\right) \\
&= \lim\limits_{x \to 1} \frac{6x}{6x - 2} \\
&= \frac{6}{4} \\
&= \frac{3}{2}
\end{aligned}$$

【例 4.9】 求 $\lim\limits_{x \to 0} \dfrac{(1 - \cos x)^2 \sin x^2}{x^6 + \sin x}$.

解 因为 $x \to 0$ 时,$1 - \cos x \sim \dfrac{1}{2} x^2$,$\sin x^2 \sim x^2$,所以

$$\begin{aligned}
原式 &= \lim\limits_{x \to 0} \frac{\left(\frac{1}{2} x^2\right)^2 x^2}{x^6 + \sin x} \\
&= \lim\limits_{x \to 0} \frac{\frac{1}{4} x^6}{x^6 + \sin x} \qquad \left(\frac{0}{0} \text{型}\right) \\
&= \lim\limits_{x \to 0} \frac{\frac{3}{2} x^5}{6x^5 + \cos x} \\
&= \frac{0}{1} \\
&= 0
\end{aligned}$$

4.2.2 $\dfrac{\infty}{\infty}$型未定式

【例 4.10】　求 $\lim\limits_{x\to+\infty}\dfrac{\ln x}{x}$.

解　这是 $\dfrac{\infty}{\infty}$ 型未定式. 由洛必达法则,得

$$原式=\lim\limits_{x\to+\infty}\frac{(\ln x)'}{(x)'}=\lim\limits_{x\to+\infty}\frac{\dfrac{1}{x}}{1}=0$$

【例 4.11】　求 $\lim\limits_{x\to+\infty}\dfrac{\mathrm{e}^x}{x^3}$.

解　　　　　$原式=\lim\limits_{x\to+\infty}\dfrac{\mathrm{e}^x}{3x^2}=\lim\limits_{x\to+\infty}\dfrac{\mathrm{e}^x}{6x}=\lim\limits_{x\to+\infty}\dfrac{\mathrm{e}^x}{6}=+\infty$

【例 4.12】　求 $\lim\limits_{x\to0^+}\dfrac{\ln\sin mx}{\ln\sin nx}(m>0,n>0)$.

解　这是 $\dfrac{\infty}{\infty}$ 型未定式. 由洛必达法则,得

$$
\begin{aligned}
原式&=\lim\limits_{x\to0^+}\frac{(\ln\sin mx)'}{(\ln\sin nx)'}\\
&=\lim\limits_{x\to0^+}\frac{m\cos mx\sin nx}{n\cos nx\sin mx}\\
&=\lim\limits_{x\to0^+}\frac{m(\cos mx)nx}{n(\cos nx)mx}\\
&=\lim\limits_{x\to0^+}\frac{\cos mx}{\cos nx}\\
&=1
\end{aligned}
$$

4.2.3 其他类型未定式

未定式极限还有 $0\cdot\infty,\infty-\infty,0^0,\infty^0,1^\infty$ 等类型,经过简单变换,它们一般均可化为 $\dfrac{0}{0}$ 型或 $\dfrac{\infty}{\infty}$ 型的极限.

1)未定式

$$0\cdot\infty\xrightarrow{\text{变换:化为分式}}\begin{cases}\dfrac{0}{\dfrac{1}{\infty}}&\left(\dfrac{0}{0}\right)型\\[4mm]\dfrac{\infty}{\dfrac{1}{0}}&\left(\dfrac{\infty}{\infty}\right)型\end{cases}$$

【例 4.13】　求 $\lim\limits_{x\to0^+}x\ln x$.

解
$$原式 = \lim_{x \to 0^+} \frac{\ln x}{\dfrac{1}{x}} \qquad \left(\dfrac{\infty}{\infty}型\right)$$

$$= \lim_{x \to 0^+} \frac{(\ln x)'}{\left(\dfrac{1}{x}\right)'}$$

$$= \lim_{x \to 0^+} \frac{\dfrac{1}{x}}{-\dfrac{1}{x^2}}$$

$$= \lim_{x \to 0^+} (-x)$$
$$= 0$$

2）未定式

$$\infty - \infty \xrightarrow{\text{变换：两项合并转化为一个分式}} \frac{f}{g} \qquad \left(\frac{0}{0}或\frac{\infty}{\infty}\right)$$

【例 4.14】 求 $\lim\limits_{x \to 1}\left(\dfrac{1}{x-1} - \dfrac{1}{\ln x}\right)$.

解
$$原式 = \lim_{x \to 1} \frac{\ln x - x + 1}{(x-1)\ln x} \qquad \left(\frac{0}{0}型\right)$$

$$= \lim_{x \to 1} \frac{\dfrac{1}{x} - 1}{\ln x + \dfrac{x-1}{x}}$$

$$= \lim_{x \to 1} \frac{1-x}{x \ln x + x - 1} \qquad \left(\frac{0}{0}型\right)$$

$$= \lim_{x \to 1} \frac{-1}{\ln x + 2}$$

$$= -\frac{1}{2}$$

3）未定式

$$0^0, \infty^0, 1^\infty \xrightarrow{u^v = e^{v \ln u}} \begin{cases} 0^0 = e^{0 \ln 0}, 其中\ 0 \ln 0(0 \cdot \infty\ 型) \to \dfrac{0}{0}或\dfrac{\infty}{\infty} \\[2mm] \infty^0 = e^{0 \ln \infty}, 其中\ 0 \ln \infty\ (0 \cdot \infty\ 型) \to \dfrac{0}{0}或\dfrac{\infty}{\infty} \\[2mm] 1^\infty = e^{\infty \ln 1}, 其中\ \infty \ln 1(0 \cdot \infty\ 型) \to \dfrac{0}{0}或\dfrac{\infty}{\infty} \end{cases}$$

【例 4.15】 $\lim\limits_{x \to 0^+} x^x (0^0\ 型)$.

解
$$原式 = \lim_{x \to 0^+} e^{x \ln x}$$

$$= e^{\lim\limits_{x \to 0^+} x \ln x}$$

$$= e^{\lim\limits_{x \to 0^+} \frac{\ln x}{\frac{1}{x}}}$$

$$= e^{\lim\limits_{x \to 0^+} \frac{\frac{1}{x}}{-\frac{1}{x^2}}}$$

$$= e^{\lim\limits_{x \to 0^+} (-x)}$$

$$= e^0$$

$$= 1$$

【例 4.16】 求 $\lim\limits_{x \to +\infty} x^{\frac{1}{x}}$ （∞^0 型）.

解

$$原式 = \lim_{x \to +\infty} e^{\frac{1}{x} \cdot \ln x}$$

$$= e^{\lim\limits_{x \to +\infty} \frac{\ln x}{x}}$$

$$= e^{\lim\limits_{x \to +\infty} \frac{\frac{1}{x}}{1}}$$

$$= e^0$$

$$= 1$$

【例 4.17】 求 $\lim\limits_{x \to 0} (\cos x)^{\frac{1}{x^2}}$ （1^∞ 型）.

解

$$原式 = \lim_{x \to 0} e^{\frac{1}{x^2} \cdot \ln(\cos x)}$$

$$= e^{\lim\limits_{x \to 0} \frac{\ln(\cos x)}{x^2}}$$

$$= e^{\lim\limits_{x \to 0} \frac{-\frac{\sin x}{\cos x}}{2x}}$$

$$= e^{\lim\limits_{x \to 0} \frac{-1}{2\cos x} \cdot \frac{\sin x}{x}}$$

$$= e^{-\frac{1}{2}}$$

注：①洛必达法则在形式上是求分式 $\dfrac{f(x)}{g(x)}$ 的极限,只有当该分式为 $\dfrac{0}{0}$ 型或 $\dfrac{\infty}{\infty}$ 型才考虑使用.

②在使用洛必达法则的过程中,注意对分式的化简以及与其他方法的结合使用,以简化求解过程. 例如,有极限为非零常数的因子应先求出或运用等价无穷小替换等.

③当极限 $\lim \dfrac{f'(x)}{g'(x)}$ 不存在,也不为 ∞ 时,不能使用洛必达法则. 这时,极限 $\lim \dfrac{f(x)}{g(x)}$ 是否存在,需要用其他方法判断或求解.

【例 4.18】 求 $\lim\limits_{x \to \infty} \dfrac{x + \sin x}{x - \sin x}$.

解 这是 $\dfrac{\infty}{\infty}$ 型未定式. 由于

$$\lim_{x \to \infty} \frac{x + \sin x}{x - \sin x} = \lim_{x \to \infty} \frac{(x + \sin x)'}{(x - \sin x)'} = \lim_{x \to \infty} \frac{1 + \cos x}{1 - \cos x}$$

右边极限不存在,也不为 ∞,故不能用洛必达法则.

注意到,$x \to \infty$ 时,$\dfrac{1}{x}$ 为无穷小量,$\sin x$ 为有界变量. 于是,有 $\lim\limits_{x \to \infty} \dfrac{1}{x} \sin x = 0$,从而得

$$\lim_{x \to \infty} \frac{x + \sin x}{x - \sin x} = \lim_{x \to \infty} \frac{1 + \dfrac{\sin x}{x}}{1 - \dfrac{\sin x}{x}} = 1$$

4.3 函数的单调性、极值与最值

4.3.1 函数的单调性

在第 1 章中已经给出了函数单调性的定义,一般来说,直接按函数单调性的定义判别函数的单调性是很难的,前面 4.1 节中拉格朗日中值定理的推论 3 是判别函数单调既方便又有效的方法,事实上有以下判别定理:

定理 6 设函数 $f(x)$ 在区间 $[a,b]$ 上连续,在 (a,b) 内可导.

① 如果 $f'(x)>0,x\in(a,b)$,则 $f(x)$ 在 $[a,b]$ 上单调增加.

② 如果 $f'(x)<0,x\in(a,b)$,则 $f(x)$ 在 $[a,b]$ 上单调减少.

定理结果可用符号简示为

$$x\in(a,b),f'(x)>0\Rightarrow f(x)\nearrow$$
$$x\in(a,b),f'(x)<0\Rightarrow f(x)\searrow$$

证 若 $f(x)$ 在区间 (a,b) 上恒有 $f'(x)>0(<0)$,则对任意 $x_1,x_2\in[a,b]$,设 $x_1<x_2$,应用拉格朗日中值定理,则至少存在一点 $\xi\in(x_1,x_2)\subset[a,b]$,使得

$$f(x_2)-f(x_1)=f'(\xi)(x_2-x_1)>0(<0)$$

由此,$f(x)$ 在 $[a,b]$ 上单调增加(单调减少).

注:①将定理 6 中区间 $[a,b]$ 换成其他各种区间(包括无穷区间),定理的结论仍然成立.

②将定理 6 的条件 $f'(x)>0(<0)$ 换成 $f'(x)\geq0(\leq0)$,当取等的点只有有限个时,定理的结论仍然成立.

③由定理 6 可知,判断函数的单调性可通过判断其导函数的符号来实现.

由此,寻找函数 $f(x)$ 的单调区间可通过以下步骤实现:

①确定函数 $f(x)$ 的定义域(自然定义域或指定定义域).

②求导函数 $f'(x)$,并求 $f'(x)$ 不存在和 $f'(x)=0$ 的点,以这些点作为分界点,将 $f(x)$ 的定义域划分成若干个子区间.

③列表讨论 $f'(x)$ 在各子区间的符号,从而由定理 6 确定 $f(x)$ 在各子区间的单调性.

【例 4.19】 确定 $f(x)=2x^3-9x^2+12x-1$ 的单调区间.

解 由题易知,定义域 D 为 $(-\infty,+\infty)$,导函数为

$$f'(x)=6x^2-18x+12=6(x-1)(x-2)$$

无导函数 $f'(x)$ 不存在的点;令 $f'(x)=0$,得

$$x_1=1,x_2=2$$

分析结果见表 4.1.

表4.1

x	$(-\infty,1)$	1	$(1,2)$	2	$(2,+\infty)$
$f'(x)$	+	0	−	0	+
$f(x)$	↗		↘		↗

由表4.1可知,单调增区间为$(-\infty,1),(2,+\infty)$,单调减区间为$(1,2)$.

注:由于对函数单调性的讨论是函数在某个区间上的性质,故在书写单调区间时,区间端点是否取闭不会影响单调性.

【例4.20】 确定函数$f(x)=(x-10)x^{\frac{2}{3}}$的单调区间.

解 D为$(-\infty,+\infty)$,导函数为

$$f'(x)=x^{\frac{2}{3}}+(x-10)\cdot\frac{2}{3}x^{-\frac{1}{3}}=\frac{5(x-4)}{3\sqrt[3]{x}}$$

易知当$x=0$时,$f'(x)$不存在;又令$f'(x)=0$,得

$$x=4$$

分析结果见表4.2.

表4.2

x	$(-\infty,0)$	0	$(0,4)$	4	$(4,+\infty)$
$f'(x)$	+	不存在	−	0	+
$f(x)$	↗		↘		↗

由表4.2可知,单调增区间为$(-\infty,0),(4,+\infty)$,单调减区间为$(0,4)$.

4.3.2 函数的极值

在4.3.1节中已经讲到了极值的定义,从图4.1中可看出极值点的两个特征:一个是极值点导数为0的情况,如点x_2,x_5,x_6;另一个是极值点的导数不存在的情况,如点$x_3,x_7,x_8,x_9,x_{10},x_{11}$.另外,从图4.1中还可看出导数为0的点不一定是极值点,如点x_4;导数不存在的点不一定是极值点,如点x_1.因此,有以下定理:

定理7(极值点的必要条件) 设函数$f(x)$在点x_0的某邻域内有定义,点x_0是$f(x)$的极值点的必要条件为

$$f'(x_0)=0 \text{ 或 } f'(x_0) \text{不存在}$$

证 若$f'(x_0)$不存在,则因x_0有可能是极值点,故定理结论自然成立.

若$f'(x_0)$存在,又因点x_0是$f(x)$的极值点.由费马定理可知,必有$f'(x_0)=0$,故结论成立.

通常称使方程$f'(x)=0$成立的点为函数$f(x)$的驻点.

定理7说明,函数的极值点应在函数的驻点或不可导点中寻找,至于确认一个函数的驻点或不可导点是否为极值点,是需要进一步解决的问题,即需要建立判断极值点的充分条件,对此有以下定理.

定理 8（极值点的充分条件）

充分条件 I 设函数 $f(x)$ 在点 x_0 连续，且在点 x_0 的某去心邻域内可导，则：

①如果在点 x_0 的左邻域内 $f'(x)>0$，在点 x_0 的右邻域内 $f'(x)<0$，则 x_0 是 $f(x)$ 的极大值点.

②如果在点 x_0 的左邻域内 $f'(x)<0$，在点 x_0 的右邻域内 $f'(x)>0$，则 x_0 是 $f(x)$ 的极小值点.

③如果在点 x_0 的去心邻域内 $f'(x)$ 恒为正或恒为负（即 $f'(x)$ 的符号不变），则 x_0 不是 $f(x)$ 的极值点.

充分条件 II 设 x_0 是函数 $f(x)$ 的驻点，二阶导数 $f''(x_0)$ 存在，且 $f''(x_0)\neq0$. 则：

④当 $f''(x_0)<0$ 时，x_0 是 $f(x)$ 的极大值点.

⑤当 $f''(x_0)>0$ 时，x_0 是 $f(x)$ 的极小值点.

证充分条件 I 下面只证①，②、③的证明可类似地进行.

由定理的条件及定理 6，不妨设函数 $f(x)$ 在 $(x_0-\delta,x_0)$ 内递增，在 $(x_0,x_0+\delta)$ 内递减，又由 $f(x)$ 在 x_0 处连续，故对于任意的 $x\in(x_0-\delta,x_0+\delta)$，恒有

$$f(x)\leqslant f(x_0)$$

即 $f(x)$ 在 x_0 处取得极大值.

证充分条件 II 由 $f'(x_0)=0$ 和二阶导数的定义，可知

$$f''(x_0)=\lim_{x\to x_0}\frac{f'(x)-f'(x_0)}{x-x_0}=\lim_{x\to x_0}\frac{f'(x)}{x-x_0}$$

若 $f''(x_0)<0$，由函数极限的局部保号性可知，在 x_0 的某去心邻域内，有

$$\frac{f'(x)}{x-x_0}<0$$

即在 x_0 的某去心邻域内. 当 $x>x_0$，则 $f'(x)<0$；当 $x<x_0$，则 $f'(x)>0$. 故由极值的充分条件 I 可知，x_0 是 $f(x)$ 的极大值点.

若 $f''(x_0)>0$，由函数极限的局部保号性可知，在 x_0 的某去心邻域内，有

$$\frac{f'(x)}{x-x_0}>0$$

即在 x_0 的某去心邻域内，当 $x>x_0$，则 $f'(x)>0$；当 $x<x_0$，则 $f'(x)<0$. 故由极值的充分条件 I 可知，x_0 是 $f(x)$ 的极小值点.

注：①充分条件 I 与充分条件 II 都是充分条件，但两者应用时各有优缺点. 充分条件 I 对驻点和导数不存在的点均适用；而充分条件 II 只能用来判断驻点是否为极值点，且当 $f''(x_0)=0$ 时，充分条件 II 无法判断该驻点是否为极值点，但是充分条件 II 用起来较方便.

②综合定理 7 和定理 8，求函数极值的步骤如下：

a. 求定义域.

b. 求导数 $f'(x)$.

c. 求 $f'(x)$ 不存在的点和 $f'(x)=0$ 的全部驻点，由此即得到所有极值可疑点.

d. 用充分条件 I 对步骤 c 中所求的点进行一一验证. 如果可疑点中全部是驻点，则可先试用充分条件 II 进行验证；若充分条件 II 失效，则用充分条件 I 进行验证. 通常将此步结果用表格方式表达出来.

e. 求出函数在每个极值点处的极值.

【例 4.21】　求函数 $f(x) = (x^2 - 4)^{\frac{2}{3}}$ 的极值.

解　由题易知

$$D = (-\infty, +\infty)$$

又因

$$f'(x) = \frac{4x}{3[(x-2)(x+2)]^{\frac{1}{3}}}$$

故当 $x = 2$ 或 $x = -2$ 时,$f'(x)$ 不存在;由 $f'(x) = 0$ 可得,$x = 0$.

显然应利用充分条件 I 判断上述 3 个点是否为极值点,为此用列表法,上述 3 个点将 $f(x)$ 的定义域 $(-\infty, +\infty)$ 分为 4 个子区间,$f'(x)$ 在这 4 个区间的符号变化见表 4.3.

表 4.3

x	$(-\infty, -2)$	-2	$(-2, 0)$	0	$(0, 2)$	2	$(2, +\infty)$
$f'(x)$	$-$	不存在	$+$	0	$-$	不存在	$+$
$f(x)$	↘	极小值 0	↗	极大值 $2\sqrt[3]{2}$	↘	极小值 0	↗

由表 4.3 可知,$x = -2$ 和 $x = 2$ 为 $f(x)$ 极小值点,$x = 0$ 为 $f(x)$ 的极大值点,且极小值 $f(-2) = 0, f(2) = 0$,极大值 $f(0) = 2\sqrt[3]{2}$.

【例 4.22】　求函数 $f(x) = 2x^3 - 9x^2 + 12x + 6$ 的极值.

解　求 $f(x)$ 的一阶、二阶导数,得

$$f'(x) = 6x^2 - 18x + 12$$
$$f''(x) = 12x - 18$$

由此可知,无一阶导数不存在的点;令 $f'(x) = 0$,得驻点 $x_1 = 1, x_2 = 2$.

求二阶导数在这两个点处的导数值为

$$f''(1) = -6 < 0, f''(2) = 6 > 0$$

于是,由充分条件 II 可知,$x_2 = 2$ 为极小值点,$x_1 = 1$ 为极大值点,且极小值 $f(2) = 10$,极大值 $f(1) = 11$.

4.3.3　函数的最值

在许多理论和应用问题中,需要求一个函数在某区间上的最大值和最小值(统称为最值).

一般来说,函数的最值和极值是两个不同的概念. 最值是对于函数要求整个区间而言的,是全局性的;而极值是对于点的邻域而言的,是局部性的. 另外,最值可在区间的端点处取得,而极值只能在区间内点处取得.

根据连续函数的最值定理,闭区间上的连续函数必能取得在该区间上的最大值和最小值. 因此,根据前面的分析可知,求连续函数 $f(x)$ 在闭区间 $[a, b]$ 上最值的步骤如下:

①求出 $f(x)$ 在开区间内的驻点和导数不存在的点.

②计算 $f(x)$ 在驻点、导数不存在的点以及端点 a 和 b 处的函数值.

③比较②中各个函数值的大小. 其中,最大者为 $f(x)$ 在区间 $[a, b]$ 上的最大值,最小者

为 $f(x)$ 在 $[a,b]$ 上的最小值.

【例 4. 23】 求函数 $f(x) = \dfrac{x^2}{x-2}$ 在 $[-1,1]$ 上的最值.

解 显然函数 $f(x)$ 在 $[-1,1]$ 上连续,故必有最大值和最小值.
求导数得

$$f'(x) = \frac{x(x-4)}{(x-2)^2}$$

$x_1 = 2$ 为不可导点,令 $f'(x) = 0$,得驻点

$$x_2 = 0, x_3 = 4$$

计算 $f(x)$ 在区间 $[-1,1]$ 内的驻点、不可导点及端点处的函数值,得

$$f(0) = 0, f(-1) = -\frac{1}{3}, f(1) = -1$$

经比较,$f(x)$ 在 $[-1,1]$ 上的最大值为 $f(0) = 0$,最小值为 $f(1) = -1$.

4.4　曲线的凸性与拐点

在研究函数图形的变化时,仅仅研究单调性并不能完全反映它的变化规律. 如图 4.6 所示,函数虽然在区间 $[a,b]$ 内单调递增,但却有不同的弯曲状况,从左到右,曲线先是向下凹,通过 P 点后改变了弯曲方向,曲线向上凸. 因此,在研究函数的图形时,除了研究其单调性,对于它的弯曲方向及弯曲方向的改变点的研究也是很有必要的. 从图

图 4.6

4.6 明显可知,曲线向下凹时,弯曲的弧段位于这弧段上任意一点的切线的上方. 曲线向上凸时,弯曲的弧段位于这弧段上任意一点的切线的下方. 据此,给出以下的定义:

定义 2 如果在某区间 I 内,连续函数 $f(x)$ 的曲线弧位于其上任意一点切线的上方(下方),则称曲线在这个区间内是凹的(凸的),区间 I 称为函数 $f(x)$ 的凹区间(凸区间),记作 $\cup(\cap)$,函数 $f(x)$ 则为区间 I 上的凹函数(凸函数).

定义 3 连续曲线上,凹曲线和凸曲线的分界点称为曲线的拐点.

曲线的凹或凸统称为曲线的凸性. 显然,只要知道了函数的凸性即找到函数的凹凸区间,拐点就显而易得. 那么,如何判断曲线的凸性呢?对此有以下的充分性定理:

定理 9 设函数 $f(x)$ 在区间 $[a,b]$ 上连续,在 (a,b) 内具有二阶导数,则:

①如果 $x \in (a,b)$ 时,恒有 $f''(x) > 0$,则曲线 $y = f(x)$ 在 $[a,b]$ 内是凹的.

②如果 $x \in (a,b)$ 时,恒有 $f''(x) < 0$,则曲线 $y = f(x)$ 在 $[a,b]$ 内是凸的.

因为 $f''(x) > 0$ 时,$f'(x)$ 单调增加,即斜率 $\tan \alpha$ 由小变大,曲线是凹的,如图 4.7 所示;反之,如果 $f''(x) < 0$ 时,$f'(x)$ 单调减少,即斜率 $\tan \alpha$ 由大变小,曲线是凸的,如图 4.8 所示.

图 4.7

图 4.8

拐点既然是曲线上凸凹的分界点,故在拐点的左右邻域 $f''(x)$ 必然异号,而拐点处的二阶导数 $f''(x)=0$ 或 $f''(x)$ 不存在. 因此在确定拐点时,首先找到 $f''(x)=0$ 或 $f''(x)$ 不存在的点,以这些点将定义域划分为若干个子区间,然后检验这些点左右邻域 $f''(x)$ 的符号,若异号则为拐点,否则不是拐点.

【例 4.24】 求曲线 $y=x^4-2x^3+1$ 的凹凸区间与拐点.

解 易知,定义域为 $(-\infty,+\infty)$,求导数得

$$y'=4x^3-6x^2$$
$$y''=12x^2-12x=12x(x-1)$$

令 $y''=0$,得 $x_1=0$,$x_2=1$,且二阶导数没有不存在的点.

以 $x_1=0$,$x_2=1$ 为分界点,将定义域划分为 3 个子区间,并讨论函数在各子区间上的凸性及拐点,见表 4.4.

表 4.4

x	$(-\infty,0)$	0	$(0,1)$	1	$(1,+\infty)$
y''	+	0	−	0	+
y	∪	拐点	∩	拐点	∪

由表 4.4 可知,该曲线的凹区间为 $(-\infty,0)$,$(1,+\infty)$,凸区间为 $(0,1)$;曲线的拐点为 $(0,1)$ 和 $(1,0)$.

【例 4.25】 求曲线 $y=(x-2)^{\frac{5}{3}}$ 的凹凸区间及拐点.

解 易知,定义域为 $(-\infty,+\infty)$,求导数得

$$y'=\frac{5}{3}(x-2)^{\frac{2}{3}}$$

$$y''=\frac{10}{9}(x-2)^{-\frac{1}{3}}=\frac{10}{9\sqrt[3]{x-2}}$$

由二阶导数可知,无 $y''=0$ 的点;当 $x=2$ 时,y'' 不存在,见表 4.5.

表 4.5

x	$(-\infty,2)$	2	$(2,+\infty)$
y''	$-$	不存在	$+$
y	$\cap$	拐点	$\cup$

由表 4.5 可知,曲线的凹区间为$(2,+\infty)$,凸区间为$(-\infty,2)$;拐点为$(2,0)$.

4.5　函数作图

前面几节讨论了函数的一、二阶导数与函数图形变化形态的关系,这些讨论都可用于函数的作图.

下面介绍曲线的渐近线,因为它同样有助于研究函数的形态及函数的作图.

4.5.1　曲线的渐近线

有些函数的定义域与值域都是有限区间,此时函数的图形局限于一定的范围内,而有些函数的图形向无限远处延伸,而这些向无限远处延伸的曲线中,有些呈现出越来越接近某一直线的形态,此时,称这条直线就是该曲线的渐近线.

定义 4　如果曲线上的一点沿着曲线趋于无穷远时,该点与某条直线的距离趋于 0,则称此直线为曲线的渐近线.

如果给定曲线的方程为$y=f(x)$,如何确定该曲线是否有渐近线呢? 如果有渐近线又怎样求出它呢? 下面分 3 种情形讨论.

1)水平渐近线

如果曲线$y=f(x)$的定义域是无限区间,且有
$$\lim_{x\to-\infty}f(x)=b \text{ 或 } \lim_{x\to+\infty}f(x)=b \text{ 或 } \lim_{x\to\infty}f(x)=b$$
则直线$y=b$称为曲线$y=f(x)$的水平渐近线.

【例 4.26】　求曲线$y=\dfrac{1}{x-1}$的水平渐近线.

解　因为
$$\lim_{x\to\infty}\frac{1}{x-1}=0$$
所以,$y=0$是曲线的水平渐近线,如图 4.9 所示.

2)垂直渐近线

如果曲线$y=f(x)$有
$$\lim_{x\to c^-}f(x)=\infty \text{ 或 } \lim_{x\to c^+}f(x)=\infty \text{ 或 } \lim_{x\to c}f(x)=\infty$$

则直线 $x = c$ 称为曲线 $y = f(x)$ 的垂直渐近线.

【例 4.27】 求曲线 $y = \dfrac{1}{x-1}$ 的垂直渐近线.

解 因为

$$\lim_{x \to 1} \frac{1}{x-1} = \infty$$

所以,$x = 1$ 是曲线的垂直渐近线,如图 4.9 所示.

【例 4.28】 求曲线 $y = \ln x$ 的垂直渐近线.

解 因为

$$\lim_{x \to 0^+} \ln x = -\infty$$

所以,$x = 0$ 是曲线的垂直渐近线,如图 4.10 所示.

图 4.9

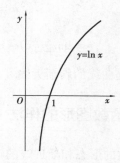

图 4.10

3)斜渐近线

设 a, b 为常数,且 $a \neq 0$,如果 $\lim\limits_{x \to +\infty}[f(x) - (ax+b)] = 0$ 或 $\lim\limits_{x \to -\infty}[f(x) - (ax+b)] = 0$ 或 $\lim\limits_{x \to \infty}[f(x) - (ax+b)] = 0$ 成立,则 $y = ax + b$ 是曲线的一条斜渐近线.

下面研究计算斜渐近线中参数 a, b 的公式.

由 $\lim\limits_{x \to \infty}[f(x) - (ax+b)] = 0$,有

$$\lim_{x \to \infty} x\left[\frac{f(x)}{x} - a - \frac{b}{x}\right] = 0$$

因 x 为无穷大量,故必有

$$\lim_{x \to \infty}\left[\frac{f(x)}{x} - a - \frac{b}{x}\right] = 0$$

即

$$\lim_{x \to \infty}\left[\frac{f(x)}{x} - a\right] = 0$$

或

$$a = \lim_{x \to \infty}\frac{f(x)}{x}$$

求出 a 后,将 a 代入 $\lim\limits_{x \to \infty}[f(x) - (ax+b)] = 0$ 中,即可确定 b,即

$$b = \lim_{x \to \infty}[f(x) - ax]$$

由此可知,当确定一条曲线的斜渐近线时,可通过先计算 $a = \lim\limits_{x\to\infty}\dfrac{f(x)}{x}$,再计算 $b = \lim\limits_{x\to\infty}[f(x)-ax]$ 来确定,当这两个极限都存在且 $a\neq0$ 时,曲线有斜渐近线 $y = ax + b$;否则,曲线无斜渐近线.

【例 4.29】　求曲线 $y = \dfrac{x^2}{x+1}$ 的渐近线.

解　由 $\lim\limits_{x\to\infty}\dfrac{x^2}{x+1} = \infty$ 可知,曲线无水平渐近线.

由 $\lim\limits_{x\to-1}\dfrac{x^2}{x+1} = \infty$ 可知,$x = -1$ 是曲线的垂直渐近线.

又由

$$a = \lim_{x\to\infty}\frac{f(x)}{x} = \lim_{x\to\infty}\frac{x}{x+1} = 1$$

$$b = \lim_{x\to\infty}[f(x)-ax] = \lim_{x\to\infty}\left(\frac{x^2}{x+1}-x\right) = \lim_{x\to\infty}\frac{-x}{x+1} = -1$$

可知,$y = x-1$ 是曲线的斜渐近线.

4.5.2　函数图形的作法

前面对函数的形态和渐近线的讨论,都可应用于函数的作图.因此,在描绘函数的图形时,可遵循以下基本步骤:

①确定函数 $y = f(x)$ 的定义域,判定其奇偶性和周期性.

②求出使 $f'(x) = 0$ 与 $f''(x) = 0$ 的点,以及 $f'(x)$ 与 $f''(x)$ 不存在的点.

③以②中求出的点为分界点,将 $f(x)$ 的定义域划分为若干个子区间,并列表讨论 $f'(x)$ 与 $f''(x)$ 在各子区间的符号,从而确定出曲线 $y = f(x)$ 在各子区间内的升降与极值点,凹凸性与拐点.

④讨论曲线 $y = f(x)$ 的渐近线.

⑤在坐标平面上描出曲线 $y = f(x)$ 上的几个特殊点,并根据①—④得出的曲线特征作图.

【例 4.30】　作函数 $y = \dfrac{1}{\sqrt{2\pi}}e^{-\frac{x^2}{2}}$ 的图形.

解　(1)函数的定义域为 $(-\infty, +\infty)$,且该函数为偶函数,其图形关于 y 轴对称.因此,先研究 $x > 0$ 的情形.

(2)求导得

$$f'(x) = -\frac{x}{\sqrt{2\pi}}e^{-\frac{x^2}{2}}, x > 0$$

$$f''(x) = \frac{x^2-1}{\sqrt{2\pi}}e^{-\frac{x^2}{2}}, x > 0$$

由 $f''(x) = 0$,得 $x = 1$.

(3)以 $x = 1$ 为分界点,将 $(0, +\infty)$ 划分为 $(0,1)$,$(1, +\infty)$ 两个子区间,并讨论 $f'(x)$ 与 $f''(x)$ 的符号,结果见表 4.6.

表4.6

x	$(0,1)$	1	$(1,+\infty)$
$f'(x)$	$-$	$-$	$-$
x	$(0,1)$	1	$(1,+\infty)$
$f''(x)$	$-$	0	$+$
$f(x)$	单减 $\cap$	拐点	单减 $\cup$

由表4.6可知,拐点为 $\left(1,\dfrac{1}{\sqrt{2\pi e}}\right)$.

(4)因为

$$\lim_{x\to\infty}f(x)=\lim_{x\to\infty}\frac{1}{\sqrt{2\pi}}e^{-\frac{x^2}{2}}=0$$

因此,$y=0$ 为曲线的水平渐近线.

(5)描出点 $\left(0,\dfrac{1}{\sqrt{2\pi}}\right)$,$\left(1,\dfrac{1}{\sqrt{2\pi e}}\right)$,其中,$\dfrac{1}{\sqrt{2\pi}}\approx0.4$,

$\dfrac{1}{\sqrt{2\pi e}}\approx0.24$,并画出曲线在 y 轴右侧的图形;然后依照对

称性,画出曲线在 y 轴左侧的图形,如图4.11所示.

图 4.11

4.6 曲 率

4.6.1 弧微分

作为曲率的预备知识,先介绍弧微分的概念.

设函数 $f(x)$ 在区间 (a,b) 内具有连续的导数. 在曲线 $y=f(x)$ 上取定点 $M_0(x_0,y_0)$ 作为度量弧长的基点(图4.12),并规定依照 x 增大的方向作为曲线的正向. 对曲线上任意一点 $M(x,y)$,规定有向弧段 $\overset{\frown}{M_0M}$ 的值 s(简称弧 s)如下:s 的绝对值等于此弧段的长度,当有向弧段 $\overset{\frown}{M_0M}$ 的方向与曲线的正向一致时 $s>0$,相反 $s<0$. 显然弧 s 与 x 之间存在函数关系:$s=s(x)$,而且 $s(x)$ 是 x 的单调增加函数. 下面求 $s(x)$ 的导数以及微分.

图 4.12

设 $x,x+\Delta x$ 为 (a,b) 内两个邻近的点,它们在曲线 $y=f(x)$ 上的对应点为 M,M',并对应 x 的增量 Δx,弧 s 的增量为 Δs,那么

$$\Delta s = \widehat{M_0M'} - \widehat{M_0M} = \widehat{MM'}$$

于是

$$\left(\frac{\Delta s}{\Delta x}\right)^2 = \left(\frac{\widehat{MM'}}{\Delta x}\right)^2$$

$$= \left(\frac{\widehat{MM'}}{|MM'|}\right)^2 \cdot \frac{|MM'|^2}{(\Delta x)^2}$$

$$= \left(\frac{\widehat{MM'}}{|MM'|}\right)^2 \cdot \frac{(\Delta x)^2 + (\Delta y)^2}{(\Delta x)^2}$$

$$= \left(\frac{\widehat{MM'}}{|MM'|}\right)^2 \cdot \left[1 + \left(\frac{\Delta y}{\Delta x}\right)^2\right]$$

所以

$$\frac{\Delta s}{\Delta x} = \pm \sqrt{\left(\frac{\widehat{MM'}}{|MM'|}\right)^2 \cdot \left[1 + \left(\frac{\Delta y}{\Delta x}\right)^2\right]}$$

在 $\Delta x \to 0$ 取极限时，$M' \to M$，此时弧段的长度与弦长之比的极限等于 1，即

$$\lim_{M' \to M} \frac{|\widehat{MM'}|}{|MM'|} = 1$$

又

$$\lim_{\Delta x \to 0} \frac{\Delta y}{\Delta x} = y'$$

因此得

$$\frac{\mathrm{d}s}{\mathrm{d}x} = \pm \sqrt{1 + y'^2}$$

由于 $s = s(x)$ 为单调增加的函数，从而开方后取正号，于是得

$$ds = \sqrt{1 + y'^2}\,\mathrm{d}x$$

就是弧微分公式.

4.6.2 曲率及其计算公式

在生活中，我们直觉地认识到：直线不弯曲，半径较小的圆弯曲得比半径较大的圆厉害，而其他曲线的不同部分弯曲程度也有所不同. 例如抛物线 $y = x^2$，在其顶点附近的弯曲得比远离顶点的部分严重一些.

在工程技术中，有时需要对曲线的弯曲程度进行研究. 如机床的转轴，船体机构中的钢梁，它们在荷载作用下要产生弯曲变形，在设计时对它们的弯曲程度必须有一定的限制，此时需要定量地研究其弯曲程度. 为此首先要讨论如何用数量来描述曲线的弯曲程度.

在图 4.13 中，可以看出弧段 $\widehat{M_1M_2}$ 比较平直，当动点沿着这段弧从点 M_1 移动至点 M_2 时，切线转过的角度 φ_1 不大，而弧段 $\widehat{M_2M_3}$ 对应切线转过的角度 φ_2，此时角 φ_2 就比角 φ_1 大. 而从图 4.14 中可以看出，对于两段曲线弧 $\widehat{M_1M_2}$ 与 $\widehat{N_1N_2}$ 来说，切线转过的角度都为 φ，然而弯曲

程度并不相同,显然短弧段比长弧段弯曲得严重些. 由此可见,曲线弧的弯曲程度还与弧段的长度有关.

按照以上分析,我们引入描述曲线的弯曲程度的概念曲率.

图 4. 13   图 4. 14

设曲线 C 是光滑的,在曲线 C 上选定一点 M_0 作为度量弧 s 的基点. 如图 4. 15 所示,在直角坐标系中,假设曲线 C 上有一点 M 对应于弧 s,在点 M 处的切线倾斜角为 α,曲线 C 上另一点 M' 对应于弧 $s+\Delta s$,在点 M' 处的切线倾斜角为 $\alpha+\Delta\alpha$,那么此时弧段 $\overset{\frown}{MM'}$ 的长度为 $|\Delta s|$,当动点从点 M 移动到 M' 时切线转过的角度为 $|\Delta\alpha|$.

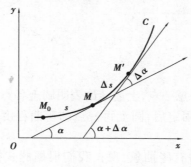

图 4. 15

用比值 $\left|\dfrac{\Delta\alpha}{\Delta s}\right|$,即单位弧段上切线转过的角度的大小来表达弧段 $\overset{\frown}{MM'}$ 的平均弯曲程度,把此比值叫作弧段 $\overset{\frown}{MM'}$ 的平均曲率,记作 $\bar{K}$,即

$$\bar{K} = \left|\frac{\Delta\alpha}{\Delta s}\right|$$

类似于从平均速度引入瞬时速度的方法,当 $\Delta s\to 0$ 时,上述平均曲率的极限叫作曲线 C 在点 M 处的**曲率**,记作 K,即

$$K = \lim_{\Delta s\to\infty}\left|\frac{\Delta\alpha}{\Delta s}\right|$$

在 $\lim\limits_{\Delta s\to\infty}\dfrac{\Delta\alpha}{\Delta s}=\dfrac{\mathrm{d}\alpha}{\mathrm{d}s}$ 存在的条件下, K 也可以表示为

$$K = \left|\frac{\mathrm{d}\alpha}{\mathrm{d}s}\right| \tag{4.9}$$

对于直线来说,切线与直线本身重合,当点沿直线移动时,切线的倾斜角 α 不发生改变,如图 4. 16 所示, $\Delta\alpha=0,\dfrac{\Delta\alpha}{\Delta s}=0$,故 $K=\left|\dfrac{\mathrm{d}\alpha}{\mathrm{d}s}\right|=0$. 这就表明,直线上任意一点 M 处的曲率都等

于零,这与我们直觉认识到的"直线不弯曲"保持一致.

如图 4.17 所示,设圆 D 的半径为 a,点 M,M' 处的切线所夹的角 $\Delta\alpha$ 等于 $\angle MDM'$,由弧长公式得 $\angle MDM' = \dfrac{\Delta s}{a}$,于是

$$\Delta\alpha = \frac{\Delta s}{a}$$

即

$$\frac{\Delta\alpha}{\Delta s} = \frac{1}{a}$$

从而

$$K = \left| \frac{\Delta\alpha}{\Delta s} \right| = \frac{1}{a}$$

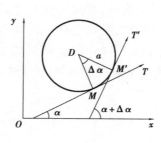

图 4.16   图 4.17

注意到此处点 M 为圆上任意一点,上述结论表明圆上各点处的曲率都等于半径 a 的倒数 $1/a$,也就是说,圆的半径 a 固定后,圆上每一点的弯曲程度一样. 若半径越小,则曲率越大,即圆弯曲得越厉害.

对于式(4.9),形式上仍然有些抽象,现在我们根据此式推导出便于实际计算曲率的公式.

设曲线在直角坐标系下的方程式为 $y = f(x)$,且 $f(x)$ 具有二阶导数,不难发现 $f'(x)$ 为连续的. 由 $\tan\alpha = y'$,等式两边同时对 x 求导,得

$$\sec^2\alpha \cdot \frac{d\alpha}{dx} = y''$$

$$\frac{d\alpha}{dx} = \frac{y''}{1 + \tan^2\alpha} = \frac{y''}{1 + (y')^2}$$

于是

$$d\alpha = \frac{y''}{1 + (y')^2} dx$$

又

$$ds = \sqrt{1 + y'^2}\, dx$$

从而由式(4.9)得到,曲率 K 的表达式:

$$K = \frac{|y''|}{\left[1 + (y')^2 \right]^{\frac{3}{2}}} \tag{4.10}$$

假设已知曲线的参数方程

$$\begin{cases} x = \varphi(t) \\ y = \psi(t) \end{cases}$$

则可利用参数方程所确定的函数求导法,求出 y'_x, y''_x,代入式(4.10)便得出

$$K = \frac{|\varphi'(t)\psi''(t) - \varphi''(t)\psi'(t)|}{[\varphi'^2(t) + \psi'^2(t)]^{\frac{3}{2}}} \tag{4.11}$$

【例 4.31】 计算双曲线 $xy = 2$ 在点 $(1,2)$ 处的曲率.

解 由 $y = \dfrac{2}{x}$,得

$$y' = -\frac{2}{x^2}, y'' = \frac{4}{x^3}$$

将点 $(1,2)$ 代入得

$$y'|_{x=1} = -2, y''|_{x=1} = 4$$

将上式代入式(4.10),得双曲线 $xy = 2$ 在点 $(1,2)$ 处的曲率

$$K = \frac{4}{[1 + (-2)^2]^{\frac{3}{2}}} = \frac{4\sqrt{5}}{25}$$

【例 4.32】 抛物线 $y = ax^2 + bx + c$ 上哪一点 $(1,2)$ 处的曲率最大?

解 由 $y = ax^2 + bx + c$ 得

$$y' = 2ax + b, y'' = 2a$$

代入式(4.10)得

$$K = \frac{|2a|}{[1 + (2ax + b)^2]^{\frac{3}{2}}}$$

因为 a, b 为常数,容易看出当 $2ax + b = 0$ 时,即 $x = -\dfrac{b}{2a}$ 时,K 的分母最小,则此时 K 有最大值 $|2a|$. 因此抛物线在顶点处的曲率最大.

在实际问题的处理中,若 $|y'|$ 同 1 比较起来很小时,尤其是在工程技术书上把此种关系记作 $|y'| \ll 1$,可以忽略不计. 这时

$$1 + y'^2 \approx 1$$

则有曲率的近似计算公式

$$K = \frac{|y''|}{[1 + (y')^2]^{\frac{3}{2}}} \approx |y''|$$

也就是说,当 $|y'| \ll 1$ 时,曲率 K 近似等于 $|y''|$. 经过这样简化之后,在工程技术中对一些复杂问题的计算和讨论就简便多了.

4.6.3 曲率圆与曲率半径

设曲线 $y = f(x)$ 在点 $M(x, y)$ 处的曲率为 $K(K \neq 0)$. 在点 M 处曲线的法线上,在凹的一侧取一点 D,使 $|DM| = \dfrac{1}{K} = \rho$. 以 D 点为圆心,ρ 为半径作圆(图 4.18),这个圆叫作曲线在点 M 处的曲率圆,曲率圆的圆心 D 叫作曲线在点 M 处的曲率中心,曲率圆的半径 ρ 叫作曲线在点 M 的曲率半径.

按照上述规定,曲率圆与曲线在点 M 有相同的切线和曲率,且在点 M 邻近有相同的凹向.因此,在实际问题中,常常用曲率圆在点 M 处的一段圆弧来近似代替曲线弧,使问题得以简化.

曲线在点 M 处的曲率 $K(K \neq 0)$ 与曲线在点 M 的曲率半径 ρ 有如下关系:

$$\rho = \frac{1}{K}$$

即曲线上一点处的曲率半径与曲线在该点处的曲率互为倒数.

图 4.18   图 4.19

【例 4.33】 设工件内表面的截线为抛物线 $y = 0.4x^2$(图 4.19).现要用砂轮磨削其内表面,问用直径多大的砂轮才比较合适?

解 为了在磨削时不过多地磨去太多,砂轮的半径应不大于抛物线上各点处曲率半径中的最小值.由例 4.32 可知,抛物线在其顶点处的曲率最大,也就是说,抛物线在其定点处的曲率半径最小.因此,本题转化为求抛物线顶点 $O(0,0)$ 处的曲率半径.由

$$y' = 0.8x, y'' = 0.8$$

代入点 $O(0,0)$ 得

$$y'\big|_{x=0} = 0, y''\big|_{x=0} = 0.8$$

所以

$$K = 0.8$$

则求得此抛物线顶点处的曲率半径

$$\rho = \frac{1}{K} = \frac{1}{0.8} = 1.25$$

所以选用砂轮的半径不得超过 1.25 单位长,即直径不得超过 2.5 单位长.

对于用砂轮磨削一般的工件的内表面时,也有类似的结论,即选用的砂轮的半径不应超过这个工件表面的截线上各点处曲率半径中的最小值.

4.7 导数在经济学中的应用

4.7.1 边际分析

边际概念是经济学中一个重要的基本概念,是与导数密切相关的一个概念.它反映一个

经济变量 y 相对于另一个经济变量 x 的变化率.

若函数 $y = f(x)$ 可导,则称其导函数 $f'(x)$ 为 $f(x)$ 的边际函数.

某经济函数 $y = f(x)$ 在点 $x = x_0$ 处,当 x 由 x_0 变化到 $x_0 + 1$(即 x 增加一个单位,$\Delta x = 1$),当改变的一个单位相对于 x_0 来说很小时,由前面微分的知识可知,y 的绝对变化量 Δy 为

$$\Delta y \approx \mathrm{d}y = f'(x)\mathrm{d}x = f'(x_0)\Delta x = f'(x_0)$$

这说明 $f(x)$ 在点 $x = x_0$ 处,当 x 产生一个单位的改变时,y 近似改变 $f'(x_0)$ 个单位,在经济学问题中,常略去"近似"二字,而直接说 $f(x)$ 在点 $x = x_0$ 处,当 x 产生一个单位的改变时,y 改变了 $f'(x_0)$ 个单位,即当 $f'(x_0) > 0$ 时,若 x 增加一个单位,则 y 相应增加 $f'(x_0)$ 个单位;当 $f'(x_0) < 0$ 时,若 x 增加一个单位,则 y 相应减少 $|f'(x_0)|$ 个单位;当 $f'(x_0) = 0$ 时,若 x 增加一个单位,则 y 没有发生变化. 这就是经济学中边际函数的经济意义.

1)边际成本

设某产品产量为 x 单位时,其总成本为 $C = C(x)$,称 $C(x)$ 为总成本函数. 若 $C(x)$ 可导,则称其导函数 $C'(x)$ 为边际成本函数或边际成本. 其经济意义是:当产量为 x 单位时,再多生产一个单位的产品,成本改变 $C'(x)$ 个单位.

2)边际收益

设某产品产量(或销量)为 x 单位时,其总收益为 $R = R(x)$,称 $R(x)$ 为总收益函数. 若 $R(x)$ 可导,则称其导函数 $R'(x)$ 为边际收益函数或边际收益. 其经济意义是:当产量为 x 单位时,再多生产一个单位的产品,收益改变 $R'(x)$ 个单位.

3)边际利润

设某产品产量为 x 单位时,其总利润为 $L = L(x)$,称 $L(x)$ 为总利润函数. 若 $L(x)$ 可导,则称其导函数 $L'(x)$ 为边际利润函数或边际利润. 其经济意义是:当产量为 x 单位时,再多生产一个单位的产品,利润改变 $L'(x)$ 个单位.

由于总利润等于总收益与总成本之差,故有

$$L(x) = R(x) - C(x)$$

于是

$$L'(x) = R'(x) - C'(x)$$

即边际利润为边际收益与边际成本之差.

【例 4.34】　已知某产品的总成本函数为

$$C(x) = 120 + 2x + x^2$$

而需求函数为

$$x = 18 - \frac{p}{4}$$

其中,p 为单位产品的售价,x 为需求量(即销售量).

求边际利润函数,以及 $x = 6, 7$ 和 8 时的边际利润,并解释所得结果的经济意义.

解　总收益函数为 $R(x) = px$,由需求函数得 $p = 4(18 - x)$. 于是,总收益函数为

$$R(x) = px = 4x(18 - x) = -4x^2 + 72x$$

因此,总利润函数为

$$L(x) = R(x) - C(x)$$
$$= -4x^2 + 72x - (120 + 2x + x^2)$$
$$= -5x^2 + 70x - 120$$

从而边际利润函数为

$$L'(x) = -10x + 70$$

由此得

$$L'(6) = 10, L'(7) = 0, L'(8) = -10$$

由所得结果可知,当销售量为 6 个单位时,再多销售一个单位的产品,总利润增加 10 个单位;当销售量为 7 个单位时,再多销售一个单位的产品,总利润不会改变;当销售量为 8 个单位时,再多销售一个单位的产品,总利润减少 10 个单位.

4.7.2 弹性分析

弹性概念是经济学中另一个重要概念,是用来描述一个经济变量对另一个经济变量变化的敏感程度. 它反映一个经济变量相对于另一个经济变量的相对变化率.

使经济学成为独立
学科的经济学家

如果函数 $y = f(x)$ 在区间 (a,b) 内可导,且 $f(x) \neq 0$,则称

$$E_x = \frac{xf'(x)}{f(x)}$$

为函数在区间 (a,b) 内的点弹性函数,简称为**弹性函数**.

某经济函数 $y = f(x)$ 在点 $x = x_0$ 处,当 x 由 x_0 变化到 $x_0 + \Delta x$,x 的相对变化量(即 x 变化的百分比)为 $\frac{\Delta x}{x_0}$. 当改变量 Δx 相对于 x_0 来说很小时,由前面微分的知识可知,y 的相对变化量$\left(即\ y\ 变化的百分比\frac{\Delta y}{y_0}\right)$为

$$\frac{\Delta y}{y_0} \approx \frac{\mathrm{d}y}{y_0} = \frac{f'(x_0)\mathrm{d}x}{y_0} = \frac{f'(x_0)\Delta x}{y_0} = \frac{f'(x_0)x_0}{y_0} \cdot \frac{\Delta x}{x_0}$$

其中,$\frac{f'(x_0)x_0}{y_0}$为函数 $f(x)$ 的弹性函数在点 $x = x_0$ 处的弹性,即

$$E_x\big|_{x=x_0} = \frac{f'(x_0)x_0}{y_0}$$

这说明 $f(x)$ 在点 $x = x_0$ 处,当 x 增加 1%($即\frac{\Delta x}{x_0} = 1\%$)时,$y$ 近似改变$\frac{f'(x_0)x_0}{y_0}\%$,在经济学问题中,常略去"近似"二字,而直接说 $f(x)$ 在点 $x = x_0$ 处,当 x 增加 1%,y 改变了 $\frac{f'(x_0)x_0}{y_0}\%$,即当 $\frac{f'(x_0)x_0}{y_0} > 0$ 时,若 x 增加 1%,y 相应地增加 $\frac{f'(x_0)x_0}{y_0}\%$;当 $\frac{f'(x_0)x_0}{y_0} < 0$ 时,若 x 增加 1%,y 相应地减少 $\left|\frac{f'(x_0)x_0}{y_0}\right|\%$. 这就是经济学中弹性函数的经济意义.

定义 5   设某商品的市场需求量为 Q,价格为 p,需求函数 $Q = Q(p)$ 可导,则称

$$E_p = \frac{pQ'(p)}{Q(p)}$$

为商品的需求价格弹性,简称需求弹性.

由于需求函数 $Q(p)$ 是单调递减的函数,故 $Q'(p) < 0$,因而一般有 $E_p < 0$. 它意味着,在价格为 p_0 时,若价格再增加 1%,则需求下降 $|E_p(p_0)|\%$.

在经济学文献中,比较商品需求弹性的大小,是指弹性绝对值 $|E_p|$ 大还是小. 当 $|E_p| = 1$ 时,称为单位弹性;当 $|E_p| < 1$ 时,称为低弹性或缺乏弹性;当 $|E_p| > 1$ 时,称为高弹性或强弹性.

【例 4.35】 设某商品的需求函数为

$$Q = 60 - 2p$$

求其需求价格弹性,并讨论其何时为高弹性何时为低弹性.

解 根据弹性的定义,得

$$E_p = \frac{pQ'(p)}{Q(p)} = \frac{-2p}{60 - 2p}$$

由 $Q = 60 - 2p > 0$,得 $0 < p < 30$. 于是:

由 $|E_p| = \dfrac{2p}{60 - 2p} = 1$,得

$$p = 15$$

由 $|E_p| = \dfrac{2p}{60 - 2p} > 1$,得

$$15 < p < 30$$

由 $|E_p| = \dfrac{2p}{60 - 2p} < 1$,得

$$0 < p < 15$$

由此可知,当 $15 < p < 30$ 时,需求为高弹性;当 $0 < p < 15$ 时,需求为低弹性.

在经济学中,除了研究需求价格弹性外,另外还有收入弹性、供给价格弹性、产量的资本投入弹性、产量的劳动投入弹性等弹性概念. 读者可根据上面介绍的需求价格弹性,对其他价格弹性进行类似的讨论.

4.7.3 函数的极值与最值的实际应用问题

定理 10 设函数 $f(x)$ 在闭区间 $[a,b]$ 上连续,且 $f(x)$ 在开区间 (a,b) 内仅有唯一极值点 x_0. 当该极值点是 $f(x)$ 的极大值点(极小值点)时,$f(x_0)$ 就是 $f(x)$ 的最大值(最小值),而 $f(x)$ 最小值(最大值)将在 $[a,b]$ 的两端点之一取得.

该定理的结论从几何直观上观察是很明显的,如图 4.20 所示.

图 4.20

注:①定理中的极值点可以是驻点,也可以是导数不存在的点.

②在求解实际问题时,在定义区间上函数经常只有一个极值点,这时利用定理 10 求函

数的最大值和最小值是很方便的,而且定理的闭区间改为其他形式的区间时,定理的结论仍然成立.

【例 4.36】(利润最大) 已知某商品的需求函数为

$$Q = 120 - 6p$$

总成本函数为

$$C = 100 + 2Q$$

求使总利润最大的价格 p、需求量 Q 和最大利润.

解 销售量为 Q 时的总收益为

$$R(p) = pQ = 120p - 6p^2$$

于是,总利润为

$$\begin{aligned} L(p) &= R(p) - C \\ &= 120p - 6p^2 - [100 + 2(120 - 6p)] \\ &= -6p^2 + 132p - 340 \end{aligned}$$

由 $L'(p) = -12p + 132 = 0$,得唯一驻点 $p = 11$. 又由 $L''(p) = -12 < 0$ 可知,$p = 11$ 为利润函数 $L(p)$ 的极大值点,且是唯一的极大值点,故也为最大值点.

因此,当价格 $p = 11$ 时,总利润最大,最大利润为

$$L(11) = 386$$

此时,销量为

$$Q(11) = 54$$

【例 4.37】(平均成本最小) 设某厂每批生产某种产品 x 个单位的总成本为

$$C(x) = ax^2 + bx + c$$

其中,a, b, c 为正常数.

问每批生产多少单位产品时,其平均成本最小? 并求出最小平均成本和相应的边际成本.

解 平均成本为

$$\overline{C}(x) = \frac{C(x)}{x} = ax + b + \frac{c}{x}$$

由 $\overline{C}'(x) = a - \dfrac{c}{x^2} = 0$,得唯一驻点 $x_0 = \sqrt{\dfrac{c}{a}}$(舍去负根),又由 $\overline{C}''(x_0) > 0$ 可知,$x_0 = \sqrt{\dfrac{c}{a}}$ 为平均成本函数 $\overline{C}(x)$ 的极小值点,且是唯一的极小值点,故也为最小值点. 因此,当每批生产量 $x_0 = \sqrt{\dfrac{c}{a}}$ 时,平均成本最小,最小平均成本为

$$\overline{C}(x_0) = a\sqrt{\frac{c}{a}} + b + \frac{c}{\sqrt{\dfrac{c}{a}}} = 2\sqrt{ac} + b$$

边际成本为

$$C'(x) = 2ax + b$$

因此,相应于 x_0 的边际成本为

$$C'(x_0) = 2a\sqrt{\frac{c}{a}} + b = 2\sqrt{ac} + b$$

即最小平均成本等于相应的边际成本.

习题 4

（A）

1. 下列函数在给定区间上是否满足罗尔定理的所有条件？如果满足就求出定理中的数值 ξ：

$(1)f(x)=x^2-5x+6,[2,3]$；
　　　　　　　　　$(2)f(x)=|x|,[-1,1]$；

$(3)f(x)=\dfrac{1}{1+x^2},[-2,2]$；
　　　　　　$(4)f(x)=1+x^3,[-1,1]$.

2. 下列函数在给定区间上是否满足拉格朗日中值定理的所有条件？如果满足，则求出定理中的数值 ξ.

$(1)f(x)=x^3,[0,a],a>0$；

$(2)f(x)=\ln x,[1,2]$；

$(3)f(x)=5x^2+\dfrac{1}{x},[-1,0]$.

3. 函数 $f(x)=x^3$ 与 $g(x)=x^2+1$ 在区间 $[1,2]$ 上是否满足柯西中值定理的所有条件？如果满足，则求出定理中的数值 ξ.

4. 设 $f(x)=x(x-1)(x-2)(x-3)$，不用求出 $f'(x)$，说明方程 $f'(x)=0$ 有几个实根，并指出各实根所在的区间.

5. 证明方程 $x^3+2x+1=0$ 在 $(-1,0)$ 内存在唯一实根.

6. 证明下列恒等式：

$(1)\arctan x+\operatorname{arccot} x=\dfrac{\pi}{2},x\in(-\infty,+\infty)$；

$(2)\arcsin x+\arccos x=\dfrac{\pi}{2},x\in[-1,1]$.

7. 证明下列不等式：

$(1)|\arctan x_1-\arctan x_2|\leqslant|x_1-x_2|$；

$(2)na^{n-1}<\dfrac{b^n-a^n}{b-a}<nb^{n-1}$.

8. 利用函数的单调性，证明下列不等式：

$(1)e^x>ex\,(x>1)$；
　　　　　　　　$(2)\dfrac{2x}{\pi}<\sin x<x\left(0<x<\dfrac{\pi}{2}\right)$；

$(3)x-\dfrac{1}{3}x^3<\arctan x<x\,(x>0)$；
　　　$(4)\ln(1+x)>\dfrac{\arctan x}{1+x}(x>0)$.

9. 求下列极限：

$(1)\lim\limits_{x\to0}\dfrac{e^x-e^{-x}}{x}$；
　　　　　　　　$(2)\lim\limits_{x\to1}\dfrac{\ln x}{x-1}$；

$(3) \lim\limits_{x \to 1} \dfrac{x^3 - 3x^2 + 2}{x^3 - x^2 - x + 1}$;

$(4) \lim\limits_{x \to 0} \dfrac{x - \sin x}{x - \tan x}$;

$(5) \lim\limits_{x \to +\infty} \dfrac{\ln x}{x^n} \ (n > 0)$;

$(6) \lim\limits_{x \to 0^+} \dfrac{\ln \sin x}{\ln \sin 5x}$;

$(7) \lim\limits_{x \to +\infty} \dfrac{e^x - x}{e^x + x}$;

$(8) \lim\limits_{x \to +\infty} \dfrac{e^x}{\ln x}$;

$(9) \lim\limits_{x \to 0} \left(\dfrac{1}{x} - \dfrac{1}{e^x - 1} \right)$;

$(10) \lim\limits_{x \to 0} (1 + \sin x)^{\frac{1}{x}}$;

$(11) \lim\limits_{x \to 0^+} \left(\ln \dfrac{1}{x} \right)^x$;

$(12) \lim\limits_{x \to 0^+} x^{\sin x}$.

10. 确定下列函数的单调区间:

$(1) f(x) = 2x^3 - 6x^2 - 18x - 7$;

$(2) f(x) = x + \dfrac{1}{x}$;

$(3) f(x) = xe^x$;

$(4) f(x) = 2x^2 - \ln x$.

11. 求下列函数的极值:

$(1) y = 4x^3 - 3x^2 - 6x + 2$;

$(2) y = x + \sqrt{1 - x}$;

$(3) y = x - \ln(1 + x)$;

$(4) y = e^x + 2e^{-x}$.

12. 求下列函数在给定区间上的最大值与最小值:

$(1) y = x^4 - 2x^2 + 5, x \in [-2, 2]$;

$(2) y = \ln(x^2 + 1), x \in [-1, 2]$;

$(3) y = \dfrac{x^2}{1 + x}, x \in \left[-\dfrac{1}{2}, 1 \right]$;

$(4) y = x + \sqrt{x}, x \in [0, 4]$.

13. 求抛物线 $y = x^2 - 4x + 3$ 在其顶点处的曲率及曲率半径.

14. 求曲线 $x = a\cos^3 t, y = a\sin^3 t$ 在点 $t = t_0$ 相应的点处的曲率.

15. 设某厂生产的销售收益为 $R(x) = 3\sqrt{x}$, 成本函数为 $C(x) = 1 + \dfrac{1}{36}x^2$, 求边际利润函数和使总利润最大时的产量 x.

16. 设某商品的需求函数为 $Q = \dfrac{10}{p + 2} - 3$. 其中, p 为价格, Q 为需求量.

(1) 求需求弹性;

(2) 求 p 为何值时收益最大.

17. 求下列函数的凹凸区间及拐点:

$(1) y = 2x^3 - 3x^2 + x + 2$;

$(2) y = (x - 3)^{\frac{5}{3}}$;

$(3) y = \ln(1 + x^2)$;

$(4) y = \dfrac{x}{(x + 1)^2}$.

18. 求下列曲线的渐近线:

$(1) y = \dfrac{1}{1 - x^2}$;

$(2) y = x + \dfrac{1}{x}$;

$(3) y = \dfrac{1}{x}\ln(1 + x)$;

$(4) y = xe^{-\frac{1}{x}}$.

19. 作下列函数的图形:

$(1) y = 2 - x - x^3$;

$(2) y = \dfrac{x^2}{x + 1}$.

(B)

一、填空题

1. 函数 $f(x) = x^3$ 在区间 $[0,2]$ 上满足拉格朗日中值定理条件,则定理中的 $\xi =$ _____.

2. 函数 $f(x) = \ln\left(1 + \dfrac{1}{x}\right) - \dfrac{1}{1+x}$ 在区间 $(0, +\infty)$ 内是单调_____的.

3. 设 $f(x) = e^{|x-3|}$,则 $f(x)$ 在区间 $[-5,5]$ 上的值域为_____.

4. 函数 $y = x^3 - 3x$ 的极大值点是_____,极小值点是_____.

二、单项选择题

1. 下列函数在给定区间上满足罗尔定理条件的是(   ).

    A. $y = x^2 - 5x + 6, [2,3]$ B. $y = \dfrac{1}{\sqrt{(x-1)^2}}, [0,2]$

    C. $y = xe^{-x}, [0,1]$ D. $y = \begin{cases} x+1, & x<5 \\ 1, & x\geqslant 5 \end{cases}, [0,2]$

2. 设函数 $f(x)$ 在开区间 (a,b) 内可导,$x_1, x_2 (x_1 < x_2)$ 是 (a,b) 内任意两点,则至少存在一点 ξ,使得式(   )成立.

    A. $f(b) - f(a) = f'(\xi)(b-a), \xi \in (a,b)$

    B. $f(b) - f(x_1) = f'(\xi)(b-x_1), \xi \in (x_1,b)$

    C. $f(x_2) - f(x_1) = f'(\xi)(x_2-x_1), \xi \in (x_1,x_2)$

    D. $f(x_2) - f(a) = f'(\xi)(x_2-a), \xi \in (a,x_2)$

3. 函数 $y = \dfrac{x}{1-x^2}$ 在 $(-1,1)$ 内(   ).

    A. 单调增加   B. 单调减少   C. 有极大值   D. 有极小值

4. 函数 $y = f(x)$ 在 $x = x_0$ 处取得极大值,则必有(   ).

    A. $f'(x_0) = 0$ B. $f''(x_0) < 0$

    C. $f'(x_0) = 0$ 且 $f''(x_0) < 0$ D. $f'(x_0) = 0$ 或 $f'(x_0)$ 不存在

5. $f'(x_0) = 0, f''(x_0) > 0$ 是函数 $y = f(x)$ 在 $x = x_0$ 处取得极小值的一个(   ).

    A. 必要充分条件   B. 充分条件非必要条件

    C. 必要条件非充分条件   D. 既非必要也非充分条件

6. 设函数在开区间 (a,b) 内有 $f'(x_0) < 0$ 且 $f''(x_0) < 0$,则 $y = f(x)$ 在 (a,b) 内(   ).

    A. 单调增加,图形是凸的   B. 单调增加,图形是凹的

    C. 单调递减,图形是凸的   D. 单调递减,图形是凹的

7. "$f''(x_0) = 0$"是 $f(x)$ 的图形在 $x = x_0$ 处有拐点的(   ).

    A. 必要充分条件   B. 充分条件非必要条件

    C. 必要条件非充分条件   D. 既非必要也非充分条件

8. 设函数 $f(x)$ 一阶连续可导,且 $f(0) = f'(0) = 1$,则 $\lim\limits_{x \to 0} \dfrac{f(x) - \cos x}{\ln f(x)} = ($ $)$.

    A. 1   B. -1 C. 0   D. ∞

第 5 章

不定积分

数学发展的动力主要源于社会发展的环境力量. 17 世纪,微积分的创立首先是解决当时数学面临的四类核心问题中的第四类问题,即求曲线的长度、曲线围成的面积、曲面围成的体积、物体的重心和引力等. 此类问题的研究具有久远的历史,如古希腊人曾用穷竭法求出某些图形的面积和体积,我国南北朝时期的祖冲之、祖恒也曾推导出某些图形的面积和体积. 而在欧洲,对此类问题的研究兴起于 17 世纪,先是穷竭法被逐渐修改,后来由于微积分的创立彻底改变了解决这一大类问题的方法.

由求运动速度、曲线的切线和极值等问题产生了导数和微分,构成了微积分学的微分学部分;同时由已知速度求路程、已知切线求曲线以及上述求面积与体积等问题,产生了不定积分和定积分,构成了微积分学的积分学部分.

前面已经介绍已知函数求导数的问题,现在要考虑其逆问题,即要寻求一个可导函数,使它的导函数等于已知函数. 这种由导数(或微分)去求原来函数的逆运算称为不定积分. 本章将介绍不定积分的概念及其计算方法.

5.1 不定积分的概念与性质

5.1.1 原函数的概念

从微分学可知,若已知曲线方程 $y = f(x)$,则可求出该曲线在任一点 x 处的切线斜率 $k = f'(x)$.

例如,曲线 $y = x^2$ 在点 x 处的切线斜率为 $k = 2x$.

若已知某产品的成本函数 $C = C(x)$,则可求得其边际成本函数 $C' = C'(x)$.

例如,成本函数 $C(x) = 2x^2 + 2x + 3$ 的边际成本函数为 $C'(x) = 4x + 2$.

现在要解决其逆问题,即:

①已知曲线在任一点 x 处的切线斜率,求该曲线方程.

②已知某产品的边际成本函数,求生产该产品的成本函数.

为此,引入原函数的概念.

定义 1 设在某区间 I 上,$F'(x) = f(x)$ 或 $\mathrm{d}F(x) = f(x)\mathrm{d}x$,则函数 $F(x)$ 称为 $f(x)$ 在区间 I 上的一个原函数.

例如,因为 $(\sin x)' = \cos x$,所以 $\sin x$ 是 $\cos x$ 的一个原函数.

因为 $(x^2)' = 2x$,所以 x^2 是 $2x$ 的一个原函数.

因为 $(x^2 + 1)' = 2x$,所以 $x^2 + 1$ 是 $2x$ 的一个原函数.

……

由上例可知:一个函数的原函数不是唯一的.

事实上,如果 $F(x)$ 是 $f(x)$ 在区间 I 上的一个原函数,则有

$$F'(x) = f(x)$$
$$[F(x) + C]' = f(x)(C \text{ 为任意常数})$$

从而 $F(x) + C$ 也是 $f(x)$ 在区间 I 上的一个原函数.

由 4.1 节推论 2 可知,一个函数的任意两个原函数之间相差一个常数.

即设 $F(x)$ 和 $G(x)$ 都是 $f(x)$ 的原函数,则

$$F(x) - G(x) = C$$

由此可知,若 $F(x)$ 是 $f(x)$ 在区间 I 上的一个原函数,则函数 $f(x)$ 的全体原函数为 $F(x) + C(C$ 为任意常数).

函数可导需要具备一定的条件,那么,具备什么样性质的函数存在原函数呢? 这个问题需要下一章的知识才能讨论,这里只给出结论.

定理 1(原函数存在定理) 若函数 $f(x)$ 在区间 I 上连续,则在 I 上一定存在可导函数 $F(x)$,使对任意 $x \in I$,都有

$$F'(x) = f(x)$$

简单地说,连续函数一定有原函数.

由于初等函数在其定义域区间内都是连续的,故初等函数在其定义域区间内都有原函数.需要指出的是,初等函数的导数都是初等函数,但是,初等函数的原函数不一定是初等函数.

5.1.2 不定积分的概念

1)不定积分定义

定义 2 设 $F(x)$ 是 $f(x)$ 的一个原函数,则 $f(x)$ 的全部原函数 $F(x) + C$ 称为 $f(x)$ 的不定积分,记作 $\int f(x)\mathrm{d}x$,即

$$\int f(x)\mathrm{d}x = F(x) + C$$

其中,"$\int$" 称为积分号,$f(x)$ 称为被积函数,$f(x)\mathrm{d}x$ 称为被积表达式,x 称为积分变量,C 称为积分常数.因此,求已知函数的不定积分就归结为求出它的一个原函数,再加上任意常数.

注:积分号"$\int$"是一种运算符号,它表示对已知函数求其全部原函数.所以在不定积分的结果中不能漏写任意常数.本章中若无特别说明,任意常数均用 C 表示.

【例 5.1】 求下列不定积分：

(1) $\int x^5 \mathrm{d}x$；   (2) $\int \sin x \mathrm{d}x$；

(3) $\int \dfrac{1}{1+x^2} \mathrm{d}x$.

解 (1)因为 $\left(\dfrac{x^6}{6}\right)' = x^5$，所以 $\dfrac{x^6}{6}$ 是 x^5 的一个原函数，则

$$\int x^5 \mathrm{d}x = \frac{x^6}{6} + C$$

(2)因为 $(-\cos x)' = \sin x$，所以 $-\cos x$ 是 $\sin x$ 的一个原函数，则

$$\int \sin x \mathrm{d}x = -\cos x + C$$

(3)因为 $(\arctan x)' = \dfrac{1}{1+x^2}$，故 $\arctan x$ 是 $\dfrac{1}{1+x^2}$ 的一个原函数，则

$$\int \frac{1}{1+x^2} \mathrm{d}x = \arctan x + C$$

2) 不定积分的几何意义

在直角坐标系中，$f(x)$ 的任意一个原函数 $F(x)$ 的图形是一条曲线 $y=F(x)$，这条曲线上任意点 $(x,F(x))$ 处的切线的斜率恰为函数值 $f(x)$，称这条曲线为 $f(x)$ 的一条积分曲线. $f(x)$ 的不定积分 $F(x)+C$ 则是一组曲线族，称为**积分曲线族**（图 5.1）. 平行于 y 轴的直线与族中每一条曲线的交点处的切线斜率都等于 $f(x)$，因此，积分曲线族可由一条积分曲线通过平移得到.

图 5.1

【例 5.2】 已知曲线 $y=f(x)$ 在 (x,y) 处的切线斜率为 $3x^2$，且曲线通过点 $(0,-1)$，求此曲线的方程.

解 由题意知，$f'(x) = 3x^2$，即 $f(x)$ 是 $3x^2$ 的一个原函数，则

$$f(x) = \int 3x^2 \mathrm{d}x = x^3 + C$$

现在要从上述积分曲线族中选出通过点 $(0,-1)$ 的那条曲线. 由曲线通过点 $(0,-1)$ 得

$$-1 = 0^3 + C$$

解得

$$C = -1$$

故所求曲线方程为 $y = x^3 - 1$.

不定积分简称积分，求不定积分的方法和运算简称积分法和积分运算.

5.1.3 不定积分的基本性质

设 $F(x)$ 是 $f(x)$ 在区间 I 上的一个原函数，由于积分和求导互为逆运算，故有

① $\left[\int f(x)\,\mathrm{d}x\right]' = \left[F(x)+C\right]' = f(x)$ 或 $\mathrm{d}\left[\int f(x)\,\mathrm{d}x\right] = \mathrm{d}\left[F(x)+C\right] = f(x)\,\mathrm{d}x$.

② $\int F'(x)\,\mathrm{d}x = \int f(x)\,\mathrm{d}x = F(x)+C$ 或 $\int \mathrm{d}F(x) = \int f(x)\,\mathrm{d}x = F(x)+C$.

利用微分运算法则和不定积分的定义,可得下列运算性质.

③两函数代数和的不定积分,等于它们各自不定积分的代数和,即

$$\int [f(x) \pm g(x)]\,\mathrm{d}x = \int f(x)\,\mathrm{d}x \pm \int g(x)\,\mathrm{d}x$$

证 $\quad \left[\int f(x)\,\mathrm{d}x \pm \int g(x)\,\mathrm{d}x\right]' = \left[\int f(x)\,\mathrm{d}x\right]' \pm \left[\int g(x)\,\mathrm{d}x\right]'$
$$= f(x) \pm g(x)$$

注:此性质可推广到有限多个函数之和的情形.

④求不定积分时,非零常数因子可提到积分号外面,即

$$\int kf(x)\,\mathrm{d}x = k\int f(x)\,\mathrm{d}x \,(k \neq 0)$$

证 $\quad \left[k\int f(x)\,\mathrm{d}x\right]' = k\left[\int f(x)\,\mathrm{d}x\right]' = kf(x)$

【例 5.3】 问 $\dfrac{\mathrm{d}}{\mathrm{d}x}\left[\int f(x)\,\mathrm{d}x\right]$ 与 $\int f'(x)\,\mathrm{d}x$ 是否相等?

解 不相等. 设 $F'(x) = f(x)$,则

$$\frac{\mathrm{d}}{\mathrm{d}x}\left[\int f(x)\,\mathrm{d}x\right] = \frac{\mathrm{d}}{\mathrm{d}x}\left[F(x)+C\right] = F'(x)+0 = f(x)$$

而由不定积分定义 $\int f'(x)\,\mathrm{d}x = f(x)+C$,故

$$\frac{\mathrm{d}}{\mathrm{d}x}\left[\int f(x)\,\mathrm{d}x\right] \neq \int f'(x)\,\mathrm{d}x$$

5.1.4 基本积分公式

基本积分公式如下:

① $\int k\,\mathrm{d}x = kx + C$ (k 是常数).

② $\int x^{\mu}\,\mathrm{d}x = \dfrac{x^{\mu+1}}{\mu+1} + C$ ($\mu \neq -1$), $\int \dfrac{\mathrm{d}x}{x} = \ln|x| + C$.

③ $\int a^{x}\,\mathrm{d}x = \dfrac{a^{x}}{\ln a} + C$ ($a > 0$ 且 $a \neq 1$), $\int \mathrm{e}^{x}\,\mathrm{d}x = \mathrm{e}^{x} + C$.

④ $\int \cos x\,\mathrm{d}x = \sin x + C$.

⑤ $\int \sin x\,\mathrm{d}x = -\cos x + C$.

⑥ $\int \sec^{2}x\,\mathrm{d}x = \int \dfrac{\mathrm{d}x}{\cos^{2}x} = \tan x + C$.

⑦ $\int \csc^{2}x\,\mathrm{d}x = \int \dfrac{\mathrm{d}x}{\sin^{2}x} = -\cot x + C$.

⑧ $\int \sec x \cdot \tan x \mathrm{d}x = \sec x + C.$

⑨ $\int \csc x \cdot \cot x \mathrm{d}x = -\csc x + C.$

⑩ $\int \dfrac{1}{\sqrt{1-x^2}}\mathrm{d}x = \arcsin x + C(或 -\arccos x + C).$

⑪ $\int \dfrac{1}{1+x^2}\mathrm{d}x = \arctan x + C(或 -\mathrm{arccot}\, x + C).$

5.1.5 直接积分法

从前面的例子易知,利用不定积分的定义来计算不定积分是非常不方便的. 为了解决不定积分的计算问题,这里介绍一种利用不定积分的运算性质和基本积分公式,直接求出不定积分的方法,即直接积分法.

【例 5.4】 求下列不定积分:

$(1) \int \sqrt{x}(x^2-1)\mathrm{d}x;$ $\qquad\qquad$ $(2) \int \left(\dfrac{x}{2}+\dfrac{2}{x}\right)\mathrm{d}x;$

$(3) \int (\mathrm{e}^x - 3\cos x)\mathrm{d}x.$

解 (1)
$$\int \sqrt{x}(x^2-1)\mathrm{d}x = \int \left(x^{\frac{5}{2}} - x^{\frac{1}{2}}\right)\mathrm{d}x$$
$$= \int x^{\frac{5}{2}}\mathrm{d}x - \int x^{\frac{1}{2}}\mathrm{d}x$$
$$= \frac{2}{7}x^{\frac{7}{2}} - \frac{2}{3}x^{\frac{3}{2}} + C$$

(2)
$$\int \left(\frac{x}{2}+\frac{2}{x}\right)\mathrm{d}x = \int \frac{x}{2}\mathrm{d}x + \int \frac{2}{x}\mathrm{d}x$$
$$= \frac{1}{2}\int x\mathrm{d}x + 2\int \frac{1}{x}\mathrm{d}x$$
$$= \frac{x^2}{4} + 2\ln|x| + C$$

(3)
$$\int (\mathrm{e}^x - 3\cos x)\mathrm{d}x = \int \mathrm{e}^x\mathrm{d}x - 3\int \cos x\mathrm{d}x$$
$$= \mathrm{e}^x - 3\sin x + C$$

【例 5.5】 求下列不定积分:

$(1) \int \dfrac{3x^4+3x^2+1}{x^2+1}\mathrm{d}x;$ $\qquad\qquad$ $(2) \int \dfrac{x^2}{1+x^2}\mathrm{d}x.$

解 以上各题都不能直接用基本积分公式,需先对被积函数作恒等变形,拆成几个初等函数的代数和再逐项积分.

(1)
$$\int \frac{3x^4+3x^2+1}{x^2+1}\mathrm{d}x = \int \frac{3x^2(x^2+1)+1}{x^2+1}\mathrm{d}x$$
$$= \int \left(3x^2+\frac{1}{x^2+1}\right)\mathrm{d}x$$

$$= 3\int x^2 dx + \int \frac{1}{1+x^2}dx$$

$$= x^3 + \arctan x + C$$

(2)
$$\int \frac{x^2}{1+x^2}dx = \int \frac{x^2+1-1}{1+x^2}dx$$

$$= \int \left(1 - \frac{1}{1+x^2}\right)dx$$

$$= \int 1 dx - \int \frac{1}{1+x^2}dx$$

$$= x - \arctan x + C$$

【例 5.6】 求下列不定积分：

(1) $\int \tan^2 x dx$；

(2) $\int \cos^2 \frac{x}{2}dx$；

(3) $\int \frac{1}{\sin^2 x \cos^2 x}dx.$

解 利用三角函数公式恒等变形，将被积函数化为可用基本积分公式的形式.

(1)
$$\int \tan^2 x dx = \int (\sec^2 x - 1)dx$$

$$= \int \sec^2 x dx - \int 1 dx$$

$$= \tan x - x + C$$

(2)
$$\int \cos^2 \frac{x}{2}dx = \frac{1}{2}\int (1+\cos x)dx$$

$$= \frac{1}{2}\left(\int 1 dx + \int \cos x dx\right)$$

$$= \frac{1}{2}(x + \sin x) + C$$

(3)
$$\int \frac{1}{\sin^2 x \cos^2 x}dx = \int \frac{\sin^2 x + \cos^2 x}{\sin^2 x \cos^2 x}dx$$

$$= \int \frac{1}{\cos^2 x}dx + \int \frac{1}{\sin^2 x}dx$$

$$= \int \sec^2 x dx + \int \csc^2 x dx$$

$$= \tan x - \cot x + C$$

【例 5.7】 求满足下列条件的 $F(x)$：

$$F'(x) = \frac{\cos 2x}{\sin^2 2x}, F\left(\frac{\pi}{4}\right) = -1$$

解 根据题设条件，有

$$F(x) = \int F'(x)dx$$

$$= \int \frac{\cos 2x}{\sin^2 2x}dx$$

$$= \int \frac{\cos^2 x - \sin^2 x}{4\sin^2 x \cos^2 x}dx$$

$$= \frac{1}{4}\int\left(\frac{1}{\sin^2 x} - \frac{1}{\cos^2 x}\right)dx$$

$$= \frac{1}{4}(-\cot x - \tan x) + C$$

$$= -\frac{1}{4}(\tan x + \cot x) + C$$

由 $F\left(\frac{\pi}{4}\right) = -1$，得

$$-\frac{1}{4}\left(\tan\frac{\pi}{4} + \cot\frac{\pi}{4}\right) + C = -1$$

即 $C = -\frac{1}{2}$，故

$$F(x) = -\frac{1}{4}(\tan x + \cot x) - \frac{1}{2}$$

5.2　换元积分法

积分的计算要比微分的计算困难得多，而且能用直接积分法计算的不定积分十分有限.因此有必要进一步研究不定积分的求法.本节介绍的换元积分法是将复合函数的求导法则反过来用于不定积分，通过恰当的变量替换（即换元），把某些不定积分化为可利用基本积分公式的形式，再计算出所求不定积分.

5.2.1　第一类换元法（凑微分法）

例如，求$\int\cos 2x dx$，被积函数 $\cos 2x$ 是由 $\cos u$ 和 $u = 2x$ 复合而成的，而积分基本公式中只有$\int\cos x dx = \sin x + C$. 为了应用这个公式，可进行以下变换：

$$\int\cos 2x dx = \int\cos 2x \cdot \frac{1}{2}d(2x)$$

$$\underline{\underline{u = 2x}} \frac{1}{2}\int\cos u du$$

$$= \frac{1}{2}\sin u + C$$

$$= \frac{1}{2}\sin 2x + C（将 u = 2x 代回）$$

一般来说，若积分$\int g(x)dx$不能直接用基本积分公式计算，而被积表达式$g(x)dx$可表示为

$$g(x)dx = f[\varphi(x)]\varphi'(x)dx$$
$$= f[\varphi(x)]d\varphi(x)$$

则通过变换 $u = \varphi(x)$，将不定积分 $\int f[\varphi(x)]\varphi'(x)\mathrm{d}x$ 化成计算 $\int f(u)\mathrm{d}u$，且 $\int f(u)\mathrm{d}u$ 容易积分.

不妨设 $\int f(u)\mathrm{d}u = F(u) + C$，即

$$
\begin{aligned}
\int g(x)\mathrm{d}x &= \int f[\varphi(x)]\varphi'(x)\mathrm{d}x \\
&= \int f[\varphi(x)]\mathrm{d}\varphi(x) \\
&\xlongequal{\varphi(x)=u} \int f(u)\mathrm{d}u \\
&= F(u) + C \\
&\xlongequal{u=\varphi(x)} F[\varphi(x)] + C
\end{aligned}
$$

这就是**第一类换元积分法**，又称**凑微分法**或**凑元法**.

用第一类换元积分法求不定积分 $\int g(x)\mathrm{d}x$ 要同时考虑以下两个问题：

①如何将 $g(x)$ 改写为 $f[\varphi(x)]\varphi'(x)$.

②$f(u)$ 可用基本积分公式找出原函数.

因此，在应用第一类换元积分法时，要熟记基本积分公式和基本微分公式. 常用的凑微分公式如下：

①$\int f(ax + b)\mathrm{d}x = \dfrac{1}{a}\int f(ax + b)\mathrm{d}(ax + b)\,(a \neq 0)$.

②$\int f(x^\mu)x^{\mu - 1}\mathrm{d}x = \dfrac{1}{\mu}\int f(x^\mu)\mathrm{d}(x^\mu)\,(\mu \neq 0)$.

③$\int f(\ln x)\cdot\dfrac{1}{x}\mathrm{d}x = \int f(\ln x)\mathrm{d}(\ln x)$.

④$\int f(\mathrm{e}^x)\cdot\mathrm{e}^x\mathrm{d}x = \int f(\mathrm{e}^x)\mathrm{d}(\mathrm{e}^x)$.

⑤$\int f(a^x)\cdot a^x\mathrm{d}x = \dfrac{1}{\ln a}\int f(a^x)\mathrm{d}(a^x)\,(a > 0\text{ 且 }a \neq 1)$.

⑥$\int f(\sin x)\cdot\cos x\mathrm{d}x = \int f(\sin x)\mathrm{d}(\sin x)$.

⑦$\int f(\cos x)\cdot\sin x\mathrm{d}x = -\int f(\cos x)\mathrm{d}(\cos x)$.

⑧$\int f(\tan x)\sec^2 x\mathrm{d}x = \int f(\tan x)\mathrm{d}(\tan x)$.

⑨$\int f(\cot x)\csc^2 x\mathrm{d}x = -\int f(\cot x)\mathrm{d}(\cot x)$.

⑩$\int f(\arctan x)\dfrac{1}{1 + x^2}\mathrm{d}x = \int f(\arctan x)\mathrm{d}(\arctan x)$.

⑪$\int f(\arcsin x)\dfrac{1}{\sqrt{1 - x^2}}\mathrm{d}x = \int f(\arcsin x)\mathrm{d}(\arcsin x)$.

下面通过例题来学习凑微分法.

【**例** 5.8】 求下列不定积分:

$(1) \int \dfrac{1}{3+2x} dx;$ $\qquad\qquad$ $(2) \int (2x+1)^9 dx;$

$(3) \int 2xe^{x^2} dx;$ $\qquad\qquad$ $(4) \int x\sqrt{1-x^2}\, dx;$

$(5) \int \dfrac{\sin\sqrt{x}}{\sqrt{x}} dx;$ $\qquad\qquad$ $(6) \int \dfrac{e^{\frac{1}{x}}}{x^2} dx;$

$(7) \int \dfrac{1}{x(1+2\ln x)} dx.$

解 （1）

$$\int \frac{1}{3+2x} dx = \frac{1}{2}\int \frac{1}{3+2x} d(2x)$$

$$= \frac{1}{2}\int \frac{1}{3+2x} d(3+2x)$$

$$\xlongequal{3+2x=u} \frac{1}{2}\int \frac{1}{u} du$$

$$= \frac{1}{2}\ln|u| + C$$

$$\xlongequal{u=3+2x} \frac{1}{2}\ln|3+2x| + C$$

（2）利用凑微分公式

$$dx = \frac{1}{a} d(ax+b)$$

得

$$\int (2x+1)^9 dx = \frac{1}{2}\int (2x+1)^9 d(2x)$$

$$= \frac{1}{2}\int (2x+1)^9 d(2x+1)$$

$$\xlongequal{2x+1=u} \frac{1}{2}\int u^9 du$$

$$= \frac{1}{2}\cdot\frac{u^{10}}{10} + C$$

$$\xlongequal{u=2x+1} \frac{1}{20}(2x+1)^{10} + C$$

（3）

$$\int 2xe^{x^2} dx = \int e^{x^2} d(x^2)$$

$$\xlongequal{x^2=u} \int e^u du$$

$$= e^u + C$$

$$\xlongequal{u=x^2} e^{x^2} + C$$

注:对变量代换比较熟练后,可省去书写中间变量的换元和回代过程.

（4）

$$\int x\sqrt{1-x^2}\, dx = \frac{1}{2}\int (1-x^2)^{\frac{1}{2}} d(x^2)$$

$$= -\frac{1}{2}\int (1-x^2)^{\frac{1}{2}} d(-x^2)$$

$$= -\frac{1}{2}\int (1-x^2)^{\frac{1}{2}} d(1-x^2)$$

$$= -\frac{1}{3}(1-x^2)^{\frac{3}{2}} + C$$

(5)
$$\int \frac{\sin\sqrt{x}}{\sqrt{x}} dx = 2\int \sin\sqrt{x}\, d(\sqrt{x})$$

$$= -2\cos\sqrt{x} + C$$

(6)
$$\int \frac{e^{\frac{1}{x}}}{x^2} dx = -\int e^{\frac{1}{x}} d\left(\frac{1}{x}\right)$$

$$= -e^{\frac{1}{x}} + C$$

(7)
$$\int \frac{1}{x(1+2\ln x)} dx = \int \frac{1}{1+2\ln x} d(\ln x)$$

$$= \frac{1}{2}\int \frac{1}{1+2\ln x} d(1+2\ln x)$$

$$= \frac{1}{2}\ln|1+2\ln x| + C$$

【例 5.9】 求下列不定积分：

(1) $\int \frac{1}{x^2-a^2} dx (a>0)$;   (2) $\int \frac{1}{a^2+x^2} dx (a>0)$;

(3) $\int \frac{1}{x^2-2x+5} dx$;   (4) $\int \frac{1}{\sqrt{a^2-x^2}} dx (a>0)$.

解 (1) 由于

$$\frac{1}{x^2-a^2} = \frac{1}{2a}\left(\frac{1}{x-a} - \frac{1}{x+a}\right)$$

因此

$$\int \frac{1}{x^2-a^2} dx = \frac{1}{2a}\int \left(\frac{1}{x-a} - \frac{1}{x+a}\right) dx$$

$$= \frac{1}{2a}\left(\int \frac{1}{x-a} dx - \int \frac{1}{x+a} dx\right)$$

$$= \frac{1}{2a}\left[\int \frac{1}{x-a} d(x-a) - \int \frac{1}{x+a} d(x+a)\right]$$

$$= \frac{1}{2a}(\ln|x-a| - \ln|x+a|) + C$$

$$= \frac{1}{2a}\ln\left|\frac{x-a}{x+a}\right| + C$$

(2)
$$\int \frac{1}{a^2+x^2} dx = \int \frac{1}{a^2} \cdot \frac{1}{1+\left(\frac{x}{a}\right)^2} dx$$

$$= \frac{1}{a}\int \frac{1}{1+\left(\frac{x}{a}\right)^2} d\left(\frac{x}{a}\right)$$

$$= \frac{1}{a}\arctan\frac{x}{a} + C$$

(3)
$$\int\frac{1}{x^2 - 2x + 5}\,\mathrm{d}x = \int\frac{1}{(x-1)^2 + 4}\,\mathrm{d}x$$

$$= \int\frac{1}{(x-1)^2 + 2^2}\mathrm{d}(x-1)$$

利用(2)的结论得

$$\int\frac{1}{x^2 - 2x + 5}\mathrm{d}x = \frac{1}{2}\arctan\frac{x-1}{2} + C$$

(4)
$$\int\frac{1}{\sqrt{a^2 - x^2}}\,\mathrm{d}x = \frac{1}{a}\int\frac{1}{\sqrt{1 - \left(\frac{x}{a}\right)^2}}\,\mathrm{d}x$$

$$= \int\frac{1}{\sqrt{1 - \left(\frac{x}{a}\right)^2}}\,\mathrm{d}\left(\frac{x}{a}\right)$$

$$= \arcsin\frac{x}{a} + C$$

【例 5.10】 求下列不定积分：

(1) $\int\tan x\mathrm{d}x$;   (2) $\int\cot x\mathrm{d}x$;

(3) $\int\csc x\mathrm{d}x$;   (4) $\int\sec x\mathrm{d}x$.

解 (1)
$$\int\tan x\mathrm{d}x = \int\frac{\sin x}{\cos x}\mathrm{d}x$$

$$= -\int\frac{1}{\cos x}\mathrm{d}(\cos x)$$

$$= -\ln|\cos x| + C$$

(2)
$$\int\cot x\mathrm{d}x = \int\frac{\cos x}{\sin x}\mathrm{d}x$$

$$= \int\frac{1}{\sin x}\mathrm{d}(\sin x)$$

$$= \ln|\sin x| + C$$

(3) 方法 1:
$$\int\csc x\mathrm{d}x = \int\frac{\mathrm{d}x}{\sin x}$$

$$= \int\frac{\sin x}{\sin^2 x}\mathrm{d}x$$

$$= -\int\frac{1}{1 - \cos^2 x}\mathrm{d}\cos x$$

$$= \int\frac{1}{\cos^2 x - 1}\mathrm{d}\cos x$$

由例 5.9(1)的结论,可得

$$\int \csc x \mathrm{d}x = \frac{1}{2}\ln\left|\frac{\cos x - 1}{\cos x + 1}\right| + C$$

$$= \frac{1}{2}\ln\left|\frac{(\cos x - 1)^2}{-\sin^2 x}\right| + C$$

$$= \ln\left|\frac{\cos x - 1}{-\sin x}\right| + C$$

$$= \ln|\csc x - \cot x| + C$$

方法2：

$$\int \csc x \mathrm{d}x = \int \frac{\mathrm{d}x}{\sin x}$$

$$= \int \frac{\mathrm{d}x}{2 \sin \frac{x}{2}\cos \frac{x}{2}}$$

$$= \int \frac{1}{\tan \frac{x}{2}\cos^2 \frac{x}{2}}\mathrm{d}\left(\frac{x}{2}\right)$$

$$= \int \frac{1}{\tan \frac{x}{2}}\mathrm{d}\left(\tan \frac{x}{2}\right)$$

$$= \ln\left|\tan \frac{x}{2}\right| + C$$

因为

$$\tan \frac{x}{2} = \frac{1 - \cos x}{\sin x} = \csc x - \cot x$$

所以

$$\int \csc x \mathrm{d}x = \ln|\csc x - \cot x| + C$$

(4) $$\int \sec x \mathrm{d}x = \int \frac{\mathrm{d}x}{\cos x}$$

$$= \int \frac{\mathrm{d}\left(x + \frac{\pi}{2}\right)}{\sin\left(x + \frac{\pi}{2}\right)}$$

$$= \ln\left|\csc\left(x + \frac{\pi}{2}\right) - \cot\left(x + \frac{\pi}{2}\right)\right| + C$$

$$= \ln|\sec x + \tan x| + C$$

【例5.11】 求下列不定积分：

(1) $\int \sin^3 x \mathrm{d}x$；

(2) $\int \sin 2x \mathrm{d}x$；

(3) $\int \frac{1}{x^2} \sec^2 \frac{1}{x}\mathrm{d}x$；

(4) $\int \sin^2 x \cos^2 x \mathrm{d}x$；

(5) $\int \sin^3 x \cos^2 x \mathrm{d}x$；

(6) $\int \cos^4 x \mathrm{d}x$；

(7) $\int \sec^6 x \mathrm{d}x$；

(8) $\int \tan^2 x \sec^4 x \mathrm{d}x$；

(9) $\displaystyle\int \frac{1}{1 + \sin x}\mathrm{d}x.$

解 以上各题都是含有三角函数的积分,需要用三角函数的恒等变形和前面求解过的函数的积分公式,读者要熟练掌握相应公式.

(1)
$$\begin{aligned} \int \sin^3 x\mathrm{d}x &= \int \sin^2 x\, \sin x\mathrm{d}x \\ &= -\int (1 - \cos^2 x)\mathrm{d}(\cos x) \\ &= -\int \mathrm{d}(\cos x) + \int \cos^2 x\mathrm{d}(\cos x) \\ &= -\cos x + \frac{1}{3}\cos^3 x + C \end{aligned}$$

(2)方法1:
$$\begin{aligned} \int \sin 2x\mathrm{d}x &= \frac{1}{2}\int \sin 2x\mathrm{d}(2x) \\ &= -\frac{1}{2}\cos 2x + C \end{aligned}$$

方法2:
$$\begin{aligned} \int \sin 2x\mathrm{d}x &= 2\int \sin x \cos x\mathrm{d}x \\ &= 2\int \sin x\mathrm{d}(\sin x) \\ &= \sin^2 x + C \end{aligned}$$

方法3:
$$\begin{aligned} \int \sin 2x\mathrm{d}x &= 2\int \sin x \cos x\mathrm{d}x \\ &= -2\int \cos x\mathrm{d}(\cos x) \\ &= -\cos^2 x + C \end{aligned}$$

(3)
$$\begin{aligned} \int \frac{1}{x^2}\sec^2 \frac{1}{x}\mathrm{d}x &= -\int \sec^2 \frac{1}{x}\cdot\left(-\frac{1}{x^2}\right)\mathrm{d}x \\ &= -\int \sec^2 \frac{1}{x}\mathrm{d}\left(\frac{1}{x}\right) \\ &= -\tan \frac{1}{x} + C \end{aligned}$$

(4)
$$\begin{aligned} \int \sin^2 x \cos^2 x\mathrm{d}x &= \int \frac{1}{4}\sin^2 (2x)\mathrm{d}x \\ &= \frac{1}{4}\int \frac{1 - \cos 4x}{2}\mathrm{d}x \\ &= \frac{1}{8}\int \mathrm{d}x - \frac{1}{32}\int \cos 4x\mathrm{d}(4x) \\ &= \frac{x}{8} - \frac{1}{32}\sin 4x + C \end{aligned}$$

(5)
$$\int \sin^3 x \cos^2 x \mathrm{d}x = \int \sin^2 x \cos^2 x \cdot \sin x \mathrm{d}x$$

$$= \int (1 - \cos^2 x) \cos^2 x \cdot (-1) \mathrm{d}(\cos x)$$

$$= \int (\cos^4 x - \cos^2 x) \mathrm{d}(\cos x)$$

$$= \frac{1}{5}\cos^5 x - \frac{1}{3}\cos^3 x + C$$

(6)由于
$$\cos^4 x = (\cos^2 x)^2$$

$$= \left(\frac{1 + \cos 2x}{2}\right)^2$$

$$= \frac{1}{4}(1 + 2\cos 2x + \cos^2 2x)$$

$$= \frac{1}{4}\left(1 + 2\cos 2x + \frac{1 + \cos 4x}{2}\right)$$

$$= \frac{1}{8}(3 + 4\cos 2x + \cos 4x)$$

因此
$$\int \cos^4 x \mathrm{d}x = \frac{1}{8}\int (3 + 4\cos 2x + \cos 4x) \mathrm{d}x$$

$$= \frac{1}{8}\left(\int 3\mathrm{d}x + \int 4\cos 2x \mathrm{d}x + \int \cos 4x \mathrm{d}x\right)$$

$$= \frac{1}{8}\left[3x + 2\int \cos 2x \mathrm{d}(2x) + \frac{1}{4}\int \cos 4x \mathrm{d}(4x)\right]$$

$$= \frac{3}{8}x + \frac{1}{4}\sin 2x + \frac{1}{32}\sin 4x + C$$

注:当被积函数是正余弦函数的乘积时,一般拆开奇次幂的项去凑微分. 若都是偶次幂,则使用降幂扩角公式.

(7)
$$\int \sec^6 x \mathrm{d}x = \int (\sec^2 x)^2 \sec^2 x \mathrm{d}x$$

$$= \int (1 + \tan^2 x)^2 \mathrm{d}(\tan x)$$

$$= \int (1 + 2\tan^2 x + \tan^4 x) \mathrm{d}(\tan x)$$

$$= \tan x + \frac{2}{3}\tan^3 x + \frac{1}{5}\tan^5 x + C$$

(8)
$$\int \tan^2 x \sec^4 x \mathrm{d}x = \int \tan^2 x \sec^2 x \cdot \sec^2 x \mathrm{d}x$$

$$= \int \tan^2 x (1 + \tan^2 x) \mathrm{d}(\tan x)$$

$$= \int (\tan^2 x + \tan^4 x) \mathrm{d}(\tan x)$$

$$= \frac{1}{3}\tan^3 x + \frac{1}{5}\tan^5 x + C$$

(9)方法1:

$$\int \frac{1}{1 + \sin x}dx = \int \frac{1 - \sin x}{1 - \sin^2 x}dx$$

$$= \int \frac{1}{\cos^2 x}dx + \int \frac{d \cos x}{\cos^2 x}$$

$$= \tan x - \frac{1}{\cos x} + C$$

方法2:

$$\int \frac{1}{1 + \sin x}dx = \int \frac{1}{1 + \cos\left(\frac{\pi}{2} - x\right)}dx$$

$$= \int \frac{1}{2 \cos^2\left(\frac{\pi}{4} - \frac{x}{2}\right)}dx$$

$$= -\int \frac{1}{\cos^2\left(\frac{\pi}{4} - \frac{x}{2}\right)}d\left(\frac{\pi}{4} - \frac{x}{2}\right)$$

$$= -\tan\left(\frac{\pi}{4} - \frac{x}{2}\right) + C$$

在计算不定积分时,往往需要对被积函数进行恒等变形后再进行凑微分,有时需要两次或两次以上的凑微分,或者凑成一个和、差、积、商的积分.

【例 5.12】 求下列不定积分:

$(1) \int \frac{1}{1 + e^x}dx$;

$(2) \int \frac{1}{\sqrt{2x + 3} + \sqrt{2x - 1}}dx$;

$(3) \int \frac{\arcsin \sqrt{x}}{\sqrt{x - x^2}}dx$;

$(4) \int \frac{\cos 2x}{(\sin x - \cos x)^3}dx$.

解 $(1) \int \frac{1}{1 + e^x}dx = \int \frac{1 + e^x - e^x}{1 + e^x}dx$

$$= \int \left(1 - \frac{e^x}{1 + e^x}\right)dx$$

$$= \int 1dx - \int \frac{e^x}{1 + e^x}dx$$

$$= \int 1dx - \int \frac{1}{1 + e^x}d(1 + e^x)$$

$$= x - \ln(1 + e^x) + C$$

注:在本题解题过程中,使用了在分子上加一项再减一项的方法,把一个积分拆成两个积分计算,这种拆项的方法以后还会用到,希望读者重点掌握.

$(2) \int \frac{1}{\sqrt{2x + 3} + \sqrt{2x - 1}}dx = \int \frac{\sqrt{2x + 3} - \sqrt{2x - 1}}{(\sqrt{2x + 3} + \sqrt{2x - 1})(\sqrt{2x + 3} - \sqrt{2x - 1})}dx$

$$= \frac{1}{4}\int \sqrt{2x + 3}dx - \frac{1}{4}\int \sqrt{2x - 1}dx$$

$$= \frac{1}{8}\int \sqrt{2x + 3}d(2x + 3) - \frac{1}{8}\int \sqrt{2x - 1}d(2x - 1)$$

$$= \frac{1}{12}(2x+3)^{\frac{3}{2}} - \frac{1}{12}(2x-1)^{\frac{3}{2}} + C$$

注:利用平方差公式进行根式有理化是化简被积函数含根式的积分计算的常用手段之一.

$$
\begin{aligned}
(3)\int \frac{\arcsin \sqrt{x}}{\sqrt{x-x^2}} \mathrm{d}x &= \int \frac{\arcsin \sqrt{x}}{\sqrt{x} \cdot \sqrt{1-x}} \mathrm{d}x \\
&= 2\int \frac{\arcsin \sqrt{x}}{\sqrt{1-(\sqrt{x})^2}} \mathrm{d}\sqrt{x} \\
&\xlongequal{\sqrt{x}\,=\,u} 2\int \frac{\arcsin u}{\sqrt{1-u^2}} \mathrm{d}u \\
&= 2\int \arcsin u \,\mathrm{d}\arcsin u \\
&= (\arcsin u)^2 + C \\
&\xlongequal{u\,=\,\sqrt{x}} (\arcsin \sqrt{x})^2 + C
\end{aligned}
$$

注:若解题过程中需要两次或两次以上的凑微分,写出变量替换和回代过程能使得计算更简便.

$$
\begin{aligned}
(4)\int \frac{\cos 2x}{(\sin x - \cos x)^3} \mathrm{d}x &= \int \frac{\cos^2 x - \sin^2 x}{(\sin x - \cos x)^3} \mathrm{d}x \\
&= \int \frac{(\cos x - \sin x)(\cos x + \sin x)}{(\sin x - \cos x)^3} \mathrm{d}x \\
&= -\int \frac{\cos x + \sin x}{(\sin x - \cos x)^2} \mathrm{d}x \\
&= -\int \frac{1}{(\sin x - \cos x)^2} \mathrm{d}(\sin x - \cos x) \\
&= \frac{1}{\sin x - \cos x} + C
\end{aligned}
$$

5.2.2　第二类换元法

如果不定积分 $\int f(x)\mathrm{d}x$ 用直接积分法或第一类换元法不易求得,但作适当的变量替换 $x = \varphi(t)$ 后,所得到的关于新积分变量 t 的不定积分

$$\int f[\varphi(t)]\varphi'(t)\mathrm{d}t$$

可以求得,则可解决 $\int f(x)\mathrm{d}x$ 的计算问题,这就是所谓的第二类换元(积分)法.

第二类换元法　设 $x = \varphi(t)$ 是单调、可导函数,且 $\varphi'(t) \neq 0$,又设 $f[\varphi(t)]\varphi'(t)$ 具有原函数 $F(t)$,则

$$
\begin{aligned}
\int f(x)\mathrm{d}x &= \int f[\varphi(t)]\mathrm{d}\varphi(t) \\
&= \int f[\varphi(t)]\varphi'(t)\mathrm{d}t
\end{aligned}
$$

$$= F(t) + C$$
$$= F[\psi(x)] + C$$

其中,$\psi(x)$ 是 $x = \varphi(t)$ 的反函数.

证 因为 $F(t)$ 是 $f[\varphi(t)]\varphi'(t)$ 的原函数,令 $G(x) = F[\psi(x)]$,则

$$G'(x) = \frac{dF}{dt} \cdot \frac{dt}{dx}$$

$$= f[\varphi(t)]\varphi'(t) \cdot \frac{1}{\varphi'(t)}$$

$$= f[\varphi(t)]$$

$$= f(x)$$

即 $G(x)$ 是 $f(x)$ 的一个原函数,从而结论得证.

注:第二类换元积分法的换元与回代过程与第一类换元积分法的正好相反. 第二类换元法多用于去根号.

对第二类换元法,这里重点介绍两种常见代换法:一是三角函数代换法;二是最简无理函数代换法.

1)三角函数代换法

当被积函数含有二次根式时,为了消去根号,通常采用三角函数换元,下面为其一般规律,当被积函数中含有

(1) $\sqrt{a^2 - x^2}$,可令 $x = a\sin t, t \in \left(-\frac{\pi}{2}, \frac{\pi}{2}\right)$.

(2) $\sqrt{a^2 + x^2}$,可令 $x = a\tan t, t \in \left(-\frac{\pi}{2}, \frac{\pi}{2}\right)$.

(3) $\sqrt{x^2 - a^2}$,可令 $x = a\sec t, t \in \left(0, \frac{\pi}{2}\right)$.

【例 5.13】 求下列不定积分:

(1) $\int \sqrt{a^2 - x^2}\,dx\,(a > 0)$;　　　　　　(2) $\int \frac{1}{\sqrt{x^2 + a^2}}\,dx\,(a > 0)$;

(3) $\int \frac{1}{\sqrt{x^2 - a^2}}\,dx\,(a > 0)$.

解 (1)设 $x = a\sin t, t \in \left(-\frac{\pi}{2}, \frac{\pi}{2}\right)$. 则

$$dx = a\cos t\,dt$$

$$\sqrt{a^2 - x^2} = \sqrt{a^2 - a^2\sin^2 t} = a\cos t$$

于是

$$\int \sqrt{a^2 - x^2}\,dx = \int a\cos t \cdot a\cos t\,dt$$

$$= a^2 \int \cos^2 t\,dt$$

$$= \frac{a^2}{2} \int (1 + \cos 2t)\,dt$$

$$= \frac{a^2}{2}\left(t + \frac{1}{2}\sin 2t\right) + C$$

$$= \frac{a^2}{2}(t + \sin t \cdot \cos t) + C$$

为将变量 t 还原回原来的积分变量 x,由 $x = a \sin t$ 作直角三角形(图 5.2)可知,

$$\cos t = \frac{\sqrt{a^2 - x^2}}{a}$$

所以

图 5.2

$$\int \sqrt{a^2 - x^2}\,\mathrm{d}x = \frac{a^2}{2}\left(\arcsin\frac{x}{a} + \frac{x}{a} \cdot \frac{\sqrt{a^2 - x^2}}{a}\right) + C$$

$$= \frac{x}{2} \cdot \sqrt{a^2 - x^2} + \frac{a^2}{2}\arcsin\frac{x}{a} + C$$

(2)令 $x = a \tan t, t \in \left(-\frac{\pi}{2}, \frac{\pi}{2}\right)$,则

$$\mathrm{d}x = a \sec^2 t\,\mathrm{d}t$$

所以

$$\int \frac{1}{\sqrt{x^2 + a^2}}\mathrm{d}x = \int \frac{1}{a \sec t} \cdot a \sec^2 t\,\mathrm{d}t$$

$$= \int \sec t\,\mathrm{d}t$$

$$= \ln|\sec t + \tan t| + C_1$$

如图 5.3 所示,可知

$$\sec t = \frac{\sqrt{x^2 + a^2}}{a}, \tan t = \frac{x}{a}$$

故

$$\int \frac{1}{\sqrt{x^2 + a^2}}\mathrm{d}x = \ln\left|\frac{x}{a} + \frac{\sqrt{x^2 + a^2}}{a}\right| + C_1$$

$$= \ln(x + \sqrt{x^2 + a^2}) + C$$

图 5.3   其中,$C = C_1 - \ln a$.

(3)只需讨论 $x > a$ 的情形,当 $x < -a$ 时,可通过变换 $x = -u$ 转化为前述情形.

令 $x = a \sec t, t \in \left(0, \frac{\pi}{2}\right)$,则

$$\mathrm{d}x = a \sec t \cdot \tan t\,\mathrm{d}t$$

所以

$$\int \frac{1}{\sqrt{x^2 - a^2}}\mathrm{d}x = \int \frac{a \sec t \cdot \tan t}{a \tan t}\mathrm{d}t$$

$$= \int \sec t\,\mathrm{d}t$$

$$= \ln|\sec t + \tan t| + C_1$$

图 5.4

如图 5.4 所示,可知

$$\sec t = \frac{x}{a}, \tan t = \frac{\sqrt{x^2 - a^2}}{a}$$

故

$$\int \frac{1}{\sqrt{x^2 - a^2}} dx = \ln \left| \frac{x}{a} + \frac{\sqrt{x^2 - a^2}}{a} \right| + C_1$$

$$= \ln \left| x + \sqrt{x^2 - a^2} \right| + C$$

其中,$C = C_1 - \ln a$.

【例 5.14】 计算 $\int 2e^x \sqrt{1 - e^{2x}} dx$.

解

$$\int 2e^x \sqrt{1 - e^{2x}} dx = 2 \int \sqrt{1 - e^{2x}} \, d\, e^x$$

$$\underline{\underline{e^x = u}} \, 2 \int \sqrt{1 - u^2} \, du$$

利用例 5.13(1)的结论,有

$$\int 2e^x \sqrt{1 - e^{2x}} dx = 2 \left(\frac{u}{2} \sqrt{1 - u^2} + \frac{1}{2} \arcsin u \right) + C$$

$$\underline{\underline{u = e^x}} \, e^x \sqrt{1 - e^{2x}} + \arcsin e^x + C$$

【例 5.15】 求不定积分 $\int x^3 \sqrt{4 - x^2} dx$.

解 令 $x = 2 \sin t, t \in \left(-\frac{\pi}{2}, \frac{\pi}{2} \right)$,则

$$dx = 2 \cos t dt$$

所以

$$\int x^3 \sqrt{4 - x^2} dx = \int (2 \sin t)^3 \sqrt{4 - 4 \sin^2 t} \cdot 2 \cos t dt$$

$$= \int 32 \sin^3 t \cos^2 t dt$$

$$= 32 \int \sin t (1 - \cos^2 t) \cos^2 t dt$$

$$= -32 \int (\cos^2 t - \cos^4 t) d \cos t$$

$$= -32 \left(\frac{1}{3} \cos^3 t - \frac{1}{5} \cos^5 t \right) + C$$

如图 5.5 所示,可知

$$\cos t = \frac{\sqrt{4 - x^2}}{2}$$

故

$$\int x^3 \sqrt{4 - x^2} dx = -\frac{32}{3} \left(\frac{\sqrt{4 - x^2}}{2} \right)^3 + \frac{32}{5} \left(\frac{\sqrt{4 - x^2}}{2} \right)^5 + C$$

$$= -\frac{4}{3} (\sqrt{4 - x^2})^3 + \frac{1}{5} (\sqrt{4 - x^2})^5 + C$$

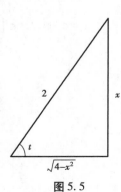

图 5.5

2)最简无理函数代换法

当 n 次根式内为一次函数或一次有理式时,如

$$\sqrt[n]{ax+b} \text{ 和 } \sqrt[n]{\frac{ax+b}{cx+d}}\left(\frac{a}{c} \neq \frac{b}{d}\right)$$

直接令其为 t,再从中解出 x 为 t 的有理函数,从而把无理函数的积分转化成有理函数的积分.

【例 5.16】 求下列不定积分:

$(1) \displaystyle\int \frac{1}{\sqrt{1+e^x}}dx$;

$(2) \displaystyle\int \frac{1}{\sqrt{x}+\sqrt[3]{x}}dx$.

解 (1)令 $t = \sqrt{1+e^x}$,则 $x = \ln(t^2-1)$,$dx = \dfrac{2t}{t^2-1}dt$,故

$$\int \frac{1}{\sqrt{1+e^x}}dx = \int \frac{2}{t^2-1}dt$$

$$= \int \left(\frac{1}{t-1} - \frac{1}{t+1}\right)dt$$

$$= \ln\left|\frac{t-1}{t+1}\right| + C$$

$$= 2\ln(\sqrt{1+e^x}-1) - x + C$$

(2)令 $t = \sqrt[6]{x}$,则 $x = t^6$,$dx = 6t^5 dt$,故

$$\int \frac{1}{\sqrt{x}+\sqrt[3]{x}}dx = \int \frac{1}{t^3+t^2} \cdot 6t^5 dt$$

$$= 6\int \frac{t^3}{1+t}dt$$

$$= 6\int \frac{t^3+1-1}{1+t}dt$$

$$= 6\int \left(t^2-t+1-\frac{1}{1+t}\right)dt$$

$$= 6\left(\frac{1}{3}t^3 - \frac{1}{2}t^2 + t - \ln|1+t|\right) + C$$

在本节例题中,下面有些不定积分的结果以后会经常用到,可作为基本积分公式使用(其中,常数 $a > 0$).

⑫ $\displaystyle\int \tan x\, dx = -\ln|\cos x| + C$.

⑬ $\displaystyle\int \cot x\, dx = \ln|\sin x| + C$.

⑭ $\displaystyle\int \sec x\, dx = \ln|\sec x + \tan x| + C$.

⑮ $\displaystyle\int \csc x\, dx = \ln|\csc x - \cot x| + C$.

⑯ $\displaystyle\int \frac{1}{a^2+x^2}dx = \frac{1}{a}\arctan \frac{x}{a} + C$.

⑰ $\displaystyle\int \frac{1}{x^2 - a^2}\mathrm{d}x = \frac{1}{2a}\ln\left|\frac{x-a}{x+a}\right| + C.$

⑱ $\displaystyle\int \frac{1}{\sqrt{a^2 - x^2}}\mathrm{d}x = \arcsin\frac{x}{a} + C.$

⑲ $\displaystyle\int \sqrt{a^2 - x^2}\mathrm{d}x = \frac{x}{2}\sqrt{a^2 - x^2} + \frac{a^2}{2}\arcsin\frac{x}{a} + C.$

⑳ $\displaystyle\int \frac{1}{\sqrt{x^2 \pm a^2}}\mathrm{d}x = \ln\left| x + \sqrt{x^2 \pm a^2}\right| + C.$

5.3 分部积分法

前面讨论的凑微分法是对应于复合函数求导法的积分法则. 本节介绍对应于乘积求导公式的积分方法——分部积分法.

设函数 $u = u(x)$ 和 $v = v(x)$ 具有连续导数,则
$$\mathrm{d}(uv) = v\mathrm{d}u + u\mathrm{d}v$$
移项后得
$$u\mathrm{d}v = \mathrm{d}(uv) - v\mathrm{d}u$$
所以
$$\int u\mathrm{d}v = uv - \int v\mathrm{d}u \tag{5.1}$$
或
$$\int uv'\mathrm{d}x = uv - \int u'v\mathrm{d}x \tag{5.2}$$

式(5.1)或式(5.2)称为**分部积分公式**.

利用分部积分公式求不定积分的关键在于如何将所给积分 $\int f(x)\mathrm{d}x$ 化为 $\int u\mathrm{d}v$ 的形式,使它更容易计算. 所采用的主要方法是凑微分法,下面通过例子来介绍分部积分法的应用.

【例 5.17】 求不定积分 $\int x\cos x\mathrm{d}x$.

分析 令 $u = \cos x, x\mathrm{d}x = \mathrm{d}\left(\dfrac{x^2}{2}\right) = \mathrm{d}v$,则

$$\int x\cos x\mathrm{d}x = \frac{1}{2}\int \cos x\mathrm{d}x^2$$
$$= \frac{1}{2}x^2\cos x - \frac{1}{2}\int x^2\mathrm{d}\cos x$$
$$= \frac{1}{2}x^2\cos x + \frac{1}{2}\int x^2\sin x\mathrm{d}x$$

显然, u, v 选择不当,积分更难进行.

解 令 $u = x, \cos x\mathrm{d}x = \mathrm{d}\sin x = \mathrm{d}v$,则

$$\int x\cos x\mathrm{d}x = \int x\mathrm{d}\sin x$$

$$= x \sin x - \int \sin x \mathrm{d}x$$

$$= x \sin x + \cos x + C$$

【例 5.18】 求不定积分 $\int x^2 \mathrm{e}^x \mathrm{d}x$.

解 令 $u = x^2, \mathrm{e}^x \mathrm{d}x = \mathrm{d}\mathrm{e}^x = \mathrm{d}v$, 则

$$\int x^2 \mathrm{e}^x \mathrm{d}x = \int x^2 \mathrm{d}\mathrm{e}^x$$

$$= x^2 \mathrm{e}^x - \int \mathrm{e}^x \mathrm{d}x^2$$

$$= x^2 \mathrm{e}^x - 2\int x \mathrm{e}^x \mathrm{d}x$$

$$= x^2 \mathrm{e}^x - 2\int x \mathrm{d}\mathrm{e}^x$$

$$= x^2 \mathrm{e}^x - 2(x \mathrm{e}^x - \mathrm{e}^x) + C$$

$$= x^2 \mathrm{e}^x - 2x \mathrm{e}^x + 2\mathrm{e}^x + C$$

【例 5.19】 求不定积分 $\int x \arctan x \mathrm{d}x$.

解 令 $u = \arctan x, x \mathrm{d}x = \mathrm{d}\left(\dfrac{x^2}{2}\right) = \mathrm{d}v$, 则

$$\int x \arctan x \mathrm{d}x = \frac{1}{2}\int \arctan x \mathrm{d}x^2$$

$$= \frac{1}{2}x^2 \arctan x - \frac{1}{2}\int x^2 \mathrm{d}(\arctan x)$$

$$= \frac{1}{2}x^2 \arctan x - \frac{1}{2}\int x^2 \cdot \frac{1}{1+x^2}\mathrm{d}x$$

$$= \frac{1}{2}x^2 \arctan x - \frac{1}{2}\int \left(1 - \frac{1}{1+x^2}\right)\mathrm{d}x$$

$$= \frac{1}{2}x^2 \arctan x - \frac{1}{2}x + \frac{1}{2}\arctan x + C$$

【例 5.20】 求不定积分 $\int \arcsin x \mathrm{d}x$.

解 令 $u = \arcsin x, v = x$, 则

$$\int \arcsin x \mathrm{d}x = x \arcsin x - \int x \mathrm{d}(\arcsin x)$$

$$= x \arcsin x - \int \frac{x}{\sqrt{1-x^2}}\mathrm{d}x$$

$$= x \arcsin x + \frac{1}{2}\int \frac{1}{\sqrt{1-x^2}}\mathrm{d}(1-x^2)$$

$$= x \arcsin x + \sqrt{1-x^2} + C$$

【例 5.21】 求不定积分 $\int x^3 \ln x \mathrm{d}x$.

解 令 $u = \ln x, x^3 \mathrm{d}x = \mathrm{d}\left(\dfrac{x^4}{4}\right) = \mathrm{d}v$, 则

$$\int x^3 \ln x \mathrm{d}x = \frac{1}{4} \int \ln x \mathrm{d}x^4$$

$$= \frac{1}{4}x^4 \ln x - \frac{1}{4}\int x^4 \mathrm{d} \ln x$$

$$= \frac{1}{4}x^4 \ln x - \frac{1}{4}\int x^3 \mathrm{d}x$$

$$= \frac{1}{4}x^4 \ln x - \frac{1}{16}x^4 + C$$

显然,利用分部积分法求解不定积分的关键是如何选择 u,v,使得积分 $\int v\mathrm{d}u$ 较 $\int u\mathrm{d}v$ 更容易积分.

使用分部积分的常见题型如下:

①$\int x^n \mathrm{e}^x \mathrm{d}x$,$\int x^n \sin x \mathrm{d}x$,$\int x^n \cos x \mathrm{d}x$($n$ 为正整数),此时选 $u = x^n$,通过分部积分,使 x^n 降幂.

②$\int x^n \ln x \mathrm{d}x$,$\int x^n \arcsin x \mathrm{d}x$,$\int x^n \arctan x \mathrm{d}x$ 等,此时选 $\ln x$,$\arcsin x$,$\arctan x$ 为 u,使用分部积分公式后,需对其求微分,使被积函数变成有理函数或二次根式,再对其进行积分.

对其他类型要视具体情况而定.

【例 5.22】 求不定积分 $\int \mathrm{e}^x \sin x \mathrm{d}x$.

解 因为

$$\int \mathrm{e}^x \sin x \mathrm{d}x = \int \sin x \mathrm{d}\mathrm{e}^x$$

$$= \mathrm{e}^x \sin x - \int \mathrm{e}^x \mathrm{d}(\sin x)$$

$$= \mathrm{e}^x \sin x - \int \mathrm{e}^x \cos x \mathrm{d}x$$

$$= \mathrm{e}^x \sin x - \int \cos x \mathrm{d}\mathrm{e}^x$$

$$= \mathrm{e}^x \sin x - (\mathrm{e}^x \cos x - \int \mathrm{e}^x \mathrm{d} \cos x)$$

$$= \mathrm{e}^x(\sin x - \cos x) - \int \mathrm{e}^x \sin x \mathrm{d}x$$

由于上式右端的第二项就是所求的积分 $\int \mathrm{e}^x \sin x \mathrm{d}x$,将其移到等号左端,再两端各除以 2,即有

$$\int \mathrm{e}^x \sin x \mathrm{d}x = \frac{\mathrm{e}^x}{2}(\sin x - \cos x) + C$$

注:若被积函数是指数函数与正(余)弦函数的乘积,u 可随意选取,但在两次分部积分中必须选用同类型的 u,以便经过两次分部积分后产生循环式,从而解出所求积分.

【例 5.23】 求不定积分 $\int \sin(\ln x) \mathrm{d}x$.

解 因为

$$\int \sin(\ln x)\,\mathrm{d}x = x\sin(\ln x) - \int x\mathrm{d}\left[\sin(\ln x)\right]$$

$$= x\sin(\ln x) - \int x\cos(\ln x)\cdot\frac{1}{x}\mathrm{d}x$$

$$= x\sin(\ln x) - x\cos(\ln x) + \int x\mathrm{d}\left[\cos(\ln x)\right]$$

$$= x\left[\sin(\ln x) - \cos(\ln x)\right] - \int \sin(\ln x)\,\mathrm{d}x$$

故

$$\int \sin(\ln x)\,\mathrm{d}x = \frac{x}{2}\left[\sin(\ln x) - \cos(\ln x)\right] + C$$

注：该题也可用换元积分法.

$$\int \sin(\ln x)\,\mathrm{d}x \xrightarrow[\ x = \mathrm{e}^u\ ]{\ \ln x = u\ } \int \sin u\,\mathrm{d}\mathrm{e}^u$$

以下解法同例 5.22，请读者自行完成.

灵活应用分部积分法可解决许多不定积分的计算问题. 下面再举一些例子，请读者悉心体会其解题方法.

【例 5.24】 求不定积分 $\int \sec^3 x\,\mathrm{d}x$.

解
$$\int \sec^3 x\,\mathrm{d}x = \int \sec x\,\mathrm{d}\tan x$$

$$= \sec x\tan x - \int \tan x\,\mathrm{d}\sec x$$

$$= \sec x\tan x - \int \sec x\tan^2 x\,\mathrm{d}x$$

$$= \sec x\tan x - \int \sec x(\sec^2 x - 1)\,\mathrm{d}x$$

$$= \sec x\tan x - \int \sec^3 x\,\mathrm{d}x + \int \sec x\,\mathrm{d}x$$

$$= \sec x\tan x + \ln|\sec x + \tan x| - \int \sec^3 x\,\mathrm{d}x$$

故

$$\int \sec^3 x\,\mathrm{d}x = \frac{1}{2}(\sec x\tan x + \ln|\sec x + \tan x|) + C$$

【例 5.25】 求不定积分 $\int \dfrac{\arcsin\sqrt{x}}{\sqrt{1-x}}\,\mathrm{d}x$.

解
$$\int \frac{\arcsin\sqrt{x}}{\sqrt{1-x}}\,\mathrm{d}x = -2\int \arcsin\sqrt{x}\,\mathrm{d}\sqrt{1-x}$$

$$= -2\sqrt{1-x}\arcsin\sqrt{x} + 2\int \sqrt{1-x}\,\mathrm{d}\arcsin\sqrt{x}$$

$$= -2\sqrt{1-x}\arcsin\sqrt{x} + \int \frac{\sqrt{1-x}}{\sqrt{x}\cdot\sqrt{1-x}}\,\mathrm{d}x$$

$$= -2\sqrt{1-x}\arcsin\sqrt{x} + 2\sqrt{x} + C$$

【例 5.26】 求不定积分 $\int \cos \sqrt{x}\, dx$.

解 令 $t = \sqrt{x}$，则 $x = t^2, dx = 2t dt$，于是

$$
\begin{aligned}
\int \cos \sqrt{x}\, dx &= 2 \int t \cdot \cos t dt \\
&= 2 \int t d \sin t \\
&= 2t \sin t - 2 \int \sin t dt \\
&= 2t \sin t + 2 \cos t + C \\
&= 2\sqrt{x} \sin \sqrt{x} + 2 \cos \sqrt{x} + C
\end{aligned}
$$

【例 5.27】 求不定积分 $\int \ln(1 + \sqrt{x})\, dx$.

解 令 $t = \sqrt{x}$，则 $x = t^2$，故

$$
\begin{aligned}
\int \ln(1 + \sqrt{x})\, dx &= \int \ln(1 + t) d\, t^2 \\
&= t^2 \ln(1 + t) - \int t^2 d \ln(1 + t) \\
&= t^2 \ln(1 + t) - \int \frac{t^2}{1 + t} dt \\
&= t^2 \ln(1 + t) - \int \frac{t^2 - 1 + 1}{1 + t} dt \\
&= t^2 \ln(1 + t) - \int (t - 1) dt - \int \frac{1}{1 + t} dt \\
&= t^2 \ln(1 + t) - \frac{t^2}{2} + t - \ln(1 + t) + C \\
&= (x - 1) \ln(1 + \sqrt{x}) + \sqrt{x} - \frac{x}{2} + C
\end{aligned}
$$

【例 5.28】 已知 $f(x)$ 的一个原函数是 e^{-x^2}，求 $\int x f'(x)\, dx$.

解
$$
\int x f'(x)\, dx = \int x d f(x) = x f(x) - \int f(x)\, dx
$$
根据题意，得
$$
f(x) = (e^{-x^2})' = -2x e^{-x^2}
$$
故
$$
\int x f'(x)\, dx = -2x^2 e^{-x^2} - e^{-x^2} + C
$$

*5.4 有理函数的积分

有理函数是指可以表示成两个多项式商的形式，其一般形式为

$$R(x) = \frac{P_n(x)}{Q_m(x)} = \frac{a_n x^n + a_{n-1} x^{n-1} + \cdots + a_1 x + a_0}{b_m x^m + b_{m-1} x^{m-1} + \cdots + b_1 x + b_0}$$

其中,n,m 为正整数,$a_n \neq 0$,$b_m \neq 0$,设 $P_n(x)$ 与 $Q_m(x)$ 互质. 当 $m \leq n$ 时,称其为假分式,当 $m > n$ 时,称其为真分式. 若 $R(x)$ 为假分式,可用多项式除法把它化为一个多项式和一个真分式之和. 多项式的不定积分很容易求得,因此,这里只讨论真分式的不定积分.

5.4.1　真分式的分解

以下 4 种分式称为最简分式或部分分式:

① $\dfrac{A}{x+a}$;

② $\dfrac{A}{(x+a)^n}$;

③ $\dfrac{Mx+N}{x^2+px+q}$;

④ $\dfrac{Mx+N}{(x^2+px+q)^n}$.

其中,A,M,N,p,q,a 均为常数,$n = 2,3,\cdots$,并且假设二次方程 $x^2 + px + q = 0$ 无实根.

根据代数学的知识,任何一个真分式都可分解成若干个最简分式之和. 下面通过例题介绍如何使用待定系数法进行分解.

【例 5.29】　将真分式 $\dfrac{x+1}{x^2-5x+6}$ 分解成最简分式.

解　①先将分母分解因式,即

$$x^2 - 5x + 6 = (x-3)(x-2)$$

②假设真分式可分解为

$$\frac{x+1}{x^2-5x+6} = \frac{x+1}{(x-3)(x-2)} = \frac{A}{x-3} + \frac{B}{x-2}$$

其中,A,B 为待定系数.

③求待定系数. 将上式两端去分母,得

$$A(x-2) + B(x-3) = x+1$$

即

$$(A+B)x - 2A - 3B = x+1$$

两多项式相等的充要条件是同次幂对应的系数相等,经比较有方程组

$$\begin{cases} A + B = 1 \\ -2A - 3B = 1 \end{cases}$$

解之,得

$$A = 4, B = -3$$

于是

$$\frac{x+1}{x^2-5x+6} = \frac{4}{x-3} - \frac{3}{x-2}$$

【例 5.30】 将真分式 $\dfrac{x-3}{(x-1)(x^2-1)}$ 分解为最简分式.

解 被积函数分母的两个因式 $x-1$ 与 x^2-1 有公因式,需分解为 $(x-1)^2(x+1)$
设

$$\frac{x-3}{(x-1)^2(x+1)} = \frac{Ax+B}{(x-1)^2} + \frac{C}{x+1}$$

两端去分母,得

$$x-3 = (Ax+B)(x+1) + C(x-1)^2$$
$$= (A+C)x^2 + (A+B-2C)x + B + C$$

比较两端同次幂系数,得

$$\begin{cases} A + C = 0 \\ A + B - 2C = 1 \\ B + C = -3 \end{cases}$$

解之得 $A=1, B=-2, C=-1$. 从而

$$\frac{x-3}{(x-1)^2(x+1)} = \frac{x-2}{(x-1)^2} - \frac{1}{x+1}$$

5.4.2 最简分式的积分

由于任何真分式均可分解成最简分式之和,因此,真分式的积分就归结为前面 4 种最简分式的积分.

① $\displaystyle\int \frac{A}{x+a}\mathrm{d}x = A\ln|x+a| + C$.

② $\displaystyle\int \frac{A}{(x+a)^n}\mathrm{d}x = \frac{A}{1-n}(x+a)^{1-n} + C(n \geq 2)$.

③可推导出一个公式,但比较烦琐,一般视情况进行凑微分.

④可用递推公式法求,此处不作介绍.

【例 5.31】 求例 5.29 的不定积分.

解 根据前面分解的结果,有

$$\int \frac{x+1}{x^2-5x+6}\mathrm{d}x = \int \frac{4}{x-3} - \frac{3}{x-2}\mathrm{d}x$$

$$= 4\int \frac{1}{x-3}\mathrm{d}x - 3\int \frac{1}{x-2}\mathrm{d}x$$

$$= 4\ln|x-3| - 3\ln|x-2| + C$$

【例 5.32】 求例 5.30 的不定积分.

解 根据前面分解的结果,有

$$\int \frac{x-3}{(x-1)^2(x+1)}\mathrm{d}x = \int \left[\frac{x-2}{(x-1)^2} - \frac{1}{x+1} \right]\mathrm{d}x$$

$$= \int \left[\frac{x-1-1}{(x-1)^2} \right]\mathrm{d}x - \ln|x+1|$$

$$= \ln|x-1| + \frac{1}{x-1} - \ln|x+1| + C$$

另外,三角函数有理式,如 $\int \dfrac{1}{2+\cos x}dx$,$\int \dfrac{1}{3\sin x + \cos x}dx$ 等,均可用"万能公式"进行替换.

$$\tan \frac{x}{2}=t,\ -\pi < x < \pi$$

化为关于 t 的有理函数,此时

$$\sin x = \frac{2t}{t^2+1},\cos x = \frac{1-t^2}{1+t^2},dx = \frac{2}{1+t^2}dt$$

从而

$$\int R(\sin x,\cos x)dx = \int R\left(\frac{2t}{1+t^2},\frac{1-t^2}{1+t^2}\right)\cdot \frac{2}{1+t^2}dt$$

习题 5

(A)

1. 若 $\int f(x)dx = e^x(x^2-2x+2)+C$,求 $f(x)$.

2. 已知曲线 $y=f(x)$ 过点 $(e^2,3)$,且在任意一点处的切线斜率等于该点横坐标的倒数,求该曲线方程.

3. $f(x)$ 在 $x=1$,$x=-5$ 处有极值,且 $f(0)=2$,$f(1)=-6$,$f'(x)$ 是二次函数,求 $f(x)$.

4. 求下列不定积分:

(1) $\int (x^2-3)dx$;

(2) $\int \dfrac{dx}{x^2\sqrt{x}}$;

(3) $\int \left(x+\dfrac{1}{x}\right)^2 dx$;

(4) $\int \dfrac{e^{2x}-1}{e^x+1}dx$;

(5) $\int 3^x e^{3x}dx$;

(6) $\int \left(\dfrac{3}{1+x^2}-\dfrac{2}{\sqrt{1-x^2}}\right)dx$;

(7) $\int \dfrac{1+x+x^2}{x(1+x^2)}dx$;

(8) $\int \dfrac{x-9}{\sqrt{x}+3}dx$;

(9) $\int \sin^2 \dfrac{x}{2}dx$;

(10) $\int \dfrac{1}{1+\cos 2x}dx$;

(11) $\int \dfrac{\cos 2x}{\cos^2 x \sin^2 x}dx$;

(12) $\int \dfrac{\cos 2x}{\cos x - \sin x}dx$.

5. 用第一类换元积分法计算下列各题:

(1) $\int \dfrac{x-1}{x+1}dx$;

(2) $\int \dfrac{x-1}{x(x+1)}dx$;

(3) $\int (2-x)^{\frac{5}{2}}dx$;

(4) $\int \dfrac{1}{1-2x}dx$;

$(5) \int \frac{1}{(2y-3)^2}dy;$

$(6) \int u\sqrt{u^2-5}\,du;$

$(7) \int \frac{x}{\sqrt{2x^2-1}}dx;$

$(8) \int \frac{2x}{1+x^2}dx;$

$(9) \int e^{-x}dx;$

$(10) \int \frac{1}{e^x+e^{-x}}dx;$

$(11) \int \frac{\ln^2 x}{x}dx;$

$(12) \int \frac{1}{x(1-\ln x)}dx;$

$(13) \int \sqrt{\frac{\arcsin x}{1-x^2}}dx;$

$(14) \int \frac{\sin x \cos x}{2+\sin^2 x}dx;$

$(15) \int \cos^3 x\,dx;$

$(16) \int \sin 2x \cos 3x\,dx;$

$(17) \int \frac{1}{\sqrt{3x+1}+\sqrt{3x-1}}dx;$

$(18) \int \frac{1}{4+9x^2}dx.$

6. 用第二类换元法求下列不定积分：

$(1) \int x\sqrt{x-3}\,dx;$

$(2) \int \frac{1}{\sqrt{1-2x}+1}dx;$

$(3) \int \sqrt{e^x-1}\,dx;$

$(4) \int \frac{1}{x\sqrt{1-x}}dx;$

$(5) \int \frac{1}{x}\sqrt{\frac{x+1}{x}}dx;$

$(6) \int \frac{2x}{1+\sqrt[3]{1+x^2}}dx;$

$(7) \int \frac{dx}{x^2\sqrt{x^2+1}};$

$(8) \int \frac{dx}{\sqrt{(a^2-x^2)^3}}\,(a>0).$

7. 用分部积分法求下列不定积分：

$(1) \int \ln x\,dx;$

$(2) \int x\cos 5x\,dx;$

$(3) \int \arcsin x\,dx;$

$(4) \int x^2\arctan x\,dx;$

$(5) \int xe^{-4x}\,dx;$

$(6) \int x\sin x\,dx;$

$(7) \int te^{-2t}\,dt;$

$(8) \int x\cos 2x\,dx;$

$(9) \int e^x \cos x\,dx;$

$(10) \int e^{3\sqrt{x}}\,dx;$

$(11) \int \frac{\ln(\ln x)}{x}dx;$

$(12) \int \sqrt{x}\,\ln x\,dx;$

$(13) \int \ln(3+x^2)\,dx;$

$(14) \int \sin\sqrt{x}\,dx.$

*8. 计算下列有理函数的不定积分：

$(1) \int \frac{1}{x^2(1+3x)}dx;$

$(2) \int \frac{1}{x(1+x)^2}dx;$

$(3) \int \frac{x+1}{x^2-2x+5}dx.$

(B)

一、凑微分练习（在下列各式等号右端的空白处填入适当的系数,使等式成立）

1. $\mathrm{d}x = \underline{\hspace{2cm}}\mathrm{d}(7-3x)$;

2. $x\mathrm{d}x = \underline{\hspace{2cm}}\mathrm{d}(x^2)$;

3. $\dfrac{1}{x^2}\mathrm{d}x = \underline{\hspace{2cm}}\mathrm{d}\left(\dfrac{1}{x}\right)$;

4. $x\mathrm{d}x = \underline{\hspace{2cm}}\mathrm{d}(1-x^2)$;

5. $\dfrac{1}{\sqrt{x}}\mathrm{d}x = \underline{\hspace{2cm}}\mathrm{d}(5\sqrt{x})$;

6. $\mathrm{e}^{2x}\mathrm{d}x = \underline{\hspace{2cm}}\mathrm{d}(\mathrm{e}^{2x})$;

7. $\sin\dfrac{3x}{2}\mathrm{d}x = \underline{\hspace{2cm}}\mathrm{d}\left(\cos\dfrac{3x}{2}\right)$;

8. $\dfrac{\mathrm{d}x}{x} = \underline{\hspace{2cm}}\mathrm{d}(4-5\ln|x|)$;

9. $\dfrac{\mathrm{d}x}{\sqrt{1-x^2}} = \underline{\hspace{2cm}}\mathrm{d}(1-\arcsin x)$;

10. $\dfrac{x\mathrm{d}x}{\sqrt{1-x^2}} = \underline{\hspace{2cm}}\mathrm{d}(\sqrt{1-x^2})$.

二、填空题

1. 设 $\displaystyle\int f(x)\mathrm{e}^{\frac{1}{x}}\mathrm{d}x = \mathrm{e}^{\frac{1}{x}}+C$,则 $f(x) = \underline{\hspace{2cm}}$.

2. 设 $f(x-1) = x$,则 $\displaystyle\int f(x)\mathrm{d}x = \underline{\hspace{2cm}}$.

3. $f(x)$ 有一个原函数为 $\ln^2 x$,则 $\displaystyle\int xf'(x)\mathrm{d}x = \underline{\hspace{2cm}}$.

4. 若 $f'(\mathrm{e}^x) = 1+\mathrm{e}^{2x}$,且 $f(0) = 1$,则 $f(x) = \underline{\hspace{2cm}}$.

5. $\displaystyle\int\left(\dfrac{1}{\cos^2 x}-1\right)\mathrm{d}x = \underline{\hspace{2cm}}$; $\displaystyle\int\left(\dfrac{1}{\cos^2 x}-1\right)\mathrm{d}\cos x = \underline{\hspace{2cm}}$.

三、单项选择题

1. 已知 $y' = 2x$,且 $x = 1$ 时 $y = 2$,则 $y = (\quad\quad)$.

    A. x^2 B. x^2+C C. x^2+1 D. x^2+2

2. $\displaystyle\int\mathrm{d}\arcsin\sqrt{x} = (\quad\quad)$.

    A. $\arcsin\sqrt{x}$ B. $\arcsin\sqrt{x}+C$ C. $\arccos\sqrt{x}$ D. $\arccos\sqrt{x}+C$

3. 设 $f(x)$ 的导函数是 $\sin x$,则 $f(x)$ 有一个原函数为($\quad\quad$).

    A. $1+\sin x$ B. $1-\sin x$ C. $1-\cos x$ D. $1+\cos x$

4. 下列凑微分中正确的是($\quad\quad$).

    A. $\ln|x|\mathrm{d}x = \mathrm{d}\left(\dfrac{1}{x}\right)$ B. $\dfrac{\mathrm{d}x}{\sqrt{x}} = \mathrm{d}\sqrt{x}$

C. $\arctan x \mathrm{d}x = \mathrm{d}\left(\dfrac{1}{1+x^2}\right)$ D. $\sin 2x \mathrm{d}x = \mathrm{d}(\sin^2 x)$

5. 设 $F(x) = f(x) - \dfrac{1}{f(x)}, g(x) = f(x) + \dfrac{1}{f(x)}, F'(x) = g^2(x)$,且 $f\left(\dfrac{\pi}{4}\right) = 1$,则 $f(x) = $

( ).

   A. $\tan x$ B. $\cot x$ C. $\sin\left(x + \dfrac{\pi}{4}\right)$ D. $\cos\left(x - \dfrac{\pi}{4}\right)$

6. 如果 $f(x)$ 为可导、可积函数,则下列正确的是( ).

   A. $\int \mathrm{d}f(x) = f(x)$ B. $\mathrm{d}\left[\int f(x)\mathrm{d}x\right] = f(x)$

   C. $\int f'(x)\mathrm{d}x = f(x)$ D. $\left[\int f(x)\mathrm{d}x\right]' = f(x)$

7. $\int x(x+1)^{10}\mathrm{d}x = $ ( ).

   A. $\dfrac{1}{11}(x+1)^{11} + C$ B. $\dfrac{1}{2}x^2 - \dfrac{1}{11}(x+1)^{11} + C$

   C. $\dfrac{1}{12}(x+1)^{12} - \dfrac{1}{11}(x+1)^{11} + C$ D. $\dfrac{1}{12}(x+1)^{12} + \dfrac{1}{11}(x+1)^{11} + C$

8. 设 $f'(\ln x) = 1 + x(x > 0)$,则 $f(x) = $ ( ).

   A. $\ln x + \dfrac{1}{2}(\ln x)^2 + C$ B. $x + \dfrac{1}{2}x^2 + C$

   C. $x + \mathrm{e}^x + C$ D. $\mathrm{e}^x + \dfrac{1}{2}\mathrm{e}^{2x} + C$

9. 若 $\int \sin f(x)\mathrm{d}x = x\sin f(x) - \int \cos f(x)\mathrm{d}x$,且 $f(1) = 0$,则 $\int \sin f(x)\mathrm{d}x = $ ( ).

   A. $x\sin\ln x - \cos\ln x + C$ B. $x\sin\ln x + x\cos\ln x + C$

   C. $\dfrac{x}{2}\sin\ln x - \dfrac{x}{2}\cos\ln x + C$ D. $\dfrac{x}{2}\sin\ln x + \dfrac{x}{2}\cos\ln x + C$

10. 若 $\int xf(x)\mathrm{d}x = x^2\mathrm{e}^x + C$,则 $\int \dfrac{f(\ln x)}{x}\mathrm{d}x = $ ( ).

   A. $x\ln x + C$ B. $x\ln x - x + C$

   C. $3x + x\ln x + C$ D. $x + x\ln x + C$

第6章

定积分及其应用

定积分是一元函数积分学中的一个基本概念.定积分起源于求面积和体积等实际问题.古希腊的阿基米德用"穷竭法",魏晋时期的刘徽用"割圆术",都曾计算过一些几何体的面积与体积,这些均为定积分的雏形.直到17世纪中叶,牛顿与莱布尼茨各自提出定积分的概念,给出了计算定积分的一般方法,才让定积分成为解决有关实际问题的有力工具,并使原本独立的微分学与积分学联系在一起,构成完整的理论体系——微积分学.

本章首先从几何与力学问题出发,引入定积分的定义,然后讨论它的性质、计算方法,反常积分及定积分的简单应用.

6.1 定积分的概念和性质

6.1.1 定积分问题举例

1)引例1:曲边梯形的面积

设 $y = f(x)$ 在 $[a, b]$ 上非负、连续.由直线 $x = a, x = b$, $y = 0$,以及曲线 $y = f(x)$ 所围成的图形(图6.1),称为曲边梯形.其中,曲线边弧称为曲边.

对矩形的面积,可直接按公式

$$矩形面积 = 底 \times 高$$

图6.1

来计算.但曲边梯形在底边上的各点处的高 $f(x)$ 会随 x 变动而变化,直接按上述公式来计算曲边梯形面积显然不合理.可以这样考虑:由于曲边梯形的高 $f(x)$ 在区间 $[a, b]$ 上是连续变化的,在很小的一段区间上它的变化很小,近似于不变.因此,如果把区间 $[a, b]$ 划分为许多小区间,在每个小区间上用其中一点处的高来近似代替这个小区间上的小曲边梯形的变高,则每个小曲边梯形的面积就可由这样得到的小矩形面积来近似得到.

把所有这些小矩形面积相加作为曲边梯形面积的近似值,将区间 $[a, b]$ 无限细分下去,使每个小区间的长度都趋于0,这时所有小矩形面积之和的极限就可定义为曲边梯形的面积,这即为计算曲边梯形面积的方法,具体采用"分割—近似代替—求和—取极限"四步完成.

(1)分割

在$[a,b]$中任意插入$n-1$个分点,即

$$a = x_0 < x_1 < x_2 < \cdots < x_{n-1} < x_n = b$$

把$[a,b]$分成n个小区间

$$[x_0, x_1], [x_1, x_2], \cdots, [x_{n-1}, x_n]$$

它们的长度分别为

$$\Delta x_1 = x_1 - x_0, \Delta x_2 = x_2 - x_1, \cdots, \Delta x_n = x_n - x_{n-1}$$

过每一个分点,作平行于y轴的直线段,把曲边梯形分为n个小曲边梯形,如图6.2所示.第i个小曲边梯形的面积记作$\Delta S_i, i = 1, 2, \cdots, n$,则面积

图6.2

$$S = \Delta S_1 + \Delta S_2 + \cdots + \Delta S_n = \sum_{i=1}^{n} \Delta S_i$$

(2)近似代替

在每个小区间$[x_{i-1}, x_i]$上任取一点ξ_i,用以Δx_i为底,$f(\xi_i)$为高的小矩形面积$f(\xi_i)\Delta x_i$近似代替第i个小曲边梯形面积$(i = 1, 2, \cdots, n)$,即

$$\Delta S_i \approx f(\xi_i)\Delta x_i$$

(3)求和

将这样得到的n个小矩形的面积之和作为所求曲边梯形面积S的近似值,即

$$S \approx f(\xi_1)\Delta x_1 + f(\xi_2)\Delta x_2 + \cdots + f(\xi_n)\Delta x_n = \sum_{i=1}^{n} f(\xi_i)\Delta x_i$$

(4)取极限

若将区间$[a,b]$无限细分,并使所有小区间的长度都趋于0,这时上述和式的极限值就是曲边梯形的面积. 若记

$$\lambda = \max\{\Delta x_1, \Delta x_2, \cdots, \Delta x_n\}$$

当$\lambda \to 0$时(这时小区间的个数n无限增多,即$n \to \infty$),取上述和式的极限,得到曲边梯形的面积,即

$$S = \lim_{\lambda \to 0} \sum_{i=1}^{n} f(\xi_i)\Delta x_i$$

2)引例2:变速直线运动的路程

对于作匀速直线运动的路程问题有公式:

$$路程 = 速度 \times 时间$$

现在考虑一般的变速直线运动:设某物体作直线运动,已知速度$v = v(t)$是时间间隔$[T_1, T_2]$上t的连续函数,且$v(t) \geq 0$,求物体在这段时间内所经过的路程s.

在这个问题中,速度随时间t而变化,因此,所求路程不能直接按照匀速直线运动的公式来计算. 由于$v(t)$是连续变化的,在很短的一段时间内其速度的变化也很小,可近似地看作匀速的情形. 因此,若把时间间隔划分为许多小时间段,在每个小时间段内,以匀速运动代

替变速运动,则每个小时间段内路程的近似值之和的极限就是所求的路程. 具体步骤如下:

(1)分割

在时间间隔$[T_1,T_2]$中任意插入$n-1$个分点,即
$$T_1 = t_0 < t_1 < t_2 < \cdots < t_{n-1} < t_n = T_2$$

把$[T_1,T_2]$分成n个小区间
$$[t_0,t_1],[t_1,t_2],\cdots,[t_{n-1},t_n]$$

每个小时间段的长度分别为
$$\Delta t_1 = t_1 - t_0, \Delta t_2 = t_2 - t_1, \cdots, \Delta t_n = t_n - t_{n-1}$$

而每个小时间段内物体经过的路程依次为
$$\Delta s_1, \Delta s_2, \cdots, \Delta s_n$$

(2)近似代替

在每个小时间段$[t_{i-1},t_i]$上任取一点τ_i,再以时刻τ_i的速度$v(\tau_i)$近似代替$[t_{i-1},t_i]$上各时刻的速度,得到小时间段$[t_{i-1},t_i]$内物体经过路程Δs_i的近似值,即
$$\Delta s_i \approx v(\tau_i)\Delta t_i, i=1,2,\cdots,n$$

(3)求和

将这样得到的n个小时间段上路程的近似值之和作为所求变速直线运动路程的近似值,即
$$s = \Delta s_1 + \Delta s_2 + \cdots + \Delta s_n = \sum_{i=1}^{n} \Delta s_i \approx \sum_{i=1}^{n} v(\tau_i)\Delta t_i$$

(4)取极限

记$\lambda = \max\{\Delta t_1, \Delta t_2, \cdots, \Delta t_n\}$,当$\lambda \to 0$时,取上述和式的极限,便得到变速直线运动路程
$$s = \lim_{\lambda \to 0} \sum_{i=1}^{n} v(\tau_i)\Delta t_i$$

由上述两个引例可知,无论是求曲边梯形的面积,还是求变速直线运动的路程,虽然背景有所不同,但解决的方法相同. 这一类问题的例子很多,如物理中变力所做的功、液体的侧压力,几何学中旋转体的体积、平面曲线的弧长,经济学中的收益问题等,都是通过"分割 — 近似代替 — 求和 — 取极限"的方法,转化为形如$\lim\limits_{\lambda \to 0} \sum\limits_{i=1}^{n} f(\xi_i)\Delta x_i$和式的极限问题. 于是,抛开这些问题的实际背景,抽象出定积分的概念.

6.1.2 定积分的定义

定义1 设函数$f(x)$在闭区间$[a,b]$上有界.

①插入$n-1$个分点
$$a = x_0 < x_1 < x_2 < \cdots < x_{n-1} < x_n = b$$

把区间$[a,b]$任意分割成n个小区间
$$[x_0,x_1],[x_1,x_2],\cdots,[x_{n-1},x_n]$$

各小区间的长度分别为
$$\Delta x_1 = x_1 - x_0, \Delta x_2 = x_2 - x_1, \cdots, \Delta x_n = x_n - x_{n-1}$$

②在每个小区间 $[x_{i-1},x_i]$ 上任取一点 $\xi_i(x_{i-1}\leqslant\xi_i\leqslant x_i)$，作函数值 $f(\xi_i)$ 与小区间长度 Δx_i 的乘积

$$f(\xi_i)\Delta x_i,i=1,2,\cdots,n$$

③求和

$$S_n = \sum_{i=1}^{n}f(\xi_i)\Delta x_i$$

④记 $\lambda = \max\{\Delta x_1,\Delta x_2,\cdots,\Delta x_n\}$，当 $\lambda\rightarrow0$ 时，若不论对区间 $[a,b]$ 采取怎样的分法，也不论在小区间 $[x_{i-1},x_i]$ 上对点 ξ_i 采取怎样的取法，极限

$$\lim_{\lambda\to0}S_n = \lim_{\lambda\to0}\sum_{i=1}^{n}f(\xi_i)\Delta x_i$$

存在，则称此极限为函数 $f(x)$ 在区间 $[a,b]$ 上的**定积分**（简称积分），记作

$$\int_a^b f(x)\mathrm{d}x$$

即

$$\int_a^b f(x)\mathrm{d}x = \lim_{\lambda\to0}\sum_{i=1}^{n}f(\xi_i)\Delta x_i$$

这时，也称 $f(x)$ 在区间 $[a,b]$ 上**可积**，其中 $f(x)$ 称为**被积函数**，$f(x)\mathrm{d}x$ 称为**被积表达式**，x 称为积分变量，$[a,b]$ 称为积分区间，a 称为积分下限，b 称为积分上限.

关于定积分，有以下 3 点需要说明：

①由定积分的定义可知，它是一个和式的极限. 因此，当极限存在时表示一个数值，这个值的大小取决于被积函数 $f(x)$ 和积分区间 $[a,b]$，而与积分变量用什么字母表示无关，故有

$$\int_a^b f(x)\mathrm{d}x = \int_a^b f(t)\mathrm{d}t = \int_a^b f(u)\mathrm{d}u$$

② 在定积分 $\int_a^b f(x)\mathrm{d}x$ 的定义中，假定了 $a<b$，但实际上定积分的上下限大小是不受限制的，不过规定在交换积分的上、下限时，积分必须改变符号，即

$$\int_a^b f(x)\mathrm{d}x = -\int_b^a f(x)\mathrm{d}x$$

特别地

$$\int_a^a f(x)\mathrm{d}x = 0$$

③关于函数 $f(x)$ 的可积性，问题也比较复杂，这里只给出以下结论：

a. 若函数 $f(x)$ 在 $[a,b]$ 上连续，则 $f(x)$ 在 $[a,b]$ 上可积.

b. 若函数 $f(x)$ 在 $[a,b]$ 上有界，且只有有限个间断点，则 $f(x)$ 在 $[a,b]$ 上可积.

以上两个条件都是充分条件，但不是必要条件.

6.1.3 定积分的几何意义

在 $[a,b]$ 上：

①当 $f(x)\geqslant0$ 时，由定义可知，定积分 $\int_a^b f(x)\mathrm{d}x$ 在几何上表示由曲线 $y=f(x)$，直线 $x=a$，$x=b$，$y=0$ 所围成的曲边梯形的面积，即

$$S = \int_a^b f(x)\,\mathrm{d}x$$

特别地

$$\int_a^b 1\mathrm{d}x = b - a$$

②若 $f(x) < 0$，由曲线 $y = f(x)$，直线 $x = a, x = b, y = 0$ 所围成的图形在 x 轴的下方，定积分 $\int_a^b f(x)\,\mathrm{d}x$ 在几何上表示上述图形面积的负值，即

$$S = -\int_a^b f(x)\,\mathrm{d}x$$

③当 $f(x)$ 在区间 $[a,b]$ 上有正有负时（图6.3），定积分 $\int_a^b f(x)\,\mathrm{d}x$ 在几何上表示阴影部分面积的代数和，即

$$\int_a^b f(x)\,\mathrm{d}x = S_1 - S_2 + S_3$$

图 6.3

【例6.1】 利用定积分的定义计算定积分 $\int_0^1 x^2\mathrm{d}x$.

图 6.4

解 因 $f(x) = x^2$ 在 $[0,1]$ 上连续，故被积函数是可积的. 如图6.4所示，用 $n-1$ 个点将区间 $[a,b]$ 分成 n 等份. 分点分别为 $\frac{1}{n}, \frac{2}{n}, \cdots, \frac{n-1}{n}$. 过这些点作 y 轴的平行线，把曲边三角形分成 n 个小曲边梯形. 同时，把每一个小曲边梯形近似地看作长方形. $\lambda = \Delta x_i = \frac{1}{n}$. 于是 $\lambda \to 0$ 时，即 $n \to \infty$；取每个小区间的右端点为 ξ_i，则 $\xi_i = \frac{i}{n}(i = 1,2,\cdots,n)$，故

$$\begin{aligned}
\int_0^1 x^2\mathrm{d}x &= \lim_{\lambda \to 0} \sum_{i=1}^n f(\xi_i)\Delta x_i \\
&= \lim_{\lambda \to 0} \sum_{i=1}^n \xi_i^2 \Delta x_i \\
&= \lim_{n \to \infty} \sum_{i=1}^n \left(\frac{i}{n}\right)^2 \cdot \frac{1}{n} \\
&= \lim_{n \to \infty} \frac{1}{n^3} \sum_{i=1}^n i^2 \\
&= \lim_{n \to \infty} \frac{1}{n^3}(1^2 + 2^2 + 3^2 + \cdots + n^2) \\
&= \lim_{n \to \infty} \frac{1}{n^3} \cdot \frac{n(n+1)(2n+1)}{6} \\
&= \lim_{n \to \infty} \frac{1}{6}\left(1 + \frac{1}{n}\right)\left(2 + \frac{1}{n}\right) \\
&= \frac{1}{3}
\end{aligned}$$

由定积分定义可知，积分值应与 ξ_i 的取法无关. 因此，在例6.1中，只需取右端点，然后求和取极限即可.

6.1.4 定积分的性质

为计算及应用方便起见,本节介绍定积分的几个基本性质. 下列各性质中积分上下限的大小,如不特别指明,均不加限制,并假定各性质中所给函数 $f(x)$,$g(x)$ 都是连续可积的.

性质1 函数和(差)的定积分等于它们各自定积分的和(差),即

$$\int_a^b [f(x) \pm g(x)] dx = \int_a^b f(x) dx \pm \int_a^b g(x) dx$$

证

$$\int_a^b [f(x) \pm g(x)] dx = \lim_{\lambda \to 0} \sum_{i=1}^n [f(\xi_i) \pm g(\xi_i)] \Delta x_i$$

$$= \lim_{\lambda \to 0} \sum_{i=1}^n f(\xi_i) \Delta x_i \pm \lim_{\lambda \to 0} \sum_{i=1}^n g(\xi_i) \Delta x_i$$

$$= \int_a^b f(x) dx \pm \int_a^b g(x) dx$$

性质1对于有限个函数都是成立的. 类似地,可以证明:

性质2 被积函数的常数因子可以提到积分号外面,即

$$\int_a^b kf(x) dx = k \int_a^b f(x) dx \quad (k \text{ 为常数})$$

性质3 如果将积分区间分成两部分,则在整个区间上的定积分等于这两部分区间上定积分之和,即设 $a < c < b$,则

$$\int_a^b f(x) dx = \int_a^c f(x) dx + \int_c^b f(x) dx$$

由定积分的几何意义容易验证这一结论的正确性,这个性质表明定积分对积分区间具有可加性.

另外,不论 a,b,c 的相对位置如何,上式总是成立的. 例如,当 $a < b < c$ 时,由于

$$\int_a^c f(x) dx = \int_a^b f(x) dx + \int_b^c f(x) dx$$

于是得

$$\int_a^b f(x) dx = \int_a^c f(x) dx - \int_b^c f(x) dx$$

$$= \int_a^c f(x) dx + \int_c^b f(x) dx$$

性质4 在 $[a,b]$ 上,若函数 $f(x) \geq 0$,则

$$\int_a^b f(x) dx \geq 0$$

推论1 在 $[a,b]$ 上,若函数 $f(x) \leq g(x)$,则

$$\int_a^b f(x) dx \leq \int_a^b g(x) dx$$

证 因为 $f(x) \leq g(x)$,$g(x) - f(x) \geq 0$,由性质4得

$$\int_a^b [g(x) - f(x)] dx \geq 0$$

再利用性质1,得

$$\int_a^b f(x) dx \leq \int_a^b g(x) dx$$

推论 2 在 $[a,b]$ 上

$$\left| \int_a^b f(x)\,\mathrm{d}x \right| \leqslant \int_a^b |f(x)|\,\mathrm{d}x$$

性质 5（积分估值定理） 设 M, m 分别是函数 $f(x)$ 在 $[a,b]$ 上的最大值和最小值，则

$$m(b-a) \leqslant \int_a^b f(x)\,\mathrm{d}x \leqslant M(b-a)$$

证 因为 $m \leqslant f(x) \leqslant M$，由推论 1 可知

$$\int_a^b m\,\mathrm{d}x \leqslant \int_a^b f(x)\,\mathrm{d}x \leqslant \int_a^b M\,\mathrm{d}x$$

故

$$m \int_a^b 1\,\mathrm{d}x \leqslant \int_a^b f(x)\,\mathrm{d}x \leqslant M \int_a^b 1\,\mathrm{d}x$$

即

$$m(b-a) \leqslant \int_a^b f(x)\,\mathrm{d}x \leqslant M(b-a)$$

此性质说明，由被积函数在积分区间上的最大值和最小值可以估计积分值的范围.

性质 6（积分中值定理） 设函数 $f(x)$ 在 $[a,b]$ 上连续，则在 $[a,b]$ 上至少存在一点 ξ，使得

$$\int_a^b f(x)\,\mathrm{d}x = f(\xi)(b-a)$$

证 因为函数 $f(x)$ 在 $[a,b]$ 上连续，由闭区间上连续函数的性质可知，$f(x)$ 在 $[a,b]$ 上存在最大值 M 和最小值 m. 再由性质 5，得

$$m(b-a) \leqslant \int_a^b f(x)\,\mathrm{d}x \leqslant M(b-a)$$

即

$$m \leqslant \frac{1}{b-a} \int_a^b f(x)\,\mathrm{d}x \leqslant M$$

由闭区间上连续函数的介值定理可知，至少存在一点 $\xi \in [a,b]$，使

$$f(\xi) = \frac{1}{b-a} \int_a^b f(x)\,\mathrm{d}x$$

即

$$\int_a^b f(x)\,\mathrm{d}x = f(\xi)(b-a)$$

积分中值定理有以下几种解释：若 $f(x)$ 在区间 $[a,b]$ 上连续且非负，定理表明在 $[a,b]$ 上至少存在一点 ξ，使得以 $[a,b]$ 为底边、曲线 $y=f(x)$ 为曲边的曲边梯形的面积，与底边相同而高为 $f(\xi)$ 的矩形面积相等（图 6.5）.

图 6.5

【例 6.2】 利用推论 1，比较下列积分的大小：

(1) $\int_0^1 x\,\mathrm{d}x$ 与 $\int_0^1 x^2\,\mathrm{d}x$;　　　　(2) $\int_1^2 x\,\mathrm{d}x$ 与 $\int_1^2 x^2\,\mathrm{d}x$.

解 (1) 因为 $0 \leqslant x \leqslant 1$ 时，$x \geqslant x^2$，所以

$$\int_0^1 x\,\mathrm{d}x \geqslant \int_0^1 x^2\,\mathrm{d}x$$

(2) 因为 $1 \leqslant x \leqslant 2$ 时，$x \leqslant x^2$，所以

$$\int_1^2 x\mathrm{d}x \le \int_1^2 x^2\mathrm{d}x$$

【例 6.3】 利用积分估值定理证明不等式：$-2\mathrm{e}^{-1} \le \int_{-2}^0 x\mathrm{e}^x\mathrm{d}x \le 0.$

证 设 $f(x) = x\mathrm{e}^x, x \in [-2,0]$，则

$$f'(x) = (x+1)\mathrm{e}^x$$

令 $f'(x) = 0$ 得唯一驻点 $x = -1$，又因为 $f(-1) = -\mathrm{e}^{-1}$，$f(-2) = -2\mathrm{e}^{-2}$，$f(0) = 0$，所以被积函数 $f(x)$ 的最小值、最大值分别为 $-\mathrm{e}^{-1}$ 和 0，即

$$-\mathrm{e}^{-1} \le x\mathrm{e}^x \le 0$$

由积分估值定理，得

$$-2\mathrm{e}^{-1} \le \int_{-2}^0 x\mathrm{e}^x\mathrm{d}x \le 0$$

6.2 微积分基本公式

微分和积分的渊源

在 6.1 节中引入了定积分的概念，并举例用定积分的定义计算积分. 可知，当被积函数较复杂时，直接用定义来计算积分是十分困难的. 因此，寻求一种计算定积分的有效方法成为积分学发展的关键.

6.2.1 引例

设一物体沿直线运动. 在 t 时刻时物体的位置为 $s(t)$，速度为 $v(t)$（$v(t) \ge 0$），则由 6.1 节引例 2 可知，物体在时间间隔 $[T_1, T_2]$ 内经过的路程为

$$s = \int_{T_1}^{T_2} v(t)\mathrm{d}t$$

同时，这段路程又可表示为位置函数 $s(t)$ 在 $[T_1, T_2]$ 上的增量，即 $s(T_2) - s(T_1)$
由此可知

$$s = \int_{T_1}^{T_2} v(t)\mathrm{d}t = s(T_2) - s(T_1)$$

另一方面，$s'(t) = v(t)$，即位置函数 $s(t)$ 是速度函数 $v(t)$ 的原函数. 因此，求速度函数 $v(t)$ 在时间间隔 $[T_1, T_2]$ 内所经过的路程就转化为求 $v(t)$ 的原函数 $s(t)$ 在 $[T_1, T_2]$ 上的增量. 这个结论是否具有普遍性呢？也就是说，一般函数 $f(x)$ 在区间 $[a,b]$ 上的定积分 $\int_a^b f(x)\mathrm{d}x$ 是否等于 $f(x)$ 的原函数 $F(x)$ 在 $[a,b]$ 上的增量呢？下面具体来讨论.

6.2.2 原函数存在定理

设函数 $f(x)$ 在区间 $[a,b]$ 上连续，x 是 $[a,b]$ 上的一动点，则称函数

$$\Phi(x) = \int_a^x f(t)\mathrm{d}t \tag{6.1}$$

为**积分上限函数**,或称**变上限函数**或**变上限积分**. 类似地,$\int_x^b f(t)\mathrm{d}t$ 也是 x 的函数,称其为**变下限积分**. 变上限积分与变下限积分,统称**变限积分**.

在式(6.1)中,积分变量和积分上限有时都用 x 表示,但它们的含义并不相同. 为了区别它们,常将积分变量改用 t 来表示,即

$$\Phi(x) = \int_a^x f(t)\mathrm{d}t = \int_a^x f(x)\mathrm{d}x$$

图 6.6

$\Phi(x)$ 的几何意义是一直边可移动的曲边梯形的面积(图6.6),曲边梯形的面积 $\Phi(x)$ 随 x 的位置的变动而改变. 当 x 给定后,面积 $\Phi(x)$ 就随之确定.

关于函数 $\Phi(x)$ 的可导性,有:

定理1(原函数存在定理) 设函数 $f(x)$ 在 $[a,b]$ 上连续,则积分上限函数 $\Phi(x) = \int_a^x f(t)\mathrm{d}t$ 在 $[a,b]$ 上可导,且

$$\Phi'(x) = \frac{\mathrm{d}}{\mathrm{d}x}\int_a^x f(t)\mathrm{d}t = f(x), x \in [a,b]$$

证 任取 $x \in [a,b]$,改变量 $\Delta x \neq 0$ 满足 $x + \Delta x \in [a,b]$,$\Delta\Phi(x)$ 为对应的改变量,则

$$\Delta\Phi(x) = \Phi(x + \Delta x) - \Phi(x) = \int_a^{x+\Delta x} f(t)\mathrm{d}t - \int_a^x f(t)\mathrm{d}t$$

$$= \int_a^x f(t)\mathrm{d}t + \int_x^{x+\Delta x} f(t)\mathrm{d}t - \int_a^x f(t)\mathrm{d}t$$

$$= \int_x^{x+\Delta x} f(t)\mathrm{d}t = f(\xi)\Delta x \quad (\xi \text{ 介于 } x \text{ 与 } x + \Delta x \text{ 之间})$$

上述最后结论用到了积分中值定理,又由函数 $f(x)$ 在点 x 处连续,故

$$\Phi'(x) = \lim_{\Delta x \to 0} \frac{\Delta\Phi(x)}{\Delta x} = \lim_{\Delta x \to 0} f(\xi) = f(x)$$

即

$$\Phi'(x) = \frac{\mathrm{d}}{\mathrm{d}x}\int_a^x f(t)\mathrm{d}t = f(x)$$

该定理表明,若函数 $f(x)$ 在 $[a,b]$ 上连续,则 $f(x)$ 的原函数一定存在,且其中的一个原函数就是

$$\Phi(x) = \int_a^x f(t)\mathrm{d}t$$

利用复合函数的求导法则,可进一步得到下列公式:

$$\frac{\mathrm{d}}{\mathrm{d}x}\int_a^{\varphi(x)} f(t)\mathrm{d}t = f[\varphi(x)]\varphi'(x) \tag{6.2}$$

$$\frac{\mathrm{d}}{\mathrm{d}x}\int_{\varphi(x)}^a f(t)\mathrm{d}t = -f[\varphi(x)]\varphi'(x) \tag{6.3}$$

$$\frac{\mathrm{d}}{\mathrm{d}x}\int_{\alpha(x)}^{\beta(x)} f(t)\mathrm{d}t = f[\beta(x)]\beta'(x) - f[\alpha(x)]\alpha'(x) \tag{6.4}$$

上述公式的证明请读者自行完成. 很多含有变限积分的极限计算中,在使用洛必达法则时也需用到上述求导公式.

【例 6.4】 求 $\dfrac{\mathrm{d}}{\mathrm{d}x}\Big[\displaystyle\int_0^x \mathrm{e}^{t^2}\mathrm{d}t\Big]$.

解 利用变限积分的求导公式,易得

$$\frac{\mathrm{d}}{\mathrm{d}x}\Big[\int_0^x \mathrm{e}^{t^2}\mathrm{d}t\Big] = \mathrm{e}^{x^2}$$

【例 6.5】 求 $\dfrac{\mathrm{d}}{\mathrm{d}x}\Big[\displaystyle\int_1^{x^2} \sqrt{1+t^2}\,\mathrm{d}t\Big]$.

解 $\dfrac{\mathrm{d}}{\mathrm{d}x}\Big[\displaystyle\int_1^{x^2} \sqrt{1+t^2}\,\mathrm{d}t\Big] = \sqrt{1+(x^2)^2}\cdot(x^2)' = 2x\sqrt{1+x^4}$

【例 6.6】 设 $f(x)$ 是连续函数,求下列变限积分函数的导数:

(1) $F(x) = \displaystyle\int_{x^3}^{x^4}\cos t^2\mathrm{d}t$;   (2) $F(x) = \displaystyle\int_0^x xf(t)\,\mathrm{d}t$.

解 (1) $F'(x) = 4x^4\cos x^8 - 3x^2\cos x^6$

(2) 因为

$$F(x) = x\int_0^x f(t)\,\mathrm{d}t$$

所以

$$F'(x) = \int_0^x f(t)\,\mathrm{d}t + xf(x)$$

【例 6.7】 求极限: $\displaystyle\lim_{x\to0}\dfrac{\displaystyle\int_0^{x^2}\sin t^2\mathrm{d}t}{\mathrm{e}^{x^6}-1}$.

分析 这是 $\dfrac{0}{0}$ 型未定式,应用洛必达法则计算.

解 应用洛必达法则,则

$$\lim_{x\to0}\frac{\displaystyle\int_0^{x^2}\sin t^2\mathrm{d}t}{\mathrm{e}^{x^6}-1} = \lim_{x\to0}\frac{\displaystyle\int_0^{x^2}\sin t^2\mathrm{d}t}{x^6}$$

$$= \lim_{x\to0}\frac{2x\sin x^4}{6x^5}$$

$$= \lim_{x\to0}\frac{\sin x^4}{3x^4}$$

$$= \frac{1}{3}$$

6.2.3 牛顿-莱布尼茨公式

定理 2 设 $f(x)$ 在区间 $[a,b]$ 上连续, $F(x)$ 是 $f(x)$ 在 $[a,b]$ 上的一个原函数,则

$$\int_a^b f(x)\,\mathrm{d}x = F(b) - F(a) = F(x)\Big|_a^b \tag{6.5}$$

其中,记号 $F(x)\big|_a^b$ 是 $F(b)-F(a)$ 的简写. 式(6.5)称为**牛顿-莱布尼茨公式**.

证 由定理 1 可知, $\Phi(x) = \displaystyle\int_a^x f(t)\,\mathrm{d}t$ 是 $f(x)$ 在 $[a,b]$ 上的一个原函数,又

理论上殊途
同归的两个人

题设 $F(x)$ 是 $f(x)$ 在 $[a,b]$ 上的原函数,由原函数的性质可得

$$\Phi(x) = F(x) + C \quad (a \leqslant x \leqslant b, C \text{ 为常数})$$

在上式中,分别以 $x = b, x = a$ 代入后两式相减,得

$$\Phi(b) - \Phi(a) = F(b) - F(a)$$

注意到 $\Phi(a) = 0$,所以

$$\int_a^b f(x)\mathrm{d}x = \Phi(b) - \Phi(a) = F(b) - F(a)$$

定理 2 也称微积分基本定理或基本公式,该公式表明连续函数 $f(x)$ 在 $[a,b]$ 上的定积分等于它的任意一个原函数在区间 $[a,b]$ 上的增量,把求定积分问题转化为求原函数问题,给出了计算定积分的一个简便有效的方法.

【例 6.8】 计算定积分 $\int_0^1 x^2 \mathrm{d}x$.

解 易知 $\dfrac{x^3}{3}$ 是 x^2 的一个原函数,由牛顿-莱布尼茨公式得

$$\int_0^1 x^2 \mathrm{d}x = \frac{x^3}{3}\bigg|_0^1 = \frac{1}{3} - \frac{0}{3} = \frac{1}{3}$$

【例 6.9】 计算定积分 $\int_{-2}^{-1} \dfrac{1}{x}\mathrm{d}x$.

解 $\ln|x|$ 是 $\dfrac{1}{x}$ 的一个原函数,所以有

$$\int_{-2}^{-1} \frac{1}{x}\mathrm{d}x = \ln|x|\,\big|_{-2}^{-1} = \ln 1 - \ln 2 = -\ln 2$$

【例 6.10】 计算定积分 $\int_{\frac{1}{\sqrt{3}}}^{\sqrt{3}} \dfrac{1}{1+x^2}\mathrm{d}x$.

解 $\arctan x$ 是 $\dfrac{1}{1+x^2}$ 的一个原函数,由牛顿-莱布尼茨公式得

$$\int_{\frac{1}{\sqrt{3}}}^{\sqrt{3}} \frac{1}{1+x^2}\mathrm{d}x = \arctan x\,\bigg|_{\frac{1}{\sqrt{3}}}^{\sqrt{3}} = \arctan\sqrt{3} - \arctan\frac{1}{\sqrt{3}} = \frac{\pi}{6}$$

【例 6.11】 计算定积分 $\int_0^{\frac{\pi}{2}} (2\cos x + \sin x - 1)\mathrm{d}x$.

解 由牛顿-莱布尼茨公式得

$$\int_0^{\frac{\pi}{2}} (2\cos x + \sin x - 1)\mathrm{d}x = (2\sin x - \cos x - x)\,\bigg|_0^{\frac{\pi}{2}}$$

$$= \left(2\sin\frac{\pi}{2} - \cos\frac{\pi}{2} - \frac{\pi}{2}\right) - (2\sin 0 - \cos 0 - 0)$$

$$= 3 - \frac{\pi}{2}$$

【例 6.12】 计算 $\int_0^1 |2x - 1|\mathrm{d}x$.

解 因为

$$|2x - 1| = \begin{cases} 1 - 2x, & x \leqslant \dfrac{1}{2} \\ 2x - 1, & x > \dfrac{1}{2} \end{cases}$$

根据积分可加性,有

$$\int_0^1 |2x-1| \, dx = \int_0^{\frac{1}{2}} (1-2x) \, dx + \int_{\frac{1}{2}}^1 (2x-1) \, dx$$

$$= (x-x^2) \Big|_0^{\frac{1}{2}} + (x^2-x) \Big|_{\frac{1}{2}}^1$$

$$= \frac{1}{2}$$

【例 6.13】 计算定积分 $\int_{-\frac{\pi}{2}}^{\frac{\pi}{3}} \sqrt{1-\cos^2 x} \, dx$.

解 原式 $= \int_{-\frac{\pi}{2}}^{\frac{\pi}{3}} \sqrt{\sin^2 x} \, dx$

$$= \int_{-\frac{\pi}{2}}^{\frac{\pi}{3}} |\sin x| \, dx$$

$$= \int_{-\frac{\pi}{2}}^0 (-\sin x) \, dx + \int_0^{\frac{\pi}{3}} \sin x \, dx$$

$$= \cos x \Big|_{-\frac{\pi}{2}}^0 - \cos x \Big|_0^{\frac{\pi}{2}}$$

$$= \frac{3}{2}$$

【例 6.14】 计算由曲线 $y=\sin x$ 在 $x=0, x=\pi$ 之间,以及 x 轴所围成的图形的面积 S.

解 如图 6.7 所示,根据定积分的几何意义,所求面积 S 为

$$S = \int_0^\pi \sin x \, dx = -\cos x \Big|_0^\pi$$
$$= -\cos \pi - (-\cos 0)$$
$$= 2$$

图 6.7

【例 6.15】 汽车以 36 km/h 的速度行驶,到某处需要减速停车. 设汽车以等加速度 $a=-5$ m/s² 刹车. 问从开始刹车到停车汽车驶过了多少距离?

解 首先要算出从开始刹车到停车经过的时间. 设开始刹车的时刻为 $t=0$,此时汽车速度为

$$v_0 = 36 \text{ km/h} = \frac{36 \times 1\,000}{3\,600} \text{m/s} = 10 \text{ m/s}$$

刹车后汽车减速行驶,其速度为

$$v(t) = v_0 + at = 10 - 5t$$

当汽车停住时,速度 $v(t)=0$,故由

$$v(t) = 10 - 5t = 0$$

得

$$t = \frac{10}{5} = 2(\text{s})$$

于是这段时间内,汽车所驶过的距离为

$$s = \int_0^2 v(t)\,\mathrm{d}t = \int_0^2 (10 - 5t)\,\mathrm{d}t = \left(10t - 5 \times \frac{t^2}{2}\right)\bigg|_0^2 = 10(\mathrm{m})$$

即在刹车后,汽车需驶过 10 m 才能停住.

【例 6.16】 设函数 $f(x)$ 在 $[0,1]$ 上连续,且满足

$$f(x) = x\int_0^1 f(t)\,\mathrm{d}t - 1$$

求 $\int_0^1 f(x)\,\mathrm{d}x$ 及 $f(x)$.

解 由于 $\int_0^1 f(t)\,\mathrm{d}t$ 是一个常数,不妨记作 A,即有

$$f(x) = Ax - 1$$

对等式两端作 $[0,1]$ 上的定积分,可得

$$\int_0^1 f(x)\,\mathrm{d}x = A\int_0^1 x\,\mathrm{d}x - \int_0^1 \mathrm{d}x = A \cdot \frac{1}{2} - 1$$

即

$$A = \frac{A}{2} - 1$$

故

$$A = \int_0^1 f(x)\,\mathrm{d}x = -2$$
$$f(x) = -2x - 1$$

6.3 定积分的换元积分法与分部积分法

由牛顿-莱布尼茨公式可知,计算定积分的简便方法就是求被积函数的原函数的增量.在第 5 章中,用换元法和分部积分法可求函数的原函数.因此,在一定条件下,也可用换元积分法和分部积分法来计算定积分.

6.3.1 定积分的换元积分法

定理 3 设函数 $f(x)$ 在 $[a,b]$ 上连续,函数 $x = \varphi(t)$ 单调,且满足条件:
① $\varphi(\alpha) = a, \varphi(\beta) = b$,且 $a \leqslant \varphi(t) \leqslant b$.
② $\varphi(t)$ 在 $[\alpha,\beta]$(或 $[\beta,\alpha]$)上具有连续导数,则有

$$\int_a^b f(x)\,\mathrm{d}x = \int_\alpha^\beta f[\varphi(t)]\varphi'(t)\,\mathrm{d}t \tag{6.6}$$

式(6.6)称为定积分的换元公式.

证 因为 $f(x)$ 在闭区间 $[a,b]$ 上连续,故它在 $[a,b]$ 上可积,且原函数存在,设 $F(x)$ 是 $f(x)$ 的一个原函数,则

$$\int_a^b f(x)\,\mathrm{d}x = F(b) - F(a)$$

另一方面,令 $\Phi(t)=F[\varphi(t)]$,由复合函数求导法则得

$$\Phi'(t)=\frac{\mathrm{d}F}{\mathrm{d}x}\cdot\frac{\mathrm{d}x}{\mathrm{d}t}=f(x)\varphi'(t)=f[\varphi(t)]\varphi'(t)$$

即 $\Phi(t)$ 是 $f[\varphi(t)]\varphi'(t)$ 的一个原函数,从而

$$\int_{\alpha}^{\beta}f[\varphi(t)]\varphi'(t)\mathrm{d}t=\Phi(\beta)-\Phi(\alpha)$$

注意到 $\Phi(t)=F[\varphi(t)]$,$\varphi(\alpha)=a$,$\varphi(\beta)=b$,则

$$\Phi(\beta)-\Phi(\alpha)=F[\varphi(\beta)]-F[\varphi(\alpha)]=F(b)-F(a)$$

$$\int_{a}^{b}f(x)\mathrm{d}x=F(b)-F(a)=\Phi(\beta)-\Phi(\alpha)=\int_{\alpha}^{\beta}f[\varphi(t)]\varphi'(t)\mathrm{d}t$$

定积分的换元公式与不定积分的换元公式很类似. 在应用定积分的换元公式时,应注意以下两点:

①用 $x=\varphi(t)$ 把变量 x 换成新变量 t 时,积分限也要换成相应于新变量 t 的积分限,且上限对应于原上限,下限对应于原下限.

②求出 $f[\varphi(t)]\varphi'(t)$ 的一个原函数 $\Phi(t)$ 后,不必像计算不定积分那样再回代,而只要把新变量 t 的上、下限分别代入 $\Phi(t)$ 然后相减即可.

【例 6.17】 计算下列定积分.

$$(1)\int_{0}^{2}\sqrt{4-x^2}\,\mathrm{d}x; \qquad\qquad (2)\int_{-1}^{1}\frac{x}{\sqrt{5-4x}}\mathrm{d}x.$$

解 (1)设 $x=2\sin t$,$t\in\left[-\dfrac{\pi}{2},\dfrac{\pi}{2}\right]$,则 $\mathrm{d}x=2\cos t\mathrm{d}t$,且当 $x=0$ 时,$t=0$;当 $x=2$ 时,$t=\dfrac{\pi}{2}$,故

$$\begin{aligned}
\int_{0}^{2}\sqrt{4-x^2}\,\mathrm{d}x &=\int_{0}^{\frac{\pi}{2}}2\cos t\cdot2\cos t\mathrm{d}t \\
&=2\int_{0}^{\frac{\pi}{2}}(1+\cos 2t)\mathrm{d}t \\
&=2\left(t+\frac{1}{2}\sin 2t\right)\Big|_{0}^{\frac{\pi}{2}} \\
&=\pi
\end{aligned}$$

本题也可由定积分的几何意义来计算,请读者自行完成.

(2)令 $t=\sqrt{5-4x}$,则 $x=\dfrac{5-t^2}{4}$,$\mathrm{d}x=-\dfrac{1}{2}t\mathrm{d}t$,且当 $x=-1$ 时,$t=3$,当 $x=1$ 时,$t=1$,故

$$\begin{aligned}
\int_{-1}^{1}\frac{x}{\sqrt{5-4x}}\mathrm{d}x &=\frac{1}{4}\int_{3}^{1}\frac{5-t^2}{t}\cdot\left(-\frac{1}{2}t\right)\mathrm{d}t \\
&=\frac{1}{8}\int_{1}^{3}(5-t^2)\mathrm{d}t \\
&=\frac{1}{8}\left(5t-\frac{1}{3}t^3\right)\Big|_{1}^{3} \\
&=\frac{1}{6}
\end{aligned}$$

【例 6.18】 计算下列定积分:

$$(1)\int_{0}^{2}x\mathrm{e}^{-x^2}\mathrm{d}x; \qquad\qquad (2)\int_{0}^{2}\frac{x}{1+x^2}\mathrm{d}x;$$

$(3)\displaystyle\int_0^{\frac{\pi}{2}}\cos^2 x\,\sin x\mathrm{d}x;$ $(4)\displaystyle\int_1^{\mathrm{e}}\dfrac{\ln x}{x}\mathrm{d}x.$

解 （1）因为

$$\int_0^2 x\mathrm{e}^{-x^2}\mathrm{d}x = \frac{1}{2}\int_0^2 \mathrm{e}^{-x^2}\mathrm{d}(x^2)$$

不妨令 $t = x^2$，当 $x = 0$ 时，$t = 0$；当 $x = 2$ 时，$t = 4$. 因此

$$原式 = \frac{1}{2}\int_0^4 \mathrm{e}^{-t}\mathrm{d}t = -\frac{1}{2}\mathrm{e}^{-t}\Big|_0^4 = \frac{1}{2}\Big(1 - \frac{1}{\mathrm{e}^4}\Big)$$

此题表明，在使用换元法时，可先凑微分再换元，显得更简单. 另外，如果不明显地写出新变量 t 时，那么，定积分的积分限也不必变更. 例如，上题也可用以下做法：

$$\int_0^2 x\mathrm{e}^{-x^2}\mathrm{d}x = -\frac{1}{2}\int_0^2 \mathrm{e}^{-x^2}\mathrm{d}(-x^2) = -\frac{1}{2}\mathrm{e}^{-x^2}\Big|_0^2 = \frac{1}{2}\Big(1 - \frac{1}{\mathrm{e}^4}\Big)$$

（2）
$$\begin{aligned}
\int_0^2 \frac{x}{1+x^2}\mathrm{d}x &= \frac{1}{2}\int_0^2 \frac{1}{1+x^2}\mathrm{d}(1+x^2)\\
&= \frac{1}{2}\ln(1+x^2)\Big|_0^2\\
&= \frac{1}{2}\ln 5
\end{aligned}$$

（3）
$$\begin{aligned}
\int_0^{\frac{\pi}{2}}\cos^2 x\,\sin x\mathrm{d}x &= -\int_0^{\frac{\pi}{2}}\cos^2 x\mathrm{d}\cos x\\
&= -\frac{1}{3}\cos^3 x\Big|_0^{\frac{\pi}{2}}\\
&= \frac{1}{3}
\end{aligned}$$

（4）
$$\begin{aligned}
\int_1^{\mathrm{e}}\frac{\ln x}{x}\mathrm{d}x &= \int_1^{\mathrm{e}}\ln x\mathrm{d}(\ln x)\\
&= \frac{1}{2}(\ln x)^2\Big|_1^{\mathrm{e}}\\
&= \frac{1}{2}
\end{aligned}$$

【例 6.19】 设函数 $f(x)$ 在 $[-a,a]$ 上连续，证明：

（1）当 $f(x)$ 为奇函数时，定积分 $\displaystyle\int_{-a}^{a}f(x)\mathrm{d}x = 0$；

（2）当 $f(x)$ 为偶函数时，定积分 $\displaystyle\int_{-a}^{a}f(x)\mathrm{d}x = 2\int_0^{a}f(x)\mathrm{d}x.$

证
$$\int_{-a}^{a}f(x)\mathrm{d}x = \int_{-a}^{0}f(x)\mathrm{d}x + \int_0^{a}f(x)\mathrm{d}x$$

在上式右端第一项积分中令 $x = -t$，则

$$\int_{-a}^{0}f(x)\mathrm{d}x = -\int_a^{0}f(-t)\mathrm{d}t = \int_0^{a}f(-t)\mathrm{d}t = \int_0^{a}f(-x)\mathrm{d}x$$

则

$$\int_{-a}^{a}f(x)\mathrm{d}x = \int_{-a}^{0}f(x)\mathrm{d}x + \int_0^{a}f(x)\mathrm{d}x$$

$$= \int_0^a [f(-x) + f(x)]\,dx$$

（1）若 $f(x)$ 为奇函数，$f(-x) = -f(x)$，即

$$f(-x) + f(x) = 0$$

故

$$\int_{-a}^a f(x)\,dx = 0$$

（2）若 $f(x)$ 为偶函数，$f(-x) = f(x)$，即

$$f(-x) + f(x) = 2f(x)$$

故

$$\int_{-a}^a f(x)\,dx = 2\int_0^a f(x)\,dx$$

上述结论有明显的几何解释，如图 6.8 所示. 当定积分的积分区间关于原点对称时，可先考虑被积函数的奇偶性，常以此来简化计算.

图 6.8

【例 6.20】 求下列定积分：

$$(1)\int_{-1}^1 \frac{\sin x}{1 + x^2}\,dx; \qquad\qquad (2)\int_{-1}^1 (x + \sqrt{x^2 + 4})^2\,dx.$$

解 （1）由于 $f(x) = \dfrac{\sin x}{1 + x^2}$ 是 $[-1,1]$ 上的奇函数，故 $\displaystyle\int_{-1}^1 \frac{\sin x}{1 + x^2}\,dx = 0$

（2）由于 $f(x) = (x + \sqrt{x^2 + 4})^2 = 2x^2 + 4 + 2x\sqrt{x^2 + 4}$，且 $2x^2 + 4$ 是偶函数，$2x\sqrt{x^2 + 4}$ 是奇函数，故

$$\int_{-1}^1 (x + \sqrt{x^2 + 4})^2\,dx = 2\int_0^1 (2x^2 + 4)\,dx + 0$$

$$= 4\int_0^1 (x^2 + 2)\,dx$$

$$= \frac{28}{3}$$

【例 6.21】 设 $f(x)$ 是以 T 为周期的连续周期函数（$-\infty < x < +\infty$）. 证明：

$$\int_a^{a+T} f(x)\,dx = \int_0^T f(x)\,dx \quad (a \text{ 为任意实数})$$

证 根据积分对区间的可加性可知

$$\int_a^{a+T} f(x)\,dx = \int_a^0 f(x)\,dx + \int_0^T f(x)\,dx + \int_T^{a+T} f(x)\,dx$$

而上面等式右边最后一个积分为

$$\int_T^{a+T} f(x)\,dx \xlongequal{\diamondsuit\ x\ =\ t\ +\ T} \int_0^a f(t+T)\,dt = \int_0^a f(t)\,dt = -\int_a^0 f(x)\,dx$$

因此

$$\int_a^{a+T} f(x)\,dx = \int_0^T f(x)\,dx$$

6.3.2 定积分的分部积分法

定积分的分部积分法与不定积分的分部积分法有类似的公式.

定理4 设 $u=u(x),v=v(x)$ 在 $[a,b]$ 上有连续的导数,则定积分的分部积分公式

$$\int_a^b u(x)\,dv(x) = [u(x)v(x)]\Big|_a^b - \int_a^b v(x)\,du(x)$$

或简写为

$$\int_a^b u\,dv = (uv)\Big|_a^b - \int_a^b v\,du \tag{6.7}$$

【例 6.22】 求下列定积分:

(1) $\int_0^1 xe^x dx$; (2) $\int_0^\pi x\cos x dx$;

(3) $\int_1^e x^3 \ln x dx$; (4) $\int_0^{\frac{1}{2}} \arcsin x dx$.

解 (1)

$$\int_0^1 xe^x dx = \int_0^1 x d(e^x)$$
$$= xe^x\Big|_0^1 - \int_0^1 e^x dx$$
$$= e - e^x\Big|_0^1$$
$$= 1$$

(2)

$$\int_0^\pi x\cos x dx = \int_0^\pi x d\sin x$$
$$= (x\sin x)\Big|_0^\pi - \int_0^\pi \sin x dx$$
$$= 0 + \cos x\Big|_0^\pi$$
$$= -2$$

(3)

$$\int_1^e x^3 \ln x dx = \frac{1}{4}\int_1^e \ln x dx^4$$
$$= \frac{1}{4}\Big(x^4\ln x\Big|_1^e - \int_1^e x^4 d\ln x\Big)$$
$$= \frac{1}{4}\Big(e^4 - \frac{x^4}{4}\Big|_1^e\Big)$$
$$= \frac{1}{4}\Big(e^4 - \frac{e^4}{4} + \frac{1}{4}\Big)$$
$$= \frac{1}{16}(3e^4 + 1)$$

（4）
$$\int_0^{\frac{1}{2}} \arcsin x \, dx = x \arcsin x \,\Big|_0^{\frac{1}{2}} - \int_0^{\frac{1}{2}} x \, d(\arcsin x)$$
$$= \frac{\pi}{12} \int_0^{\frac{1}{2}} \frac{x}{\sqrt{1-x^2}} dx$$
$$= \frac{\pi}{12} + \int_0^{\frac{1}{2}} \frac{1}{2\sqrt{1-x^2}} d(1-x^2)$$
$$= \frac{\pi}{12} + \sqrt{1-x^2} \,\Big|_0^{\frac{1}{2}}$$
$$= \frac{\pi}{12} + \frac{\sqrt{3}}{2} - 1$$

【例 6.23】 求定积分 $\int_0^{2\pi} e^x \cos x \, dx$.

解
$$\int_0^{2\pi} e^x \cos x \, dx = \int_0^{2\pi} \cos x \, de^x$$
$$= e^x \cos x \,\Big|_0^{2\pi} - \int_0^{2\pi} e^x \, d\cos x$$
$$= e^{2\pi} - 1 + \int_0^{2\pi} \sin x \, de^x$$
$$= e^{2\pi} - 1 + e^x \sin x \,\Big|_0^{2\pi} - \int_0^{2\pi} e^x \, d\sin x$$
$$= e^{2\pi} - 1 - \int_0^{2\pi} e^x \cos x \, dx$$

移项得
$$2\int_0^{2\pi} e^x \cos x \, dx = e^{2\pi} - 1$$

所以
$$\int_0^{2\pi} e^x \cos x \, dx = \frac{1}{2}(e^{2\pi} - 1)$$

【例 6.24】 计算 $I_n = \int_0^{\frac{\pi}{2}} \sin^n x \, dx$（$n$ 为非负整数）.

解 易见
$$I_0 = \int_0^{\frac{\pi}{2}} dx = \frac{\pi}{2}, I_1 = \int_0^{\frac{\pi}{2}} \sin x \, dx = 1$$

当 $n \geqslant 2$ 时
$$I_n = \int_0^{\frac{\pi}{2}} \sin^n x \, dx$$
$$= -\int_0^{\frac{\pi}{2}} \sin^{n-1} x \, d\cos x$$
$$= (-\sin^{n-1} x \cos x) \,\Big|_0^{\frac{\pi}{2}} + (n-1)\int_0^{\frac{\pi}{2}} \sin^{n-2} x \cos^2 x \, dx$$
$$= (n-1)\int_0^{\frac{\pi}{2}} \sin^{n-2} x (1 - \sin^2 x) \, dx$$

$$= (n-1)\int_0^{\frac{\pi}{2}}\sin^{n-2}x\mathrm{d}x - (n-1)\int_0^{\frac{\pi}{2}}\sin^n x\mathrm{d}x$$

$$= (n-1)I_{n-2} - (n-1)I_n$$

从而得到递推公式

$$I_n = \frac{n-1}{n}I_{n-2}$$

反复用此公式直到上面右式的下标为 0 或 1,得

$$I_n = \begin{cases} \dfrac{2m-1}{2m}\cdot\dfrac{2m-3}{2m-2}\cdot\cdots\cdot\dfrac{5}{6}\cdot\dfrac{3}{4}\cdot\dfrac{1}{2}\cdot\dfrac{\pi}{2} & n=2m \\[2mm] \dfrac{2m}{2m+1}\cdot\dfrac{2m-2}{2m-1}\cdot\cdots\cdot\dfrac{6}{7}\cdot\dfrac{4}{5}\cdot\dfrac{2}{3} & n=2m+1 \end{cases}$$

其中,m 为正整数.

此外,利用定积分的换元法,易证 $\int_0^{\frac{\pi}{2}}\cos^n x\mathrm{d}x$ 与 $\int_0^{\frac{\pi}{2}}\sin^n x\mathrm{d}x$ 有相同的结果.

6.4 反常积分

在实际问题中,通常会遇到积分区间为无穷区间,或被积函数为无界函数的积分,它们已经不属于前面所介绍的定积分的范畴. 由此,需要对定积分的概念作以下两种推广:

①有界函数在无穷区间上的积分,称为**无穷限积分**.

②无界函数在有限区间上的积分,称为**瑕积分**.

这两种积分统称为反常积分或广义积分.

6.4.1 无穷限积分

定义2 设函数 $f(x)$ 在 $[a,+\infty)$ 内有定义,对任意 $t\in[a,+\infty)$,$f(x)$ 在 $[a,t]$ 上可积,记

$$\int_a^{+\infty}f(x)\mathrm{d}x = \lim_{t\to+\infty}\int_a^t f(x)\mathrm{d}x \tag{6.8}$$

称 $\int_a^{+\infty}f(x)\mathrm{d}x$ 为 $f(x)$ 在 $[a,+\infty)$ 上的无穷限积分. 若式(6.8)中的极限存在,则称该无穷限积分 $\int_a^{+\infty}f(x)\mathrm{d}x$ 收敛,极限值即为无穷限积分的值;否则,就称该无穷限积分发散.

类似可定义:

$$\int_{-\infty}^b f(x)\mathrm{d}x = \lim_{t\to-\infty}\int_t^b f(x)\mathrm{d}x$$

$$\int_{-\infty}^{+\infty}f(x)\mathrm{d}x = \int_{-\infty}^c f(x)\mathrm{d}x + \int_c^{+\infty}f(x)\mathrm{d}x \tag{6.9}$$

无穷限积分 $\int_{-\infty}^{+\infty}f(x)\mathrm{d}x$ 收敛的充要条件是 $\int_{-\infty}^c f(x)\mathrm{d}x$ 及 $\int_c^{+\infty}f(x)\mathrm{d}x$ 同时收敛.

注:在式(6.9)中常数 c 的选择并不影响 $\int_{-\infty}^{+\infty} f(x)\mathrm{d}x$ 的敛散性和它的值.

对于无穷限积分 $\int_{a}^{+\infty} f(x)\mathrm{d}x$,为书写方便,也可用类似牛顿 - 莱布尼茨公式的记法,即若 $F'(x) = f(x)$,则

$$\int_{a}^{+\infty} f(x)\mathrm{d}x = F(x) \bigg|_{a}^{+\infty} = \lim_{x \to +\infty} F(x) - F(a)$$

同理,得

$$\int_{-\infty}^{b} f(x)\mathrm{d}x = F(x) \bigg|_{-\infty}^{b} = F(b) - \lim_{x \to -\infty} F(x)$$

$$\int_{-\infty}^{+\infty} f(x)\mathrm{d}x = F(x) \bigg|_{-\infty}^{+\infty} = \lim_{x \to +\infty} F(x) - \lim_{x \to -\infty} F(x)$$

【例 6.25】 计算下列无穷限积分:

$(1)\int_{0}^{+\infty} x\mathrm{e}^{-x^2}\mathrm{d}x;$ $(2)\int_{-\infty}^{+\infty} \dfrac{1}{1 + x^2}\mathrm{d}x.$

解 (1)

$$\int_{0}^{+\infty} x\mathrm{e}^{-x^2}\mathrm{d}x = -\frac{1}{2}\int_{0}^{+\infty} \mathrm{e}^{-x^2}\mathrm{d}(-x^2)$$

$$= -\frac{1}{2}\mathrm{e}^{-x^2} \bigg|_{0}^{+\infty}$$

$$= -\frac{1}{2}(\lim_{x \to +\infty} \mathrm{e}^{-x^2} - 1)$$

$$= \frac{1}{2}$$

(2)

$$\int_{-\infty}^{+\infty} \frac{1}{1 + x^2}\mathrm{d}x = \arctan x \bigg|_{-\infty}^{+\infty}$$

$$= \lim_{x \to +\infty} \arctan x - \lim_{x \to -\infty} \arctan x$$

$$= \frac{\pi}{2} - \left(-\frac{\pi}{2}\right)$$

$$= \pi$$

【例 6.26】 讨论 p- 积分 $\int_{1}^{+\infty} \dfrac{1}{x^p}\mathrm{d}x (p$ 为常数) 的敛散性.

解 (1)当 $p = 1$ 时

$$\int_{1}^{+\infty} \frac{1}{x^p}\mathrm{d}x = \ln x \bigg|_{1}^{+\infty} = \lim_{x \to +\infty} \ln x = +\infty$$

所以 $\int_{1}^{+\infty} \dfrac{1}{x^p}\mathrm{d}x$ 发散.

(2)当 $p \neq 1$ 时

$$\int_{1}^{+\infty} \frac{1}{x^p}\mathrm{d}x = \frac{x^{1-p}}{1-p} \bigg|_{1}^{+\infty} = \frac{1}{1-p}(\lim_{x \to +\infty} x^{1-p} - 1)$$

若 $p < 1$,则

$$1 - p > 0, \lim_{x \to +\infty} x^{1-p} = +\infty$$

即 $\int_{1}^{+\infty} \dfrac{1}{x^p}\mathrm{d}x$ 发散.

若 $p > 1$，则

$$1 - p < 0, \lim_{x \to +\infty} x^{1-p} = 0$$

即

$$\int_1^{+\infty} \frac{1}{x^p} \mathrm{d}x = \frac{1}{p-1}$$

此时，$\int_1^{+\infty} \frac{1}{x^p} \mathrm{d}x$ 收敛.

综上所述，$\int_1^{+\infty} \frac{1}{x^p} \mathrm{d}x$ 当 $p > 1$ 时，收敛于 $\frac{1}{p-1}$；当 $p \leq 1$ 时，发散.

6.4.2 瑕积分

定义3 设函数 $f(x)$ 在 $(a,b]$ 上连续，$\lim\limits_{x \to a^+} f(x) = \infty$，则称点 a 为 $f(x)$ 的瑕点. 对任意 $a < t < b$，记

$$\int_a^b f(x)\mathrm{d}x = \lim_{t \to a^+} \int_t^b f(x)\mathrm{d}x \tag{6.10}$$

则称 $\int_a^b f(x)\mathrm{d}x$ 为 $f(x)$ 在 $(a,b]$ 上的瑕积分. 若式(6.10)中的极限存在，则称此瑕积分 $\int_a^b f(x)\mathrm{d}x$ 收敛，极限值即为瑕积分值；否则，称此瑕积分发散.

类似地，设函数 $f(x)$ 在 $[a,b)$ 上连续，点 b 为 $f(x)$ 的瑕点，则

$$\int_a^b f(x)\mathrm{d}x = \lim_{t \to b^-} \int_a^t f(x)\mathrm{d}x$$

设 c 为函数 $f(x)$ 在 $[a,b]$ 内的唯一瑕点 $(a < c < b)$，可定义

$$\int_a^b f(x)\mathrm{d}x = \int_a^c f(x)\mathrm{d}x + \int_c^b f(x)\mathrm{d}x$$

此时，$\int_a^b f(x)\mathrm{d}x$ 收敛的充要条件是 $\int_a^c f(x)\mathrm{d}x$ 及 $\int_c^b f(x)\mathrm{d}x$ 同时收敛.

对于瑕积分，当瑕点为积分区间端点时，也可用类似牛顿-莱布尼茨公式的记法，即若 $F'(x) = f(x)$，则

$$\int_a^b f(x)\mathrm{d}x = F(x)\Big|_{a^+}^b = F(b) - \lim_{x \to a^+} F(x)(a \text{ 为瑕点})$$

$$\int_a^b f(x)\mathrm{d}x = F(x)\Big|_a^{b^-} = \lim_{x \to b^-} F(x) - F(a)(b \text{ 为瑕点})$$

【例6.27】 求瑕积分 $\int_0^a \frac{1}{\sqrt{a^2-x^2}}\mathrm{d}x (a > 0)$.

解 $x = a$ 为瑕点，则

$$\int_0^a \frac{1}{\sqrt{a^2-x^2}}\mathrm{d}x = \arcsin\frac{x}{a}\Big|_0^{a^-} = \lim_{x \to a^-}\arcsin\frac{x}{a} = \frac{\pi}{2}$$

【例6.28】 求瑕积分 $\int_{-1}^1 \frac{1}{x^2}\mathrm{d}x$.

解 $x = 0$ 为瑕点，则

$$\int_{-1}^1 \frac{1}{x^2}\mathrm{d}x = \int_{-1}^0 \frac{1}{x^2}\mathrm{d}x + \int_0^1 \frac{1}{x^2}\mathrm{d}x$$

又因为

$$\int_{-1}^0 \frac{1}{x^2}\mathrm{d}x = \left(-\frac{1}{x}\right)\Big|_{-1}^0 = \lim_{x\to 0^-}\left(-\frac{1}{x}\right) - 1 = +\infty$$

即瑕积分 $\int_{-1}^0 \frac{1}{x^2}\mathrm{d}x$ 发散,所以瑕积分 $\int_{-1}^1 \frac{1}{x^2}\mathrm{d}x$ 发散.

【例 6.29】 讨论瑕积分 $\int_0^1 \frac{1}{x^q}\mathrm{d}x\,(q > 0)$ 的敛散性.

解 $x = 0$ 为瑕点.

(1)当 $q = 1$ 时,有

$$\int_0^1 \frac{1}{x^q}\mathrm{d}x = \int_0^1 \frac{1}{x}\mathrm{d}x = \ln x\,\Big|_{0^+}^1 = -\lim_{x\to 0^+}\ln x = +\infty$$

(2)当 $q \ne 1$ 时,有

$$\int_0^1 \frac{1}{x^q}\mathrm{d}x = \frac{x^{1-q}}{1-q}\Big|_{0^+}^1 = \begin{cases} +\infty, & q > 1 \\ \dfrac{1}{1-q}, & 0 < q < 1 \end{cases}$$

因此,当 $0 < q < 1$ 时,瑕积分 $\int_0^1 \frac{1}{x^q}\mathrm{d}x$ 收敛,其值为 $\frac{1}{1-q}$;当 $q \geqslant 1$ 时,瑕积分发散.

【例 6.30】 计算瑕积分 $\int_0^3 \frac{1}{(x-1)^{\frac{2}{3}}}\mathrm{d}x$.

解 $x = 1$ 为瑕点,则

$$\int_0^3 \frac{1}{(x-1)^{\frac{2}{3}}}\mathrm{d}x = \int_0^1 \frac{1}{(x-1)^{\frac{2}{3}}}\mathrm{d}x + \int_1^3 \frac{1}{(x-1)^{\frac{2}{3}}}\mathrm{d}x$$

$$= 3(x-1)^{\frac{1}{3}}\Big|_0^{1^-} + 3(x-1)^{\frac{1}{3}}\Big|_{1^+}^3$$

$$= 3\lim_{x\to 1^-}(x-1)^{\frac{1}{3}} + 3 + 3\sqrt[3]{2} - 3\lim_{x\to 1^+}(x-1)^{\frac{1}{3}}$$

$$= 3(1 + \sqrt[3]{2})$$

6.5　定积分在几何上的应用

定积分在几何学、物理学、经济学、社会学等方面都有着广泛的应用,这显示了它的巨大魅力. 我们在学习过程中,不仅要掌握计算某些实际问题的公式,更重要的是领会用定积分解决实际问题的基本思想和方法——微元法,不断积累和提高数学的应用能力.

6.5.1　微元法

定积分的所有应用问题,一般总可按"分割—近似代替—求和—取极限"4 步把所求的量表示为定积分的形式. 由此,可抽象出在应用学科中广泛采用的将所求量 U(总量)表示为定积分的方法——微元法. 这个方法的主要步骤如下:

1)由分割写出微元

根据具体问题选取一个积分变量.例如,选 x 为积分变量,并确定它的变化区间 $[a,b]$,任取 $[a,b]$ 的一个区间微元 $[x,x+\mathrm{d}x]$,求出相应于这个区间微元上部分量 ΔU 的近似值,即求出所求总量 U 的微元,如

$$\mathrm{d}U = f(x)\,\mathrm{d}x$$

2)由微元写出积分

根据 $\mathrm{d}U = f(x)\,\mathrm{d}x$ 写出表示总量 U 的定积分

$$U = \int_a^b \mathrm{d}U = \int_a^b f(x)\,\mathrm{d}x$$

微元法在几何学、物理学、经济学、社会学等应用领域中具有广泛的应用,本节主要介绍微元法在几何学中的应用.应用微元法解决实际问题时,应注意以下两点:

①所求总量 U 关于区间 $[a,b]$ 应具有可加性,即如果把区间 $[a,b]$ 分成许多部分区间,则 U 相应地分成许多部分量,而 U 等于所有部分量 ΔU 之和.这一要求是由定积分概念本身所决定的.

②使用微元法的关键是正确给出部分量 ΔU 的近似表达式 $f(x)\,\mathrm{d}x$.当 $\mathrm{d}x$ 非常小时,$f(x)\,\mathrm{d}x = \mathrm{d}U \approx \Delta U$.在通常情况下,要检验 $\Delta U - f(x)\,\mathrm{d}x$ 是否为 $\mathrm{d}x$ 的高阶无穷小并非易事,因此,在实际应用中要注意 $\mathrm{d}U = f(x)\,\mathrm{d}x$ 的合理性.

以求曲边梯形面积 S 为例(图6.9),用微元法就可简写为:任取微段 $[x,x+\mathrm{d}x]$,曲边梯形在此微段部分的面积微元 $\mathrm{d}S = f(x)\,\mathrm{d}x$,所以

$$S = \int_a^b f(x)\,\mathrm{d}x$$

图6.9

6.5.2 平面图形的面积

由定积分的几何意义可知,若 $f(x) \geq 0$ 且 $[a,b]$ 上连续时,由曲线 $y = f(x)$,$x = a$,$x = b$,以及 $y = 0$(即 x 轴)所围成的图形的面积为

$$S = \int_a^b f(x)\,\mathrm{d}x$$

一般来说,由平面曲线围成的平面图形的面积,在边界曲线为已知的情况下,均可通过微元法转化成定积分来求得.

设一平面图形由曲线 $y = f_1(x)$,$y = f_2(x)$,以及直线 $x = a$,$x = b(a < b)$ 所围成.如图6.10所示,这里 $f_1(x) < f_2(x)$.用微元法求其面积,首先选 x 为积分变量,$x \in [a,b]$,在 $[a,b]$ 上任取一区间微元 $[x,x+\mathrm{d}x]$,该一小段所分割出的图形的面积可用高为 $f_2(x) - f_1(x)$,底为 $\mathrm{d}x$ 的矩形面积近似,因此,面积微元

$$\mathrm{d}S = [f_2(x) - f_1(x)]\,\mathrm{d}x$$

从而

$$S = \int_a^b [f_2(x) - f_1(x)]\,\mathrm{d}x \tag{6.11}$$

图 6.10 图 6.11

类似地,由曲线 $x=\varphi_1(y)$,$x=\varphi_2(y)$,以及直线 $y=c$,$y=d(c<d)$ 所围成的平面图形面积,如图 6.11 所示.这里 $\varphi_1(y)<\varphi_2(y)$,则

$$S=\int_c^d[\varphi_2(y)-\varphi_1(y)]\mathrm{d}y \qquad (6.12)$$

【例 6.31】 求由两条抛物线 $y=\sqrt{x}$,$y=x^2$ 所围成图形的面积 S.

解 作图(图 6.12),并由方程组

$$\begin{cases} y=\sqrt{x}\\ y=x^2 \end{cases}$$

求得交点 $(0,0)$,$(1,1)$.选 x 为积分变量,$x\in[0,1]$,则

$$S=\int_0^1(\sqrt{x}-x^2)\mathrm{d}x=\left(\frac{2}{3}x^{\frac{3}{2}}-\frac{x^3}{3}\right)\Big|_0^1=\frac{1}{3}$$

图 6.12 图 6.13

【例 6.32】 求由曲线 $y^2=2x$ 与直线 $y=-2x+2$ 所围成图形的面积 S.

解 作图(图 6.13),并由方程组

$$\begin{cases} y^2=2x\\ y=-2x+2 \end{cases}$$

求得交点 $\left(\frac{1}{2},1\right)$,$(2,-2)$.选 y 为积分变量,$y\in[-2,1]$.则所求图形的面积为

$$S=\int_{-2}^1\left[\left(1-\frac{1}{2}y\right)-\frac{1}{2}y^2\right]\mathrm{d}y$$

$$=\left(y-\frac{1}{4}y^2-\frac{1}{6}y^3\right)\Big|_{-2}^1$$

$$=\frac{9}{4}$$

【例 6.33】 求由曲线 $y = \sin x, y = \cos x$ 和直线 $x = \pi$ 及 y 轴所围成图形的面积 S.

解 作图(图 6.14),在 $x = 0$ 与 $x = \pi$ 之间,两条曲线的交点为 $B\left(\dfrac{\pi}{4}, \dfrac{\sqrt{2}}{2}\right)$. 选 x 为积分变量,$x \in [0, \pi]$,则所求平面图形的面积为

图 6.14

$$S = \int_0^{\frac{\pi}{4}} (\cos x - \sin x) \mathrm{d}x + \int_{\frac{\pi}{4}}^{\pi} (\sin x - \cos x) \mathrm{d}x$$

$$= (\sin x + \cos x) \Big|_0^{\frac{\pi}{4}} + (-\cos x - \sin x) \Big|_{\frac{\pi}{4}}^{\pi}$$

$$= 2\sqrt{2}$$

6.5.3 立体的体积

1)已知平行截面面积的立体体积

设空间某一立体,它夹在垂直于 x 轴的两个平面 $x = a, x = b$ 之间(包括只与平面交于一点的情况). 其中,$a < b$,如图 6.15 所示. 如果用任意垂直于 x 轴的平面去截它,所得截面的面积为 $S(x)$(关于 x 连续),则立体的体积 V 为

$$V = \int_a^b S(x) \mathrm{d}x \qquad (6.13)$$

用微元法加以说明:选 x 为积分变量,分割 $[a,b]$,考虑任意小区间 $[x, x + \mathrm{d}x]$,得到一个小薄片立体,它可近似地看作以面积 $S(x)$ 为底面,$\mathrm{d}x$ 为高的小平顶柱体的体积,即体积微元

$$\mathrm{d}V = S(x) \mathrm{d}x$$

将体积微元在 $[a,b]$ 上求定积分,得到体积

$$V = \int_a^b S(x) \mathrm{d}x$$

图 6.15

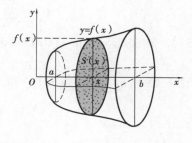

图 6.16

2)旋转体的体积

旋转体是由一个平面图形绕这个平面内一条直线旋转一周所成的立体,这条直线称为旋转轴. 旋转体是一种特殊类型的平行截面面积已知的立体. 下面讨论几种旋转体的体积公式.

①由连续曲线 $y=f(x)$,直线 $x=a,x=b$ $(a<b)$,以及 x 轴所围成的平面图形绕 x 轴旋转一周所得旋转体(图 6.16),记旋转体体积为 V_x. 过任意 $x\in[a,b]$ 处作垂直于 x 轴的截面,所得截面是半径为 $|f(x)|$ 的圆,因此,截面面积 $S(x)=\pi f^2(x)$. 应用式(6.13),得

$$V_x = \pi\int_a^b f^2(x)\mathrm{d}x \tag{6.14}$$

②由连续曲线 $y=f_2(x)$,$y=f_1(x)$,$x=a,x=b$ $(a<b)$,且满足 $f_2(x)>f_1(x)$ 所围成的平面图形(图 6.10)绕 x 轴旋转一周所得旋转体的体积为

$$V_x = \pi\int_a^b [f_2^2(x)-f_1^2(x)]\mathrm{d}x \tag{6.15}$$

③由连续曲线 $x=\varphi_2(y)$,$x=\varphi_1(y)$,直线 $y=c,y=d(\varphi_1(y)<\varphi_2(y),c<d)$ 所围成的平面图形(图 6.11)绕 y 轴旋转一周所得旋转体的体积公式为

$$V_y = \pi\int_c^d [\varphi_2^2(y)-\varphi_1^2(y)]\mathrm{d}y \tag{6.16}$$

④由连续曲线 $y=f(x)$,$x=a,x=b$ $(a<b)$,以及 x 轴所围成的平面图形绕 y 轴旋转一周所得旋转体的体积为

$$V_y = 2\pi\int_a^b x|f(x)|\mathrm{d}x \tag{6.17}$$

式(6.17)可用微元法导出. 设 $f(x)\geqslant0$,在 $[a,b]$ 上任取小区间 $[x,x+\mathrm{d}x]$,小区间长为 $\mathrm{d}x$,它在 xOy 平面上截得的小曲边梯形的面积 $\Delta S(x)$ 近似等于小矩形的面积 $f(x)\mathrm{d}x$,即

图 6.17

$$\Delta S(x)\approx f(x)\mathrm{d}x$$

将该小矩形绕 y 轴旋转一周,得到一个以 x 为半径,厚度为 $\mathrm{d}x$,高度为 $f(x)$ 的桶状柱体(图 6.17),其体积微元为

$$\mathrm{d}V(x)=2\pi x f(x)\mathrm{d}x$$

将 $\mathrm{d}V$ 在 $[a,b]$ 上求定积分,即得

$$V_y = 2\pi\int_a^b x f(x)\mathrm{d}x$$

当对 $f(x)$ 没有非负条件限制时,则体积为

$$V_y = 2\pi\int_a^b x|f(x)|\mathrm{d}x$$

【例 6.34】 求曲线 $y=\sin x(0\leqslant x\leqslant\pi)$ 分别绕 x 轴、y 轴旋转一周所得的旋转体体积 V_x,V_y.

解 如图 6.18 所示,利用式(6.14)和式(6.17),得

$$V_x = \pi\int_a^b f^2(x)\mathrm{d}x$$

$$= \pi\int_0^\pi \sin^2 x\,\mathrm{d}x$$

$$= \frac{\pi}{2}\int_0^\pi (1-\cos 2x)\mathrm{d}x$$

$$= \frac{\pi}{2}\left(x-\frac{\sin 2x}{2}\right)\Big|_0^\pi$$

$$= \frac{\pi^2}{2}$$

$$V_y = 2\pi\int_0^\pi x \sin x \mathrm{d}x$$

$$= -2\pi\int_0^\pi x \mathrm{d}\cos x$$

$$= -2\pi\left(x\cos x\Big|_0^\pi - \int_0^\pi \cos x \mathrm{d}x\right)$$

$$= -2\pi\left(-\pi - \sin x\Big|_0^\pi\right)$$

$$= 2\pi^2$$

图 6.18

图 6.19

【例 6.35】　计算椭圆 $\dfrac{x^2}{a^2} + \dfrac{y^2}{b^2} = 1 (a > b > 0)$ 分别绕 x 轴及 y 轴旋转而成的椭球体的体积 V_x, V_y.

解　(1) 椭圆图形如图 6.19 所示,绕 x 轴旋转,旋转椭球体可看作上半椭圆 $y = \dfrac{b}{a}\sqrt{a^2 - x^2}$ 及 x 轴围成的图形绕 x 轴旋转一周而成的. 由式(6.14)得

$$V_x = \pi\int_{-a}^a \left(\frac{b}{a}\sqrt{a^2 - x^2}\right)^2 \mathrm{d}x$$

$$= \frac{2\pi b^2}{a^2}\int_0^a (a^2 - x^2)\mathrm{d}x$$

$$= \frac{2\pi b^2}{a^2}\left(a^2 x - \frac{x^3}{3}\right)\Big|_0^a$$

$$= \frac{4}{3}\pi ab^2$$

(2) 绕 y 轴旋转,旋转椭球体可看作右半椭圆 $x = \dfrac{a}{b}\sqrt{b^2 - y^2}$ 及 y 轴围成的图形绕 y 轴旋转一周而成. 由式(6.16)得

$$V_y = \pi\int_{-b}^b \left(\frac{a}{b}\sqrt{b^2 - y^2}\right)^2 \mathrm{d}y$$

$$= \frac{2\pi a^2}{b^2}\int_0^b (b^2 - y^2)\mathrm{d}y$$

$$= \frac{2\pi a^2}{b^2}\left(b^2 y - \frac{y^3}{3}\right)\Big|_0^b$$

$$= \frac{4}{3}\pi a^2 b$$

当 $a = b = R$ 时,即得球体的体积公式

$$V = \frac{4}{3}\pi R^3$$

【例 6.36】 求由抛物线 $y = \sqrt{x}$ 与直线 $y = 0, y = 1$ 和 y 轴围成的平面图形,绕 y 轴旋转而成的旋转体的体积 V_y(图 6.20).

解 抛物线方程改写为

$$x = y^2, y \in [0,1]$$

所求旋转体的体积为

$$V_y = \pi \int_0^1 (y^2)^2 \mathrm{d}y = \pi \int_0^1 y^4 \mathrm{d}y = \frac{\pi}{5} y^5 \Big|_0^1 = \frac{\pi}{5}$$

图 6.20

6.6　定积分在物理和经济上的应用

6.6.1　定积分在物理上的简单应用

(1)变力沿直线所做的功

从物理学可知,如果物体在做直线运动的过程中有一个不变的力 F 作用在这物体上,且这力的方向与物体运动的方向一致,那么,在物体移动了距离 s 时,力 F 对物体所做的功为

$$W = Fs$$

如果物体在运动过程中所受的力是变化的,这就会遇到变力对物体作功的问题. 下面通过具体例子说明如何计算变力所做的功.

【例 6.37】 将一个质量为 m 的物体从地面铅直送到高度为 h 的高空处,问克服地球引力要做多少功?

解 取 r 轴铅直向上,地球中心为坐标原点,当物体位于坐标为 r 的点处时,所受地球引力为

$$F(r) = \frac{GmM}{r^2}$$

其中,G 为万有引力系数;M 为地球的质量.

设地球半径为 R,由于

$$F(R) = mg$$

即

$$\frac{GmM}{R^2} = mg$$

故

$$GM = gR^2$$

因此

$$F(r) = \frac{mgR^2}{r^2}$$

取 r 为积分变量,其变化区间是 $[R,R+h]$. 在 $[R,R+h]$ 上任取一小区间 $[r,r+dr]$,当物体从 r 上升到 $r+dr$ 时,克服地球引力需做功近似于

$$dW = F(r)dr = \frac{mgR^2}{r^2}dr$$

这就是功元素,于是所求的功为

$$
\begin{aligned}
W &= \int_R^{R+h} \frac{mgR^2}{r^2}dr \\
&= mgR^2\left[-\frac{1}{r}\right]_R^{R+h} \\
&= mgR^2\left[\frac{1}{R} - \frac{1}{R+h}\right] \\
&= \frac{mgRh}{R+h}
\end{aligned}
$$

对上式取极限 $h \to +\infty$,就得到 $W_\infty = mgR$. 这说明如果要发射一颗质量为 m 的火箭,并使其脱离地球的引力到无穷远处,则至少要做功 $W_\infty = mgR$,因此必须使火箭的初始动能 $\frac{1}{2}mv_0^2 \geqslant W_\infty$,即

$$\frac{1}{2}mv_0^2 \geqslant mgR$$

得到

$$v_0 \geqslant \sqrt{2gR} \approx 11.2(\text{km/s})$$

这个速度称为第二宇宙速度.

【例 6.38】 底面积为 S 的圆柱形容器中盛有一定量的气体. 在等温条件下,由于气体的膨胀,把容器中的一个活塞(面积为 S)从点 a 处推移到点 b 处(图 6.21). 计算在移动过程中气体压力所做的功.

图 6.21

解 取坐标系如图 6.21 所示. 活塞的位置可以用坐标 x 来表示. 由物理学知道,一定量的气体在等温条件下,压强 p 与体积 V 的乘积是常数 k,即

$$pV = k \text{ 或 } p = \frac{k}{V}$$

因为

$$V = xS$$

所以

$$p = \frac{k}{xS}$$

于是,作用在活塞上的力

$$F = pS = \frac{k}{xS}S = \frac{k}{x}$$

在气体膨胀过程中,体积 V 是变化的,因而 x 也是变化的,所以作用在活塞上的力也是变化的.

取 x 为积分变量,它的变化区间为 $[a,b]$. 设 $[x,x+dx]$ 为 $[a,b]$ 上任一小区间,当活塞从 x 移动到 $x+dx$ 时,变力 F 所做的功近似于 $\dfrac{k}{x}dx$,即功元素为

$$dW = \frac{k}{x}dx$$

于是所求的功为

$$W = \int_a^b \frac{k}{x}dx = k[\ln x]_a^b = k\ln\frac{b}{a}$$

(2)水压力

从物理学知道,在水深为 h 处的压强为 $p = \rho g h$,这里 ρ 是水的密度,g 是重力加速度. 如果有一面积为 A 的平板水平地放置在水深为 h 处的地方,那么,平板一侧所受的水压力为

$$P = \rho \cdot A$$

如果平板铅直放置在水中,那么,水深不同的点处压强 P 不相等,下面举例说明它的计算方法.

【例6.39】 某水库的闸门形状为等腰梯形,它的两条底边各长 10 m 和 6 m,高为 20 m,较长的底边与水面相齐,计算闸门的一侧所受的水压力.

解 如图6.22所示,以闸门的长底边的中点为原点且铅直向下作 x 轴,以闸门的长底边为 y 轴建立坐标系,这样,梯形闸门的一腰 AB 的方程为

$$y = 3 - \frac{1}{10}(x-20) = 5 - \frac{x}{10}$$

取 x 为积分变量,它的变化范围为 $[0,20]$. 在 $[0,20]$ 上任取一个小区间 $[x,x+dx]$,闸门上相应于该小区间的窄条各点处所受到水的压强近似 $xg\ \mathrm{kN/m^2}$. 这窄条的长近似于

$$2y = 2\left(5 - \frac{x}{10}\right) = 10 - \frac{x}{5}\ (m)$$

高度为 dx m,因而这一窄条的一侧所受的水压力近似为

$$dF = gx\left(10 - \frac{x}{5}\right)dx\ kN$$

图6.22

这就是压力元素,于是所求的压力为

$$F = \int_0^{20} gx\left(10 - \frac{x}{5}\right)dx$$

$$= g\left[5x^2 - \frac{x^3}{15}\right]_0^{20}$$

$$= g\left[2\,000 - \frac{1\,600}{3}\right]$$

$$\approx 14\,373(kN)$$

6.6.2 定积分在经济上的简单应用

由前面边际分析可知,已知总成本函数 $C(x)$,x 为产量,则边际成本函数就是它的导函数 $C'(x)$. 那么,总成本函数也可由边际成本函数的积分来表示,即有

$$C(x) = \int_0^x C'(t)\,dt + C_0$$

其中,C_0 为固定成本.

类似地,总收益函数、总利润函数可分别表示为

$$R(x) = \int_0^x R'(t)\,dt$$

$$L(x) = R(x) - C(x) = \int_0^x [R'(t) - C'(t)]\,dt - C_0$$

【例6.40】 某企业生产某产品的产量是 x,边际成本函数为 $C'(x)=2e^{0.2x}$,固定成本 $C_0=90$,求总成本函数.

解 依题意得

$$C(x) = \int_0^x C'(t)\,dt + C_0$$

$$= \int_0^x 2e^{0.2t}\,dt + 90$$

$$= 10e^{0.2t}\Big|_0^x + 90$$

$$= 10e^{0.2x} + 80$$

【例6.41】 假设某产品的边际收益函数为 $R'(x)=9-x$ 万元/万台,边际成本函数为 $C'(x)=4+\dfrac{x}{4}$ 万元/万台. 其中,产量 x 以万台为单位.

(1)试求当产量由 4 万台增加到 5 万台时利润的变化量;

(2)当产量为多少时利润最大;

(3)已知固定成本为 1 万元,求总成本函数和利润函数.

解 (1)首先求出边际利润

$$L'(x) = R'(x) - C'(x)$$

$$= (9-x) - \left(4+\frac{x}{4}\right)$$

$$= 5 - \frac{5}{4}x$$

再由增量公式,得

$$\Delta L = L(5) - L(4)$$

$$= \int_4^5 L'(t)\,dt$$

$$= \int_4^5 \left(5 - \frac{5}{4}t\right)dt$$

$$= -\frac{5}{8}(万元)$$

故在 4 万台基础上再生产 1 万台,利润不但未增加,反而减少.

(2)令 $L'(x)=0$,可解得唯一驻点

$$x=4(万台)$$

即产量为 4 万台时利润最大. 由此结果也可知,问题(1)中利润减少的原因.

(3)总成本函数为

$$
\begin{aligned}
C(x) &= \int_0^x C'(t)\,\mathrm{d}t + C_0 \\
&= \int_0^x \left(4 + \frac{t}{4}\right)\mathrm{d}t + 1 \\
&= \frac{1}{8}x^2 + 4x + 1
\end{aligned}
$$

总利润函数为

$$
\begin{aligned}
L(x) &= R(x) - C(x) \\
&= \int_0^x \left[R'(t) - C'(t)\right]\mathrm{d}t - C_0 \\
&= \int_0^x \left(5 - \frac{5t}{4}\right)\mathrm{d}t - 1 \\
&= 5x - \frac{5}{8}x^2 - 1
\end{aligned}
$$

习题 6

(A)

1. 利用定积分的几何意义,求下列定积分的值:

(1) $\int_0^1 (x+1)\,\mathrm{d}x$; (2) $\int_0^1 \sqrt{1-x^2}\,\mathrm{d}x$;

(3) $\int_{-\pi}^{\pi} \sin x\,\mathrm{d}x$; (4) $\int_{-1}^2 |x|\,\mathrm{d}x$.

2. 设 $\int_{-1}^1 3f(x)\,\mathrm{d}x = 15$, $\int_{-1}^5 f(x)\,\mathrm{d}x = 6$, $\int_{-1}^5 g(x)\,\mathrm{d}x = 2$, 求下列定积分的值:

(1) $\int_{-1}^1 f(x)\,\mathrm{d}x$; (2) $\int_1^5 f(x)\,\mathrm{d}x$;

(3) $\int_5^{-1} g(x)\,\mathrm{d}x$; (4) $\int_{-1}^5 \left[3g(x) + 4f(x)\right]\mathrm{d}x$.

3. 比较下列定积分的大小(在横线上填"$\leqslant$"和"$\geqslant$"):

(1) $\int_1^2 x^2\,\mathrm{d}x$ _____ $\int_1^2 x^3\,\mathrm{d}x$; (2) $\int_0^1 x\,\mathrm{d}x$ _____ $\int_0^1 \ln(1+x)\,\mathrm{d}x$;

(3) $\int_0^1 \sin x\,\mathrm{d}x$ _____ $\int_0^1 \sin^2 x\,\mathrm{d}x$; (4) $\int_0^1 e^x\,\mathrm{d}x$ _____ $\int_0^1 e^{2x}\,\mathrm{d}x$.

4. 估计下列定积分的取值范围：

$(1) \int_{-1}^{1} (x^2 + 1) \mathrm{d}x;$

$(2) \int_{\frac{\pi}{4}}^{\frac{5\pi}{4}} (\sin^2 x + 1) \mathrm{d}x;$

$(3) \int_{\frac{1}{\sqrt{3}}}^{\sqrt{3}} x \arctan x \mathrm{d}x;$

$(4) \int_{0}^{2} \mathrm{e}^{x^2 - x} \mathrm{d}x.$

5. 求下列变限积分的导数：

$(1) f(x) = \int_{0}^{x} \frac{1}{2 + \sin t} \mathrm{d}t;$

$(2) f(x) = \int_{\sin x}^{\cos x} \mathrm{e}^{-t^2} \mathrm{d}t;$

$(3) f(x) = \int_{0}^{x^2} \sqrt{1 + t^2} \mathrm{d}t;$

$(4) f(x) = \int_{x}^{1} x \mathrm{e}^{t} \mathrm{d}t.$

6. 求下列极限：

$(1) \lim_{x \to 0} \dfrac{\int_{0}^{x} \sin t^2 \mathrm{d}t}{x^3};$

$(2) \lim_{x \to 0} \dfrac{\int_{0}^{x^2} \cos t \mathrm{d}t}{x \sin x};$

$(3) \lim_{x \to 1} \dfrac{\int_{1}^{x} \frac{\ln t}{1 + t} \mathrm{d}t}{(x - 1)^2};$

$(4) \lim_{x \to 0} \dfrac{\int_{0}^{x^2} \arctan \sqrt{t} \mathrm{d}t}{x^2}.$

7. 求函数 $F(x) = \int_{0}^{x} t\mathrm{e}^{-t^2} \mathrm{d}t$ 的极值.

8. 设 $F(x) = \int_{0}^{x} \frac{\sin t}{t} \mathrm{d}t$, 求 $F'(0)$.

9. 设函数 $f(x)$ 在 $[a, b]$ 上连续，在 (a, b) 内可导且 $f'(x) \leqslant 0$, 证明：在 (a, b) 内恒有

$$\left[\frac{1}{x - a} \int_{a}^{x} f(t) \mathrm{d}t \right]' \leqslant 0$$

10. 用牛顿-莱布尼茨公式计算下列定积分：

$(1) \int_{0}^{1} (4x^3 - 2x) \mathrm{d}x;$

$(2) \int_{1}^{2} \left(x^2 + \frac{1}{x^4} \right) \mathrm{d}x;$

$(3) \int_{e-1}^{-2} \frac{1}{1 + x} \mathrm{d}x$

$(4) \int_{0}^{\sqrt{3}} \frac{1}{a^2 + x^2} \mathrm{d}x (a > 0);$

$(5) \int_{0}^{\frac{1}{2}} \frac{1}{\sqrt{1 - x^2}} \mathrm{d}x;$

$(6) \int_{0}^{1} \frac{1}{\sqrt{4 - x^2}} \mathrm{d}x;$

$(7) \int_{-\frac{\pi}{2}}^{\frac{\pi}{2}} \cos^2 x \mathrm{d}x;$

$(8) \int_{0}^{\pi} \sqrt{1 + \cos 2x} \mathrm{d}x;$

$(9) \int_{-1}^{1} |x| \mathrm{d}x;$

$(10) \int_{-1}^{0} \frac{3x^4 + 3x^2 + 2}{1 + x^2} \mathrm{d}x.$

11. 设 $f(x) = \begin{cases} x^2, & -1 \leqslant x \leqslant 0 \\ x - 1, & 0 < x \leqslant 1 \end{cases}$, 求 $\int_{-\frac{1}{2}}^{\frac{1}{2}} f(x) \mathrm{d}x.$

12. 用换元法计算下列定积分：

$(1) \int_{-2}^{1} \frac{\mathrm{d}x}{(11 + 5x)^3};$

$(2) \int_{1}^{3} \frac{\mathrm{d}x}{\sqrt{x} (1 + x)};$

$(3) \int_{0}^{\frac{\pi}{2}} \cos^5 x \sin \mathrm{d}x;$

$(4) \int_{-\frac{\pi}{2}}^{\frac{\pi}{2}} \sqrt{\cos x - \cos^3 x} \mathrm{d}x;$

$(5) \int_4^9 \dfrac{\sqrt{x}}{\sqrt{x}-1} \mathrm{d}x$; $\qquad$ $(6) \int_0^{\ln 3} \sqrt{\mathrm{e}^x+1}\, \mathrm{d}x$;

$(7) \int_{\frac{1}{\pi}}^{\frac{2}{\pi}} \dfrac{1}{x^2} \sin \dfrac{1}{x} \mathrm{d}x$; $\qquad$ $(8) \int_0^{\sqrt{2}} \sqrt{2-x^2}\, \mathrm{d}x$.

13. 用分部积分法计算下列定积分：

$(1) \int_0^1 x\mathrm{e}^{-x} \mathrm{d}x$; $\qquad$ $(2) \int_1^{\mathrm{e}} (x+1)\ln x \mathrm{d}x$;

$(3) \int_1^{\mathrm{e}} \dfrac{\ln x}{x^3} \mathrm{d}x$; $\qquad$ $(4) \int_0^{\pi} x^2 \sin x \mathrm{d}x$;

$(5) \int_{\frac{1}{\mathrm{e}}}^{\mathrm{e}} |\ln x|\, \mathrm{d}x$; $\qquad$ $(6) \int_0^1 x \arctan x \mathrm{d}x$;

$(7) \int_{-\frac{\pi}{4}}^0 \dfrac{x}{\cos^2 x} \mathrm{d}x$; $\qquad$ $(8) \int_0^{\frac{\pi}{2}} \mathrm{e}^{2x} \cos x \mathrm{d}x$.

14. 利用函数奇偶性计算下列定积分：

$(1) \int_{-5}^5 \dfrac{x^3 \sin^2 x}{x^4+2x^2+1} \mathrm{d}x (a,b$ 为常数$)$;

$(2) \int_{-\frac{1}{2}}^{\frac{1}{2}} \dfrac{(\arcsin x)^2}{\sqrt{1-x^2}} \mathrm{d}x$.

15. 设函数 $f(x)$ 在 $[a,b]$ 上连续，证明：

$$\int_a^b f(a+b-x)\mathrm{d}x = \int_a^b f(x)\mathrm{d}x$$

16. 设 $f(x) = \ln x - \int_1^{\mathrm{e}} f(x)\mathrm{d}x$ ，证明：$\int_1^{\mathrm{e}} f(x)\mathrm{d}x = \dfrac{1}{\mathrm{e}}$.

17. 已知 $f(x)$ 为连续函数，$F(x) = \int_0^x f(t)\mathrm{d}t$ ，证明：

(1) 若 $f(x)$ 为奇函数，则 $F(x)$ 是偶函数.

(2) 若 $f(x)$ 为偶函数，则 $F(x)$ 是奇函数.

18. 证明：

$$\int_0^1 x^m (1-x)^n \mathrm{d}x = \int_0^1 x^n (1-x)^m \mathrm{d}x (m,n$ 为常数$)$$

19. 利用上题结论计算定积分 $\int_0^1 x(1-x)^{10} \mathrm{d}x$ 的值.

20. 判定下列无穷积分的敛散性. 若收敛，并计算其积分值.

$(1) \int_1^{+\infty} \dfrac{1}{x^3} \mathrm{d}x$; $\qquad$ $(2) \int_{-\infty}^0 \dfrac{1}{2-x} \mathrm{d}x$;

$(3) \int_1^{+\infty} \dfrac{\arctan x}{x^2} \mathrm{d}x$; $\qquad$ $(4) \int_{-\infty}^{+\infty} \dfrac{1}{x^2+2x+2} \mathrm{d}x$;

$(5) \int_0^{+\infty} x\mathrm{e}^{-x^2} \mathrm{d}x$; $\qquad$ $(6) \int_0^{+\infty} \sin x \mathrm{d}x$.

21. 判定下列瑕积分的敛散性. 若收敛，并计算其积分值.

$(1) \int_0^2 \dfrac{1}{x^3} \mathrm{d}x$; $\qquad$ $(2) \int_0^1 \ln x \mathrm{d}x$;

$(3) \int_1^2 \dfrac{\mathrm{d}x}{(x-1)^\alpha};$ $(4) \int_{-1}^1 \dfrac{1}{x^2}\mathrm{d}x;$

$(5) \int_{-1}^1 \dfrac{\mathrm{d}x}{\sqrt{1-x^2}}\mathrm{d}x;$ $(6) \int_1^{\mathrm{e}} \dfrac{\mathrm{d}x}{x\sqrt{1-\ln^2 x}}.$

22. 求由下列曲线所围成图形的面积：

$(1) y = \dfrac{1}{x}, y = x, x = 2;$ $(2) y = 2x, y = x^3;$

$(3) y = x^2, y = 1 - x^2;$ $(4) y = \cos x, y = 0, x = 0, x = 2\pi;$

$(5) y = \mathrm{e}^x, y = \mathrm{e}^{-x}, x = 1;$ $(6) y = x^2, y = 3x + 4;$

$(7) xy = 1, y = x, y = 2;$ $(8) y = x(x-1)(x-2), y = 0.$

23. 求由曲线 $y = \mathrm{e}^x$ 和该曲线过原点的切线及 y 轴所围平面图形的面积.

24. 求抛物线 $y = -x^2 + 4x - 3$ 及其在点 $(0, -3)$ 和 $(3, 0)$ 处的切线所围成的图形的面积.

25. 求由下列曲线所围成的图形绕指定坐标轴旋转而成的旋转体体积：

$(1) y = x^2, x = y^2,$ 求 $V_y;$

$(2) xy = a^2, y = 0, x = a, x = 2a(a > 0),$ 求 $V_x;$

$(3) y = x^2, y = 0, x = 1,$ 求 $V_x, V_y.$

$(4) y = \ln x, y = 0, x = \mathrm{e},$ 求 $V_x, V_y.$

$(5) y = x^3, x = 2, y = 0,$ 求 $V_x, V_y.$

26. D_1 是由 $y = 2x, x = a,$ 以及 $y = 0$ 所围成的平面区域；设 D_2 是由 $y = 2x^2, x = a, x = 2,$ 以及 $y = 0$ 所围成的平面区域. 其中，$0 < a < 2.$

(1) 求 D_1 绕 y 轴旋转而成的旋转体体积 V_1；D_2 绕 x 轴旋转而成的旋转体体积 V_2；

(2) 问当 a 为何值时，$V_1 + V_2$ 取得最大值？试求此最大值.

27. 直径为 20 cm，高为 80 cm 的圆筒内充满压强为 10 N/cm² 的蒸汽. 设温度保持不变，要使蒸汽体积缩小一半，问需要做多少功？

28. 设一圆锥形贮水池，深 15 m，口径 20 m，盛满水，今以吸筒将水吸尽，问要做多少功？

29. 已知生产某产品 x（单位：百台）的边际成本函数和边际收益函数分别为

$$C'(x) = 4 + \dfrac{x}{4}（万元/百台）$$

$$R'(x) = 8 - x（万元/百台）$$

固定成本 $C_0 = 1$ 万元：

(1) 求总成本函数、总收益函数和总利润函数；

(2) 求产量为多少时，利润最大？

（B）

一、填空题

1. 若 $\int_0^k \mathrm{e}^{2x}\mathrm{d}x = \dfrac{3}{2},$ 则 $k = $ _____.

2. $(1) \int_0^{\frac{\pi}{2}} \dfrac{\sin x}{1 + \cos^2 x}\mathrm{d}x = $ _____；

(2) $\int_0^4 e^{\sqrt{x}} dx = $ _____ ;

(3) $\int_{-1}^1 x^5 e^{-x^2} dx = $ _____ .

3. 若 $\int f(x)dx = 2x^2 + C$,则 $\int_0^2 xf(x^2+1)dx = $ _____ .

4. 由曲线 $y = \sqrt{x}$ 、直线 $y = x - 2$ 及 x 轴所围平面图形的面积 $S = $ _____ .

5. 设 $f(x)$ 连续, $F(x) = \dfrac{x^2}{x-a}\int_a^x f(t)dt$,则 $\lim_{x \to a} F(x) = $ _____ .

二、单项选择题

1. $\int_{-1}^1 \dfrac{1}{x^3}dx = ($).

A. 0   B. $\dfrac{1}{4}$ C. $\dfrac{1}{2}$ D. 不存在

2. 函数 $f(x)$ 在 $[a,b]$ 上有界是 $f(x)$ 在 $[a,b]$ 上可积的 _____ 条件,而 $f(x)$ 在 $[a,b]$ 上连续是 $f(x)$ 在 $[a,b]$ 上可积的 _____ 条件.

A. 充分非充要;必要非充分   B. 充分非充要;充分且必要
C. 必要非充分;充分非充要   D. 必要非充分;充分且必要

3. 设函数 $\int_0^{x-3} f(t)dt = x^3 - x^2 + x$,则 $f(x)$ 的极小值为( ).

A. $\dfrac{1}{3}$ B. $-\dfrac{1}{3}$ C. 0   D. 3

4. 设 $F(x) = \int_0^x \dfrac{1}{1+t^2}dt + \int_0^{\frac{1}{x}} \dfrac{1}{1+t^2}dt$,则( ).

A. $F(x) \equiv 0$ B. $F(x) \equiv \dfrac{\pi}{2}$

C. $F(x) \equiv \arctan x$ D. $F(x) \equiv 2\arctan x$

5. 下列广义积分中发散的是( ).

A. $\int_0^{+\infty} xe^{-x}dx$ B. $\int_0^{+\infty} xe^{-x^2}dx$

C. $\int_0^{+\infty} \dfrac{\arctan x}{1+x^2}dx$ D. $\int_0^{+\infty} \dfrac{x}{1+x^2}dx$

6. 设 $f(x) = \sqrt{1-x^2} + x^2\int_0^1 f(x)dx$,则( ).

A. $f(x) = \sqrt{1-x^2} + \dfrac{3\pi}{8}x^2$ B. $f(x) = \sqrt{1-x^2} + \dfrac{\pi}{8}x^2$

C. $f(x) = \sqrt{1-x^2} + \dfrac{\pi}{3}x^2$ D. $f(x) = \sqrt{1-x^2} + \dfrac{\pi}{24}x^2$

高等数学上学期期末检测

检测卷一（理工类）

满分:100 分　时间:100 分钟　难度:适中

一、填空题（每空 3 分,共 15 分）

1. 函数 $f(x) = \dfrac{1}{\sqrt{3-x}} + \arctan\dfrac{1}{x}$ 的连续区间是_____;

2. $\lim\limits_{x \to 0^+} x^2 \cos\dfrac{1}{x} =$ _____;

3. 函数 $y = \sin x$ 的弧微分 $\mathrm{d}s =$ _____;

4. 曲线 $y = \ln x$ 上过点 $(1,0)$ 的法线方程为_____;

5. 若 $f(x) = \displaystyle\int_x^{x^2} \ln(1+t)\,\mathrm{d}t$,则 $f(x)$ 的导函数为_____.

二、单项选择题（每题 3 分,共 15 分）

1. $\lim\limits_{x \to 0^+} \sin(\arctan(\ln x)) = ($ 　　$)$.

　　A. 1

　　B. -1

　　C. 0

　　D. 不存在

2. 函数 $f(x)$ 在点 $x = x_0$ 处的某邻域内有定义,已知 $f'(x_0) = 0$ 且 $f''(x_0) = 0$,则在点 $x = x_0$ 处,$f(x)($ 　　$)$.

　　A. 必有极大值

　　B. 必有极小值

　　C. 必有拐点

　　D. 可能有拐点,也可能没有拐点

3. 设函数 $f(x)$ 在区间 (a,b) 内可导,x_1, x_2 是 (a,b) 内任意两点,且 $x_1 < x_2$,则至少存在一点 ξ,使得下列等式成立的是（　　）.

　　A. $f(b) - f(a) = f'(\xi)(b-a), \xi \in (a,b)$

　　B. $f(b) - f(x_1) = f'(\xi)(b-x_1), \xi \in (x_1, b)$

　　C. $f(x_2) - f(x_1) = f'(\xi)(x_2 - x_1), \xi \in (x_1, x_2)$

　　D. $f(x_2) - f(x_1) = f'(\xi)(x_2 - x_1), \xi \in (a,b)$

4. 下列各式中正确运用洛必达法则求极限的是(　　).

A. $\lim\limits_{x\to2}\dfrac{2x}{2x-1}=\lim\limits_{x\to2}\dfrac{(2x)'}{(2x-1)'}=\dfrac{2}{2}=1$　　　　B. $\lim\limits_{x\to+\infty}\dfrac{e^x}{x^2}=\lim\limits_{x\to+\infty}\dfrac{e^x}{2x}=\lim\limits_{x\to+\infty}\dfrac{e^x}{2}=+\infty$

C. $\lim\limits_{x\to\infty}\dfrac{x+\sin x}{x}=\lim\limits_{x\to\infty}\dfrac{1+\cos x}{1}$ 不存在　　　D. $\lim\limits_{x\to0}\dfrac{\cos x}{x^2}=\lim\limits_{x\to0}\dfrac{-\sin x}{2x}=-\dfrac{1}{2}$

5. 设 $f(x)=\begin{cases}x\arctan\dfrac{1}{x},&x\neq0\\0,&x=0\end{cases}$,则 $f(x)$ 在 $x=0$ 处(　　).

A. 不连续　　　　　　　　　　　　B. 极限不存在

C. 连续且可导　　　　　　　　　　D. 连续但不可导

三、计算题(1—8 题每题 6 分,9 题 10 分,共 58 分)

1. $\lim\limits_{x\to-1}\left(\dfrac{1}{x+1}-\dfrac{3}{x^3+1}\right)$.

2. $\lim\limits_{x\to0^+}x^{\sin x}$.

3. 讨论 a,b 满足什么条件时,函数 $f(x)=\begin{cases}x^2,&x\leq1\\ax+b,&x>1\end{cases}$ 在 $x=1$ 处的连续.

4. 设方程 $xy^2=\ln(x+y)$ 确定 y 是 x 的函数,求微分 $\mathrm{d}y$.

5. 设 $y=(\ln x)^x$,求 y'.

6. 已知参数方程 $\begin{cases}x=e^t\sin t\\y=e^t\cos t\end{cases}$,求二阶导数 $\dfrac{\mathrm{d}^2y}{\mathrm{d}x^2}$.

7. 计算 $\displaystyle\int e^{\sqrt{x}}\mathrm{d}x$.

8. 计算 $\displaystyle\int_0^{\frac{\pi}{2}}\cos^4x\sin x\mathrm{d}x$.

9. 求 $f(x)=2x^3+3x^2-12x+14$ 的单调区间和凹凸区间.

四、证明题(每题 6 分,共 12 分)

1. 根据数列极限证明: $\lim\limits_{n\to\infty}\dfrac{3n+3}{4n+1}=\dfrac{3}{4}$.

2. 证明:当 $x>1$ 时,$\ln x>\dfrac{2(x-1)}{x+1}$.

检测卷二(经济管理类)

满分:100 分　　时间:100 分钟　　难度:适中

一、填空题(每空 3 分,共 18 分)

1. 函数 $y=\dfrac{\ln x}{x-1}$ 的连续区间为 _____.

2. $\lim\limits_{x\to0}\dfrac{2+2x}{e^x+\sin x}=$ _____.

3. $\lim\limits_{x \to 1} \dfrac{x^2 - 1}{x - 1} =$ _____.

4. 函数 $y = (2x + 1)^{10}$，则 $y' =$ _____.

5. 函数 $y = \sin e^x$，则 $dy =$ _____.

6. $\int (3x^4 + 2x + 2) dx =$ _____.

二、单项选择题（每题 3 分，共 18 分）

1. 设函数 $f(x) = \dfrac{x}{1 + x}$，则复合函数 $f(f(x)) = ($ $)$.

   A. $\dfrac{x}{1 + x}$ B. $\dfrac{x}{1 + 2x}$ C. $\dfrac{x}{1 + 3x}$ D. $\dfrac{x}{1 + 4x}$

2. 下列函数是当 $x \to \infty$ 时的无穷小量的是（   ）.

   A. $y = \dfrac{x}{1 + x}$ B. $y = e^x$ C. $y = \dfrac{1}{1 + x}$ D. $y = e^{-x}$

3. 若函数 $f(x)$ 在区间（   ）上连续，则 $f(x)$ 在该区间内一定存在最大值和最小值.
   A. (a, b) B. $[a, b)$ C. $(a, b]$ D. $[a, b]$

4. 下列哪个函数在给定区间上满足罗尔定理的条件?（   ）
   A. $f(x) = \sin x, x \in [0, \pi]$ B. $f(x) = |x|, x \in [-1, 1]$

   C. $f(x) = \dfrac{1 + x^2}{x^4}, x \in [-3, 3]$ D. $f(x) = x^2, x \in [0, 1]$

5. 已知 $f(x)$ 在区间 (a, b) 上 $f'(x) > 0$ 且 $f''(x) < 0$ 则函数 $f(x)$ 在区间 (a, b) 上的单调性和凹凸性分别是（   ）.

   A. 单调增，凸的   B. 单调增，凹的

   C. 单调减，凸的   D. 单调减，凹的

6. 下列选项不正确的是（   ）.

   A. $\left(\int f(x) dx \right)' = f(x)$ B. $\left(\int f(x) dx \right)' = 0$

   C. $d\int f(x) dx = f(x) dx$ D. $\int f'(x) dx = f(x) + C$

三、计算题（1—6 题每题 7 分，7—8 题每题 8 分，共 58 分）

1. 已知 $f(x) = \begin{cases} \dfrac{x^2 + x - 2}{x - 1}, & x < 1 \\ 1 + x, & x > 1 \end{cases}$，计算 $\lim\limits_{x \to 1^-} f(x)$，$\lim\limits_{x \to 1^+} f(x)$ 和 $\lim\limits_{x \to 1} f(x)$.

2. $\lim\limits_{x \to 0} \dfrac{e^x + \sin x - 1}{\ln(1 + x)}$.

3. $\lim\limits_{x \to 0^+} x^x$.

4. 设 $y = \dfrac{\sin(2x^2 + 1)}{x}$，求 y'.

5. 设 $y = (\sin x)^x$，求 y'.

6. 已知方程 $\sin(xy) = x$ 所确定的隐函数为 $y = y(x)$，求 dy.

7. 已知函数 $f(x) = x^3 - 3x^2 - 45x + 1$，求函数 $f(x)$ 的凹凸区间.

8. 设某企业的总利润函数 $L(x) = 40 - 2x - 0.1x^2$，其中 x 为产量，求 $x = 10$ 时的边际利润和弹性.

四、证明题(6 分)

证明：$2\arctan x + \arcsin \dfrac{2x}{1+x^2} = \pi, x \in [1, +\infty)$.

第 7 章

空间解析几何

几何之父

空间解析几何的产生是数学史上一个划时代的成就. 它通过点与坐标的对应, 把数学研究的两个基本对象"数"和"形"统一起来, 使得人们既可以用代数方法研究解决几何问题, 也可以用几何方法解决代数问题.

本章简单介绍空间解析几何的一些基本概念以及空间曲面与空间曲线的知识, 并以向量为工具讨论空间的平面和直线. 这些内容对学习多元函数的微分学和积分学将起到重要的作用. 由于在向量的运算过程以及后续章节涉及行列式的计算, 所以本章 7.1 节补充行列式的相关知识.

7.1 二阶与三阶行列式

7.1.1 二阶行列式

对二元线性方程组

$$\begin{cases} a_{11}x_1 + a_{12}x_2 = b_1 \\ a_{21}x_1 + a_{22}x_2 = b_2 \end{cases}$$

由消元法得

$$\begin{cases} (a_{11}a_{22} - a_{12}a_{21})x_1 = b_1a_{22} - b_2a_{12} \\ (a_{11}a_{22} - a_{12}a_{21})x_2 = b_2a_{11} - b_1a_{21} \end{cases}$$

当 $a_{11}a_{22} - a_{12}a_{21} \neq 0$ 时, 方程组仅有唯一解

$$\begin{cases} x_1 = \dfrac{b_1a_{22} - b_2a_{12}}{a_{11}a_{22} - a_{12}a_{21}} \\ x_2 = \dfrac{b_2a_{11} - b_1a_{21}}{a_{11}a_{22} - a_{12}a_{21}} \end{cases}$$

为了进一步分析研究线性方程组解的规律, 引入新的符号 $D = \begin{vmatrix} a_{11} & a_{12} \\ a_{21} & a_{22} \end{vmatrix}$, 表示代数和

$(a_{11}a_{22} - a_{12}a_{21})$，此符号由未知量的系数排成二行二列，称为二阶行列式，即

$$D = \begin{vmatrix} a_{11} & a_{12} \\ a_{21} & a_{22} \end{vmatrix} = a_{11}a_{22} - a_{12}a_{21}$$

其中，构成行列式的各个量 $a_{11}, a_{12}, a_{21}, a_{22}$ 称为行列式的元素. 元素的第一个脚标表示其所在的行数，称为**行标**；元素的第二个脚标表示其所在的列数，称为**列标**；元素的一般形式可记作 $a_{ij}(i, j = 1, 2)$，i 为行标，j 为列标. 行列式的左上角到右下角的对角线称为行列式的**主对角线**，右上角到左下角的对角线称为行列式的**次对角线**.

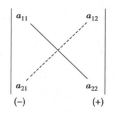

图 7.1

二阶行列式的计算，可用图线的方法表示和记忆. 如图 7.1 所示，二阶行列式的计算方法为主对角线（实线）上两元素之积减去次对角线（虚线）上两元素之积.

另外，由二阶行列式的定义知，代数和 $(b_1a_{22} - b_2a_{12})$ 与 $(b_2a_{11} - b_1a_{21})$ 也可用二阶行列式的形式表示为

$$D_1 = \begin{vmatrix} b_1 & a_{12} \\ b_2 & a_{22} \end{vmatrix} = b_1a_{22} - b_2a_{12}, D_2 = \begin{vmatrix} a_{11} & b_1 \\ a_{21} & b_2 \end{vmatrix} = b_2a_{11} - b_1a_{21}$$

显然，D_1, D_2 可看作以 b_1, b_2 为一列分别取代 D 中第 1 列、第 2 列得到. 于是，方程组的解可表示为

$$\begin{cases} x_1 = \dfrac{D_1}{D} \\ x_2 = \dfrac{D_2}{D} \end{cases}$$

由此，二元线性方程组可通过其未知量系数、常数项构成的二阶行列式 D, D_1, D_2 计算求解.

【**例 7.1**】 解二元线性方程组 $\begin{cases} 3x_1 - 2x_2 = 12 \\ 2x_1 + x_2 = 1 \end{cases}$.

解 由于

$$D = \begin{vmatrix} 3 & -2 \\ 2 & 1 \end{vmatrix} = 7 \neq 0, D_1 = \begin{vmatrix} 12 & -2 \\ 1 & 1 \end{vmatrix} = 14, D_2 = \begin{vmatrix} 3 & 12 \\ 2 & 1 \end{vmatrix} = -21$$

故

$$x_1 = \frac{D_1}{D} = 2, x_2 = \frac{D_2}{D} = -3$$

7.1.2 三阶行列式

求解三元一次方程组

$$\begin{cases} a_{11}x_1 + a_{12}x_2 + a_{13}x_3 = b_1 \\ a_{21}x_1 + a_{22}x_2 + a_{23}x_3 = b_2 \\ a_{31}x_1 + a_{32}x_2 + a_{33}x_3 = b_3 \end{cases} \qquad (7.1)$$

用消元法消去 x_2, x_3 得

使用优越符号
成就的数学家

$$(a_{11}a_{22}a_{33} + a_{12}a_{23}a_{31} + a_{13}a_{21}a_{32} - a_{13}a_{22}a_{31} - a_{12}a_{21}a_{33} - a_{11}a_{23}a_{32})x_1$$
$$= b_1a_{22}a_{33} + a_{12}a_{23}b_3 + a_{13}b_2a_{32} - b_1a_{23}a_{32} - a_{12}b_2a_{33} - a_{13}a_{22}b_3 \tag{7.2}$$

显然，x_1 的系数只与方程组(7.1)未知量系数及其排列顺序有关. 于是，为研究问题方便，引入记号

$$D = \begin{vmatrix} a_{11} & a_{12} & a_{13} \\ a_{21} & a_{22} & a_{23} \\ a_{31} & a_{32} & a_{33} \end{vmatrix}$$

来表示变形方程(7.2)中 x_1 的系数，它是由未知量系数排成 3 行 3 列构成的，称为**三阶行列式**，即

$$D = \begin{vmatrix} a_{11} & a_{12} & a_{13} \\ a_{21} & a_{22} & a_{23} \\ a_{31} & a_{32} & a_{33} \end{vmatrix}$$

$$= a_{11}a_{22}a_{33} + a_{12}a_{23}a_{31} + a_{13}a_{21}a_{32} - a_{11}a_{23}a_{32} - a_{12}a_{21}a_{33} - a_{13}a_{22}a_{31}$$

由此，变形方程(7.2)右端的代数和也可记作

$$D_1 = \begin{vmatrix} b_1 & a_{12} & a_{13} \\ b_2 & a_{22} & a_{23} \\ b_3 & a_{32} & a_{33} \end{vmatrix}$$

它是以 b_1, b_2, b_3 为一列取代 D 中第 1 列得到的. 因此，方程(7.2)可写成 $Dx_1 = D_1$，同理，由方程组(7.1)可得

$$Dx_2 = D_2, Dx_3 = D_3$$

因此，方程组(7.1)可写成

$$\begin{cases} Dx_1 = D_1 \\ Dx_2 = D_2 \\ Dx_3 = D_3 \end{cases}$$

当 $D \neq 0$ 时，方程组(7.1)仅有唯一解

$$\begin{cases} x_1 = \dfrac{D_1}{D} \\ x_2 = \dfrac{D_2}{D} \\ x_3 = \dfrac{D_3}{D} \end{cases}$$

其中

$$D_1 = \begin{vmatrix} b_1 & a_{12} & a_{13} \\ b_2 & a_{22} & a_{23} \\ b_3 & a_{32} & a_{33} \end{vmatrix}, D_2 = \begin{vmatrix} a_{11} & b_1 & a_{13} \\ a_{21} & b_2 & a_{23} \\ a_{31} & b_3 & a_{33} \end{vmatrix}, D_3 = \begin{vmatrix} a_{11} & a_{12} & b_1 \\ a_{21} & a_{22} & b_2 \\ a_{31} & a_{32} & b_3 \end{vmatrix}$$

由此可知，三元线性方程组可通过三阶行列式 D, D_1, D_2, D_3 计算求解.

三阶行列式的计算也可用图线的方法表示、记忆(图 7.2)，实线连接的 3 个元素之积取正，虚线连接的 3 个元素之积取负，即

$$D = a_{11}a_{22}a_{33} + a_{12}a_{23}a_{31} + a_{13}a_{21}a_{32} - a_{11}a_{23}a_{32} - a_{12}a_{21}a_{33} - a_{13}a_{22}a_{31}$$

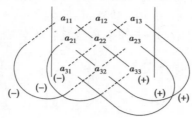

图 7.2

【例 7.2】 用对角线展开法计算：$\begin{vmatrix} 2 & -1 & 1 \\ 3 & 2 & -5 \\ 1 & 3 & -2 \end{vmatrix}$.

解 $\begin{vmatrix} 2 & -1 & 1 \\ 3 & 2 & -5 \\ 1 & 3 & -2 \end{vmatrix} = 2 \times 2 \times (-2) + 3 \times 3 \times 1 + (-1) \times (-5) \times 1 - 1 \times 2 \times 1 -$

$$3 \times (-1) \times (-2) - 3 \times (-5) \times 2$$
$$= -8 + 9 + 5 - 2 - 6 + 30$$
$$= 28$$

【例 7.3】 用行列式解线性方程组：$\begin{cases} x_1 + 2x_2 + 3x_3 = 4 \\ 2x_1 + x_2 + 2x_3 = -4. \\ x_1 + 3x_2 + 3x_3 = 8 \end{cases}$

解 因为系数行列式 $D = \begin{vmatrix} 1 & 2 & 3 \\ 2 & 1 & 2 \\ 1 & 3 & 3 \end{vmatrix} = 4 \neq 0$

所以线性方程组有唯一解. 又因为

$$D_1 = \begin{vmatrix} 4 & 2 & 3 \\ -4 & 1 & 2 \\ 8 & 3 & 3 \end{vmatrix} = -16, D_2 = \begin{vmatrix} 1 & 4 & 3 \\ 2 & -4 & 2 \\ 1 & 8 & 3 \end{vmatrix} = 16, D_3 = \begin{vmatrix} 1 & 2 & 4 \\ 2 & 1 & -4 \\ 1 & 3 & 8 \end{vmatrix} = 0$$

所以方程组的解为

$$x_1 = \frac{D_1}{D} = \frac{-16}{4} = -4, x_2 = \frac{D_2}{D} = \frac{16}{4} = 4, x_3 = \frac{D_3}{D} = \frac{0}{4} = 0$$

7.1.3 行列式的展开

1)n 阶行列式

为了讨论四元、五元以及 n 元线性方程组,需要将行列式的概念推广到四阶、五阶及任意 n 阶. 为了给出 n 阶行列式的定义,先来考察一下二阶、三阶行列式的构成规律.

(1)行列式中元素个数:

二阶行列式:由 $4 = 2 \times 2$ 个元素构成,排成 2 行 2 列.

三阶行列式:由 $9 = 3 \times 3$ 个元素构成,排成 3 行 3 列.

(2)行列式展开中的项数:

二阶:$2 = 2 \times 1 = 2!$ 项的代数和.

三阶:$6 = 3 \times 2 \times 1 = 3!$ 项的代数和.

(3)展开式中每一项的特点:

二阶:每一项均为来自不同行不同列 2 个元素的积.

三阶:每一项均为来自不同行不同列 3 个元素的积.

也就是说,每一项中各元素的行标、列标分别不会重复,否则,不是行列式中的项. 因 1,2,3 共有 6 个不同的排列,所以对应行列式右端是 6 项的代数和.

由以上规律得 n 阶行列式的定义:

定义 1 称由 n^2 个数 $a_{ij}(i,j = 1,2,3,\cdots,n)$ 排成 n 行 n 列组成的记号

$$D = \begin{vmatrix} a_{11} & a_{12} & \cdots & a_{1n} \\ a_{21} & a_{22} & \cdots & a_{2n} \\ \vdots & \vdots & & \vdots \\ a_{n1} & a_{n2} & \cdots & a_{nn} \end{vmatrix}$$

为 n **阶行列式**,简记为 $D = \det(a_{ij})$.

注:n 阶行列式展开式为 $n!$ 项的代数和,且每一项均为来自不同行不同列 n 个元素的积.

2)余子式与代数余子式

定义 2 在 n 阶行列式 $D = \begin{vmatrix} a_{11} & a_{12} & \cdots & a_{1n} \\ a_{21} & a_{22} & \cdots & a_{2n} \\ \vdots & \vdots & & \vdots \\ a_{n1} & a_{n2} & \cdots & a_{nn} \end{vmatrix}$ 中把元素 a_{ij} 所在的第 i 行和第 j 列划去

留下的 $n-1$ 阶行列式,称为元素 a_{ij} 的余子式,记作 M_{ij},即

$$M_{ij} = \begin{vmatrix} a_{1,1} & \cdots & a_{1,j-1} & a_{1,j+1} & \cdots & a_{1n} \\ \vdots & & \vdots & \vdots & & \vdots \\ a_{i-1,1} & \cdots & a_{i-1,j-1} & a_{i-1,j+1} & \cdots & a_{i-1,n} \\ a_{i+1,1} & \cdots & a_{i+1,j-1} & a_{i+1,j+1} & \cdots & a_{i+1,n} \\ \vdots & & \vdots & \vdots & & \vdots \\ a_{n1} & \cdots & a_{n,j-1} & a_{n,j+1} & \cdots & a_{nn} \end{vmatrix}$$

并称 $A_{ij} = (-1)^{i+j} M_{ij}$ 为元素 a_{ij} 的代数余子数,记作 A_{ij}.

例如,三阶行列式 $D = \begin{vmatrix} a_{11} & a_{12} & a_{13} \\ a_{21} & a_{22} & a_{23} \\ a_{31} & a_{32} & a_{33} \end{vmatrix}$ 中元素 a_{12} 的余子式和代数余子式分别为

$$M_{12} = \begin{vmatrix} a_{21} & a_{23} \\ a_{31} & a_{33} \end{vmatrix}, A_{12} = (-1)^{1+2} M_{12}$$

元素 a_{33} 的余子式和代数余子式分别为

$$M_{33} = \begin{vmatrix} a_{11} & a_{12} \\ a_{21} & a_{22} \end{vmatrix}, A_{33} = (-1)^{3+3} M_{33}$$

【例7.4】 已知行列式 $D = \begin{vmatrix} 1 & 2 & 3 \\ 3 & 2 & 1 \\ 2 & 3 & 1 \end{vmatrix}$，写出 a_{21}, a_{22}, a_{23} 的余子式及代数余子式.

解 由定义得

$$M_{21} = \begin{vmatrix} 2 & 3 \\ 3 & 1 \end{vmatrix}, A_{21} = (-1)^{2+1} \begin{vmatrix} 2 & 3 \\ 3 & 1 \end{vmatrix} = -\begin{vmatrix} 2 & 3 \\ 3 & 1 \end{vmatrix}$$

$$M_{22} = \begin{vmatrix} 1 & 3 \\ 2 & 1 \end{vmatrix}, A_{22} = (-1)^{2+2} \begin{vmatrix} 1 & 3 \\ 2 & 1 \end{vmatrix} = \begin{vmatrix} 1 & 3 \\ 2 & 1 \end{vmatrix}$$

$$M_{23} = \begin{vmatrix} 1 & 2 \\ 2 & 3 \end{vmatrix}, A_{21} = (-1)^{2+3} \begin{vmatrix} 1 & 2 \\ 2 & 3 \end{vmatrix} = -\begin{vmatrix} 1 & 2 \\ 2 & 3 \end{vmatrix}$$

3）行列式的值与代数余子式的关系

考察三阶行列式 $D = \begin{vmatrix} a_{11} & a_{12} & a_{13} \\ a_{21} & a_{22} & a_{23} \\ a_{31} & a_{32} & a_{33} \end{vmatrix}$ 第2行各元素的代数余子式.

a_{21} 的代数余子式为 $A_{21} = (-1)^{2+1} \begin{vmatrix} a_{12} & a_{13} \\ a_{32} & a_{33} \end{vmatrix} = a_{13}a_{32} - a_{12}a_{33}$

a_{22} 的代数余子式为 $A_{22} = (-1)^{2+2} \begin{vmatrix} a_{11} & a_{13} \\ a_{31} & a_{33} \end{vmatrix} = a_{11}a_{33} - a_{13}a_{31}$

a_{23} 的代数余子式为 $A_{23} = (-1)^{2+3} \begin{vmatrix} a_{11} & a_{12} \\ a_{31} & a_{33} \end{vmatrix} = a_{12}a_{31} - a_{11}a_{32}$

而

$$D = \begin{vmatrix} a_{11} & a_{12} & a_{13} \\ a_{21} & a_{22} & a_{23} \\ a_{31} & a_{32} & a_{33} \end{vmatrix}$$

$$= a_{11}a_{22}a_{33} + a_{12}a_{23}a_{31} + a_{13}a_{21}a_{32} - a_{13}a_{22}a_{31} - a_{12}a_{21}a_{33} - a_{11}a_{23}a_{32}$$
$$= a_{21}(a_{13}a_{32} - a_{12}a_{33}) + a_{22}(a_{11}a_{33} - a_{13}a_{31}) + a_{23}(a_{12}a_{31} - a_{11}a_{32})$$
$$= a_{21}A_{21} + a_{22}A_{22} + a_{23}A_{23}$$

行列式 D 的值等于第2行各元素与其代数余子式乘积之和,称为三阶行列式按第2行展开. 也就是说,三阶行列式可通过降阶化为二阶行列式计算.

同理,由类似方法可以推导,三阶行列式可以按第1行或第3行展开,也可按第1列或第2列或第3列展开. 总之,三阶行列式 D 的值等于任意行(列)各元素与其代数余子式乘积之和.

可以证明,这个结论对 n 阶行列式同样成立. 于是有以下定理:

定理1 n 阶行列式 D 等于它的任意一行(列)各元素与其代数余子式乘积之和,即

$$D = \begin{cases} a_{i1}A_{i1} + a_{i2}A_{i2} + \cdots + a_{in}A_{in}(i = 1, 2, \cdots, n) \\ a_{1j}A_{1j} + a_{2j}A_{2j} + \cdots + a_{nj}A_{nj}(j = 1, 2, \cdots, n) \end{cases}$$

显然,共有 $2n$ 个等式,分别称为行列式 D 按第 $i(i = 1, 2, \cdots, n)$ 行或第 $j(j = 1, 2, \cdots, n)$ 列展开.

【例 7.5】 计算 $D = \begin{vmatrix} 5 & 0 & 1 \\ 0 & 3 & 2 \\ 1 & 0 & 3 \end{vmatrix}$.

解 因为第 2 列"0"元素较多,按第 2 列展开得

$$D = 3 \times (-1)^{2+2} \begin{vmatrix} 5 & 1 \\ 1 & 3 \end{vmatrix} = 3 \times 14 = 42$$

【例 7.6】 计算行列式 $D = \begin{vmatrix} 3 & 1 & -1 & 2 \\ -5 & 1 & 3 & -4 \\ 2 & 0 & 1 & -1 \\ 1 & -5 & 3 & -3 \end{vmatrix}$.

解 $D = 2A_{31} + 0A_{32} + 1A_{33} + (-1)A_{34}$ （按第 3 行展开）

$$= 2\begin{vmatrix} 1 & -1 & 2 \\ 1 & 3 & -4 \\ -5 & 3 & -3 \end{vmatrix} + 1\begin{vmatrix} 3 & 1 & 2 \\ -5 & 1 & -4 \\ 1 & -5 & -3 \end{vmatrix} + (-1)(-1)^{3+4}\begin{vmatrix} 3 & 1 & -1 \\ -5 & 1 & 3 \\ 1 & -5 & 3 \end{vmatrix}$$

$$= 40$$

7.2 向量及其运算

7.2.1 空间直角坐标系

用代数的方法来研究几何的问题,我们需要建立空间的点与有序数组之间的联系,为此我们通过引进空间直角坐标系来实现.

1)空间直角坐标系的建立

过空间一定点 O,作 3 条互相垂直的数轴,这 3 条数轴分别叫作 x 轴(**横轴**)、y 轴(**纵轴**)、z 轴(**竖轴**),它们都以 O 为原点且具有相同的长度单位. 通常把 x 轴和 y 轴配置在水平面上,而 z 轴则是铅垂线;它们的正方向要符合右手规则:右手握住 z 轴,当右手的四指从 x 轴的正向转过 $\pi/2$ 角度指向 y 轴正向时,大拇指的指向就是 z 轴的正向,这样就建立了一个空间直角坐标系(图 7.3),称 $Oxyz$ 为**直角坐标系**,点 O 叫作**坐标原点**.

在 $Oxyz$ 直角坐标系下,数轴 Ox,Oy,Oz 统称为坐标轴,3 条坐标轴中每两条可以确定一个平面,称为坐标面,分别为 xOy,yOz,zOx,3 个坐标平面将空间分为 8 个部分,每一部分叫作一个卦限(图 7.4),分别用 Ⅰ、Ⅱ、Ⅲ、Ⅳ、Ⅴ、Ⅵ、Ⅶ、Ⅷ表示.

图 7.3   图 7.4

2)空间点的直角坐标

设 M 为空间中的任一点,过点 M 分别作垂直于 3 个坐标轴的 3 个平面,与 x 轴、y 轴、z 轴依次交于 A,B,C 3 点,若这 3 点在 x 轴、y 轴、z 轴上的坐标分别为 x,y,z,于是点 M 就唯一确定了一个有序数组 (x,y,z),则称该数组 (x,y,z) 为点 M 在空间直角坐标系 $Oxyz$ 中的**坐标**(图 7.5).x,y,z 分别称为点 M 的**横坐标**、**纵坐标**和**竖坐标**.

图 7.5

反之,若任意给定一个有序数组 (x,y,z),在 x 轴、y 轴、z 轴上分别取坐标为 x,y,z 的 3 个点 A,B,C,过这 3 个点分别作垂直于 3 个坐标轴的平面,这 3 个平面只有一个交点 M,该点就是以有序数组 (x,y,z) 为坐标的点,因此空间中的点 M 就与有序数组 (x,y,z) 之间建立了一一对应的关系.

注:A,B,C 这 3 点正好是过 M 点作 3 个坐标轴垂线的垂足.

3)空间中两点之间的距离

设两点 $M(x_1,y_1,z_1),N(x_2,y_2,z_2)$,则 M 与 N 之间的距离为

$$d = \sqrt{(x_2-x_1)^2 + (y_2-y_1)^2 + (z_2-z_1)^2} \tag{7.3}$$

事实上,过点 M 和 N 作垂直于 xOy 平面的直线,分别交 xOy 平面于点 M_1 和 N_1,则 $MM_1 /\!/ NN_1$,显然,点 M_1 的坐标为 $(x_1,y_1,0)$,点 N_1 的坐标为 $(x_2,y_2,0)$(图 7.6).

由平面解析几何的两点间距离公式知,M_1 和 N_1 的距离为

$$|M_1N_1| = \sqrt{(x_2-x_1)^2 + (y_2-y_1)^2}$$

过点 M 作平行于 xOy 平面的平面,交直线 NN_1 于 N_2,则 $M_1N_1 /\!/ MN_2$,因此 N_2 的坐标为 (x_2,y_2,z_1),且

$$|MN_2| = |M_1N_1| = \sqrt{(x_2-x_1)^2 + (y_2-y_1)^2}$$

在直角三角形 MN_2N 中,有

$$|N_2N| = |z_2-z_1|$$

所以点 M 与 N 间的距离为

图 7.6

$$d = \sqrt{|MN_2|^2 + |N_2N|^2} = \sqrt{(x_2 - x_1)^2 + (y_2 - y_1)^2 + (z_2 - z_1)^2}$$

【例 7.7】 设 $A(-1,2,0)$ 与 $B(-1,0,-2)$ 为空间两点,求 A 与 B 两点间的距离.

解 由式(7.3)可得,A 与 B 两点间的距离为

$$d = \sqrt{[-1-(-1)]^2 + (0-2)^2 + (-2-0)^2} = 2\sqrt{2}$$

【例 7.8】 在 z 轴上求与点 $A(3,5,-2)$ 和 $B(-4,1,5)$ 等距的点 M.

解 由于所求的点 M 在 z 轴上,因而 M 点的坐标可设为 $(0,0,z)$,又由于

$$|MA| = |MB|$$

由式(7.3),得

$$\sqrt{3^2 + 5^2 + (-2-z)^2} = \sqrt{(-4)^2 + 1^2 + (5-z)^2}$$

从而解得 $z = \dfrac{2}{7}$,即所求的点为 $M\left(0,0,\dfrac{2}{7}\right)$.

7.2.2 向量及其线性运算

1)向量的概念

在日常生活中,我们经常会遇到一些量,如质量、时间、面积、温度等,它们在取定一个度量单位后,就可以用一个数来表示.这种只有大小没有方向的量叫作**数量**(或**标量**).但有一些量,如力、位移、速度、电场强度等,仅仅用一个实数是无法将它们确切地表示出来,因为它们不仅有大小,而且还有方向,这种既有大小又有方向的量叫作**向量**(或**矢量**).

在数学上,我们用有向线段 $\overrightarrow{AB}$ 来表示向量,A 称为**向量的起点**,B 称为**向量的终点**,有向线段的长度就表示向量的大小,有向线段的方向就表示向量的方向.通常在印刷时用黑体小写字母 $\boldsymbol{a}, \boldsymbol{b}, \boldsymbol{c}, \cdots$ 来表示向量,手写时用带箭头的小写字母 $\vec{a}, \vec{b}, \vec{c}, \cdots$ 来记向量.

向量的长度称为向量的**模**,记作 $|\boldsymbol{a}|$ 或 $|\overrightarrow{AB}|$,模为 1 的向量叫作**单位向量**,模为 0 的向量叫作**零向量**,记作 $\boldsymbol{0}$,规定:零向量的方向可以是任意的.

本章我们讨论的是自由向量,即只考虑向量的大小和方向,而不考虑向量的起点,因此,我们把大小相等、方向相同的向量叫作**相等向量**,记作 $\boldsymbol{a} = \boldsymbol{b}$.规定:所有的零向量都相等.

与向量 $\boldsymbol{a}$ 大小相等,方向相反的向量叫作 $\boldsymbol{a}$ 的**负向量**(或**反向量**),记作 $-\boldsymbol{a}$.

平行于同一直线的一组向量叫作**平行向量**(或**共线向量**).

平行于同一平面的一组向量叫作**共面向量**,零向量与任何共面的向量组共面.

2)向量的线性运算

在物理学中,力与位移都是向量,求两个力的合力用的是平行四边形法则,类似地,可以定义两个向量的加法运算.

定义 3 对向量 $\boldsymbol{a}, \boldsymbol{b}$,从同一起点 A 作有向线段 $\overrightarrow{AB}, \overrightarrow{AD}$ 分别表示 $\boldsymbol{a}$ 与 $\boldsymbol{b}$,然后以 $\overrightarrow{AB}, \overrightarrow{AD}$ 为邻边作平行四边形 $ABCD$,则我们把从起点 A 到顶点 C 的向量 $\overrightarrow{AC}$ 称为**向量 $\boldsymbol{a}$ 与 $\boldsymbol{b}$ 的和**(图 7.7),记作 $\boldsymbol{a} + \boldsymbol{b}$.这种求和方法称为**平行四边形法则**.

若将向量 **b** 平移,使其起点与向量 **a** 的终点重合,则以 **a** 的起点为起点,**b** 的终点为终点的向量 **c** 就是 **a** 与 **b** 的和(图 7.8),该法则称为**三角形法则**.

多个向量,如 **a**,**b**,**c**,**d** 首尾相接,则从第一个向量的起点到最后一个向量的终点的向量就是它们的和 **a** + **b** + **c** + **d**(图 7.9).

图 7.7　　　　　　　　　　图 7.8　　　　　　　　　　图 7.9

对于任意向量 **a**,**b**,**c**,满足以下运算法则:

(1)**a** + **b** = **b** + **a**(交换律).

(2)(**a** + **b**) + **c** = **a** + (**b** + **c**)(结合律).

(3)**a** + **θ** = **a**.

图 7.10

定义 4　向量 **a** 与 **b** 的负向量 −**b** 的和,称为**向量 a 与 b 的差**,即 **a** − **b** = **a** + (−**b**). 特别地,当 **b** = **a** 时,有 **a** + (−**a**) = **θ**.

由向量减法的定义,我们从同一起点 O 作有向线段 $\overrightarrow{OA}$,$\overrightarrow{OB}$ 分别表示 **a**,**b**,则

$$\boldsymbol{a} - \boldsymbol{b} = \overrightarrow{OA} - \overrightarrow{OB} = \overrightarrow{OA} + (-\overrightarrow{OB}) = \overrightarrow{OA} + \overrightarrow{BO} = \overrightarrow{BA}$$

也就是说,若向量 **a** 与 **b** 的起点放在一起,则 **a**,**b** 的差向量就是以 **b** 的终点为起点,以 **a** 的终点为终点的向量(图 7.10).

定义 5　实数 λ 与向量 **a** 的乘积是一个向量,记作 $\lambda \boldsymbol{a}$,$\lambda \boldsymbol{a}$ 的模是 $|\lambda||\boldsymbol{a}|$,方向:当 $\lambda > 0$ 时,$\lambda \boldsymbol{a}$ 与 **a** 同向;当 $\lambda < 0$ 时,$\lambda \boldsymbol{a}$ 与 **a** 反向;当 $\lambda = 0$ 时,$\lambda \boldsymbol{a} = \boldsymbol{\theta}$.

对于任意向量 **a**,**b** 以及任意实数 λ,μ,有运算法则:

(1)$(\lambda \mu) \boldsymbol{a} = \lambda(\mu \boldsymbol{a})$.

(2)$(\lambda + \mu) \boldsymbol{a} = \lambda \boldsymbol{a} + \mu \boldsymbol{a}$.

(3)$\lambda(\boldsymbol{a} + \boldsymbol{b}) = \lambda \boldsymbol{a} + \lambda \boldsymbol{b}$.

向量的加法、减法及数乘向量运算统称为向量的线性运算,$\lambda \boldsymbol{a} + \mu \boldsymbol{b}$ 称为 **a**,**b** 的一个线性组合(λ,$\mu \in R$).

特别地,与 **a** 同方向的单位向量叫作 **a** 的单位向量,记作 $\boldsymbol{e}_a$,即 $\boldsymbol{e}_a = \dfrac{\boldsymbol{a}}{|\boldsymbol{a}|}$.

上式表明:一个非零向量除以它的模的结果是一个与原向量同方向的单位向量.

【**例 7.9**】　如图 7.11 所示,在平行六面体 $ABCD$—$A'B'C'D'$ 中,设 $\overrightarrow{AA'} = \boldsymbol{a}$,$\overrightarrow{AD} = \boldsymbol{b}$,$\overrightarrow{AB} = \boldsymbol{c}$,试用 **a**,**b**,**c** 来表示对角线向量 $\overrightarrow{AC'}$,$\overrightarrow{A'C}$.

解
$$\overrightarrow{AC'} = \overrightarrow{AB} + \overrightarrow{BC} + \overrightarrow{CC'} = \overrightarrow{AB} + \overrightarrow{BC} + \overrightarrow{AA'} = \boldsymbol{a} + \boldsymbol{b} + \boldsymbol{c}$$
$$\overrightarrow{A'C} = \overrightarrow{A'A} + \overrightarrow{AB} + \overrightarrow{BC} = -\overrightarrow{AA'} + \overrightarrow{AB} + \overrightarrow{AD} = -\boldsymbol{a} + \boldsymbol{b} + \boldsymbol{c}$$

由于向量 $\lambda \boldsymbol{a}$ 与 **a** 平行,所以我们通常用数与向量的乘积来说明两个向量的平行关系. 即有如下定理.

图 7.11

定理 2 向量 $\boldsymbol{a}$ 与非零向量 $\boldsymbol{b}$ 平行的充分必要条件是存在一个实数 λ，使得 $\boldsymbol{a} = \lambda \boldsymbol{b}$.

3）向量的坐标表示

取空间直角坐标系 $Oxyz$，在 x 轴、y 轴、z 轴上各取一个与坐标轴同向的单位向量，依次记作 $\boldsymbol{i}, \boldsymbol{j}, \boldsymbol{k}$，称作**坐标向量**.

空间中任一向量 $\boldsymbol{a}$，都可以唯一地表示为 $\boldsymbol{i}, \boldsymbol{j}, \boldsymbol{k}$ 数乘之和.

事实上，设 $\boldsymbol{a} = \overrightarrow{MN}$，过 M, N 作坐标轴的投影，如图 7.12 所示.
$$\boldsymbol{a} = \overrightarrow{MN} = \overrightarrow{MA} + \overrightarrow{AP} + \overrightarrow{PN} = \overrightarrow{MA} + \overrightarrow{MB} + \overrightarrow{MC}$$

由于 $\overrightarrow{MA}$ 与 $\boldsymbol{i}$ 平行，$\overrightarrow{MB}$ 与 $\boldsymbol{j}$ 平行，$\overrightarrow{MC}$ 与 $\boldsymbol{k}$ 平行，因此，存在唯一的实数 x, y, z，使得 $\overrightarrow{MA} = x\boldsymbol{i}$，$\overrightarrow{MB} = y\boldsymbol{j}$，$\overrightarrow{MC} = z\boldsymbol{k}$，即

$$\boldsymbol{a} = x\boldsymbol{i} + y\boldsymbol{j} + z\boldsymbol{k} \qquad (7.4)$$

图 7.12

我们把式（7.4）中 $\boldsymbol{i}, \boldsymbol{j}, \boldsymbol{k}$ 系数组成的有序数组 (x, y, z) 叫作**向量 $\boldsymbol{a}$ 的直角坐标**，记作 $\boldsymbol{a} = (x, y, z)$，向量的坐标确定了，向量也就确定了.

显然，式（7.4）中的 x, y, z 是向量 $\boldsymbol{a}$ 分别在 x 轴、y 轴、z 轴上的投影.

因此，在空间直角坐标系中的向量 $\boldsymbol{a}$ 的坐标就是该向量在 3 个坐标轴上的投影组成的有序数组.

注：向量在坐标轴上的分向量及向量在坐标轴上的投影有本质区别. 向量 $\boldsymbol{a}$ 在坐标轴上的投影是 3 个数 a_x, a_y, a_z，向量 $\boldsymbol{a}$ 在坐标轴上的分向量是 3 个向量 $a_x\boldsymbol{i}, a_y\boldsymbol{j}, a_z\boldsymbol{k}$.

利用向量的坐标可得到向量的线性运算如下：

设 $\boldsymbol{a} = (a_x, a_y, a_z)$，$\boldsymbol{b} = (b_x, b_y, b_z)$，即

$$\boldsymbol{a} = a_x\boldsymbol{i} + a_y\boldsymbol{j} + a_z\boldsymbol{k}, \boldsymbol{b} = b_x\boldsymbol{i} + b_y\boldsymbol{j} + b_z\boldsymbol{k}$$

则

$$a + b = (a_x + b_x)i + (a_y + b_y)j + (a_z + b_z)k$$
$$a - b = (a_x - b_x)i + (a_y - b_y)j + (a_z - b_z)k$$
$$\lambda a = (\lambda a_x)i + (\lambda a_y)j + (\lambda a_z)k$$

即

$$a + b = (a_x + b_x, a_y + b_y, a_z + b_z)$$
$$a - b = (a_x - b_x, a_y - b_y, a_z - b_z)$$
$$\lambda a = (\lambda a_x, \lambda a_y, \lambda a_z)$$

【例 7.10】 在空间直角坐标系中设点 $M(-3,1,5)$，$N(2,-3,1)$，求向量 $\overrightarrow{MN}$ 的直角坐标.

解 由向量的运算性质知：

$$\overrightarrow{MN} = \overrightarrow{ON} - \overrightarrow{OM}$$

所以向量 $\overrightarrow{MN}$ 的坐标为 $(5,-4,-4)$.

向量的各投影即为终点坐标与起点坐标对应分量的差.

【例 7.11】 已知向量 $a = 3i - j + 2k$，$b = -2i - 2j + k$，求 $a + b$，$a - b$，$-3a$.

解

$$a + b = (3i - j + 2k) + (-2i - 2j + k) = i - 3j + 3k$$
$$a - b = (3i - j + 2k) - (-2i - 2j + k) = 5i + j + k$$
$$-3a = -9i + 3j - 6k$$

4)向量的模与方向余弦的坐标表示

向量可以用它的模与方向来表示，也可以用它的坐标式来表示，这两种表示法之间是有联系的.

设空间向量 $a = \overrightarrow{M_1M_2}$ 与 3 条坐标轴正向的夹角分别为 α,β,γ（图 7.13），规定：$0 \leqslant \alpha \leqslant \pi$，$0 \leqslant \beta \leqslant \pi$，$0 \leqslant \gamma \leqslant \pi$，称 α,β,γ 为向量 a 的**方向角**，并称 $\cos\alpha$，$\cos\beta$，$\cos\gamma$ 为向量 a 的**方向余弦**.

图 7.13

若 $a = (a_x, a_y, a_z)$，则向量 a 的方向余弦可表示为

$$\cos\alpha = \frac{a_x}{\sqrt{a_x^2 + a_y^2 + a_z^2}}, \cos\beta = \frac{a_y}{\sqrt{a_x^2 + a_y^2 + a_z^2}}, \cos\gamma = \frac{a_z}{\sqrt{a_x^2 + a_y^2 + a_z^2}}$$

且

$$\cos^2\alpha + \cos^2\beta + \cos^2\gamma = 1$$

向量 a 的模为 $|a| = \sqrt{a_x^2 + a_y^2 + a_z^2}$，与向量 a 同方向的单位向量为

$$\frac{a}{|a|} = \frac{1}{|a|}(a_x, a_y, a_z) = (\cos\alpha, \cos\beta, \cos\gamma)$$

【例 7.12】 已知两点 $M_1(2, 2, \sqrt{2})$ 和 $M_2(1, 3, 0)$，求向量 $\overrightarrow{M_1M_2}$ 的模、方向余弦和方向角.

解

$$\overrightarrow{M_1M_2} = (1 - 2, 3 - 2, 0 - \sqrt{2}) = (-1, 1, -\sqrt{2})$$

$$|\overrightarrow{M_1M_2}| = \sqrt{(-1)^2 + 1^2 + (-\sqrt{2})^2} = 2$$

$$\cos\alpha = -\frac{1}{2}, \cos\beta = \frac{1}{2}, \cos\gamma = -\frac{\sqrt{2}}{2}$$

$$\alpha = \frac{2\pi}{3}, \beta = \frac{\pi}{3}, \gamma = \frac{3\pi}{4}$$

【例 7.13】 已知两点 $A(4, 0, 5)$ 和 $B(7, 1, 3)$，求与 $\overrightarrow{AB}$ 同方向的单位向量 e.

解 因为

$$\overrightarrow{AB} = (7 - 4, 1 - 0, 3 - 5) = (3, 1, -2)$$

所以

$$|\overrightarrow{AB}| = \sqrt{3^2 + 1^2 + (-2)^2} = \sqrt{14}$$

于是

$$e = \left(\frac{3}{\sqrt{14}}, \frac{1}{\sqrt{14}}, \frac{-2}{\sqrt{14}}\right)$$

7.2.3　向量的乘法运算

向量夹角的来历

1）向量的数量积

在物理中我们知道，一质点在恒力 F 的作用下，由 A 点沿直线移到 B 点，若力 F 与位移向量 $\overrightarrow{AB}$ 的夹角为 θ，则力 F 所做的功为

$$W = |F| \cdot |\overrightarrow{AB}| \cdot \cos\theta$$

类似的情况在其他问题中也经常遇到. 由此，我们引入两向量的数量积的概念.

定义 6　设 a, b 为空间中的两个向量，则称 $|a||b|\cos\langle a, b\rangle$ 为向量 a 与 b 的**数量积**（也称内积或点积），记作 $a \cdot b$，读作"a 点乘 b". 即

$$a \cdot b = |a||b|\cos\langle a, b\rangle$$

其中 $\langle a, b\rangle$ 表示向量 a 与 b 的夹角，并且规定 $0 \leqslant \langle a, b\rangle \leqslant \pi$.

注：两向量的数量积是一个数量而不是向量，特别地，当两向量中一个为零向量时，就有

$$a \cdot b = 0$$

由向量数量积的定义易知：

（1）$a \cdot a = |a|^2$，因此 $|a| = \sqrt{a \cdot a}$.

（2）对于两个非零向量 a 与 b，其相互垂直的充要条件是它们的数量积为零，即

$$a \perp b \Leftrightarrow a \cdot b = 0$$

注：数量积在解决有关长度、角度、垂直等度量问题上起着重要作用.

数量积的运算满足如下运算性质：

对于任意向量 a,b 及任意实数 λ，有

（1）交换律：$a \cdot b = b \cdot a$.

（2）分配律：$a \cdot (b+c) = a \cdot b + a \cdot c$.

（3）与数乘结合律：$(\lambda a) \cdot b = \lambda(a \cdot b) = a \cdot (\lambda b)$.

（4）$a \cdot a \geqslant 0$ 当且仅当 $a = 0$ 时，等号成立.

【例 7.14】 对坐标向量 i,j,k，求 $i \cdot i, j \cdot j, k \cdot k, i \cdot j, j \cdot k, k \cdot i$.

解 由坐标向量的特点及向量内积的定义得

$$i \cdot i = j \cdot j = k \cdot k = 1$$
$$i \cdot j = j \cdot k = k \cdot i = 0$$

【例 7.15】 已知 $|a| = 2$，$|b| = 3$，$\langle a, b \rangle = \dfrac{2}{3}\pi$，求 $a \cdot b, (a-2b) \cdot (a+b), |a+b|$.

解 由两向量的数量积定义有

$$a \cdot b = |a||b|\cos\langle a, b \rangle = 2 \times 3 \times \cos\frac{2}{3}\pi = 2 \times 3 \times \left(-\frac{1}{2}\right) = -3$$

$$\begin{aligned}
(a-2b) \cdot (a+b) &= a \cdot a + a \cdot b - 2b \cdot a - 2b \cdot b \\
&= |a|^2 - a \cdot b - 2|b|^2 \\
&= 2^2 - (-3) - 2 \times 3^2 \\
&= -11
\end{aligned}$$

$$\begin{aligned}
|a+b|^2 &= (a+b) \cdot (a+b) \\
&= a \cdot a + a \cdot b + b \cdot a + b \cdot b \\
&= |a|^2 + 2a \cdot b + |b|^2 \\
&= 2^2 + 2 \times (-3) + 3^2 \\
&= 7
\end{aligned}$$

因此

$$|a+b| = \sqrt{7}$$

在空间直角坐标系下，设向量 $a = (x_1, y_1, z_1)$，向量 $b = (x_2, y_2, z_2)$，即

$$a = x_1 i + y_1 j + z_1 k, \quad b = x_2 i + y_2 j + z_2 k$$

则

$$\begin{aligned}
a \cdot b &= (x_1 i + y_1 j + z_1 k) \cdot (x_2 i + y_2 j + z_2 k) \\
&= x_1 x_2 (i \cdot i) + x_1 y_2 (i \cdot j) + x_1 z_2 (i \cdot k) + y_1 x_2 (j \cdot i) + y_1 y_2 (j \cdot j) + \\
&\quad y_1 z_2 (j \cdot k) + z_1 x_2 (k \cdot i) + z_1 y_2 (k \cdot j) + z_1 z_2 (k \cdot k)
\end{aligned}$$

由于

$$i \cdot i = j \cdot j = k \cdot k = 1$$
$$i \cdot j = j \cdot k = k \cdot i = 0$$

所以

$$a \cdot b = x_1 x_2 + y_1 y_2 + z_1 z_2$$

也就是说，在直角坐标系下，两向量的数量积等于它们对应坐标分量的乘积之和. 同样，利用向量的直角坐标也可以求出向量的模、两向量的夹角公式以及两向量垂直的充要条件，即

设非零向量 $a = (x_1, y_1, z_1)$，向量 $b = (x_2, y_2, z_2)$，则

$$|a| = \sqrt{a \cdot a} = \sqrt{x_2^2 + y_2^2 + z_1^2}$$

$$\cos\langle a,b\rangle = \frac{a \cdot b}{|a||b|} = \frac{x_1 x_2 + y_1 y_2 + z_1 z_2}{\sqrt{x_1^2 + y_1^2 + z_1^2} \times \sqrt{x_2^2 + y_2^2 + z_2^2}}$$

$$a \perp b \Leftrightarrow x_1 x_2 + y_1 y_2 + z_1 z_2 = 0.$$

【例 7.16】 在空间直角坐标系中,设三点 $A(5,-4,1)$,$B(3,2,1)$,$C(2,-5,0)$. 证明:$\triangle ABC$ 是直角三角形.

证 由题意可知

$$\overrightarrow{AB} = \{-2,6,0\}, \overrightarrow{AC} = \{-3,-1,-1\}$$

则

$$\overrightarrow{AB} \cdot \overrightarrow{AC} = (-2) \times (-3) + 6 \times (-1) + 0 \times (-1) = 0$$

所以

$$\overrightarrow{AB} \perp \overrightarrow{AC}$$

即 $\triangle ABC$ 是直角三角形.

【例 7.17】 已知三点 $M(1,1,1)$,$A(2,2,1)$,$B(2,1,2)$,求 $\angle AMB$.

解 从 M 到 A 的向量记作 a,从 M 到 B 的向量记作 b,则 $\angle AMB$ 就是向量 a 与 b 的夹角.

$$a = (1,1,0), b = (1,0,1)$$

因为

$$a \cdot b = 1 \times 1 + 1 \times 0 + 0 \times 1 = 1, |a| = \sqrt{1^2 + 1^2 + 0^2} = \sqrt{2}, |b| = \sqrt{1^2 + 0^2 + 1^2} = \sqrt{2}$$

所以

$$\cos\angle AMB = \frac{a \cdot b}{|a||b|} = \frac{1}{\sqrt{2} \times \sqrt{2}} = \frac{1}{2}$$

从而

$$\angle AMB = \frac{\pi}{3}$$

2)向量的向量积

在物理学中我们知道,要表示一外力对物体的转动所产生的影响,我们用力矩的概念来描述. 设一杠杆的一端 O 固定,力 F 作用于杠杆上的点 A 处,F 与 $\overrightarrow{OA}$ 的夹角为 θ,则杠杆在 F 的作用下绕 O 点转动,这时,可用力矩 M 来描述. 力 F 对 O 的力矩 M 是个向量,M 的大小为

$$|M| = |\overrightarrow{OA}||F|\sin\langle\overrightarrow{OA},F\rangle$$

M 的方向与 $\overrightarrow{OA}$ 及 F 都垂直,且 $\overrightarrow{OA}$,F,M 成右手系,如图 7.14 所示.

在实际生活中,我们会经常遇到这样由两个向量所决定的另一个向量,由此,我们引入两向量的向量积的概念.

定义 7 设 a,b 为空间中的两个向量,若由 a,b 所决定的向量 c,其模为

$$|c| = |a||b|\sin\langle a,b\rangle$$

其方向与 a,b 均垂直且 a,b,c 成右手系(图 7.15),则向量 c 叫作向量 a 与 b 的向量积(也称外积或叉积). 记作 $a \times b$,读作"a 叉乘 b".

图 7.14   图 7.15

注:(1)两向量 a 与 b 的向量积 $a \times b$ 是一个向量,其模 $|a \times b|$ 的几何意义是以 a, b 为邻边的平行四边形的面积.

(2)当 $\theta = 0$ 时,$a \times a = \mathbf{0}$,所以 $|a \times a| = 0$.

(3)对两个非零向量 a 与 b,a 与 b 平行的充要条件是它们的向量积为零向量.

$$a /\!/ b \Leftrightarrow a \times b = \mathbf{0}$$

向量积的运算满足如下性质:

对任意向量 a, b 及任意实数 λ,有

(1)反交换律:$a \times b = -b \times a$.

(2)分配律:$a \times (b + c) = a \times b + a \times c$;$(a + b) \times c = a \times c + b \times c$.

(3)与数乘的结合律:$(\lambda a) \times b = \lambda (a \times b) = a \times (\lambda b)$.

【例 7.18】 对坐标向量 i, j, k,求 $i \times i, j \times j, k \times k, i \times j, j \times k, k \times i$.

解
$$i \times i = j \times j = k \times k = 0$$
$$i \times j = k, j \times k = i, k \times i = j$$

在空间直角坐标系下,设向量 $a = (x_1, y_1, z_1)$,$b = (x_2, y_2, z_2)$,即
$$a = x_1 i + y_1 j + z_1 k, b = x_2 i + y_2 j + z_2 k$$

因为
$$i \times i = j \times j = k \times k = \mathbf{0}$$
$$i \times j = k, \ j \times k = i, k \times i = j$$
$$j \times i = -k, k \times j = -i, i \times k = -j$$

则
$$a \times b = (x_1 i + y_1 j + z_1 k) \times (x_2 i + y_2 j + z_2 k)$$
$$= x_1 x_2 (i \times i) + x_1 y_2 (i \times j) + x_1 z_2 (i \times k) + y_1 x_2 (j \times i) + y_1 y_2 (j \times j) +$$
$$y_1 z_2 (j \times k) + z_1 x_2 (k \times i) + z_1 y_2 (k \times j) + z_1 z_2 (k \times k)$$
$$= (x_1 y_2 - y_1 x_2)(i \times j) + (y_1 z_2 - z_1 y_2)(j \times k) - (x_1 z_2 - z_1 x_2)(k \times i)$$
$$= (y_1 z_2 - z_1 y_2) i - (x_1 z_2 - z_1 x_2) j + (x_1 y_2 - y_1 x_2) k$$

为了便于记忆,利用二阶行列式及三阶行列式有

$$a \times b = \begin{vmatrix} y_1 & z_1 \\ y_2 & z_2 \end{vmatrix} i - \begin{vmatrix} x_1 & z_1 \\ x_2 & z_2 \end{vmatrix} j + \begin{vmatrix} x_1 & y_1 \\ x_2 & y_2 \end{vmatrix} k = \begin{vmatrix} i & j & k \\ x_1 & y_1 & z_1 \\ x_2 & y_2 & z_2 \end{vmatrix}$$

注:设两个非零向量 $a = (x_1, y_1, z_1)$,$b = (x_2, y_2, z_2)$,则
$$a /\!/ b \Leftrightarrow a \times b = \mathbf{0}$$
$$\Leftrightarrow \frac{x_1}{x_2} = \frac{y_1}{y_2} = \frac{z_1}{z_2}$$

若某个分母为零,则规定相应的分子为零.

【例7.19】 设向量 $a = \{1, -2, -1\}, b = \{2,0,1\}$,求 $a \times b$ 的坐标.

解 $a \times b = \begin{vmatrix} i & j & k \\ 1 & -2 & -1 \\ 2 & 0 & 1 \end{vmatrix} = \begin{vmatrix} -2 & -1 \\ 0 & 1 \end{vmatrix} i - \begin{vmatrix} 1 & -1 \\ 2 & 1 \end{vmatrix} j + \begin{vmatrix} 1 & -2 \\ 2 & 0 \end{vmatrix} k = -2i - 3j + 4k$

因此 $a \times b$ 的直角坐标为 $(-2, -3, 4)$.

【例7.20】 在空间直角坐标系中,设向量 $a = (3, 0, 2), b = (-1, 1, -1)$,求同时垂直于向量 a 与 b 的单位向量.

解 设向量 $c = a \times b$,则 c 同时与 a, b 垂直. 而

$$c = a \times b = \begin{vmatrix} i & j & k \\ 3 & 0 & 2 \\ -1 & 1 & -1 \end{vmatrix} = -2i + j + 3k$$

所以,向量 c 的坐标为 $(-2, 1, 3)$. 再将 c 单位化,得

$$c' = \frac{1}{\sqrt{(-2)^2 + 1^2 + 3^2}}(-2, 1, 3) = \left(-\frac{2}{\sqrt{14}}, \frac{1}{\sqrt{14}}, \frac{3}{\sqrt{14}}\right)$$

即 $\left(-\frac{2}{\sqrt{14}}, \frac{1}{\sqrt{14}}, \frac{3}{\sqrt{14}}\right)$ 与 $\left(\frac{2}{\sqrt{14}}, -\frac{1}{\sqrt{14}}, -\frac{3}{\sqrt{14}}\right)$ 为所求的向量.

【例7.21】 在空间直角坐标系中,设点 $A(4, -1, 2), B(1, 2, -2), C(2, 0, 1)$,求 $\triangle ABC$ 的面积.

解 由两向量积的模的几何意义知,以 $\overrightarrow{AB}, \overrightarrow{AC}$ 为邻边的平行四边形的面积为 $|\overrightarrow{AB} \times \overrightarrow{AC}|$,由于

$$\overrightarrow{AB} = (-3, 3, -4), \overrightarrow{AC} = (-2, 1, -1)$$

因此

$$\overrightarrow{AB} \times \overrightarrow{AC} = \begin{vmatrix} i & j & k \\ -3 & 3 & -4 \\ -2 & 1 & -1 \end{vmatrix} = i + 5j + 3k$$

所以

$$|\overrightarrow{AB} \times \overrightarrow{AC}| = \sqrt{1^2 + 5^2 + 3^2} = \sqrt{35}$$

故 $\triangle ABC$ 的面积为 $S_{\triangle ABC} = \frac{\sqrt{35}}{2}$.

7.3 空间曲面

7.3.1 曲面方程的概念

空间曲面方程的意义与平面解析几何中曲线与方程的意义相仿,那就是在建立了空间

直角坐标系之后,任何曲面都看作点的几何轨迹,由此可以定义空间曲面的方程.

定义8 如果曲面 Σ 与方程 $F(x,y,z)=0$ 满足:

(1)曲面 Σ 上每一点的坐标都满足方程 $F(x,y,z)=0$;

(2)以满足方程 $F(x,y,z)=0$ 的解为坐标的点都在曲面 Σ 上.

则称方程 $F(x,y,z)=0$ 为曲面 Σ 的方程,而称曲面 Σ 为此方程的图形(图7.16).

图7.16   图7.17

下面我们在直角坐标系下,举例说明怎样从曲面上的点的特征性质来导出曲面的方程.

【例7.22】 求连接两点 $A(1,2,3)$ 和 $B(2,-1,4)$ 的线段的垂直平分面的方程.

解 垂直平分面可以看作到两定点 A 和 B 为等距离的动点 $M(x,y,z)$ 的轨迹.设 $M(x,y,z)$ 为所求平面上的任意一点,根据点 M 的特性 $|AM|=|BM|$,而

$$|MA|=\sqrt{(x-1)^2+(y-2)^2+(z-3)^2}$$
$$|MB|=\sqrt{(x-2)^2+(y+1)^2+(z-4)^2}$$

所以

$$\sqrt{(x-1)^2+(y-2)^2+(z-3)^2}=\sqrt{(x-2)^2+(y+1)^2+(z-4)^2}$$

化简得

$$2x-6y+2z-7=0$$

这就是所求的垂直平分面的方程.

【例7.23】 设球面的中心是点 $C(x_0,y_0,z_0)$,半径为 R 的球面方程(图7.17).

解 定点为 $C(x_0,y_0,z_0)$,定长为 R ,设 $M(x,y,z)$ 是球面上任一点,则 $|MC|=R$,即

$$\sqrt{(x-x_0)^2+(y-y_0)^2+(z-z_0)^2}=R$$

两边平方,得

$$(x-x_0)^2+(y-y_0)^2+(z-z_0)^2=R^2 \tag{7.5}$$

反之,若 $M(x,y,z)$ 的坐标满足式(7.5),则总有 $|MC|=R$,所以式(7.5)是以 $C(x_0,y_0,z_0)$ 为球心,以 R 为半径的球面方程.特别地,以坐标原点为球心,以 R 为半径的球面方程为 $x^2+y^2+z^2=R^2$.

将式(7.5)展开得

$$x^2+y^2+z^2-2x_0x-2y_0y-2z_0z+x_0^2+y_0^2+z_0^2-R=0$$

所以,球面方程具有下列两个特点:

(1)它是 x,y,z 之间的二次方程,且方程中缺 xy,yz,zx 项;

(2) x^2,y^2,z^2 的系数相同且不为零.

【例7.24】 方程 $x^2+y^2+z^2-4x+y=0$ 表示怎样的曲面?

解 通过配方,原方程可以改写为

$$(x-2)^2 + \left(y+\frac{1}{2}\right)^2 + z^2 = \frac{17}{4}$$

所以原方程表示球心在$\left(2,-\frac{1}{2},0\right)$、半径为$\frac{\sqrt{17}}{2}$的球面.

上面几个例子表明在空间解析几何中关于曲面的研究,有下列两个问题:

(1)已知曲面作为点的轨迹时,求曲面方程.

(2)已知坐标间的关系式,研究这个关系式所表示的曲面形状.

下面我们继续介绍柱面、旋转曲面与常见的二次曲面. 在这些曲面中,有的具有较为突出的几何特征,有的在方程上表现出特殊的简单形式,对于前者,我们从图形出发,去讨论曲面的方程;而对于后者,我们将从它的方程去研究它的图形.

7.3.2　柱面

用直线 L 沿空间一条曲线 Γ 平行移动所形成的曲面称为**柱面**. 动直线 L 称为**柱面的母线**,定曲线 Γ 称为**柱面的准线**(图7.18).

常见的柱面有圆柱面:$x^2+y^2=R^2$(图7.19),椭圆柱面:$\frac{x^2}{a^2}+\frac{y^2}{b^2}=1$(图7.20),双曲柱面:$\frac{y^2}{b^2}-\frac{x^2}{a^2}=1$(图7.21),抛物柱面:$x^2=2py$(图7.22).

图 7.18　　　　　图 7.19

图 7.20　　　　　图 7.21　　　　　图 7.22

注:若曲面方程为 $F(x,y)=0$,则它一定是母线平行于 z 轴,准线为 xOy 平面的一条曲线 Γ 的柱面. 类似地,只含 x,z 而缺 y 的方程和只含 y,z 而缺 x 的方程分别表示母线平行于 y 轴和 x 轴的柱面.

如圆柱面:$x^2+y^2=R^2$,它就是以 xOy 平面上的圆作为准线,以平行于 z 轴的直线作为母线形成的柱面.

再如平面 $x-z=0$ 表示母线平行于 y 轴,准线为 xOz 平面上的直线:$x-z=0$. 平面为特殊的柱面.

7.3.3 旋转曲面

一条平面曲线 Γ 绕同一平面内的一条定直线 L 旋转所形成的曲面称为**旋转曲面**. 曲线 Γ 称为**旋转曲面的母线**,定直线 L 称为旋转曲面的**旋转轴**,简称**轴**.

前面讲过的球面、圆柱面等都是旋转曲面.

【例7.25】 设母线 Γ 在 yOz 平面上,它的平面直角坐标方程为 $F(y,z)=0$,证明:Γ 绕 z 轴(图7.23)旋转所成的旋转曲面 Σ 的方程为

$$F(\pm\sqrt{x^2+y^2},z)=0$$

图 7.23

证 设 $M(x,y,z)$ 为旋转曲面上的任一点,并假定 M 点是由曲线 Γ 上的点 $M_0(0,y_0,z_0)$ 绕 z 轴旋转到一定角度而得到的. 因而 $z=z_0$,且点 M 到 z 轴的距离与 M_0 到 z 轴的距离相等. 而 M 到 z 轴的距离为 $\sqrt{x^2+y^2}$,M_0 到 z 轴的距离为 $\sqrt{y_0{}^2}=|y_0|$,即

$$y_0=\pm\sqrt{x^2+y^2}$$

又因为 M_0 在 Γ 上,因 $F(y_0,z_0)=0$,将上式代入得

$$F(\pm\sqrt{x^2+y^2},z)=0$$

即旋转曲面上任一点 $M(x,y,z)$ 的坐标满足方程

$$F(\pm\sqrt{x^2+y^2},z)=0$$

注:此例说明,若旋转曲面的母线 Γ 在 yOz 平面上,它在平面直角坐标系中的方程为 $F(y,z)=0$,则要写出曲线 Γ 绕 z 轴旋转的旋转曲面的方程,只需将方程 $F(y,z)=0$ 中的 y 换成 $\pm\sqrt{x^2+y^2}$ 即可.

同理,曲线 Γ 绕 y 轴旋转的旋转曲面的方程为 $F(y,\pm\sqrt{x^2+z^2})=0$,即将 $F(y,z)=0$ 中的 z 换成 $\pm\sqrt{x^2+z^2}$.

反之,一个方程是否表示旋转曲面,只需看方程中是否含有两个变量的平方和,如在 yOz 平面内的椭圆 $\dfrac{y^2}{b^2}+\dfrac{z^2}{c^2}=1$ 绕 z 轴旋转所得到的旋转曲面的方程为 $\dfrac{x^2+y^2}{b^2}+\dfrac{z^2}{c^2}=1$,该曲面称为旋转椭球面.

【例7.26】 将 xOz 坐标面上的双曲线 $\dfrac{x^2}{a^2}-\dfrac{z^2}{c^2}=1$ 分别绕 x 轴和 z 轴旋转一周,求所生成的旋转曲面的方程.

解 绕 x 轴旋转生成的旋转双叶双曲面:$\dfrac{x^2}{a^2}-\dfrac{y^2+z^2}{c^2}=1$(图7.24). 绕 z 轴旋转生成旋转单叶双曲面:$\dfrac{x^2+y^2}{a^2}-\dfrac{z^2}{c^2}=1$(图7.25).

图 7.24   图 7.25

【例 7.27】 直线 L 绕另一条与 L 相交的直线旋转一周,所得旋转曲面叫作圆锥面. 两直线的交点为圆锥面的顶点,两直线的夹角 $\alpha\left(0<\alpha<\dfrac{\pi}{2}\right)$ 叫作圆锥面的半顶角(图 7.26). 试建立顶点在坐标原点,旋转轴为 z 轴,半顶角为 α 的圆锥面方程.

解 zOy 面上直线方程为 $z=y\cot\alpha$,因为旋转轴为 z 轴,所以只要将方程中的 y 改成 $\pm\sqrt{x^2+y^2}$,便得到这个圆锥面方程

$$z=\pm\sqrt{x^2+y^2}\cot\alpha$$

或

$$z^2=a^2(x^2+y^2)$$

其中

$$a=\cot\alpha.$$

显然,圆锥面上任一点 M 的坐标一定满足锥面方程. 如果点 M 不在圆锥面上,那么直线 OM 与 z 轴的夹角就不等于 α,于是点 M 的坐标就不满足此方程.

7.3.4   二次曲面

我们把三元二次方程 $F(x,y,z)=0$ 所表示的曲面称为二次曲面. 适当选取坐标系,可得到它们的标准方程. 下面就它们的标准方程来讨论几种常见的二次曲面的形状. 二次曲面有 9 种,选取适当的坐标系,可以得到它们的标准方程. 前面我们已经介绍了椭圆柱面、双曲柱面和抛物柱面 3 种二次曲面. 下面我们讨论另外 6 种二次曲面的形状.

1)椭圆锥面

由方程 $\dfrac{x^2}{a^2}+\dfrac{y^2}{b^2}=z^2$ 所确定的曲面称为**椭圆锥面**(图 7.27).

2)椭球面

由方程 $\dfrac{x^2}{a^2}+\dfrac{y^2}{b^2}+\dfrac{z^2}{c^2}=1$ $(a>0,b>0,c>0)$ 所确定的曲面称为**椭球面**(图 7.28),a,b,c 称为椭球面的半轴,此方程称为椭球面的标准方程.

图 7.27

图 7.28

3)双曲面

由方程 $\dfrac{x^2}{a^2}+\dfrac{y^2}{b^2}-\dfrac{z^2}{c^2}=1$ ($a>0,b>0,c>0$)所确定的曲面称为**单叶双曲面**(图 7.29).

由方程 $\dfrac{x^2}{a^2}+\dfrac{y^2}{b^2}-\dfrac{z^2}{c^2}=-1$ ($a>0,b>0,c>0$)所确定的曲面称为**双叶双曲面**(图 7.30).

图 7.29

图 7.30

注:方程 $\dfrac{x^2}{a^2}-\dfrac{y^2}{b^2}+\dfrac{z^2}{c^2}=1$ 和 $-\dfrac{x^2}{a^2}+\dfrac{y^2}{b^2}+\dfrac{z^2}{c^2}=1$ 也都是单叶双曲面.

注:方程 $\dfrac{x^2}{a^2}-\dfrac{y^2}{b^2}+\dfrac{z^2}{c^2}=-1$ 和 $-\dfrac{x^2}{a^2}+\dfrac{y^2}{b^2}+\dfrac{z^2}{c^2}=-1$ 也都是双叶双曲面.

4)抛物面

由方程 $z=\dfrac{x^2}{a^2}+\dfrac{y^2}{b^2}$ ($a>0,b>0,c>0$)所确定的曲面称为**椭圆抛物面**(图 7.31).

由方程 $z=\dfrac{x^2}{a^2}-\dfrac{y^2}{b^2}$ ($a>0,b>0,c>0$)所确定的曲面称为**双曲抛物面**(图 7.32).

注:双曲抛物面的图形形状很像马鞍,因此也称**马鞍面**.

图 7.31

图 7.32

7.4 空间曲线

7.4.1 空间曲线的一般方程

空间曲线可看作两曲面的交线. 设 $F(x,y,z)=0$ 和 $G(x,y,z)=0$ 是两曲面的方程, 它们的交线为 C（图 7.33）. 曲线上的任一点的坐标 (x,y,z) 应同时满足这两个曲面方程, 因此, 应满足方程组

$$\begin{cases} F(x,y,z)=0 \\ G(x,y,z)=0 \end{cases} \tag{7.6}$$

图 7.33

反过来, 如果点 M 不在曲线 C 上, 那么它不可能同时在两曲面上. 所以, 它的坐标不满足方程组（7.6）. 由上述两点可知, 曲线 C 可由方程组（7.6）表示. 方程组（7.6）称作**空间曲线的一般方程**.

【例 7.28】 方程组 $\begin{cases} x^2+y^2=1 \\ 2x+3z=6 \end{cases}$ 表示怎样的曲线?

解 $x^2+y^2=1$ 表示圆柱面, $2x+3y=6$ 表示平面, 所以方程组就表示圆柱面与平面的交线（图 7.34）, 即椭圆.

图 7.34

【例 7.29】 讨论方程组 $\begin{cases} z=\sqrt{a^2-x^2-y^2} \\ \left(x-\dfrac{a}{2}\right)+y^2=\left(\dfrac{a}{2}\right)^2 \end{cases}$ 表示的曲线.

解 该方程组表示上半球面与圆柱面的交线 C（图 7.35）.

图 7.35

7.4.2 空间曲线的参数方程

对于空间曲线 C，若 C 上动点的坐标 (x,y,z) 可表示成为参数 t 的函数

$$\begin{cases} x = x(t) \\ y = y(t) \\ z = z(t) \end{cases} \tag{7.7}$$

随着 t 的变动可得到曲线 C 上的全部点，方程组(7.7)叫作**空间曲线参数方程**．

【例 7.30】 将空间曲线 $C:\begin{cases} x^2 + y^2 + z^2 = \dfrac{9}{2} \\ x + z = 1 \end{cases}$ 表示成参数方程.

解 由方程组消去 z 得 $x^2 + y^2 + (1-x)^2 = \dfrac{9}{2}$，

化简整理得

$$\frac{\left(x - \dfrac{1}{2}\right)^2}{2} + \frac{y^2}{4} = 1$$

由于 C 在此椭圆柱面上，故 C 的方程可用如下形式来表示：

$$\begin{cases} \dfrac{\left(x - \dfrac{1}{2}\right)^2}{2} + \dfrac{y^2}{4} = 1 \\ x + z = 1 \end{cases}$$

(1)如果以 x 作为参数，即令 $x = t$，则 $y = \pm 2\sqrt{1 - \dfrac{1}{2}\left(t - \dfrac{1}{2}\right)^2}$，$z = 1 - t$. 从而得到曲线的参数方程

$$\begin{cases} x = t \\ y = \pm 2\sqrt{1 - \dfrac{1}{2}\left(t - \dfrac{1}{2}\right)^2} \quad \left(\dfrac{1}{2} - \sqrt{2} \leqslant t \leqslant \dfrac{1}{2} + \sqrt{2}\right) \\ z = 1 - t \end{cases}$$

(2)如果令 $\dfrac{x - \dfrac{1}{2}}{\sqrt{2}} = \cos\theta$，由椭球柱面方程有 $\dfrac{y}{2} = \sin\theta$，而

$$z = 1 - x = 1 - \left(\frac{1}{2} + \sqrt{2}\cos\theta\right) = \frac{1}{2} - \sqrt{2}\cos\theta$$

则曲线又可表示成为

$$\begin{cases} x = \dfrac{1}{2} - \sqrt{2}\cos\theta \\ y = 2\sin\theta \qquad (0 \leqslant \theta \leqslant 2\pi) \\ z = \dfrac{1}{2} - \sqrt{2}\cos\theta \end{cases}$$

7.4.3　空间曲线在坐标面上的投影

设空间曲线 C 的一般方程为

$$\begin{cases} F(x,y,z) = 0 \\ G(x,y,z) = 0 \end{cases} \tag{7.8}$$

下面,我们来研究由方程组(7.8)消去变量 z 之后所得到的方程

$$H(x,y) = 0 \tag{7.9}$$

因方程(7.9)是由方程组(7.8)消去 z 后所得,则当坐标 (x,y,z) 适合方程组(7.8)时,前两个坐标 (x,y) 必定适合方程(7.9),即曲线 C 上的所有点都在由方程(7.9)表示的曲面上.

而方程(7.9)表示一个母线平行于 z 轴的柱面,因此,此柱面必定包含曲线 C.以曲线 C 为准线,母线平行于 z 轴的柱面叫作关于 xOy 面的**投影柱面**.

投影柱面与 xOy 面的交线叫作空间曲线 C 在 xOy 面上的**投影曲线**,该曲线的方程可写成

$$\begin{cases} H(x,y) = 0 \\ z = 0 \end{cases}$$

同理,消去方程组(7.8)中的变量 x 或 y,再分别与 $x = 0$ 或 $y = 0$ 联立,我们便得到了空间曲线 C 在 yOz 或 xOz 面上的投影曲线方程.

$$\begin{cases} R(y,z) = 0 \\ x = 0 \end{cases} \text{或} \begin{cases} T(x,z) = 0 \\ y = 0 \end{cases}$$

【例7.31】 已知 $\begin{cases} 2x^2 + z^2 + 4y = 4z \\ x^2 + 3z^2 - 8y = 12z \end{cases}$,求它们的交线在 xOy 面上的投影曲线方程.

解 先求包含曲线 C 且母线平行于 z 轴的柱面,从方程组

$$\begin{cases} 2x^2 + z^2 + 4y = 4z \\ x^2 + 3z^2 - 8y = 12z \end{cases}$$

中消去 z,有

$$x^2 + 4y = 0$$

这便是所要求的柱面方程,即一个准线为 xOy 坐标面上的抛物线 $x^2 = -4y$,母线平行于 z 轴的抛物柱面. 于是,曲线 C 在 xOy 面上的投影曲线为

$$\begin{cases} x^2 + 4y = 0 \\ z = 0 \end{cases}$$

在重积分和曲面积分的计算中,往往需要确定一个立体或曲面在坐标面上的投影,这时要利用投影柱面和投影曲线. 有时需要确定一个空间立体(或空间曲面)在坐标面上的投影,一般来说,这种投影往往是一个平面区域,因此,我们称它为空间立体(或空间曲面)在坐标面的投影区域. 投影区域可以利用投影柱面与投影曲线来确定.

【例7.32】 求上半球面 $z = \sqrt{4 - x^2 - y^2}$ 和锥面 $z = \sqrt{3(x^2 + y^2)}$ 所围成的空间立体 Ω(图7.36)在 xOy 面上的投影区域 D_{xOy}.

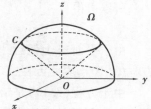

图7.36

解 上半球面与锥面的交线 C 为

$$\begin{cases} z = \sqrt{2 - x^2 - y^2} \\ z = x^2 + y^2 \end{cases}$$

由方程组消去变量 z,有

$$x^2 + y^2 = 1$$

这是母线平行于 z 轴的投影柱面,空间立体 Ω 恰好镶在该柱体内,该柱体在 xOy 面的交线所包围的区域正好是 Ω 在 xOy 面上的投影区域 D_{xOy}. 投影柱面在 xOy 面上的交线为

$$\begin{cases} x^2 + y^2 = 1 \\ z = 0 \end{cases}$$

这是一个圆,它在 xOy 面上所包围的区域为

$$D_{xOy} = \{ (x,y) \mid x^2 + y^2 \leqslant 1 \}$$

7.5 空间平面

在本节我们首先利用向量的概念,在空间直角坐标系中建立平面的方程,下面我们将给出几种由不同条件所确定的平面的方程.

接下来我们以向量为工具,在空间直角坐标系中讨论最简单的曲面——平面.

7.5.1 平面的点法式方程

若一个非零向量 $\boldsymbol{n}$ 垂直于平面 π,则称向量 $\boldsymbol{n}$ 为平面 π 的一个**法向量**.

显然,如图 7.37 所示,若 $\boldsymbol{n}$ 是平面 π 的一个法向量,则 $\lambda\boldsymbol{n}$(λ 为任意非零实数)都是 π 的法向量,即平面上的任一向量均与该平面的法向量垂直.

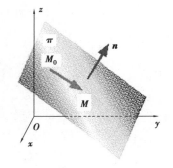

图 7.37

由立体几何知识可知,过一个定点 $M_0(x_0, y_0, z_0)$ 且垂直于一个非零向量 $\boldsymbol{n} = (A, B, C)$ 有且只有一个平面 π.

设 $M(x, y, z)$ 为平面 π 上的任一点,由于 $\boldsymbol{n} \perp \pi$,因此 $\boldsymbol{n} \perp \overrightarrow{M_0M}$. 由两向量垂直的充要条件,得 $\boldsymbol{n} \cdot \overrightarrow{M_0M} = 0$,而 $\overrightarrow{M_0M} = (x - x_0, y - y_0, z - z_0)$,$\boldsymbol{n} = (A, B, C)$.

所以可得

$$A(x - x_0) + B(y - y_0) + C(z - z_0) = 0 \qquad (7.10)$$

由于平面 π 上任意一点 $M(x, y, z)$ 都满足方程(7.10),而不在平面 π 上的点都不满足方程(7.10),因此方程(7.10)就是平面 π 的方程.

由于方程(7.10)是给定点 $M_0(x_0, y_0, z_0)$ 和法向量 $\boldsymbol{n} = (A, B, C)$ 所确定的,因而称方程(7.10)为**平面的点法式方程**.

【例 7.33】 求通过点 $M_0(1, -2, 4)$ 且垂直于向量 $\boldsymbol{n} = (3, -2, 1)$ 的平面方程.

解 因为 $n = (3, -2, 1)$ 为所求平面的一个法向量,平面又过点 $M_0(1, -2, 4)$,所以,由平面的点法式方程(7.10)可得所求平面的方程为

$$3(x-1) - 2 \cdot (y+2) + 1 \cdot (z-4) = 0$$

整理,得

$$3x - 2y + z - 11 = 0$$

【例7.34】 求过三点 $M_1(2, -1, 4)$,$M_2(-1, 3, -2)$,$M_3(0, 2, 3)$ 的平面方程.

解 所求平面法向量必定同时垂直于 $\overrightarrow{M_1M_2}$ 与 $\overrightarrow{M_1M_3}$. 因此可取 $\overrightarrow{M_1M_2}$ 与 $\overrightarrow{M_1M_3}$ 的向量积 $\overrightarrow{M_1M_2} \times \overrightarrow{M_1M_3}$ 为该平面的一个法向量 n. 即 $n = \overrightarrow{M_1M_2} \times \overrightarrow{M_1M_3}$.

由于 $\overrightarrow{M_1M_2} = (-3, 4, -6)$,$\overrightarrow{M_1M_3} = (-2, 3, -1)$,因此

$$n = \overrightarrow{M_1M_2} \times \overrightarrow{M_1M_3} = \begin{vmatrix} i & j & k \\ -3 & 4 & -6 \\ -2 & 3 & -1 \end{vmatrix}$$

$$= 14i + 9j - k$$

因此,所求平面方程为 $14(x-2) + 9(y+1) - (z-4) = 0$,化简得 $14x + 9y - z - 15 = 0$.

一般地,过三点 $M_k(x_k, y_k, z_k)(k=1,2,3)$ 的平面方程为

$$\begin{vmatrix} x-x_1 & y-y_1 & z-z_1 \\ x_2-x_1 & y_2-y_1 & z_2-z_1 \\ x_3-x_1 & y_3-y_1 & z_3-z_1 \end{vmatrix} = 0$$

称为**平面的三点式方程**.

特殊地,过三点 $A(a, 0, 0)$,$B(0, b, 0)$,$C(0, 0, c)(abc \neq 0)$ 的平面方程为

$$\begin{vmatrix} x-a & y & z \\ -a & b & 0 \\ -a & 0 & c \end{vmatrix} = 0$$

化简整理得

$$\frac{x}{a} + \frac{y}{b} + \frac{z}{c} = 1 \tag{7.11}$$

图 7.38

A, B, C 三点为平面与 3 个坐标轴的交点,我们把这 3 个点中的坐标分量 a, b, c 分别叫作该平面在 x 轴、y 轴、z 轴上的截距,称方程(7.11)为**平面截距式方程**(图 7.38).

7.5.2 平面的一般式方程

前面给出了平面的点法式方程(7.10),将其展开,得

$$Ax + By + Cz - (Ax_0 + By_0 + Cz_0) = 0$$

设

$$D = -(Ax_0 + By_0 + Cz_0)$$

则

$$Ax + By + Cz + D = 0 \ (A, B, C \text{ 不全为零}) \tag{7.12}$$

称方程(7.12)为**平面的一般式方程**.

由上式可以看出任意一个平面的方程都是 x, y, z 的一次方程,反过来,任意一个含有 x,

y,z 的一次方程(7.12)都表示一个平面. 事实上,设 $M_0(x_0,y_0,z_0)$ 是满足方程(7.12)的一组解,则

$$Ax_0 + By_0 + Cz_0 + D = 0 \tag{7.13}$$

方程(7.12)减去方程(7.13),得

$$A(x-x_0) + B(y-y_0) + C(z-z_0) = 0 \tag{7.14}$$

由方程(7.14)确定一个非零向量 $\boldsymbol{n} = (A,B,C)$,它与向量 $\overrightarrow{M_0M} = (x-x_0,y-y_0,z-z_0)$ 垂直,其中 $M_0(x_0,y_0,z_0)$ 为一固定点,$M(x,y,z)$ 为任一点. 因此方程(7.12)上任一点 M 与 M_0 的连线均与 $\boldsymbol{n}$ 垂直,由平面的点法式方程可知,方程(7.12)表示一个平面. 其中 $\boldsymbol{n} = (A,B,C)$ 为该平面的一个法向量.

现在来讨论方程(7.12)的几种特殊情况,也就是当它的某些系数或常数项为零时,平面对于坐标系来说具有某种特殊位置的情况.

(1)$D=0$,上式变为 $Ax+By+Cz=0$,此时 $(0,0,0)$ 为方程组的解,因此平面通过原点;反过来,如果平面通过原点,那么显然有 $D=0$.

(2)A,B,C 中有一个为 0,例如 $A=0$,上式就变为 $By+Cz+D=0$,当 $D\neq0$ 时,x 轴上任意一点都不满足方程,所以 x 轴与平面平行;当 $D=0$ 时,x 轴上每一点都满足方程,这时平面通过 x 轴. 反过来,当平面平行 x 轴时,我们有 $D\neq0$,$A=0$,平面通过 x 轴时,$D=0$,$A=0$. 对于其他两种情况可以得出类似的结论.

(3)A,B,C 中有两个为 0 时,可得出下面的结论:

当且仅当 $D\neq0$,$B=C=0$($A=C=0$ 或 $A=B=0$),平面平行于 yOz 坐标面(xOz 面或 xOy 面);当且仅当 $D=0$,$B=C=0$($A=C=0$ 或 $A=B=0$),平面就是 yOz 坐标面(xOz 面或 xOy 面).

【例 7.35】 求过两点 $A(3,0,-2)$,$B(-1,2,4)$ 且与 x 轴平行的平面方程.

解 要求出平面的方程,关键要找出平面所过的一个点以及平面的一个法向量 $\boldsymbol{n}$.

由已知,所求平面的法向量同时与 $\overrightarrow{AB}$ 和 x 轴垂直. 即法向量同时与 $\overrightarrow{AB} = (-4,2,6)$ 和 $\boldsymbol{i} = (1,0,0)$ 垂直. 因此,可取 $\overrightarrow{AB} \times \boldsymbol{i}$ 作为该平面的一个法向量.

$$
\begin{aligned}
\boldsymbol{n} &= \overrightarrow{AB} \times \boldsymbol{i}\\
&= \begin{vmatrix} \boldsymbol{i} & \boldsymbol{j} & \boldsymbol{k} \\ -4 & 2 & 6 \\ 1 & 0 & 0 \end{vmatrix}\\
&= \begin{vmatrix} 2 & 6 \\ 0 & 0 \end{vmatrix}\boldsymbol{i} - \begin{vmatrix} -4 & 6 \\ 1 & 0 \end{vmatrix}\boldsymbol{j} + \begin{vmatrix} -4 & 2 \\ 1 & 0 \end{vmatrix}\boldsymbol{k}\\
&= 0\boldsymbol{i} + 6\boldsymbol{j} - 2\boldsymbol{k}
\end{aligned}
$$

所以 $\boldsymbol{n} = (0,6,2)$ 为所求平面的一个法向量.

再由平面的点法式方程(7.10)得所求平面的方程为

$$0 \cdot (x-3) + 6(y-0) - 2(z+2) = 0$$

整理得

$$3y - z - 4 = 0$$

7.5.3 两平面间的关系

空间两个平面之间的位置关系有 3 种:平行、重合和相交. 下面根据两个平面的方程来

讨论它们之间的位置关系.

设有两个平面 π_1 与 π_2,它们的方程为:
$$\pi_1:A_1x + B_1y + C_1z + D_1 = 0(A_1,B_1,C_1 \text{ 不同时为零})$$
$$\pi_2:A_2x + B_2y + C_2z + D_2 = 0(A_2,B_2,C_2 \text{ 不同时为零})$$
则它们的法向量分别为 $\boldsymbol{n}_1 = (A_1,B_1,C_1)$ 和 $\boldsymbol{n}_2 = (A_2,B_2,C_2)$.

(1)两平面平行$\Leftrightarrow \boldsymbol{n}_1 /\!/ \boldsymbol{n}_2 \Leftrightarrow \dfrac{A_1}{A_2} = \dfrac{B_1}{B_2} = \dfrac{C_1}{C_2} \neq \dfrac{D_1}{D_2}$.

(2)两平面重合$\Leftrightarrow \dfrac{A_1}{A_2} = \dfrac{B_1}{B_2} = \dfrac{C_1}{C_2} = \dfrac{D_1}{D_2}$.

(3)两平面相交$\Leftrightarrow A_1,B_1,C_1$ 与 A_2,B_2,C_2 不成比例.

当两平面相交时,把它们的夹角 θ 定义为其法向量的夹角 $\langle \boldsymbol{n}_1,\boldsymbol{n}_2 \rangle$(图 7.39),且规定 $0 \leq \theta \leq \dfrac{\pi}{2}$.

图 7.39

即
$$\cos \theta = |\cos\langle \boldsymbol{n}_1,\boldsymbol{n}_2 \rangle|$$
$$= \frac{|\boldsymbol{n}_1 \cdot \boldsymbol{n}_2|}{|\boldsymbol{n}_1||\boldsymbol{n}_2|}$$
$$= \frac{|A_1A_2 + B_1B_2 + C_1C_2|}{\sqrt{A_1^2 + B_1^2 + C_1^2} \cdot \sqrt{A_2^2 + B_2^2 + C_2^2}}$$

特别地,当 $\pi_1 \perp \pi_2$ 时,$\boldsymbol{n}_1 \perp \boldsymbol{n}_2$,则 $\boldsymbol{n}_1 \cdot \boldsymbol{n}_2 = 0$,即 $A_1A_2 + B_1B_2 + C_1C_2 = 0$. 反之亦然,所以
$$\pi_1 \perp \pi_2 \Leftrightarrow A_1A_2 + B_1B_2 + C_1C_2 = 0.$$

【例 7.36】 求两平面 $x - y + 2z - 6 = 0$ 和 $2x + y + z - 5 = 0$ 的夹角.

解 由公式有
$$\cos \theta = \frac{|1\times2 + (-1)\times1 + 2\times1|}{\sqrt{1^2 + (-1)^2 + 2^2}\sqrt{2^2 + 1^2 + 1^2}} = \frac{1}{2}$$

因此,所求夹角 $\theta = \dfrac{\pi}{3}$.

【例 7.37】 一平面通过两点 $M_0(1,1,1)$ 和 $M_1(0,1,-1)$ 且垂直于平面 $x + y + z = 0$,求它的方程.

解 设所求平面的一个法向量为
$$\boldsymbol{n} = (A,B,C)$$
因 $\overrightarrow{M_1M_2} = (-1,0,-2)$ 在所求平面上,它必与 $\boldsymbol{n}$ 垂直,所以有
$$-A - 2C = 0$$
又因所求平面垂直与已知平面 $x + y + z = 0$,所以有 $A + B + C = 0$,所以得
$$A = -2C,B = C$$
由平面的点法式方程可知,所求平面方程为
$$A(x-1) + B(y-1) + C(z-1) = 0$$
将 $A = -2C$ 及 $B = C$ 代入上式,并约去 $C(C\neq0)$,便得
$$-2(x-1) + (y-1) + (z-1) = 0$$
整理得 $2x - y - z = 0$,这就是所求的平面方程.

7.5.4 点到平面的距离

在空间直角坐标系中,设点 $P_0(x_0,y_0,z_0)$ 是平面 $\pi:Ax+By+Cz+D=0$ (A,B,C 不全为零)外的一点,在平面 π 上任取一点 $P_1(x_1,y_1,z_1)$,过 P_1 作一法向量 $\boldsymbol{n}$,由图 7.40 可知,点 P_0 到平面 π 的距离为 $d=\left|\left|\overrightarrow{P_0P_1}\right|\cdot\cos\varphi\right|$,其中 φ 为 $\overrightarrow{P_0P_1}$ 与 $\boldsymbol{n}$ 的夹角,于是

图 7.40

$$d=\left|\left|\overrightarrow{P_0P_1}\right|\cdot\cos\varphi\right|$$

$$=\left|\left|\overrightarrow{P_0P_1}\right|\cdot\frac{\overrightarrow{P_0P_1}\cdot\boldsymbol{n}}{\left|\overrightarrow{P_0P_1}\right||\boldsymbol{n}|}\right|$$

$$=\left|\frac{\overrightarrow{P_0P_1}\cdot\boldsymbol{n}}{|\boldsymbol{n}|}\right|$$

由于

$$\overrightarrow{P_0P_1}=(x_1-x_0,y_1-y_0,z_1-z_0),\text{取}\ \boldsymbol{n}=(A,B,C)$$

故

$$d=\left|\frac{A(x_1-x_0)+B(y_1-y_0)+C(z_1-z_0)}{\sqrt{A^2+B^2+C^2}}\right|$$

$$=\left|\frac{Ax_0+By_0+Cz_0-(Ax_1+By_1+Cz_1)}{\sqrt{A^2+B^2+C^2}}\right|$$

$$=\left|\frac{Ax_0+By_0+Cz_0+D}{\sqrt{A^2+B^2+C^2}}\right|$$

【例 7.38】 求点 $P\left(2,0,-\dfrac{1}{2}\right)$ 到平面 $\pi:4x-4y+2z+17=0$ 的距离.

解 由点到平面的距离公式得

$$d=\frac{\left|2\times4+0\times(-4)+\left(-\dfrac{1}{2}\right)\times2+17\right|}{\sqrt{4^2+(-4)^2+2^2}}=\frac{24}{6}=4$$

【例 7.39】 求两个平行平面 $x-y+3z+1=0$ 与 $x-y+3z-5=0$ 之间的距离.

解 在一个平面 $x-y+3z+1=0$ 上任取一点,如取点 $P(-1,0,0)$,则点 P 到另一平面的距离即为两平行平面间的距离. 所以

$$d=\frac{|-1\times1-5|}{\sqrt{1^2+(-1)^2+3^2}}=\frac{6}{\sqrt{11}}=\frac{6}{11}\sqrt{11}$$

【例 7.40】 求过直线 $\begin{cases}3x-2y+2=0\\x-2y-z+6=0\end{cases}$ 且与点 $(1,2,1)$ 的距离为 1 的平面方程.

解 设过此直线的平面束方程为

$$(3x-2y+2)+\lambda(x-2y-z+6)=0$$

即

$$(3+\lambda)x-(2+2\lambda)y-\lambda z+(2+6\lambda)=0$$

由点到平面的距离公式

$$d = \frac{|(3+\lambda) \cdot 1 - (2+2\lambda) \cdot 2 - \lambda \cdot 1 + (2+6\lambda)|}{\sqrt{(3+\lambda)^2 + (2+2\lambda)^2 + \lambda^2}} = 1$$

求得 $\lambda = -2$ 或 $\lambda = -3$.

故所求平面方程为

$$x + 2y + 2z - 10 = 0 \text{ 或 } 4y + 3z - 16 = 0$$

7.6 空间直线

7.6.1 直线的点向式方程

我们知道,一个点和一个方向可以确定一条直线,而方向可以用一个非零向量来表示. 因此,一个点和一个非零向量确定一条直线.

如果一个非零向量 s 与直线 l 平行,则称向量 s 是直线 l 的一个方向向量. 而向量 s 的方向余弦叫作该直线的方向余弦.

显然,若 v 是直线 l 的一个方向向量,则 λv (λ 为任意非零实数) 都是 l 的方向向量.

在空间直角坐标系中,若 $M_0(x_0, y_0, z_0)$ 是直线 l 上的一个点, $s = (m, n, p)$ 为 l 的一个方向向量,下面求直线 l 的方程.

设 $M(x, y, z)$ 为直线 l 上的任一点 (图 7.41),则 $\overrightarrow{M_0M} /\!/ s$,所以两向量对应坐标成比例. 而 $\overrightarrow{M_0M}$ 的坐标为 $(x - x_0, y - y_0, z - z_0)$,因此有

$$\frac{x - x_0}{m} = \frac{y - y_0}{n} = \frac{z - z_0}{p} \qquad (7.15)$$

图 7.41

称式 (7.15) 为直线 l 的**点向式方程**(或称**对称式方程**). 其中 (x_0, y_0, z_0) 是直线 l 上一点的坐标, $s = (m, n, p)$ 为直线 l 的一个方向向量.

注:由于直线 l 的方向向量 $s \neq \mathbf{0}$,所以 m, n, p 不全为零,但当有一个为零时,如 $m = 0$ 时,式 (7.15) 应理解为

$$\begin{cases} x - x_0 = 0 \\ \dfrac{y - y_0}{n} = \dfrac{z - z_0}{p} \end{cases}$$

该直线与 yOz 平面平行.

当有两个为零时,如 $m = n = 0$ 时,式 (7.15) 应理解为

$$\begin{cases} x - x_0 = 0 \\ y - y_0 = 0 \end{cases}$$

该直线与 z 轴平行.

由直线的点向式方程很容易导出直线的参数方程. 如设

$$\frac{x - x_0}{m} = \frac{y - y_0}{n} = \frac{z - z_0}{p} = t$$

那么

$$\begin{cases} x = x_0 + mt \\ y = y_0 + nt \\ z = z_0 + pt \end{cases}$$

方程组就是直线的**参数方程**.

【例7.41】 设直线 l 过两点 $A(-1,2,3)$ 和 $B(2,0,-1)$，求直线 l 的方程.

解 直线 l 的一个方向向量为 $\overrightarrow{AB}$，则 $\overrightarrow{AB} = (3,-2,-4)$，由直线的点向式方程(7.15)可得 l 的方程为

$$\frac{x+1}{3} = \frac{y-2}{-2} = \frac{z-3}{-4}$$

【例7.42】 求过点 $M(1,0,-2)$ 且与两平面 $\pi_1 : x+z=5$ 和 $\pi_2 : 2x-3y+z=18$ 都平行的直线方程.

解 所求的直线与 π_1 与 π_2 都平行，即与 π_1,π_2 的法向量 $\boldsymbol{n}_1,\boldsymbol{n}_2$ 都垂直，其中

$$\boldsymbol{n}_1 = (1,0,1), \boldsymbol{n}_2 = (2,-3,1)$$

因此可用 $\boldsymbol{n}_1 \times \boldsymbol{n}_2$ 作为直线的一个方向向量 $\boldsymbol{s}$.

$$\boldsymbol{s} = \boldsymbol{n}_1 \times \boldsymbol{n}_2 = \begin{vmatrix} \boldsymbol{i} & \boldsymbol{j} & \boldsymbol{k} \\ 1 & 0 & 1 \\ 2 & -3 & 1 \end{vmatrix} = 3\boldsymbol{i} + \boldsymbol{j} - 3\boldsymbol{k}$$

即

$$\boldsymbol{s} = (3,1,-3)$$

于是所求直线的方程为

$$\frac{x-1}{3} = \frac{y-0}{1} = \frac{z+2}{-3}$$

7.6.2 直线的一般式方程

空间任一条直线都可看作通过该直线的两个平面的交线，同时空间两个相交平面确定一条直线(图7.42)，所以将两个平面方程联立起来就代表空间直线的方程.

设两个平面的方程为

$$\pi_1 : A_1 x + B_1 y + C_1 z + D_1 = 0$$
$$\pi_2 : A_2 x + B_2 y + C_2 z + D_2 = 0$$

图7.42

则

$$\begin{cases} A_1 x + B_1 y + C_1 z + D_1 = 0 \\ A_2 x + B_2 y + C_2 z + D_2 = 0 \end{cases} \tag{7.16}$$

表示一条直线，其中 A_1,B_1,C_1 与 A_2,B_2,C_2 不成比例. 称式(7.16)为**直线的一般式方程**.

【例7.43】 将直线的一般式方程 $\begin{cases} 2x-y+3z-1=0 \\ 3x+2y-z-12=0 \end{cases}$ 化为点向式方程和参数方程.

解 先求直线上一点 M_0，不妨设 $z=0$，代入方程中，得

$$\begin{cases} 2x-y-1=0 \\ 3x+2y-12=0 \end{cases}$$

解之得 $x = 2, y = 3$，所以 $M_0(2,3,0)$ 为直线上的一点.

再求直线的一个方向向量 s. 由于直线与两个平面的法向量 n_1, n_2 都垂直，其中

$$n_1 = (2, -1, 3), n_2 = (3, 2, -1)$$

因此可用 $n_1 \times n_2$ 作为直线的一个方向向量 s.

$$s = n_1 \times n_2 = \begin{vmatrix} i & j & k \\ 2 & -1 & 3 \\ 3 & 2 & -1 \end{vmatrix} = -5i + 11j + 7k$$

即

$$s = \{-5, 11, 7\}$$

于是，该直线的点向式方程为

$$\frac{x-2}{-5} = \frac{y-3}{11} = \frac{z}{7}$$

令

$$\frac{x-2}{-5} = \frac{y-3}{11} = \frac{z}{7} = t$$

得所给直线的参数方程为

$$\begin{cases} x = 2 - 5t \\ y = 3 + 11t \\ z = 7t \end{cases}$$

7.6.3 两直线间的关系

空间中两条直线的位置关系可以用两条直线的方程构成的方程组的解来确定. 设两条直线 l_1 与 l_2 的方程为

$$l_1: \frac{x-x_1}{m_1} = \frac{y-y_1}{n_1} = \frac{z-z_1}{p_1}, l_2: \frac{x-x_2}{m_2} = \frac{y-y_2}{n_2} = \frac{z-z_2}{p_2}$$

其方向向量分别为 $s_1 = (m_1, n_1, p_1), s_2 = (m_1, n_1, p_1)$，由它们的方程构成的方程组

$$\begin{cases} \dfrac{x-x_1}{m_1} = \dfrac{y-y_1}{n_1} = \dfrac{z-z_1}{p_1} \\ \dfrac{x-x_2}{m_2} = \dfrac{y-y_2}{n_2} = \dfrac{z-z_2}{p_2} \end{cases} \quad (7.17)$$

①若方程组(7.17)有无穷组解，则 l_1 与 l_2 重合；

②若方程组(7.17)只有一组解，则 l_1 与 l_2 相交，且方程组的解即为 l_1 与 l_2 的交点坐标；

③若方程组(7.17)无解，且 $s_1 /\!/ s_2$，即 $s_1 \times s_2 = \theta$，则 l_1 与 l_2 平行；

④若方程组(7.17)无解，且 $s_1 \times s_2 \neq \theta$，则 l_1 与 l_2 异面直线.

两相交直线 l_1 与 l_2 所形成的 4 个角中，把不大于 $\pi/2$ 的那对对顶角 θ 叫作这两条直线的夹角. 若 l_1 与 l_2 的方向向量分别为 s_1, s_2，显然有

$$\cos \theta = |\cos \langle s_1, s_2 \rangle|$$
$$= \frac{|s_1 \cdot s_2|}{|s_1||s_2|}$$
$$= \frac{|m_1 m_2 + n_1 n_2 + p_1 p_2|}{\sqrt{m_1^2 + n_1^2 + p_1^2}\sqrt{m_2^2 + n_2^2 + p_2^2}}$$

注：(1) 若 $l_1 /\!/ l_2$，相当于 $\frac{m_1}{m_2} = \frac{n_1}{n_2} = \frac{p_1}{p_2}$，规定 l_1 与 l_2 的夹角为 0；

（2）对于异面直线，可把这两条直线平移至相交状态，此时，它们的夹角称为异面直线的夹角；

（3）若 $l_1 \perp l_2 \Leftrightarrow s_1 \cdot s_2 = 0 \Leftrightarrow m_1 m_2 + n_1 n_2 + p_1 p_2 = 0$.

【例 7.44】 判断直线 $l_1: \frac{x-2}{5} = \frac{y+1}{1} = \frac{z-1}{-3}$ 与 $l_2: \begin{cases} x=2 \\ y=1 \end{cases}$ 的位置关系.

解 容易知由 l_1, l_2 的方程联立得到的方程组无解，因此直线 l_1 与 l_2 不相交.
而 l_1 的一个方向向量为
$$s_1 = (5,1,-3)$$
l_2 的一个方向向量为
$$s_2 = (0,0,1)$$
则 s_1 与 s_2 不平行. 因此 l_1 与 l_2 为异面直线.

【例 7.45】 求直线 $L_1: \frac{x-1}{1} = \frac{y}{-4} = \frac{z+3}{1}$ 和 $L_2: \begin{cases} x+y+2=0 \\ x+2z=0 \end{cases}$ 的夹角.

解 直线 L_1 的方向向量为
$$s_1 = (1,-4,1)$$
直线 L_2 的方向向量为
$$s_2 = \begin{vmatrix} i & j & k \\ 1 & 1 & 0 \\ 1 & 0 & 2 \end{vmatrix} = (2,-2,-1)$$
两直线的夹角余弦为
$$\cos \phi = \frac{|1\times 2 + (-4)\times(-2) + 1\times(-1)|}{\sqrt{1^2+(-4)^2+1^2} \cdot \sqrt{2^2+(-2)^2+(-1)^2}} = \frac{1}{\sqrt{2}}$$
即 $\phi = \frac{\pi}{4}$.

【例 7.46】 求与平面 $x-4z=3$ 和 $2x-y-5z=1$ 的交线平行且过点 $(-3,2,5)$ 的直线方程.

解 直线方程的方向向量可取为
$$s = n_1 \times n_2 = \begin{vmatrix} i & j & k \\ 1 & 0 & -4 \\ 2 & -1 & -5 \end{vmatrix} = -(4i+3j+k)$$
则所求直线方程为
$$\frac{x+3}{4} = \frac{y-2}{3} = \frac{z-5}{1}$$

【例 7.47】　求过点$(2,1,3)$且与直线$\dfrac{x+1}{3}=\dfrac{y-1}{2}=\dfrac{z}{-1}$垂直相交的直线方程.

解　过点$(2,1,3)$作平面垂直于已知直线,则此平面的方程为

$$3(x-2)+2(y-1)-(z-3)=0$$

求已知直线与该平面的交点,将直线的参数方程

$$x=-1+3t,y=1+2t,z=-t$$

代入平面方程得$t=\dfrac{3}{7}$,从而得交点$\left(\dfrac{2}{7},\dfrac{13}{7},-\dfrac{3}{7}\right)$,于是所求直线的方向向量为

$$s=\left(\dfrac{2}{7}-2,\dfrac{13}{7}-1,-\dfrac{3}{7}-3\right)=-\dfrac{6}{7}(2,-1,4)$$

其平行向量为$(2,-1,4)$,故所求直线的方程为

$$\dfrac{x-2}{2}=\dfrac{y-1}{-1}=\dfrac{z-3}{4}$$

7.6.4　直线与平面的位置关系

在空间中,直线与平面的位置关系有 3 种:直线在平面内,直线与平面平行,直线与平面相交,它们的位置关系可以根据联立直线与平面的方程构成的方程组解的情况来判定.

设直线$l_1:\dfrac{x-x_0}{m}=\dfrac{y-y_0}{n}=\dfrac{z-z_0}{p}$,平面$\pi:Ax+By+Cz+D=0$,将其联立起来的方程组为

$$\begin{cases}\dfrac{x-x_0}{m}=\dfrac{y-y_0}{n}=\dfrac{z-z_0}{p}\\ Ax+By+Cz+D=0\end{cases} \tag{7.18}$$

(1)若方程组(7.18)有无穷组解,则 l 在 π 内,且 $Am+Bn+Cp=0$;

(2)若方程组(7.18)无解,则 $l /\!/ \pi$;

(3)若方程组(7.18)只有一组解,则 l 与 π 相交,方程组的解即为 l 与 π 的交点坐标.

注:还可以根据直线的方向向量 s 与平面的法向量 n 的关系来判定直线与平面的位置关系.

若 $s \cdot n = 0$,即 $s \perp n$ 时,l 在 π 内或 $l /\!/ \pi$;

若 $s \cdot n \neq 0$,即 s 与 n 不垂直时,l 与 π 相交.

【例 7.48】　判断下列直线 l 与平面 π 的位置关系,若相交,求出交点坐标.

(1)$\pi:2x+y-z=0,l:\dfrac{x-1}{1}=\dfrac{y+1}{1}=\dfrac{z}{3}$;

(2)$\pi:x-y+2z=0,l:\begin{cases}x+y+z=1\\ 2x+3z=1\end{cases}$;

(3)$\pi:x+2y-5z-11=0,l:\dfrac{x-5}{2}=\dfrac{y+3}{-2}=\dfrac{z-1}{3}$.

解　(1)设$\dfrac{x-1}{1}=\dfrac{y+1}{1}=\dfrac{z}{3}=t$,则

$$\begin{cases}x=t+1\\ y=t-1\\ z=3t\end{cases}$$

代入 $2x + y - z = 0$，得 $2(t+1) + (t-1) - 3t = 0$，即 $1 = 0$（无解）. 因此 $l /\!/ \pi$.

(2) 显然方程组 $\begin{cases} x - y + 2z = 0 \\ x + y + z = 1 \\ 2x + 3z = 1 \end{cases}$ 有无穷组解，因此 l 在 π 内.

(3) 解方程组 $\begin{cases} x + 2y - 5z - 11 = 0 \\ \dfrac{x-5}{2} = \dfrac{y+3}{-2} = \dfrac{z-1}{3} \end{cases}$ 得 $x = 3, y = -1, z = -2$.

因此，l 与 π 相交，且交点坐标为 $(3, -1, -2)$.

直线与它在平面上的投影之间的夹角 $\theta \left(0 \leqslant \theta \leqslant \dfrac{\pi}{2} \right)$（图 7.43），

称为**直线与平面的夹角**.

图 7.43

若直线 $l: \dfrac{x - x_0}{m} = \dfrac{y - y_0}{n} = \dfrac{z - z_0}{p}$，平面 $\pi: Ax + By + Cz + D = 0$，则直线 l 的方向向量为 $\boldsymbol{s} = (m, n, p)$，平面 π 的法向量为 $\boldsymbol{n} = (A, B, C)$，设直线 l 与平面 π 的法线之间的夹角为 φ，则 $\theta = \dfrac{\pi}{2} - \varphi$. 所以

$$\sin \theta = |\cos \varphi| = \frac{|\boldsymbol{s} \cdot \boldsymbol{n}|}{|\boldsymbol{s}| \cdot |\boldsymbol{n}|} = \frac{|Am + Bn + Cp|}{\sqrt{m^2 + n^2 + p^2} \cdot \sqrt{A^2 + B^2 + C^2}}$$

特别地

$$l \perp \pi \Leftrightarrow \boldsymbol{s} /\!/ \boldsymbol{n} \Leftrightarrow \boldsymbol{s} \times \boldsymbol{n} = \boldsymbol{0} \Leftrightarrow \frac{m}{A} = \frac{n}{B} = \frac{p}{C}$$

习题 7

(A)

1. 点 $P(x, y, z)$ 关于坐标平面 yOx 的对称点的坐标为_____. 关于 x 轴的对称点的坐标为_____.

2. 已知线段 AB 被点 $C(2, 0, 2)$ 与 $D(5, 2, 0)$ 三等分，试求线段两个点 A 与 B 的坐标.

3. 求点 $P(1, 2, 2)$ 和点 $Q(1, 0, 1)$ 间的距离.

4. 如果向量 $\boldsymbol{P_1 P_2} = (x, y, z)$ 的始点为 $P_1(x_1, y_1, z_1)$，求终点 P_2 的坐标.

5. 设向量 $\boldsymbol{a} = (16, -15, 12)$，向量 $\boldsymbol{b}$ 与 $\boldsymbol{a}$ 共线且反向，$|\boldsymbol{b}| = 75$，求向量 $\boldsymbol{b}$.

6. 设已知两点 $A(2, 2, \sqrt{2})$ 和 $B(1, 3, 0)$，计算向量 $\boldsymbol{AB}$ 的模、方向余弦和方向角.

7. 设向量 $\boldsymbol{AB} = 4\boldsymbol{i} - 4\boldsymbol{j} + 7\boldsymbol{k}$ 的终点 B 的坐标为 $(2, -1, 7)$. 求：

(1) 始点 A 的坐标；

(2) 向量 $\boldsymbol{AB}$ 的模；

(3) 向量 $\boldsymbol{AB}$ 的方向余弦；

(4) 与向量 $\boldsymbol{AB}$ 方向一致的单位向量.

8. 已知 $\langle \boldsymbol{a},\boldsymbol{b} \rangle = \dfrac{2\pi}{3}$，且 $|\boldsymbol{a}| = 1$，$|\boldsymbol{b}| = 2$，求 $\boldsymbol{a} \cdot \boldsymbol{b}$，$(\boldsymbol{a} \times \boldsymbol{b})^2$.

9. 已知 $|\boldsymbol{a}| = 3$，$|\boldsymbol{b}| = 26$，$|\boldsymbol{a} \times \boldsymbol{b}| = 72$，求 $\boldsymbol{a} \cdot \boldsymbol{b}$.

10. 设 $\boldsymbol{a} = 3\boldsymbol{i} - \boldsymbol{j} - 2\boldsymbol{k}$，$\boldsymbol{b} = \boldsymbol{i} + 2\boldsymbol{j} - \boldsymbol{k}$，求 $\boldsymbol{a} \cdot \boldsymbol{b}$，$\boldsymbol{a} \times \boldsymbol{b}$，$(-2\boldsymbol{a}) \cdot 3\boldsymbol{b}$，$\boldsymbol{a} \times 2\boldsymbol{b}$，$\cos\langle \boldsymbol{a} \cdot \boldsymbol{b} \rangle$.

11. 指出下列各方程表示什么图形？

(1) $x^2 + 4y^2 + z^2 = 1$；

(2) $x^2 + y^2 = 1$；

(3) $x^2 - y^2 = 1$；

(4) $\dfrac{x^2}{4} + \dfrac{y^2}{9} = 1$；

(5) $x^2 - y^2 = 2z$；

(6) $\begin{cases} z = x^2 + y^2 \\ z = 2 \end{cases}$.

12. 说明下列旋转曲面是怎样形成的.

(1) $\dfrac{x^2}{4} + \dfrac{y^2}{9} + \dfrac{z^2}{9} = 1$；

(2) $x^2 - \dfrac{y^2}{9} + z^2 = 1$；

(3) $x^2 - y^2 - z^2 = 1$.

13. 设有点 $A(1,2,3)$ 和 $B(2,-1,4)$，求线段 AB 的垂直平分面的方程.

14. 求与两定点 $M_1(1,-1,0)$，$M_2(2,0,-2)$ 距离相等的点的轨迹方程.

15. 求过点 $(2,-3,0)$ 且以 $\boldsymbol{n} = (1,-2,3)$ 为法向量的平面的方程.

16. 求平面 $x - y + 2z - 6 = 0$ 和 $2x + y + z - 5 = 0$ 的夹角.

17. 求过原点且垂直于平面 $2y - z + 2 = 0$ 的直线.

18. 求过点 $M_0(-1,2,1)$ 且与两平面 $\pi_1 : x + y - 2z = 1$ 和 $\pi_2 : x + 2y - z = 1$ 平行的直线方程.

19. 一平面过直线 $\begin{cases} x + 5y + z = 0 \\ x - z + 4 = 0 \end{cases}$ 且与平面 $x - 4y - 8z + 12 = 0$ 垂直，求该平面方程.

20. 设平面 π 过点 $P(1,0,1)$ 且垂直于直线 $\begin{cases} x - z = 0 \\ x + y + z = 0 \end{cases}$，求平面 π 的方程.

(B)

一、填空题

1. 过点 $M_0(1,-1,1)$ 且垂直于平面 $x - y - z = 0$ 及 $2x + y + z + 1 = 0$ 的平面方程 _____.

2. 在平面 $x - y - 2z = 0$ 上找一点 P _____，使它与点 $(2,1,5)$，$(4,-3,1)$，$(-2,-1,3)$ 之间的距离相等.

3. 过点 $(2,-8,3)$ 且垂直平面 $x + 2y - 3z - 2 = 0$ 直线方程为 _____.

4. 曲面方程为：$x^2 + y^2 + 4z^2 = 4$，它是由曲线 _____ 绕 _____ 旋转而成的.

5. 已知曲面方程：$16x^2 - 9y^2 - 9z^2 = 25$，则曲面名称为 _____.

6. 曲线 $\begin{cases} z = 2 - x^2 - y^2 \\ z = (x-1)^2 + (y-1)^2 \end{cases}$ 在 yOz 面上的投影方程为 _____.

7. 通过点 $M_0(3,0,5)$ 与坐标原点的直线的对称式方程为 _____，参数方程为 _____.

8. 直线 $\dfrac{x-1}{3} = \dfrac{y-2}{4} = \dfrac{z}{0}$ 与平面 $3x - y + 2z + 4 = 0$ 的夹角为 _____.

二、单项选择题

1. 设 $a = (2, -3, 1)$，$b = (1, -1, 3)$，$c = (1, -2, 0)$，则 $(a \times b) \times c = ($　　$)$.

　　A. 8　　　　　　　　　B. 10　　　　　　　　　C. $(0, -1, -1)$　　　　　　　D. $(2, 1, 21)$

2. 若 $a = 6i + 3j - 2k$，$b // a$，且 $|b| = 14$，则 $b = ($　　$)$.

　　A. $\pm(12i + 6j - 4k)$　　　　　　　　　B. $\pm(12i + 6j)$

　　C. $\pm(12i - 4k)$　　　　　　　　　　　D. $\pm(6j - 4k)$

3. 若 $M_1(1, 1, 1)$，$M_2(2, 2, 1)$，$M_3(2, 1, 2)$，则 $\overrightarrow{M_1 M_2}$ 与 $\overrightarrow{M_1 M_3}$ 的夹角 φ 为($\quad$).

　　A. $\dfrac{\pi}{6}$　　　　　　　　B. $\dfrac{\pi}{2}$　　　　　　　　C. $\dfrac{\pi}{3}$　　　　　　　　D. $\dfrac{\pi}{4}$

4. 设平面方程为 $x - y = 0$，则其位置($\quad$).

　　A. 平行于 x 轴　　　B. 平行于 y 轴　　　C. 平行于 z 轴　　　　　D. 过 z 轴

5. 平面 $x - 2y + 7z + 3 = 0$ 与平面 $3x + 5y + z - 1 = 0$ 的位置关系($\quad$).

　　A. 平行　　　　　　　B. 垂直　　　　　　　C. 相交　　　　　　　D. 重合

6. 直线 $\dfrac{x+3}{-2} = \dfrac{y+4}{-7} = \dfrac{z}{3}$ 与平面 $4x - 2y - 2z - 3 = 0$ 的位置关系($\quad$).

　　A. 平行　　　　　　　　　　　　　　　B. 垂直

　　C. 斜交　　　　　　　　　　　　　　　D. 直线在平面内

7. 点 $A(0, -1, 0)$ 到直线 $\begin{cases} -y + 1 = 0 \\ x + 2z - 7 = 0 \end{cases}$ 的距离为($\quad$).

　　A. $\sqrt{5}$　　　　　　　B. $\dfrac{1}{\sqrt{6}}$　　　　　　　C. $\dfrac{1}{5}$　　　　　　　D. $\dfrac{1}{8}$

8. 求平面 $x - y + 2z - 6 = 0$ 与平面 $2x + y + z - 5 = 0$ 的夹角($\quad$).

　　A. $\dfrac{\pi}{2}$　　　　　　　B. $\dfrac{\pi}{6}$　　　　　　　C. $\dfrac{\pi}{3}$　　　　　　　D. $\dfrac{\pi}{4}$

9. 设点 $M_0(3, -1, 2)$，直线 $l: \begin{cases} x + y - z + 1 = 0 \\ 2x - y + z - 4 = 0 \end{cases}$，则 M_0 到 l 的距离为($\quad$).

　　A. $\dfrac{3\sqrt{2}}{2}$　　　　　　　B. $\dfrac{3\sqrt{5}}{5}$　　　　　　　C. $\dfrac{3\sqrt{5}}{4}$　　　　　　　D. $\dfrac{\sqrt{2}}{2}$

10. 直线 $\dfrac{x-2}{1} = \dfrac{y-3}{1} = \dfrac{z-4}{2}$ 与平面 $2x + y + z = 6$ 夹角为($\quad$).

　　A. $30°$　　　　　　　B. $60°$　　　　　　　C. $90°$　　　　　　　D. $\arcsin \dfrac{5}{6}$

三、解答题

1. 已知向量 $a = (1, -2, 1)$，$b = (1, 1, 2)$，计算 $a \times b$，$(2a - b) \cdot (a + b)$，$|a - b|^2$.

2. 一直线过点 $B(1, 2, 3)$ 且与向量 $c = (6, 6, 7)$ 平行，求点 $A(3, 4, 2)$ 到该直线的距离.

3. 求过点 $P_0(1, 2, 1)$ 和直线 $\begin{cases} x - z = 6 \\ x - 2y - 3z = 0 \end{cases}$ 的平面方程.

4. 求过点 $(2, 1, 1)$ 平行于直线 $\dfrac{x-2}{3} = \dfrac{y+1}{2} = \dfrac{z-2}{-1}$，且垂直于平面 $x + 2y - 3z + 5 = 0$ 的平面方程.

5. 求直线 $\begin{cases} 5x - 3y + 3z - 9 = 0 \\ 3x - 2y + z - 1 = 0 \end{cases}$ 与直线 $\begin{cases} 2x + 2y - z + 23 = 0 \\ 3x + 8y + z - 18 = 0 \end{cases}$ 的夹角的余弦.

6. 已知平面在 x 轴上的截距为 2，且过点 $(0, -1, 0)$ 和 $(2, 1, 3)$，求此平面方程.

第 8 章

多元函数微分及其应用

前几章讨论的是一元函数,即只依赖一个自变量的函数.但是,在处理实际问题时经常会遇到涉及多个自变量的情形,此时就需要引入多元函数的概念.

本章介绍多元函数微分学,它是一元函数微分学的延伸和发展,在本质上两者的处理方法与思路有许多相似之处,但也有一定的差别,请读者在比较的基础上理解和掌握.本章主要以二元函数为例,二元的方法与概念不难推广到一般的多元函数.

8.1 多元函数的基本概念

8.1.1 空间直角坐标系

解析几何之父

平面坐标系的建立是为了确定平面上的任意一点的位置.为了确定空间内任意一点,相应地就要引入空间直角坐标系.

在空间内任取一点 O,过点 O 作 3 条相互垂直的数轴 Ox,Oy,Oz,并按照右手系(即将右手的拇指、食指和中指伸成相互垂直的状态.若食指和中指分别指向 x 轴、y 轴正向时,拇指正好指向 z 轴正向)规定的正方向,各轴再规定一个共同的单位长度,这就构成了一个空间直角坐标系(图 8.1),记作 $Oxyz$,并称 O 为坐标原点,称数轴 Ox,Oy,Oz 为坐标轴,称由两坐标轴决定的平面为坐标平面,简称 xOy,yOz,xOz 平面.

图 8.1

有了直角坐标系后,可以像平面那样规定空间中点的直角坐标.设定空间中一点 M,过点 M 作 3 个平行于坐标平面的平面,它们与 x,y,z 轴分别交于点 P,Q,R,其所在坐标轴上的坐标分别为 x,y,z(图 8.2).则称与点 M 对应的 3 个有序的实数为点 M 的坐标,记作

$$M = M(x,y,z)$$

其中,x,y,z 分别称为点 M 的横坐标、纵坐标、竖坐标,或称为 x 坐标、y 坐标、z 坐标.

3 个坐标平面将空间分为 8 块,每一块称为一个卦限,将 8 个卦限编号,在上半空间为 Ⅰ,Ⅱ,Ⅲ,Ⅳ(图 8.3),在其下方分别为 Ⅴ,Ⅵ,Ⅶ,Ⅷ.

图 8.2   图 8.3

对于空间内任意两点 $A(x_1,y_1,z_1)$，$B(x_2,y_2,z_2)$，可求得它们之间的距离为

$$|AB| = \sqrt{(x_1-x_2)^2+(y_1-y_2)^2+(z_1-z_2)^2} \tag{8.1}$$

特别地，空间中任意一点 $M(x,y,z)$ 到原点 O 的距离为

$$|OM| = \sqrt{x^2+y^2+z^2} \tag{8.2}$$

8.1.2 平面点集

二元的有序实数组 (x,y) 的全体，即 $R^2 = \{(x,y) \mid x \in R, y \in R\}$ 就表示**坐标平面**. 坐标平面上具有某种性质 P 的点的集合称为**平面点集**，记作

$$E = \{(x,y) \mid (x,y) \text{ 具有性质 } P\}$$

例如，平面上以原点为中心、r 为半径的圆内所有点的集合是

$$C = \{(x,y) \mid x^2+y^2<r^2\}$$

如果以点 P 表示 (x,y)，以 $|OP|$ 表示点 P 到原点 O 的距离，那么集合 C 可表示为

$$C = \{P \mid |OP|<r\}$$

邻域：设点 $P_0(x_0,y_0)$ 是 xOy 平面上的一定点，$\delta>0$ 为实数，以 P_0 为圆心，以 δ 为半径的圆的内部区域（不含圆周）

$$D_\delta(P_0) = \{(x,y) \mid (x-x_0)^2+(y-y_0)^2<\delta^2\}$$

称为点 P_0 的 δ **邻域**.

邻域的几何意义：$D_\delta(P_0)$ 表示 xOy 平面上以点 $P_0(x_0,y_0)$ 为中心、$d>0$ 为半径的圆内部的点 $P(x,y)$ 的全体. 点 P_0 的去心 δ 邻域，记作 $\mathring{D}_\delta(P_0)$，即

$$\mathring{D}_\delta(P_0) = \{(x,y) \mid 0<(x-x_0)^2+(y-y_0)^2<\delta^2\}$$

1）内点、开集

设 D 为 xOy 平面上一点集，点 $P_0(x_0,y_0) \in D$，若存在 $\delta>0$，使得 $D_\delta(P_0) \subset D$，则称 P_0 为 D 的内点；若 D 的点都是内点，则称 D 为**开集**.

2）边界点、边界

设 $P_0(x_0,y_0)$ 为 xOy 平面上一点，若对任意的 $\delta>0$，总存在点 $P_1,P_2 \in D_\delta(P_0)$，使得 $P_1 \in D$，$P_2 \notin D$，则称 P_0 为 D 的**边界点**；D 的全部边界点的集合称为 D 的**边界**.

3）开区域、闭区域

设 D 为一开集, P_1 和 P_2 为 D 内任意两点, 若在 D 内存在一条或由有限条直线段组成的折线将 P_1 和 P_2 连接起来, 则称 D 为连通开区域, 简称**开区域**; 开区域与开区域的边界点构成的集合称为**闭区域**.

4）有界区域、无界区域

若存在正数 R, 使得 $D \subset D_R(O)$, 则称 D 为**有界区域**; 否则, 称 D 为**无界区域**. 这里 $D_R(O)$ 表示以原点 $O(0,0)$ 为圆心, R 为半径的开圆, 即

$$D_R(O) = \{(x,y) \mid x^2 + y^2 < R^2\}$$

【例 8.1】 画出下列区域 D 的图形:

$$D_1 = \{(x,y) \mid 4 \leqslant x^2 + y^2 \leqslant 9\}$$
$$D_2 = \{(x,y) \mid x - y \geqslant 0\}$$

解 D_1 是如图 8.4(a)所示的圆环, 满足 $4 < x^2 + y^2 < 9$ 的点都是 D_1 的内点; 满足 $x^2 + y^2 = 4$ 及 $x^2 + y^2 = 9$ 的点均为 D_1 的边界点, 它们都属于 D_1.

D_2 如图 8.4(b)所示, 它是无界区域.

图 8.4

8.1.3 多元函数的定义

【例 8.2】 圆柱体的体积 V 和它的底面半径 r、高 h 之间具有以下关系:

$$V = \pi r^2 h$$

这里 $r > 0, h > 0$, 当 r 和 h 的值分别给定时, 按照上式, V 的对应值就随之确定.

【例 8.3】 设长方体的长、宽、高分别为 x, y, z, 则长方体的体积 $V = xyz (x > 0, y > 0, z > 0)$. 当 x, y, z 的值分别给定时, 按这个公式, V 就有一个确定的值与之相对应, 这时就称 V 是 x, y, z 的三元函数.

由此可知, 所谓多元函数, 是指因变量依赖多个自变量的函数关系. 下面重点讨论两个自变量的情形, 即二元函数.

定义 1 设 D 为 xOy 平面上的一个点集, 若对 D 中任意点 (x,y), 按照某一确定的对应法则 f, 都有唯一确定的实数 z 与之相对应, 则称变量 z 是 x, y 的二元函数, 记作

$$z = f(x,y), \quad (x,y) \in D$$

其中, x 和 y 称为自变量, z 称为因变量, 点集 D 称为函数的定义域.

通常二元函数的图形是空间的曲面,如图 8.5 所示.

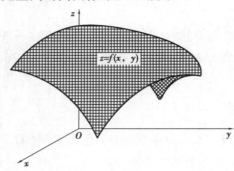

图 8.5

类似地,可定义三元及三元以上的函数,通常 n 元函数记作

$$y = f(x_1, x_2, \cdots, x_n), (x_1, x_2, \cdots, x_n) \in D$$

其中,$x_1, x_2, \cdots, x_n$ 为自变量,y 为因变量,f 为对应法则,D 为定义域.

图 8.6

【例 8.4】 求函数 $z = \ln \dfrac{x-1}{y}$ 的定义域 D,并作出 D 的示意图.

解 由函数表达式可知,$\dfrac{x-1}{y} > 0$ 时函数才有意义,则

$$D = \left\{ (x,y) \left| \dfrac{x-1}{y} > 0 \right. \right\}$$

$$= \{ (x,y) \,|\, x > 1, y > 0 \} \cup \{ (x,y) \,|\, x < 1, y < 0 \}$$

其图形如图 8.6 所示的阴影部分.

【例 8.5】 求函数 $z = \ln(y-x) + \dfrac{\sqrt{xy}}{\sqrt{1-x^2-y^2}}$ 的定义域 D,并作出 D 的示意图.

解 要使函数有意义,有

$$\begin{cases} y - x > 0 \\ xy \geqslant 0 \\ 1 - x^2 - y^2 > 0 \end{cases}$$

故其定义域为

$$D = \{ (x,y) \,|\, y > x, xy \geqslant 0, x^2 + y^2 < 1 \}$$

D 的图形为如图 8.7 所示的阴影部分.

图 8.7

8.1.4 二元函数的极限

与一元函数的极限类似,如果在 $P(x,y) \to P_0(x_0, y_0)$ 的过程中,对应的函数值 $f(x,y)$ 无限地接近一个确切的常数 A,则 A 是函数 $f(x,y)$ 当 $(x,y) \to (x_0, y_0)$ 时的极限. 下面用"ε-δ"语言描述.

定义 2 设函数 $z = f(x,y)$ 在点 $P_0(x_0, y_0)$ 的某去心邻域内有定义,A 是常数. 若对任意给定的 $\varepsilon > 0$,存在 $\delta > 0$,使得当 $0 < |x - x_0| < \delta, 0 < |y - y_0| < \delta$(或 $0 <$

$\sqrt{(x-x_0)^2+(y-y_0)^2}<\delta)$时,恒有

$$|f(x,y)-A|<\varepsilon$$

成立,则称当$P(x,y)\to P_0(x_0,y_0)$时,函数$f(x,y)$以A为极限,记作

$$\lim_{(x,y)\to(x_0,y_0)}f(x,y)=A\ 或\ f(x,y)\to A((x,y)\to(x_0,y_0)) \tag{8.3}$$

注:由定义可知,所谓二元函数极限存在,是指$P(x,y)$以任何方式趋于$P_0(x_0,y_0)$时,$f(x,y)$都无限地接近A.因此,要说明极限不存在,只要找到两条趋于P_0的不同路径,使其极限不等即可.但要证明极限存在,则情况比较复杂.对于二元函数的极限,可通过下面的例题简单了解一下.

【例8.6】 判断下列极限是否存在.若存在,求出其值.

(1) $\lim\limits_{(x,y)\to(0,2)}\dfrac{x}{\sin(xy)}$;　　　　(2) $\lim\limits_{(x,y)\to(0,0)}\dfrac{xy^2}{x^2+y^2}$;

(3) $\lim\limits_{(x,y)\to(0,0)}\dfrac{xy}{x^2+y^2}$.

解 (1)由$\lim\limits_{x\to0}\dfrac{x}{\sin x}=1$,可得

$$\lim_{(x,y)\to(0,2)}\frac{x}{\sin(xy)}=\lim_{(x,y)\to(0,2)}\frac{xy}{\sin(xy)}\cdot\frac{1}{y}$$
$$=\lim_{(x,y)\to(0,2)}\frac{xy}{\sin(xy)}\cdot\lim_{(x,y)\to(0,2)}\frac{1}{y}$$
$$=\frac{1}{2}$$

(2)当$(x,y)\to(0,0)$时,$x^2+y^2\neq0$,这时$x^2+y^2\geq2|xy|$,可知

$$0\leq\left|\frac{xy^2}{x^2+y^2}\right|\leq\left|\frac{xy^2}{2xy}\right|=\left|\frac{y}{2}\right|$$

因此,当$(x,y)\to(0,0)$时,$\dfrac{xy^2}{x^2+y^2}\to0$,即

$$\lim_{(x,y)\to(0,0)}\frac{xy^2}{x^2+y^2}=0$$

(3)当(x,y)沿x轴趋于$(0,0)$,这时$y=0,x\neq0$,当$x\to0$时

$$\lim_{(x,y)\to(0,0)}f(x,y)=\lim_{(x,y)\to(0,0)}\frac{xy}{x^2+y^2}=0$$

同理,由(x,y)沿y轴趋于$(0,0)$时,也有

$$\lim_{(x,y)\to(0,0)}\frac{xy}{x^2+y^2}=0$$

但是,当(x,y)沿另外的途径趋于$(0,0)$时,情况就不一样.如(x,y)沿斜率为$k(k\neq0)$的直线趋于$(0,0)$时,即$y=kx,x\to0$,有

$$\lim_{(x,y)\to(0,0)}f(x,y)=\lim_{(x,y)\to(0,0)}\frac{xy}{x^2+y^2}=\lim_{x\to0}\frac{kx^2}{x^2+k^2x^2}=\frac{k}{1+k^2}\neq0$$

因此,$\lim\limits_{(x,y)\to(0,0)}\dfrac{xy}{x^2+y^2}$不存在.

8.1.5　二元函数的连续性

有了二元函数的极限,就可定义二元函数的连续性.

定义 3　设二元函数 $z=f(x,y)$ 在点 $P_0(x_0,y_0)$ 的某个邻域内有定义,分别给 x_0,y_0 一个改变量 $\Delta x,\Delta y$,并使得 $(x_0+\Delta x,y_0+\Delta y)$ 属于 $f(x,y)$ 的定义域. 这时,函数 $z=f(x,y)$ 的改变量为

$$\Delta z=f(x_0+\Delta x,y_0+\Delta y)-f(x_0,y_0)$$

如果 $\lim\limits_{(\Delta x,\Delta y)\to(0,0)}\Delta z=0$,即

$$\lim_{(x,y)\to(x_0,y_0)}f(x,y)=f(x_0,y_0) \tag{8.4}$$

则称 $z=f(x,y)$ 在 (x_0,y_0) 处连续;否则,称 $f(x,y)$ 在 (x_0,y_0) 处间断(不连续).

若二元函数 $f(x,y)$ 在定义域 D 内每一点都连续,则称 $f(x,y)$ 在 D 内连续,类似于一元函数,也可定义 $f(x,y)$ 在闭区域上的连续性.

与一元的情形一样,二元初等函数就是由 x 的初等函数、y 的初等函数及二者经过有限次四则运算和复合运算并能用一个统一的解析式表示的函数. 例如,$\ln(y+\sqrt{x^2})$,$\mathrm{e}^{\sin xy}$ 等都是二元初等函数. 二元初等函数在其定义区域内均连续. 若二元函数 $f(x,y)$ 在区域 D 内连续,则它的图形是一张连续的曲面.

由例 8.6 可知,函数

$$f(x,y)=\begin{cases}\dfrac{xy^2}{x^2+y^2}, & x^2+y^2\neq0 \\ 0, & x^2+y^2=0\end{cases}$$

在点 $(0,0)$ 连续,因此 $f(x,y)$ 在全平面连续. 而函数

$$f(x,y)=\begin{cases}\dfrac{xy}{x^2+y^2}, & x^2+y^2\neq0 \\ 0, & x^2+y^2=0\end{cases}$$

在点 $(0,0)$ 间断.

有界闭区域上的二元函数也有类似于一元函数的最值定理与介值定理.

最值定理　定义在有界闭区域 D 上的二元连续函数,必在其定义域内有界,且能取到最大值和最小值.

介值定理　定义在有界闭区域 D 上的二元连续函数,如果其最大值与最小值不相等,则该函数在该区域 D 内至少有一次取得介于最大值与最小值之间的任意给定数值.

8.2　偏导数与全微分

8.2.1　偏导数

在研究一元函数时,由函数的变化率引入导数的概念. 对于二元函数同样需要讨论它的

变化率. 但由于自变量多了一个, 使得自变量与因变量的关系比一元函数要复杂一些. 首先考虑二元函数关于其中一个自变量的变化率, 即在讨论二元函数 $f(x,y)$ 对 x 的变化率时, 把 y 看作常数, 故称其为偏导数.

定义 4 设函数 $z=f(x,y)$ 在点 $P_0(x_0,y_0)$ 的某邻域内有定义. 当 y 固定为 y_0 时, 给 x_0 以改变量 Δx, 于是函数有相应的改变量

$$\Delta_x z = f(x_0 + \Delta x, y_0) - f(x_0, y_0)$$

如果

$$\lim_{\Delta x \to 0} \frac{\Delta_x z}{\Delta x} = \lim_{\Delta x \to 0} \frac{f(x_0 + \Delta x, y_0) - f(x_0, y_0)}{\Delta x} \qquad (8.5)$$

存在, 则称此极限为函数 $z=f(x,y)$ 在点 $P_0(x_0,y_0)$ 处对 x 的偏导数, 记作

$$f'_x(x_0,y_0) \text{ 或 } \frac{\partial f}{\partial x}\Big|_{(x_0,y_0)}, \text{ 或 } z'_x\Big|_{(x_0,y_0)}, \text{ 或 } \frac{\partial z}{\partial x}\Big|_{(x_0,y_0)}$$

类似地, 可定义函数 $z=f(x,y)$ 在点 $P_0(x_0,y_0)$ 处对 y 的偏导数, 并将其记作

$$f'_y(x_0,y_0) \text{ 或 } \frac{\partial f}{\partial y}\Big|_{(x_0,y_0)}, \text{ 或 } z'_y\Big|_{(x_0,y_0)}, \text{ 或 } \frac{\partial z}{\partial y}\Big|_{(x_0,y_0)}$$

如果函数 $z=f(x,y)$ 在区域 D 中的每一点 (x,y) 对 x 的偏导数 $f'_x(x,y)$ 都存在, 则 $f'_x(x,y)$ 也是 x,y 的函数, 称其为函数 $f(x,y)$ 对 x 的偏导函数. 同样, 可定义 $f(x,y)$ 对 y 的偏导函数 $f'_y(x,y)$, 它们分别可记作

$$z'_x, f'_x, \frac{\partial f}{\partial x}, \frac{\partial z}{\partial x} \text{和} z'_y, f'_y, \frac{\partial f}{\partial y}, \frac{\partial z}{\partial y}$$

偏导函数简称偏导数.

至于在实际求 $z=f(x,y)$ 的偏导数, 并不需要新的方法, 因为这里只有一个变量, 另一个变量看作固定的常数, 因而偏导数的计算就是一元函数的导数的计算. 它的求导公式、四则运算法则均与一元函数是一致的, 故此处不需特别讲解.

二元函数的偏导数概念可推广到一般的多元函数.

【例 8.7】 求 $z = x^2 + 3xy + y^2$ 在点 $(1,2)$ 处的偏导数.

解 把 y 看作常量, 得

$$\frac{\partial z}{\partial x} = 2x + 3y$$

把 x 看作常量

$$\frac{\partial z}{\partial y} = 3x + 2y$$

将 $(1,2)$ 代入上面的结果, 得

$$\frac{\partial z}{\partial x}\Big|_{(1,2)} = 2 \times 1 + 3 \times 2 = 8$$

$$\frac{\partial z}{\partial y}\Big|_{(1,2)} = 3 \times 1 + 2 \times 2 = 7$$

【例 8.8】 求 $z = e^{\frac{y}{x}}\sin(x^2+y)$ 在点 $(1,-1)$ 处的偏导数 $\frac{\partial z}{\partial x}\Big|_{(1,-1)}, \frac{\partial z}{\partial y}\Big|_{(1,-1)}$.

解 方法 1: 因为

$$\frac{\partial z}{\partial x} = -\frac{y}{x^2}e^{\frac{y}{x}}\sin(x^2+y) + e^{\frac{y}{x}}\cos(x^2+y) \cdot 2x$$

$$\frac{\partial z}{\partial y} = \frac{1}{x}\mathrm{e}^{\frac{y}{x}}\sin(x^2+y) + \mathrm{e}^{\frac{y}{x}}\cos(x^2+y)$$

所以

$$\left.\frac{\partial z}{\partial x}\right|_{(1,-1)} = \mathrm{e}^{-1}\cdot 0 + \mathrm{e}^{-1}\cdot 2 = 2\mathrm{e}^{-1}$$

$$\left.\frac{\partial z}{\partial y}\right|_{(1,-1)} = \mathrm{e}^{-1}\cdot 0 + \mathrm{e}^{-1}\cdot 1 = \mathrm{e}^{-1}$$

方法 2:另外,因为在对 x 求偏导数时,把 y 看作常数,故可先将 y 的值代入,即 $f(x,-1) = \mathrm{e}^{-\frac{1}{x}}\sin(x^2-1)$. 这样就是一元函数求导了.

同理,对 y 求偏导数时,也可把 x 的值代入,即

$$f(1,y) = \mathrm{e}^y\sin(1+y)$$

$$f(x,-1) = \mathrm{e}^{-\frac{1}{x}}\sin(x^2-1),\ f(1,y) = \mathrm{e}^y\sin(1+y)$$

$$f'_x(x,-1) = \frac{1}{x^2}\mathrm{e}^{-\frac{1}{x}}\sin(x^2-1) + \mathrm{e}^{-\frac{1}{x}}\cos(x^2-1)\cdot 2x$$

$$f'_y(1,y) = \mathrm{e}^y\sin(1+y) + \mathrm{e}^y\cos(1+y)$$

所以

$$\left.\frac{\partial z}{\partial x}\right|_{(1,-1)} = f'_x(1,-1) = 2\mathrm{e}^{-1},\ \left.\frac{\partial z}{\partial y}\right|_{(1,-1)} = f'_y(1,-1) = \mathrm{e}^{-1}$$

【例 8.9】 设 $f(x,y) = (x^2+2)y^{\frac{1}{3}} + (\sqrt{y}-1)\arcsin\sqrt{\frac{2x}{y}}$,求 $f'_x\left(\frac{1}{4},1\right),f'_y(0,1)$.

解 用例 8.8 的第二种解法,先确定 $f(x,1),f(0,y)$,则

$$f(x,1) = x^2+2,\ f'_x(x,1) = 2x$$

从而

$$f'_x\left(\frac{1}{4},1\right) = \frac{1}{2}$$

同理,可得

$$f(0,y) = 2y^{\frac{1}{3}},\ f'_y(0,y) = \frac{2}{3}y^{-\frac{2}{3}},\ f'_y(0,1) = \frac{2}{3}$$

从上面的计算中可知,当求某特定点处的偏导数时,若先将非求偏导的变量的数值代入,可以简化计算.

【例 8.10】 求下列函数对所有自变量的偏导数:

(1) $z = \sin(x\mathrm{e}^{y^3})$; (2) $w = x^{y^z}$.

解(1) $$\frac{\partial z}{\partial x} = \cos(x\mathrm{e}^{y^3})\cdot\mathrm{e}^{y^3} = \mathrm{e}^{y^3}\cos(x\mathrm{e}^{y^3})$$

$$\frac{\partial z}{\partial y} = \cos(x\mathrm{e}^{y^3})\cdot x\mathrm{e}^{y^3}\cdot 3y^2 = 3xy^2\mathrm{e}^{y^3}\cos(x\mathrm{e}^{y^3})$$

(2)因

$$w = \mathrm{e}^{y^z\ln x}$$

故

$$\frac{\partial w}{\partial x} = \mathrm{e}^{y^z\ln x}\frac{y^z}{x} = y^z x^{y^z-1}$$

$$\frac{\partial w}{\partial y} = \mathrm{e}^{y^z \ln x} zy^{z-1} \ln x = zy^{z-1} x^{y^z} \ln x$$

$$\frac{\partial w}{\partial z} = \mathrm{e}^{y^z \ln x} y^z \ln y \cdot \ln x = y^z x^{y^z} \ln x \cdot \ln y$$

【例8.11】　讨论函数

$$f(x,y) = \begin{cases} \dfrac{xy}{x^2+y^2}, & x^2+y^2 \neq 0 \\ 0, & x^2+y^2 = 0 \end{cases}$$

在点$(0,0)$的偏导数与连续性的关系.

解　由偏导数的定义得

$$f'_x(0,0) = \lim_{\Delta x \to 0} \frac{f(0+\Delta x,0) - f(0,0)}{\Delta x} = \lim_{\Delta x \to 0} 0 = 0$$

$$f'_y(0,0) = \lim_{\Delta y \to 0} \frac{f(0,0+\Delta y) - f(0,0)}{\Delta y} = \lim_{\Delta y \to 0} 0 = 0$$

从而函数在点$(0,0)$的偏导数均存在. 但在第一节中已知,此函数在$(0,0)$处极限不存在,故不连续.

例8.11说明,$f(x,y)$在某点的偏导数存在尚不能保证函数在该点处连续,这与一元函数的可导一定连续的结论是不一致的.

8.2.2　全微分

1)全微分的定义

由一元函数微分知,$\mathrm{d}y = A\Delta x$ 具有以下两个特性:

① $\mathrm{d}y$ 是 Δx 的线性函数.

② 当 $\Delta x \to 0$ 时, $\mathrm{d}y$ 与函数的改变量 Δy 之差是比 Δx 更高阶的无穷小,即

$$\Delta y = \mathrm{d}y + o(\Delta x), \Delta x \to 0$$

对于二元函数 $z = f(x,y)$ 也有类似的问题需要研究,即当自变量在点(x_0,y_0)处有改变量 Δx 与 Δy 时,函数有相应的改变量(全增量),即

$$\Delta z = f(x_0+\Delta x, y_0+\Delta y) - f(x_0,y_0)$$

此时,由于 x_0,y_0 固定,因此,Δz 是 Δx 与 Δy 的函数. 一般情况下,计算全增量 Δz 比较复杂,希望像一元函数一样用 Δx 和 Δy 的线性函数来近似地替代全增量,这就是全微分的概念. 下面通过例子加以说明.

【例8.12】　设矩形的边长为 x,y,当 x 和 y 各有增量 Δx 和 Δy 时,矩形面积改变量 ΔS 可表示为

$$\Delta S = (x+\Delta x)(y+\Delta y) - xy$$
$$= y\Delta x + x\Delta y + \Delta x\Delta y$$

其中,$y\Delta x + x\Delta y$ 是 $\Delta x, \Delta y$ 的线性表达式,称其为 ΔS 的线性主部;$\Delta x\Delta y$ 是比 $\rho = \sqrt{(\Delta x)^2 + (\Delta y)^2}$ 更高阶的无穷小量.

定义5　设函数 $z = f(x,y)$ 在点(x_0,y_0)的某邻域内有定义,若函数的全增量 Δz 可表

示为

$$\Delta z = f(x_0 + \Delta x, y_0 + \Delta y) - f(x_0, y_0)$$
$$= A\Delta x + B\Delta y + o(\rho) \qquad (8.6)$$

其中，A,B 仅与点 (x_0, y_0) 有关，而与 $\Delta x, \Delta y$ 无关，$\rho = \sqrt{(\Delta x)^2 + (\Delta y)^2}$，则称函数 $f(x,y)$ 在点 (x_0, y_0) 处可微；并称 $A\Delta x + B\Delta y$ 为函数 $f(x,y)$ 在点 (x_0, y_0) 处的全微分，记作 $\mathrm{d}z$，即

$$\mathrm{d}z = A\Delta x + B\Delta y \qquad (8.7)$$

2）函数可微的充分条件与必要条件

定理 1（可微的必要条件） 若函数 $z = f(x,y)$ 在点 (x_0, y_0) 可微，则函数在该点的偏导数 $f'_x(x_0, y_0)$，$f'_y(x_0, y_0)$ 存在，且

$$A = f'_x(x_0, y_0), B = f'_y(x_0, y_0)$$

若函数在区域 D 内可微，则对区域 D 内任意点 (x,y) 的全微分记作

$$\mathrm{d}z = f'_x(x,y)\mathrm{d}x + f'_y(x,y)\mathrm{d}y$$

或

$$\mathrm{d}z = \frac{\partial z}{\partial x}\mathrm{d}x + \frac{\partial z}{\partial y}\mathrm{d}y \qquad (8.8)$$

定理 2 若函数 $z = f(x,y)$ 在点 (x_0, y_0) 处可微，则该函数在点 (x_0, y_0) 处连续.

证 由于 $z = f(x,y)$ 在点 (x_0, y_0) 处可微，即有

$$\Delta z = A\Delta x + B\Delta y + o(\rho)$$

从而

$$\lim_{(\Delta x, \Delta y) \to (0,0)} \Delta z = \lim_{(\Delta x, \Delta y) \to (0,0)} \left[A\Delta x + B\Delta y + o(\rho) \right] = 0$$

所以

$$\lim_{(\Delta x, \Delta y) \to (0,0)} f(x_0 + \Delta x, y_0 + \Delta y) = f(x_0, y_0)$$

说明，$z = f(x,y)$ 在点 (x_0, y_0) 处连续.

上面两个定理说明，可微一定连续，一定存在偏导数.

定理 3（可微的充分条件） 若函数 $z = f(x,y)$ 在点 (x_0, y_0) 的某邻域内偏导数存在且连续，则该函数在点 (x_0, y_0) 可微.

由定理 1—定理 3 可知，多元函数的可微、偏导数存在，与连续之间有以下关系：

$$\text{偏导数存在且连续} \Rightarrow \text{可微} \Rightarrow \begin{cases} \text{偏导数存在} \\ \text{连续} \end{cases}$$

但反之不成立. 例如，函数

$$f(x,y) = \begin{cases} \dfrac{xy}{x^2 + y^2}, & x^2 + y^2 \neq 0 \\ 0, & x^2 + y^2 = 0 \end{cases}$$

由例 8.6 可知，在 $(0,0)$ 处极限不存在，故不连续，因此不可微. 但由例 8.11，它的偏导数都存在.

二元函数全微分的定义及上述相关定理都可推广一般的多元函数.

二元函数的全微分与一元函数有相同的微分法则，即如果 $u(x,y)$ 和 $v(x,y)$ 都可微，则

$$d(u \pm v) = du \pm dv$$

$$d(uv) = udv + vdu$$

$$d\left(\frac{u}{v}\right) = \frac{vdu - udv}{v^2}$$

【例8.13】 求下列函数的全微分：

$(1) z = x^2 y + y^2$; $(2) u = (x + \ln y)^z$.

解 (1)因为

$$\frac{\partial z}{\partial x} = 2xy, \frac{\partial z}{\partial y} = x^2 + 2y$$

所以

$$dz = 2xydx + (x^2 + 2y)dy$$

(2)

$$\frac{\partial u}{\partial x} = z(x + \ln y)^{z-1}$$

$$\frac{\partial u}{\partial y} = z(x + \ln y)^{z-1} \cdot \frac{1}{y}$$

$$\frac{\partial u}{\partial z} = (x + \ln y)^z \cdot \ln(x + \ln y)$$

所以

$$du = z(x + \ln y)^{z-1}dx + \frac{z}{y}(x + \ln y)^{z-1}dy + (x + \ln y)^z \ln(x + \ln y)dz$$

*3)全微分在近似计算中的应用

若函数 $z = f(x,y)$ 在点 (x_0, y_0) 处可微,即

$$\Delta z = f(x,y) - f(x_0, y_0)$$

$$= f_x'(x_0, y_0)\Delta x + f_y'(x_0, y_0)\Delta y + o(\rho) \quad\quad (\rho \to 0)$$

$$= f_x'(x_0, y_0)(x - x_0) + f_y'(x_0, y_0)(y - y_0) + o(\rho) \quad\quad (\rho \to 0)$$

当 $|x - x_0|$, $|y - y_0|$ 充分小时,有

$$\Delta z = f(x,y) - f(x_0, y_0) \approx dz$$

$$= f_x'(x_0, y_0)(x - x_0) + f_y'(x_0, y_0)(y - y_0)$$

或

$$f(x,y) \approx f(x_0, y_0) + f_x'(x_0, y_0)(x - x_0) + f_y'(x_0, y_0)(y - y_0) \quad\quad (8.9)$$

【例8.14】 计算 $(0.95)^{2.01}$ 的近似值.

解 设函数 $z = f(x,y) = x^y$, $(x_0, y_0) = (1,2)$,则

$$f_x'(1,2) = yx^{y-1}|_{(1,2)} = 2, f_y'(1,2) = x^y \ln x|_{(1,2)} = 0$$

又因为 $f(1,2) = 1^2 = 1$,所以由近似公式得

$$(0.95)^{2.01} = f(0.95, 2.01)$$

$$\approx f(1,2) + f_x'(1,2)(0.95 - 1) + f_y'(1,2)(2.01 - 2)$$

$$= 1 + 2 \times (-0.05) + 0 \times 0.01$$

$$= 0.90$$

【例8.15】 设有一圆柱体,受压后发生形变,它的半径由 40 cm 增大到 40.08 cm,高度

由 100 cm 减少到 99 cm,求此圆柱体体积变化的近似值.

解　设圆柱体的半径、高和体积分别为 r,h 和 V,则有

$$V = \pi r^2 h$$

记 r,h 和 V 的改变量分别为 $\Delta r, \Delta h$ 和 ΔV,已知 $r=40, h=100, \Delta r=0.08, \Delta h = -1$,由近似计算公式得

$$\begin{aligned}
\Delta V \approx \mathrm{d}V &= \frac{\partial V}{\partial r}\Delta r + \frac{\partial V}{\partial h}\Delta h \\
&= 2\pi rh\Delta r + \pi r^2 \Delta h \\
&= 2\pi \times 40 \times 100 \times 0.08 + \pi \times (40)^2 \times (-1) \\
&= -960\pi
\end{aligned}$$

即此圆柱体受压后体积减小 960π cm^3.

8.2.3　高阶偏导数

与一元函数的高阶导数类似,可定义多元函数的高阶偏导数.

设函数 $z=f(x,y)$ 在区域 D 内具有偏导数,即

$$\frac{\partial z}{\partial x} = f'_x(x,y), \frac{\partial z}{\partial y} = f'_y(x,y)$$

一般来说,它们还是关于 x,y 的函数,如果这些函数的偏导数存在,则称为 $z=f(x,y)$ 的**二阶偏导数**. 二元函数的二阶偏导有以下 4 种:

$$\frac{\partial}{\partial x}\left(\frac{\partial z}{\partial x}\right) = \frac{\partial^2 z}{\partial x^2} = z''_{xx} = f''_{xx}(x,y)$$

$$\frac{\partial}{\partial y}\left(\frac{\partial z}{\partial x}\right) = \frac{\partial^2 z}{\partial x \partial y} = z''_{xy} = f''_{xy}(x,y)$$

$$\frac{\partial}{\partial x}\left(\frac{\partial z}{\partial y}\right) = \frac{\partial^2 z}{\partial y \partial x} = z''_{yx} = f''_{yx}(x,y)$$

$$\frac{\partial}{\partial y}\left(\frac{\partial z}{\partial y}\right) = \frac{\partial^2 z}{\partial y^2} = z''_{yy} = f''_{yy}(x,y)$$

这里,f''_{xy} 表示函数 $z=f(x,y)$ 先关于自变量 x 求偏导数 f'_x,再将 f'_x 关于自变量 y 求偏导数. z''_{xy} 和 z''_{yx} 称为**二阶混合偏导数**.

【例 8.16】　求下列函数的所有二阶偏导数:

(1)$z = x^3 - y^5 + xy^2$;　　　　　　　　　(2)$z = y\mathrm{e}^{xy} + \sin(xy)$.

解　(1)
$$\frac{\partial z}{\partial x} = 3x^2 + y^2, \frac{\partial z}{\partial y} = -5y^4 + 2xy$$

$$\frac{\partial^2 z}{\partial x^2} = 6x, \frac{\partial^2 z}{\partial y^2} = -20y^3 + 2x$$

$$\frac{\partial^2 z}{\partial x \partial y} = 2y, \frac{\partial^2 z}{\partial y \partial x} = 2y$$

(2)
$$\frac{\partial z}{\partial x} = y^2 \mathrm{e}^{xy} + y\cos(xy), \frac{\partial z}{\partial y} = \mathrm{e}^{xy} + xy\mathrm{e}^{xy} + x\cos(xy)$$

$$\frac{\partial^2 z}{\partial x^2} = y^3 \mathrm{e}^{xy} - y^2 \sin(xy), \frac{\partial^2 z}{\partial y^2} = 2x\mathrm{e}^{xy} + x^2 y\mathrm{e}^{xy} - x^2 \sin(xy)$$

$$\frac{\partial^2 z}{\partial x \partial y} = (xy^2 + 2y)\,\mathrm{e}^{xy} + \cos(xy) - xy\,\sin(xy)$$

$$\frac{\partial^2 z}{\partial y \partial x} = (xy^2 + 2y)\,\mathrm{e}^{xy} + \cos(xy) - xy\,\sin(xy)$$

从例 8.16 中可以看出,题中的混合偏导数都相等,即 $\dfrac{\partial^2 z}{\partial x \partial y} = \dfrac{\partial^2 z}{\partial y \partial x}$,这并非偶然. 有以下定理:

定理 4　若函数 $z = f(x,y)$ 的两个混合偏导数 $f''_{xy}(x,y)$ 和 $f''_{yx}(x,y)$ 在区域 D 内连续,则在 D 内必相等,即

$$f''_{xy}(x,y) = f''_{yx}(x,y)$$

证明略.

【例 8.17】　证明 $z = \ln\sqrt{x^2 + y^2}$ 满足方程 $\dfrac{\partial^2 z}{\partial x^2} + \dfrac{\partial^2 z}{\partial y^2} = 0$.

证　因为

$$z = \ln\sqrt{x^2 + y^2} = \frac{1}{2}\ln(x^2 + y^2)$$

所以

$$\frac{\partial z}{\partial x} = \frac{x}{x^2 + y^2}, \quad \frac{\partial z}{\partial y} = \frac{y}{x^2 + y^2}$$

$$\frac{\partial^2 z}{\partial x^2} = \frac{(x^2 + y^2) - x \cdot 2x}{(x^2 + y^2)^2} = \frac{y^2 - x^2}{(x^2 + y^2)^2}$$

$$\frac{\partial^2 z}{\partial y^2} = \frac{(x^2 + y^2) - y \cdot 2y}{(x^2 + y^2)^2} = \frac{x^2 - y^2}{(x^2 + y^2)^2}$$

因此

$$\frac{\partial^2 z}{\partial x^2} + \frac{\partial^2 z}{\partial y^2} = \frac{y^2 - x^2}{x^2 + y^2} + \frac{x^2 - y^2}{x^2 + y^2} = 0$$

8.3　多元复合函数与隐函数微分法

8.3.1　多元复合函数微分法

定理 5　设函数 $z = f(u,v)$ 可微,函数 $u = u(x,y)$,$v = v(x,y)$ 有偏导数,则它们的复合函数 $z = f(u(x,y),v(x,y))$ 作为 x,y 的函数有偏导数,且

$$\frac{\partial z}{\partial x} = \frac{\partial z}{\partial u} \cdot \frac{\partial u}{\partial x} + \frac{\partial z}{\partial v} \cdot \frac{\partial v}{\partial x}$$

$$\frac{\partial z}{\partial y} = \frac{\partial z}{\partial u} \cdot \frac{\partial u}{\partial y} + \frac{\partial z}{\partial v} \cdot \frac{\partial v}{\partial y}$$

(8.10)

该公式称为多元复合函数求导的链式法则.

这个法则可推广到多于两个自变量的情形. 同时, 链式法则还可推广到其他情形, 例如:

①$z=f(u,v)$, $u=u(x)$, $v=v(x)$, 则 $z=f(u(x),v(x))$ 有链式法则

$$\frac{\mathrm{d}z}{\mathrm{d}x} = \frac{\partial z}{\partial u} \cdot \frac{\mathrm{d}u}{\mathrm{d}x} + \frac{\partial z}{\partial v} \cdot \frac{\mathrm{d}v}{\mathrm{d}x} \qquad\qquad (8.11)$$

其中, $\dfrac{\mathrm{d}z}{\mathrm{d}x}$ 称为全导数.

②$z=f(u)$, $u=u(x,y)$, 则对 $z=f(u(x,y))$ 有

$$\frac{\partial z}{\partial x} = \frac{\mathrm{d}z}{\mathrm{d}u} \cdot \frac{\partial u}{\partial x}$$
$$\frac{\partial z}{\partial y} = \frac{\mathrm{d}z}{\mathrm{d}u} \cdot \frac{\partial u}{\partial y} \qquad\qquad (8.12)$$

③$z=f(x,v)$, $v=v(x,y)$, 则 $z=f(x,v(x,y))$ 有

$$\frac{\partial z}{\partial x} = \frac{\partial f}{\partial x} + \frac{\partial f}{\partial v} \cdot \frac{\partial v}{\partial x}$$
$$\frac{\partial z}{\partial y} = \frac{\partial f}{\partial v} \cdot \frac{\partial v}{\partial y} \qquad\qquad (8.13)$$

在式(8.13)中, 等式的右边记 $\dfrac{\partial f}{\partial x}$ 而不用 $\dfrac{\partial z}{\partial x}$, 这是为了防止和等式左边的 $\dfrac{\partial z}{\partial x}$ 发生混淆.

【例8.18】 设 $z=f(u,v)=\ln(u^3-\cos v)$, $u=\mathrm{e}^x$, $v=x^2$, 求 $\dfrac{\mathrm{d}z}{\mathrm{d}x}$.

解
$$\frac{\partial z}{\partial u} = \frac{3u^2}{u^3-\cos v}, \frac{\mathrm{d}u}{\mathrm{d}x} = \mathrm{e}^x$$
$$\frac{\partial z}{\partial v} = \frac{\sin v}{u^3-\cos v}, \frac{\mathrm{d}v}{\mathrm{d}x} = 2x$$

因此, 由式(8.11)可得

$$\frac{\mathrm{d}z}{\mathrm{d}x} = \frac{\partial z}{\partial u} \cdot \frac{\mathrm{d}u}{\mathrm{d}x} + \frac{\partial z}{\partial v} \cdot \frac{\mathrm{d}v}{\mathrm{d}x}$$
$$= \frac{3u^2}{u^3-\cos v} \cdot \mathrm{e}^x + \frac{\sin v}{u^3-\cos v} \cdot 2x$$
$$= \frac{3\mathrm{e}^{3x}+2x\sin x^2}{\mathrm{e}^{3x}-\cos x^2}$$

【例8.19】 设 $z=\arctan(x^2 y)$, $y=\mathrm{e}^x$, 求 $\dfrac{\mathrm{d}z}{\mathrm{d}x}$.

解
$$\frac{\partial z}{\partial x} = \frac{2xy}{1+x^4 y^2}, \frac{\partial z}{\partial y} = \frac{x^2}{1+x^4 y^2}, \frac{\mathrm{d}y}{\mathrm{d}x} = \mathrm{e}^x$$
$$\frac{\mathrm{d}z}{\mathrm{d}x} = \frac{2xy}{1+x^4 y^2} + \frac{x^2}{1+x^4 y^2} \cdot \mathrm{e}^x = \frac{2xy+x^2\mathrm{e}^x}{1+x^4 y^2} = \frac{2x\mathrm{e}^x+x^2\mathrm{e}^x}{1+x^4\mathrm{e}^{2x}}$$

【例8.20】 设 $z=(x+y)^{x-y}$, 求 $\dfrac{\partial z}{\partial x}+\dfrac{\partial z}{\partial y}$.

解 令 $u=x+y$, $v=x-y$, 则 $z=u^v$, 因此
$$\frac{\partial z}{\partial u} = vu^{v-1}, \frac{\partial u}{\partial x} = 1, \frac{\partial u}{\partial y} = 1$$
$$\frac{\partial z}{\partial v} = u^v\ln u, \frac{\partial v}{\partial x} = 1, \frac{\partial v}{\partial y} = -1$$

由链式法则(8.10)有

$$\frac{\partial z}{\partial x} = vu^{v-1} \cdot 1 + u^v \ln u \cdot 1$$

$$= (x-y)(x+y)^{x-y-1} + (x+y)^{(x-y)} \ln(x+y)$$

$$\frac{\partial z}{\partial y} = vu^{v-1} \cdot 1 + u^v \ln u \cdot (-1)$$

$$= (x-y)(x+y)^{x-y-1} - (x+y)^{(x-y)} \ln(x+y)$$

所以

$$\frac{\partial z}{\partial x} + \frac{\partial z}{\partial y} = 2(x-y)(x+y)^{x-y-1}$$

【例8.21】 设 $z = xy + xF\left(\dfrac{y}{x}\right)$,其中 F 可微,试证:

$$x\frac{\partial z}{\partial x} + y\frac{\partial z}{\partial y} = xy + z$$

证

$$\frac{\partial z}{\partial x} = y + F\left(\frac{y}{x}\right) + xF'\left(\frac{y}{x}\right) \cdot \left(-\frac{y}{x^2}\right)$$

$$\frac{\partial z}{\partial y} = x + xF'\left(\frac{y}{x}\right) \cdot \frac{1}{x}$$

于是

$$x\frac{\partial z}{\partial x} + y\frac{\partial z}{\partial y} = xy + xF\left(\frac{y}{x}\right) - yF'\left(\frac{y}{x}\right) + xy + yF'\left(\frac{y}{x}\right)$$

$$= 2xy + xF\left(\frac{y}{x}\right)$$

$$= xy + z$$

【例8.22】 设 $z = f(x^2 + y^3, xy)$,其中 f 可微,求 $\dfrac{\partial z}{\partial x}, \dfrac{\partial z}{\partial y}$.

解 令 $u = x^2 + y^3, v = xy$,由链式法则得

$$\frac{\partial z}{\partial x} = \frac{\partial z}{\partial u} \cdot \frac{\partial u}{\partial x} + \frac{\partial z}{\partial v} \cdot \frac{\partial v}{\partial x}$$

$$= f'_u \cdot 2x + f'_v \cdot y$$

$$= 2xf'_u + yf'_v$$

$$\frac{\partial z}{\partial y} = \frac{\partial z}{\partial u} \cdot \frac{\partial u}{\partial y} + \frac{\partial z}{\partial v} \cdot \frac{\partial v}{\partial y}$$

$$= f'_u \cdot 3y^2 + f'_v \cdot x$$

$$= 3y^2 f'_u + xf'_v$$

有时为了书写上的方便(特别是对复合函数的高阶偏导数),将 $\dfrac{\partial z}{\partial u}$ 记作 f'_1,$\dfrac{\partial z}{\partial v}$ 记作 f'_2. 此处的1,2分别表示对第一个和第二个中间变量求导,因而上面两式也可写为

$$\frac{\partial z}{\partial x} = 2xf'_1 + yf'_2$$

$$\frac{\partial z}{\partial y} = 3y^2 f'_1 + xf'_2$$

全微分形式的不变性如下:

设函数 $z = f(x,y)$ 可微,当 x,y 为自变量时,有全微分公式

$$dz = \frac{\partial z}{\partial x}dx + \frac{\partial z}{\partial y}dy$$

当 $x = x(s,t), y = y(s,t)$ 为可微函数时,则对复合函数

$$z = f(x(s,t), y(s,t))$$

仍有全微分公式

$$dz = \frac{\partial z}{\partial x}dx + \frac{\partial z}{\partial y}dy$$

这由全微分的定义和链式法则很容易证明.

【例 8.23】 设 $z = f(x^2 - 2y, e^{xy})$ 可微,求全微分 dz,并由此求 $\frac{\partial z}{\partial x}, \frac{\partial z}{\partial y}$.

解 令 $u = x^2 - 2y, v = e^{xy}$,则 $z = f(u,v)$. 由全微分形式不变性求全微分,则

$$dz = \frac{\partial z}{\partial u}du + \frac{\partial z}{\partial v}dv$$

而

$$du = 2xdx - 2dy, dv = ye^{xy}dx + xe^{xy}dy$$

所以

$$dz = f_1'(2xdx - 2dy) + f_2'(ye^{xy}dx + xe^{xy}dy)$$
$$= (2xf_1' + ye^{xy}f_2')dx + (-2f_1' + xe^{xy}f_2')dy$$

可得

$$\frac{\partial z}{\partial x} = 2xf_1' + ye^{xy}f_2', \frac{\partial z}{\partial y} = -2f_1' + xe^{xy}f_2'$$

8.3.2　隐函数微分法

与一元函数的隐函数类似,多元函数也可由方程式来确定一个函数. 在一元函数微分学中,利用复合函数求导法则介绍了由二元方程 $F(x,y) = 0$ 所确定的一元隐函数的求导方法,但没有总结出一般公式. 本节将介绍二元方程 $F(x,y) = 0$ 所确定的隐函数可微的条件,并给出一元隐函数和多元隐函数的求导公式.

一般地,能用形式 $y = f(x), z = f(x,y)$ 表示出的函数称为显函数,而以方程 $F(x,y) = 0$ 或 $F(x,y,z) = 0$ 所确定的函数 $y = f(x), z = f(x,y)$ 称为隐函数.

设方程 $F(x,y) = 0$ 确定函数 $y = f(x)$,且函数 $F(x,y)$ 存在连续偏导数,则当 $\frac{\partial F}{\partial y} \neq 0$ 时,有隐函数求导公式

$$\frac{dy}{dx} = -\frac{F_x'}{F_y'} \tag{8.14}$$

证 因为 $y = f(x)$ 是由 $F(x,y) = 0$ 确定的隐函数,故有恒等式

$$F(x, f(x)) = 0$$

等式两边同时对 x 求导,得

$$\frac{\partial F}{\partial x} + \frac{\partial F}{\partial y} \cdot \frac{dy}{dx} = 0$$

由于 $\dfrac{\partial F}{\partial y} \neq 0$，故

$$\frac{\mathrm{d}y}{\mathrm{d}x} = -\frac{\dfrac{\partial F}{\partial x}}{\dfrac{\partial F}{\partial y}} = -\frac{F'_x}{F'_y}$$

类似地，对方程 $F(x,y,z) = 0$ 所确定的二元隐函数 $z = f(x,y)$，若 $F(x,y,z)$ 存在连续偏导数，且 $\dfrac{\partial F}{\partial z} \neq 0$，则有偏导数公式

$$\frac{\partial z}{\partial x} = -\frac{F'_x}{F'_z}, \frac{\partial z}{\partial y} = -\frac{F'_y}{F'_z} \tag{8.15}$$

【例 8.24】 设方程 $\cos y + x\mathrm{e}^y = x^2$ 确定 y 是 x 的函数，求 $\dfrac{\mathrm{d}y}{\mathrm{d}x}$.

解 方法 1：设 $F(x,y) = \cos y + x\mathrm{e}^y - x^2$，则

$$F'_x = \mathrm{e}^y - 2x, F'_y = -\sin y + x\mathrm{e}^y$$

由式(8.14)得

$$\frac{\mathrm{d}y}{\mathrm{d}x} = -\frac{F'_x}{F'_y} = -\frac{\mathrm{e}^y - 2x}{-\sin y + x\mathrm{e}^y} = \frac{\mathrm{e}^y - 2x}{\sin y - x\mathrm{e}^y}$$

方法 2：将方程两边对 x 求导，y 看作 x 的函数，则有

$$-\sin y \cdot y' + \mathrm{e}^y + x\mathrm{e}^y y' = 2x$$
$$(-\sin y + x\mathrm{e}^y)y' = 2x - \mathrm{e}^y$$

所以

$$y' = \frac{\mathrm{e}^y - 2x}{\sin y - x\mathrm{e}^y}$$

【例 8.25】 设 $z = f(x,y)$ 是由方程 $z^3 - 3xyz - 1 = 0$ 所确定的二元函数，求 $\dfrac{\partial z}{\partial x}, \dfrac{\partial z}{\partial y}, \mathrm{d}z$.

解 设 $F(x,y,z) = z^3 - 3xyz - 1$，则

$$F'_x = -3yz, F'_y = -3xz, F'_z = 3z^2 - 3xy$$

所以

$$\frac{\partial z}{\partial x} = -\frac{F'_x}{F'_z} = -\frac{-3yz}{3z^2 - 3xy} = \frac{yz}{z^2 - xy}$$

$$\frac{\partial z}{\partial y} = -\frac{F'_y}{F'_z} = -\frac{-3xz}{3z^2 - 3xy} = \frac{xz}{z^2 - xy}$$

故

$$\mathrm{d}z = \frac{yz}{z^2 - xy}\mathrm{d}x + \frac{xz}{z^2 - xy}\mathrm{d}y$$

【例 8.26】 已知 $u + \sin u = xy$，求 $\dfrac{\partial^2 u}{\partial x \partial y}$.

解 设 $F(x,y,u) = u + \sin u - xy$，则

$$F'_x = -y, F'_y = -x, F'_u = 1 + \cos u$$

所以

$$\frac{\partial u}{\partial x} = -\frac{F'_x}{F'_u} = \frac{y}{1+\cos u}, \frac{\partial u}{\partial y} = -\frac{F'_y}{F'_u} = \frac{x}{1+\cos u}$$

$$\frac{\partial^2 u}{\partial x \partial y} = \frac{\partial}{\partial y}\left(\frac{y}{1+\cos u}\right)$$

$$= \frac{1+\cos u + y \sin u \dfrac{\partial u}{\partial y}}{(1+\cos u)^2}$$

$$= \frac{1+\cos u + y \sin u \cdot \dfrac{x}{1+\cos u}}{(1+\cos u)^2}$$

$$= \frac{1}{1+\cos u} + \frac{xy \sin u}{(1+\cos u)^3}$$

在求关于隐函数二阶偏导数时,一般先求出一阶偏导数 $\dfrac{\partial u}{\partial x}$, $\dfrac{\partial u}{\partial y}$,再继续对 x,y 求偏导数,就得到了二阶偏导数,这中间仍会出现 $\dfrac{\partial u}{\partial x}$, $\dfrac{\partial u}{\partial y}$ 等. 此时,则需将前面求得的 $\dfrac{\partial u}{\partial x}$, $\dfrac{\partial u}{\partial y}$ 的值代入计算.

8.4 多元函数的极值与最值

随着科技的发展,在工程技术、科学研究、经济管理等很多领域都提出了大量的最优化问题,其中有部分可归结为多元函数的极值和最值问题. 在一元函数微分学中,用极值的方法解决了在实际应用中的最值问题. 对于多元函数,也可用类似的方法,先研究多元函数极值的求法,进而解决实际问题中的最值问题.

8.4.1 多元函数的极值

定义 6 设函数 $z = f(x,y)$ 在点 (x_0, y_0) 处的某邻域内有定义,对该邻域内任何异于 (x_0, y_0) 的点 (x,y),如果恒有不等式

$$f(x_0, y_0) \geqslant f(x,y) \quad (\text{或} f(x_0, y_0) \leqslant f(x,y))$$

成立,则称 $f(x_0, y_0)$ 是 $f(x,y)$ 的一个极大值(极小值),并称 (x_0, y_0) 是 $f(x,y)$ 的一个极大值点(极小值点). 极大值与极小值统称为极值,极大值点与极小值点统称为极值点.

注:多元函数极值与一元函数极值一样,都是局部的性质,不要求在整个定义域上成立.

定理 6(极值存在的必要条件) 设函数 $z = f(x,y)$ 在点 (x_0, y_0) 处的一阶偏导数存在,若点 (x_0, y_0) 是 $f(x,y)$ 的极值点,则必有

$$f'_x(x_0, y_0) = 0, \; f'_y(x_0, y_0) = 0$$

通常将满足上述条件的点 (x_0, y_0) 称为驻点.

由一元函数极值的必要条件不难得到上述结论. 定理 6 说明,可微的极值点一定是驻点,但是驻点不一定就是极值点,因此,必须给出判别驻点是否为极值点的充分条件.

定理 7(极值的充分条件) 设函数 $z = f(x,y)$ 在点 (x_0, y_0) 处的某邻域内有二阶连续偏导数,且 $f'_x(x_0, y_0) = f'_y(x_0, y_0) = 0$,记

$$A = f''_{xx}(x_0, y_0), B = f''_{xy}(x_0, y_0), C = f''_{yy}(x_0, y_0)$$

则有下列结论成立:

①当 $B^2 - AC < 0$ 时,(x_0, y_0) 是 $f(x,y)$ 的极值点,且 $A > 0$(或 $C > 0$)时,$f(x_0, y_0)$ 是极小值;$A < 0$(或 $C < 0$)时,$f(x_0, y_0)$ 是极大值.

②当 $B^2 - AC > 0$ 时,(x_0, y_0) 不是 $f(x,y)$ 的极值点.

③当 $B^2 - AC = 0$ 时,(x_0, y_0) 是否为极值点,需要进一步用其他方法判断(此处对这样的点不作讨论).

根据定理 6 与定理 7,现把具有二阶连续偏导数的函数 $z = f(x,y)$ 求极值的方法总结如下:

第一步:解一阶偏导数方程组

$$\begin{cases} f'_x(x,y) = 0 \\ f'_y(x,y) = 0 \end{cases}$$

得到全部驻点.

第二步:求二阶偏导数 $f''_{xx}, f''_{xy}, f''_{yy}$,将每一个驻点代入,得出相应的数值 A, B, C.

第三步:定出 $B^2 - AC$ 的符号,并由定理 7 判断其是否为极值点,进而判断是极大值点还是极小值点.

第四步:计算出函数 $f(x,y)$ 对应于极值点 (x_0, y_0) 的函数值 $f(x_0, y_0)$.

【例 8.27】 求二元函数 $f(x,y) = x^3 + y^3 - 3xy$ 的极值.

解 解方程组

$$\begin{cases} f'_x(x,y) = 3x^2 - 3y = 0 \\ f'_y(x,y) = 3y^2 - 3x = 0 \end{cases}$$

得到驻点 $(0,0)$,$(1,1)$.

求二阶偏导数

$$f''_{xx}(x,y) = 6x, f''_{xy}(x,y) = -3, f''_{yy}(x,y) = 6y$$

显然应利用极值的充分条件,判断上述两个驻点是否为极值点,为此用列表法,见表 8.1.

表 8.1

	A	B	C	$B^2 - AC$	$f(x,y)$
$(0,0)$	0	-3	0	$+$	无极值
$(1,1)$	6	-3	6	$-$	极小值 -1

故函数有极小值 $f(1,1) = -1$.

8.4.2 多元函数的最值

在经济活动中,通常需要求出一个多元函数在某一区域的最大值或最小值,多元函数的最值是整体的概念,而极值是局部概念,两者是有所区别的.

在二元函数连续性一节中有一个重要的结论:有界闭区域上的连续函数,一定有最大值和最小值. 与一元函数的情形类似,为了求出最值,一般首先要计算出函数 $f(x,y)$ 的所有驻点和不可导点的函数值,然后求出区域 D 在边界上的最值,再将这些函数值进行比较,找出最大与最小者,即为函数 $f(x,y)$ 在区域 D 上的最大值与最小值. 但是,以上方法通常实现起来比较困难,因此在实际问题中,若已知 $f(x,y)$ 的最值一定在 D 的内部取得,并且 $f(x,y)$ 在 D 内只有一个驻点. 此时即可断定,该驻点处的函数值就是 $f(x,y)$ 在 D 上的最值.

【例8.28】 某厂要用钢板做成一个体积为 $2\ \mathrm{m}^3$ 的有盖长方体水箱. 问当长、宽、高怎样选取才能最省钢板?

解 设长方形水箱的长、宽分别为 $x\ \mathrm{m},y\ \mathrm{m}$,则其高为 $\dfrac{2}{xy}\ \mathrm{m}$,则表面积为

$$S = 2\left(xy + y \cdot \frac{2}{xy} + x \cdot \frac{2}{xy}\right) = 2\left(xy + \frac{2}{x} + \frac{2}{y}\right) \quad (x>0, y>0)$$

由题意可知,方程两边分别对 x,y 求偏导数得

$$\begin{cases} \dfrac{\partial S}{\partial x} = 2\left(y - \dfrac{2}{x^2}\right) = 0 \\[3mm] \dfrac{\partial S}{\partial y} = 2\left(x - \dfrac{2}{y^2}\right) = 0 \end{cases}$$

解方程组,得唯一驻点 $x = y = \sqrt[3]{2}$,该驻点也是最小值点,即当长、宽、高均为 $\sqrt[3]{2}\ \mathrm{m}$ 时,水箱用料最省.

【例8.29】 设某企业在相互分割的市场上出售同一种产品,两个市场的需求函数分别为

$$p_1 = 18 - 2Q_1, \quad p_2 = 12 - Q_2$$

其中,p_1 和 p_2 分别表示该产品在两个市场的价格(单位:万元/t),Q_1 和 Q_2 分别表示该产品在两个市场的销售量(即需求量,单位:t),并且企业生产这种产品的总成本函数为

$$C = 2Q + 1$$

其中,Q 表示该产品在两个市场的销售总量,即 $Q = Q_1 + Q_2$.

如果该企业实行价格差别策略,试确定两个市场上该产品的销售量和价格,使企业获得最大利润,并求出最大利润.

解 由题意得,总利润函数为

$$\begin{aligned} L &= R - C \\ &= p_1 Q_1 + p_2 Q_2 - (2Q + 1) \\ &= (18 - 2Q_1)Q_1 + (12 - Q_2)Q_2 - 2(Q_1 + Q_2) - 1 \\ &= -2Q_1^2 - Q_2^2 + 16Q_1 + 10Q_2 - 1 \end{aligned}$$

令

$$\begin{cases} L'_{Q_1} = -4Q_1 + 16 = 0 \\ L'_{Q_2} = -2Q_2 + 10 = 0 \end{cases}$$

解方程组,得

$$Q_1 = 4, \quad Q_2 = 5$$

则

$$p_1 = 10, p_2 = 7$$

因为得到唯一驻点,且实际问题中一定存在最大利润,所以 $(4,5)$ 为最大值点,即当产量 $Q_1 = 4, Q_2 = 5$,价格 $p_1 = 10, p_2 = 7$ 时利润最大,最大利润为

$$L = -2 \times 4^2 - 5^2 + 16 \times 4 + 10 \times 5 - 1 = 56(万元)$$

8.4.3 条件极值与拉格朗日乘数法

在讨论极值问题时,除对自变量给出定义域外,并无其他条件限制,可以任意取值,通常称为无条件极值. 但是在实际问题中,通常会遇到这样的问题:求 $z = f(x,y)$ 在条件 $\varphi(x,y) = 0$ 下的极值,这种有条件的极值问题称为条件极值. 一般将 $z = f(x,y)$ 称为目标函数,将 $\varphi(x,y) = 0$ 称为约束条件.

求解条件极值问题一般有以下两种方法:

①从条件 $\varphi(x,y) = 0$ 中解出 $y = y(x)$(或 $x = x(y)$),将其代入目标函数 $z = f(x,y)$ 中,就变成一元函数 $z = f(x,y(x))$,从而将问题转化为一元函数的无条件极值问题.

②下面将要介绍拉格朗日乘数法.

拉格朗日乘数法如下:设 $f(x,y), \varphi(x,y)$ 在区域 D 内有二阶连续偏导数,求 $z = f(x,y)$ 在 D 内满足条件 $\varphi(x,y) = 0$ 的极值. 其基本步骤如下:

①作拉格朗日函数

$$F(x,y,\lambda) = f(x,y) + \lambda\varphi(x,y)$$

其中,λ 为待定系数,称为拉格朗日乘数.

②求 $F(x,y,\lambda) = 0$ 的关于 x,y,λ 的偏导数,建立方程组

$$\begin{cases} F'_x(x,y,\lambda) = f'_x(x,y) + \lambda\varphi'_x(x,y) = 0 \\ F'_y(x,y,\lambda) = f'_y(x,y) + \lambda\varphi'_y(x,y) = 0 \\ F'_\lambda(x,y,\lambda) = \varphi(x,y) = 0 \end{cases}$$

③解方程组,得到可能取极值的点. 此处一般解法是消去 λ,解出 x_0 和 y_0,则点 (x_0, y_0) 就可能是条件极值的极值点.

④判断点 (x_0, y_0) 为何种极值点,此处可用二阶偏导数的符号来确定,但通常是根据实际问题的具体情况来判定,即若实际问题中有极大值点,而又得到唯一的条件极值可能点 (x_0, y_0),则点 (x_0, y_0) 就是条件极值的极大值点.

以上方法可推广到三元和三元以上的情况.

【例8.30】 某公司计划通过报纸和电视两种方式做某种产品的广告,根据以往资料统计,销售收入 R(百万元)与报纸广告费用 x_1(百万元)及电视广告费用 x_2(百万元)之间的关系有以下的经验公式:

$$R = 5 + 14x_1 + 32x_2 - 8x_1x_2 - 2x_1^2 - 10x_2^2$$

(1)在广告费用不限的情况下,求最优广告策略.

(2)若花费广告费用为 1.5 百万元,求相应的最优广告策略.

解 由题意可知,最优广告策略就是使利润最大化的投资方案.

(1)利润函数为

$$L = R - C$$

$$= 5 + 14x_1 + 32x_2 - 8x_1x_2 - 2x_1^2 - 10x_2^2 - (x_1 + x_2)$$
$$= 5 + 13x_1 + 31x_2 - 8x_1x_2 - 2x_1^2 - 10x_2^2$$

由

$$\begin{cases} \dfrac{\partial L}{\partial x_1} = 13 - 8x_2 - 4x_1 = 0 \\ \dfrac{\partial L}{\partial x_2} = 31 - 8x_1 - 20x_2 = 0 \end{cases}$$

解得

$$x_1 = 0.75, x_2 = 1.25$$

因驻点唯一,而此实际问题必有最大值,故报纸投入 0.75 百万元,电视投入 1.25 百万元可获得最大利润.

(2)若广告费用 1.5 百万元,则需要求利润函数

$$L = 5 + 13x_1 + 31x_2 - 8x_1x_2 - 2x_1^2 - 10x_2^2$$

在

$$x_1 + x_2 = 1.5(百万元)$$

条件下的极值,用拉格朗日乘数法.

建立拉格朗日函数

$$L(x_1, x_2, \lambda) = 5 + 13x_1 + 31x_2 - 8x_1x_2 - 2x_1^2 - 10x_2^2 + \lambda(x_1 + x_2 - 1.5)$$

由

$$\begin{cases} \dfrac{\partial L}{\partial x_1} = 13 - 8x_2 - 4x_1 + \lambda = 0 \\ \dfrac{\partial L}{\partial x_2} = 31 - 8x_1 - 20x_2 + \lambda = 0 \\ \dfrac{\partial L}{\partial \lambda} = x_1 + x_2 - 1.5 = 0 \end{cases}$$

解得

$$x_1 = 0, x_2 = 1.5$$

因驻点唯一,且实际问题存在最大值,故 1.5 百万元的广告费全部用于电视广告可获得最大利润.

另外,此小题若将 $x_1 = 1.5 - x_2$ 代入 $L(x_1, x_2)$ 中,将其化成一元函数求极值也可求解.

【例 8.31】 设某工厂生产甲、乙两种产品,产量分别为 x 和 y(单位:千件),利润函数(单位:万元)为

$$L(x, y) = 6x - x^2 + 16y - 4y^2$$

已知生产这两种产品时,每千件产品均需要消耗某种原料 2 000 kg,现使用该原料 12 000 kg,问两种产品各生产多少千件时总利润最大? 最大利润为多少?

解 方法 1:用拉格朗日乘数法

由题意可得,约束条件为

$$2\ 000(x + y) = 12\ 000$$

即

$$x + y - 6 = 0$$

构成拉格朗日函数为

$$F(x,y,\lambda)=6x-x^2+16y-4y^2+\lambda(x+y-6)$$

由

$$\begin{cases} F'_x=6-2x+\lambda=0 \\ F'_y=16-8y+\lambda=0 \\ F'_\lambda=x+y-6=0 \end{cases}$$

解得

$$x=3.8 \text{ 千件}, y=2.2 \text{ 千件}$$

最大利润为

$$L(3.8,2.2)=24.2 \text{ 万元}$$

方法2：将 $y=6-x$ 代入利润函数中，则

$$L(x,6-x)=6x-x^2+16(6-x)-4(6-x)^2$$
$$L'(x,6-x)=6-2x-16+8(6-x)=0$$

解得

$$x=3.8 \text{ 千件}, y=2.2 \text{ 千件}$$

最大利润为

$$L(3.8,2.2)=24.2 \text{ 万元}$$

8.5　多元微分学的几何应用

8.5.1　空间曲线的切线与法平面

设空间曲线 Γ 的参数方程为

$$\begin{cases} x=\varphi(t) \\ y=\Psi(t) \qquad t\in[\alpha,\beta] \\ z=\omega(t) \end{cases}$$

这里假定 $\varphi(t),\Psi(t),\omega(t)$ 都在 $[\alpha,\beta]$ 上可导.

在曲线 Γ 上取对应于 $t=t_0$ 的一点 $M_0(x_0,y_0,z_0)$ 及对应于 $t=t_0+\Delta t$ 的邻近一点 $M(x_0+\Delta x,y_0+\Delta y,z_0+\Delta z)$. 作曲线的割线 MM_0，其方程为

$$\frac{x-x_0}{\Delta x}=\frac{y-y_0}{\Delta y}=\frac{z-z_0}{\Delta z} \qquad (8.16)$$

当点 M 沿着 Γ 趋于点 M_0 时割线 MM_0 的极限位置就是曲线在点 M_0 处的切线. 考虑

$$\frac{x-x_0}{\frac{\Delta x}{\Delta t}}=\frac{y-y_0}{\frac{\Delta y}{\Delta t}}=\frac{z-z_0}{\frac{\Delta z}{\Delta t}} \qquad (8.17)$$

当 $M\to M_0$，即 $\Delta t\to 0$ 时，得曲线在点 M_0 处的**切线方程**为

$$\frac{x-x_0}{\varphi'(t_0)} = \frac{y-y_0}{\psi'(t_0)} = \frac{z-z_0}{\omega'(t_0)} \tag{8.18}$$

曲线的切向量:切线的方向向量称为曲线的切向量. 向量 $\boldsymbol{T} = (\varphi'(t_0), \psi'(t_0), \omega'(t_0))$ 就是曲线 Γ 在点 M_0 处的一个切向量.

法平面:通过点 M_0 且与切线垂直的平面称为曲线 Γ 在点 M_0 处的法平面,其法平面方程为

$$\varphi'(t_0)(x-x_0) + \psi'(t_0)(y-y_0) + \omega'(t_0)(z-z_0) = 0 \tag{8.19}$$

【**例** 8.32】 求曲线 $x=t, y=t^2, z=t^3$ 在点 $(1,1,1)$ 处的切线及法平面方程.

解 因为 $x'_t = 1, y'_t = 2t, z'_t = 3t^2$,而点 $(1,1,1)$ 所对应的参数 $t=1$,所以

$$\boldsymbol{T} = (1,2,3)$$

于是,切线方程为

$$\frac{x-1}{1} = \frac{y-1}{2} = \frac{z-1}{3}$$

法平面方程为

$$(x-1) + 2(y-1) + 3(z-1) = 0,\text{即 } x+2y+3z = 6.$$

讨论:

(1)若曲线 Γ 的方程为 $\begin{cases} y = \varphi(x) \\ z = \Psi(x) \end{cases}$,问其切线和法平面方程是什么形式?

提示:曲线方程可看作参数方程: $\begin{cases} x = x \\ y = \varphi(x) \\ z = \Psi(x) \end{cases}$,切向量 $\boldsymbol{T} = (1, \varphi'(x), \psi'(x))$.

(2)若曲线 Γ 的方程为 $\begin{cases} F(x,y,z) = 0 \\ G(x,y,z) = 0 \end{cases}$,问其切线和法平面方程又是什么形式?

提示:两方程确定了两个隐函数:$y = \varphi(x), z = \Psi(x)$,曲线的参数方程为 $\begin{cases} x = x \\ y = \varphi(x) \\ z = \Psi(x) \end{cases}$.

由方程组 $\begin{cases} F_x + F_y \dfrac{\mathrm{d}y}{\mathrm{d}x} + F_z \dfrac{\mathrm{d}z}{\mathrm{d}x} = 0 \\ G_x + G_y \dfrac{\mathrm{d}y}{\mathrm{d}x} + G_z \dfrac{\mathrm{d}z}{\mathrm{d}x} = 0 \end{cases}$,可解得 $\dfrac{\mathrm{d}y}{\mathrm{d}x}$ 和 $\dfrac{\mathrm{d}z}{\mathrm{d}x}$. 则切向量 $\boldsymbol{T} = \left(1, \dfrac{\mathrm{d}y}{\mathrm{d}x}, \dfrac{\mathrm{d}z}{\mathrm{d}x}\right)$.

【**例** 8.33】 求曲线 $x^2 + y^2 + z^2 = 6, x+y+z = 0$ 在点 $(1, -2, 1)$ 处的切线及法平面方程.

解 为求切向量,将所给方程的两边对 x 求导数,得

$$\begin{cases} 2x + 2y \dfrac{\mathrm{d}y}{\mathrm{d}x} + 2z \dfrac{\mathrm{d}z}{\mathrm{d}x} = 0 \\ 1 + \dfrac{\mathrm{d}y}{\mathrm{d}x} + \dfrac{\mathrm{d}z}{\mathrm{d}x} = 0 \end{cases}$$

解方程组得

$$\frac{\mathrm{d}y}{\mathrm{d}x} = \frac{z-x}{y-z}, \frac{\mathrm{d}z}{\mathrm{d}x} = \frac{x-y}{y-z}$$

在点 $(1, -2, 1)$ 处

$$\frac{\mathrm{d}y}{\mathrm{d}x} = 0, \frac{\mathrm{d}z}{\mathrm{d}x} = -1$$

从而

$$\boldsymbol{T} = (1, 0, -1)$$

所求切线方程为

$$\frac{x-1}{1} = \frac{y+2}{0} = \frac{z-1}{-1}$$

法平面方程为

$$(x-1) + 0 \times (y+2) - (z-1) = 0$$

即

$$x - z = 0$$

8.5.2 曲面的切平面与法线

设曲面 Σ 的方程为 $F(x,y,z) = 0$, $M_0(x_0, y_0, z_0)$ 是曲面 Σ 上的一点, 并设函数 $F(x,y,z)$ 的偏导数在该点连续且不同时为零. 在曲面 Σ 上, 通过点 M_0 任意引一条曲线 Γ, 假定曲线 Γ 的参数方程式为

$$\begin{cases} x = \varphi(t) \\ y = \Psi(t) \qquad t \in [\alpha, \beta] \\ z = \omega(t) \end{cases}$$

$t = t_0$ 对应于点 $M_0(x_0, y_0, z_0)$, 且 $\varphi'(t_0), \psi'(t_0), \omega'(t_0)$ 不全为零. 则曲线在点的切向量为

$$\boldsymbol{T} = (\varphi'(t_0), \psi'(t_0), \omega'(t_0))$$

考虑曲面方程 $F(x,y,z) = 0$ 两端在 $t = t_0$ 的全导数:

$$F_x(x_0, y_0, z_0)\varphi'(t_0) + F_y(x_0, y_0, z_0)\psi'(t_0) + F_z(x_0, y_0, z_0)\omega'(t_0) = 0$$

引入向量

$$\boldsymbol{n} = (F_x(x_0, y_0, z_0), F_y(x_0, y_0, z_0), F_z(x_0, y_0, z_0))$$

易见 $\boldsymbol{T}$ 与 $\boldsymbol{n}$ 是垂直的. 因为曲线 Γ 是曲线 Σ 上通过点 M_0 的任意一条曲线, 它们在点 M_0 的切线都与同一向量 $\boldsymbol{n}$ 垂直, 所以曲面上通过点 M_0 的一切曲线在点 M_0 的切线都在同一个平面上. 这个平面称为曲面 Σ 在点 M_0 的**切平面**. 该切平面的方程式是

$$F_x(x_0, y_0, z_0)(x - x_0) + F_y(x_0, y_0, z_0)(y - y_0) + F_z(x_0, y_0, z_0)(z - z_0) = 0 \quad (8.20)$$

曲面的法线: 通过点 $M_0(x_0, y_0, z_0)$ 而垂直于切平面的直线称为曲面在该点的法线. 法线方程为

$$\frac{x - x_0}{F_x(x_0, y_0, z_0)} = \frac{y - y_0}{F_y(x_0, y_0, z_0)} = \frac{z - z_0}{F_z(x_0, y_0, z_0)} \tag{8.21}$$

曲面的法向量: 垂直于曲面上切平面的向量称为曲面的法向量. 向量

$$\boldsymbol{n} = (F_x(x_0, y_0, z_0), F_y(x_0, y_0, z_0), F_z(x_0, y_0, z_0))$$

就是曲面 Σ 在点 M_0 处的一个法向量.

【例 8.34】 求球面 $x^2 + y^2 + z^2 = 14$ 在点 $(1,2,3)$ 处的切平面及法线方程式.

解
$$F(x,y,z) = x^2 + y^2 + z^2 - 14$$

$$F_x = 2x, F_y = 2y, F_z = 2z$$

$$F_x(1,2,3) = 2, F_y(1,2,3) = 4, F_z(1,2,3) = 6.$$

法向量为

$$n = (2,4,6) \text{ 或 } n = (1,2,3)$$

所求切平面方程为

$$2(x-1) + 4(y-2) + 6(z-3) = 0$$

即

$$x + 2y + 3z - 14 = 0$$

法线方程为

$$\frac{x-1}{1} = \frac{y-2}{2} = \frac{z-3}{3}$$

讨论：若曲面方程为 $z = f(x,y)$，问曲面的切平面及法线方程式是什么形式？

提示：此时 $F(x,y,z) = f(x,y) - z$. 法向量 $n = (f_x(x_0,y_0), f_y(x_0,y_0), -1)$.

【例 8.35】 求旋转抛物面 $z = x^2 + y^2 - 1$ 在点 $(2,1,4)$ 处的切平面及法线方程.

解
$$f(x,y) = x^2 + y^2 - 1$$
$$n = (f_x, f_y, -1) = (2x, 2y, -1)$$
$$n \big|_{(2,1,4)} = (4,2,-1)$$

所以在点 $(2,1,4)$ 处的切平面方程为
$$4(x-2) + 2(y-1) - (z-4) = 0$$

即

$$4x + 2y - z - 6 = 0$$

法线方程为

$$\frac{x-2}{4} = \frac{y-1}{2} = \frac{z-4}{-1}$$

8.6 方向导数与梯度

8.6.1 方向导数

下面讨论函数 $f(x,y)$ 在某一点 $P_0(x_0,y_0)$ 沿某一方向的变化率问题.

设 l 是 xOy 平面上以 $P_0(x_0,y_0)$ 为始点的一条射线, $e_l = (\cos \alpha, \cos \beta)$ 是与 l 同方向的单位向量, 射线 l 的参数方程为

$$\begin{cases} x - x_0 = t \cos \alpha \\ y - y_0 = t \cos \beta \end{cases} \quad (t > 0)$$

设函数 $f(x,y)$ 在点 $P_0(x_0,y_0)$ 的某一邻域 $U(P_0)$ 内有定义, $P(x_0 + t \cos \alpha, y_0 + t \cos \alpha)$ 为 l 上另一点, 且 $P \in U(P_0)$, 如果函数增量 $f(x_0 + t \cos \alpha, y_0 + t \cos \alpha) - f(x_0,y_0)$ 与 P 到 P_0 的距离 $|PP_0| = t$ 的比值

$$\frac{f(x_0 + t \cos \alpha, y_0 + t \cos \alpha) - f(x_0,y_0)}{t}$$

当 P 沿着 l 趋于 P_0 (即 $t \to 0^+$) 时的极限存在, 则称此极限为函数 $f(x,y)$ 在点 P_0 沿方向 l 的

方向导数,记作 $\dfrac{\partial f}{\partial l}\Big|_{(x_0,y_0)}$ 即

$$\frac{\partial f}{\partial l}\Big|_{(x_0,y_0)}=\lim_{t\to0^+}\frac{f(x_0+t\cos\alpha,y_0+t\cos\alpha)-f(x_0,y_0)}{t}$$

从方向导数的定义可知,方向导数 $\dfrac{\partial f}{\partial l}\Big|_{(x_0,y_0)}$ 就是函数 $f(x,y)$ 在点 $P_0(x_0,y_0)$ 处沿方向 l 的变化率. 关于方向导数的计算有如下定理:

定理 8 如果函数 $f(x,y)$ 在点 $P_0(x_0,y_0)$ 可微分,那么函数在该点沿任一方向 l 的方向导数都存在,且有

$$\frac{\partial f}{\partial l}=f_x(x_0,y_0)\cos\alpha+f_y(x_0,y_0)\cos\beta \tag{8.22}$$

其中,$\cos\alpha,\cos\beta$ 是方向 l 的方向余弦.

证明 设 $\Delta x=t\cos\alpha,\Delta y=t\cos\alpha$,则

$$f(x_0+t\cos\alpha,y_0+t\cos\alpha)-f(x_0,y_0)=f_x(x_0,y_0)\,t\cos\alpha+f_y(x_0,y_0)\,t\cos\alpha+o(t)$$

所以

$$\lim_{t\to0^+}\frac{f(x_0+t\cos\alpha,y_0+t\cos\alpha)-f(x_0,y_0)}{t}=f_x(x_0,y_0)\cos\alpha+f_y(x_0,y_0)\cos\beta$$

这就证明了方向导数的存在,且其值为

$$\frac{\partial f}{\partial l}\Big|_{(x_0,y_0)}=f_x(x_0,y_0)\cos\alpha+f_y(x_0,y_0)\cos\beta$$

讨论:函数 $f(x,y)$ 在点 P 沿 x 轴正向和负向,沿 y 轴正向和负向的方向导数如何?

提示:沿 x 轴正向时

$$\cos\alpha=1,\cos\beta=0,\frac{\partial f}{\partial l}=\frac{\partial f}{\partial x}$$

沿 x 轴负向时

$$\cos\alpha=-1,\cos\beta=0,\frac{\partial f}{\partial l}=-\frac{\partial f}{\partial x}$$

沿 y 轴正向时

$$\cos\alpha=0,\cos\beta=1,\frac{\partial f}{\partial l}=\frac{\partial f}{\partial y}$$

沿 y 轴负向时

$$\cos\alpha=0,\cos\beta=-1,\frac{\partial f}{\partial l}=-\frac{\partial f}{\partial y}$$

【例 8.36】 求函数 $z=xe^{2y}$ 在点 $P(1,0)$ 沿从点 $P(1,0)$ 到点 $Q(2,-1)$ 的方向的方向导数.

解 这里方向 l 即向量 $\overrightarrow{PQ}=(1,-1)$ 的方向,与 l 同向的单位向量为

$$e_l=\left(\frac{1}{\sqrt2},-\frac{1}{\sqrt2}\right)$$

因为函数可微分,且

$$\frac{\partial f}{\partial x}\Big|_{(1,0)}=e^{2y}\big|_{(1,0)}=1,\frac{\partial f}{\partial y}\Big|_{(1,0)}=2x\,e^{2y}\big|_{(1,0)}=2$$

所以所求方向导数为

$$\left.\frac{\partial f}{\partial x}\right|_{(1,0)} = 1 \cdot \frac{1}{\sqrt{2}} + 2 \cdot \left(-\frac{1}{\sqrt{2}}\right) = -\frac{\sqrt{2}}{2}$$

类似地,对于三元函数 $f(x,y,z)$ 来说,它在空间一点 $P_0(x_0,y_0,z_0)$ 沿 $\boldsymbol{e}_l = (\cos\alpha,\cos\beta,\cos\gamma)$ 的方向导数为

$$\left.\frac{\partial f}{\partial l}\right|_{(x_0,y_0,z_0)} = \lim_{t \to 0^+} \frac{f(x_0 + t\cos\alpha, y_0 + t\cos\beta, z_0 + t\cos\gamma) - f(x_0,y_0,z_0)}{t}$$

如果函数 $f(x,y,z)$ 在点 (x_0,y_0,z_0) 可微分,则函数在该点沿着方向 $\boldsymbol{e}_l = (\cos\alpha,\cos\beta,\cos\gamma)$ 的方向导数为

$$\left.\frac{\partial f}{\partial l}\right|_{(x_0,y_0,z_0)} = f_x(x_0,y_0,z_0)\cos\alpha + f_y(x_0,y_0,z_0)\cos\beta + f_z(x_0,y_0,z_0)\cos\gamma \qquad (8.23)$$

【例 8.37】 求 $f(x,y,z) = xy + yz + zx$ 在点 $(1,1,2)$ 处沿方向 l 的方向导数,其中 l 的方向角分别为 $60°,45°,60°$.

解 与 l 同向的单位向量为

$$\boldsymbol{e}_l = \left(\cos\frac{\pi}{3}, \cos\frac{\pi}{4}, \cos\frac{\pi}{3}\right) = \left(\frac{1}{2}, \frac{\sqrt{2}}{2}, \frac{1}{2}\right)$$

因为函数可微分,且

$$f_x(1,1,2) = (y+z)\big|_{(1,1,2)} = 3$$
$$f_y(1,1,2) = (x+z)\big|_{(1,1,2)} = 3$$
$$f_z(1,1,2) = (y+x)\big|_{(1,1,2)} = 2$$

所以

$$\left.\frac{\partial f}{\partial l}\right|_{(1,1,2)} = 3 \times \frac{1}{2} + 3 \times \frac{\sqrt{2}}{2} + 2 \times \frac{1}{2}$$

8.6.2 梯度

设函数 $f(x,y)$ 在平面区域 D 内具有一阶连续偏导数,则对于每一点 $P_0(x_0,y_0) \in D$,都可确定一个向量

$$f_x(x_0,y_0)\boldsymbol{i} + f_y(x_0,y_0)\boldsymbol{j}$$

这向量称为函数 $f(x,y)$ 在点 $P_0(x_0,y_0)$ 的梯度,记作 $\mathbf{grad}\, f(x_0,y_0)$,即

$$\mathbf{grad}\, f(x_0,y_0) = f_x(x_0,y_0)\boldsymbol{i} + f_y(x_0,y_0)\boldsymbol{j} \qquad (8.24)$$

拉普拉斯算子

如果函数 $f(x,y)$ 在点 $P_0(x_0,y_0)$ 可微分,$\boldsymbol{e}_l = (\cos\alpha,\cos\beta)$ 是与方向 l 同方向的单位向量,则

$$\begin{aligned}
\left.\frac{\partial f}{\partial l}\right|_{(x_0,y_0)} &= f_x(x_0,y_0)\cos\alpha + f_y(x_0,y_0)\cos\beta \\
&= \mathbf{grad}\, f(x_0,y_0) \cdot \boldsymbol{e}_l \\
&= |\mathbf{grad}\, f(x_0,y_0)| \cos <\mathbf{grad}\, f(x_0,y_0), \boldsymbol{e}_l> \qquad (8.25)
\end{aligned}$$

这一关系式表明了函数在一点的梯度与函数在这点的方向导数间的关系. 特别地,当向量 $\boldsymbol{e}_l$ 与 $\mathbf{grad}\, f(x_0,y_0)$ 的夹角 $<\mathbf{grad}\, f(x_0,y_0), \boldsymbol{e}_l> = 0$,即沿梯度方向时,方向导数 $\left.\frac{\partial f}{\partial l}\right|_{(x_0,y_0)}$ 取得最大值,这个最大值就是梯度的模 $|\mathbf{grad}\, f(x_0,y_0)|$,这就是说,函数在一点的梯度是个

向量,它的方向是函数在这点的方向导数取得最大值的方向,它的模就等于方向导数的最大值.

讨论:$\dfrac{\partial f}{\partial l}\Big|_{(x_0,y_0)}$ 的最大值.

结论:函数在某点的梯度是这样一个向量,它的方向与取得最大方向导数的方向一致,而它的模为方向导数的最大值.

一般来说,二元函数 $f(x,y)$ 在几何上表示一个曲面,这个曲面被平面 $z=c(c$ 是常数)所截得的曲线 L 的方程为

$$\begin{cases} z=f(x,y) \\ z=c \end{cases}$$

这条曲线 L 在 xOy 面上的投影是一条平面曲线 L^*,它在 xOy 平面上的方程为 $f(x,y)=c$,对于曲线 L^* 上的一切点,已给函数的函数值都是 c,所以我们称平面曲线 L^* 为函数 $z=f(x,y)$ 的等值线. 若 f_x,f_y 不同时为零,则等值线 $f(x,y)=c$ 上任一点 $P_0(x_0,y_0)$ 处的一个单位法向量为

$$\boldsymbol{n}=\dfrac{1}{\sqrt{f_x^2(x_0,y_0)+f_y^2(x_0,y_0)}}(f_x(x_0,y_0),f_y(x_0,y_0)) \tag{8.26}$$

这表明梯度 $\mathbf{grad}\, f(x_0,y_0)$ 的方向与等值线上这点的一个法线方向相同,而沿这个方向的方向导数 $\dfrac{\partial f}{\partial l}\Big|_{(x_0,y_0)}$ 就等于 $|\mathbf{grad}\, f(x_0,y_0)|$,于是

$$\mathbf{grad}\, f(x_0,y_0)=\dfrac{\partial f}{\partial n}\boldsymbol{n} \tag{8.27}$$

这一关系式表明了函数在一点的梯度与过这点的等值线、方向导数间的关系,即函数在一点的梯度方向与等值线在这点的一个法线方向相同,它的方向为从数值较低的等值线指向数值较高的等值线. 梯度的模就等于函数在这个法线方向的方向导数.

梯度概念可以推广到三元函数的情形,设函数 $f(x,y,z)$ 在空间区域 G 内具有一阶连续偏导数,则对于每一点 $P_0(x_0,y_0,z_0)\in G$,都可定出一个向量

$$f_x(x_0,y_0,z_0)\mathbf{i}+f_y(x_0,y_0,z_0)\mathbf{j}+f_z(x_0,y_0,z_0)\mathbf{k}$$

这个向量称为函数 $f(x,y,z)$ 在点 $P_0(x_0,y_0,z_0)$ 的**梯度**,记作 $\mathbf{grad}\, f(x_0,y_0,z_0)$,即

$$\mathbf{grad}\, f(x_0,y_0,z_0)=f_x(x_0,y_0,z_0)\mathbf{i}+f_y(x_0,y_0,z_0)\mathbf{j}+f_z(x_0,y_0,z_0)\mathbf{k} \tag{8.28}$$

结论:三元函数的梯度也是一个向量,它的方向与取得最大方向导数的方向一致,而它的模为方向导数的最大值. 如果引进曲面 $f(x,y,z)=c$ 为函数的等量面的概念,则可得函数 $f(x,y,z)$ 在点 $P_0(x_0,y_0,z_0)$ 的梯度的方向与过点 P_0 的等量面 $f(x,y,z)=c$ 在这点的法线的一个方向相同,且从数值较低的等量面指向数值较高的等量面,而梯度的模等于函数在这个法线方向的方向导数.

【例 8.38】 求 $\mathbf{grad}\,\dfrac{1}{x^2+y^2}$.

解 这里

$$f(x,y)=\dfrac{1}{x^2+y^2}$$

因为

$$\frac{\partial f}{\partial x} = -\frac{2x}{(x^2 + y^2)^2}, \frac{\partial f}{\partial y} = -\frac{2y}{(x^2 + y^2)^2}$$

所以

$$\mathbf{grad} \frac{1}{x^2 + y^2} = -\frac{2x}{(x^2 + y^2)^2}\mathbf{i} - \frac{2y}{(x^2 + y^2)^2}\mathbf{j}$$

【例 8.39】 设 $f(x,y,z) = x^2 + y^2 + z^2$，求 $\mathbf{grad}\, f(1,1,2)$.

解 $$\mathbf{grad}\, f = (f_x, f_y, f_z) = (2x, 2y, 2z)$$

于是

$$\mathbf{grad}\, f(1,1,2) = (2,2,4)$$

数量场与向量场：如果对空间区域 G 内的任一点 M，都有一个确定的数量 $f(M)$，则称在这空间区域 G 内确定了一个数量场（如温度场、密度场等），一个数量场可用一个数量函数 $f(M)$ 来确定，如果与点 M 相对应的是一个向量 $\boldsymbol{F}(M)$，则称在这空间区域 G 内确定了一个向量场（如力场、速度场等），一个向量场可用一个向量函数 $\boldsymbol{F}(M)$ 来确定，即

$$\boldsymbol{F}(M) = P(M)\mathbf{i} + Q(M)\mathbf{j} + R(M)\mathbf{k} \tag{8.29}$$

其中，$P(M)$，$Q(M)$，$R(M)$ 是点 M 的数量函数. 利用场的概念，我们可以说向量函数 $\mathbf{grad}\, f(M)$ 确定了一个向量场——梯度场，它是由数量场 $f(M)$ 产生的. 通常称函数 $f(M)$ 为这个向量场的势，而这个向量场又称势场. 必须注意，任意一个向量场不一定是势场，因为它不一定是某个数量函数的向量场.

【例 8.40】 试求数量场 $\dfrac{m}{r}$ 所产生的梯度场，其中常数 $m > 0$，$r = \sqrt{x^2 + y^2 + z^2}$ 为原点 O 与点 $M(x,y,z)$ 间的距离.

解 $$\frac{\partial}{\partial x}\left(\frac{m}{r}\right) = -\frac{m}{r^2}\,\frac{\partial r}{\partial x} = -\frac{mx}{r^3}$$

同理

$$\frac{\partial}{\partial y}\left(\frac{m}{r}\right) = -\frac{my}{r^3}, \frac{\partial}{\partial z}\left(\frac{m}{r}\right) = -\frac{mz}{r^3}$$

从而

$$\mathbf{grad}\, \frac{m}{r} = -\frac{m}{r^2}\left(\frac{x}{r}\mathbf{i} + \frac{y}{r}\mathbf{j} + \frac{z}{r}\mathbf{k}\right)$$

记 $\boldsymbol{e}_r = \dfrac{x}{r}\mathbf{i} + \dfrac{y}{r}\mathbf{j} + \dfrac{z}{r}\mathbf{k}$，它是与 $\overrightarrow{OM}$ 同方向的单位向量，则

$$\mathbf{grad}\, \frac{m}{r} = -\frac{m}{r^2}\boldsymbol{e}_r$$

上式右端在力学上可解释为，位于原点 O 而质量为 m 的质点对位于点 M 而质量为 1 的质点的引力，此引力的大小与两质点质量的乘积成正比，而与它们的距离平方成反比，引力的方向由点 M 指向原点，因此数量场 $\dfrac{m}{r}$ 的势场即梯度场 $\mathbf{grad}\, \dfrac{m}{r}$ 称为引力场，而函数 $\dfrac{m}{r}$ 称为引力势.

习题 8

（A）

1. 求下列函数的定义域 D，并画出定义域 D 的示意图：

$(1)\, z = x + \sqrt{y}$；

$(2)\, z = \arcsin(y - x)$；

$(3)\, z = \dfrac{\sqrt{2x - y^2}}{\ln(1 - x^2 - y^2)}$；

$(4)\, z = \sqrt{1 - x^2} + \dfrac{1}{\sqrt{x^2 - y}}$.

2. 设 $f(x - y, x + y) = xy$，求 $f(x, y)$.

3. 设 $z = x^2 + y + f(x - y)$，且当 $y = 0$ 时，$z = \sin x$，求函数 f 和 z 的表达式.

4. 求下列极限：

$(1)\, \lim\limits_{(x,y)\to(0,1)} \dfrac{1 - xy}{x^2 + y^2}$；

$(2)\, \lim\limits_{(x,y)\to(1,0)} \dfrac{\ln(x + e^y)}{\sqrt{x^2 + y^2}}$；

$(3)\, \lim\limits_{(x,y)\to(0,0)} \dfrac{2 - \sqrt{xy + 4}}{xy}$；

$(4)\, \lim\limits_{(x,y)\to(0,0)} \dfrac{xy}{\sqrt{2 - e^{xy}} - 1}$；

$(5)\, \lim\limits_{(x,y)\to(2,0)} \dfrac{\tan(xy)}{y}$；

$(6)\, \lim\limits_{(x,y)\to(0,0)} \dfrac{1 - \cos(x^2 + y^2)}{(x^2 + y^2) e^{x^2 y^2}}$.

5. 求下列函数在给定点处的偏导数：

$(1)\, z = x \arctan y$，求 $z_x'(1, -1)$，$z_y'(1, -1)$；

$(2)\, z = \ln(y + x^2)$，求 $z_x'(-1, 2)$，$z_y'(1, 0)$；

$(3)\, z = e^{x^2 - xy}$，求 $z_x'(1, 0)$，$z_y'(1, 1)$；

$(4)\, z = xy + \ln(x + y \sin y^2)$，求 $z_x'(1, 0)$.

6. 求下列函数的一阶偏导数：

$(1)\, z = x e^{xy}$；

$(2)\, z = \ln(x^2 - \ln y)$；

$(3)\, z = \arctan(x^2 + y)$；

$(4)\, u = \left(\dfrac{x}{y}\right)^z$.

7. 证明下列各题：

(1) 若 $z = \ln xy$，则 $x \dfrac{\partial z}{\partial x} + y \dfrac{\partial z}{\partial y} = 2$；

(2) 若 $z = e^{xy}$，则 $x \dfrac{\partial z}{\partial x} - y \dfrac{\partial z}{\partial y} = 0$.

8. 求下列函数的二阶偏导数 $\dfrac{\partial^2 z}{\partial x^2}, \dfrac{\partial^2 z}{\partial y^2}, \dfrac{\partial^2 z}{\partial x \partial y}$：

$(1)\, z = x^2 y$；

$(2)\, z = \arctan \dfrac{y}{x}$；

$(3)\, z = x \cos y - e^{xy}$；

$(4)\, z = (\cos y + x \sin y) e^x$.

9. 求下列函数的全微分:

(1) $z = \ln(x^2 + y^2 + \sin x)$;　　　　(2) $z = x \sin y$;

(3) $z = x^{\sin y}$;　　　　　　　　　(4) $u = x^{yz}$;

(5) $f(x,y) = x^2 y^3$ 在点 $(2,1)$ 处的全微分;

(6) $u = xy + yz + zx$ 在点 $(1,2,3)$ 处的全微分.

10. 计算下列各值的近似值:

(1) $(1.01)^{4.03}$;　　　　　　　　(2) $(1.02)^3 \times (1.98)^2$.

11. 求函数 $z = x^2 y + x$ 在点 $(2,1)$ 处,当 $\Delta x = 0.1$, $\Delta y = -0.2$ 时的全增量与全微分.

12. 已知一长为 $6\ \mathrm{m}$、宽为 $8\ \mathrm{m}$ 的矩形,当长增加 $10\ \mathrm{cm}$、宽减少 $5\ \mathrm{cm}$ 时,求矩形对角线长度变化的近似值.

13. 求下列复合函数的全导数或偏导数:

(1) $z = \arcsin(x + y)$, $x = 3t$, $y = 4t^3$, 求 $\dfrac{\mathrm{d}z}{\mathrm{d}t}$;

(2) $z = \ln(e^x - e^y)$, $y = x^3$, 求 $\dfrac{\mathrm{d}z}{\mathrm{d}x}$;

(3) $z = u \ln v$, $u = \dfrac{y}{x}$, $v = x^2 + y^2$, 求 $\dfrac{\partial z}{\partial x}$, $\dfrac{\partial z}{\partial y}$;

(4) $z = e^{uv}$, $u = \ln(x^2 + y^2)$, $v = \arctan \dfrac{y}{x}$, 求 $\dfrac{\partial z}{\partial x}$, $\dfrac{\partial z}{\partial y}$.

14. 求下列函数的全微分,其中 f 可微:

(1) $z = f(x, xy)$;　　　　　　　(2) $z = f(x^2 + y^2, e^{xy})$;

(3) $u = f\left(\dfrac{x}{y}, \dfrac{y}{z}\right)$;　　　　　(4) $z = f(xe^y, \sin xy)$.

15. 设 $z = f(x^2 + y^2)$, 且 f 可微,证明: $y \dfrac{\partial z}{\partial x} - x \dfrac{\partial z}{\partial y} = 0$.

16. 求下列方程所确定的隐函数的导数 $\dfrac{\mathrm{d}y}{\mathrm{d}x}$:

(1) $x^2 + y^2 = xy$;　　　　　　　(2) $ye^x + x \sin y = 0$;

(3) $y^x = x^y$;　　　　　　　　　(4) $(\cos y)^x = (\sin x)^y$.

17. 求下列方程所确定的隐函数 $z = z(x,y)$ 的全微分:

(1) $y^2 z = \arctan(xz^2)$;　　　　(2) $x^2 + yz = \sin z$;

(3) $e^x = xyz$;　　　　　　　　　(4) $x + y + z = e^{-(x+y+z)}$.

18. 求下列函数的极值,并判定是极大值还是极小值:

(1) $f(x,y) = x^3 + y^2 - 6xy$;

(2) $f(x,y) = y^3 - x^2 + 6x - 12y + 25$;

(3) $f(x,y) = x^2 - xy + y^2 + 9x - 6y + 20$;

(4) $f(x,y) = 4(x - y) - x^2 - y^2 - 3$.

19. 设某工厂生产甲、乙两种产品,产量分别为 x 和 y(单位:kg),利润函数(单位:万元)为

$$L(x,y) = 6x - x^2 + 16y - 4y^2 - 2$$

已知生产这两种产品时,每千克产品均需消耗某种原料 $200\ \mathrm{kg}$,现使用该原料 $1\ 200\ \mathrm{kg}$,

问两种产品各生产多少千克时,总利润最大? 最大利润为多少?

20. 某工厂生产 A,B 两种产品,A 产品每件纯利 6 元,B 产品每件纯利 4 元,制造 x 件 A 产品与 y 件 B 产品的成本函数为

$$C(x,y) = 10\ 000 + x + \frac{x^2}{6\ 000} + y$$

而该厂每日的制造预算是 20 000 元. 问应如何分配 A,B 两种产品的生产,使利润最大?

21. 求椭圆 $\frac{x^2}{3^2} + \frac{y^2}{2^2} = 1$ 内接矩形的最大面积.

22. 求曲线 $x = \frac{t}{1+t}, y = \frac{1+t}{t}, z = t^2$ 在对应于 $t_0 = 1$ 的点处的切线及法平面方程.

23. 求曲线 $y^2 = 2mx, z^2 = m - x$ 在点 (x_0, y_0, z_0) 处的切线及法平面方程.

24. 求曲线 $\begin{cases} x^2 + y^2 + z^2 - 3x = 0 \\ 2x - 3y + 5z - 4 = 0 \end{cases}$ 在点 $(1,1,1)$ 处的切线及法平面方程.

25. 求曲线 $x = t, y = t^2, z = t^3$ 上的一个点,使在该点的切线平行于平面 $x + 2y + z = 4$.

26. 求曲面 $\mathrm{e}^z - z + xy = 3$ 在点 $(2,1,0)$ 处的切平面及法线方程.

27. 求曲面 $ax^2 + by^2 + cz^2 = 1$ 在点 (x_0, y_0, z_0) 处的切平面及法线方程.

28. 求椭球面 $x^2 + 2y^2 + z^2 = 1$ 在点 (x_0, y_0, z_0) 处的切平面及法线方程.

29. 求函数 $z = x^2 + y^2$ 在点 $(1,2)$ 处沿从点 $(1,2)$ 到点 $(2, 2+\sqrt{3})$ 的方向的方向导数.

30. 求函数 $z = \ln(x+y)$ 在抛物线 $y^2 = 4x$ 上的点 $(1,2)$ 处到点 $(2, 2+\sqrt{3})$ 的方向的方向导数.

31. 求函数 $z = xyz$ 在点 $(5,1,2)$ 处沿从点 $(5,1,2)$ 到点 $(9,4,14)$ 的方向的方向导数.

32. 设 $f(x,y,z) = x^2 + 2y^2 + 3z^2 + xy + 3x - 2y - 6z$,求 $\mathbf{grad}\,f(0,0,0)$ 及 $\mathbf{grad}\,f(1,1,1)$.

（B）

一、填空题

1. 已知 $f(x,y) = \mathrm{e}^{xy}$,则 $\frac{\partial^2 f}{\partial x \partial y} = $ _____.

2. 设 $z = x\mathrm{e}^{x+y}$,则 $\mathrm{d}z\,|_{(1,0)} = $ _____.

3. 设 $z = f\left(\frac{y}{x}\right)$,$f(u)$ 可导,则 $z'_x + z'_y = $ _____.

4. 设 $z = z(x,y)$ 是由方程 $x + y + z + xyz = 0$ 确定的隐函数,则 $z'_x(1,1,-1) = $ _____.

5. $\lim\limits_{\substack{x\to 0 \\ y\to 0}} (1+xy)^{\frac{1}{\sin xy}} = $ _____.

二、单项选择题

1. 函数 $f(x,y)$ 在点 A 的某邻域内偏导数存在且连续是 $f(x,y)$ 在该点处可微的(   ).

    A. 必要条件,非充分条件   B. 充分条件,非必要条件

    C. 充分必要条件   D. 既不是充分条件,也不是必要条件

2. 已知函数 $f(x+y, x-y) = x^2 - y^2$,则 $\frac{\partial f(x,y)}{\partial x} = $ (   ).

A. $2x$ B. x C. $2y$ D. y

3. 考虑二元函数 $f(x,y)$ 的下列 4 条性质：

①函数 $f(x,y)$ 在点 (x_0,y_0) 处连续；

②函数 $f(x,y)$ 在点 (x_0,y_0) 处两个偏导数连续；

③函数 $f(x,y)$ 在点 (x_0,y_0) 处可微；

④函数 $f(x,y)$ 在点 (x_0,y_0) 处两个偏导数存在.

则下面结论正确的是(　　).

A. ②⇒③⇒①   B. ③⇒②⇒①   C. ③⇒④⇒①   D. ③⇒①⇒④

4. 二元函数 $z = x^3 - y^3 + 3x^2 + 3y^2 - 9x + 1$ 的极小值点是(　　).

A. $(1,0)$ B. $(1,2)$ C. $(-3,0)$ D. $(-3,2)$

第 9 章

多元函数积分

一元函数积分学中,我们曾经用和式的极限来定义一元函数 $f(x)$ 在区间 $[a,b]$ 上的定积分,并已经建立了定积分理论,本章将把这一方法推广到多元函数的情形,便得到重积分的概念.本章主要讲述多重积分的概念、性质、计算方法以及应用.

9.1 二重积分的概念与性质

下面我们通过计算曲顶柱体的体积,引出二重积分的定义.

9.1.1 二重积分的概念

1)二重积分概念的引入——曲顶柱体体积问题

对于长方体、正方体、球体、圆柱体、圆锥体等一些规则图形的体积,中学阶段已讨论过其计算方法,但更一般图形的体积该怎样计算呢? 首先从简单的曲顶柱体入手.

设 $f(x,y)$ 定义在可求面积的有界闭区域 D 上的非负连续函数,以曲面 $z = f(x,y)$ 为顶,D 为底的柱体称为曲顶柱体,如图 9.1 所示.

曲顶柱体有一个面为曲面 $z = f(x,y)$,它可理解为曲顶柱体的高,由于高是变动的,故不能利用初等数学中柱体的"体积 = 底面积 × 高"的方法来计算.类似于求曲边梯形面积的方法,可采用"分割—近似代替—求和—取极限"的过程来解决这一问题.

①分割.用任意的曲线网将区域 D 分成 n 个小区域

$$\Delta\sigma_1, \Delta\sigma_2, \cdots, \Delta\sigma_n$$

并以 $\Delta\sigma_i$ 表示第 i 个小区域的面积(图 9.1),相应的曲顶柱体也被分成 n 个小曲顶柱体.设其体积为 $\Delta V_i(i = 1,2,\cdots,n)$,则

$$V = \sum_{i=1}^{n} \Delta V_i$$

②近似代替.在每个小区域上取一点 (x_i,y_i).因为 $f(x,y)$ 连续,所以当分割非常细密时,小曲顶柱体的体积 ΔV_i 就近似等于以 $f(x_i,y_i)$ 为高,以 $\Delta\sigma_i$ 为底的小平顶柱体的体积,即

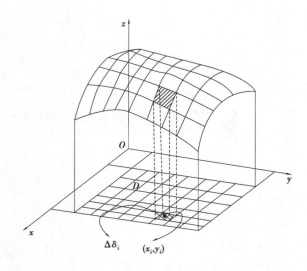

图 9.1

$$\Delta V_i \approx f(x_i, y_i) \Delta \sigma_i \quad (i = 1, 2, \cdots, n)$$

③求和. 即

$$V = \sum_{i=1}^{n} \Delta V_i \approx \sum_{i=1}^{n} f(x_i, y_i) \Delta \sigma_i$$

④取极限. 记 d_i 为第 $i(i = 1, 2, \cdots, n)$ 个小区域外接圆的直径, 并记

$$d = \max\{d_1, d_2, \cdots, d_n\}$$

当 $d \to 0$ 时, 有 $\sum_{i=1}^{n} f(x_i, y_i) \Delta \sigma_i \to V$, 即有

$$V = \lim_{d \to 0} \sum_{i=1}^{n} f(x_i, y_i) \Delta \sigma_i$$

还有许多实际问题都可化为上述形式的和式极限, 如不均匀平面薄板的质量等, 从中抽象概括就得到二重积分的定义.

2) 二重积分定义

定义 1 设二元函数在有界闭区域 D 上有定义. 用任意曲线网格将区域 D 分成 n 个区域 $\Delta \sigma_1, \Delta \sigma_2, \cdots, \Delta \sigma_n$, 并以 $\Delta \sigma_i, d_i$ 分别表示第 i 个小区域的面积和外接圆的径, $d = \max\{d_1, d_2, \cdots, d_n\}$, 在每个小区域 $\Delta \sigma_i$ 上任取一点 $(x_i, y_i)(i = 1, 2, \cdots, n)$, 作乘积并求和

$$\sum_{i=1}^{n} f(x_i, y_i) \Delta \sigma_i$$

如果当 $d \to 0$ 时, 上述和式的极限存在, 则称此极限为函数 $f(x, y)$ 在区域 D 上的二重积分, 记作 $\iint_D f(x, y) \mathrm{d}\sigma$, 即

$$\iint_D f(x, y) \mathrm{d}\sigma = \lim_{d \to 0} \sum_{i=1}^{n} f(x_i, y_i) \Delta \sigma_i$$

其中, $f(x, y)$ 称为被积函数, D 称为积分区域, $\mathrm{d}\sigma$ 称为面积微元, 并称 $f(x, y)$ 在区域 D 上可积.

3）二重积分的几何意义

由二重积分的引入可知,当 $f(x,y) \geqslant 0$ 且连续时,$\iint_D f(x,y)\, \mathrm{d}\sigma$ 表示以积分区域 D 为底,以曲面 $z = f(x,y)$ 为顶的曲顶柱体的体积. 当 $f(x,y) < 0$ 且连续时,$\iint_D f(x,y)\, \mathrm{d}\sigma$ 表示以积分区域 D 为底,以曲面 $z = f(x,y)$ 为顶的曲顶柱体的体积的负值.

9.1.2　二重积分的性质

二重积分具有与定积分类似的性质,这里不作证明.

假设所讨论的二重积分均存在.

性质1　若 $f(x,y) \equiv 1$,D 的面积为 σ_0,则

$$\iint_D f(x,y)\, \mathrm{d}\sigma = \sigma_0$$

性质2　若 a,b 为任意实数,则

$$\iint_D \left[af(x,y) \pm bg(x,y) \right] \mathrm{d}\sigma = a \iint_D f(x,y)\, \mathrm{d}\sigma \pm b \iint_D g(x,y)\, \mathrm{d}\sigma$$

性质3　若积分区域 D 被划分成两个不相交的区域 D_1 和 D_2,则

$$\iint_D f(x,y)\, \mathrm{d}\sigma = \iint_{D_1} f(x,y)\, \mathrm{d}\sigma + \iint_{D_2} f(x,y)\, \mathrm{d}\sigma$$

性质4　若在区域 D 上,恒有 $f(x,y) \leqslant g(x,y)$,则

$$\iint_D f(x,y)\, \mathrm{d}\sigma \leqslant \iint_D g(x,y)\, \mathrm{d}\sigma$$

性质5　$\left| \iint_D f(x,y)\, \mathrm{d}\sigma \right| \leqslant \iint_D |f(x,y)|\, \mathrm{d}\sigma$

性质6　若在区域 D 上,$m \leqslant f(x,y) \leqslant M$,$\sigma_0$ 是区域 D 的面积,则

$$m\sigma_0 \leqslant \iint_D f(x,y)\, \mathrm{d}\sigma \leqslant M\sigma_0$$

性质7（中值定理）　若 $f(x,y)$ 在有界闭区域 D 上连续,σ_0 是区域 D 的面积,则至少存在一点 (ξ,η),使得

$$\iint_D f(x,y)\, \mathrm{d}\sigma = f(\xi,\eta)\sigma_0$$

9.2　二重积分的计算

只有少数二重积分(被积函数和积分区域特别简单)可用定义计算外,一般情况下要用定义计算二重积分相当困难. 下面我们从二重积分的几何意义出发来介绍计算二重积分的方法,该方法将二重积分的计算问题化为两次定积分的计算问题.

9.2.1 在直角坐标系下计算二重积分

在直角坐标系下,积分区域 D 用平行于 x 轴和 y 轴的直线网格分割,这时每个小区域为矩形,其面积 $\Delta\sigma = \Delta x \cdot \Delta y$. 因此,在直角坐标系下,面积微元 $\mathrm{d}\sigma = \mathrm{d}x\mathrm{d}y$,从而在直角坐标系下二重积分可表示为

$$\iint_D f(x,y)\mathrm{d}\sigma = \iint_D f(x,y)\mathrm{d}x\mathrm{d}y$$

图 9.2

前面对一重积分的计算已经研究得非常清楚,而二重积分的计算,一般情况下都是将其转化为一重积分,然后利用一重积分的计算方法计算二重积分,根据积分区域 D 的不同,二重积分转化为一重积分的形式也略有不同. 下面说明在几种典型的积分区域上二重积分的转化形式.

积分区域 D 为矩形区域,如图 9.2 所示. 其特点是区域点集可表示为 $D = \{(x,y) \mid a \leq x \leq b, c \leq y \leq d\}$ 的集合形式,其中 a,b,c,d 为常数.

定理 1 当 $f(x,y)$ 在矩形区域 $D = \{(x,y) \mid a \leq x \leq b, c \leq y \leq d\}$ 上连续,则

$$\iint_D f(x,y)\mathrm{d}x\mathrm{d}y = \int_a^b \mathrm{d}x \int_c^d f(x,y)\mathrm{d}y = \int_c^d \mathrm{d}y \int_a^b f(x,y)\mathrm{d}x \qquad (9.1)$$

其中,累次积分有以下等价表示形式

$$\int_a^b \mathrm{d}x \int_c^d f(x,y)\mathrm{d}y = \int_a^b \left[\int_c^d f(x,y)\mathrm{d}y\right]\mathrm{d}x$$

$$\int_c^d \mathrm{d}y \int_a^b f(x,y)\mathrm{d}x = \int_c^d \left[\int_a^b f(x,y)\mathrm{d}x\right]\mathrm{d}y$$

称以上两等式中的积分形式为**累次积分**,是累次积分的不同表示形式,定理 1 将二重积分的计算化成了先对 y 后对 x 或者是先对 x 后对 y 的两次定积分的计算,通常称之为化二重积分为二次积分或者累次积分.

【**例 9.1**】 计算 $\iint_D (x^2+y^2)\mathrm{d}\sigma$,其中 $D = \{(x,y) \mid 0 \leq x \leq 1, 0 \leq y \leq 1\}$.

解 由定理 1,有

$$\begin{aligned}
\iint_D (x^2+y^2)\mathrm{d}\sigma &= \int_0^1 \mathrm{d}x \int_0^1 (x^2+y^2)\mathrm{d}y \\
&= \int_0^1 \left(x^2 y + \frac{1}{3}y^3\right)\Big|_0^1 \mathrm{d}x \\
&= \int_0^1 \left(x^2 + \frac{1}{3}\right)\mathrm{d}x \\
&= \frac{2}{3}
\end{aligned}$$

(1) 积分区域 D 为 X 型区域(图 9.3),其特点是区域点集可表示为 $D = \{(x,y) \mid a \leq x \leq b, f_1(x) \leq y \leq f_2(x)\}$ 的集合形式,a,b 为常数.

图 9.3

定理2 若 $f(x,y)$ 在 X 型区域 $D = \{(x,y) \mid a \le x \le b, f_1(x) \le y \le f_2(x)\}$ 上连续，其中 $f_1(x), f_2(x)$ 在 $[a,b]$ 上连续，a,b 为常数，则

$$\iint_D f(x,y)\mathrm{d}x\mathrm{d}y = \int_a^b \mathrm{d}x \int_{f_1(x)}^{f_2(x)} f(x,y)\mathrm{d}y \tag{9.2}$$

其中，累次积分有如下等价的表示形式：

$$\int_a^b \mathrm{d}x \int_{f_1(x)}^{f_2(x)} f(x,y)\mathrm{d}y = \int_a^b \left[\int_{f_1(x)}^{f_2(x)} f(x,y)\mathrm{d}y \right]\mathrm{d}x$$
$$= \int_a^b \int_{f_1(x)}^{f_2(x)} f(x,y)\mathrm{d}x\mathrm{d}y$$

(2) 积分区域 D 为 Y 型区域(图9.4)，其特点是区域点集可表示为 $D = \{(x,y) \mid \varphi_1(y) \le x \le \varphi_2(y), c \le y \le d\}$ 的集合形式，c,d 为常数.

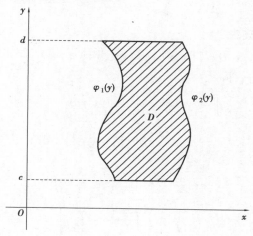

图 9.4

定理3 若 $f(x,y)$ 在 Y 型区域 $D = \{(x,y) \mid \varphi_1(y) \le x \le \varphi_2(y), c \le y \le d\}$ 上连续，其中，$\varphi_1(y), \varphi_2(y)$ 在 $[c,d]$ 上连续，c,d 为常数，则

$$\iint_D f(x,y)\mathrm{d}x\mathrm{d}y = \int_c^d \mathrm{d}y \int_{\varphi_1(y)}^{\varphi_2(y)} f(x,y)\mathrm{d}x \tag{9.3}$$

注：其中，累次积分有以下等价的表示形式

$$\int_c^d \mathrm{d}y \int_{\varphi_1(y)}^{\varphi_2(y)} f(x,y)\mathrm{d}x = \int_c^d \left[\int_{\varphi_1(y)}^{\varphi_2(y)} f(x,y)\mathrm{d}x \right]\mathrm{d}y$$
$$= \int_c^d \int_{\varphi_1(y)}^{\varphi_2(y)} f(x,y)\mathrm{d}x\mathrm{d}y$$

图 9.5

另外，对一般的积分区域，都可将其划分成有限个典型区域. 如图 9.5 所示的区域 D，可将其划分成 3 个区域(其中，Ⅰ，Ⅲ 为 Y 型区域，Ⅱ 为 X 型区域)，然后利用二重积分在区域上的可加性进行计算.

【例9.2】 计算 $\iint_D x^2 y\mathrm{d}x\mathrm{d}y$，其中，$D$ 是由 $y = x^2$ 与 $y = x$ 围成.

解 先画出区域 D 的图形(图9.6)，可知积分区域既是 X 型区域又是 Y 型区域.
作为 X 型区域，其区域点集为

图 9.6

$$D = \{(x,y) \mid 0 \le x \le 1, x^2 \le y \le x\}$$

由定理 2，先对 y 积分，即

$$\iint_D x^2 y \mathrm{d}x\mathrm{d}y = \int_0^1 \mathrm{d}x \int_{x^2}^x x^2 y \mathrm{d}y$$

$$= \int_0^1 \left(x^2 \cdot \frac{1}{2}y^2\right)\Big|_{x^2}^x \mathrm{d}x$$

$$= \int_0^1 \left(\frac{x^4}{2} - \frac{x^6}{2}\right)\mathrm{d}x$$

$$= \left(\frac{x^5}{10} - \frac{x^7}{14}\right)\Big|_0^1$$

$$= \frac{1}{35}$$

作为 Y 型区域，其区域点集为

$$D = \{(x,y) \mid y \le x \le \sqrt{y}, 0 \le y \le 1\}$$

由定理 3，先对 x 积分，即

$$\iint_D x^2 y \mathrm{d}x\mathrm{d}y = \int_0^1 \mathrm{d}y \int_y^{\sqrt{y}} x^2 y \mathrm{d}x$$

$$= \int_0^1 \left(y \cdot \frac{1}{3}x^3\right)\Big|_y^{\sqrt{y}} \mathrm{d}y$$

$$= \int_0^1 \left(\frac{1}{3}y^{\frac{5}{2}} - \frac{y^4}{3}\right)\mathrm{d}y$$

$$= \left(\frac{2}{21}y^{\frac{7}{2}} - \frac{y^5}{15}\right)\Big|_0^1$$

$$= \frac{1}{35}$$

【例 9.3】 设 D 是以点 $O(0,0),A(1,2),B(2,1)$ 为顶点的三角区域，求 $\iint_D xy\mathrm{d}x\mathrm{d}y$.

解 直线 OA, OB, AB 的相应方程为

$$y = 2x, y = \frac{1}{2}x, y = 3 - x$$

区域 D 如图 9.7 所示，需要对 D 进行分割，过点 A 向 x 轴作垂线，将 D 分成 D_1 和 D_2 两个区域. 其中

$$D_1 = \{(x,y) \mid 0 \le x \le 1, \frac{x}{2} \le y \le 2x\}$$

$$D_2 = \{(x,y) \mid 1 \le x \le 2, \frac{x}{2} \le y \le 3 - x\}$$

故

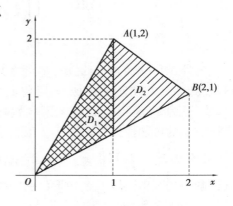

图 9.7

$$\iint_D xy\mathrm{d}x\mathrm{d}y = \iint_{D_1} xy\mathrm{d}x\mathrm{d}y + \iint_{D_2} xy\mathrm{d}x\mathrm{d}y$$

$$= \int_0^1 \mathrm{d}x \int_{\frac{x}{2}}^{2x} xy\mathrm{d}y + \int_1^2 \mathrm{d}x \int_{\frac{x}{2}}^{3-x} xy\mathrm{d}y$$

$$= \int_0^1 \frac{15}{8}x^3\mathrm{d}x + \int_1^2 \left(\frac{3}{8}x^3 - 3x^2 + \frac{9}{2}x \right)\mathrm{d}x$$

$$= \frac{15}{32}x^4 \Big|_0^1 + \left(\frac{3}{32}x^4 - x^3 + \frac{9}{4}x^2 \right) \Big|_1^2$$

$$= \frac{13}{8}$$

【例9.4】 计算$\iint_D \mathrm{e}^{x^2}\mathrm{d}x\mathrm{d}y$,其中,$D$ 是由直线 $y = x, y = 0$,
$x = 1$ 围成的平面区域.

解 积分区域 D 如图9.8所示.若作为 X 型区域,其区域点集为

$$D = \{ (x,y) \mid 0 \leqslant x \leqslant 1, 0 \leqslant y \leqslant x \}$$

由定理2,先对 y 积分,则

图9.8

$$\iint_D \mathrm{e}^{x^2}\mathrm{d}x\mathrm{d}y = \int_0^1 \mathrm{d}x \int_0^x \mathrm{e}^{x^2}\mathrm{d}y$$

$$= \int_0^1 x\mathrm{e}^{x^2}\mathrm{d}x$$

$$= \frac{1}{2}\int_0^1 \mathrm{e}^{x^2}\mathrm{d}x^2$$

$$= \frac{1}{2}\mathrm{e}^{x^2} \Big|_0^1$$

$$= \frac{1}{2}(\mathrm{e} - 1)$$

若作为 Y 型区域,其区域点集为

$$D = \{ (x,y) \mid 0 \leqslant y \leqslant 1, y \leqslant x \leqslant 1 \}$$

由定理3,先对 x 积分,则

$$\iint_D \mathrm{e}^{x^2}\mathrm{d}x\mathrm{d}y = \int_0^1 \mathrm{d}y \int_y^1 \mathrm{e}^{x^2}\mathrm{d}x$$

此时,积分 $\int_y^1 \mathrm{e}^{x^2}\mathrm{d}x$ 的计算很困难,此处不再讨论.

注:虽然任何二重积分都可表示为两种积分次序的累次积分,但是选择适当次序的累次积分,可以降低计算难度.

【例9.5】 交换累次积分 $\int_0^1 \mathrm{d}x \int_0^x f(x,y)\mathrm{d}y + \int_1^2 \mathrm{d}x \int_0^{2-x} f(x,y)\mathrm{d}y$ 的积分次序.

解 由此累次积分式可知,该式有两个累次积分,且都是先对y后对x积分,其各自积分区域点集可分别表示为

$$D_1 = \{ (x,y) \mid 0 \leqslant x \leqslant 1, 0 \leqslant y \leqslant x \}$$

$$D_2 = \{ (x,y) \mid 1 \leqslant x \leqslant 2, 0 \leqslant y \leqslant 2 - x \}$$

图 9.9

画出该点集表示的区域,即如图 9.9 所示的阴影部分.

若先对 x 后对 y 积分,则其积分区域应表示成 Y 型区域的点集. 由积分区域图形可知,该积分区域又可表示为

$$D = \left\{ (x,y) \mid y \leqslant x \leqslant 2 - y, 0 \leqslant y \leqslant 1 \right\}$$

因此

$$\int_0^1 \mathrm{d}x \int_0^x f(x,y)\,\mathrm{d}y + \int_1^2 \mathrm{d}x \int_0^{2-x} f(x,y)\,\mathrm{d}y = \int_0^1 \mathrm{d}y \int_y^{2-y} f(x,y)\,\mathrm{d}x$$

9.2.2 在极坐标系下计算二重积分

二重积分的计算除考虑被积函数外,还要考虑积分区域,有许多二重积分仅采用直角坐标系下化为累次积分的方法难以达到化简和求解的目的. 当积分区域为圆域、环域、扇形域等,或被积函数为 $f(x^2 + y^2)$, $f\left(\dfrac{x}{y}\right)$ 等形式时,采用极坐标系下计算二重积分会更方便.

在极坐标系下,积分区域 D 用坐标曲线网格分割,即用以极点 O 为圆心,以 r 为半径的圆和以与极径夹角为 θ 的射线构成网格划分积分区域 D,设 $\Delta\sigma$ 是从 r 到 $r + \mathrm{d}r$ 和从 θ 到 $\theta + \mathrm{d}\theta$ 之间的小区域(如图 9.10 所示的阴影部分). 易知,其面积为

$$\Delta\sigma = \frac{1}{2}(r + \mathrm{d}r)^2 \mathrm{d}\theta - \frac{1}{2}r^2 \mathrm{d}\theta = r\mathrm{d}r\mathrm{d}\theta + \frac{1}{2}(\mathrm{d}r)^2 \mathrm{d}\theta$$

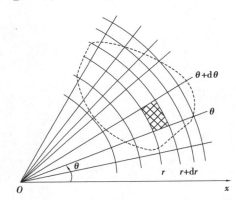

图 9.10

当 $\mathrm{d}r$ 和 $\mathrm{d}\theta$ 充分小时,略去比 $\mathrm{d}r\mathrm{d}\theta$ 更高阶的无穷小,得到 $\Delta\sigma$ 的近似公式

$$\Delta\sigma \approx r\mathrm{d}r\mathrm{d}\theta$$

于是,得到在极坐标系下的面积微元

$$\mathrm{d}\sigma = r\mathrm{d}r\mathrm{d}\theta$$

另外,被积函数 $f(x,y)$ 采用下述极坐标变换将其化为极坐标系下的函数,得

$$\begin{cases} x = r\cos\theta \\ y = r\sin\theta \end{cases}$$

则有

$$f(x,y) = f(r\cos\theta, r\sin\theta)$$

最后,假定积分区域 D 是对应于极坐标系下的积分区域 D',则在极坐标系下二重积分表示为

$$\iint_D f(x,y)\mathrm{d}\sigma = \iint_{D'} f(r\cos\theta, r\sin\theta)r\mathrm{d}r\mathrm{d}\theta$$

极坐标系下二重积分的计算与直角坐标系下二重积分计算类似,根据积分区域 D 的形式,将其化为累次积分.

在极坐标系下积分区域 D'(图9.11),一般表示为

$$D' = \{(r,\theta) \mid r_1(\theta) \leq r \leq r_2(\theta), \alpha \leq \theta \leq \beta\}$$

则二重积分转化为累次积分时,先对 r 积分再对 θ 积分,即

$$\begin{aligned}
\iint_D f(x,y)\mathrm{d}\sigma &= \iint_{D'} f(r\cos\theta, r\sin\theta)r\mathrm{d}r\mathrm{d}\theta \\
&= \int_\alpha^\beta \mathrm{d}\theta \int_{r_1(\theta)}^{r_2(\theta)} f(r\cos\theta, r\sin\theta)r\mathrm{d}r
\end{aligned} \tag{9.4}$$

图9.11

图9.12

【例9.6】 计算 $I = \iint_D \dfrac{\mathrm{d}\sigma}{\sqrt{1+x^2+y^2}}$,其中,$D$ 为圆域:$\{(x,y) \mid x^2+y^2 \leq 1\}$.

解 积分区域如图9.12所示. 在极坐标系下其积分区域点集为

$$D' = \{(r,\theta) \mid 0 \leq r \leq 1, 0 \leq \theta \leq 2\pi\}$$

所以

$$\begin{aligned}
I &= \iint_D \frac{\mathrm{d}\sigma}{\sqrt{1+x^2+y^2}} \\
&= \iint_{D'} \frac{1}{\sqrt{1+r^2}}r\mathrm{d}r\mathrm{d}\theta \\
&= \int_0^{2\pi}\mathrm{d}\theta \int_0^1 \frac{r}{\sqrt{1+r^2}}\mathrm{d}r \\
&= 2\pi \cdot \frac{1}{2}\int_0^1 \frac{1}{\sqrt{1+r^2}}\mathrm{d}(1+r^2) \\
&= \pi \cdot 2\sqrt{1+r^2}\,\Big|_0^1 \\
&= 2\pi(\sqrt{2}-1)
\end{aligned}$$

【例9.7】 计算 $I = \iint_D \sqrt{x^2 + y^2}\,\mathrm{d}x\mathrm{d}y$，其中，$D$ 是圆 $x^2 + y^2 = 2x$ 所围成的区域.

解 积分区域如图 9.13 所示. 由 $x^2 + y^2 = 2x$ 可知，其极坐标方程为 $r = 2\cos\theta$，因此，在极坐标系下其积分区域点集为

$$D' = \left\{ (r,\theta) \,\middle|\, 0 \leqslant r \leqslant 2\cos\theta, \ -\frac{\pi}{2} \leqslant \theta \leqslant \frac{\pi}{2} \right\}$$

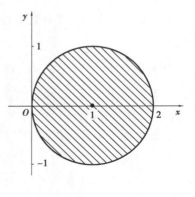

所以

$$
\begin{aligned}
I &= \iint_D \sqrt{x^2 + y^2}\,\mathrm{d}x\mathrm{d}y \\
&= \iint_{D'} r \cdot r\mathrm{d}r\mathrm{d}\theta \\
&= \int_{-\frac{\pi}{2}}^{\frac{\pi}{2}} \mathrm{d}\theta \int_0^{2\cos\theta} r^2 \mathrm{d}r \\
&= \int_{-\frac{\pi}{2}}^{\frac{\pi}{2}} \left(\frac{1}{3} r^3 \right) \Big|_0^{2\cos\theta} \mathrm{d}\theta \\
&= \int_{-\frac{\pi}{2}}^{\frac{\pi}{2}} \frac{8}{3} \cos^3\theta \mathrm{d}\theta \\
&= \frac{16}{3} \int_0^{\frac{\pi}{2}} (1 - \sin^2\theta)\,\mathrm{d}(\sin\theta) \\
&= \frac{16}{3} \left(\sin\theta - \frac{1}{3}\sin^3\theta \right) \Big|_0^{\frac{\pi}{2}} \\
&= \frac{32}{9}
\end{aligned}
$$

图 9.13

综合以上例题，计算二重积分的一般步骤如下：
①画出积分区域 D 的图形.
②根据积分区域和被积函数的特点选择适当积分次序，写出积分区域不等式.
③根据积分区域不等式写出累次积分并计算.

9.2.3 二重积分无界区域反常二重积分的计算

前面讨论二重积分时，总是假定积分区域是有界区域，并且被积函数在积分区域上为有界函数. 但在实际应用和理论研究中，通常会遇到积分区域为无界区域或是被积函数在积分区域上为无界函数的情况，则称这类积分为反常二重积分或广义二重积分. 下面只讨论无界区域上的反常二重积分的计算问题.

对无界区域二重积分的计算也是通过化为累次积分来计算. 实际上，定理 8—定理 10 中当 a 或 c 改为 $-\infty$，c 或 d 改为 $+\infty$ 时，仍有类似的结论.

【例9.8】 计算二重积分 $\iint_D x\mathrm{e}^{-y^2}\mathrm{d}x\mathrm{d}y$，其中，积分区域 D 是曲线 $y = 4x^2$ 与 $y = 9x^2$ 在第一象限围成的无界区域.

解   积分区域如图 9. 14 所示,区域可看作 Y 型区域,则

$$D = \left\{ (x,y) \mid \frac{\sqrt{y}}{3} \leqslant x \leqslant \frac{\sqrt{y}}{2}, 0 \leqslant y < +\infty \right\}$$

图 9. 14

所以

$$\iint_D x e^{-y^2} dxdy = \int_0^{+\infty} dy \int_{\frac{\sqrt{y}}{3}}^{\frac{\sqrt{y}}{2}} x e^{-y^2} dx$$

$$= \int_0^{+\infty} \left(e^{-y^2} \cdot \frac{x^2}{2} \right) \Big|_{\frac{\sqrt{y}}{3}}^{\frac{\sqrt{y}}{2}} dy$$

$$= \int_0^{+\infty} \left(\frac{y e^{-y^2}}{8} - \frac{y e^{-y^2}}{18} \right) dy$$

$$= \frac{5}{72} \int_0^{+\infty} y e^{-y^2} dy$$

$$= -\frac{5}{144} \int_0^{+\infty} e^{-y^2} d(-y^2)$$

$$= -\frac{5}{144} e^{-y^2} \Big|_0^{+\infty}$$

$$= \lim_{y \to +\infty} \left(-\frac{5}{144} e^{-y^2} \right) - \left(-\frac{5}{144} \right)$$

$$= \frac{5}{144}$$

【例 9.9】   设 D 为全平面,求 $\iint_D e^{-(y^2+x^2)} d\sigma$.

解   由积分式可知,在极坐标系下计算较为方便,此时,积分区域为

$$D' = \{ (r,\theta) \mid 0 \leqslant r < +\infty, 0 \leqslant \theta \leqslant 2\pi \}$$

所以

$$\iint_D e^{-(y^2+x^2)} d\sigma = \iint_{D'} e^{-r^2} r dr d\theta$$

$$= \int_0^{2\pi} d\theta \int_0^{+\infty} e^{-r^2} r dr$$

$$= \int_0^{2\pi} \left(\frac{-e^{-r^2}}{2} \right) \Big|_0^{+\infty} d\theta$$

$$= \frac{1}{2} \int_0^{2\pi} d\theta$$

$$= \pi$$

另外,在直角坐标系,上述积分区域又可表示为

$$D = \{ (x,y) \mid -\infty < x < +\infty, -\infty < y < +\infty \}$$

则

$$\iint_D e^{-(y^2+x^2)} d\sigma = \int_{-\infty}^{+\infty} dy \int_{-\infty}^{+\infty} e^{-y^2} e^{-x^2} dx$$

$$= \int_{-\infty}^{+\infty} e^{-y^2} dy \int_{-\infty}^{+\infty} e^{-x^2} dx$$

$$= \left(\int_{-\infty}^{+\infty} e^{-x^2} dx \right)^2$$

由 $\iint_D e^{-(y^2+x^2)} d\sigma = \pi$ 可知

$$\int_{-\infty}^{+\infty} e^{-x^2} dx = \sqrt{\pi}$$

积分 $\int_{-\infty}^{+\infty} e^{-x^2} dx$ 称为泊松积分,利用它可证明概率论中一个重要的结果,即

$$\int_{-\infty}^{+\infty} \frac{1}{\sqrt{2\pi}} e^{-\frac{x^2}{2}} dx = 1$$

请读者自行证之.

【例 9.10】 已知二元函数

$$f(x,y) = \begin{cases} \dfrac{1}{9}(6-x-y), & 0 \le x \le 1, 0 \le y \le 2 \\ 0, & \text{其他} \end{cases}$$

D 为全平面,求 $\iint_D f(x,y) d\sigma$.

解 由题可知,被积函数 $f(x,y)$ 在积分区域上有两个解析式,即当 $(x,y) \in D_1 = \{(x,y) | 0 \le x \le 1, 0 \le y \le 2\}$ 时,$f(x,y) = \dfrac{1}{9}(6-x-y)$;当 $(x,y) \notin D_1$,假定 $D_2 = \overline{D_1}$,即 $(x,y) \in D_2$ 时,$f(x,y) = 0$,可知 D_2 为无界区域.

由积分区域可加性有

$$\begin{aligned}
\iint_D f(x,y) d\sigma &= \iint_{D_1} f(x,y) d\sigma + \iint_{D_2} f(x,y) d\sigma \\
&= \iint_{D_1} \frac{1}{9}(6-x-y) d\sigma + \iint_{D_2} 0 d\sigma \\
&= \iint_{D_1} \frac{1}{9}(6-x-y) d\sigma \\
&= \int_0^1 dx \int_0^2 \frac{1}{9}(6-x-y) dy \\
&= 1
\end{aligned}$$

注: 此积分的一个等价形式为

$$\int_{-\infty}^{+\infty} \int_{-\infty}^{+\infty} f(x,y) dx dy$$

具体解法同上.

【例 9.11】 已知二元函数

$$f(x,y) = \begin{cases} 8xy, & 0 \le y \le x \le 1 \\ 0, & \text{其他} \end{cases}$$

求 $\iint_D f(x,y) d\sigma$,其中,$D = \{(x,y) | x+y \le 1\}$.

解 由题意可知,积分区域为如图 9.15 所示的阴影部分. 被积函数 $f(x,y)$ 在积分区域 D 上有两个解析式,即当 $(x,y) \in D_1 = \left\{(x,y) | y \le x \le 1-y, 0 \le y \le \dfrac{1}{2}\right\}$ 时,$f(x,y) = 8xy$;当 $(x,y) \notin D_1$,假定 $D_2 = \overline{D_1}$,即 $(x,y) \in D_2$ 时,$f(x,y) = 0$,可知 D_2 为无界区域.

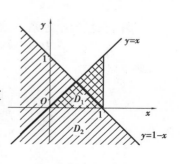

图 9.15

由积分区域的可加性有

$$\iint_D f(x,y)\,d\sigma = \iint_{D_1} f(x,y)\,d\sigma + \iint_{D_2} f(x,y)\,d\sigma$$

$$= \iint_{D_1} 8xy\,d\sigma + \iint_{D_2} 0\,d\sigma$$

$$= \iint_{D_1} 8xy\,d\sigma$$

$$= \int_0^{\frac{1}{2}} dy \int_y^{1-y} 8xy\,dx$$

$$= \frac{1}{6}$$

9.3 三重积分

9.3.1 三重积分的概念

1)三重积分概念的引入——空间物体的质量问题

现在,考虑求解空间物体的质量问题. 设一物体占有空间区域 Ω,在 Ω 中每一点 (x,y,z) 处的体密度为 $\rho(x,y,z)$,其中 $\rho(x,y,z)$ 是 Ω 上的正值连续函数. 试求该物体的质量.

①分割. 先将空间区域 Ω 任意分割成 n 个小区域

$$\Delta v_1, \Delta v_2, \cdots, \Delta v_n$$

同时也用 Δv_i 表示第 i 个小区域的体积.

②近似代替. 在每个小区域 Δv_i 上任取一点 (ξ_i,η_i,ζ_i),由于 $\rho(x,y,z)$ 是连续函数,当区域 Δv_i 充分小时,密度可以近似看作不变的,且等于在点 (ξ_i,η_i,ζ_i) 处的密度,因此每一小块 Δv_i 的质量近似等于

$$\rho(\xi_i,\eta_i,\zeta_i)\Delta v_i$$

③求和. 物体的质量就近似等于

$$\sum_{i=1}^n \rho(\xi_i,\eta_i,\zeta_i)\Delta v_i$$

④取极限. 令小区域的个数 n 无限增加,而且每个小区域 Δv_i 无限地收缩为一点,即小区域的最大直径 $\lambda = \max_{1\le i\le n} d(\Delta v_i) \to 0$ 时,取极限即得该物体的质量

$$M = \lim_{\lambda \to 0} \sum_{i=1}^n \rho(\xi_i,\eta_i,\zeta_i)\Delta v_i$$

2)三重积分的定义

由二重积分的定义可类似地给出三重积分的定义:

定义 2 设 Ω 是空间的有界闭区域,$f(x,y,z)$ 是 Ω 上的有界函数,任意将 Ω 分成 n 个小

区域 $\Delta v_1, \Delta v_2, \cdots, \Delta v_n$，同时用 Δv_i 表示该小区域的体积，记 Δv_i 的直径为 $d(\Delta v_i)$，并令 $\lambda = \max_{1 \leqslant i \leqslant n} d(\Delta v_i)$，在 Δv_i 上任取一点 $(\xi_i, \eta_i, \zeta_i), (i = 1, 2, \cdots, n)$，作乘积 $f(\xi_i, \eta_i, \zeta_i) \Delta v_i$，把这些乘积加起来得和式 $\sum\limits_{i=1}^{n} f(\xi_i, \eta_i, \zeta_i) \Delta v_i$，若极限 $\lim\limits_{\lambda \to 0} \sum\limits_{i=1}^{n} f(\xi_i, \eta_i, \zeta_i) \Delta v_i$ 存在[它不依赖于区域 Ω 的分法及点 (ξ_i, η_i, ζ_i) 的取法]，则称这个极限值为函数 $f(x, y, z)$ 在空间区域 Ω 上的**三重积分**，记作

$$\iiint_{\Omega} f(x, y, z) \, \mathrm{d}v$$

即

$$\iiint_{\Omega} f(x, y, z) \, \mathrm{d}v = \lim_{\lambda \to 0} \sum_{i=1}^{n} f(\xi_i, \eta_i, \zeta_i) \Delta v_i$$

其中，$f(x, y, z)$ 叫作**被积函数**，Ω 叫作**积分区域**，$\mathrm{d}v$ 叫作**体积元素**．

在直角坐标系中，若对区域 Ω 用平行于 3 个坐标面的平面来分割，于是把区域分成一些小长方体．与二重积分完全类似，此时三重积分可用符号 $\iiint_{\Omega} f(x, y, z) \, \mathrm{d}x\mathrm{d}y\mathrm{d}z$ 来表示，即在直角坐标系中体积元素 $\mathrm{d}v$ 可记作 $\mathrm{d}x\mathrm{d}y\mathrm{d}z$．

3）三重积分的几何意义

有了三重积分的定义，物体的质量就可用密度函数 $\rho(x, y, z)$ 在区域 Ω 上的三重积分表示，即

$$M = \iiint_{\Omega} \rho(x, y, z) \, \mathrm{d}v$$

如果在区域 Ω 上 $f(x, y, z) = 1$，并且 Ω 的体积记作 V，那么由三重积分定义可知

$$\iiint_{\Omega} 1 \, \mathrm{d}v = \iiint_{\Omega} \mathrm{d}v = V$$

这就是说，三重积分 $\iiint_{\Omega} \mathrm{d}v$ 在数值上等于区域 Ω 的体积．

9.3.2 三重积分的计算

1）直角坐标系下计算三重积分

下面采用微元分析法给出直角坐标系下的三重积分计算公式．

三重积分 $\iiint_{\Omega} f(x, y, z) \, \mathrm{d}v$ 表示占空间区域 Ω 的物体的质量．设 Ω 是柱形区域，其上、下分别由连续曲面 $z = z_2(x, y), z = z_1(x, y)$ 所围成，它们在 xOy 平面上的投影是有界闭区域 D；Ω 的侧面由柱面所围成，其母线平行于 z 轴，准线是 D 的边界线．这时，区域 Ω 可表示为

$$\Omega = \{(x, y, z) \mid z_1(x, y) \leqslant z \leqslant z_2(x, y), (x, y) \in D\}$$

先在区域 D 内点 (x, y) 处取一面积微元 $\mathrm{d}\sigma = \mathrm{d}x\mathrm{d}y$，对应地有 Ω 中的一个曲顶和曲底的柱体，再用与 xOy 面平行的平面去截此小条，得到小薄片，如图 9.16 所示．

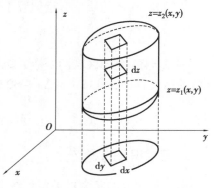

图 9.16

于是以 $d\sigma$ 为底,以 dz 为高的小薄片的质量为

$$f(x,y,z)dxdydz$$

把这些小薄片沿 z 轴方向积分,得小条的质量为

$$\Big[\int_{z_1(x,y)}^{z_2(x,y)}f(x,y,z)dz\Big]dxdy$$

然后,再在区域 D 上积分,就得到物体的质量

$$\iint_D\Big[\int_{z_1(x,y)}^{z_2(x,y)}f(x,y,z)dz\Big]dxdy$$

也就是说,得到了三重积分的计算公式

$$\iiint_{\Omega}f(x,y,z)dv = \iint_D\Big[\int_{z_1(x,y)}^{z_2(x,y)}f(x,y,z)dz\Big]dxdy$$

$$= \iint_D dxdy\int_{z_1(x,y)}^{z_2(x,y)}f(x,y,z)dz \tag{9.5}$$

【例 9.12】 计算三重积分 $\iiint_{\Omega}xdxdydz$,其中 Ω 是 3 个坐标面
与平面 $x+y+z=1$ 所围成的区域(图 9.17).

解 积分区域 Ω 在 xOy 平面的投影区域 D 是由坐标轴与直
线 $x+y=1$ 围成的区域:$0 \leqslant x \leqslant 1, 0 \leqslant y \leqslant 1-x$,所以

$$\iiint_{\Omega}xdxdydz = \iint_D dxdy\int_0^{1-x-y}xdz$$

$$= \int_0^1 dx\int_0^{1-x}dy\int_0^{1-x-y}xdz$$

$$= \int_0^1 dx\int_0^{1-x}x(1-x-y)dy$$

$$= \int_0^1 x\frac{(1-x)^2}{2}dx$$

$$= \frac{1}{24}$$

图 9.17

【例 9.13】 计算三重积分 $\iiint_{\Omega}zdv$,其中 $\Omega = \{(x,y,z) \mid x \geqslant 0, y \geqslant 0, z \geqslant 0, x^2+y^2+z^2 \leqslant R^2\}$(图 9.18).

解 区域 Ω 在 xOy 平面上的投影区域 $D = \{(x,y) \mid x \geqslant 0, y \geqslant 0, x^2+y^2 \leqslant R^2\}$. 对 D 中任意一点 (x,y),相应地纵坐标从 $z=0$ 变到 $z=\sqrt{R^2-x^2-y^2}$. 因此,由公式得

$$\iiint_{\Omega}zdv = \iint_D dxdy\int_0^{\sqrt{R^2-x^2-y^2}}zdz$$

$$= \iint_D \frac{1}{2}(R^2-x^2-y^2)dxdy$$

$$= \frac{1}{2}\int_0^{\frac{\pi}{2}}d\theta\int_0^R(R^2-\rho^2)\rho d\rho$$

$$= \frac{1}{2}\cdot\frac{\pi}{2}\Big(R^2\cdot\frac{\rho^2}{2}-\frac{\rho^4}{4}\Big)\Big|_0^R$$

$$= \frac{\pi}{16}R^4$$

图 9.18

图 9.19

三重积分化为累次积分时,除上面所说的方法外,还可以用先求二重积分再求定积分的方法计算. 若积分区域 Ω 如图 9.19 所示,它在 z 轴的投影区间为 $[A,B]$,对区间内的任意一点 z,过 z 作平行于 xOy 面的平面,该平面与区域 Ω 相交为一平面区域,记作 $D(z)$. 这时三重积分可以化为先对区域 $D(z)$ 求二重积分,再对 z 在 $[A,B]$ 上求定积分,得

$$\iiint_{\Omega} f(x,y,z)\mathrm{d}v = \int_A^B \mathrm{d}z \iint_{D(z)} f(x,y,z)\mathrm{d}x\mathrm{d}y \qquad (9.6)$$

我们可利用该公式重新计算例 9.13 中的积分.

区域 Ω 在 z 轴上的投影区间为 $[0,R]$,对该区间中任意一点 z,相应地有一平面区域 $D(z):x \geq 0, y \geq 0$ 与 $x^2 + y^2 \leq R^2 - z^2$ 对应. 由公式得

$$\iiint_{\Omega} z\mathrm{d}v = \int_0^R \mathrm{d}z \iint_{D(z)} z\mathrm{d}x\mathrm{d}y$$

求内层积分时,z 可以看作常数,并且 $D(z):x^2 + y^2 \leq R^2 - z^2$ 是 $\frac{1}{4}$ 个圆,其面积为 $\frac{\pi}{4}(R^2 - z^2)$,所以

$$\iiint_{\Omega} z\mathrm{d}v = \int_0^R z \cdot \frac{1}{4}\pi(R^2 - z^2)\mathrm{d}z = \frac{\pi}{16}R^4$$

【例 9.14】 计算三重积分 $\iiint_{\Omega} z^2 \mathrm{d}v$,其中 $\Omega: \frac{x^2}{a^2} + \frac{y^2}{b^2} + \frac{z^2}{c^2} \leq 1$.

解 区域 Ω 在 z 轴上的投影区间为 $[-c,c]$,对于区间内任意一点 z,相应地有一平面区域 $D(z)$:

$$\frac{x^2}{a^2\left(1 - \frac{z^2}{c^2}\right)} + \frac{y^2}{b^2\left(1 - \frac{z^2}{c^2}\right)} \leq 1$$

与之相应的,该区域是一椭圆(图 9.20),其面积为 $\pi ab\left(1 - \frac{z^2}{c^2}\right)$.

所以

$$\begin{aligned}
\iiint_{\Omega} z^2 \mathrm{d}v &= \int_{-c}^c z^2 \mathrm{d}z \iint_{D(z)} \mathrm{d}x\mathrm{d}y \\
&= \int_{-c}^c \pi ab z^2\left(1 - \frac{z^2}{c^2}\right)\mathrm{d}z \\
&= \frac{4}{15}\pi abc^3 \\
&= \frac{4}{15}\pi abc^3
\end{aligned}$$

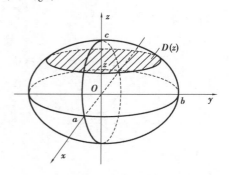

图 9.20

2)柱面坐标系下计算三重积分

三重积分在柱面坐标系中的计算法如下:
变换

最卓越的数学家

第9章 多元函数积分 $\equiv$ 279 $\equiv$

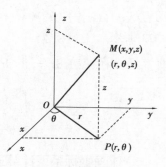

$$\begin{cases} x = r\cos\theta \\ y = r\sin\theta \\ z = z \end{cases}$$

称为**柱面坐标变换**,空间点 $M(x,y,z)$ 与 (r,θ,z) 建立了一一对应关系,把 (r,θ,z) 称为点 $M(x,y,z)$ 的**柱面坐标**. 不难看出,柱面坐标实际是极坐标的推广. 这里 r,θ 为点 M 在 xOy 面上的投影 P 的极坐标. $0 \le r < +\infty$, $0 \le \theta \le 2\pi$, $-\infty < z < +\infty$(图 9.21).

图 9.21

柱面坐标系的 3 组坐标面为:

(1) $r =$ 常数,以 z 为轴的圆柱面;

(2) $\theta =$ 常数,过 z 轴的半平面;

(3) $z =$ 常数,平行于 xOy 面的平面.

由于雅克比行列式

$$\frac{\partial(x,y,z)}{\partial(r,\theta,z)} = \begin{vmatrix} \cos\theta & -r\sin\theta & 0 \\ \sin\theta & r\cos\theta & 0 \\ 0 & 0 & 1 \end{vmatrix} = r$$

则在柱面坐标变换下,体积元素之间的关系式为

$$dxdydz = rdrd\theta dz$$

于是,柱面坐标变换下三重积分换元公式为

$$\iiint_\Omega f(x,y,z)dxdydz = \iiint_{\Omega'} f(r\cos\theta, r\sin\theta, z)rdrd\theta dz \tag{9.7}$$

至于变换为柱面坐标后的三重积分计算,则可化为三次积分来进行. 通常把积分区域 Ω 向 xOy 面投影得投影区域 D,以确定 r,θ 的取值范围,z 的范围确定同直角坐标系情形.

【例 9.15】 计算三重积分 $\iiint_\Omega z\sqrt{x^2+y^2}dxdydz$,其中 Ω 是由锥面 $z = \sqrt{x^2+y^2}$ 与平面 $z=1$ 所围成的区域.

解 在柱面坐标系下,积分区域 Ω 表示为 $r \le z \le 1$,$0 \le r \le 1$,$0 \le \theta \le 2\pi$(图 9.22).

所以有

$$\iiint_\Omega z\sqrt{x^2+y^2}dxdydz = \int_0^{2\pi}d\theta\int_0^1 dr\int_r^1 z\cdot r^2 dz$$

$$= 2\pi\int_0^1 \frac{1}{2}r^2(1-r^2)dr$$

$$= \frac{2}{15}\pi$$

图 9.22

【例 9.16】 计算三重积分 $\iiint_\Omega (x^2+y^2)dxdydz$,其中 Ω 是由曲线 $y^2 = 2z$,$x=0$ 绕 z 轴旋转一周而成的曲面与两平面 $z=2$,$z=8$ 所围之区域.

解 曲线 $y^2 = 2z$,$x=0$ 绕 z 旋转,所得旋转面方程为 $x^2+y^2 = 2z$.

设由旋转曲面与平面 $z=2$ 所围成的区域为 Ω_1,该区域在 xOy 平面上的投影为 D_1,$D_1 = \{(x,y) \mid x^2+y^2 \le 4\}$. 由旋转曲面与 $z=8$ 所围成的区域为 Ω_2,Ω_2 在 xOy 平面上的投影为

D_2，$D_2 = \{(x,y) \mid x^2 + y^2 \leq 16\}$．则有 $\Omega_2 = \Omega \cup \Omega_1$，如图
9.23 所示．

$$\iiint_{\Omega}(x^2 + y^2)\mathrm{d}x\mathrm{d}y\mathrm{d}z = \iint_{D_1} \mathrm{d}r\mathrm{d}\theta \int_2^8 r^3 \mathrm{d}z + \iint_{D_2} \mathrm{d}r\mathrm{d}\theta \int_{\frac{r^2}{2}}^8 r^3 \mathrm{d}z$$

$$= \int_0^{2\pi} \mathrm{d}\theta \int_0^2 6r^3 \mathrm{d}r + \int_0^{2\pi} \mathrm{d}\theta \int_2^4 r^3\left(8 - \frac{r^2}{2}\right)\mathrm{d}r$$

$$= 336\pi$$

图 9.23

3）球面坐标系下计算三重积分

三重积分在球面坐标系中的计算法如下：
变换

$$\begin{cases} x = r\sin\varphi\cos\theta \\ y = r\sin\varphi\sin\theta \\ z = r\cos\varphi \end{cases}$$

图 9.24

称为**球面坐标变换**，空间点 $M(x,y,z)$ 与 (r,φ,θ) 建立了一一对应关系，把 (r,φ,θ) 称为点 $M(x,y,z)$ 的**球面坐标**（图 9.24），其中

$$0 \leq r < +\infty,0 \leq \varphi \leq \pi,0 \leq \theta \leq 2\pi$$

球面坐标系的 3 组坐标面为：

（1）$r =$ 常数，以原点为中心的球面；

（2）$\varphi =$ 常数，以原点为顶点，z 轴为轴，半顶角为 φ 的圆锥面；

（3）$\theta =$ 常数，过 z 轴的半平面．

由于球面坐标变换的雅可比行列式为

$$\frac{\partial(x,y,z)}{\partial(r,\varphi,\theta)} = \begin{vmatrix} \sin\varphi\cos\theta & r\cos\varphi\cos\theta & -r\sin\varphi\sin\theta \\ \sin\varphi\sin\theta & r\cos\varphi\sin\theta & r\sin\varphi\cos\theta \\ \cos\varphi & -r\sin\varphi & 0 \end{vmatrix}$$

$$= r^2\sin\varphi$$

则在球面坐标变换下，体积元素之间的关系式为

$$\mathrm{d}x\mathrm{d}y\mathrm{d}z = r^2\sin\varphi\mathrm{d}r\mathrm{d}\theta\mathrm{d}\varphi$$

于是，球面坐标变换下三重积分的换元公式为

$$\iiint_{\Omega} f(x,y,z)\mathrm{d}x\mathrm{d}y\mathrm{d}z = \iiint_{\Omega'} f(r\sin\varphi\cos\theta,r\sin\varphi\sin\theta,r\cos\varphi) \cdot r^2\sin\varphi\mathrm{d}r\mathrm{d}\varphi\mathrm{d}\theta$$

$$(9.8)$$

【例 9.17】 计算三重积分 $\iiint_{\Omega}(x^2 + y^2 + z^2)\mathrm{d}x\mathrm{d}y\mathrm{d}z$，其中 Ω 表示圆锥面 $x^2 + y^2 = z^2$ 与球面 $x^2 + y^2 + z^2 = 2Rz$ 所围成的较大部分立体．

解 在球面坐标变换下，球面方程变形为 $r = 2R\cos\varphi$，锥面为 $\varphi = \dfrac{\pi}{4}$（图 9.25）．这时积分区域 Ω 表示为

$$0 \leqslant \theta \leqslant 2\pi, 0 \leqslant \varphi \leqslant \frac{\pi}{4}, 0 \leqslant r \leqslant 2R\cos\varphi$$

所以

$$
\begin{aligned}
\iiint_{\Omega}(x^2 + y^2 + z^2)\mathrm{d}x\mathrm{d}y\mathrm{d}z &= \iiint_{\Omega'} r^2 \cdot r^2\sin\varphi\,\mathrm{d}r\mathrm{d}\varphi\mathrm{d}\theta \\
&= \int_0^{2\pi}\mathrm{d}\theta\int_0^{\frac{\pi}{4}}\mathrm{d}\varphi\int_0^{2R\cos\varphi} r^4\sin\varphi\,\mathrm{d}r \\
&= \frac{2}{5}\pi\int_0^{\frac{\pi}{4}}\sin\varphi(r^5)\Big|_0^{2R\cos\varphi}\mathrm{d}\varphi \\
&= \frac{28}{15}\pi R^5
\end{aligned}
$$

图 9.25

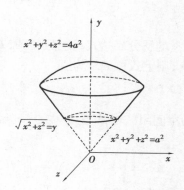

图 9.26

【例 9.18】 计算三重积分 $\iiint_{\Omega}(2y + \sqrt{x^2 + z^2})\mathrm{d}x\mathrm{d}y\mathrm{d}z$,其中 Ω 是由曲面 $x^2 + y^2 + z^2 = a^2$, $x^2 + y^2 + z^2 = 4a^2$, $\sqrt{x^2 + z^2} = y$ 所围成的区域.

解 积分区域用球面坐标系表示显然容易,但球面坐标变换应为

$$x = r\sin\varphi\cos\theta, z = r\sin\varphi\sin\theta, y = r\cos\varphi$$

这时 $\mathrm{d}v = r^2\sin\varphi\,\mathrm{d}r\mathrm{d}\varphi\mathrm{d}\theta$,积分区域 Ω 表示为 $a \leqslant r \leqslant 2a, 0 \leqslant \varphi \leqslant \frac{\pi}{4}, 0 \leqslant \theta \leqslant 2\pi$(图 9.26).

所以

$$
\begin{aligned}
\iiint_{\Omega}(2y + \sqrt{x^2 + z^2})\mathrm{d}x\mathrm{d}y\mathrm{d}z &= \int_0^{2\pi}\mathrm{d}\theta\int_0^{\frac{\pi}{4}}\mathrm{d}\varphi\int_a^{2a}(2r\cos\varphi + r\sin\varphi)r^2\sin\varphi\,\mathrm{d}r \\
&= \left(\frac{15}{8} + \frac{15}{16}\pi\right)a^4\pi
\end{aligned}
$$

值得注意的是,三重积分的计算是选择直角坐标,还是柱面坐标或球面坐标转化成三次积分,通常要综合考虑积分域和被积函数的特点.一般来说,积分域 Ω 的边界面中有柱面或圆锥面时,常采用柱面坐标系;有球面或圆锥面时,常采用球面坐标系.另外,与二重积分类似,三重积分也可利用在对称区域上被积函数关于变量成奇偶函数以简化计算.

9.4 重积分的应用

我们利用定积分的元素法解决了许多求总量的问题,这种元素法也可以推广到其他应用中,如果所考察的某个量 u 对于闭区域具有可加性(即当闭区域 D 分成许多小闭区域时,所求量 u 相应地分成许多部分量,且 u 等于部分量之和),并且在闭区域 D 内任取一个直径很小的闭区域 $d\Omega$ 时,相应的部分量可近似地表示为 $f(M)d\Omega$ 的形式,其中 M 为 $d\Omega$ 内的某一点,这个 $f(M)d\Omega$ 称为所求量 u 的元素而记作 du,以它为被积表达式,在闭区域 D 上积分

$$u = \int_D f(M)\,d\Omega$$

这就是所求量的积分表达式,显然当区域 D 为平面闭区域,M 为 D 内点 (x,y) 时,$d\Omega = d\sigma$ 即为面积微元,则上式可表示为

$$u = \iint_D f(x,y)\,d\sigma$$

当区域 D 为空间闭区域,M 为 D 内点 (x,y,z) 时,$d\Omega = dv$ 即为体积微元,则上式可表示为

$$u = \iiint_D f(x,y,z)\,dv$$

下面讨论重积分的一些应用.

9.4.1 空间曲面的面积

设曲面 S 的方程为 $z = f(x,y)$,曲面 S 在 xOy 坐标面上的投影区域为 D,$f(x,y)$ 在 D 上具有连续偏导数 $f_x(x,y)$ 和 $f_y(x,y)$,计算曲面 S 的面积 A.

在 D 上任取一面积微元 $d\sigma$,在 $d\sigma$ 内任取一点 $P(x,y)$,对应曲面 S 上的点 $M(x,y,f(x,y))$ 在 xOy 平面上的投影即点 P,点 M 处曲面 S 有切平面设为 T(图 9.27),以小区域 $d\sigma$ 的边界为准线,作母线平行于 z 轴的柱面,该柱面在曲面 S 上截下一小片曲面,其面积记作 ΔA,柱面在切平面上截下一小片平面,其面积记作 dA,由于 $d\sigma$ 的直径很小,切平面 T 上的那一小片平面的面积 dA 可近似代替曲面 S 上相应的那一小片曲面的面积 ΔA,即

图 9.27

$$\Delta A \approx dA$$

设点 M 处曲面 S 的法线(指向朝上)与 z 轴正向的夹角为 γ,则根据投影定理有

$$dA = \frac{d\sigma}{\cos \gamma}$$

因为

$$\cos \gamma = \frac{1}{\sqrt{1 + f_x^2(x,y) + f_y^2(x,y)}}$$

所以
$$dA = \sqrt{1 + f_x^2(x, y) + f_y^2(x, y)}\, d\sigma$$

这就是曲面 S 的面积元素. 以它为被积表达式在闭区域 D 上积分,得

$$A = \iint_D \sqrt{1 + f_x^2(x, y) + f_y^2(x, y)}\, d\sigma \tag{9.9}$$

或

$$A = \iint_D \sqrt{1 + \left(\frac{\partial z}{\partial x}\right)^2 + \left(\frac{\partial z}{\partial y}\right)^2}\, dx dy \tag{9.10}$$

这就是**曲面面积的计算公式**.

设曲面方程为 $x = g(y, z)$[或 $y = h(z, x)$],则可把曲面投影到 yOz 面上(或 zOx 面上),得投影区域 D_{yz}(或 D_{zx}),类似可得

$$A = \iint_{D_{yz}} \sqrt{1 + \left(\frac{\partial x}{\partial y}\right)^2 + \left(\frac{\partial x}{\partial z}\right)^2}\, dy dz \tag{9.11}$$

或

$$A = \iint_{D_{zx}} \sqrt{1 + \left(\frac{\partial y}{\partial x}\right)^2 + \left(\frac{\partial y}{\partial z}\right)^2}\, dz dx \tag{9.12}$$

【例 9.19】 求半径为 a 的球的表面积.

解 取上半球面方程为 $z = \sqrt{a^2 - x^2 - y^2}$,则它在 xOy 面上的投影区域 D 可表示为
$$x^2 + y^2 \leqslant a^2$$

由
$$\frac{\partial z}{\partial x} = \frac{-x}{\sqrt{a^2 - x^2 - y^2}}$$

$$\frac{\partial z}{\partial y} = \frac{-y}{\sqrt{a^2 - x^2 - y^2}}$$

得
$$\sqrt{1 + \left(\frac{\partial z}{\partial x}\right)^2 + \left(\frac{\partial z}{\partial y}\right)^2} = \frac{a}{\sqrt{a^2 - x^2 - y^2}}$$

因为这个函数在闭区域 D 上无界,不能直接应用曲面面积公式,由广义积分得

$$A = 2\iint_D \frac{a}{\sqrt{a^2 - x^2 - y^2}}\, dx dy$$

用极坐标,得

$$A = 2a \int_0^{2\pi} d\theta \int_0^a \frac{r}{\sqrt{a^2 - r^2}}\, dr = 4\pi a^2$$

【例 9.20】 求旋转抛物面 $z = \frac{1}{2}(x^2 + y^2)$ 被圆柱面 $x^2 + y^2 = R^2$ 所截下部分的曲面面积 S.

解 曲面的图形如图 9.28 所示.

曲面的方程为 $z = \frac{1}{2}(x^2 + y^2)$,它在 xOy 坐标面上的投影区域为 $D: x^2 + y^2 = r^2 \leqslant R^2$,即 $r \leqslant R$.

由

$$\frac{\partial z}{\partial x} = x, \frac{\partial z}{\partial y} = y$$

图 9.28

得
$$S = \iint_D \sqrt{1 + \left(\frac{\partial z}{\partial x}\right)^2 + \left(\frac{\partial z}{\partial y}\right)^2}\,\mathrm{d}x\mathrm{d}y$$
$$= \iint_D \sqrt{1 + x^2 + y^2}\,\mathrm{d}x\mathrm{d}y$$

用极坐标,则
$$S = \iint_D \sqrt{1 + r^2}\,r\mathrm{d}r\mathrm{d}\theta$$
$$= \int_0^{2\pi}\mathrm{d}\theta \int_0^R r\sqrt{1 + r^2}\,\mathrm{d}r$$
$$= 2\pi \cdot \frac{1}{2}\int_0^R \sqrt{1 + r^2}\,\mathrm{d}(1 + r^2)$$
$$= \frac{2}{3}\pi\left[(1 + R^2)^{\frac{3}{2}} - 1\right]$$

习题 9

(A)

1. 将二重积分 $I = \iint_D f(x,y)\mathrm{d}\sigma$ 按两种积分次序化成累次积分,其中,D 是由下列曲线围成的区域.

(1) $y = x, y = 0, x = 1$;

(2) $y = x, y = 2 - x, y = 0$;

(3) $y = x^2, y = 2 - x^2$;

(4) $y = x^2, y = 1$.

2. 交换积分次序:

(1) $\int_0^1 \mathrm{d}x \int_0^{x^2} f(x,y)\mathrm{d}y$;

(2) $\int_0^1 \mathrm{d}y \int_y^{y+1} f(x,y)\mathrm{d}x$;

(3) $\int_0^1 \mathrm{d}x \int_0^{x^2} f(x,y)\mathrm{d}y + \int_1^2 \mathrm{d}x \int_0^{2-x} f(x,y)\mathrm{d}y$;

(4) $\int_0^1 \mathrm{d}y \int_0^{\sqrt{y}} f(x,y)\mathrm{d}x + \int_1^2 \mathrm{d}y \int_0^{2-y} f(x,y)\mathrm{d}x$.

3. 计算下列二重积分:

(1) $\int_0^1 \int_1^2 (x + y)\mathrm{d}x\mathrm{d}y$;

(2) $\int_1^2 \int_{\sqrt{2x}}^{\sqrt{6x}} xy\mathrm{d}x\mathrm{d}y$;

(3) $\int_{-1}^1 \int_0^{y^2} (y^2 - x)\mathrm{d}x\mathrm{d}y$;

(4) $\int_1^5 \int_y^5 \frac{\mathrm{d}x\mathrm{d}y}{y\ln x}$.

4. 计算下列给定区域内的二重积分:

(1) $\iint_D x^2 y\mathrm{d}x\mathrm{d}y$,其中 $D = \{(x,y)\,|\,|x| \leqslant 1, 1 \leqslant y \leqslant 2\}$;

(2) $\iint_D y\mathrm{e}^{xy}\mathrm{d}x\mathrm{d}y$,$D$ 由 $x = 2, y = 2, xy = 1$ 所围成;

(3) $\iint_D x^2 y\mathrm{d}x\mathrm{d}y$,$D$ 由 $y = \sqrt{1 - x^2}\,(x > 0), x = 0, y = 0$ 所围成;

(4) $\iint\limits_{D} xy \mathrm{d}x\mathrm{d}y$, D 由 $y^2 = 2x, y = 4 - x$ 所围成.

5. 计算下列二重积分：

(1) $\iint\limits_{D} \mathrm{e}^{x^2+y^2} \mathrm{d}x\mathrm{d}y$, 其中, D 为圆环 $1 \leqslant x^2 + y^2 \leqslant 4$;

(2) $\iint\limits_{D} xy \mathrm{d}x\mathrm{d}y$, 其中, D 为区域 $\{(x,y) \mid 1 \leqslant x^2 + y^2 \leqslant 2x, y \geqslant 0\}$;

(3) $\iint\limits_{D} \dfrac{1 - x^2 - y^2}{1 + x^2 + y^2} \mathrm{d}x\mathrm{d}y$, 其中, D 为区域 $\{(x,y) \mid x^2 + y^2 \leqslant 1\}$;

(4) $\iint\limits_{D} \sin\sqrt{x^2 + y^2} \mathrm{d}x\mathrm{d}y$, 其中, $D = \{(x,y) \mid \pi^2 \leqslant x^2 + y^2 \leqslant 4\pi^2\}$.

6. 计算下列反常二重积分：

(1) $\iint\limits_{D} \mathrm{e}^{-(x+y)} \mathrm{d}x\mathrm{d}y$, 其中, $D = \{(x,y) \mid y \geqslant x \geqslant 0\}$;

(2) $\iint\limits_{D} f(x,y) \mathrm{d}x\mathrm{d}y$, 其中, D 为全平面, $f(x,y) = \begin{cases} \dfrac{3}{2}xy^2 & 0 \leqslant x \leqslant 2, 0 \leqslant y \leqslant 1 \\ 0 & \text{其他} \end{cases}$;

(3) $\int_{-\infty}^{+\infty}\int_{-\infty}^{+\infty} f(x,y) \mathrm{d}x\mathrm{d}y$, 其中, $f(x,y) = \begin{cases} \dfrac{1}{2} & 0 \leqslant x \leqslant 2, 0 \leqslant y \leqslant 1 \\ 0 & \text{其他} \end{cases}$;

(4) 已知二元函数
$$f(x,y) = \begin{cases} 8xy & 0 \leqslant x \leqslant y \leqslant 1 \\ 0 & \text{其他} \end{cases}$$

求 $\iint\limits_{D} f(x,y) \mathrm{d}\sigma$, 其中, $D = \{(x,y) \mid x + y \leqslant 1\}$.

7. 化三重积分 $I = \iiint\limits_{\Omega} f(x,y,z) \mathrm{d}x\mathrm{d}y\mathrm{d}z$ 为三次积分, 其中积分区域 Ω 分别是：

(1) 由双曲抛物面 $xy = z$ 及平面 $x + y - 1 = 0, z = 0$ 所围成的闭区域;

(2) 由曲面 $z = x^2 + y^2$ 及平面 $z = 1$ 所围成的闭区域.

8. 在直角坐标系下计算三重积分：

(1) $\iiint\limits_{\Omega} xy^2z^3 \mathrm{d}x\mathrm{d}y\mathrm{d}z$, 其中 Ω 是由曲面 $z = xy$ 与平面 $y = x, x = 1, z = 0$ 所围成的闭区域;

(2) $\iiint\limits_{\Omega} \dfrac{\mathrm{d}x\mathrm{d}y\mathrm{d}z}{(1 + x + y + z)^3}$, 其中 Ω 为平面 $x = 0, y = 0, z = 0, x + y + z = 1$ 所围的四面体.

9. 利用柱面坐标计算下列三重积分：

(1) $\iiint\limits_{\Omega} z\mathrm{d}v$, 其中 Ω 是由曲面 $z = \sqrt{2 - x^2 - y^2}$ 及 $z = x^2 + y^2$ 所围成的闭区域;

(2) $\iiint\limits_{\Omega} (x^2 + y^2) \mathrm{d}v$, 其中 Ω 是由曲面 $x^2 + y^2 = 2z$ 及平面 $z = 2$ 所围成的闭区域.

10. 利用球面坐标计算下列三重积分：

(1) $\iiint\limits_{\Omega} (x^2 + y^2 + z^2) \mathrm{d}v$, 其中 Ω 是由球面 $x^2 + y^2 + z^2 = 1$ 所围成的闭区域;

(2) $\iiint\limits_{\Omega} z\mathrm{d}v$, 其中闭区域 Ω 由不等式 $x^2 + y^2 + (z - a)^2 \leqslant a^2, x^2 + y^2 \leqslant z^2$ 确定.

11. 求底圆半径相等的两个直交圆柱面 $x^2 + y^2 = R^2$ 及 $x^2 + z^2 = R^2$ 所围立体的表面积.

12. 求球面 $x^2 + y^2 + z^2 = a^2$ 含在圆柱面 $x^2 + y^2 = ax$ 内部的那部分面积.

13. 求锥面 $z = \sqrt{x^2 + y^2}$ 被柱面 $z^2 = 2x$ 所割下部分的曲面面积.

（B）

一、填空题

1. $\int_0^1 dy \int_0^y \sqrt{y^2 - xy}\, dx =$ _____.

2. 已知 $df(x,y) = (2xy + 1)dx + x^2 dy$,则 $f(x,y) =$ _____.

3. 已知 $\Omega = \{(x,y) \mid 0 \leq x \leq 1, 0 \leq y \leq 1, 0 \leq z \leq 2\}$,则 $\iiint\limits_{\Omega} x\,dv =$ _____.

4. 已知函数 $f(x,y)$ 具有二阶连续偏导数,且 $f(1,y) = 0, f(x,1) = 0, \iint\limits_{D} f(x,y)dxdy = a$,其中 $D = \{(x,y) \mid 0 \leq x \leq 1, 0 \leq y \leq 1\}$,则二重积分 $\iint\limits_{D} xyf''_{xy}(x,y)dxdy =$ _____.

二、单项选择题

1. 已知 $(axy^3 - y^2 \cos x)dx + (1 + by \sin x + 3x^2y^2)dy$ 为某一函数的全微分,则 a,b 的值分布为( ).

    A. -2 和 2 B. 2 和 -2 C. -3 和 3 D. 3 和 -3

2. 已知函数的全微分
$$df(x,y) = (x^2 - 2xy + y^2)dx + (-x^2 + 2xy - y^2)dy$$
则 $f(x,y) = ($).

    A. $\dfrac{x^3}{3} - x^2y + xy^2 - \dfrac{y^3}{3} + C$ B. $\dfrac{x^3}{3} - x^2y - xy^2 - \dfrac{y^3}{3} + C$

    C. $\dfrac{x^3}{3} + x^2y - xy^2 - \dfrac{y^3}{3} + C$ D. $\dfrac{x^3}{3} - x^2y + xy^2 + \dfrac{y^3}{3} + C$

3. 设 $I_1 = \iint\limits_{D} \cos(x^2 + y^2)^2 d\sigma$, $I_2 = \iint\limits_{D} \cos(x^2 + y^2)d\sigma$, $I_3 = \iint\limits_{D} \cos\sqrt{x^2 + y^2}\,d\sigma$,其中 $D = \{(x,y) \mid x^2 + y^2 \leq 1\}$,则( ).

    A. $I_3 > I_2 > I_1$ B. $I_1 > I_2 > I_3$ C. $I_2 > I_1 > I_3$ D. $I_3 > I_1 > I_2$

4. 累次积分 $\int_0^{\frac{\pi}{2}} d\theta \int_0^{\cos\theta} f(r\cos\theta, r\sin\theta)rdr$ 可以写成( ).

    A. $\int_0^1 dy \int_0^{\sqrt{y-y^2}} f(x,y)dx$ B. $\int_0^1 dy \int_0^{\sqrt{1-y^2}} f(x,y)dx$

    C. $\int_0^1 dx \int_0^1 f(x,y)dy$ D. $\int_0^1 dx \int_0^{\sqrt{x-x^2}} f(x,y)dy$

5. 设 $f(x,y)$ 连续,且 $f(x,y) = xy + \iint\limits_{D} f(u,v)dudv$,其中 D 是由 $y = 0, y = x^2, x = 1$ 所围成的区域,则 $f(x,y)$ 等于( ).

    A. xy B. $2xy$ C. $xy + \dfrac{1}{8}$ D. $xy + 1$

第 10 章

曲线积分与曲面积分

在定积分中,积分范围为一维数轴上的一个区间,在二重积分中,积分范围为二维平面上的一个区域,在三重积分中,积分范围为三维空间内的一个区域.本章将把积分概念推广到积分范围为平面上一段曲线弧和空间一片曲面的情形,称这样推广后的积分为曲线积分和曲面积分.

10.1　曲线积分

10.1.1　对弧长的曲线积分

1)曲线积分的定义和性质

【引例——曲线的质量】　有一段弯曲且线密度(单位长度的质量)变化的绳 L,其位置在 xOy 面内如图 10.1 所示,它的端点是 A,B,在 L 上任一点(x,y)处,它的线密度为 $\mu(x,y)$.计算这根绳的质量 M.

显然,若线密度为常数,则绳的质量等于线密度和绳长度的乘积.现在绳上各点处的线密度是变量,就不能直接用上述方法来计算,为了克服这个困难,可以采用类似求曲边梯形面积的思想,即分割、近似、求和、取极限的思想.首先在绳 L 上插入 $n-1$ 个点,记作 $M_1, M_2, \cdots, M_{n-1}$,将绳分割成 n 个小段,其中,每一小段的线密度可以用这一段中任一点(x_i,y_i)处的线密度代替其他各点处的线密度,则第 i 段绳 $\overset{\frown}{M_i M_{i+1}}$ 质量的近似值为

$$\mu(x_i,y_i)\Delta s_i \tag{10.1}$$

其中,Δs_i 表示第 i 段绳 $\overset{\frown}{M_{i-1} M_i}$ 的长度,于是整个绳的质量

图 10.1

$$M \approx \sum_{i=1}^{n} \mu(x_i, y_i) \Delta s_i \tag{10.2}$$

显然,当每段绳分割越短时,式(10.2)中,M 的近似程度越高,因此,用 λ 表示 n 个小弧段的最大长度,则有整个绳的质量 M 可表示为

$$M = \lim_{\lambda \to 0} \sum_{i=1}^{n} \mu(x_i, y_i) \Delta s_i \tag{10.3}$$

这种和的极限在研究其他问题时也会遇到,由此引入下面的定义.

定义 1 设 L 为 xOy 面内的一条光滑曲线弧,$f(x,y)$ 是 L 上的有界函数.在 L 上任意插入一点列 $M_1, M_2, \cdots, M_{n-1}$ 把 L 分成 n 个小段.设第 i 个小段的长度为 Δs_i,(x_i, y_i) 为第 i 小段上任意取定的一点,作和 $\sum_{i=1}^{n} f(x_i, y_i) \Delta s_i$,如果当各小弧段的长度的最大值 $\lambda \to 0$ 时,这个和的极限总存在,则称此极限为函数 $f(x,y)$ 在曲线弧 L 上对**弧长的曲线积分**或**第一类曲线积分**,记作 $\int_L f(x,y) \mathrm{d}s$,即

$$\int_L f(x,y) \mathrm{d}s = \lim_{\lambda \to 0} \sum_{i=1}^{n} f(x_i, y_i) \Delta s_i \tag{10.4}$$

其中,$f(x,y)$ 叫作**被积函数**,L 叫作**积分弧段**.

上述定义可以类似地推广到 L 为空间弧段的情形,即函数 $f(x,y,z)$ 在空间曲线弧 Γ 上的曲线积分

$$\int_\Gamma f(x,y,z) \mathrm{d}s = \lim_{\lambda \to 0} \sum_{i=1}^{n} f(x_i, y_i, z_i) \Delta s_i \tag{10.5}$$

若被积函数 $f(x,y)$ 在积分曲线 L 上连续时,对弧长的曲线积分 $\int_L f(x,y) \mathrm{d}s$ 总是存在的.后面的讨论总假定 $f(x,y)$ 在 L 上是连续的.若 L 是两端相接的闭曲线,则 $f(x,y)$ 在曲线弧 L 上对弧长的曲线积分可记作 $\oint_L f(x,y) \mathrm{d}s$.根据曲线积分定义可知,曲线积分与定积分有以下类似的性质.

性质 1 设 α, β 为常数,则

$$\int_L [af(x,y) + \beta g(x,y)] \mathrm{d}s = a \int_L f(x,y) \mathrm{d}s + \beta \int_L g(x,y) \mathrm{d}s$$

性质 2 若积分弧段 L 可分成的两段光滑的曲线弧 L_1 和 L_2,则

$$\int_L f(x,y) \mathrm{d}s = \int_{L_1} f(x,y) \mathrm{d}s + \int_{L_2} f(x,y) \mathrm{d}s$$

性质 3 设在 L 上 $f(x,y) \leqslant g(x,y)$,则

$$\int_L f(x,y) \mathrm{d}s \leqslant \int_L g(x,y) \mathrm{d}s$$

2)对弧长的曲线积分的计算

对弧长的曲线积分的计算是通过将其转化为定积分进行计算的,即将对弧 L 的积分转化为对区间的积分,将弧微分 $\mathrm{d}s$ 转化为对坐标的微分,然后将被积函数替换成积分变量的函数即可.

设曲线弧 L 由参数方程

$$\begin{cases} x = \alpha(t) \\ y = \beta(t) \end{cases} (a \leqslant t \leqslant b)$$

给出,其中$[a,b]$为曲线弧L对应的区间,$\alpha(t),\beta(t)$在$[a,b]$上具有连续导数,取L上任意一小区间$[t,t+\mathrm{d}t]$,得到L上的一小弧段,设小弧段的长度为Δs,显然,当L分割的小弧段很短时,其弧长近似等于其其对应的弦长,如图 10.2 所示. 即有

图 10.2

$$\Delta s \approx \sqrt{(\Delta x)^2 + (\Delta y)^2}$$

又

$$\Delta x = \alpha(t + \mathrm{d}t) - \alpha(t) \approx \mathrm{d}x = \alpha'(t)\mathrm{d}t$$
$$\Delta y = \beta(t + \mathrm{d}t) - \beta(t) \approx \mathrm{d}y = \beta'(t)\mathrm{d}t$$

故 Δs 的近似值即曲线L的弧微分

$$\begin{aligned} \mathrm{d}s &= \sqrt{(\mathrm{d}x)^2 + (\mathrm{d}y)^2} \\ &= \sqrt{[\alpha'(t)\mathrm{d}t]^2 + [\beta'(t)\mathrm{d}t]^2} \\ &= \sqrt{\alpha'^2(t) + \beta'^2(t)}\,\mathrm{d}t \end{aligned} \tag{10.6}$$

因此,将式(10.4)化为定积分可表示为

$$\int_L f(x,y)\mathrm{d}s = \int_a^b f(\alpha(t),\beta(t))\sqrt{\alpha'^2(t) + \beta'^2(t)}\,\mathrm{d}t$$

为此有如下定理.

定理1　设$f(x,y)$在曲线弧L上有定义且连续,L的方程为

$$\begin{cases} x = \alpha(t) \\ y = \beta(t) \end{cases} (a \leqslant t \leqslant b)$$

其中,$\alpha(t),\beta(t)$在$[a,b]$上具有一阶连续导数,且

$$\alpha'^2(t) + \beta'^2(t) \neq 0$$

则曲线积分$\int_L f(x,y)\mathrm{d}s$存在,且

$$\int_L f(x,y)\mathrm{d}s = \int_a^b f(\alpha(t),\beta(t))\sqrt{\alpha'^2(t) + \beta'^2(t)}\,\mathrm{d}t \tag{10.7}$$

式(10.7)可以推广到在空间曲线弧Γ上积分的情形,若Γ的方程由参数方程$x = \alpha(t)$,$y = \beta(t)$,$z = \gamma(t)$,$a \leqslant t \leqslant b$确定,则有

$$\int_\Gamma f(x,y,z)\mathrm{d}s = \int_a^b f(\alpha(t),\beta(t),\gamma(t))\sqrt{\alpha'^2(t) + \beta'^2(t) + \gamma'^2(t)}\,\mathrm{d}t$$

特别地,若定理1中积分曲线L的方程为$y = g(x)$,$a \leqslant x \leqslant b$,则曲线$L$的弧微分

$$\begin{aligned} \mathrm{d}s &= \sqrt{(\mathrm{d}x)^2 + (\mathrm{d}y)^2} \\ &= \sqrt{(\mathrm{d}x)^2 + [g'(x)\mathrm{d}x]^2} \\ &= \sqrt{1 + g'^2(x)}\,\mathrm{d}x \end{aligned}$$

对L的曲线积分

$$\int_L f(x,y)\mathrm{d}s = \int_a^b f(x,g(x))\sqrt{1 + g'^2(x)}\,\mathrm{d}x \tag{10.8}$$

类似地,如果曲线L由方程$x = h(y)$,$c \leqslant y \leqslant d$确定,则

$$\int_L f(x,y)\,\mathrm{d}s = \int_c^d f(h(y),y)\sqrt{1 + h'^2(y)}\,\mathrm{d}y \qquad (10.9)$$

根据定义 1 可知,在式(10.7)或式(10.8)中,当 $f(x,y) = 1$ 时,$\int_L \mathrm{d}s$ 表示的是 L 的长度,记曲线 L 的长度为 S,则有

$$S = \int_L \mathrm{d}s = \int_a^b \sqrt{\alpha'^2(t) + \beta'^2(t)}\,\mathrm{d}t$$

或

$$S = \int_L \mathrm{d}s = \int_a^b \sqrt{1 + g'^2(x)}\,\mathrm{d}x$$

【例 10.1】 已知 L 是圆上的一段弧,其方程为 $x = 2\cos t$、$y = 2\sin t$,$0 \leqslant t \leqslant \dfrac{\pi}{3}$:

(1) 计算 L 的弧长 S;   (2) 计算 $\int_L xy\,\mathrm{d}s$.

解 由 $\mathrm{d}x = 2\sin t\,\mathrm{d}t$,$\mathrm{d}y = 2\cos t\,\mathrm{d}t$ 有

$$\mathrm{d}s = \sqrt{(\mathrm{d}x)^2 + (\mathrm{d}y)^2} = \sqrt{4\sin^2 t + 4\cos^2 t}\,\mathrm{d}t = 2\mathrm{d}t$$

所以

$$S = \int_L \mathrm{d}s = \int_0^{\frac{\pi}{3}} \sqrt{(\mathrm{d}x)^2 + (\mathrm{d}y)^2} = \int_0^{\frac{\pi}{3}} 2\mathrm{d}t = \frac{2\pi}{3}$$

$$\int_L xy\,\mathrm{d}s = \int_0^{\frac{\pi}{3}} xy\sqrt{(\mathrm{d}x)^2 + (\mathrm{d}y)^2}$$

$$= \int_0^{\frac{\pi}{3}} 2\sin t \times 2\cos t \times 2\mathrm{d}t$$

$$= 8\int_0^{\frac{\pi}{3}} \sin t\cos t\,\mathrm{d}t$$

$$= 8\int_0^{\frac{\pi}{3}} \sin t\,\mathrm{d}\sin t = 4\sin^2 x\Big|_0^{\frac{\pi}{3}}$$

$$= 3$$

【例 10.2】 已知 L 是抛物线 $y = x^2$ 上点 $O(0,0)$ 与点 $B(2,4)$ 之间的一段弧(图 10.3):

(1) 计算 L 的弧长 S;   (2) 计算 $\int_L \sqrt{y}\,\mathrm{d}s$.

解 由 $\mathrm{d}y = 2x\mathrm{d}x$ 有

$$\mathrm{d}s = \sqrt{(\mathrm{d}x)^2 + (\mathrm{d}y)^2}$$

$$= \sqrt{(\mathrm{d}x)^2 + (2x\mathrm{d}x)^2}$$

$$= \sqrt{1 + 4x^2}\,\mathrm{d}x$$

所以

$$S = \int_L \mathrm{d}s$$

$$= \int_0^2 \sqrt{(\mathrm{d}x)^2 + (\mathrm{d}y)^2}$$

$$= \int_0^2 \sqrt{1 + 4x^2}\,\mathrm{d}x$$

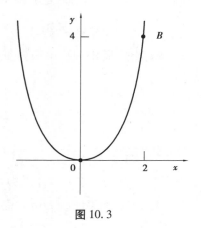

图 10.3

$$= \left[\frac{x}{2}\sqrt{1+4x^2} + \frac{1}{4}\ln(2x+\sqrt{1+4x^2}) \right]\Big|_0^2$$

$$= \sqrt{17} + \frac{1}{4}\ln(4+\sqrt{17})$$

注： $$\int \sqrt{x^2 \pm a^2}\,\mathrm{d}x = \frac{x}{2}\sqrt{x^2 \pm a^2} + \frac{a^2}{2}\ln(x+\sqrt{x^2 \pm a^2}) + C$$

$$\int_L \sqrt{y}\,\mathrm{d}s = \int_0^2 \sqrt{x^2}\sqrt{1+4x^2}\,\mathrm{d}x$$

$$= \int_0^2 x\sqrt{1+4x^2}\,\mathrm{d}x$$

$$= \left[\frac{1}{12}(1+4x^2)^{\frac{3}{2}} \right]\Big|_0^2$$

$$= \frac{1}{12}(17\sqrt{17}-1)$$

【例 10.3】 计算曲线积分 $\int_\Gamma (x^2+y^2+z^2)\,\mathrm{d}s$，其中 Γ 为螺旋线 $x=a\cos t$、$y=a\sin t$、$z=kt$ 上相应于 t 从 0 到 π 的一段弧.

解 由 $\mathrm{d}x = -a\sin t\mathrm{d}t$，$\mathrm{d}y = a\cos t\mathrm{d}t$，$\mathrm{d}z = k\mathrm{d}t$ 有

$$\mathrm{d}s = \sqrt{(\mathrm{d}x)^2 + (\mathrm{d}y)^2 + (\mathrm{d}z)^2}$$

$$= \sqrt{a^2\sin^2 t + a^2\cos^2 t + k^2}\,\mathrm{d}t$$

$$= \sqrt{a^2+k^2}\,\mathrm{d}t$$

所以

$$\int_\Gamma (x^2+y^2+z^2)\,\mathrm{d}s = \int_0^\pi ((a\cos t)^2 + (a\sin t)^2 + (kt)^2)\sqrt{a^2+k^2}\,\mathrm{d}t$$

$$= \int_0^\pi (a^2+k^2t^2)\sqrt{a^2+k^2}\,\mathrm{d}t$$

$$= \sqrt{a^2+k^2}\left(a^2 t + \frac{k^2}{3}t^3 \right)\Big|_0^\pi$$

$$= \sqrt{a^2+k^2}\left(a^2\pi + \frac{k^2}{3}\pi^3 \right)$$

10.1.2 对坐标的曲线积分

1)曲线积分的定义和性质

【引例——变力做功】 设一个质点在 xOy 面内,受变力(方向或大小变化的力) F 的作用,从点 A 沿光滑曲线弧 L 移动到点 B,如图 10.4 所示. 已知曲线 L,且 $F=f(x,y)\mathbf{i} + g(x,y)\mathbf{j}$,求移动过程中变力 F 所做的功 W.

解 根据力学知识,我们知道功 W 等于力的大小与

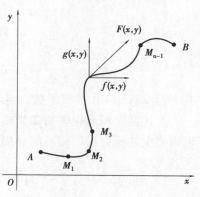

图 10.4

力作用方向位移大小的乘积,若 F 是常力,其位移大小为 s,则 $W=Fs$. 若 F 是变力,可以采用定积分求曲边梯形面积的思想进行求解,即分割、近似、求和、取极限的方法.

首先,在曲线 L 上插入 $n-1$ 个点 M_1,M_2,$\cdots$,M_{n-1},将 L 分割为 n 份,对于其中第 i 个小段弧 $\overset{\frown}{M_i M_{i+1}}$ 如图 10.4 所示,显然,当弧线分割越短,在该段弧线上的力越接近,因此可以用 $\overset{\frown}{M_i M_{i+1}}$ 上任意取定的一点 (x_i,y_i) 处的力

$$F(x_i,y_i) = f(x_i,y_i)\mathbf{i} + g(x_i,y_i)\mathbf{j}$$

来近似代替这个小弧段各处的力. 则质点沿弧段 $\overset{\frown}{M_i M_{i+1}}$ 运动做的功等于力 F 沿 x 轴做功和沿 y 轴做功之和,即

$$\Delta W_i \approx f(x_i,y_i)\Delta x_i + g(x_i,y_i)\Delta y_i$$

其中,Δx_i 和 Δy_i 分别是弧段 $\overset{\frown}{M_i M_{i+1}}$ 在 x 轴和 y 轴的增量. 则质点沿曲线 L 运动所做的功

$$W \approx \sum_{i=1}^{n} \Delta W_i \approx \sum_{i=1}^{n} \left[f(x_i,y_i)\Delta x_i + g(x_i,y_i)\Delta y_i \right]$$

显然,曲线 L 分割越短,上式的计算越接近 W,故取 λ 为 n 个小弧段的最大长度,令 $\lambda \to 0$ 取上述和式的极限便可得到 W,即

$$W = \lim_{\lambda \to 0} \sum_{i=1}^{n} \left[f(x_i,y_i)\Delta x_i + g(x_i,y_i)\Delta y_i \right]$$

$$= \lim_{\lambda \to 0} \sum_{i=1}^{n} f(x_i,y_i)\Delta x_i + \lim_{\lambda \to 0} \sum_{i=1}^{n} g(x_i,y_i)\Delta y_i$$

上式右端的两个极限在研究其他问题时也会遇到,由此,引入下面的定义.

定义 2 设 L 为 xOy 面内从点 A 到点 B 的一条有向光滑曲线弧,函数 $f(x,y)$ 在 L 上有界. 在 L 上沿 L 的方向任意插入一点列 $M_1(x_1,y_1)$,$M_2(x_2,y_2)$,$\cdots$,$M_{n-1}(x_{n-1},y_{n-1})$ 把 L 分成 n 个有向小弧段,点 (ξ_i,η_i) 是第 i 个小弧段上任意一点,$\Delta x_i = x_{i+1}-x_i$,$\Delta y_i = y_{i+1}-y_i$. 如果当各小段弧的最大值 $\lambda \to 0$ 时,$\lim\limits_{\lambda \to 0} \sum\limits_{i}^{n} f(\xi_i,\eta_i)\Delta x_i$ 的极限总存在,则称此极限为函数 $f(x,y)$ 在有向曲线 L 上**对坐标 x 的曲线积分**,记作 $\int_L f(x,y)\,\mathrm{d}x$,类似地,如果 $\lim\limits_{\lambda \to 0} \sum\limits_{i=1}^{n} f(\xi_i,\eta)\Delta y_i$ 总存在,则称此极限为函数 $f(x,y)$ 在有向曲线 L 上**对坐标 y 的曲线积分**,记作 $\int_L f(x,y)\,\mathrm{d}y$,即

$$\int_L f(x,y)\,\mathrm{d}x = \lim_{\lambda \to 0} \sum_{i=1}^{n} f(\xi_i,\eta)\Delta x_i$$

$$\int_L f(x,y)\,\mathrm{d}y = \lim_{\lambda \to 0} \sum_{i=1}^{n} f(\xi_i,\eta)\Delta y_i$$

其中,$f(x,y)$ 叫作**被积函数**,L 叫作**积分弧段**.

上述两个积分也称第二类曲线积分. 当 $f(x,y)$ 在 L 上连续时上述积分总存在,类似地,可以将上述积分推广到空间有向弧的情形,即

$$\int_\Gamma f(x,y,z)\,\mathrm{d}x = \lim_{\lambda \to 0} \sum_{i=1}^{n} f(\xi_i,\eta_i,\rho_i)\Delta x_i$$

$$\int_\Gamma f(x,y,z)\,\mathrm{d}y = \lim_{\lambda \to 0} \sum_{i=1}^{n} f(\xi_i,\eta_i,\rho_i)\Delta y_i$$

$$\int_{\Gamma} f(x,y,z)\,\mathrm{d}z = \lim_{\lambda \to 0} \sum_{i=1}^{n} f(\xi_i, \eta_i, \rho_i)\,\Delta z_i$$

在应用上,为了简便,常将

$\displaystyle\int_L f(x,y)\,\mathrm{d}x + \int_L g(x,y)\,\mathrm{d}y$ 表示为 $\displaystyle\int_L f(x,y)\,\mathrm{d}x + g(x,y)\,\mathrm{d}y$ 或 $\displaystyle\int_L F(x,y)\,\mathrm{d}r$,其中 $F(x,y)$ 为向量 $(f(x,y),g(x,y))$,$\mathrm{d}r$ 为向量 $(\mathrm{d}x,\mathrm{d}y)$,即

$$\int_L F(x,y)\,\mathrm{d}s = \int_L f(x,y)\,\mathrm{d}x + g(x,y)\,\mathrm{d}y$$
$$= \int_L f(x,y)\,\mathrm{d}x + \int_L g(x,y)\,\mathrm{d}y$$

类似地有

$$\int_L F(x,y,z)\,\mathrm{d}w = \int_L f(x,y,z)\,\mathrm{d}x + g(x,y,z)\,\mathrm{d}y + g(x,y,z)\,\mathrm{d}z$$
$$= \int_L f(x,y,z)\,\mathrm{d}x + \int_L g(x,y,z)\,\mathrm{d}y + \int_L g(x,y,z)\,\mathrm{d}z$$

其中,$F(x,y,z)$ 为向量 $(f(x,y,z),g(x,y,z),h(x,y,z))$,$\mathrm{d}w$ 为向量 $(\mathrm{d}x,\mathrm{d}y,\mathrm{d}z)$.

由上述曲线积分的定义可知,对弧段的曲线积分和对坐标的曲线积分基本类似,只是积分微元的差别,可以导出对坐标积分类似的一些性质,因积分 $\displaystyle\int_L f(x,y)\,\mathrm{d}x$ 和 $\displaystyle\int_L f(x,y)\,\mathrm{d}x$ 性质一致,下面仅以 $\displaystyle\int_L f(x,y)\,\mathrm{d}x$ 为例给出对坐标曲线积分的性质.

性质 4　线性性质

设 α,β 为常数,则

$$\int_L [\alpha f(x,y) + \beta g(x,y)]\,\mathrm{d}x = \alpha \int_L f(x,y)\,\mathrm{d}x + \beta \int_L g(x,y)\,\mathrm{d}x$$

性质 5　对弧段的有向可加性

若有向弧段 L 可分成的两段光滑的有向弧 L_1 和 L_2,则

$$\int_L f(x,y)\,\mathrm{d}x = \int_{L_1} f(x,y)\,\mathrm{d}x + \int_{L_2} f(x,y)\,\mathrm{d}x$$

性质 6　对弧段的方向性

设 $\overset{\frown}{AB}$ 是有向光滑曲线弧,$\overset{\frown}{BA}$ 是其反向曲线弧,则

$$\int_{\overset{\frown}{AB}} f(x,y)\,\mathrm{d}x = - \int_{\overset{\frown}{BA}} f(x,y)\,\mathrm{d}x$$

性质 6 表明,当积分弧段的方向改变时,对坐标的曲线积分要改变符号,这是与对弧段曲线积分所不同的地方,因此关于对坐标的曲线积分,我们必须注意积分弧段的方向.

2)对坐标曲线积分的计算

对坐标曲线积分的计算与弧段的曲线积分的计算方法类似,同样是将其转化为定积分进行计算,若被积函数为 $f(x,y)$,有向弧 L 的方程为 $x = \varphi(t)$,$y = \omega(t)$,弧的起点和终点参数分别为 $t = a$ 和 $t = b$,则

$$\mathrm{d}x = \varphi'(t)\,\mathrm{d}t, \mathrm{d}y = \omega'(t)\,\mathrm{d}t$$

将 L 的方程代入被积函数,定义 2 中的两个曲线积分化为定积分,有

$$\int_L f(x,y)\,\mathrm{d}x = \int_a^b f(\varphi(t),\omega(t))\varphi'(t)\,\mathrm{d}t$$

$$\int_L f(x,y)\mathrm{d}y = \int_a^b f(\varphi(t),\omega(t))\omega'(t)\mathrm{d}t$$

为此有如下定理.

定理 2 设 $f(x,y),g(x,y)$ 在有向曲线弧 L 上有定义且连续，L 的方程为

$$\begin{cases} x = \varphi(t) \\ y = \omega(t) \end{cases}$$

有向弧 L 的起点参数 $t = a$，终点参数 $t = b$，$\varphi(t),\omega(t)$ 在 $[a,b]$ 上有一阶连续导数，且 $\varphi'^2(t) + \omega'^2(t) \neq 0$ 则曲线积分 $\int_L f(x,y)\mathrm{d}x + g(x,y)\mathrm{d}y$ 存在，且

$$\int_L f(x,y)\mathrm{d}x + g(x,y)\mathrm{d}y = \int_a^b [f(\varphi(t),\omega(t))\varphi'(t) + g(\varphi(t),\omega(t))\omega'(t)]\mathrm{d}t$$

$$(10.10)$$

在定理 2 中，若 L 由方程 $y = \varphi(x)$ 或 $x = \varphi(y)$ 给出，可以看成参数方程的特殊情形. 即若 L 的方程为 $y = \varphi(x)$，x 由 a 变化到 b，则

$$\int_L f(x,y)\mathrm{d}x + g(x,y)\mathrm{d}y = \int_a^b f(x,\varphi(x))\mathrm{d}x + g(x,\varphi(x))\mathrm{d}\varphi(x) \qquad (10.11)$$

即若 L 的方程为 $x = \varphi(y)$，y 由 c 变化到 d，则

$$\int_L f(x,y)\mathrm{d}x + g(x,y)\mathrm{d}y = \int_c^d f(\varphi(y),y)\mathrm{d}\varphi(y) + g(\varphi(y),y)\mathrm{d}y \qquad (10.12)$$

式 (10.10) 也可以推广到空间曲线 $\varGamma$ 上的情形.

【例 10.4】 计算 $\int_L x^2 y\mathrm{d}x$，其中 L 为抛物线 $y = x^2$ 上从点 $A(1,1)$ 到点 $B(-1,1)$ 的一段弧（图 10.5）.

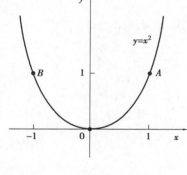

图 10.5

解法一 以 x 为积分变量，L 的方程为 $y = x^2$，x 从 1 变到 -1. 因此

$$\begin{aligned} \int_L x^2 y\mathrm{d}x &= \int_1^{-1} x^2 \cdot x^2 \mathrm{d}x \\ &= \int_1^{-1} x^4 \mathrm{d}x \\ &= \left[\frac{1}{5}x^5\right]\Big|_1^{-1} \\ &= -\frac{2}{5} \end{aligned}$$

解法二 以 y 为参数，L 分为 AO 和 OB 两个部分，AO 的方程为 $x = \sqrt{y}$，y 从 1 变到 0，OB 的方程为 $x = -\sqrt{y}$，y 从 0 变到 1.

因此

$$\begin{aligned} \int_L x^2 y\mathrm{d}x &= \int_{AO} x^2 y\mathrm{d}x + \int_{OB} x^2 y\mathrm{d}x \\ &= \int_1^0 y^2 \mathrm{d}\sqrt{y} + \int_0^1 y^2 \mathrm{d}(-\sqrt{y}) \\ &= \int_1^0 \frac{1}{2}y^{\frac{3}{2}}\mathrm{d}y - \int_0^1 \frac{1}{2}y^{\frac{3}{2}}\mathrm{d}y \\ &= -\frac{2}{5} \end{aligned}$$

【**例** 10.5】　计算 $\int_{\Gamma} x^2 \mathrm{d}x + 3zy^2 \mathrm{d}y - xy\mathrm{d}z$，其中 Γ 是从点 $A(3,2,1)$ 到点 $B(0,0,0)$ 的直线段 AB.

解　直线段 AB 的方程是

$$\frac{x}{3} = \frac{y}{2} = \frac{z}{1}$$

化为参数方程得

$$x = 3t, y = 2t, z = t, t \text{ 从 } 1 \text{ 变到 } 0$$

所以

$$\begin{aligned}
\int_{\Gamma} x^2 \mathrm{d}x + 3zy^2 \mathrm{d}y - xy\mathrm{d}z &= \int_1^0 (3t)^2 \mathrm{d}(3t) + 3t(2t)^2 \mathrm{d}(2t) - (3t)(2t)\mathrm{d}t \\
&= \int_1^0 45t^2 \mathrm{d}t \\
&= -15
\end{aligned}$$

【**例** 10.6】　设一个质点在 $M(x,y)$ 处受到力 F 的作用，在运动的过程中其方向始终指向原点，大小等于其到原点的距离，此质点由点 $A(a,0)$ 沿椭圆 $\frac{x^2}{a^2} + \frac{y^2}{b^2} = 1$ 按逆时针方向移动到点 $B(0,b)$，求力 F 所做的功 W.

解　$\overrightarrow{OM} = -x\mathbf{i} - y\mathbf{i}$，$|\overrightarrow{OM}| = \sqrt{x^2 + y^2}$，由题可知，$F = -x\mathbf{i} - y\mathbf{i}$，$\overset{\frown}{AB}$ 的参数方程为

$$\begin{cases} x = a\cos t \\ y = b\sin t \end{cases}, t \text{ 从 } 0 \text{ 到 } \frac{\pi}{2}$$

则

$$\begin{aligned}
W &= \int_{\overset{\frown}{AB}} F \cdot \mathrm{d}r \\
&= \int_{\overset{\frown}{AB}} -x\mathrm{d}x - y\mathrm{d}y \\
&= \int_0^{\frac{\pi}{2}} -a\cos t\mathrm{d}(a\cos t) - b\sin t\mathrm{d}(b\sin t) \\
&= (a^2 - b^2)\int_0^{\frac{\pi}{2}} \sin t\cos t\mathrm{d}t \\
&= \frac{a^2 - b^2}{2}
\end{aligned}$$

3)两类曲线积分之间的联系

设有向弧 L 的起点为 A，终点为 B. 曲线弧 L 的参数方程为

$$\begin{cases} x = \varphi(t) \\ y = \omega(t) \end{cases}, \text{起点参数 } t = t_1, \text{终点参数 } t = t_2$$

则弧的切线向量为 $\mathbf{n} = (\varphi'(t), \omega'(t))$，切线向量的方向余弦为

$$\cos\alpha = \frac{\varphi'(t)}{\sqrt{\varphi'^2(t) + \omega'^2(t)}}, \cos\beta = \frac{\omega'(t)}{\sqrt{\varphi'^2(t) + \omega'^2(t)}}$$

由式(10.6)可知

$$ds = \sqrt{(dx)^2 + (dy)^2} = \sqrt{\varphi'^2(t) + \omega'^2(t)}\, dt$$

于是,对弧长的曲线积分

$$\int_L [P(x,y)\cos\alpha + Q(x,y)\cos\beta]\, ds = \int_{t_1}^{t_2} [P(\varphi(t),\omega(t))\varphi'(t) + Q(\varphi(t),\omega(t))\omega'(t)]\, dt$$

又因为对坐标的曲线积分

$$\int_L P(x,y)\, dx + Q(x,y)\, dy = \int_{t_1}^{t_2} P(\varphi(t),\omega(t))\, d\varphi(t) + Q(\varphi(t),\omega(t))\, d\omega(t)$$

$$= \int_{t_1}^{t_2} [P(\varphi(t),\omega(t))\varphi'(t) + Q(\varphi(t),\omega(t))\omega'(t)]\, dt$$

由此可见,平面曲线 L 上的两类曲线积分有如下关系:

$$\int_L P(x,y)\, dx + Q(x,y)\, dy = \int_L [P(x,y)\cos\alpha + Q(x,y)\cos\beta]\, ds$$

也可表示成向量的形式,即

$$\int_L \boldsymbol{A} d\boldsymbol{r} = \int_L \boldsymbol{A} \cdot \boldsymbol{n}\, ds$$

其中,$\boldsymbol{A} = (P(x,y), Q(x,y))$,$d\boldsymbol{r} = (dx, dy)$,$\boldsymbol{n} = (\cos\alpha, \cos\beta)$.

类似地,空间曲线 L 上的两类曲线积分有如下关系:

$$\int_L P(x,y,z)\, dx + Q(x,y,z)\, dy + R(x,y,z)\, dz$$

$$= \int_L [P(x,y,z)\cos\alpha + Q(x,y,z)\cos\beta + R(x,y,z)\cos\gamma]\, ds$$

表示成向量的形式,即

$$\int_L \boldsymbol{A} d\boldsymbol{r} = \int_L \boldsymbol{A} \cdot \boldsymbol{n}\, ds$$

其中,$\boldsymbol{A} = (P(x,y,z), Q(x,y,z), R(x,y,z))$,$d\boldsymbol{r} = (dx, dy, dz)$,$\boldsymbol{n} = (\cos\alpha, \cos\beta, \cos\gamma)$.

10.1.3　格林公式及其应用

1)格林公式

在一元函数积分学中,我们知道定积分可以通过被积函数的原函数来计算,下面要介绍的格林公式告诉我们,在平面闭区域 D 上的二重积分可以通过区域边界上的曲线积分来计算. 对于平面区域 D,我们一般可以将其分为单连通区域和复连通区域两种类型,其定义为如果 D 内任意闭曲线所围成的部分都属于 D,则称 D 为单连通区域,否则称为复连通区域.

定义势函数
的数学家

　　定理 3　设闭区域 D 由分段光滑的曲线 L 围成,函数 $P(x,y)$ 及 $Q(x,y)$ 在 D 上具有一阶连续偏导数,则有

$$\iint_D \left[\frac{\partial Q(x,y)}{\partial x} - \frac{\partial P(x,y)}{\partial y}\right] dx dy = \oint_L P(x,y)\, dx + Q(x,y)\, dy \qquad (10.13)$$

　　其中 L 是 D 的边界曲线,L 的方向为当观察者沿 L 移动时区域 D 位于观察者左侧时的方向. 式(10.13)叫作**格林公式**. 规定当观察者沿 L 移动时区域 D 位于观察者左侧时的方向

为 L 的正方向,一般没有特别说明,L 的方向默认为正方向,反之为负方向,负方向可记作 L^-.

下面给定一种既可以表示为 X 型区域又可以表示为 Y 型区域的单连通区域 D 进行证明.

证 假设积分区域 D 既是 X 型区域又是 Y 型区域的情形,如图 10.6 所示,$D = \{(x,y) \mid a \leqslant x \leqslant b, \varphi_1(x) \leqslant y \leqslant \varphi_2(x)\}$,$L$ 为区域 D 的边界弧,可分为两段 L_1, L_2,其中 L_1 为 $y = \varphi_1(x)$,x 从 a 到 b,L_2 为 $y = \varphi_2(x)$,x 从 b 到 a. 因 $\dfrac{\partial P(x,y)}{\partial x}$ 连续,所以

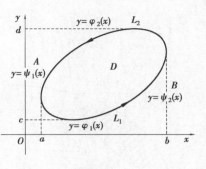

图 10.6

$$\iint_D \frac{\partial P}{\partial y} dx dy = \int_a^b \left[\int_{\varphi_1(x)}^{\varphi_2(x)} \frac{\partial P(x,y)}{\partial y} dy \right] dx$$

$$= \int_a^b \left[P(x, \varphi_2(x)) - P(x, \varphi_1(x)) \right] dx$$

又

$$\oint_L P(x,y) dx = \int_{L_1} P(x,y) dx + \int_{L_2} P(x,y) dx$$

$$= \int_a^b P(x, \varphi_1(x)) dx + \int_b^a P(x, \varphi_2(x)) dx$$

$$= \int_a^b P(x, \varphi_1(x)) dx - \int_a^b P(x, \varphi_2(x)) dx$$

$$= \int_a^b \left[P(x, \varphi_1(x)) - P(x, \varphi_2(x)) \right] dx$$

所以

$$-\iint_D \frac{\partial P}{\partial y} dx dy = \oint_L P(x,y) dx$$

设 $D = \{(x,y) \mid c \leqslant y \leqslant d, \psi_1(y) \leqslant x \leqslant \psi_2(y)\}$,类似地可证.

$$\iint_D \frac{\partial Q}{\partial x} dx dy = \oint_L Q(x,y) dy$$

固有

$$\iint_D \frac{\partial Q}{\partial x} dx dy + \left(-\iint_D \frac{\partial P}{\partial y} dx dy \right) = \oint_L Q(x,y) dy + \oint_L P(x,y) dx$$

即

$$\iint_D \left[\frac{\partial Q(x,y)}{\partial x} - \frac{\partial P(x,y)}{\partial y} \right] dx dy = \oint_L P(x,y) dx + Q(x,y) dy$$

对于其他区域,通过引入辅助曲线,都可将其划分为既是 X 型区域又是 Y 型区域的情形,再由积分的可加性可知,式(10.13) 成立.

【例 10.7】 利用格林公式计算二重积分 $\iint_D xy dx dy$. 其中 D 是由 $y^2 = x$ 和 $y = x^2$ 所围成的区域.

解 设区域 D 的边界为 L,L 由曲线 L_1 和 L_2 组成(图10.7),其中 L_1 为 $y = x^2$,$(x:0 \to 1)$,其中 L_2 为 $y = \sqrt{x}$,$(x:1 \to 0)$,令 $Q = 0, P = -\dfrac{1}{2}xy^2$,则

图 10.7

$$\iint_D xy\mathrm{d}x\mathrm{d}y = \iint_D \Big[\frac{\partial Q(x,y)}{\partial x} - \frac{\partial P(x,y)}{\partial y}\Big]\mathrm{d}x\mathrm{d}y$$

$$= \oint_L P(x,y)\mathrm{d}x + Q(x,y)\mathrm{d}y$$

$$= \oint_L -\frac{1}{2}xy^2\mathrm{d}x$$

$$= \oint_{L_1} -\frac{1}{2}xy^2\mathrm{d}x + \oint_{L_2} -\frac{1}{2}xy^2\mathrm{d}x$$

$$= \int_0^1 -\frac{1}{2}x \cdot x^4\mathrm{d}x + \int_1^0 -\frac{1}{2}x \cdot x\mathrm{d}x$$

$$= -\frac{1}{12} + \frac{1}{6}$$

$$= \frac{1}{12}$$

2) 格林公式的应用

（1）求区域的面积

在格林公式中，取 $P = -y, Q = x$，则有

$$\iint_D 2\mathrm{d}x\mathrm{d}y = \oint_L -y\mathrm{d}x + x\mathrm{d}y$$

即

$$\iint_D \mathrm{d}x\mathrm{d}y = \frac{1}{2}\oint_L -y\mathrm{d}x + x\mathrm{d}y$$

由二重积分的几何意义可知，$\iint_D \mathrm{d}x\mathrm{d}y$ 为闭区域 D 面积，假设闭区域 D 的面积为 S，边界曲线为 L，取正方向，则

$$S = \frac{1}{2}\oint_L -y\mathrm{d}x + x\mathrm{d}y$$

【例 10.8】 求椭圆 $x = a\cos\theta, y = b\sin\theta$ 所围成的面积 S.

解
$$S = \frac{1}{2}\oint_L -y\mathrm{d}x + x\mathrm{d}y$$

$$= \frac{1}{2}\int_0^{2\pi} -b\sin\theta\mathrm{d}a\cos\theta + a\cos\theta\mathrm{d}b\sin\theta$$

$$= \frac{1}{2}\int_0^{2\pi} ab\mathrm{d}\theta$$

$$= \pi ab$$

（2）二元函数全微分求积

一般情况下，曲线积分 $\oint_L P(x,y)\mathrm{d}x + Q(x,y)\mathrm{d}y$ 结果随曲线 L 的不同而不同，但有时曲线积分会在连接 L 两端点的任意曲线上积分都相同，此时，我们称曲线积分与路径无关. 事实上，关于曲线积分与路径无关的条件有如下定理.

定理 4 设区域 G 是一个单连通区域，函数 $P(x,y), Q(x,y)$ 在 G 内具有一阶连续偏导数，则曲线积分 $\int_L P(x,y)\mathrm{d}x + Q(x,y)\mathrm{d}y$ 在 G 内与路径无关的充分必要条件是

$$\frac{\partial P(x,y)}{\partial y} = \frac{\partial Q(x,y)}{\partial x}$$

在 G 内恒成立.

证 充分性:在 G 内任取一条闭曲线 Γ,假设 Γ 围成的区域为 D.则有 $D \subseteq G$. 因 G 是一个单连通区域,函数 $P(x,y),Q(x,y)$ 在 G 内具有一阶连续偏导数,且在 G 内恒有

$$\frac{\partial P(x,y)}{\partial y} = \frac{\partial Q(x,y)}{\partial x}$$

则在区域 D 上函数 $P(x,y),Q(x,y)$ 亦有相同的性质.

因此,由格林公式可知

$$\oint_{\Gamma} P(x,y)\mathrm{d}x + Q(x,y)\mathrm{d}y = \iint_{D}\left[\frac{\partial Q(x,y)}{\partial x} - \frac{\partial P(x,y)}{\partial y}\right]\mathrm{d}x\mathrm{d}y = 0$$

所以,在区域 G 内任意闭曲线 Γ 上都有

$$\oint_{\Gamma} P(x,y)\mathrm{d}x + Q(x,y)\mathrm{d}y = 0$$

在闭曲线 Γ 上任取两点 A,B,将 Γ 分为 A 到 B 的正向弧 L_1 和 B 到 A 的负向弧 L_2^-,由于

$$L = L_1 + L_2^-$$

$$\oint_{\Gamma} P(x,y)\mathrm{d}x + Q(x,y)\mathrm{d}y = 0$$

则

$$\oint_{L_1+L_2^-} P(x,y)\mathrm{d}x + Q(x,y)\mathrm{d}y = \int_{L_1} P(x,y)\mathrm{d}x + Q(x,y)\mathrm{d}y + \int_{L_2^-} P(x,y)\mathrm{d}x + Q(x,y)\mathrm{d}y$$
$$= 0$$

所以

$$\int_{L_1} P(x,y)\mathrm{d}x + Q(x,y)\mathrm{d}y = -\int_{L_2^-} P(x,y)\mathrm{d}x + Q(x,y)\mathrm{d}y$$
$$= \int_{L_2} P(x,y)\mathrm{d}x + Q(x,y)\mathrm{d}y$$

由闭曲线 Γ 及点 A,B 的任意性可知,在 G 内任意两点的曲线 L 上,积分 $\oint_L P(x,y)\mathrm{d}x + Q(x,y)\mathrm{d}y$ 相等,即曲线积分与路径无关.

必要性:若在 G 内任意两点的曲线 L 上,积分 $\int_L P(x,y)\mathrm{d}x + Q(x,y)\mathrm{d}y$ 相等,构造经过两点的任意闭曲线 Γ,显然有

$$\oint_{\Gamma} P(x,y)\mathrm{d}x + Q(x,y)\mathrm{d}y = 0$$

假设 G 内至少存在一点 M_0,使

$$\frac{\partial P(x,y)}{\partial y} \neq \frac{\partial Q(x,y)}{\partial x}$$

即

$$\frac{\partial P(x,y)}{\partial y} - \frac{\partial Q(x,y)}{\partial x} \neq 0$$

不妨假定

$$\left[\frac{\partial Q(x,y)}{\partial x} - \frac{\partial P(x,y)}{\partial y}\right]\Big|_{M_0} = \eta > 0$$

因为函数 $P(x,y)$，$Q(x,y)$ 在 G 内具有一阶连续偏导数，则 $\dfrac{\partial P(x,y)}{\partial y} - \dfrac{\partial Q(x,y)}{\partial x}$ 在点 M_0 连续.
所以，存在以 M_0 为中心、$\delta(\delta>0)$ 为半径圆形闭区域 K，假设 K 的边界曲线为 Σ，使得在 K 上恒有

$$\frac{\partial Q(x,y)}{\partial x} - \frac{\partial P(x,y)}{\partial y} \geqslant \frac{\eta}{2}$$

故由格林公式有

$$\oint_{\Sigma} P(x,y)\,\mathrm{d}x + Q(x,y)\,\mathrm{d}y = \iint_{D} \left[\frac{\partial Q(x,y)}{\partial x} - \frac{\partial P(x,y)}{\partial y} \right] \mathrm{d}x\mathrm{d}y$$

$$\geqslant \iint_{D} \frac{\eta}{2}\mathrm{d}x\mathrm{d}y$$

$$= \frac{\eta\pi\delta^2}{2} > 0$$

与 $\oint_{\Gamma} P(x,y)\,\mathrm{d}x + Q(x,y)\,\mathrm{d}y = 0$ 矛盾，故假设不成立，故在 G 内任意一点 M_0 处，都有

$$\frac{\partial P(x,y)}{\partial y} = \frac{\partial Q(x,y)}{\partial x}$$

证毕.

通过定理 4，可以进一步解决函数 $P(x,y)$，$Q(x,y)$ 满足什么条件时，表达式 $P(x,y)\mathrm{d}x + Q(x,y)\mathrm{d}y$ 才是某一个二元函数 $u(x,y)$ 的全微分，以及当它存在的时候怎样求解. 为此有如下定理.

定理 5 设区域 G 是一个单连通域，函数 $P(x,y)$，$Q(x,y)$ 在 G 内具有一阶连续偏导数，则 $P(x,y)\mathrm{d}x + Q(x,y)\mathrm{d}y$ 在 G 内为某一函数 $u(x,y)$ 的全微分的充分必要条件是

$$\frac{\partial P(x,y)}{\partial y} = \frac{\partial Q(x,y)}{\partial x}$$

在 G 内恒成立.

证明略. 由定理 4 和定理 5 可知，当 $\dfrac{\partial P(x,y)}{\partial y} = \dfrac{\partial Q(x,y)}{\partial x}$ 时，在 G 内起点为 $M_0(x_0,y_0)$，终点为 $M(x,y)$ 的曲线积分在区域 G 内与路径无关，于是可把这个曲线积分记作

$$\int_{(x_0,y_0)}^{(x,y)} P(x,y)\,\mathrm{d}x + Q(x,y)\,\mathrm{d}y$$

当 $M_0(x_0,y_0)$ 固定时，这个积分取决于终点 $M_0(x,y)$，因此它是 x,y 的函数，令

$$u(x,y) = \int_{(x_0,y_0)}^{(x,y)} P(x,y)\,\mathrm{d}x + Q(x,y)\,\mathrm{d}y$$

可以证明

$$\mathrm{d}u(x,y) = P(x,y)\mathrm{d}x + Q(x,y)\mathrm{d}y$$

由于积分与路径无关，在 M_0 与 M 之间选择平行与坐标轴的折线作为积分路线，则有

$$u(x,y) = \int_{x_0}^{x} P(x,y_0)\,\mathrm{d}x + \int_{y_0}^{y} Q(x,y)\,\mathrm{d}y$$

或

$$u(x,y) = \int_{y_0}^{y} Q(x_0,y)\,\mathrm{d}y + \int_{x_0}^{x} P(x,y)\,\mathrm{d}x$$

利用上式，可以根据某个函数的全微分求出该函数.

【例 10.9】 验证：$(y^3 + y)\mathrm{d}x + (3xy^2 + x)\mathrm{d}y$ 在整个 xOy 面内是某个函数的全微分，并

求出一个这样的函数.

解　令 $P(x,y) = y^3 + y, Q(x,y) = 3xy^2 + x$,则

$$\frac{\partial P(x,y)}{\partial y} = \frac{\partial Q(x,y)}{\partial x} = 3y^2 + 1$$

在 xOy 面内恒成立,所以,$(y^3 + y)\mathrm{d}x + (3xy^2 + x)\mathrm{d}y$ 在整个 xOy 面内是某个函数的全微分. 取积分路线为 $(0,0) \rightarrow (0,y) \rightarrow (x,y)$,则

$$u(x,y) = \int_0^y Q(0,y)\mathrm{d}y + \int_0^x P(x,y)\mathrm{d}x$$

$$= \int_0^x y^3 + y\mathrm{d}x$$

$$= xy^3 + xy$$

10.2　曲面积分

10.2.1　对面积的曲面积分

1)第一类曲面积分的定义和性质

在曲线的质量问题中,如果将曲线改为曲面,并将相应的线密度改为面密度函数 $\rho(x,y,z)$,将每一小段曲线弧 Δs_i 改为曲面上小块曲面的面积 ΔS_i,则将曲线积分的思想推广以后,便得到曲面 Σ 质量 M,即曲面积分问题,定义如下.

定义 3　设曲面 Σ 是光滑的,函数 $f(x,y,z)$ 在 Σ 上有界. 把 Σ 任意分成 n 小块:$\Delta\Sigma_1,\Delta\Sigma_2,\cdots,\Delta\Sigma_n$($\Delta S_i$ 代表曲面的面积),在 $\Delta\Sigma_i$ 上任取一点 (ξ_i,η_i,ζ_i),如果当各小块曲面的直径的最大值 $\lambda \rightarrow 0$ 时,极限 $\lim\limits_{\lambda\rightarrow 0}\sum\limits_{i=1}^n f(\xi_i,\eta_i,\zeta_i)\Delta S_i$ 总存在,则称此极限为函数 $f(x,y,z)$ 在曲面 Σ 上**对面积的曲面积分**或**第一类曲面积分**,记作 $\iint_\Sigma f(x,y,z)\mathrm{d}S$,即

$$\iint_\Sigma f(x,y,z)\mathrm{d}\sigma = \lim_{\lambda\rightarrow 0}\sum_{i=1}^n f(\xi_i,\eta_i,\zeta_i)\Delta S \tag{10.14}$$

其中,$f(x,y,z)$ 叫作**被积函数**,Σ 叫作**积分曲面**.

若被积函数 $f(x,y,z)$ 在积分曲面 Σ 上连续时,对面积的曲面积分 $\iint_\Sigma f(x,y,z)\mathrm{d}S$ 总是存在的. 后面的讨论总假定 $f(x,y,z)$ 在曲面上是连续的. 若曲面围成空间的闭区域,如球面,则 $f(x,y,z)$ 在曲面 Σ 上对面积的曲面积分可记作 $\oiint_\Sigma f(x,y,z)\mathrm{d}S$. 由曲面积分定义可知,曲面积分与曲线积分有以下类似的性质.

性质 1　设 α,β 为常数,则

$$\iint_\Sigma [\alpha f(x,y,z) + \beta g(x,y,z)]\mathrm{d}S = \alpha\iint_\Sigma f(x,y,z)\mathrm{d}S + \beta\iint_\Sigma g(x,y,z)\mathrm{d}S$$

性质2 若积分曲面 Σ 可分成两段光滑的曲面 Σ_1 和 Σ_2,则

$$\iint_\Sigma f(x,y,z)\mathrm{d}S = \iint_{\Sigma_1} f(x,y,z)\mathrm{d}S + \iint_{\Sigma_2} f(x,y,z)\mathrm{d}S$$

性质3 设在 L 上 $f(x,y,z) \leqslant g(x,y,z)$,则

$$\iint_\Sigma f(x,y,z)\mathrm{d}S \leqslant \iint_\Sigma g(x,y,z)\mathrm{d}S$$

由对面积的曲面积分的定义可知,当 $f(x,y,z) = 1$ 时,则积分表示的就是曲面 Σ 的面积,即

$$S = \iint_\Sigma \mathrm{d}S$$

当光滑曲面 Σ 的面密度为 $\rho(x,y,z)$ 时,则曲面 Σ 的质量 M 可表示为 $\rho(x,y,z)$ 在 Σ 上的第一类曲面积分:

$$M = \iint_\Sigma \rho(x,y,z)\mathrm{d}S$$

2)第一类曲面积分的计算

由 9.4 节中曲面面积计算的讨论可知

$$\mathrm{d}S = \sqrt{1 + z_x^2(x,y) + z_y^2(x,y)}\,\mathrm{d}x\mathrm{d}y$$

由此得到下述曲面积分的计算方法.

定理6 设光滑曲面 $\Sigma : z = z(x,y),(x,y) \in D_{xy}$,$D_{xy}$ 为 Σ 在 xOy 平面上的投影,$f(x,y,z)$ 在曲面 Σ 上为连续函数,则

$$\iint_\Sigma f(x,y,z)\mathrm{d}S = \iint_D f(x,y,z(x,y))\sqrt{1 + z_x^2(x,y) + z_y^2(x,y)}\,\mathrm{d}x\mathrm{d}y \qquad (10.15)$$

定理证明略.

【例 10.10】 求 $\iint_\Sigma xyz\mathrm{d}S$. 其中 $\Sigma : x + y + z = 1$ 第一象限部分(图 10.8).

解 Σ 的方程 $z = 1 - x - y$,$D_{xy} = \{(x,y) \mid 0 \leqslant x \leqslant 1, 0 \leqslant y \leqslant 1 - x\}$(图 10.9),$z_x' = -1$,$z_y' = -1$. 则

$$\iint_\Sigma xyz\mathrm{d}S = \sqrt{3}\iint_{D_{xy}} xy(1 - x - y)\mathrm{d}x\mathrm{d}y$$

$$= \sqrt{3}\int_0^1 \mathrm{d}x\int_0^{1-x} xy(1 - x - y)\mathrm{d}x$$

$$= \frac{\sqrt{3}}{40}$$

图 10.8

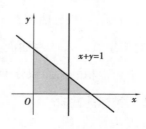

图 10.9

【**例**10.11】   计算曲面积分 $\iint_{\Sigma} \dfrac{1}{z} \mathrm{d}S$，其中 Σ 是球面 $x^2 + y^2 + z^2 = 4$ 被平面 $z = 1$ 截出的顶部（图 10.10）.

图 10.10

解 Σ 的方程 $z = \sqrt{4 - x^2 - y^2}, D_{xy} = \{(x,y) \mid x^2 + y^2 \leqslant 3\}$（图 10.10），则

$$z'_x = \frac{-x}{\sqrt{4 - x^2 - y^2}}, z'_y = \frac{-y}{\sqrt{4 - x^2 - y^2}}$$

$$\mathrm{d}S = \sqrt{1 + z_x^2(x,y) + z_y^2(x,y)}\,\mathrm{d}x\mathrm{d}y$$

$$= \frac{2}{\sqrt{4 - x^2 - y^2}}\mathrm{d}x\mathrm{d}y$$

所以

$$\iint_{\Sigma} \frac{1}{z}\mathrm{d}S = \iint_{D_{xy}} \frac{2}{4 - x^2 - y^2}\mathrm{d}x\mathrm{d}y$$

$$= \iint_{D'} \frac{2}{4 - r^2}r\mathrm{d}r\mathrm{d}\theta$$

$$= \int_0^{2\pi}\mathrm{d}x\int_0^{\sqrt{3}} \frac{2r}{4 - r^2}\mathrm{d}r$$

$$= 4\pi\ln 2$$

10.2.2   对坐标的曲面积分

1）第二类曲面积分的定义和性质

通常我们遇到的曲面都是双侧的. 例如由方程 $z = z(x,y)$ 表示的曲面分为**上侧**与**下侧**. 封闭的曲面分为**内侧**与**外侧**. 在讨论第二型曲面积分时，需要指定曲面的侧，我们可以通过曲面上法向量的指向来定出曲面的侧. 不妨设 $\boldsymbol{n} = (\cos\alpha, \cos\beta, \cos\gamma)$ 为曲面上取定的法向量，则曲面上满足 $\cos\gamma > 0$ 的侧为上侧，满足 $\cos\gamma < 0$ 的侧为下侧. 封闭曲面如果取法向量的指向朝外，我们就认为取曲面的外侧. 这种通过确定法向量亦即确定侧的曲面称为**有向曲面**.

设 Σ 是有向曲面. 在 Σ 上任取一小块曲面 $\Delta\Sigma$，把 $\Delta\Sigma$ 投影到 xOy 平面上得一投影区域，投影区域的面积记作 $(\Delta\sigma)_{xy}$. 假定 $\Delta\Sigma$ 上各点处的法向量与 z 轴的夹角 γ 的余弦 $\cos\gamma$ 有相同的符号（即 $\cos\gamma$ 都是正的或都是负的）. 我们规定 $\Delta\Sigma$ 在 xOy 面上的投影 $(\Delta S)_{xy}$ 为

$$(\Delta S)_{xy} = \begin{cases} (\Delta\sigma)_{xy}, \cos\gamma > 0 \\ 0, \cos\gamma = 0 \\ -(\Delta\sigma)_{xy}, \cos\gamma < 0 \end{cases}$$

类似地，可以定义 $\Delta\Sigma$ 在 yOz 面及在 zOx 面上的投影 $(\Delta S)_{yz}$ 及 $(\Delta S)_{zx}$. 有了上面的说明我们就可以解决下面的问题.

【**引例——流体的质量**】   设稳定流动的不可压缩流体在点 (x,y,z) 的流速可表示为

$$\boldsymbol{v}(x,y,z) = (P(x,y,z), Q(x,y,z), R(x,y,z))$$

求在单位时间内流向定向曲面 Σ 的流体的质量，即流量 Φ.

类似于第一型曲面积分,把曲面 Σ 分成 n 小块:$\Sigma_1,\Sigma_2,\cdots,\Sigma_n$($\Delta S_i$ 代表第 i 小块曲面的面积). 令 λ 为各小块曲面直径的最大值,在 Σ 是光滑的和 ν 是连续的前提下,只要 $\Delta\Sigma_i$ 的直径很小,我们就可以用 $\Delta\Sigma_i$ 上任一点(x_i,y_i,z_i) 处的流速

$$\boldsymbol{v}_i = \boldsymbol{v}(x_i,y_i,z_i)$$
$$= P(x_i,y_i,z_i)\mathbf{i} + Q(x_i,y_i,z_i)\mathbf{j} + R(x_i,y_i,z_i)\mathbf{k}$$

代替 $\Delta\Sigma_i$ 上其他各点处的流速,以该点(x_i,y_i,z_i) 处曲面 $\Delta\Sigma_i$ 的正侧面上单位法向量

$$\boldsymbol{n}_i = (\cos\alpha_i,\ \cos\beta_i,\ \cos\gamma_i)$$

代替 $\Delta\Sigma_i$ 正侧面上其他各点处的单位法向量,如图 10.11 所示. 从而得到通过 $\Delta\Sigma_i$ 流向指定侧的流量的近似值

$$\boldsymbol{v}_i \cdot \boldsymbol{n}_i \Delta S_i \ (i = 1,\ 2,\ \cdots,n)$$

图 10.11

于是,通过曲面 Σ 流向指定侧的流量

$$\Phi \approx \sum_{i=1}^{n} \boldsymbol{v}_i \cdot \boldsymbol{n} \Delta S_i$$

$$= \sum_{i=1}^{n} \left[P(x_i,y_i,z_i)\cos\alpha_i + Q(x_i,y_i,z_i)\cos\beta_i + R(x_i,y_i,z_i)\cos\gamma_i \right] \Delta S_i$$

又因为

$$\cos\alpha_i \cdot \Delta S_i \approx (\Delta S_i)_{yz}, \cos\beta_i \cdot \Delta S_i \approx (\Delta S_i)_{zx}, \cos\gamma_i \cdot \Delta S_i \approx (\Delta S_i)_{xy}$$

因此上式可以写成

$$\Phi = \sum_{i=1}^{n} \left[P(x_i,y_i,z_i)(\Delta S_i)_{yz} + Q(x_i,y_i,z_i)(\Delta S_i)_{zx} + R(x_i,y_i,z_i)(\Delta S_i)_{xy} \right]$$

令 $\lambda \to 0$ 取上述和的极限,就得到流量 Φ 的精确值:

$$\Phi = \iint_{\Sigma} P(x,y,z)\mathrm{d}y\mathrm{d}z + \iint_{\Sigma} Q(x,y,z)\mathrm{d}x\mathrm{d}z + \iint_{\Sigma} R(x,y,z)\mathrm{d}x\mathrm{d}y$$

这样的极限还会在其他问题中遇到,因此,就抽象出曲面积分的概念.

定义4 设 Σ 为光滑的有向曲面,函数 $R(x,y,z)$ 在 Σ 上有界. 把 Σ 任意分成 n 块小曲面 $\Delta\Sigma_i(i = 1,2,\cdots,n)$. $\Delta\Sigma_i$ 在 xOy 平面上的投影面积为$(\Delta S_i)_{xy}$,(x_i,y_i,z_i) 是 $\Delta\Sigma_i$ 上任意取定的一点. 当各小块曲面直径的最大值 $\lambda \to 0$ 时

$$\lim_{\lambda \to 0} \sum_{i=1}^{n} R(x_i,y_i,z_i)(\Delta S_i)_{xy}$$

总存在,则称此极限为函数 $R(x,y,z)$ 在有向曲面 Σ 上**第二类曲面积分**或**对坐标的曲面积分**,记作

$$\iint_{\Sigma} R(x,y,z)\mathrm{d}x\mathrm{d}y = \lim_{\lambda \to 0} \sum_{i=1}^{n} R(x_i,y_i,z_i)(\Delta S_i)_{xy}$$

其中,$R(x,y,z)$ 叫作**被积函数**,Σ 叫作**积分曲面**.

类似地,可定义函数 $P(x,y,z)$ 在有向曲面 Σ 上的第二类曲面积分$\iint_{\Sigma} P(x,y,z)\mathrm{d}y\mathrm{d}z$ 及函数 $Q(x,y,z)$ 在有向曲面 Σ 上第二类曲面积分$\iint_{\Sigma} Q(x,y,z)\mathrm{d}x\mathrm{d}z$ 分别为

$$\iint_{\Sigma} P(x,y,z)\mathrm{d}y\mathrm{d}z = \lim_{\lambda \to 0} \sum_{i=1}^{n} P(x_i,y_i,z_i)(\Delta S_i)_{yz}$$

$$\iint_{\Sigma} Q(x,y,z)\mathrm{d}x\mathrm{d}z = \lim_{\lambda \to 0} \sum_{i=1}^{n} Q(x_i,y_i,z_i)(\Delta S_i)_{xz}$$

以上两个曲面积分也称第二类曲面积分或对坐标的曲面积分.

当 $P(x,y,z)$，$Q(x,y,z)$，$R(x,y,z)$ 在有向光滑曲面 Σ 上连续时，第二型曲面积分是存在的，以后总假设 $P(x,y,z)$，$Q(x,y,z)$，$R(x,y,z)$ 在 Σ 上连续，且上述 3 种曲面积分的和还可以表示成如下形式：

$$\iint_{\Sigma} P(x,y,z)\mathrm{d}y\mathrm{d}z + Q(x,y,z)\mathrm{d}x\mathrm{d}z + R(x,y,z)\mathrm{d}x\mathrm{d}y$$

因此，上述流向 Σ 指定侧的流量 Φ 也可表示为

$$\Phi = \iint_{\Sigma} P(x,y,z)\mathrm{d}y\mathrm{d}z + Q(x,y,z)\mathrm{d}x\mathrm{d}z + R(x,y,z)\mathrm{d}x\mathrm{d}y$$

第二型曲面积分具有与第二型曲线积分类似的一些性质. 如下：

性质 1（方向性）   设 Σ 是有向曲面，Σ^{-} 表示与 Σ 取相反侧的有向曲面，则

$$\iint_{\Sigma^{-}} P\mathrm{d}y\mathrm{d}z + Q\mathrm{d}x\mathrm{d}z + R\mathrm{d}x\mathrm{d}y = -\iint_{\Sigma} P\mathrm{d}y\mathrm{d}z + Q\mathrm{d}x\mathrm{d}z + R\mathrm{d}x\mathrm{d}y$$

性质 2（线性性质） α,β 为常数，$\boldsymbol{A} = (P,Q,R)$，$\boldsymbol{B} = (P',Q',R')$，$\mathrm{d}\boldsymbol{S} = (\mathrm{d}y\mathrm{d}z,\mathrm{d}z\mathrm{d}x,\mathrm{d}x\mathrm{d}y)$，则

$$\iint_{\Sigma} (\alpha\boldsymbol{A} + \beta\boldsymbol{B}) \cdot \mathrm{d}\boldsymbol{S} = \alpha\iint_{\Sigma} \boldsymbol{A} \cdot \mathrm{d}\boldsymbol{S} + \beta\iint_{\Sigma} \boldsymbol{B} \cdot \mathrm{d}\boldsymbol{S}$$

性质 3（可加性）   如果把 Σ 分成 Σ_1 和 Σ_2，则

$$\iint_{\Sigma} P\mathrm{d}y\mathrm{d}z + Q\mathrm{d}z\mathrm{d}x + R\mathrm{d}x\mathrm{d}y = \iint_{\Sigma_1} P\mathrm{d}y\mathrm{d}z + Q\mathrm{d}z\mathrm{d}x + R\mathrm{d}x\mathrm{d}y + \iint_{\Sigma_2} P\mathrm{d}y\mathrm{d}z + Q\mathrm{d}z\mathrm{d}x + R\mathrm{d}x\mathrm{d}y$$

2）第二类曲面积分的计算

设积分曲面 Σ 由方程 $z = z(x,y)$ 给出，Σ 在 xOy 面上的投影区域为 D_{xy}，函数 $z = z(x,y)$ 在 D_{xy} 上具有一阶连续偏导数，被积函数 $R(x,y,z)$ 在 Σ 上连续，则有

$$\iint_{\Sigma} R(x,y,z)\mathrm{d}x\mathrm{d}y = \pm \iint_{D_{xy}} R(x,y,z(x,y))\mathrm{d}x\mathrm{d}y$$

其中，当 Σ 正侧面取上侧时，积分前取"+"；当 Σ 正侧面取下侧时，积分前取"−". 这是因为按第二型曲面积分的定义，有

$$\iint_{\Sigma} R(x,y,z)\mathrm{d}x\mathrm{d}y = \lim_{\lambda \to 0} \sum_{i=1}^{n} R(\xi_i,\eta_i,\zeta_i)(\Delta S_i)_{xy}$$

当 Σ 正侧面取上侧时，曲面法向量与 z 轴夹角 γ 的余弦 $\cos\gamma > 0$，$(\Delta S_i)_{xy} = (\Delta\sigma_i)_{xy}$；反之，$\cos\gamma < 0$，$(\Delta S_i)_{xy} = -(\Delta\sigma_i)_{xy}$.

类似地，如果 Σ 由 $x = x(y,z)$ 给出，则有

$$\iint_{\Sigma} P(x,y,z)\mathrm{d}y\mathrm{d}z = \pm \iint_{D_{yz}} P(x(y,z),y,z)\mathrm{d}y\mathrm{d}z$$

正负号同曲面 $x = x(y,z)$ 法向量与 x 轴正向夹角余弦的符号.

如果 Σ 由 $y = y(x,z)$ 给出，则有

$$\iint_{\Sigma} R(x,y,z)\mathrm{d}x\mathrm{d}y = \pm \iint_{D_{xz}} R(x,y(z,x),z)\mathrm{d}x\mathrm{d}z$$

正负号同曲面 $y = y(x,z)$ 法向量与 y 轴正向夹角余弦的符号.

【例 10.12】 计算曲面积分 $\iint_{\Sigma} xyz\mathrm{d}x\mathrm{d}y$, 其中 Σ 是球面 $x^2 + y^2 + z^2 = 1$ 第一卦限外侧的部分.

解 Σ 的方程 $z = \sqrt{1 - x^2 - y^2}$, Σ 上侧在 xOy 面上的投影区域是 $D_{xy} = \{(x,y) \mid x^2 + y^2 \leq 1\}$. 则

$$\iint_{\Sigma} xyz\mathrm{d}x\mathrm{d}y = \iint_{D_{xy}} xy \sqrt{1 - x^2 - y^2}\mathrm{d}x\mathrm{d}y$$

$$= \iint_{D'} r^3 \sin\theta\cos\theta \sqrt{1 - r^2}\mathrm{d}r\mathrm{d}\theta$$

$$= \int_0^{\frac{\pi}{2}}\mathrm{d}\theta\int_0^1 r^3\sin\theta\cos\theta \sqrt{1 - r^2}\mathrm{d}r$$

$$= \frac{1}{15}$$

【例 10.13】 计算 $\iint_{\Sigma} z\mathrm{d}x\mathrm{d}y$, Σ 为锥面 $z = \sqrt{x^2 + y^2}$ 与平面 $z = 1$ 所围曲面的内侧(图 10.12).

解 $\Sigma = \Sigma_1 + \Sigma_2$, $\Sigma_1 : z = \sqrt{x^2 + y^2}$, $0 \leq z \leq 1$, 上侧; $\Sigma_2 : z = 1$, 下侧. Σ_1 和 Σ_2 在 xOy 面的投影区域都是

图 10.12

$$D_{xy} = \{(x,y) \mid x^2 + y^2 \leq 1\}$$

$$\iint_{\Sigma} z\mathrm{d}x\mathrm{d}y = \iint_{\Sigma_1} z\mathrm{d}x\mathrm{d}y + \iint_{\Sigma_2} z\mathrm{d}x\mathrm{d}y$$

$$= \iint_{D_{xy}} \sqrt{x^2 + y^2}\mathrm{d}x\mathrm{d}y - \iint_{D_{xy}} \mathrm{d}x\mathrm{d}y$$

$$= \iint_{D'} r^2\mathrm{d}r\mathrm{d}\theta - \iint_{D'} r\mathrm{d}r\mathrm{d}\theta$$

$$= \int_0^{2\pi}\mathrm{d}\theta\int_0^1 r^2\mathrm{d}r - \int_0^{2\pi}\mathrm{d}\theta\int_0^1 r\mathrm{d}r$$

$$= \frac{2\pi}{3} - \pi$$

$$= -\frac{\pi}{3}$$

3)两类曲面积分之间的联系

设积分曲面 Σ 由方程 $z = z(x,y)$ 给出, Σ 在 xOy 面上的投影区域为 D_{xy}, 函数 $z = z(x,y)$ 在 D_{xy} 上具有一阶连续偏导数, 被积函数 $R(x,y,z)$ 在 Σ 上连续.

如果 Σ 取上侧, 则有

$$\iint_{\Sigma} R(x,y,z)\mathrm{d}x\mathrm{d}y = \iint_{D_{xy}} R[x,y,z(x,y)]\mathrm{d}x\mathrm{d}y$$

另一方面, 因上述有向曲面 Σ 的法向量的方向余弦为

$$\cos\alpha = \frac{-z_x}{\sqrt{1 + z_x^2 + z_y^2}}, \cos\beta = \frac{-z_y}{\sqrt{1 + z_x^2 + z_y^2}}, \cos\gamma = \frac{1}{\sqrt{1 + z_x^2 + z_y^2}}$$

故由第一型曲面积分计算公式有

$$\iint_{\Sigma} R(x,y,z)\cos\gamma\,\mathrm{d}S = \iint_{D_{xy}} R[x,y,z(x,y)]\,\mathrm{d}x\mathrm{d}y$$

由此可见,有

$$\iint_{\Sigma} R(x,y,z)\,\mathrm{d}x\mathrm{d}y = \iint_{\Sigma} R(x,y,z)\cos\gamma\,\mathrm{d}S$$

如果 Σ 取下侧,则有

$$\iint_{\Sigma} R(x,y,z)\,\mathrm{d}x\mathrm{d}y = -\iint_{D_{xy}} R[x,y,z(x,y)]\,\mathrm{d}x\mathrm{d}y$$

但这时 $\cos\gamma = \dfrac{-1}{\sqrt{1+z_x^2+z_y^2}}$,因此仍有

$$\iint_{\Sigma} R(x,y,z)\,\mathrm{d}x\mathrm{d}y = \iint_{\Sigma} R(x,y,z)\cos\gamma\,\mathrm{d}S$$

类似地,可推得

$$\iint_{\Sigma} P(x,y,z)\,\mathrm{d}y\mathrm{d}z = \iint_{\Sigma} P(x,y,z)\cos\alpha\,\mathrm{d}S$$

$$\iint_{\Sigma} Q(x,y,z)\,\mathrm{d}z\mathrm{d}x = \iint_{\Sigma} P(x,y,z)\cos\beta\,\mathrm{d}S$$

综合起来有

$$\iint_{\Sigma} P\mathrm{d}y\mathrm{d}z + Q\mathrm{d}z\mathrm{d}x + R\mathrm{d}x\mathrm{d}y = \iint_{\Sigma}(P\cos\alpha + Q\cos\beta + R\cos\gamma)\,\mathrm{d}S \qquad (10.16)$$

其中,$\cos\alpha,\cos\beta,\cos\gamma$ 是有向曲面 Σ 上点 (x,y,z) 处的法向量的方向余弦,又由 $\cos\gamma\mathrm{d}S = \mathrm{d}x\mathrm{d}y$ 即 $\mathrm{d}S = \dfrac{\mathrm{d}x\mathrm{d}y}{\cos\gamma}$ 可知:

$$\iint_{\Sigma} P\mathrm{d}y\mathrm{d}z + Q\mathrm{d}z\mathrm{d}x + R\mathrm{d}x\mathrm{d}y = \iint_{D_{xy}}\left(\frac{P\cos\alpha}{\cos\gamma} + \frac{Q\cos\beta}{\cos\gamma} + R\right)\mathrm{d}x\mathrm{d}y$$

即对坐标的曲面积分都可以转化为在 xOy 面上二重积分,同理也可以转化为在其他坐标平面上的二重积分.

【例 10.14】 计算曲面积分 $\displaystyle\iint_{\Sigma} xz\mathrm{d}x\mathrm{d}y + xy\mathrm{d}y\mathrm{d}z + yz\mathrm{d}z\mathrm{d}x$,其中 Σ 是平面 $x+y+z=1$ 在第一卦限的上侧.

解 由平面 $x+y+z=1$ 知,$z=1-x-y$,其法向量为 $(1,1,1)$,方向余弦

$$\cos\alpha = \frac{1}{\sqrt{3}}, \cos\beta = \frac{1}{\sqrt{3}}, \cos\gamma = \frac{1}{\sqrt{3}}$$

其第一卦限部分在 xOy 面投影区域为 $D_{xy} = \{(x,y)\mid 0\leqslant x\leqslant 1, 0\leqslant y\leqslant 1-x\}$,由两类曲面积分之间的关系,可得

$$\iint_{\Sigma} xz\mathrm{d}x\mathrm{d}y + xy\mathrm{d}y\mathrm{d}z + yz\mathrm{d}z\mathrm{d}x = \iint_{D_{xy}} xz + \frac{xy\cos\alpha}{\cos\gamma} + \frac{yz\cos\beta}{\cos\gamma}\mathrm{d}x\mathrm{d}y$$

$$= \iint_{D_{xy}} x(1-x-y) + xy + y(1-x-y)\,\mathrm{d}x\mathrm{d}y$$

$$= \int_0^1 \mathrm{d}x\int_0^{1-x} x(1-x-y) + xy + y(1-x-y)\,\mathrm{d}y$$

$$= \frac{1}{8}$$

10.2.3　高斯公式与斯托克斯公式

格林公式表达了平面区域上二重积分与其边界曲线上的曲线积分之间的关系. 而在空间上,也有同样类似的结论,这就是高斯公式. 它表达了空间区域上三重积分与区域边界曲面上曲面积分之间的关系.

数学王子

1)高斯公式

定理7　设空间闭区域 Ω 是由分片光滑的闭曲面 Σ 所围成的,函数 $P(x,y,z)$,$Q(x,y,z)$,$R(x,y,z)$ 在 Ω 上具有一阶连续偏导数,则有

$$\iiint_{\Omega}\left(\frac{\partial P}{\partial x}+\frac{\partial Q}{\partial y}+\frac{\partial R}{\partial z}\right)\mathrm{d}x\mathrm{d}y\mathrm{d}z = \oiint_{\Sigma}P\mathrm{d}y\mathrm{d}z + Q\mathrm{d}z\mathrm{d}x + R\mathrm{d}x\mathrm{d}y \tag{10.17}$$

或

$$\iiint_{\Omega}\left(\frac{\partial P}{\partial x}+\frac{\partial Q}{\partial y}+\frac{\partial R}{\partial z}\right)\mathrm{d}x\mathrm{d}y\mathrm{d}z = \oiint_{\Sigma}(P\cos\alpha + Q\cos\beta + R\cos\gamma)\mathrm{d}S \tag{10.18}$$

其中,Σ 取外侧,式(10.17)、式(10.18) 称为**高斯公式**.

证　设 Ω 是如图 10.13 所示的一个 XY 型区域,上边界曲面为 Σ_2:$z = z_2(x,y)$,下边界曲面为 Σ_1:$z = z_1(x,y)$,侧面为柱面 Σ_3,Σ_1 取下侧,Σ_2 取上侧,Σ_3 取外侧.

根据三重积分的计算法,有

$$\iiint_{\Omega}\frac{\partial R}{\partial z}\mathrm{d}x\mathrm{d}y\mathrm{d}z = \iint_{D_{xy}}\mathrm{d}x\mathrm{d}y\int_{z_1(x,y)}^{z_2(x,y)}\frac{\partial R}{\partial z}\mathrm{d}z$$
$$= \iint_{D_{xy}}\{R[x,y,z_2(x,y)] - R[x,y,z_1(x,y)]\}\mathrm{d}x\mathrm{d}y$$

图 10.13

另一方面,有

$$\iint_{\Sigma_1}R(x,y,z)\mathrm{d}x\mathrm{d}y = -\iint_{D_{xy}}R[x,y,z_1(x,y)]\mathrm{d}x\mathrm{d}y$$

$$\iint_{\Sigma_2}R(x,y,z)\mathrm{d}x\mathrm{d}y = \iint_{D_{xy}}R[x,y,z_2(x,y)]\mathrm{d}x\mathrm{d}y$$

$$\iint_{\Sigma_3}R(x,y,z)\mathrm{d}x\mathrm{d}y = 0$$

以上三式相加,得

$$\oiint_{\Sigma}R(x,y,z)\mathrm{d}x\mathrm{d}y = \iint_{D_{xy}}\{R[x,y,z_2(x,y)] - R[x,y,z_1(x,y)]\}\mathrm{d}x\mathrm{d}y$$

所以

$$\iiint_{\Omega}\frac{\partial R}{\partial z}\mathrm{d}x\mathrm{d}y\mathrm{d}z = \oiint_{\Sigma}R(x,y,z)\mathrm{d}x\mathrm{d}y$$

类似地,有

$$\iiint_{\Omega}\frac{\partial P}{\partial x}\mathrm{d}x\mathrm{d}y\mathrm{d}z = \oiint_{\Sigma}P(x,y,z)\mathrm{d}y\mathrm{d}z$$

$$\iiint_{\Omega}\frac{\partial Q}{\partial y}\mathrm{d}x\mathrm{d}y\mathrm{d}z = \oiint_{\Sigma}Q(x,y,z)\mathrm{d}z\mathrm{d}x$$

把以上三式两端分别相加,即得高斯公式.

对于不是 XY 型区域的情况,则用有限个光滑曲面将它分割成若干个 XY 型区域来讨论可得到同样结论. 证毕.

【例 10.15】 利用高斯公式计算曲面积分 $\oiint_{\Sigma}(x-y)\mathrm{d}x\mathrm{d}y + (y-z)x\mathrm{d}y\mathrm{d}z$,其中 Σ 为柱面 $x^2 + y^2 = 1$ 及平面 $z = 0,z = 3$ 所围成的空间闭区域 Ω 的整个边界曲面的外侧,如图 10.14 所示.

图 10.14

解　这里

$$P = (y-z)x, Q = 0, R = x - y$$

$$\frac{\partial P}{\partial x} = y - z, \frac{\partial Q}{\partial y} = 0, \frac{\partial R}{\partial z} = 0$$

由高斯公式,有

$$
\begin{aligned}
\oiint_{\Sigma}(x-y)\mathrm{d}x\mathrm{d}y + (y-z)x\mathrm{d}y\mathrm{d}z &= \iiint_{\Omega}(y-z)\mathrm{d}x\mathrm{d}y\mathrm{d}z \\
&= \iiint_{\Omega}(\rho\sin\theta - z)\rho\mathrm{d}\rho\mathrm{d}\theta\mathrm{d}z \\
&= \int_0^{2\pi}\mathrm{d}\theta\int_0^1\rho\mathrm{d}\rho\int_0^3(\rho\sin\theta - z)\mathrm{d}z \\
&= -\frac{9\pi}{2}
\end{aligned}
$$

在物理上,若某一流体(密度为 1)的速度场为:

$$v(x,y,z) = P(x,y,z)\mathbf{i} + P(x,y,z)\mathbf{j} + P(x,y,z)\mathbf{k}$$

在定理 2 中,称式 $\frac{\partial P}{\partial x} + \frac{\partial Q}{\partial y} + \frac{\partial R}{\partial z}$ 为 v 的散度,记作 div v. 称 $\iint_{\Sigma}P(x,y,z)\mathrm{d}y\mathrm{d}z + Q(x,y,z)\mathrm{d}x\mathrm{d}z + R(x,y,z)\mathrm{d}x\mathrm{d}y$ 为速度场 v 通过曲面 Σ 的通量,记作 Φ.

2) 斯托克斯公式

斯托克斯公式建立了沿曲面 Σ 的曲面积分与沿 Σ 的边界曲线 L 的曲线积分之间的联系. 对曲面 Σ 的侧与其边界曲线 L 的方向作如下规定:

右手法则:设 Σ 是空间上的光滑曲面,其边界曲线为 L,取定 Σ 的一侧为正侧,伸开右手手掌,以拇指方向指向此侧的法线正向,其余四指伸开微曲,并使曲面 Σ 在手掌的左侧,则其余四指所指的方向就是边界曲线 L 的正方向,反之亦然(图 10.15).

开创大地测量学的数学家

(a)正向　　　　(b)负向

图 10.15

定理 8　设 L 为分段光滑的空间有向闭曲线,Σ 是以 L 为边界的分片光滑的有向曲面,L 的正向与 Σ 的侧符合右手规则,函数 $P(x,y,z),Q(x,y,z),R(x,y,z)$ 在曲面 Σ(连同边界)上具有一阶连续偏导数,则有

$$\iint_{\Sigma} \left(\frac{\partial R}{\partial y} - \frac{\partial Q}{\partial z}\right) \mathrm{d}y\mathrm{d}z + \left(\frac{\partial P}{\partial z} - \frac{\partial R}{\partial x}\right) \mathrm{d}x\mathrm{d}z + \left(\frac{\partial Q}{\partial x} - \frac{\partial P}{\partial y}\right) \mathrm{d}x\mathrm{d}y = \oint_{L} P\mathrm{d}x + Q\mathrm{d}y + R\mathrm{d}z$$

$$(10.19)$$

其中，$\boldsymbol{n} = (\cos\alpha, \cos\beta, \cos\gamma)$ 为有向曲面 Σ 的单位法向量. 式(10.19)可简记为

$$\iint_{\Sigma} \begin{vmatrix} \mathrm{d}y\mathrm{d}z & \mathrm{d}z\mathrm{d}x & \mathrm{d}x\mathrm{d}y \\ \dfrac{\partial}{\partial x} & \dfrac{\partial}{\partial y} & \dfrac{\partial}{\partial z} \\ P & Q & R \end{vmatrix} = \oint_{L} P\mathrm{d}x + Q\mathrm{d}y + R\mathrm{d}z$$

或

$$\iint_{\Sigma} \begin{vmatrix} \cos\alpha & \cos\beta & \cos\gamma \\ \dfrac{\partial}{\partial x} & \dfrac{\partial}{\partial y} & \dfrac{\partial}{\partial z} \\ P & Q & R \end{vmatrix} \mathrm{d}S = \oint_{L} P\mathrm{d}x + Q\mathrm{d}y + R\mathrm{d}z$$

上式行列式按第一行展开，并把 $\dfrac{\partial}{\partial x}$ 与 R,P,Q 的"积"理解为 $\dfrac{\partial R}{\partial x}, \dfrac{\partial P}{\partial x}, \dfrac{\partial Q}{\partial x}$.

在物理上，若某一向量场为

$$\boldsymbol{v}(x,y,z) = P(x,y,z)\boldsymbol{i} + P(x,y,z)\boldsymbol{j} + P(x,y,z)\boldsymbol{k}$$

在定理3中，称向量 $\left(\dfrac{\partial R}{\partial y} - \dfrac{\partial Q}{\partial z}\right)\boldsymbol{i} + \left(\dfrac{\partial P}{\partial z} - \dfrac{\partial R}{\partial x}\right)\boldsymbol{j} + \left(\dfrac{\partial Q}{\partial x} - \dfrac{\partial P}{\partial y}\right)\boldsymbol{k}$ 或 $\begin{vmatrix} \boldsymbol{i} & \boldsymbol{j} & \boldsymbol{k} \\ \dfrac{\partial}{\partial x} & \dfrac{\partial}{\partial y} & \dfrac{\partial}{\partial z} \\ P & Q & R \end{vmatrix}$ 为 $\boldsymbol{v}$ 的**旋度**，记

作 **rot** $\boldsymbol{v}$. 称 $\oint_{L} P\mathrm{d}x + Q\mathrm{d}y + R\mathrm{d}z$ 为向量场 $\boldsymbol{v}$ 沿有向闭曲线 L 的**环流量**.

【例 10.16】 利用斯托克斯公式计算曲线积分 $\oint_{L} z\mathrm{d}x + x\mathrm{d}y + y\mathrm{d}z$，其中 L 为平面 $x + y + z = 1$ 被3个坐标面所截成的三角形的整个边界，它的正向与这个三角形上侧的法向量之间符合右手法则.

解 设 Σ 为闭曲线 L 所围成的三角形平面，Σ 在 yOz 面、zOx 面和 xOy 面上的投影区域分别为 D_{yz}, D_{zx} 和 D_{xy}，按斯托克斯公式，有

$$\oint_{L} z\mathrm{d}x + x\mathrm{d}y + y\mathrm{d}z = \iint_{\Sigma} \begin{vmatrix} \mathrm{d}y\mathrm{d}z & \mathrm{d}z\mathrm{d}x & \mathrm{d}x\mathrm{d}y \\ \dfrac{\partial}{\partial x} & \dfrac{\partial}{\partial y} & \dfrac{\partial}{\partial z} \\ z & x & y \end{vmatrix}$$

$$= \iint_{\Sigma} \mathrm{d}y\mathrm{d}z + \mathrm{d}z\mathrm{d}x + \mathrm{d}x\mathrm{d}y$$

$$= \iint_{D_{yz}} \mathrm{d}y\mathrm{d}z + \iint_{D_{zx}} \mathrm{d}z\mathrm{d}x + \iint_{D_{xy}} \mathrm{d}x\mathrm{d}y$$

$$= 3\iint_{D_{xy}} \mathrm{d}x\mathrm{d}y$$

$$= \frac{3}{2}$$

利用格林公式推得了平面曲线积分与路径无关的条件，完全类似地，利用斯托克斯公式，可

以推得空间曲线积分与路径无关的条件,得到如下定理 3.

定理 9 设空间区域 G 是一维单连通域,函数 $P(x,y,z),Q(x,y,z),R(x,y,z)$ 在 G 内具有一阶连续偏导数,则空间曲线积分 $\int_{\Gamma} P\mathrm{d}x + Q\mathrm{d}y + R\mathrm{d}z$ 在 G 内与路径无关的充分必要条件是

$$\frac{\partial P}{\partial y} = \frac{\partial Q}{\partial x}, \frac{\partial Q}{\partial z} = \frac{\partial R}{\partial y}, \frac{\partial R}{\partial x} = \frac{\partial P}{\partial z} \tag{10.20}$$

在 G 内恒成立.

在定理 3 的条件及结论下,若某函数 $u(x,y,z)$ 的全微分

$$\mathrm{d}u(x,y,z) = P(x,y,z)\mathrm{d}x + Q(x,y,z)\mathrm{d}y + R(x,y,z)\mathrm{d}z$$

则 $u(x,y,z)$ 可用定积分表示为

$$u(x,y,z) = \int_{x_0}^{x} P(x,y_0,z_0)\mathrm{d}x + \int_{y_0}^{y} P(x,y,z_0)\mathrm{d}x + \int_{z_0}^{z} P(x,y,z)\mathrm{d}x$$

其中 (x_0,y_0,z_0) 为 G 内某一定点.

习题 10

(A)

1. 计算 $\int_L (x^2 + y^2)\mathrm{d}s$,其中 L 为曲线 $x = a(\cos t + t\sin t)$,$y = a(\sin t - t\cos t)(0 \leqslant t \leqslant 2\pi)$.

2. 计算 $\int_L \sqrt{x^2 + y^2}\mathrm{d}s$,其中 L 为圆周 $x^2 + y^2 = 2x$.

3. 计算 $\int_L e^{\sqrt{x^2+y^2}}\mathrm{d}s$,其中 L 为圆周 $x^2 + y^2 = a^2$,直线 $y = x$ 及 x 轴在第一象限内所围成的扇形的整个边界.

4. 计算 $\int_L (x^{\frac{4}{3}} + y^{\frac{4}{3}})\mathrm{d}s$,其中 L 为内摆线 $x = a\cos^3 t$,$y = a\sin^3 t\left(0 \leqslant t \leqslant \frac{\pi}{2}\right)$ 在第一象限内的一段弧.

5. 计算 $\int_L \frac{z^2}{x^2 + y^2}\mathrm{d}s$,其中 L 为螺线 $x = a\cos t$,$y = a\sin t$,$z = at(0 \leqslant t \leqslant 2\pi)$.

6. 计算 $\int_L (x + y)\mathrm{d}x$,其中 L 为从点 $(1,0)$ 到 $(0,1)$ 两点的直线段.

7. 计算 $\int_L xy\mathrm{d}x$,其中 L 为抛物线 $y^2 = x$ 上从点 $A(1,-1)$ 到点 $B(1,1)$ 的一段弧.

8. 计算 $\int_L x^3\mathrm{d}x + 3zy^2\mathrm{d}y - x^2y\mathrm{d}z$,其中 L 是从点 $A(3,2,1)$ 到点 $B(0,0,0)$ 的直线段 AB.

9. 计算 $\int_L x\mathrm{d}x + y\mathrm{d}y + (x + y - 1)\mathrm{d}z$,其中 L 是从点 $(1,1,1)$ 到点 $(2,3,4)$ 的一段直线.

10. 计算 $\int_L (2a - y)\mathrm{d}x - (a - y)\mathrm{d}y$, 其中 L 为摆线 $x = a(t - \sin t), y = a(1 - \cos t)$ 的一段曲线(对应于 t 从 0 变到 2π 的一段弧).

11. 计算 $\int_L (x + y)\mathrm{d}x + (y - x)\mathrm{d}y$, 其中 L 是:

(1) 抛物线 $y^2 = x$ 上从点 $(1,1)$ 到点 $(4,2)$ 的一段弧;

(2) 曲线 $x = 2t^2 + t + 1, y = t^2 + 1$ 从点 $(1,1)$ 到 $(4,2)$ 的一段弧.

12. 把对坐标的曲线积分 $\int_L P(x,y)\mathrm{d}x + Q(x,y)\mathrm{d}y$ 化成对弧的曲线积分, 其中 L 为:

(1) 在 xOy 平面内沿直线从点 $(0,0)$ 到点 $(3,4)$;

(2) 沿抛物线 $y = x^2$ 从点 $(0,0)$ 到点 $(2,4)$;

(3) 沿上半圆周 $x^2 + y^2 = 2x$ 从点 $(0,0)$ 到点 $(1,1)$.

13. 设 L 为曲线 $x = t, y = t^2, z = t^3$ 上相应于 t 从 0 变到 1 的曲线弧, 把对坐标的曲线积分 $\int_L P\mathrm{d}x + Q\mathrm{d}y + R\mathrm{d}z$ 化为对弧长的曲线积分.

14. 确定 λ 的值, 使曲线积分 $\int_\alpha^\beta (x^4 + 4xy^\lambda)\mathrm{d}x + (6x^{\lambda-1}y^2 - 5y^4)\mathrm{d}y$ 与积分路径无关, 并求由点 $A(0,0)$ 到点 $B(1,2)$ 时的积分值.

15. 计算积分 $\oint_L (2xy - x^2)\mathrm{d}x + (x + y^2)\mathrm{d}y$, 其中 L 是由抛物线 $y = x^2$ 和 $y^2 = x$ 所围成区域的正向边界曲线, 并验证格林公式的正确性.

16. 利用曲线积分求星形线 $x = a\cos^3 t, y = a\sin^3 t$ 所围成的图形的面积.

17. 证明曲线积分 $\int_{(1,2)}^{(3,4)} (6xy^2 - y^3)\mathrm{d}x + (6x^2 y - 3xy^2)\mathrm{d}y$ 在整个 xOy 平面内与路径无关, 并计算积分值.

18. 利用格林公式, 计算曲线积分 $\oint_L (2x - y + 4)\mathrm{d}x + (5y + 3x - 6)\mathrm{d}y$, 其中 L 为 3 顶点 $(0,0), (3,0)$ 和 $(3,2)$ 的三角形正向边界.

19. 验证 $(3x^2 y + 8xy^2)\mathrm{d}x + (x^3 + 8x^2 y + 12ye^y)\mathrm{d}y$ 在整个 xOy 平面内是某函数 $u(x,y)$ 的全微分, 并求这样的一个 $u(x,y)$.

20. 计算曲面积分 $\iint_\Sigma (x^2 + y^2)\mathrm{d}x\mathrm{d}y$, 其中 Σ 为抛物面 $z = 2 - (x^2 + y^2)$ 在 xOy 平面上方的部分.

21. 计算曲面积分 $\iint_\Sigma (2xy - 2x^2 - x + z)\mathrm{d}s$, 其中 Σ 为 $2x + 2y + z = 6$ 在第一卦限中的部分面.

22. 求抛物面 $z = \frac{1}{2}(x^2 + y^2)(0 \leqslant z \leqslant 1)$ 的质量, 其面密度为 $\mu = z$.

23. 求面密度均匀的平面 $z = x$ 介于平面 $x + y = 1, y = 0$ 和 $x = 0$ 之间部分的重心坐标.

24. 当 Σ 为 xOy 平面内的一个闭区域时, 曲面积分 $\iint_\Sigma R(x,y,z)\mathrm{d}x\mathrm{d}y$ 与二重积分有什么关系?

25. 计算曲面积分 $\iint_\Sigma z\mathrm{d}x\mathrm{d}y + x\mathrm{d}y\mathrm{d}z + y\mathrm{d}z\mathrm{d}x$, 其中 Σ 为柱面 $x^2 + y^2 = 1$ 被平面 $z = 0$ 及 $z = 3$

所截的在第一卦限部分的前侧.

26. 把 $\iint\limits_{\Sigma} P(x,y,z)\mathrm{d}y\mathrm{d}z + Q(x,y,z)\mathrm{d}z\mathrm{d}x + R(x,y,z)\mathrm{d}x\mathrm{d}y$ 化成对面积的曲面积分,其中Σ是平面 $3x + 2y + 2\sqrt{3}z = 6$ 在第一卦限部分的上侧.

27. 利用高斯公式计算曲面积分:

(1) $\iint\limits_{\Sigma} x^2\mathrm{d}y\mathrm{d}z + y^2\mathrm{d}z\mathrm{d}x + z^2\mathrm{d}x\mathrm{d}y$,其中$\Sigma$为平面 $x = 0, y = 0, z = 0, x = a, y = a, z = a$ 所围成的立体的表面和外侧.

(2) $\iint\limits_{\Sigma} (x - y)\mathrm{d}x\mathrm{d}y + (y - z)x\mathrm{d}y\mathrm{d}z$,其中$\Sigma$为柱面 $x^2 + y^2 = 1$ 与平面 $z = 0, z = 3$ 所围成的立体的外表面.

28. 计算 $\iint\limits_{\Sigma} x^2\mathrm{d}y\mathrm{d}z + y^2\mathrm{d}x\mathrm{d}z + z^2\mathrm{d}x\mathrm{d}y$,式中$\Sigma$为球面$(x - a)^2 + (y - b)^2 + (z - c)^2 = R^2$的外表面.

29. 计算向量 $\boldsymbol{\alpha}$ 穿过曲面Σ流向指定侧的通量:

(1) $\boldsymbol{\alpha} = (2x - z)\mathbf{i} + x^2y\mathbf{j} - xz^2\mathbf{k}$,$\Sigma$为立体$0 \leqslant x \leqslant a, 0 \leqslant y \leqslant a, 0 \leqslant z \leqslant a$的全表面,流向外侧.

(2) $\boldsymbol{\alpha} = (x - y + z)\mathbf{i} + (y - z + x)\mathbf{j} + (z - x + y)\mathbf{k}$,$\Sigma$为椭球面$\dfrac{x^2}{a^2} + \dfrac{y^2}{b^2} + \dfrac{z^2}{c^2} = 1$,流向外侧.

30. 求向量场 $\boldsymbol{\alpha} = a^{xy}\mathbf{i} + \cos(xy)\mathbf{j} + \cos(xz^2)\mathbf{k}$ 的散度.

31. 求向量场 $\boldsymbol{\alpha} = y^2\mathbf{i} + xy\mathbf{j} + xz\mathbf{k}$ 的散度.

32. 利用斯托克斯公式计算曲线积分$\oint\limits_{L} y\mathrm{d}x + z\mathrm{d}y + x\mathrm{d}z$,其中$\Gamma$为圆周:$x^2 + y^2 + z^2 = a^2$,$x + y + z = 0$,若从 x 轴正向看去,该圆周取逆时针方向.

33. 证明$\oint\limits_{L} y^2\mathrm{d}x + xy\mathrm{d}y + xz\mathrm{d}z = 0$,其中$\Gamma$为圆柱面 $x^2 + y^2 = 2y$ 与 $y = z$ 的交线.

34. 求向量场 $\boldsymbol{\alpha} = (x - y)\mathbf{i} + (x^3 + yz)\mathbf{j} - (3xy^2)\mathbf{k}$ 的环流量,其中Γ为圆周 $z = 2 - \sqrt{x^2 + y^2}, z = 0$.

35. 求向量场 $\boldsymbol{\alpha} = (2z - 3y)\mathbf{i} + (3x - z)\mathbf{j} + (y - 2x)\mathbf{k}$ 的旋度.

36. 求向量场 $\boldsymbol{\alpha} = (z + \sin y)\mathbf{i} - (z - x\cos y)\mathbf{j}$ 的旋度.

37. 计算$\oint\limits_{\Gamma} (y^2 - z^2)\mathrm{d}x + (z^2 - x^2)\mathrm{d}y + (x^2 - y^2)\mathrm{d}z$,其中$\Gamma$为用平面 $x + y + z = \dfrac{3}{2}$ 与立方体 $0 \leqslant x \leqslant 1, 0 \leqslant y \leqslant 1, 0 \leqslant x \leqslant 1$ 的表面所得切痕,若从 Ox 轴的正向看去与逆时针方向同向.

(B)

一、填空题

1. 已知 L 为连接$(0,0)$及$(1,2)$的直线段,则$\int\limits_{L} x\mathrm{d}s = $ _____.

2. 已知 L 为从 $(0,0)$ 到 $(0,2)$ 的直线段，则 $\int_L x\mathrm{d}y = $ _____.

3. 已知 L 为从 $(1,1,1)$ 到 $(2,3,4)$ 的直线段，则 $\int_L x\mathrm{d}x + y\mathrm{d}y + (x+y-1)\mathrm{d}z = $ _____.

4. $\int_{(1,1)}^{(2,3)} x\mathrm{d}x + y\mathrm{d}y = $ _____.

5. 已知 Σ 是平面 $x+y+z=1$ 在第一卦限中的部分，则 $\iint_\Sigma \left(z + 2x + \frac{4}{3}y\right)\mathrm{d}s = $ _____.

二、单项选择题

1. 若某函数的全微分 $\mathrm{d}u(x,y) = (x+2y)\mathrm{d}x + (2x+y)\mathrm{d}y$，则 $u(x,y)$ 为（　　）.

　A. $u(x,y) = \frac{1}{2}x^2 + 2xy + y + C$ 　　　B. $u(x,y) = \frac{1}{2}x^2 + 2xy + \frac{1}{2}y^2$

　C. $u(x,y) = \frac{1}{2}x^2 + 2xy + \frac{1}{2}y$ 　　　D. $u(x,y) = \frac{1}{2}x^2 + 2xy + \frac{1}{2}y^2 + C$

2. 下列积分在整个 xOy 面内与路径无关的是（　　）.

　A. $\int_{(1,1)}^{(2,3)} x\mathrm{d}x + 2xy\mathrm{d}y$ 　　　B. $\int_{(1,1)}^{(2,3)} y\mathrm{d}x + x\mathrm{d}y$

　C. $\int_{(1,1)}^{(2,3)} 2yx\mathrm{d}x + y\mathrm{d}y$ 　　　D. $\int_{(1,1)}^{(2,3)} xy\mathrm{d}x + 2y\mathrm{d}y$

3. 已知向量场 $v = (^2 + yz)\mathbf{i} + (y^2 + xz)\mathbf{j} + (z^2 + xy)\mathbf{k}$，则 v 的散度 $\mathrm{div}\ v = $（　　）.

　A. $2z + 2y + z$ 　　　B. $2y + 2z$

　C. $x + y + z$ 　　　D. $2x + 2y + 2z$

4. 已知 α, β, γ 为有向曲线弧 L 在点 (x,y,z) 处切向量的方向角，则第二类为曲线积分 $\int_L P\mathrm{d}x + Q\mathrm{d}y + R\mathrm{d}z$ 化成第一类曲线积分是（　　）.

　A. $\int_L \left(\frac{P}{\sin\alpha} + \frac{Q}{\sin\beta} + \frac{R}{\sin\gamma}\right)\mathrm{d}S$ 　　　B. $\int_L \left(\frac{P}{\cos\alpha} + \frac{Q}{\cos\beta} + \frac{R}{\cos\gamma}\right)\mathrm{d}S$

　C. $\int_L (P\cos\alpha + Q\cos\beta + R\cos\gamma)\mathrm{d}S$ 　　　D. $\int_L (P\sin\alpha + Q\sin\beta + R\sin\gamma)\mathrm{d}S$

5. 设曲面 Σ 是上半球面：$x^2 + y^2 + z^2 = 1(z \geqslant 0)$，曲面 Σ_1 是曲面 Σ 在第一卦限中的部分，则有（　　）.

　A. $\iint_\Sigma z\mathrm{d}S = 4\iint_{\Sigma_1} z\mathrm{d}S$ 　　　B. $\iint_\Sigma y\mathrm{d}S = 4\iint_{\Sigma_1} x\mathrm{d}S$

　C. $\iint_\Sigma x\mathrm{d}S = 4\iint_{\Sigma_1} x\mathrm{d}S$ 　　　D. $\iint_\Sigma xyz\mathrm{d}S = 4\iint_{\Sigma_1} xyz\mathrm{d}S$

第 11 章

无穷级数

无穷级数既是数与函数的一种重要表达形式,也是微积分学的一个重要组成部分,它是表示函数、研究函数性质和进行数值计算的有力工具.无穷级数包括常数项级数和函数项级数,常数项级数是函数项级数的基础.鉴于本课程的特点,本章主要介绍无穷级数的一些基本知识,重点介绍常数项级数和幂级数.

11.1　常数项级数的概念与性质

11.1.1　常数项级数的概念

常数项级数是函数项级数的一个基础.求和运算是数学的最基本运算,从初等数学到高等数学,随时都可以遇到,这些求和主要是有限项之和,如数值相加、数列求和、积分求和等.那么,无限项之和其含义如何? 无限项相加有没有和? 这就是本节所要讨论的问题.

定义 1　设实数序列 $u_1,u_2,u_3,\cdots,u_n,\cdots$ 称

$$u_1 + u_2 + u_3 + \cdots + u_n + \cdots$$

为常数项无穷级数,简称级数,记作 $\sum_{n=1}^{\infty} u_n$,即

$$\sum_{n=1}^{\infty} u_n = u_1 + u_2 + u_3 + \cdots + u_n + \cdots \tag{11.1}$$

其中,u_1 称为首项,第 n 项 u_n 称为通项或一般项.

无穷级数 $\sum_{n=1}^{\infty} u_n$ 的前 n 项和

$$S_n = u_1 + u_2 + u_3 + \cdots + u_n = \sum_{k=1}^{n} u_k \tag{11.2}$$

称为级数的部分和.部分和构成一个数列 $\{S_n\}$,即

$$S_1 = u_1, S_2 = u_1 + u_2, \cdots, S_n = u_1 + u_2 + \cdots + u_n, \cdots$$

定义 2　如果级数 $\sum_{n=1}^{\infty} u_n$ 的部分和数列 $\{S_n\}$ 有极限,即 $\lim_{n\to\infty} S_n = S$,则称级数 $\sum_{n=1}^{\infty} u_n$ 收敛,

并称极限值 S 为级数 $\sum\limits_{n=1}^{\infty} u_n$ 的和,记作

$$S = \lim_{n \to \infty} S_n = \sum_{n=1}^{\infty} u_n = u_1 + u_2 + u_3 + \cdots + u_n + \cdots$$

如果部分和数列 $\{S_n\}$ 的极限不存在,则称级数 $\sum\limits_{n=1}^{\infty} u_n$ 发散.

【例 11.1】 讨论等比级数(几何级数) $\sum\limits_{n=0}^{\infty} aq^n = a + aq + aq^2 + \cdots + aq^n + \cdots (a \neq 0)$ 的敛散性.

解 (1)若 $|q| \neq 1$ 时,该级数的部分和

$$S_n = a + aq + aq^2 + \cdots + aq^{n-1} = \frac{a - aq^n}{1 - q}$$

当 $|q| < 1$ 时

$$\lim_{n \to \infty} q^n = 0, \lim_{n \to \infty} S_n = \lim_{n \to \infty} \frac{a - aq^n}{1 - q} = \frac{a}{1 - q}$$

当 $|q| > 1$ 时

$$\lim_{n \to \infty} q^n = \infty, \lim_{n \to \infty} S_n = \lim_{n \to \infty} \frac{a - aq^n}{1 - q} \to \infty$$

(2)当 $q = 1$ 时,级数转化为

$$\sum_{n=0}^{\infty} a = a + a + \cdots + a + \cdots$$

由于部分和的极限 $\lim\limits_{n \to \infty} S_n = \lim\limits_{n \to \infty} na = \infty$,所以原级数发散.

(3)当 $q = -1$ 时,级数转化为

$$\sum_{n=0}^{\infty} aq^n = a - a + a - \cdots + a(-1)^n + \cdots$$

由于部分和的极限 $\lim\limits_{n \to \infty} S_n = \lim\limits_{n \to \infty} \frac{a}{2}[1 + (-1)^n]$ 不存在,所以原级数发散.

因此,几何级数 $\sum\limits_{n=0}^{\infty} aq^n$ 当 $|q| < 1$ 时,收敛,其和为 $\frac{a}{1-q}$;当 $|q| \geq 1$ 时,发散.

【例 11.2】 判别级数 $\sum\limits_{n=1}^{\infty} \frac{1}{n(n+1)}$ 的收敛性.

解 由于 $u_n = \frac{1}{n(n+1)} = \frac{1}{n} - \frac{1}{n+1}$,且部分和为

$$S_n = \frac{1}{1 \cdot 2} + \frac{1}{2 \cdot 3} + \cdots + \frac{1}{n(n+1)}$$

$$= \left(1 - \frac{1}{2}\right) + \left(\frac{1}{2} - \frac{1}{3}\right) + \cdots + \left(\frac{1}{n} - \frac{1}{n+1}\right)$$

$$= 1 - \frac{1}{n+1}$$

所以

$$\lim_{n \to \infty} S_n = \lim_{n \to \infty} \left(1 - \frac{1}{n+1}\right) = 1$$

即级数 $\sum\limits_{n=1}^{\infty}\dfrac{1}{n(n+1)}$ 收敛,且收敛和为1.

【例 11.3】　判别调和级数 $\sum\limits_{n=1}^{\infty}\dfrac{1}{n}$ 的收敛性.

解　设 $y=\ln x, x\in[n,n+1]$,由拉格朗日中值定理得

$$\ln(n+1)-\ln n=\frac{1}{n+\theta}<\frac{1}{n}\quad(0<\theta<1)$$

$$S_n=\sum_{k=1}^{n}\frac{1}{k}=1+\frac{1}{2}+\cdots+\frac{1}{n}$$
$$>(\ln 2-\ln 1)+(\ln 3-\ln 2)+\cdots+[\ln(n+1)-\ln n]$$
$$=\ln(n+1)-\ln 1$$
$$=\ln(n+1)$$

所以

$$\lim_{n\to+\infty}S_n=\lim_{n\to+\infty}\ln(n+1)=+\infty$$

即调和级数 $\sum\limits_{n=1}^{\infty}\dfrac{1}{n}$ 发散.

11.1.2　常数项级数的基本性质

性质1　级数 $\sum\limits_{n=1}^{\infty}u_n$ 与 $\sum\limits_{n=1}^{\infty}ku_n(k\neq 0)$ 具有相同的敛散性.

证　设级数 $\sum\limits_{n=1}^{\infty}u_n$ 收敛,且收敛和为 S,即部分和 S_n 的极限为

$$\lim_{n\to\infty}S_n=\lim_{n\to\infty}(u_1+u_2+\cdots+u_n)=S$$

设级数 $\sum\limits_{n=1}^{\infty}ku_n$ 的部分和为 T_n,则

$$\lim_{n\to\infty}T_n=\lim_{n\to\infty}(ku_1+ku_2+\cdots+ku_n)$$
$$=\lim_{n\to\infty}k(u_1+u_2+\cdots+u_n)$$
$$=k\lim_{n\to\infty}S_n=kS$$

所以

$$\sum_{n=1}^{\infty}ku_n=kS=k\sum_{n=1}^{\infty}u_n$$

由于 $T_n=kS_n$,因此,如果 S_n 没有极限,则 T_n 也没有极限.

性质2　设级数 $\sum\limits_{n=1}^{\infty}u_n$ 与 $\sum\limits_{n=1}^{\infty}v_n$ 分别收敛于 S_1,S_2,则级数 $\sum\limits_{n=1}^{\infty}(u_n\pm v_n)$ 收敛,且

$$\sum_{n=1}^{\infty}(u_n\pm v_n)=\sum_{n=1}^{\infty}u_n\pm\sum_{n=1}^{\infty}v_n=S_1\pm S_2 \tag{11.3}$$

证　设级数 $\sum\limits_{n=1}^{\infty}u_n,\sum\limits_{n=1}^{\infty}v_n$ 的部分和分别为 S_n,T_n,则

$$\lim_{n \to \infty} S_n = \lim_{n \to \infty} (u_1 + u_2 + \cdots + u_n) = S_1$$

$$\lim_{n \to \infty} T_n = \lim_{n \to \infty} (v_1 + v_2 + \cdots + v_n) = S_2$$

设级数 $\sum_{n=1}^{\infty} (u_n \pm v_n)$ 的部分和为 W_n,则

$$W_n = (u_1 \pm v_1) + (u_2 \pm v_2) + \cdots + (u_n \pm v_n)$$
$$= (u_1 + u_2 + \cdots + u_n) \pm (v_1 + v_2 + \cdots + v_n)$$
$$= S_n \pm T_n$$

因此

$$\lim_{n \to \infty} W_n = \lim_{n \to \infty} (S_n \pm T_n) = S_1 \pm S_2$$

所以

$$\sum_{n=1}^{\infty} (u_n \pm v_n) = S_1 \pm S_2 = \sum_{n=1}^{\infty} u_n \pm \sum_{n=1}^{\infty} v_n$$

易得,级数 $\sum_{n=1}^{\infty} u_n$ 收敛,而级数 $\sum_{n=1}^{\infty} v_n$ 发散,则级数 $\sum_{n=1}^{\infty} (u_n \pm v_n)$ 发散.

性质 3　设级数 $\sum_{n=1}^{\infty} u_n$ 与 $\sum_{n=1}^{\infty} v_n$ 都收敛,a,b 为两个常数,则级数 $\sum_{n=1}^{\infty} (au_n + bv_n)$ 收敛,且

$$\sum_{n=1}^{\infty} (au_n + bv_n) = a \sum_{n=1}^{\infty} u_n + b \sum_{n=1}^{\infty} v_n$$

由性质 1 和性质 2 容易证明性质 3.

性质 4　在级数中增加(或去掉)有限项,级数的敛散性不变.

证　设级数 $\sum_{n=1}^{\infty} u_n$ 的部分和为 S_n,去掉 $\sum_{n=1}^{\infty} u_n$ 的前 k 项后为

$$\sum_{n=k+1}^{\infty} u_n = u_{k+1} + u_{k+2} + \cdots + u_{k+n} + \cdots$$

将新级数记作 $\sum_{n=1}^{\infty} v_n$,即 $v_n = u_{k+n} (n = 1,2,3,\cdots)$,从而新级数的部分和

$$T_n = u_{k+1} + u_{k+2} + \cdots + u_{k+n} = S_{k+n} - S_k$$

当级数 $\sum_{n=1}^{\infty} u_n$ 收敛时,设 $\lim_{n \to \infty} S_n = S$,则

$$\lim_{n \to \infty} T_n = \lim_{n \to \infty} (S_{k+n} - S_k) = \lim_{n \to \infty} S_{k+n} - S_k = S - S_k$$

即新级数收敛,且和等于原级数的和 S 减去前有限项的和 S_k.

当级数 $\sum_{n=1}^{\infty} u_n$ 发散时,由 S_n 极限 $\lim_{n \to \infty} S_n$ 不存在,可得极限 $\lim_{n \to \infty} T_n$ 不存在,即级数 $\sum_{n=k+1}^{\infty} u_n$ 发散.

类似地,可以证明在一个级数前面加上有限项不改变级数的敛散性.

性质 5　若级数 $\sum_{n=1}^{\infty} u_n$ 收敛,则加括号(不改变各项顺序)所得的级数仍然收敛,且收敛于原级数的和.

注:如果一个级数加括号所得的级数发散,则该级数必发散;但是,加括号的收敛级数,去掉括号后的新级数不一定收敛,即性质 5 的逆命题不成立.

【例11.4】 级数 $\sum\limits_{n=1}^{\infty}(1-1) = (1-1)+(1-1)+\cdots+(1-1)+\cdots = 0$ 收敛,然而去掉括号后 $\sum\limits_{n=0}^{\infty}(-1)^n = 1-1+1-1+\cdots+(-1)^n+\cdots$ 是发散级数.

定理1(级数收敛的必要条件) 设级数 $\sum\limits_{n=1}^{\infty}u_n$ 收敛,则 $\lim\limits_{n\to\infty}u_n = 0$.

证 设 $S = \sum\limits_{n=1}^{\infty}u_n$,则

$$u_n = S_n - S_{n-1}$$

所以

$$\lim\limits_{n\to\infty}u_n = \lim\limits_{n\to\infty}S_n - \lim\limits_{n\to\infty}S_{n-1} = S - S = 0$$

注:此定理通常用来判定级数发散,即如果 $\lim\limits_{n\to\infty}u_n = 0$,级数 $\sum\limits_{n=1}^{\infty}u_n$ 不一定收敛;但是如果 $\lim\limits_{n\to\infty}u_n \neq 0$,级数 $\sum\limits_{n=1}^{\infty}u_n$ 一定发散.

【例11.5】 调和级数 $\sum\limits_{n=1}^{\infty}\frac{1}{n}$ 中,有 $\lim\limits_{n\to\infty}u_n = \lim\limits_{n\to\infty}\frac{1}{n} = 0$. 然而,由例8.3可知,该级数发散.

【例11.6】 利用无穷级数的性质与几何级数的敛散性,判别下列级数的敛散性:

(1) $\sum\limits_{n=1}^{\infty}\cos\frac{\pi}{n+1} = \cos\frac{\pi}{2}+\cos\frac{\pi}{3}+\cdots$; (2) $1+\frac{1}{2}+\sum\limits_{n=1}^{\infty}\frac{1}{3^n}$.

解 (1)由于 $\lim\limits_{n\to\infty}u_n = \lim\limits_{n\to\infty}\cos\frac{\pi}{n+1} = 1 \neq 0$,由定理1可知,级数 $\sum\limits_{n=1}^{\infty}\cos\frac{\pi}{n+1}$ 发散.

(2)由于几何级数 $\sum\limits_{n=1}^{\infty}\frac{1}{3^n}$ 收敛,由性质4可知,级数 $1+\frac{1}{2}+\sum\limits_{n=1}^{\infty}\frac{1}{3^n}$ 仍然收敛.

11.2 正项级数的敛散性

如果 $u_n \geqslant 0(n=1,2,3,\cdots)$,则称 $\sum\limits_{n=1}^{\infty}u_n$ 为正项级数.

定理2 正项级数 $\sum\limits_{n=1}^{\infty}u_n$ 收敛的充分必要条件是部分和数列有上界.

证 由 $u_n \geqslant 0(n=1,2,3,\cdots)$ 可知

$$S_{n+1} = S_n + u_{n+1} \geqslant S_n \geqslant 0(n=1,2,3,\cdots)$$

即 $\{S_n\}$ 是单调增加数列.

因此,由单调有界数列极限存在准则可得 $\lim\limits_{n\to\infty}S_n$ 存在,故级数 $\sum\limits_{n=1}^{\infty}u_n$ 收敛;另一方面,若 $\{S_n\}$ 无上界,则 $\lim\limits_{n\to\infty}S_n = +\infty$,从而级数 $\sum\limits_{n=1}^{\infty}u_n$ 发散.

定理 2 的重要性主要并不在于利用它来直接判别正项级数的收敛性,而在于它是证明下面一系列判别法的基础.

定理 3(比较判别法) 设 $\sum\limits_{n=1}^{\infty} u_n$ 和 $\sum\limits_{n=1}^{\infty} v_n$ 均为正项级数,且满足 $u_n \leqslant v_n (n = 1,2,\cdots)$,则:

① 若级数 $\sum\limits_{n=1}^{\infty} v_n$ 收敛,则级数 $\sum\limits_{n=1}^{\infty} u_n$ 必收敛;

② 若级数 $\sum\limits_{n=1}^{\infty} u_n$ 发散,则级数 $\sum\limits_{n=1}^{\infty} v_n$ 发散.

证 ① 由 $0 \leqslant u_n \leqslant v_n$ 可知,级数 $\sum\limits_{n=1}^{\infty} u_n$,$\sum\limits_{n=1}^{\infty} v_n$ 的部分和 S_n 与 T_n 满足

$$S_n = u_1 + u_2 + \cdots + u_n \leqslant v_1 + v_2 + \cdots + v_n = T_n (n = 1,2,\cdots)$$

当 $\sum\limits_{n=1}^{\infty} v_n$ 收敛时存在常数 M 使得部分和 $T_n \leqslant M (n = 1,2,\cdots)$,则

$$S_n \leqslant T_n \leqslant M (n = 1,2,\cdots)$$

即级数 $\sum\limits_{n=1}^{\infty} u_n$ 的部分和数列有上界. 由定理 2 可知,级数 $\sum\limits_{n=1}^{\infty} u_n$ 收敛.

② 如果级数 $\sum\limits_{n=1}^{\infty} u_n$ 发散,则部分和数列 $\{S_n\}$ 无上界,且 $S_n \leqslant T_n (n = 1,2,\cdots)$,则 $\{T_n\}$ 无上界. 由定理 2 可知,级数 $\sum\limits_{n=1}^{\infty} v_n$ 发散.

定理 4 设 $\sum\limits_{n=1}^{\infty} u_n$ 和 $\sum\limits_{n=1}^{\infty} v_n$ 均为正项级数,如果存在常数 $c > 0$ 和自然数 N,当 $n > N$ 时,满足 $u_n \leqslant cv_n$,则:

① 若级数 $\sum\limits_{n=1}^{\infty} v_n$ 收敛,则级数 $\sum\limits_{n=1}^{\infty} u_n$ 收敛.

② 若级数 $\sum\limits_{n=1}^{\infty} u_n$ 发散,则级数 $\sum\limits_{n=1}^{\infty} v_n$ 发散.

由级数的性质和定理 3 不难证明.

【例 11.7】 讨论 p- 级数 $\sum\limits_{n=1}^{\infty} \dfrac{1}{n^p}$ 的敛散性,其中 p 为常数.

解 (1) 当 $p \leqslant 1$ 时,$\dfrac{1}{n} \leqslant \dfrac{1}{n^p}$. 因调和级数 $\sum\limits_{n=1}^{\infty} \dfrac{1}{n}$ 发散,则由比较判别法可知 $\sum\limits_{n=1}^{\infty} \dfrac{1}{n^p}$ 发散.

(2) 当 $p > 1$ 时,由于

$$0 < \frac{1}{m^p} = \int_{m-1}^{m} \frac{1}{m^p} \mathrm{d}x < \int_{m-1}^{m} \frac{1}{x^p} \mathrm{d}x (m = 2,3,\cdots)$$

故 p- 级数的部分和

$$S_n = 1 + \frac{1}{2^p} + \frac{1}{3^p} + \cdots + \frac{1}{n^p} \leqslant 1 + \int_{1}^{2} \frac{1}{x^p} \mathrm{d}x + \cdots + \int_{n-1}^{n} \frac{1}{x^p} \mathrm{d}x$$

$$= 1 + \int_{1}^{n} \frac{1}{x^p} \mathrm{d}x = 1 + \frac{1}{p-1}\left(1 - \frac{1}{n^{p-1}}\right)$$

$$< \frac{p}{p-1}$$

即部分和 $\{S_n\}$ 有界,则 p- 级数 $\sum\limits_{n=1}^{\infty}\dfrac{1}{n^p}$ 收敛.

因此,当 $p>1$ 时,级数 $\sum\limits_{n=1}^{\infty}\dfrac{1}{n^p}$ 收敛;当 $p\leqslant 1$ 时,级数 $\sum\limits_{n=1}^{\infty}\dfrac{1}{n^p}$ 发散.

【例 11.8】 判别下列级数的敛散性:

(1) $\sum\limits_{n=1}^{\infty}\dfrac{1}{\sqrt{n(n+1)}}$; (2) $\sum\limits_{n=1}^{\infty}2^n\sin\dfrac{\pi}{3^n}$.

解 (1) 由于 $u_n=\dfrac{1}{\sqrt{n(n+1)}}>\dfrac{1}{n+1}$

而 $\sum\limits_{n=1}^{\infty}\dfrac{1}{n+1}=\sum\limits_{n=2}^{\infty}\dfrac{1}{n}$ 发散,由比较判别法可知,级数 $\sum\limits_{n=1}^{\infty}\dfrac{1}{\sqrt{n(n+1)}}$ 发散.

(2) 因为 $0<\sin x<x(x>0)$,所以 $0<2^n\sin\dfrac{\pi}{3^n}<\pi\left(\dfrac{2}{3}\right)^n$. 又因为几何级数 $\sum\limits_{n=1}^{\infty}\pi\left(\dfrac{2}{3}\right)^n$

收敛,由比较判别法可知,级数 $\sum\limits_{n=1}^{\infty}2^n\sin\dfrac{\pi}{3^n}$ 收敛.

要应用比较判别法来判别给定级数的敛散性,就必须建立给定级数的一般项与某一已知级数的一般项之间的不等式关系. 但有时直接建立这样的不等式关系相当困难,为应用方便,这里给出比较判别法的极限形式.

定理 5(比较判别法的极限形式) 设 $\sum\limits_{n=1}^{\infty}u_n,\sum\limits_{n=1}^{\infty}v_n$ 为正项级数,且 $\lim\limits_{n\to\infty}\dfrac{u_n}{v_n}=l$,则:

①若 $0<l<+\infty$, $\sum\limits_{n=1}^{\infty}u_n$ 与 $\sum\limits_{n=1}^{\infty}v_n$ 有相同的敛散性.

②若 $l=0$, 且 $\sum\limits_{n=1}^{\infty}v_n$ 收敛,则 $\sum\limits_{n=1}^{\infty}u_n$ 收敛.

③若 $l=+\infty$, 且 $\sum\limits_{n=1}^{\infty}v_n$ 发散,则 $\sum\limits_{n=1}^{\infty}u_n$ 发散.

证 由于 $\lim\limits_{n\to\infty}\dfrac{u_n}{v_n}=l$,且 $0<l<+\infty$,故对任意给定的 $\varepsilon=\dfrac{1}{2}A>0$,存在正整数 N,当 $n>N$ 时,有

$$\left|\dfrac{u_n}{v_n}-A\right|<\varepsilon=\dfrac{1}{2}A$$

即当 $n>N$ 时,有

$$\dfrac{1}{2}Av_n<u_n<\dfrac{3}{2}Av_n$$

由定理 3 可知,$\sum\limits_{n=1}^{\infty}u_n$ 与 $\sum\limits_{n=1}^{\infty}v_n$ 具有相同的敛散性(同时收敛或发散).

类似地,可以证明 ② 与 ③.

定理得证.

注:在情形 ① 中,当 $0<l<+\infty$ 时,可表述为:若 u_n 与 lv_n 是 $n\to\infty$ 时的等价无穷小,则级数 $\sum\limits_{n=1}^{\infty}u_n$ 与 $\sum\limits_{n=1}^{\infty}v_n$ 有相同的敛散性.

调和级数 $\sum\limits_{n=1}^{\infty}\dfrac{1}{n}$,几何级数 $\sum\limits_{n=1}^{\infty}aq^n$ 和 p- 级数 $\sum\limits_{n=1}^{\infty}\dfrac{1}{n^p}$ 常作为比较判别法中的参照级数.

【例 11.9】 判别下列级数的敛散性:

(1) $\sum\limits_{n=1}^{\infty}\dfrac{1+n^2}{1+n^3}$; (2) $\sum\limits_{n=1}^{\infty}\dfrac{\pi}{n}\sin\dfrac{\pi}{n}$.

解 (1) 由于

$$\frac{1+n^2}{1+n^3} \sim \frac{1}{n}(n \to \infty)$$

故可选调和级数 $\sum\limits_{n=1}^{\infty}\dfrac{1}{n}$ 作为参照级数,并且

$$\lim_{n\to\infty}\frac{\dfrac{1+n^2}{1+n^3}}{\dfrac{1}{n}} = \lim_{n\to\infty}\frac{n+n^3}{1+n^3} = 1$$

又因为调和级数 $\sum\limits_{n=1}^{\infty}\dfrac{1}{n}$ 是发散级数,由比较判别法的极限形式 ① 可知,级数 $\sum\limits_{n=1}^{\infty}\dfrac{1+n^2}{1+n^3}$ 发散.

(2) 由于

$$\sin\frac{\pi}{n} \sim \frac{\pi}{n}(n \to \infty)$$

故可选级数 $\sum\limits_{n=1}^{\infty}\dfrac{1}{n^2}$ 作为参照级数,并且

$$\lim_{n\to\infty}\frac{\dfrac{\pi}{n}\sin\dfrac{\pi}{n}}{\dfrac{1}{n^2}} = \lim_{n\to\infty}\frac{\pi\sin\dfrac{\pi}{n}}{\dfrac{1}{n}} = \pi^2$$

又因为 $\sum\limits_{n=1}^{\infty}\dfrac{1}{n^2}$ 是收敛级数,由比较判别法的极限形式 ① 可知,级数 $\sum\limits_{n=1}^{\infty}\dfrac{\pi}{n}\sin\dfrac{\pi}{n}$ 收敛.

【例 11.10】 判别级数 $\sum\limits_{n=1}^{\infty}\dfrac{1}{n^2}\ln\dfrac{n+1}{n}$ 的敛散性.

解法一 由于

$$\ln\frac{n+1}{n} = \ln\left(1+\frac{1}{n}\right) \sim \frac{1}{n}(n \to \infty)$$

故选 $\sum\limits_{n=1}^{\infty}\dfrac{1}{n^3}$ 作为参照级数,且

$$\lim_{n\to\infty}\frac{\dfrac{1}{n^2}\ln\left(1+\dfrac{1}{n}\right)}{\dfrac{1}{n^3}} = \lim_{n\to\infty}n\,\ln\left(1+\frac{1}{n}\right) = \lim_{n\to\infty}n\cdot\frac{1}{n} = 1$$

由于级数 $\sum\limits_{n=1}^{\infty}\dfrac{1}{n^3}$ 收敛,由比较判别法的极限形式 ① 可知,原级数收敛.

解法二 由于

$$\ln\frac{n+1}{n}\to 0\,(n\to\infty)$$

故可选 $\sum_{n=1}^{\infty}\frac{1}{n^2}$ 作为参照级数,且

$$\lim_{n\to\infty}\frac{\dfrac{1}{n^2}\ln\left(\dfrac{n+1}{n}\right)}{\dfrac{1}{n^2}}=\lim_{n\to\infty}\ln\frac{n+1}{n}=0$$

由于级数 $\sum_{n=1}^{\infty}\frac{1}{n^2}$ 收敛,由比较判别法的极限形式 ② 可知,原级数收敛.

定理 6(达朗贝尔比值判别法) 设 $\sum_{n=1}^{\infty}u_n$ 为正项级数,且 $\lim_{n\to\infty}\frac{u_{n+1}}{u_n}=\rho$,则:

为力学建立卓越
贡献的科学家

①若 $0\leqslant\rho<1$,则 $\sum_{n=1}^{\infty}u_n$ 收敛.

②若 $\rho>1$,则 $\sum_{n=1}^{\infty}u_n$ 发散.

③若 $\rho=1$,则 $\sum_{n=1}^{\infty}u_n$ 可能收敛也可能发散.

证 ① 由于 $\lim_{n\to\infty}\frac{u_{n+1}}{u_n}=\rho$,且 $0\leqslant\rho<1$,故对任意给定的 $\varepsilon=\frac{1-\rho}{2}>0$,存在正整数 N,当 $n>N$ 时,有

$$\left|\frac{u_{n+1}}{u_n}-\rho\right|<\varepsilon=\frac{1-\rho}{2}$$

即当 $n>N$ 时,有

$$\frac{u_{n+1}}{u_n}<\rho+\varepsilon=\frac{1+\rho}{2}=q<1$$

由此可知

$$u_{N+1}<qu_N$$
$$u_{N+2}<qu_{N+1}<q^2u_N,\cdots$$
$$u_{N+k}<qu_{N+k-1}<\cdots<q^ku_N\,(k\geqslant 1)$$

又因为 $0<q=\frac{1+\rho}{2}<1$,故几何级数 $\sum_{k=1}^{\infty}q^ku_N$ 收敛. 由比较判别法可知,级数 $\sum_{k=1}^{\infty}u_{N+k}=\sum_{n=N+1}^{\infty}u_n$ 收敛,从而级数 $\sum_{n=1}^{\infty}u_n$ 收敛.

②如果 $\rho>1$,故对任意给定的 $\varepsilon'=\frac{\rho-1}{2}>0$,存在正整数 N,当 $n>N$ 时,有

$$\left|\frac{u_{n+1}}{u_n}-\rho\right|<\varepsilon'=\frac{\rho-1}{2}$$

即当 $n>N$ 时,有

$$\frac{u_{n+1}}{u_n}>\rho-\varepsilon'=\frac{\rho+1}{2}=q'>1$$

由此可知

$$u_{N+k} > q' u_{N+k-1} > (q')^2 u_{N+k-2} > \cdots > (q')^k u_N (k \geqslant 1)$$

由于 $q' = \dfrac{\rho + 1}{2} > 1$，故几何级数 $\displaystyle\sum_{k=1}^{\infty} (q')^k u_N$ 发散. 由比较判别法可知，级数 $\displaystyle\sum_{k=1}^{\infty} u_{N+k} =$

$\displaystyle\sum_{n=N+1}^{\infty} u_n$ 发散，从而级数 $\displaystyle\sum_{n=1}^{\infty} u_n$ 发散.

③当 $\rho = 1$ 时，比较判别法失效.

例如，调和级数 $\displaystyle\sum_{n=1}^{\infty} \dfrac{1}{n}$ 发散，而 p-级数 $\displaystyle\sum_{n=1}^{\infty} \dfrac{1}{n^p} (P > 1)$ 收敛，却都是 $\displaystyle\lim_{n\to\infty} \dfrac{u_{n+1}}{u_n} = \rho = 1$ 的

情形.

注：①比值判别法利用级数自身的前后项求极限，优点是不需要参照级数；

②若通项 u_n 中含有 $n!$ 或关于 n 的若干连乘积形式时，一般选用比值判别法；

③当 $\rho = 1$ 时比值判别法失效，并不意味着级数的敛散性无法确定，此时需要选择其他方法（如级数的定义、性质、比较判别法等）进一步判定.

【例 11.11】 判别下列级数的敛散性：

(1) $\displaystyle\sum_{n=1}^{\infty} \dfrac{n!}{6^n}$;

(2) $\displaystyle\sum_{n=1}^{\infty} n \left(\dfrac{x}{2} \right)^n (x > 0)$.

解 （1）记 $u_n = \dfrac{n!}{6^n}$，且有

$$\lim_{n\to\infty} \dfrac{u_{n+1}}{u_n} = \lim_{n\to\infty} \dfrac{(n+1)!}{6^{n+1}} \cdot \dfrac{6^n}{n!} = \lim_{n\to\infty} \dfrac{n+1}{6} = +\infty$$

由比值判别法可知，级数 $\displaystyle\sum_{n=1}^{\infty} \dfrac{n!}{6^n}$ 发散.

（2）记 $u_n = n \left(\dfrac{x}{2} \right)^n$，且有

$$\lim_{n\to\infty} \dfrac{u_{n+1}}{u_n} = \lim_{n\to\infty} \dfrac{(n+1) \left(\dfrac{x}{2} \right)^{n+1}}{n \left(\dfrac{x}{2} \right)^n} = \lim_{n\to\infty} \dfrac{n+1}{n} \cdot \dfrac{x}{2} = \dfrac{x}{2}$$

由比值判别法可知：

当 $0 < x < 2, \displaystyle\lim_{n\to\infty} \dfrac{u_{n+1}}{u_n} = \dfrac{x}{2} < 1$ 原级数收敛.

当 $x > 2, \displaystyle\lim_{n\to\infty} \dfrac{u_{n+1}}{u_n} = \dfrac{x}{2} > 1$ 原级数发散.

当 $x = 2, \displaystyle\lim_{n\to\infty} u_n = \lim_{n\to\infty} n = \infty$ 原级数发散.

【例 11.12】 判别级数 $\displaystyle\sum_{n=1}^{\infty} \dfrac{1}{(2n-1) \cdot 2n}$ 的敛散性.

解 记 $u_n = \dfrac{1}{(2n-1) \cdot 2n}$，且有

$$\lim_{n\to\infty} \dfrac{u_{n+1}}{u_n} = \lim_{n\to\infty} \dfrac{(2n-1) \cdot 2n}{(2n+1) \cdot (2n+2)} = 1$$

即比值判别法失效，改用比较判别法. 又因为

$$\frac{1}{(2n-1)\cdot 2n}=\frac{1}{4\ n^2-2n}<\frac{1}{n^2}$$

且 $\sum\limits_{n=1}^{\infty}\dfrac{1}{n^2}$ 收敛,所以级数 $\sum\limits_{n=1}^{\infty}\dfrac{1}{2n\cdot(2n-1)}$ 收敛.

【例 11.13】 判别级数 $\sum\limits_{n=1}^{\infty}\dfrac{2^n n!}{n^n}$ 的敛散性.

解 记 $u_n=\dfrac{2^n n!}{n^n}$,且有

$$\begin{aligned}\lim_{n\to\infty}\frac{u_{n+1}}{u_n}&=\lim_{n\to\infty}\frac{2^{n+1}(n+1)!}{(n+1)^{n+1}}\cdot\frac{n^n}{2^n n!}\\&=\lim_{n\to\infty}\frac{2(n+1)}{n+1}\left(\frac{n}{n+1}\right)^n\\&=\lim_{n\to\infty}2\left(\frac{1}{1+\dfrac{1}{n}}\right)^n\\&=\frac{2}{e}<1\end{aligned}$$

由比值判别法可知,原级数收敛.

定理 7(柯西根值判别法) 设 $\sum\limits_{n=1}^{\infty}u_n$ 为正项级数,且 $\lim\limits_{n\to\infty}\sqrt[n]{u_n}=\rho$,则:

第二多产的
数学家

①若 $\rho<1$,则级数 $\sum\limits_{n=1}^{\infty}u_n$ 收敛.

②若 $\rho>1$,则级数 $\sum\limits_{n=1}^{\infty}u_n$ 发散.

③若 $\rho=1$,则级数 $\sum\limits_{n=1}^{\infty}u_n$ 可能收敛也可能发散.

证 当 $\rho<1$ 时,对任意给定的 $\varepsilon=\dfrac{1-\rho}{2}>0$,存在正整数 N,当 $n>N$ 时,有

$$\left|\sqrt[n]{u_n}-\rho\right|<\varepsilon=\frac{1-\rho}{2}$$

即

$$\sqrt[n]{u_n}<\rho+\varepsilon=\frac{1+\rho}{2}=q<1,n\geqslant N$$

因此

$$u_n<q^n$$

由于 $q<1$ 时,几何级数 $\sum\limits_{n=1}^{\infty}q^n$ 收敛.由定理 3 可知,级数 $\sum\limits_{n=1}^{\infty}u_n$ 收敛.

类似地,可以证明 $q>1$ 时,级数 $\sum\limits_{n=1}^{\infty}u_n$ 发散.

当 $\rho=1$ 时,根值判别法失效.

例如,级数 $\sum\limits_{n=1}^{\infty}\dfrac{1}{n}$ 发散,而级数 $\sum\limits_{n=1}^{\infty}\dfrac{1}{n^2}$ 收敛,却都是 $\lim\limits_{n\to\infty}\sqrt[n]{u_n}=1$ 的情形.

注:若通项 u_n 中含有以 n 为指数幂的因子时,一般选用根值判别法,并且经常用到极限 $\lim\limits_{n \to \infty} \sqrt[n]{a} = 1 (a > 0)$ 或 $\lim\limits_{n \to \infty} \sqrt[n]{n} = 1$.

【例 11.14】 判别级数 $\sum\limits_{n=1}^{\infty} \dfrac{1}{n^n}$ 的敛散性.

解 记 $u_n = \dfrac{1}{n^n}$,则

$$\lim_{n \to \infty} \sqrt[n]{u_n} = \lim_{n \to \infty} \sqrt[n]{\frac{1}{n^n}} = \lim_{n \to \infty} \frac{1}{n} = 0 < 1$$

由根值判别法可知,级数 $\sum\limits_{n=1}^{\infty} \dfrac{1}{n^n}$ 收敛.

【例 11.15】 判别级数 $\sum\limits_{n=1}^{\infty} \left(1 - \dfrac{1}{n}\right)^{n^2}$ 的敛散性.

解 记 $u_n = \left(1 - \dfrac{1}{n}\right)^{n^2}$,则

$$\lim_{n \to \infty} \sqrt[n]{u_n} = \lim_{n \to \infty} \left(1 - \frac{1}{n}\right)^n = \frac{1}{e} < 1$$

由根值判别法可知,级数 $\sum\limits_{n=1}^{\infty} \left(1 - \dfrac{1}{n}\right)^{n^2}$ 收敛.

11.3 任意项级数的敛散性

如果级数 $\sum\limits_{n=1}^{\infty} u_n$ 的通项 u_n 的取值可正可负,称 $\sum\limits_{n=1}^{\infty} u_n$ 为任意项级数.

定理 8 若级数 $\sum\limits_{n=1}^{\infty} |u_n|$ 收敛,则原级数 $\sum\limits_{n=1}^{\infty} u_n$ 收敛.

证 令

$$v_n = \frac{1}{2}(u_n + |u_n|)$$

则

$$0 \leqslant v_n \leqslant |u_n| \quad (n = 1, 2, \cdots)$$

因此,如果正项级数 $\sum\limits_{n=1}^{\infty} |u_n|$ 收敛,由比较判别法可知,级数 $\sum\limits_{n=1}^{\infty} v_n$ 收敛,且 $\sum\limits_{n=1}^{\infty} 2v_n = 2\sum\limits_{n=1}^{\infty} v_n$ 收敛.

另一方面,因为

$$\sum_{n=1}^{\infty} u_n = \sum_{n=1}^{\infty} (2v_n - |u_n|)$$

由级数的性质可知,级数 $\sum\limits_{n=1}^{\infty} u_n$ 收敛.

定义3 如果级数 $\sum\limits_{n=1}^{\infty} |u_n|$ 收敛,则称级数 $\sum\limits_{n=1}^{\infty} u_n$ 绝对收敛;如果级数 $\sum\limits_{n=1}^{\infty} u_n$ 收敛,而 $\sum\limits_{n=1}^{\infty} |u_n|$ 发散,则称级数 $\sum\limits_{n=1}^{\infty} u_n$ 为条件收敛.

【例 11.16】 判别任意项级数 $\sum\limits_{n=1}^{\infty} \dfrac{\sin n}{n^2 + 1}$ 的敛散性.

解 由于

$$\left| \frac{\sin n}{n^2 + 1} \right| = \frac{1}{n^2 + 1} |\sin n| \leqslant \frac{1}{n^2}, \quad |\sin n| \leqslant 1$$

且级数 $\sum\limits_{n=1}^{\infty} \dfrac{1}{n^2}$ 收敛,所以级数 $\sum\limits_{n=1}^{\infty} \left| \dfrac{\sin n}{n^2 + 1} \right|$ 收敛,即级数 $\sum\limits_{n=1}^{\infty} \dfrac{\sin n}{n^2 + 1}$ 绝对收敛.

定义4 形如

$$\sum_{n=1}^{\infty} (-1)^{n-1} u_n = u_1 - u_2 + u_3 - u_4 + \cdots + (-1)^{n-1} u_n + \cdots \tag{11.4}$$

即正、负项相间的级数称为交错级数. 其中, $u_n \geqslant 0 (n = 1, 2, 3, \cdots)$.

定理9(莱布尼茨判别法) 如果交错级数 $\sum\limits_{n=1}^{\infty} (-1)^{n-1} u_n (u_n \geqslant 0)$ 满足条件:

定义微分的
数学家

① $u_n \geqslant u_{n+1} (n = 1, 2, \cdots)$.

② $\lim\limits_{n \to \infty} u_n = 0$.

则交错级数 $\sum\limits_{n=1}^{\infty} (-1)^{n-1} u_n$ 收敛,且收敛和 $S \leqslant u_1$.

证 由条件 ① 可知 $u_n - u_{n+1} \geqslant 0$,则部分和为

$$S_{2n} = (u_1 - u_2) + (u_3 - u_4) + \cdots + (u_{2n-1} - u_{2n}) \geqslant 0$$
$$S_{2n} = u_1 - (u_2 - u_3) - \cdots - (u_{2n-2} - u_{2n-1}) - u_{2n} \leqslant u_1$$

即数列 $\{S_{2n}\}$ 单调增加且有界.

故部分和数列 $\{S_{2n}\}$ 收敛,即 $\lim\limits_{n \to \infty} S_{2n}$ 存在,记

$$\lim_{n \to \infty} S_{2n} = S \leqslant u_1$$

另一方面,由条件 ② 得 $\lim\limits_{n \to \infty} u_{2n+1} = 0$,则

$$\lim_{n \to \infty} S_{2n+1} = \lim_{n \to \infty} (S_{2n} + u_{2n+1}) = \lim_{n \to \infty} S_{2n} = S$$

即交错级数 $\sum\limits_{n=1}^{\infty} (-1)^{n-1} u_n$ 收敛,且

$$\sum_{n=1}^{\infty} (-1)^{n-1} u_n = S \leqslant u_1$$

【例 11.17】 证明级数 $\sum\limits_{n=1}^{\infty} \dfrac{(-1)^{n-1}}{n^p} (0 < p \leqslant 1)$ 条件收敛.

证 由于

$$\sum_{n=1}^{\infty} \left| \frac{(-1)^{n-1}}{n^p} \right| = \sum_{n=1}^{\infty} \frac{1}{n^p}$$

是发散的 p-级数 $(0 < p \leqslant 1)$,另一方面,因为

$$u_n = \frac{1}{n^p} > \frac{1}{(n+1)^p} = u_{n+1}$$

且

$$\lim_{n \to \infty} u_n = \lim_{n \to \infty} \frac{1}{n^p} = 0$$

由莱布尼茨判别法可知,级数 $\sum_{n=1}^{\infty} \frac{(-1)^{n-1}}{n^p} (0 < p \leqslant 1)$ 收敛.

因此,交错级数 $\sum_{n=1}^{\infty} \frac{(-1)^{n-1}}{n^p} (0 < p \leqslant 1)$ 条件收敛.

【例 11.18】 判别级数 $\sum_{n=1}^{\infty} (-1)^n \frac{2+(-1)^n}{n^{\frac{4}{3}}}$ 的敛散性.

解 记 $u_n = (-1)^n \frac{2+(-1)^n}{n^{\frac{4}{3}}}$,由于

$$|u_n| = \frac{|2+(-1)^n|}{n^{\frac{4}{3}}} \leqslant \frac{3}{n^{\frac{4}{3}}}$$

而级数 $\sum_{n=1}^{\infty} \frac{1}{n^{\frac{4}{3}}}$ 收敛,故 $\sum_{n=1}^{\infty} \frac{3}{n^{\frac{4}{3}}}$ 收敛. 因此,级数 $\sum_{n=1}^{\infty} (-1)^n \frac{2+(-1)^n}{n^{\frac{4}{3}}}$ 绝对收敛.

【例 11.19】 判别级数 $\sum_{n=2}^{\infty} \frac{(-1)^n \sqrt{n}}{n-1}$ 的敛散性.

解 记 $u_n = \frac{(-1)^n \sqrt{n}}{n-1}$,且 $\sum_{n=2}^{\infty} |u_n| = \sum_{n=2}^{\infty} \frac{\sqrt{n}}{n-1}$,由于

$$\lim_{n \to \infty} \frac{\frac{\sqrt{n}}{n-1}}{\frac{1}{\sqrt{n}}} = \lim_{n \to \infty} \frac{n}{n-1} = 1$$

又因为级数 $\sum_{n=2}^{\infty} \frac{1}{\sqrt{n}}$ 发散,由比较判别法的极限形式可知,级数 $\sum_{n=2}^{\infty} |u_n| = \sum_{n=2}^{\infty} \frac{\sqrt{n}}{n-1}$ 发散.

另一方面,由于

$$y' = \left(\frac{\sqrt{x}}{x-1} \right)' = \frac{-(1+x)}{2\sqrt{x}(x-1)^2} < 0, x \geqslant 2$$

所以,当 $z \geqslant 2$ 时 $y = \frac{\sqrt{x}}{x-1}$ 单调递减,即 $u_n > u_{n+1}$,并且

$$\lim_{n \to \infty} u_n = \lim_{n \to \infty} \frac{\sqrt{n}}{n-1} = 0$$

因此,交错级数 $\sum_{n=2}^{\infty} \frac{(-1)^n \sqrt{n}}{n-1}$ 收敛.

综上,级数 $\sum_{n=2}^{\infty} \frac{(-1)^n \sqrt{n}}{n-1}$ 为条件收敛.

11.4 幂级数

11.4.1 函数项级数的概念

定义 5 设 $u_n(x)(n = 0,1,2,\cdots)$ 为定义在某实数集合 X 上的函数序列,则称

$$\sum_{n=0}^{\infty} u_n(x) = u_0(x) + u_1(x) + \cdots + u_n(x) + \cdots \tag{11.5}$$

为定义在集合 X 上的函数项级数.

如果给定 $x_0 \in X$,常数项级数 $\sum_{n=0}^{\infty} u_n(x_0)$ 收敛,则称 x_0 为收敛点,所有收敛点的集合称为

函数项级数 $\sum_{n=0}^{\infty} u_n(x)$ 的收敛域;若 $\sum_{n=0}^{\infty} u_n(x_0)$ 发散,则称 x_0 为发散点,所有发散点的集合称为该函数项级数的发散域.

在收敛域中的每一个 x,函数项级数 $\sum_{n=0}^{\infty} u_n(x)$ 都存在唯一确定的和 $S(x)$ 与之对应,即

$$S(x) = u_0(x) + u_1(x) + u_2(x) + \cdots + u_n(x) + \cdots$$

称 $S(x)$ 为函数项级数 $\sum_{n=0}^{\infty} u_n(x)$ 的和函数,称 $S_n(x) = \sum_{i=0}^{n} u_i(x)$ 为函数项级数的部分和,且在收敛域内有 $\lim_{n\to\infty} S_n(x) = S(x)$.

【**例 11.20**】 求 $\sum_{n=0}^{\infty} ax^n (a > 0)$ 的收敛域与和函数.

解 由几何级数 $\sum_{n=0}^{\infty} q^n = \dfrac{1}{1-q}(|q| < 1)$ 可知

$$\sum_{n=0}^{\infty} x^n = \frac{1}{1-x}, x \in (-1,1)$$

因此,和函数

$$S(x) = \sum_{n=0}^{\infty} ax^n = \frac{a}{1-x}, a > 0$$

其收敛域为 $(-1,1)$.

同理,级数 $\sum_{n=0}^{\infty} 5\cos^n x$ 的和函数

$$S(x) = \frac{5}{1-\cos x}, |\cos x| < 1$$

收敛域为

$$\{x \mid x \in R, x \neq k\pi\}$$

其中,k 为整数.

11.4.2 幂级数及其收敛性

函数项级数中最简单而常见的一类级数就是各项都是幂函数的函数项级数,即所谓的幂级数.

定义 6 形如

$$\sum_{n=0}^{\infty} a_n(x-x_0)^n = a_0 + a_1(x-x_0) + \cdots + a_n(x-x_0)^n + \cdots \quad (11.6)$$

的函数项级数称为幂级数.其中,a_n 为幂级数的系数.

特例,若 $x_0 = 0$,则

$$\sum_{n=0}^{\infty} a_n x^n = a_0 + a_1 x + a_2 x^2 + \cdots + a_n x^n + \cdots \quad (11.7)$$

下面主要讨论幂级数(11.7).幂级数(11.6)只需作变换 $t = x - x_0$,转化为幂级数(11.7)的形式.

对于给定的幂级数,它的收敛域是怎样的呢?

显然,当 $x = 0$ 时,幂级数 $\sum_{n=0}^{\infty} a_n x^n$ 收敛于0,这说明幂级数的收敛域总是非空的.几何级数 $\sum_{n=0}^{\infty} x^n$ 的收敛域为 $(-1,1)$.这个例子说明,几何级数的收敛域是一个区间.事实上,这个结论对于一般的幂级数也是成立的.

定理 10(阿贝尔定理) 如果幂级数 $\sum_{n=0}^{\infty} a_n x^n$ 在 $x = x_1 \neq 0$ 处收敛,则当 $|x| < |x_1|$ 时 $\sum_{n=0}^{\infty} a_n x^n$ 绝对收敛;如果幂级数 $\sum_{n=0}^{\infty} a_n x^n$ 在 $x = x_2$ 处发散,则当 $|x| > |x_2|$ 时 $\sum_{n=0}^{\infty} a_n x^n$ 发散.

证 (1) 如果级数 $\sum_{n=0}^{\infty} a_n x_1^n$ 收敛,由收敛的必要条件得

$$\lim_{n\to\infty} a_n x_1^n = 0$$

故数列 $\{a_n x_1^n\}$ 有界,即存在 $M > 0$,使得 $|a_n x_1^n| \leqslant M (n = 0,1,2,\cdots)$,且

$$|a_n x^n| = \left| a_n x_1^n \cdot \frac{x^n}{x_1^n} \right| = |a_n x_1^n| \cdot \left| \frac{x}{x_1} \right|^n \leqslant M \left| \frac{x}{x_1} \right|^n$$

又因为 $|x| < |x_1|$,$\left| \frac{x}{x_1} \right| < 1$,所以等比级数 $\sum_{n=0}^{\infty} M \left| \frac{x}{x_1} \right|^n$ 收敛.因此,由比较判别法可知,$\sum_{n=0}^{\infty} |a_n x^n|$ 收敛,即当 $|x| < |x_1|$ 时 $\sum_{n=0}^{\infty} a_n x^n$ 绝对收敛.

(2)(反证法)设存在 x_3,当 $|x_3| > |x_2|$ 时级数 $\sum_{n=0}^{\infty} a_n x_3^n$ 收敛.由(1)可知,$\sum_{n=0}^{\infty} a_n x_2^n$ 收敛(与已知矛盾).故 $\sum_{n=0}^{\infty} a_n x^n$ 在 $|x| > |x_2|$ 的一切点发散.

由阿贝尔定理可知,如果幂级数 $\sum_{n=0}^{\infty} a_n x^n$ 在 $x = x_1 \neq 0$ 处收敛,在 $x = x_2$ 处发散,则必有

$|x_1| < |x_2|$,且存在一个正数 R,使得当 $|x| < R$ 时 $\sum\limits_{n=0}^{\infty} a_n x^n$ 绝对收敛;当 $|x| > R$ 时 $\sum\limits_{n=0}^{\infty} a_n x^n$ 发散;在 $|x| = R$ 上幂级数 $\sum\limits_{n=0}^{\infty} a_n x^n$ 可能收敛也可能发散. 称 R 为幂级数 $\sum\limits_{n=0}^{\infty} a_n x^n$ 的收敛半径,其收敛区间为 $(-R, R)$.

注:如果幂级数 $\sum\limits_{n=0}^{\infty} a_n x^n$ 对一切 $x \neq 0$ 都发散(仅在点 $x = 0$ 处收敛),则规定 $R = 0$;如果 $\sum\limits_{n=0}^{\infty} a_n x^n$ 对一切 x 都收敛,则规定 $R = +\infty$.

定理 11 设幂级数 $\sum\limits_{n=0}^{\infty} a_n x^n$ 的系数 $a_n \neq 0 (n = 1, 2, \cdots)$,且 $\lim\limits_{n \to \infty} \left| \dfrac{a_{n+1}}{a_n} \right| = k$,则收敛半径

$$R = \begin{cases} 0 & \text{若 } k = +\infty \\ \dfrac{1}{k} & \text{若 } k \neq 0 \\ +\infty & \text{若 } k = 0 \end{cases} \tag{11.8}$$

证 由于 $\lim\limits_{n \to \infty} \left| \dfrac{a_{n+1}}{a_n} \right| = k$,由比值判别法得

$$\lim_{n \to \infty} \frac{|a_{n+1} x^{n+1}|}{|a_n x^n|} = \lim_{n \to \infty} \left| \frac{a_{n+1}}{a_n} \right| |x| = k|x|$$

(1)若 $k = +\infty$,$k|x| > 1$,即对任意 $x \neq 0$,从某个第 n 项开始有 $|a_{n+1} x^{n+1}| > |a_n x^n|$,则通项的极限 $\lim\limits_{n \to \infty} |a_n x^n| \neq 0$,所以级数 $\sum\limits_{n=0}^{\infty} a_n x^n$ 发散.

因此,幂级数 $\sum\limits_{n=0}^{\infty} a_n x^n$ 的收敛半径 $R = 0$.

(2)若 $k \neq 0$,当 $|x| < \dfrac{1}{k}$ 时,$k|x| < 1$,级数 $\sum\limits_{n=0}^{\infty} |a_n x^n|$ 收敛,即 $\sum\limits_{n=0}^{\infty} a_n x^n$ 绝对收敛.

当 $|x| > \dfrac{1}{k}$ 时,$k|x| > 1$,即从某个第 n 项开始有 $|a_{n+1} x^{n+1}| > |a_n x^n|$ 成立,则 $\lim\limits_{n \to \infty} |a_n x^n| \neq 0$,从而 $\sum\limits_{n=0}^{\infty} a_n x^n$ 发散.

因此,幂级数 $\sum\limits_{n=0}^{\infty} a_n x^n$ 的收敛半径 $R = \dfrac{1}{k}$.

(3)若 $k = 0$,对任意 $x \neq 0$,$\lim\limits_{n \to \infty} \dfrac{|a_{n+1} x^{n+1}|}{|a_n x^n|} = k|x| = 0 < 1$,则级数 $\sum\limits_{n=0}^{\infty} |a_n x^n|$ 收敛,即对任意 x,级数 $\sum\limits_{n=0}^{\infty} a_n x^n$ 绝对收敛.

因此,幂级数 $\sum\limits_{n=0}^{\infty} a_n x^n$ 的收敛半径 $R = +\infty$.

注:由定理 11 表明,幂级数 $\sum\limits_{n=0}^{\infty} a_n x^n$ 的收敛半径 $R = \lim\limits_{n \to \infty} \left| \dfrac{a_n}{a_{n+1}} \right|$.

【例 11.21】 求下列幂级数的收敛半径:

(1) $\sum_{n=1}^{\infty}(-nx)^n$;   (2) $\sum_{n=1}^{\infty}\dfrac{x^n}{n!}$.

解 (1) 由于

$$R=\lim_{n\to\infty}\frac{|a_n|}{|a_{n+1}|}=\lim_{n\to\infty}\frac{n^n}{(n+1)^{n+1}}=\lim_{n\to\infty}\frac{1}{n+1}\left(1-\frac{1}{n+1}\right)^n=0$$

即级数 $\sum_{n=1}^{\infty}(-nx)^n$ 仅在 $x=0$ 处收敛.

(2) 由于

$$R=\lim_{n\to\infty}\frac{|a_n|}{|a_{n+1}|}=\lim_{n\to\infty}\frac{\frac{1}{n!}}{\frac{1}{(n+1)!}}=\lim_{n\to\infty}(n+1)=+\infty$$

即对任意 x, 幂级数 $\sum_{n=1}^{\infty}\dfrac{x^n}{n!}$ 都收敛, 其收敛区间为 $(-\infty,+\infty)$.

求幂级数 $\sum_{n=0}^{\infty}a_nx^n$ 收敛域的基本步骤如下:

①求收敛半径 R;

②判别常数项级数 $\sum_{n=0}^{\infty}a_nR^n$, $\sum_{n=0}^{\infty}a_n(-R)^n$ 的敛散性;

③写出幂级数的收敛域.

【例 11.22】 求幂级数 $\sum_{n=1}^{\infty}\dfrac{x^n}{n}$ 的收敛域.

解 由于收敛半径

$$R=\lim_{n\to\infty}\frac{|a_n|}{|a_{n+1}|}=\lim_{n\to\infty}\frac{\frac{1}{n}}{\frac{1}{n+1}}=\lim_{n\to\infty}\frac{n+1}{n}=1$$

当 $x=1$ 时, 级数成为 $\sum_{n=1}^{\infty}\dfrac{1}{n}$, 该级数发散; 当 $x=-1$ 时, 级数成为 $\sum_{n=1}^{\infty}\dfrac{(-1)^n}{n}$, 该级数收敛. 即所求收敛域为 $[-1,1)$.

【例 11.23】 求幂级数 $\sum_{n=1}^{\infty}\dfrac{3^n+(-2)^n}{n}(x+1)^n$ 的收敛域.

解 由于收敛半径为

$$R=\lim_{n\to\infty}\frac{|a_n|}{|a_{n+1}|}$$
$$=\lim_{n\to\infty}\frac{3^n+(-2)^n}{n}\cdot\frac{n+1}{3^{n+1}+(-2)^{n+1}}$$
$$=\lim_{n\to\infty}\frac{1+\left(-\frac{2}{3}\right)^n}{3+3\left(-\frac{2}{3}\right)^{n+1}}\cdot\frac{n+1}{n}$$
$$=\frac{1}{3}\lim_{n\to\infty}\frac{n+1}{n}$$
$$=\frac{1}{3}$$

讨论:

①当 $x+1=\dfrac{1}{3}$ 时,级数转化为 $\displaystyle\sum_{n=1}^{\infty}\Big[\dfrac{1}{n}+\dfrac{(-2)^n}{n3^n}\Big]$,并且调和级数 $\displaystyle\sum_{n=1}^{\infty}\dfrac{1}{n}$ 发散.另一方面,由于 $\Big|\dfrac{(-2)^n}{n3^n}\Big|<\dfrac{2^n}{3^n}$,由比较判别法可知,级数 $\displaystyle\sum_{n=1}^{\infty}\dfrac{(-2)^n}{n3^n}$ 收敛.

因此,级数 $\displaystyle\sum_{n=1}^{\infty}\Big[\dfrac{1}{n}+\dfrac{(-2)^n}{n3^n}\Big]$ 发散.

②当 $x+1=-\dfrac{1}{3}$ 时,级数转化为 $\displaystyle\sum_{n=1}^{\infty}\Big[\dfrac{(-1)^n}{n}+\dfrac{2^n}{n3^n}\Big]$,因为交错级数 $\displaystyle\sum_{n=1}^{\infty}\dfrac{(-1)^n}{n}$ 条件收敛,且由比较判别法可知,级数 $\displaystyle\sum_{n=1}^{\infty}\dfrac{2^n}{n3^n}$ 绝对收敛.

因此,级数 $\displaystyle\sum_{n=1}^{\infty}\Big[\dfrac{(-1)^n}{n}+\dfrac{2^n}{n3^n}\Big]$ 条件收敛.

综上,当 $-\dfrac{1}{3}\leqslant x+1<\dfrac{1}{3}$ 时原级数收敛,即 $\displaystyle\sum_{n=1}^{\infty}\dfrac{3^n+(-2)^n}{n}(x+1)^n$ 的收敛域 $\Big[-\dfrac{4}{3},-\dfrac{2}{3}\Big)$.

【例 11.24】 求幂级数 $\displaystyle\sum_{n=1}^{\infty}\dfrac{x^{2n-1}}{2^n}$ 的收敛域.

解 由于幂级数

$$\sum_{n=1}^{\infty}\frac{x^{2n-1}}{2^n}=\frac{x}{2}+\frac{x^3}{2^2}+\cdots+\frac{x^{2n-1}}{2^n}+\cdots$$

中缺少偶次幂对应项,不能直接运用定理 11,改用比值判别法. 由于

$$\lim_{n\to\infty}\frac{|u_{n+1}(x)|}{|u_n(x)|}=\lim_{n\to\infty}\left|\frac{\dfrac{x^{2n+1}}{2^{n+1}}}{\dfrac{x^{2n-1}}{2^n}}\right|=\frac{1}{2}|x|^2$$

因此,当 $\dfrac{1}{2}|x|^2<1$,即 $|x|<\sqrt{2}$ 时原级数收敛.

另一方面,当 $|x|=\sqrt{2}$ 时,幂级数 $\displaystyle\sum_{n=1}^{\infty}\dfrac{x^{2n-1}}{2^n}=\displaystyle\sum_{n=1}^{\infty}\dfrac{1}{\sqrt{2}}\Big(\text{或}\displaystyle\sum_{n=1}^{\infty}\dfrac{-1}{\sqrt{2}}\Big)$,因为 $\displaystyle\lim_{n\to\infty}u_n\neq0$,所以原级数发散.

因此,幂级数 $\displaystyle\sum_{n=1}^{\infty}\dfrac{x^{2n-1}}{2^n}$ 的收敛半径 $R=\sqrt{2}$,收敛域为 $(-\sqrt{2},\sqrt{2})$.

11.4.3 幂级数的和函数

定理 12 设幂级数 $\displaystyle\sum_{n=0}^{\infty}a_nx^n$ 的收敛半径为 R,其和函数为 $S(x)$,则有:

①$S(x)$ 在 $(-R,R)$ 内连续;若 $\displaystyle\sum_{n=0}^{\infty}a_nx^n$ 在 $x=R$ 收敛,则 $S(x)$ 在 $x=R$ 处左连续;若 $\displaystyle\sum_{n=0}^{\infty}a_nx^n$ 在 $x=-R$ 收敛,则 $S(x)$ 在 $x=-R$ 处右连续.

②若 $S(x)$ 在 $(-R,R)$ 内可导,则可逐项求导,即

$$S'(x) = \sum_{n=0}^{\infty}(a_n x^n)' = \sum_{n=1}^{\infty}n a_n x^{n-1}, x \in (-R,R) \tag{11.9}$$

③若 $S(x)$ 在 $(-R,R)$ 内可积,则可逐项积分,即

$$\int_0^x S(x)\mathrm{d}x = \sum_{n=0}^{\infty}\int_0^x a_n x^n \mathrm{d}x = \sum_{n=0}^{\infty}\frac{a_n}{n+1}x^{n+1}, x \in (-R,R) \tag{11.10}$$

注:和函数 $S(x)$ 的性质 ② 和 ③ 表明,逐项求导、逐项积分都不会改变幂级数的收敛半径 R.因此,幂级数可在其收敛区间内无限次进行逐项求导与逐项积分,但有可能改变收敛区间端点的敛散性.

【例 11.25】 求幂级数 $\sum_{n=1}^{\infty}nx^{n-1}$ 的和函数.

解 对几何级数

$$\sum_{n=0}^{\infty}x^n = 1 + x + \cdots + x^n + \cdots = \frac{1}{1-x}, x \in (-1,1)$$

逐项求导,得

$$\left(\sum_{n=0}^{\infty}x^n\right)' = \sum_{n=0}^{\infty}(x^n)' = \sum_{n=1}^{\infty}nx^{n-1} = \left(\frac{1}{1-x}\right)' = \frac{1}{(1-x)^2}, x \in (-1,1)$$

因此,幂级数 $\sum_{n=1}^{\infty}nx^{n-1}$ 的和函数为

$$S(x) = \frac{1}{(1-x)^2}, x \in (-1,1)$$

【例 11.26】 求幂级数 $\sum_{n=1}^{\infty}nx^n$ 的和函数.

解 对几何级数

$$\sum_{n=0}^{\infty}x^n = 1 + x + \cdots + x^n + \cdots = \frac{1}{1-x}, x \in (-1,1)$$

逐项求导,得

$$\left(\sum_{n=0}^{\infty}x^n\right)' = \sum_{n=0}^{\infty}(x^n)' = \sum_{n=1}^{\infty}nx^{n-1} = \left(\frac{1}{1-x}\right)' = \frac{1}{(1-x)^2}$$

将上式两端同乘以 x,得

$$x\sum_{n=1}^{\infty}nx^{n-1} = \sum_{n=1}^{\infty}nx^n = \frac{x}{(1-x)^2}$$

故

$$S(x) = x\sum_{n=1}^{\infty}nx^{n-1} = \frac{x}{(1-x)^2}, x \in (-1,1)$$

【例 11.27】 求幂级数 $\sum_{n=1}^{\infty}\frac{(-1)^{n-1}}{n}x^n$ 的和函数 $S(x)$,并求 $\sum_{n=1}^{\infty}\frac{(-1)^{n-1}}{n}$ 的和.

解 设 $S(x) = \sum_{n=1}^{\infty}\frac{(-1)^{n-1}}{n}x^n$,对 $S(x)$ 逐项求导,得

$$S'(x) = \left[\sum_{n=1}^{\infty}\frac{(-1)^{n-1}}{n}x^n\right]' = \sum_{n=1}^{\infty}\frac{(-1)^{n-1}}{n}(x^n)' = \sum_{n=1}^{\infty}(-1)^{n-1}x^{n-1}$$

由于

$$\sum_{n=1}^{\infty} (-1)^{n-1} x^{n-1} = \sum_{n=0}^{\infty} (-1)^n x^n = \frac{1}{1+x}, x \in (-1,1)$$

则

$$S(x) = \int_0^x S'(t)\,\mathrm{d}t = \int_0^x \frac{1}{1+t}\,\mathrm{d}t = \ln(1+x), x \in (-1,1)$$

该幂级数的收敛半径 $R = 1$,当 $x = 1$ 时,得到收敛的交错级数 $\sum_{n=1}^{\infty} \frac{(-1)^{n-1}}{n}$,因此,由定理 12① 可知

$$\sum_{n=1}^{\infty} \frac{(-1)^{n-1}}{n} = S(1) = \ln 2$$

【例 11.28】 求 $\sum_{n=1}^{\infty} n(n+1) x^n$ 的和函数,并求 $\sum_{n=1}^{\infty} \frac{n(n+1)}{2^n}$ 的和.

解 设 $S(x) = \sum_{n=1}^{\infty} n(n+1) x^n$,对 $S(x)$ 逐项积分,得

$$\int_0^x S(x)\,\mathrm{d}x = \sum_{n=1}^{\infty} \left[\int_0^x n(n+1) x^n \mathrm{d}x \right] = \sum_{n=1}^{\infty} n x^{n+1} = x^2 \cdot \sum_{n=1}^{\infty} n x^{n-1}$$

又因为 $\sum_{n=1}^{\infty} x^n = \frac{x}{1-x}$,逐项求导,得

$$\left(\sum_{n=1}^{\infty} x^n \right)' = \sum_{n=1}^{\infty} n x^{n-1} = \left(\frac{x}{1-x} \right)' = \frac{1}{(1-x)^2}$$

所以

$$x^2 \cdot \sum_{n=1}^{\infty} n x^{n-1} = x^2 \frac{1}{(1-x)^2} = \frac{x^2}{(1-x)^2}$$

另一方面,由于收敛半径 $R = \lim_{n \to \infty} \frac{|a_n|}{|a_{n+1}|} = 1$,可知收敛区间为 $(-1,1)$,则

$$S(x) = \left(\int_0^x S(x)\,\mathrm{d}x \right)' = \left[\frac{x^2}{(1-x)^2} \right]' = \frac{2x}{(1-x)^3}$$

又由 $x = \frac{1}{2} \in (-1,1)$,故

$$\sum_{n=1}^{\infty} \frac{n(n+1)}{2^n} = S\left(\frac{1}{2} \right) = 8$$

11.5 泰勒公式与幂级数展开

11.5.1 泰勒公式

开创有限差分
理论的数学家

定理 13 设函数 $f(x)$ 在点 x_0 的某邻域 D 内有任意阶的导数,且 $f(x)$ 在点 x_0 可展开为幂级数

$$f(x) = \sum_{n=0}^{\infty} c_n (x - x_0)^n, \forall x \in D \tag{11.11}$$

则有

$$c_n = \frac{f^{(n)}(x_0)}{n!} (n = 0, 1, 2, \cdots)$$

证　如果函数 $f(x)$ 在 x_0 的某邻域 D 内能展开为幂级数(11.11),即

$$f(x) = c_0 + c_1(x - x_0) + c_2(x - x_0)^2 + \cdots + c_n(x - x_0)^n + \cdots$$

由于幂级数在收敛域内可逐项求导,则有

$$f'(x) = c_1 + 2c_2(x - x_0) + 3c_3(x - x_0)^2 + \cdots + nc_n(x - x_0)^{n-1} + \cdots$$

$$f''(x) = 2!c_2 + 3 \cdot 2c_3(x - x_0) + \cdots + n(n-1)c_n(x - x_0)^{n-2} + \cdots$$

$$\vdots$$

$$f^{(n)}(x) = n!c_n + (n+1) \cdot n + \cdots + 2c_{n+1}(x - x_0) + \cdots$$

$$\vdots$$

将 $x = x_0$ 代入以上各式,得

$$f(x_0) = c_0, f'(x_0) = c_1, f''(x_0) = 2!c_2, \cdots, f^{(n)}(x_0) = n!c_n, \cdots$$

即

$$c_n = \frac{1}{n!} f^{(n)}(x_0) (n = 0, 1, 2, \cdots)$$

定理 13 说明,函数 $f(x)$ 在 x_0 的某邻域内能展开(表示)为$(x - x_0)$ 的幂级数,则其系数必为 $\frac{1}{n!} f^{(n)}(x_0)$,因此,此幂级数是唯一的.

定理 14(泰勒公式)　如果函数 $f(x)$ 在点 x_0 的某邻域 D 内有 $n+1$ 阶连续导数,且 $f(x)$ 可表示为

$$f(x) = \sum_{k=0}^{n} \frac{f^{(k)}(x_0)}{k!} (x - x_0)^k + R_n(x) \tag{11.12}$$

创立用行列式解
方程组的数学家

则有

$$R_n(x) = \frac{f^{(n+1)}(\xi)}{(n+1)!} (x - x_0)^{n+1} (\xi \text{ 介于 } x \text{ 与 } x_0 \text{ 之间})$$

(约定 $0! = 1, f^{(0)}(x) = f(x)$)

*证　引进辅助函数

$$F(t) = f(x) - \sum_{k=0}^{n} \frac{f^{(k)}(t)}{k!} (x - t)^k - R_n(x) \frac{(x - t)^{n+1}}{(x - x_0)^{n+1}}$$

显然,$F(x_0) = F(x) = 0$;$F(t)$ 在区间$[x_0, x]$连续(此处不妨设 $x_0 < x$),在区间(x_0, x)可导,并且

$$F'(t) = -f'(t) - \sum_{k=1}^{n} \left[-\frac{f^{(k)}(t)}{(k-1)!} (x - t)^{k-1} + \frac{f^{(k+1)}(t)}{k!} (x - t)^k \right] + (n+1)R_n(x) \frac{(x - t)^n}{(x - x_0)^{n+1}}$$

$$= -\frac{f^{(n+1)}(t)}{n!} (x - t)^n + (n+1)R_n(x) \frac{(x - t)^n}{(x - x_0)^{n+1}}$$

由罗尔定理可知,存在 $\xi \in (x_0, x)$ 使得

$$F'(\xi) = -\frac{f^{(n+1)}(\xi)}{n!} (x - \xi)^n + (n+1)R_n(x) \frac{(x - \xi)^n}{(x - x_0)^{n+1}} = 0$$

于是

$$R_n(x) = \frac{f^{(n+1)}(\xi)}{(n+1)!}(x - x_0)^{n+1}$$

定理得证.

式(11.12)称为函数$f(x)$在点x_0的n阶泰勒公式,并且$R_n(x)$称为拉格朗日余项. 当$x_0 = 0$时,式(11.12)称为函数$f(x)$的麦克劳林公式.

特例,当$n = 0$时,由式(11.12)可得

$$f(x) = f(x_0) + f'(\xi)(x - x_0)$$

即拉格朗日中值定理,因此,泰勒公式是拉格朗日中值定理的推广形式.

【例11.29】 求$f(x) = e^x$的麦克劳林公式.

解 因为$f(x) = e^x$存在任意阶导数,且$f^{(n)}(x) = e^x$,则

$$f^{(n)}(0) = e^0 = 1(n = 0,1,2,\cdots)$$

$$f(x) = 1 + x + \frac{1}{2!}x^2 + \cdots + \frac{1}{n!}x^n + R_n(x)$$

并且余项

$$R_n(x) = \frac{f^{(n+1)}(\xi)}{(n+1)!}x^{n+1}$$

不难验证:如果取$x = 1$,得

$$e \approx 1 + 1 + \frac{1}{2!} + \cdots + \frac{1}{n!}$$

且

$$R_n = \frac{e}{(n+1)!} \to 0, n \to \infty$$

因此,由定理14可知,$f(x) = e^x$能展开成麦克劳林级数,为

$$f(x) = 1 + x + \frac{1}{2!}x^2 + \cdots + \frac{1}{n!}x^n + \cdots, x \in (-\infty, +\infty)$$

11.5.2 函数的幂级数展开

定理15 设函数$f(x)$在点x_0的某邻域D内有任意阶的导数,则$f(x)$在点x_0可展开为幂级数

$$f(x) = \sum_{n=0}^{\infty} \frac{f^{(n)}(x_0)}{n!}(x - x_0)^n \tag{11.13}$$

的充分必要条件是$\lim_{n\to\infty}R_n(x) = 0$. 其中,$R_n(x)$是拉格朗日余项.

*证** 设$f(x)$在点x_0可展开为幂级数式(11.13),其前$n + 1$项的和为$S_n(x)$. 由于$\lim_{n\to\infty}S_n(x) = f(x)$,从而有

$$\lim_{n\to\infty}R_n(x) = \lim_{n\to\infty}[f(x) - S_n(x)] = f(x) - \lim_{n\to\infty}S_n(x) = 0$$

反之,如果$\lim_{n\to\infty}R_n(x) = 0$,利用$f(x)$的$n$阶泰勒公式,可得

$$\lim_{n\to\infty}S_n(x) = \lim_{n\to\infty}[f(x) - R_n(x)] = f(x) - \lim_{n\to\infty}R_n(x) = f(x)$$

即幂级数 $\sum\limits_{n=0}^{\infty} \dfrac{f^{(n)}(x_0)}{n!}(x - x_0)^n$ 收敛于 $f(x)$.

式(11.13)右端的幂级数称为 $f(x)$ 在点 x_0 的泰勒级数;当 $x_0 = 0$ 时,式(11.13)右端的级数称为 $f(x)$ 的麦克劳林级数. 由定理 13 可知,泰勒级数如果存在则唯一.

利用定理 15 将函数 $f(x)$ 展开为幂级数的方法,称为直接展开法. 但是,该方法计算量较大,并且需要估计余项,所以通常是借助一些基本函数的泰勒展开式及幂级数的性质来求给定函数的幂级数展开式,这种方法称为间接展开法.

【例 11.30】 将 $f(x) = \sin x$ 表示为 x 的幂级数.

解 用直接展开法,因为

$$f'(x) = \cos x = \sin\left(x + \frac{\pi}{2}\right), f''(x) = \sin\left(x + \frac{2\pi}{2}\right), \cdots, f^{(n)}(x) = \sin\left(x + \frac{n\pi}{2}\right)$$

且

$$f^{(n)}(0) = \sin\frac{n\pi}{2}$$

则

$$f^{(2k)}(0) = 0, f^{(2k+1)}(0) = (-1)^k, k = 0, 1, 2, \cdots$$

于是有

$$f(x) = x - \frac{1}{3!}x^3 + \frac{1}{5!}x^5 - \cdots + \frac{(-1)^k}{(2k+1)!}x^{2k+1} + \cdots$$

又因为

$$\lim_{k \to \infty}\left|\frac{u_{k+1}}{u_k}\right| = \lim_{k \to \infty}\frac{(2k-1)!}{(2k+1)!}|x|^2 = \lim_{k \to \infty}\frac{x^2}{2k(2k+1)} = 0$$

所以收敛区间为 $(-\infty, +\infty)$. 另一方面,由于

$$|R_k(x)| = \left|\sin\left(\xi + \frac{2k+3}{2}\pi\right) \cdot \frac{x^{2k+3}}{(2k+3)!}\right| \leqslant \left|\frac{x^{2k+3}}{(2k+3)!}\right| \to 0, k \to +\infty$$

故

$$f(x) = \sum_{k=0}^{\infty}\frac{(-1)^k}{(2k+1)!}x^{2k+1}, \quad -\infty < x < +\infty$$

【例 11.31】 将函数 $f(x) = (1+x)^a$ 展开为 x 的幂级数.

解 因为

$$f^{(n)}(x) = a(a-1)(a-2)\cdots(a-n+1)(1+x)^{a-n}$$

故

$$f^{(n)}(0) = a(a-1)(a-2)\cdots(a-n+1)$$

所以

$$(1+x)^a = \sum_{n=0}^{\infty}\frac{a(a-1)(a-2)\cdots(a-n+1)}{n!}x^n$$

其收敛半径为 1. 可以证明,当 $x \in (-1,1)$ 时,$\lim\limits_{n \to \infty}R_n(x) = 0$(证略).

特例,当 $a = -1$ 时,即可得到等比级数 $\sum\limits_{n=0}^{\infty}(-x)^n(q = -x)$ 的求和公式,即

$$\frac{1}{1+x} = 1 - x + x^2 - x^3 + \cdots + (-1)^n x^n + \cdots, x \in (-1,1)$$

【例 11.32】 将 $f(x) = \cos x$ 表示为 x 的幂级数.

解 用间接展开法,由例 11.30 的结论得

$$\sin x = \sum_{n=0}^{\infty} \frac{(-1)^n}{(2n+1)!} x^{2n+1}, \quad -\infty < x < +\infty$$

因此,由逐项求导得

$$f(x) = \cos x = (\sin x)'$$
$$= \sum_{n=0}^{\infty} \frac{(-1)^n}{(2n+1)!} (x^{2n+1})'$$
$$= \sum_{n=0}^{\infty} \frac{(-1)^n}{(2n+1)!} (2n+1) x^{2n}$$
$$= \sum_{n=0}^{\infty} \frac{(-1)^n}{(2n)!} x^{2n}$$

故

$$\cos x = \sum_{n=0}^{\infty} \frac{(-1)^n}{(2n)!} x^{2n}, \quad -\infty < x < +\infty$$

【例 11.33】 将 $f(x) = \arctan x$ 表示为 x 的幂级数.

解 用间接展开法,因为

$$(\arctan x)' = \frac{1}{1+x^2} = \sum_{n=0}^{\infty} (-1)^n x^{2n}, x \in (-1,1)$$

逐项积分,得

$$\arctan x = \int_0^x \frac{1}{1+x^2} dx = \sum_{n=0}^{\infty} \int_0^x (-1)^n x^{2n} dx = \sum_{n=0}^{\infty} \frac{(-1)^n}{2n+1} x^{2n+1}$$

又当 $x = 1$ 时,交错级数 $\sum_{n=0}^{\infty} \frac{(-1)^n}{2n+1}$ 收敛;当 $x = -1$ 时,交错级数 $\sum_{n=0}^{\infty} \frac{(-1)^{n+1}}{2n+1}$ 收敛,所以收敛域为 $[-1,1]$.

同理

$$[\ln(1+x)]' = \frac{1}{1+x} = \sum_{n=0}^{\infty} (-1)^n x^n$$
$$\ln(1+x) = \sum_{n=0}^{\infty} \int_0^x (-1)^n x^n dx = \sum_{n=0}^{\infty} \frac{(-1)^n}{n+1} x^{n+1}, x \in (-1,1)$$

【例 11.34】 将下列函数表示为 x 的幂级数:

(1) $f(x) = \sin^2 x$;   (2) $f(x) = \dfrac{x}{(1-x)(1-2x)}$.

解 (1)由于 $\sin^2 x = \frac{1}{2}(1 - \cos 2x)$,由例 11.32 得

$$\cos 2x = \sum_{n=0}^{\infty} \frac{(-1)^n}{(2n)!} (2x)^{2n}, x \in (-\infty, +\infty)$$

所以

$$\sin^2 x = \frac{1}{2} - \frac{1}{2} \sum_{n=0}^{\infty} \frac{(-1)^n}{(2n)!} (2x)^{2n} = \frac{1}{2} - \sum_{n=0}^{\infty} \frac{(-1)^n 2^{2n-1}}{(2n)!} x^{2n}, x \in (-\infty, +\infty)$$

(2)由有理分式拆项,得

$$f(x) = \frac{x}{(1-x)(1-2x)} = \frac{1}{1-2x} - \frac{1}{1-x}$$

对等式右端分别进行间接展开,得

$$\frac{1}{1-2x} = \sum_{n=0}^{\infty} (2x)^n, x \in \left(-\frac{1}{2}, \frac{1}{2}\right)$$

$$\frac{1}{1-x} = \sum_{n=0}^{\infty} x^n, x \in (-1,1)$$

所以

$$f(x) = \sum_{n=0}^{\infty} (2x)^n - \sum_{n=0}^{\infty} x^n = \sum_{n=0}^{\infty} (2^n - 1) x^n, x \in \left(-\frac{1}{2}, \frac{1}{2}\right)$$

【例 11.35】 将下列函数在指定点表示为收敛的幂级数:

(1)$f(x) = e^x, x_0 = 1$; (2)$f(x) = \ln x, x_0 = 3$.

解 (1)由于

$$e^x = \sum_{n=0}^{\infty} \frac{1}{n!} x^n, x \in (-\infty, +\infty)$$

则

$$e^x = e^{(x-1)+1} = e \cdot e^{(x-1)} = e \cdot \sum_{n=0}^{\infty} \frac{1}{n!} (x-1)^n$$

故

$$f(x) = e^x = \sum_{n=0}^{\infty} \frac{e}{n!} (x-1)^n, x \in (-\infty, +\infty)$$

(2)由例 11.33 得

$$\ln(1+x) = \sum_{n=1}^{\infty} \frac{(-1)^{n-1}}{n} x^n, x \in (-1,1]$$

则

$$\begin{aligned}
f(x) &= \ln[3 + (x-3)] \\
&= \ln 3 + \ln\left(1 + \frac{x-3}{3}\right) \\
&= \ln 3 + \sum_{n=1}^{\infty} \frac{(-1)^{n-1}}{3^n n} (x-3)^n, x \in (2,4]
\end{aligned}$$

常用函数的幂级数展开如下:

① $\dfrac{1}{1-x} = \sum_{n=0}^{\infty} x^n, x \in (-1,1)$.

② $e^x = \sum_{n=0}^{\infty} \dfrac{1}{n!} x^n, x \in (-\infty, +\infty)$.

③ $\sin x = \sum_{n=0}^{\infty} \dfrac{(-1)^n}{(2n+1)!} x^{2n+1}, x \in (-\infty, +\infty)$.

④ $\cos x = \sum_{n=0}^{\infty} \dfrac{(-1)^n}{(2n)!} x^{2n}, x \in (-\infty, +\infty)$.

⑤ $\arctan x = \sum_{n=0}^{\infty} \dfrac{(-1)^n}{2n+1} x^{2n+1}, x \in [-1,1]$.

⑥$\ln(1+x) = \sum\limits_{n=0}^{\infty} \dfrac{(-1)^{n-1}}{n}x^n, x \in (-1,1]$.

⑦$(1+x)^a = 1 + ax + \dfrac{a(a-1)}{2!}x^2 + \cdots + \dfrac{a(a-1)\cdots(a-n+1)x^n}{n!} + \cdots, x \in (-1,1)$.

11.6 傅里叶级数

本节重点讨论由三角函数组成的函数项级数,即所谓的三角级数,研究如何把函数展开成三角级数.

创立三角级
数的数学家

11.6.1 三角级数

在第 1 章中,曾介绍过周期函数的概念,周期函数反映了客观世界中的周期运动. 正弦函数是一种常见的简单的周期函数. 例如描述简谐振动的函数

$$y = A\sin(\omega t + \varphi)$$

即为一个以 $\dfrac{2\pi}{\omega}$ 为周期的正弦函数. 其中,y 为动点的位置,t 为时间,A 为振幅,ω 为角频率,φ 为初相位.

在实际问题中,除正弦函数以外,还有非正弦的周期函数,它们反映了较为复杂的周期运动. 如电子技术中常见的周期为 T 的矩形波(图 11.1)即为一个非正弦周期函数.

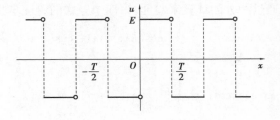

图 11.1

如何进一步研究非正弦周期函数呢?联系到前面我们介绍过用函数的幂级数展开表示与讨论函数. 此处也想将周期函数展开成由简单的周期三角函数组成的级数. 具体地说,将周期为 T 的周期函数用一系列以 T 为周期的正弦函数 $A_n\sin(n\omega t + \varphi_n)$ 组成的级数来表示,记作

$$f(t) = A_0 + \sum_{n=1}^{\infty} A_n\sin(n\omega t + \varphi) \tag{11.14}$$

其中,$A_0, A_n, \varphi_n (n = 1, 2, 3, \cdots)$ 都是常数.

将周期函数按照上述方式展开,它的物理意义是明确的,即把一个比较复杂的周期运动看成由许多不同频率的简谐运动的叠加. 在电工学上,这种展开称为谐波分析. 其中常数项 A_0 称为 $f(t)$ 的直流分量;$A_1\sin(\omega t + \varphi_1)$ 称为一次谐波(也称基波);$A_2\sin(2\omega t + \varphi_2)$,$A_3\sin(3\omega t + \varphi_3)$,$\cdots$ 依次称为二次谐波、三次谐波,等等.

为了方便以后讨论,我们将正弦函数 $A_n\sin(n\omega t + \varphi_n)$ 按照三角公式变形得

$$A_n\sin(n\omega t + \varphi_n) = A_n\sin\varphi_n\cos n\omega t + A_n\cos\varphi_n\sin n\omega t$$

并且令 $\dfrac{a_0}{2} = A_0, a_n = A_n\sin\varphi_n, b_n = A_n\cos\varphi_n, \omega t = x$,则式(11.14)右端的级数即刻改写为

$$\frac{a_0}{2} + \sum_{n=1}^{\infty}(a_n\cos nx + b_n\sin nx) \tag{11.15}$$

一般地,形如式(11.15)的级数叫作三角级数,其中 $a_0, a_n, b_n (n = 1,2,3,\cdots)$ 都是常数.

与幂级数相同,我们有必要讨论三角级数(11.15)的收敛问题,以及给定周期为 2π 的周期函数如何把它展开成三角级数(11.15).为此,我们首先介绍三角函数系的正交性.

所谓三角函数系

$$1, \cos x, \sin x, \cos 2x, \sin 2x, \cdots, \cos nx, \sin nx, \cdots \tag{11.16}$$

在区间 $[-\pi, \pi]$ 上正交,就是指在三角函数系(11.16)中任何不同的两个三角函数的乘积在区间 $[-\pi, \pi]$ 上的积分等于零,即

$$\int_{-\pi}^{\pi}\cos nx\mathrm{d}x = 0(n = 1,2,3,\cdots)$$

$$\int_{-\pi}^{\pi}\sin nx\mathrm{d}x = 0(n = 1,2,3,\cdots)$$

$$\int_{-\pi}^{\pi}\sin kx\cos nx\mathrm{d}x = 0(k,n = 1,2,3,\cdots)$$

$$\int_{-\pi}^{\pi}\cos kx\cos nx\mathrm{d}x = 0(k,n = 1,2,3,\cdots,k \neq n)$$

$$\int_{-\pi}^{\pi}\sin kx\sin nx\mathrm{d}x = 0(k,n = 1,2,3,\cdots,k \neq n)$$

以上等式成立,都可以通过积分的计算来验证,第四个等式的验证步骤如下:

$$\cos kx\cos nx = \frac{1}{2}[\cos(k+n)x + \cos(k-n)x]$$

当 $k \neq n$ 时,有

$$\int_{-\pi}^{\pi}\cos kx\cos nx\mathrm{d}x = \frac{1}{2}\int_{-\pi}^{\pi}[\cos(k+n)x + \cos(k-n)x]\mathrm{d}x$$
$$= \frac{1}{2}\left[\frac{\sin(k+n)x}{k+n} + \frac{\sin(k-n)x}{k-n}\right]_{-\pi}^{\pi}$$
$$= 0$$

其余等式请读者自行验证.

在三角函数系(11.16)中,两个相同函数的乘积在区间 $[-\pi, \pi]$ 上的积分不等于零,即

$$\int_{-\pi}^{\pi}1^2\mathrm{d}x = 2\pi, \int_{-\pi}^{\pi}\sin^2 nx\mathrm{d}x = \pi, \int_{-\pi}^{\pi}\cos^2 nx\mathrm{d}x = \pi(n = 1,2,3,\cdots)$$

11.6.2　函数展开成傅里叶级数

设 $f(x)$ 是周期为 2π 的周期函数,且能展开成三角级数:

$$f(x) = \frac{a_0}{2} + \sum_{k=1}^{\infty}(a_k\cos kx + b_k\sin kx) \tag{11.17}$$

那么此时系数 $a_0, a_1, b_1, \cdots$ 与函数 $f(x)$ 之间存在着怎样的关系呢?如何利用函数 $f(x)$ 把系数 $a_0, a_1, b_1, \cdots$ 表达出来?为此,我们进一步假设级数(11.17)可以逐项积分.

先求 a_0,对级数(11.17)从 $-\pi$ 到 π 逐项积分:

$$\int_{-\pi}^{\pi} f(x)\mathrm{d}x = \int_{-\pi}^{\pi} \frac{a_0}{2}\mathrm{d}x + \sum_{k=1}^{\infty} \left(a_k \int_{-\pi}^{\pi} \cos kx\mathrm{d}x + b_k \int_{-\pi}^{\pi} \sin kx\mathrm{d}x \right)$$

根据三角函数系(11.16)的正交性,等式右端除第一项外,其余各项均为零,所以

$$\int_{-\pi}^{\pi} f(x)\mathrm{d}x = \int_{-\pi}^{\pi} \frac{a_0}{2}\mathrm{d}x = \frac{a_0}{2} \cdot 2\pi = \pi a_0$$

于是得

$$a_0 = \frac{1}{\pi}\int_{-\pi}^{\pi} f(x)\mathrm{d}x$$

再求 a_n,用 $\cos nx$ 乘以式(11.17),再从 $-\pi$ 到 π 逐项积分,于是得

$$\int_{-\pi}^{\pi} f(x)\cos nx\mathrm{d}x = \int_{-\pi}^{\pi} \frac{a_0}{2}\cos nx\mathrm{d}x + \sum_{k=1}^{\infty} \left(a_k \int_{-\pi}^{\pi} \cos kx \cos nx\mathrm{d}x + b_k \int_{-\pi}^{\pi} \sin kx \cos nx\mathrm{d}x \right)$$

根据三角函数系(11.16)的正交性,等式右端除 $k = n$ 的一项外,其余各项均为零,所以

$$\int_{-\pi}^{\pi} f(x)\cos nx\mathrm{d}x = a_n \int_{-\pi}^{\pi} \cos^2 nx\mathrm{d}x = \pi a_n$$

于是得

$$a_n = \frac{1}{\pi}\int_{-\pi}^{\pi} f(x)\cos nx\mathrm{d}x(n = 1,2,3,\cdots)$$

类似地,用 $\sin nx$ 乘以式(11.17),再从 $-\pi$ 到 π 逐项积分,于是得

$$b_n = \frac{1}{\pi}\int_{-\pi}^{\pi} f(x)\sin nx\mathrm{d}x(n = 1,2,3,\cdots)$$

综上

$$\begin{cases} a_n = \dfrac{1}{\pi}\displaystyle\int_{-\pi}^{\pi} f(x)\cos nx\mathrm{d}x(n = 0,1,2,3,\cdots) \\ b_n = \dfrac{1}{\pi}\displaystyle\int_{-\pi}^{\pi} f(x)\sin nx\mathrm{d}x(n = 1,2,3,\cdots) \end{cases} \tag{11.18}$$

如果式(11.18)中的积分都存在,这时此式中的系数 $a_0, a_1, b_1, \cdots$ 就叫作函数 $f(x)$ 的傅里叶系数,将这些系数代入式(11.17)右端,所得的三角级数

$$f(x) = \frac{a_0}{2} + \sum_{n=1}^{\infty} (a_n\cos nx + b_n\sin nx) \tag{11.19}$$

叫作函数的**傅里叶级数**.

一个定义在 R 上周期为 2π 的函数 $f(x)$,如果它在一个周期上可积,则一定可以作出 $f(x)$ 的傅里叶级数.然而,函数 $f(x)$ 的傅里叶级数是否一定收敛呢?如果收敛,它是否一定收敛于 $f(x)$?一般来说,这两个问题的答案都不是肯定的.那么,$f(x)$ 在怎样的条件下,它的傅里叶级数不仅收敛,而且收敛于 $f(x)$?也就是说,$f(x)$ 满足什么样的条件可以展开成傅里叶级数?这个是目前来讲将面对的一个基本问题.下面给出的一个收敛定理是上述问题的一个重要结论.

定理 16(收敛定理,狄利克雷充分条件) 设 $f(x)$ 是周期为 2π 的周期函数,如果它满足:

(1)在一个周期内连续或者只有有限个第一间断点;

(2)在一个周期内至多只有有限个极值点.

则 $f(x)$ 的傅里叶级数收敛,并且当 x 是 $f(x)$ 的连续点时,级数收敛于 $f(x)$;当 x 是 $f(x)$ 的间断点时,级数收敛于 $\frac{1}{2}[f(x^-)+f(x^+)]$.

收敛定理告诉我们:只要函数在 $[-\pi,\pi]$ 上至多有有限个第一类间断点,并且不作无限次振动,函数的傅里叶级数在连续点处就收敛于该点的函数值,在间断点处收敛于该点左极限与右极限的算术平均值. 可见,函数展开成傅里叶级数的条件比展开成幂级数的条件低很多. 记

$$C=\left\{x\mid f(x)=\frac{1}{2}[f(x^-)+f(x^+)]\right\}$$

在 C 上就成立 $f(x)$ 的傅里叶级数展开式

$$f(x)=\frac{a_0}{2}+\sum_{n=1}^{\infty}(a_n\cos nx+b_n\sin nx),x\in C \qquad (11.20)$$

【例 11.36】 设 $f(x)$ 是周期为 2π 的周期函数,它在 $[-\pi,\pi)$ 上的表达式为

$$f(x)=\begin{cases}-1,&-\pi\leqslant x<0\\1,&0\leqslant x<\pi\end{cases}$$

将 $f(x)$ 展开成傅里叶级数.

解 函数 $f(x)$ 满足收敛定理的条件,它在点 $x=k\pi(k=0,\pm1,\pm2,\cdots)$ 处是间断的,在其他点处连续,从而由收敛定理可知,此函数的傅里叶级数收敛,并且当 $x=k\pi$ 时级数收敛于

$$\frac{-1+1}{2}=0$$

当 $x\neq k\pi$ 时,级数收敛于 $f(x)$. 和函数的图形如图 11.2 所示.

图 11.2

计算傅里叶系数如下:

$$a_n=\frac{1}{\pi}\int_{-\pi}^{\pi}f(x)\cos nx\mathrm{d}x$$

$$=\frac{1}{\pi}\int_{-\pi}^{0}(-1)\cdot\cos nx\mathrm{d}x+\frac{1}{\pi}\int_{0}^{\pi}1\cdot\cos nx\mathrm{d}x$$

$$=0(n=0,1,2,\cdots)$$

$$b_n=\frac{1}{\pi}\int_{-\pi}^{\pi}f(x)\sin nx\mathrm{d}x$$

$$=\frac{1}{\pi}\int_{-\pi}^{0}(-1)\cdot\sin nx\mathrm{d}x+\frac{1}{\pi}\int_{0}^{\pi}1\cdot\sin nx\mathrm{d}x$$

$$=\frac{1}{\pi}\left[\frac{\cos nx}{n}\right]_{-\pi}^{0}+\frac{1}{\pi}\left[-\frac{\cos nx}{n}\right]_{0}^{\pi}$$

$$= \frac{1}{n\pi}\left[1 - \cos n\pi - \cos n\pi + 1\right]$$

$$= \frac{2}{n\pi}\left[1 - (-1)^n\right]$$

$$= \begin{cases} \dfrac{4}{n\pi}(n = 1,3,5,\cdots) \\ 0(n = 2,4,6,\cdots) \end{cases}$$

将求得的系数代入式(11.20),就得到$f(x)$的傅里叶级数展开式为:

$$f(x) = \frac{4}{\pi}\left[\sin x + \frac{1}{3}\sin 3x + \cdots + \frac{1}{2k-1}\sin(2k-1)x + \cdots\right]$$

$$(-\infty < x < +\infty, x \neq 0, \pm\pi, \pm 2\pi, \cdots)$$

如果把例11.36中的函数理解为矩形波的波形函数,那么上面所得到的展开式表明:矩形波是由一系列不同频率正弦波叠加而成的,这些波的频率依次为基波频率的奇数倍.

【例11.37】 将函数

$$f(x) = \begin{cases} -x(-\pi \leqslant x < 0) \\ x(0 \leqslant x < \pi) \end{cases}$$

展开成傅里叶级数.

解 所给函数在区间$[-\pi,\pi]$满足收敛定理的条件,并且拓广为周期函数时,它在每一点x处都连续(图11.3),因此拓广的周期函数的傅里叶级数在$[-\pi,\pi]$上收敛于$f(x)$.

图11.3

计算傅里叶级数如下:

$$a_n = \frac{1}{\pi}\int_{-\pi}^{\pi} f(x)\cos nx\,\mathrm{d}x$$

$$= \frac{1}{\pi}\int_{-\pi}^{0}(-x)\cdot\cos nx\,\mathrm{d}x + \frac{1}{\pi}\int_{0}^{\pi}x\cdot\cos nx\,\mathrm{d}x$$

$$= -\frac{1}{\pi}\left[\frac{x\sin nx}{n} + \frac{x\cos nx}{n^2}\right]_{-\pi}^{0} + \frac{1}{\pi}\left[\frac{x\sin nx}{n} + \frac{x\cos nx}{n^2}\right]_{0}^{\pi}$$

$$= \frac{2}{n^2\pi}(\cos n\pi - 1)$$

$$= \begin{cases} -\dfrac{4}{n^2\pi}(n = 1,3,5,\cdots) \\ 0(n = 2,4,6,\cdots) \end{cases}$$

$$a_0 = \frac{1}{\pi}\int_{-\pi}^{\pi} f(x)\,\mathrm{d}x$$

$$= \frac{1}{\pi}\int_{-\pi}^{0}(-x)\,\mathrm{d}x + \frac{1}{\pi}\int_{0}^{\pi}x\,\mathrm{d}x$$

$$= \frac{1}{\pi}\left[-\frac{x^2}{2}\right]_{-\pi}^{0} + \frac{1}{\pi}\left[\frac{x^2}{2}\right]_{0}^{\pi}$$

$$= \pi$$

$$b_n = \frac{1}{\pi}\int_{-\pi}^{\pi} f(x)\sin nx\mathrm{d}x$$

$$= \frac{1}{\pi}\int_{-\pi}^{0}(-x)\cdot\sin nx\mathrm{d}x + \frac{1}{\pi}\int_{0}^{\pi}x\cdot\sin nx\mathrm{d}x$$

$$= -\frac{1}{\pi}\Big[-\frac{x\cos nx}{n}+\frac{\sin nx}{n^2}\Big]_{-\pi}^{0} + \frac{1}{\pi}\Big[-\frac{x\cos nx}{n}+\frac{\sin nx}{n^2}\Big]_{0}^{\pi}$$

$$= 0(n = 1,2,3,\cdots)$$

将以上求得的系数代入式(11.20)，就得到 $f(x)$ 的傅里叶级数展开式为：

$$f(x) = \frac{\pi}{2} - \frac{4}{\pi}\Big[\cos x + \frac{1}{3^2}\cos 3x + \frac{1}{5^2}\cos 5x + \cdots\Big](-\pi \le x \le \pi)$$

11.6.3 正弦级数与余弦级数

从式(11.20)中可以看出,一般来讲,一个函数的傅里叶级数既含有正弦项,又含有余弦项.但是也有一些傅里叶级数只含有正弦项或者只含有常数项和余弦项.这是什么原因呢?实际上这些情况的出现与所给函数的奇偶性有密切的关系.对周期为 2π 的函数 $f(x)$,它的傅里叶级数计算公式为：

$$a_n = \frac{1}{\pi}\int_{-\pi}^{\pi} f(x)\cos nx\mathrm{d}x(n = 0,1,2,3,\cdots)$$

$$b_n = \frac{1}{\pi}\int_{-\pi}^{\pi} f(x)\sin nx\mathrm{d}x(n = 1,2,3,\cdots)$$

由于奇函数在对称区间上的积分为零,偶函数在对称区间上的积分等于半区间上积分的两倍,因此,当函数 $f(x)$ 为奇函数时, $f(x)\cos nx$ 是奇函数, $f(x)\sin nx$ 是偶函数,故

$$\begin{cases} a_n = 0(n = 0,1,2,3,\cdots) \\ b_n = \frac{2}{\pi}\int_{0}^{\pi} f(x)\sin nx\mathrm{d}x(n = 1,2,3,\cdots) \end{cases} \qquad (11.21)$$

即奇函数的傅里叶级数是只含有正弦项的正弦级数

$$\sum_{n=1}^{\infty} b_n\sin nx \qquad (11.22)$$

当函数 $f(x)$ 为偶函数时, $f(x)\cos nx$ 是偶函数, $f(x)\sin nx$ 是奇函数,故

$$\begin{cases} a_n = \frac{2}{\pi}\int_{0}^{\pi} f(x)\cos nx\mathrm{d}x(n = 0,1,2,3,\cdots) \\ b_n = 0(n = 1,2,3,\cdots) \end{cases} \qquad (11.23)$$

即偶函数的傅里叶级数是只含有常数项和余弦项的余弦级数

$$\frac{a_0}{2} + \sum_{n=1}^{\infty} a_n\cos nx \qquad (11.24)$$

11.6.4 周期为 $2l$ 的周期函数的傅里叶级数

本节到目前为止,所讨论的周期函数都是 2π 为周期的函数.但是在实际问题中所遇到的周期函数,它的周期不一定是 2π.例如在图11.1中,所指出的矩形波,它的周期是 $T = \frac{2\pi}{\omega}$.

因此,下面我们讨论周期为 $2l$ 的周期函数的傅里叶级数. 经过变量替换,可得到下面的定理.

定理 17 设周期为 $2l$ 的周期函数 $f(x)$ 满足收敛定理的条件,则它的傅里叶级数展开式为

$$f(x) = \frac{a_0}{2} + \sum_{n=1}^{\infty} \left(a_n \cos \frac{n\pi x}{l} + b_n \sin \frac{n\pi x}{l} \right), x \in C \tag{11.25}$$

其中

$$\begin{cases} a_n = \frac{1}{l} \int_{-l}^{l} f(x) \cos \frac{n\pi x}{l} dx (n = 0,1,2,3,\cdots) \\ b_n = \frac{1}{l} \int_{-l}^{l} f(x) \sin \frac{n\pi x}{l} dx (n = 1,2,3,\cdots) \end{cases} \tag{11.26}$$

$$C = \left\{ x \mid f(x) = \frac{1}{2} \left[f(x^-) + f(x^+) \right] \right\} \tag{11.27}$$

当 $f(x)$ 为奇函数时

$$f(x) = \sum_{n=1}^{\infty} b_n \sin \frac{n\pi x}{l} \tag{11.28}$$

其中

$$b_n = \frac{2}{l} \int_0^l f(x) \sin \frac{n\pi x}{l} dx (n = 1,2,3,\cdots) \tag{11.29}$$

当 $f(x)$ 为偶函数时

$$f(x) = \frac{a_0}{2} + \sum_{n=1}^{\infty} a_n \cos \frac{n\pi x}{l} \tag{11.30}$$

其中

$$a_n = \frac{2}{l} \int_0^l f(x) \cos \frac{n\pi x}{l} dx (n = 0,1,2,3,\cdots) \tag{11.31}$$

证 作变量替换 $z = \frac{\pi x}{l}$,于是区间 $-l \leqslant x \leqslant l$ 就变换成 $-\pi \leqslant z \leqslant \pi$,设函数 $f(x) = f\left(\frac{lz}{\pi}\right) = F(z)$,从而 $F(z)$ 是周期为 2π 的周期函数,并且它满足收敛定理的条件,将 $F(z)$ 展开成傅里叶级数:

$$F(z) = \frac{a_0}{2} + \sum_{n=1}^{\infty} (a_n \cos nz + b_n \sin nz)$$

其中

$$a_n = \frac{1}{\pi} \int_{-\pi}^{\pi} F(z) \cos nz dz, b_n = \frac{1}{\pi} \int_{-\pi}^{\pi} F(z) \sin nz dz$$

在以上式子中,令 $z = \frac{\pi x}{l}$,并且注意到 $F(z) = f(x)$,于是有

$$f(x) = \frac{a_0}{2} + \sum_{n=1}^{\infty} \left(a_n \cos \frac{n\pi x}{l} + b_n \sin \frac{n\pi x}{l} \right)$$

而且

$$a_n = \frac{1}{l} \int_{-l}^{l} f(x) \cos \frac{n\pi x}{l} dx, b_n = \frac{1}{l} \int_{-l}^{l} f(x) \sin \frac{n\pi x}{l} dx$$

类似地,可证明定理的其余部分.

习题 11

(A)

1. 写出下列级数的一般项.

(1) $\dfrac{2}{1} - \dfrac{3}{2} + \dfrac{4}{3} - \dfrac{5}{4} + \dfrac{6}{5} - \cdots$;　　　(2) $1 - \dfrac{1}{2} + \dfrac{1}{4} - \dfrac{1}{8} + \cdots$;

(3) $\dfrac{1}{1 \cdot 3} + \dfrac{2}{3 \cdot 5} + \dfrac{4}{5 \cdot 7} + \dfrac{8}{7 \cdot 9} + \cdots$;　　　(4) $\dfrac{2}{2}x + \dfrac{2^2}{5}x^2 + \dfrac{2^3}{10}x^3 + \dfrac{2^4}{17}x^4 + \cdots$.

2. 已知级数 $\displaystyle\sum_{n=1}^{\infty} u_n$ 的部分和 $S_n = \dfrac{3n}{n+1}$, 写出此级数, 并求其和.

3. 利用无穷级数的性质, 判别下列级数是否收敛:

(1) $0.01 + \sqrt{0.01} + \sqrt[3]{0.01} + \cdots + \sqrt[n]{0.01} + \cdots$;

(2) $\displaystyle\sum_{n=1}^{\infty} (-1)^{n-1} \dfrac{4^n}{5^n}$;

(3) $\dfrac{1}{2} + \dfrac{3}{4} + \dfrac{5}{6} + \dfrac{7}{8} + \cdots$;

(4) $2 + \dfrac{1}{5} + \displaystyle\sum_{n=1}^{\infty} \dfrac{1}{3^n}$;

(5) $\displaystyle\sum_{n=1}^{\infty} \dfrac{1}{2^n}(\ln 2)^n$;

(6) $\displaystyle\sum_{n=1}^{\infty} \left(\dfrac{1}{2^n} - \dfrac{3}{5^n} \right)$;

(7) $\displaystyle\sum_{n=1}^{\infty} 2^n \cdot \sin \dfrac{\pi}{2^n}$.

4. 利用比较判别法或其极限形式, 判别下列级数的敛散性:

(1) $1 + \dfrac{1}{3} + \dfrac{1}{5} + \dfrac{1}{7} + \cdots$;　　　(2) $\dfrac{1}{2} + \dfrac{1}{5} + \dfrac{1}{10} + \cdots + \dfrac{1}{n^2+1} + \cdots$;

(3) $\displaystyle\sum_{n=1}^{\infty} \dfrac{1}{\ln(n+1)}$;　　　(4) $\displaystyle\sum_{n=1}^{\infty} \sin \dfrac{\pi}{3^n}$;

(5) $\displaystyle\sum_{n=1}^{\infty} \tan \dfrac{\pi}{4n}$;　　　(6) $\displaystyle\sum_{n=1}^{\infty} \dfrac{1}{\sqrt{4n^3 - n}}$;

(7) $\displaystyle\sum_{n=1}^{\infty} \dfrac{1}{n^n}$;　　　(8) $\displaystyle\sum_{n=1}^{\infty} \left(1 - \cos \dfrac{\pi}{n} \right)$;

(9) $\displaystyle\sum_{n=2}^{\infty} \dfrac{1}{\sqrt{n}} \ln \dfrac{n+1}{n-1}$;　　　(10) $\displaystyle\sum_{n=1}^{\infty} \dfrac{1}{1+a^n} (a > 0)$.

5. 利用比值判别法,判别下列级数的敛散性.

(1) $\displaystyle\sum_{n=1}^{\infty} \frac{1}{(n+1)!}$;

(2) $\displaystyle\sum_{n=1}^{\infty} \frac{n^n}{n!}$;

(3) $\displaystyle\sum_{n=1}^{\infty} \frac{3^n n!}{n^n}$;

(4) $\displaystyle\sum_{n=1}^{\infty} \frac{n^2}{3^n}$;

(5) $\displaystyle\sum_{n=1}^{\infty} \frac{(n!)^2}{n^3}$;

(6) $\displaystyle\sum_{n=1}^{\infty} \frac{1 \cdot 3 \cdot 5 \cdot \cdots \cdot (2n-1)}{3^n \cdot n!}$;

(7) $\displaystyle\sum_{n=1}^{\infty} \frac{1}{n^2} x^{2n}$;

(8) $\displaystyle\sum_{n=1}^{\infty} n^2 \sin \frac{\pi}{2^n}$.

6. 证明:若正项级数 $\displaystyle\sum_{n=1}^{\infty} u_n$ 收敛,则级数 $\displaystyle\sum_{n=1}^{\infty} u_n^2$ 必收敛. 并举例说明其逆命题不成立.

7. (1) 如果 $\lim\limits_{n \to \infty} n a_n = l (l > 0)$,问正项级数 $\displaystyle\sum_{n=1}^{\infty} a_n$ 是否收敛?说明理由;

(2) 如果 $\lim\limits_{n \to \infty} n^2 a_n = l (l > 0)$,问正项级数 $\displaystyle\sum_{n=1}^{\infty} a_n$ 是否收敛?说明理由.

8. 利用根式判别法,判别下列级数的敛散性:

(1) $\displaystyle\sum_{n=1}^{\infty} \left(\frac{n+1}{3n-2}\right)^n$;

(2) $\displaystyle\sum_{n=1}^{\infty} \frac{1}{3^n} \left(1 + \frac{1}{n}\right)^{n^2}$;

(3) $\displaystyle\sum_{n=1}^{\infty} \frac{n}{[\ln(n+1)]^n}$;

(4) $\displaystyle\sum_{n=1}^{\infty} \left(\frac{na}{n+1}\right)^n (a > 0)$.

9. 判别下列级数是绝对收敛、条件收敛,还是发散的:

(1) $\displaystyle\sum_{n=1}^{\infty} (-1)^{n-1} \frac{1}{n^2+1}$;

(2) $\displaystyle\sum_{n=1}^{\infty} (-1)^n \frac{1}{2n+3}$;

(3) $\displaystyle\sum_{n=1}^{\infty} (-1)^{n-1} \frac{1}{\ln\left(1 + \frac{1}{n}\right)}$;

(4) $\displaystyle\sum_{n=1}^{\infty} (-1)^{n-1} \frac{1}{\ln(1+n)}$;

(5) $\displaystyle\sum_{n=1}^{\infty} (-1)^{n-1} \frac{1}{\pi^{n+1}} \sin \frac{\pi}{n}$;

(6) $\displaystyle\sum_{n=1}^{\infty} (-1)^n \sqrt{\frac{n(n+1)}{(n-1)(n+2)}}$;

(7) $\dfrac{1}{\sqrt{3}-\sqrt{2}} - \dfrac{1}{\sqrt{3}+\sqrt{2}} + \dfrac{1}{\sqrt{4}-\sqrt{2}} - \dfrac{1}{\sqrt{4}+\sqrt{2}} + \dfrac{1}{\sqrt{5}-\sqrt{2}} - \dfrac{1}{\sqrt{5}+\sqrt{2}} + \cdots$;

(8) $\displaystyle\sum_{n=1}^{\infty} (-1)^{n-1} \frac{4+(-1)^n}{n^{\frac{5}{4}}}$.

10. 设正项级数 $\displaystyle\sum_{n=1}^{\infty} u_n$ 收敛,而数列 $\{v_n\}$ 有界,证明级数 $\displaystyle\sum_{n=1}^{\infty} u_n v_n$ 绝对收敛.

11. 已知级数 $\displaystyle\sum_{n=1}^{\infty} u_n^2$ 收敛,试证级数 $\displaystyle\sum_{n=1}^{\infty} \frac{u_n}{n}$ 绝对收敛.

12. 求下列幂级数的收敛域:

(1) $\sum\limits_{n=1}^{\infty} n! x^n$;

(2) $\sum\limits_{n=1}^{\infty} \frac{1}{n \cdot 2^n}(x-1)^n$;

(3) $\sum\limits_{n=1}^{\infty} \left[\frac{(-1)^n}{2^n} + 3^n\right] x^n$;

(4) $\sum\limits_{n=1}^{\infty} \frac{4^n + (-5)^n}{n} x^n$;

(5) $\sum\limits_{n=1}^{\infty} \frac{(-1)^n}{2n+1} x^{2n+1}$;

(6) $\sum\limits_{n=1}^{\infty} \frac{n^k}{n!} x^n$(其中,$k$ 是一个正整数);

(7) $\sum\limits_{n=1}^{\infty} \frac{\ln(1+n)}{n+1} x^{n+1}$;

(8) $\sum\limits_{n=1}^{\infty} \frac{a^n}{n^2+1} x^n$(其中,$a$ 是一个正数).

13. 求下列级数的收敛域以及在收敛域内的和函数:

(1) $\sum\limits_{n=0}^{\infty} \frac{1}{2^n} x^n$;

(2) $\sum\limits_{n=0}^{\infty} (n+1) x^n$;

(3) $\sum\limits_{n=1}^{\infty} \frac{x^n}{n \cdot 2^n}$;

(4) $\sum\limits_{n=1}^{\infty} \frac{1}{n(n+1)} x^n$.

14. 将下列函数展开为麦克劳林级数,并求其收敛域:

(1)$f(x) = \frac{1}{2+3x}$;

(2)$f(x) = \cos^2 x$;

(3)$f(x) = \frac{1}{(x-1)(x-2)}$;

(4)$f(x) = \cos\left(x + \frac{\pi}{4}\right)$;

(5)$f(x) = \ln\frac{1+x}{1-x}$;

(6)$f(x) = \frac{1}{2}(e^x + e^{-x})$.

15. 将下列函数在指定点展开为泰勒级数,并求其收敛域:

(1)$f(x) = \frac{1}{x}, x_0 = 1$;

(2)$f(x) = \ln x, x_0 = 3$;

(3)$f(x) = e^x, x_0 = 1$;

(4)$f(x) = \sin x, x_0 = \frac{\pi}{6}$.

16. 下列周期函数 $f(x)$ 的周期为 2π,试将 $f(x)$ 展开成傅里叶级数,若 $f(x)$ 在 $[-\pi,\pi)$ 上的表达式为:

(1)$f(x) = 3x^2 + 1 (-\pi \leqslant x < \pi)$;

(2)$f(x) = e^{2x} (-\pi \leqslant x < \pi)$.

(B)

一、填空题

1. 若级数 $\sum\limits_{n=1}^{\infty} u_n$ 收敛,则 $\lim\limits_{n\to\infty}(u_n - 1) = $ _____.

2. 若级数 $\sum\limits_{n=1}^{\infty} u_n = S$,则级数 $\sum\limits_{n=1}^{\infty}(u_n + u_{n+1}) = $ _____.

3. 若级数 $\sum\limits_{n=1}^{\infty} u_n$ 的部分和数列为 $S_n = \frac{2n}{n+1}$,则 $u_n = $ _____,$\sum\limits_{n=1}^{\infty} u_n = $ _____.

4. 若级数 $\sum\limits_{n=1}^{\infty} \frac{(-1)^n + a}{n}$($a$ 为常数) 收敛,则 a 的取值为 _____.

5. 级数 $\sum\limits_{n=1}^{\infty} \dfrac{(-1)^{n-1}}{n^p}$ 在_____时发散, 在_____时条件收敛, 在_____时绝对收敛.

6. 若 $\lim\limits_{n\to\infty} a_n = a$, 则级数 $\sum\limits_{n=1}^{\infty} (a_n - a_{n+1}) = $ _____.

7. 如果 $a_n \geqslant 0$, 且 $\lim\limits_{n\to\infty} n a_n = \lambda \neq 0$, 则级数 $\sum\limits_{n=1}^{\infty} a_n$ 的敛散性为_____.

8. 幂级数 $\sum\limits_{n=1}^{\infty} \dfrac{x^n}{n}$ 的收敛域为_____.

9. 幂级数 $\sum\limits_{n=0}^{\infty} \dfrac{1}{n!} x^{2n+1}$ 的和函数 $S(x) = $ _____.

二、单项选择题

1. 正项级数 $\sum\limits_{n=1}^{\infty} u_n$ 收敛的充分必要条件是(　　).

    A. $\lim\limits_{n\to\infty} u_n = 0$ B. $\lim\limits_{n\to\infty} \dfrac{u_{n+1}}{u_n} = \rho < 1$

    C. 部分和数列 $\{S_n\}$ 有上界   D. 数列 $\{u_n\}$ 单调有界

2. 若级数 $\sum\limits_{n=1}^{\infty} u_n$ 发散, k 为常数, 则级数 $\sum\limits_{n=1}^{\infty} k u_n$ 的敛散性为(　　).

    A. 发散   B. 可能收敛, 也可能发散

    C. 收敛   D. 无界

3. 级数 $\sum\limits_{n=1}^{\infty} \dfrac{a}{q^n}$ (a 为常数) 收敛的充分条件是(　　).

    A. $|q| > 1$ B. $q = 1$ C. $|q| < 1$ D. $q < 1$

4. 若级数 $\sum\limits_{n=1}^{\infty} u_n$ 收敛, 那么下列级数中发散的是(　　).

    A. $\sum\limits_{n=1}^{\infty} 50 u_n$ B. $\sum\limits_{n=1}^{\infty} (u_n + 50)$ C. $50 + \sum\limits_{n=1}^{\infty} u_n$ D. $\sum\limits_{n=1}^{\infty} u_n + 50$

5. 若级数 $\sum\limits_{n=1}^{\infty} u_n$ 收敛, 且 $u_n \neq 0 (n = 1, 2, \cdots)$, 其和为 S, 则级数 $\sum\limits_{n=1}^{\infty} \dfrac{1}{u_n}$ 的敛散性为(　　).

    A. 收敛且其和为 $\dfrac{1}{S}$ B. 收敛但和不一定为 $\dfrac{1}{S}$

    C. 发散   D. 可能收敛, 也可能发散

6. 设 $0 \leqslant u_n < \dfrac{1}{n} (n = 1, 2, \cdots)$, 则在下列级数中肯定收敛的是(　　).

    A. $\sum\limits_{n=1}^{\infty} u_n$ B. $\sum\limits_{n=1}^{\infty} (-1)^n u_n$

    C. $\sum\limits_{n=1}^{\infty} \sqrt{u_n}$ D. $\sum\limits_{n=1}^{\infty} (-1)^n u_n^2$

7. 已知级数 $\sum\limits_{n=1}^{\infty} (-1)^{n-1} a_n = 3$, $\sum\limits_{n=1}^{\infty} a_{2n-1} = 5$, 则级数 $\sum\limits_{n=1}^{\infty} a_n$ 等于(　　).

A. 8   B. 7   C. 9   D. 3

8. 下列级数中,条件收敛的是(　　).

A. $\sum\limits_{n=1}^{\infty} \dfrac{(-1)^n}{n(n+1)}$ B. $\sum\limits_{n=1}^{\infty} \dfrac{(-1)^n}{n} \sin\dfrac{1}{n}$

C. $\sum\limits_{n=1}^{\infty} (-1)^n \dfrac{1}{\sqrt{n+1}}$ D. $\sum\limits_{n=1}^{\infty} (-1)^n \dfrac{n}{2n-1}$

9. 下列级数中,绝对收敛的是(　　).

A. $\sum\limits_{n=1}^{\infty} (-1)^n \dfrac{1}{n+1}$ B. $\sum\limits_{n=1}^{\infty} (-1)^n \dfrac{1}{n^2+1}$

C. $\sum\limits_{n=1}^{\infty} (-1)^n \left(\dfrac{1}{n} + \dfrac{1}{n^2}\right)$ D. $\sum\limits_{n=1}^{\infty} (-1)^n \dfrac{n^2+1}{6n^2+2}$

10. 设 $u_n > 0 (n=1,2,\cdots)$,若 $\sum\limits_{n=1}^{\infty} u_n$ 发散,$\sum\limits_{n=1}^{\infty} (-1)^n u_n$ 收敛,则下列结论中正确的是(　　).

A. $\sum\limits_{n=1}^{\infty} u_{2n-1}$ 收敛,$\sum\limits_{n=1}^{\infty} u_{2n}$ 发散   B. $\sum\limits_{n=1}^{\infty} u_{2n}$ 收敛,$\sum\limits_{n=1}^{\infty} u_{2n-1}$ 发散

C. $\sum\limits_{n=1}^{\infty} (u_{2n-1} + u_{2n})$ 收敛   D. $\sum\limits_{n=1}^{\infty} (u_{2n-1} - u_{2n})$ 收敛

11. 设幂级数 $\sum\limits_{n=1}^{\infty} a_n(x-1)^n$ 在 $x=-1$ 处收敛,则此级数在 $x=2$ 处(　　).

A. 条件收敛   B. 绝对收敛
C. 发散   D. 敛散性不能确定

12. 设幂级数 $\sum\limits_{n=0}^{\infty} a_n x^n$ 的收敛半径为 $R(0 < R < +\infty)$,则 $\sum\limits_{n=0}^{\infty} a_n \left(\dfrac{x}{2}\right)^n$ 的收敛半径为(　　).

A. R B. $\dfrac{2}{R}$ C. $2R$ D. $\dfrac{R}{2}$

第 12 章

微分方程与差分方程初步

函数是研究客观事物规律的重要工具. 但在许多实际问题中,往往不能直接得到所需要的函数关系,而是通过建立实际问题的数学模型求解才能得到. 微分方程、差分方程就是根据函数及其导数的关系式而建立的较常见的数学模型.

本章介绍微分方程、差分方程的基本概念和几种常用微分、差分方程的解法.

12.1　微分方程的基本概念

12.1.1　微分方程的定义

定义 1　含有自变量、未知函数以及未知函数的导数或微分的函数方程,称为**微分方程**,简称方程.

例如,方程

$$\frac{\mathrm{d}y}{\mathrm{d}x} = 2x \tag{12.1}$$

$$y' + P(x)y = Q(x) \tag{12.2}$$

$$y'' + 2y' + y = 0 \tag{12.3}$$

$$(y')^3 + y - y^{-2} = 3 \tag{12.4}$$

$$\frac{\partial^2 u}{\partial x^2} + \frac{\partial^2 u}{\partial y^2} + \frac{\partial^2 u}{\partial z^2} = 0 \tag{12.5}$$

都是微分方程. 把未知函数为一元函数的微分方程,称为常微分方程;未知函数为多元函数,从而出现偏导数的微分方程,称为偏微分方程. 微分方程中所出现的最高阶导数的阶数,称为微分方程的阶. 例如,方程(12.1)、方程(12.2)、方程(12.4)都是一阶常微分方程,方程(12.3)是二阶常微分方程,方程(12.5)是二阶偏微分方程.

相对常微分方程,偏微分方程的计算要困难得多. 为简单起见,本章主要介绍常微分方程的一些基本知识.

n 阶常微分方程的一般形式为

$$F(x;y,y',\cdots,y^{(n)}) = 0 \qquad\qquad (12.6)$$

其中,x 为自变量,y 为未知函数,$F(x;y,y',\cdots,y^{(n)})$ 为 $x,y,y',\cdots,y^{(n)}$ 的已知函数. 这里还必须指出,$x,y,y',\cdots,y^{(n-1)}$ 可以不出现,而 $y^{(n)}$ 一定要出现.

如果 $F(x;y,y',\cdots,y^{(n)})$ 还是 $y,y',\cdots,y^{(n)}$ 的线性函数,则称方程(12.6)为 n 阶线性微分方程. 其一般形式可写为

$$y^{(n)} + a_1(x)y^{(n-1)} + \cdots + a_{n-1}(x)y' + a_n(x)y = f(x) \qquad (12.7)$$

不是线性微分方程的微分方程,统称为非线性微分方程.

例如,方程(12.1)、方程(12.2)都是一阶线性微分方程,方程(12.3)是二阶线性微分方程,方程(12.4)是一阶非线性微分方程,方程(12.5)是二阶线性偏微分方程.

12.1.2　微分方程的解

对上述方程,如果能够找到这样的函数,把这个函数代入微分方程能使该方程恒成立,则称此函数是该微分方程的解.

例如,$y = x^2$,$y = x^2 + C$(C 为任意常数)都是方程(12.1)的解,$y = e^{-x}$,$y = (C_1 + C_2x)e^{-x}$(C_1,C_2 为任意常数)都是方程(12.3)的解.

如果微分方程的解中含有相互独立的任意常数①,且任意常数的个数与微分方程的阶数相同,这样的解称为微分方程的通解. 根据条件,确定通解中的任意常数以后,就得到微分方程的特解.

例如,$y = (C_1 + C_2x)e^{-x}$(C_1,C_2 为任意常数)是方程(12.3)的通解,因为,此解恰含有两个任意常数且相互独立;在此通解的基础上,如果还要满足 $y(0) = 1$,$y'(0) = -1$,则得到一个特解 $y = e^{-x}$.

通常为了确定 n 阶微分方程(12.6)的某个特解,需要给出确定通解中任意常数的条件,这样的条件称为初始条件. 求微分方程满足某个初始条件的特解问题,称为微分方程的初值问题.

例如,初值问题

$$y'' + 2y' + y = 0,y(0) = 2,y'(0) = -2$$

的特解为 $y = 2e^{-x}$.

12.2　可分离变量的微分方程

12.2.1　可直接分离变量的方程

在方程(12.1)中,遇到这样的一阶微分方程

---

① 就是说,它们不会因合并而使任意常数的个数减少.

$$\frac{dy}{dx} = 2x$$

它可写为

$$dy = 2x\,dx$$

将上式两端积分就得到原方程的通解

$$\int dy = \int 2x\,dx$$

即

$$y = x^2 + C$$

其中,C 为任意常数.

一般如果一阶微分方程能写为

$$g(y)\,dy = f(x)\,dx \tag{12.8}$$

的形式,就是说,能把微分方程写成一端只含 y 的函数和 dy,另一端只含 x 的函数和 dx,那么,原方程就称为可**分离变量的微分方程**.

将方程(12.8) 两端分别对 y 和对 x 积分,得

$$\int g(y)\,dy = \int f(x)\,dx + C \tag{12.9}$$

方程(12.9) 就是方程(12.8) 的通解. 其中,规定 $\int f(x)\,dx$, $\int g(y)\,dy$ 分别为 $f(x)$, $g(y)$ 的某个原函数,C 为任意常数.

【例 12.1】 求方程 $dy = 2xy\,dx$ 的通解.

解 分离变量得

$$\frac{1}{y}\,dy = 2x\,dx$$

两端分别积分,得

$$\int \frac{1}{y}\,dy = \int 2x\,dx$$

从而

$$\ln|y| = x^2 + C_1$$

即

$$y = \pm e^{x^2 + C_1} = \pm e^{C_1} \cdot e^{x^2}$$

因 $\pm e^{C_1}$ 是任意非零常数,又因 $y \equiv 0$ 也是原方程的解,故得方程的通解

$$y = Ce^{x^2}\ (C \text{ 为任意常数})$$

事实上,这里"$\ln|y|$"中的绝对值符号可以不写,它不影响通解最后的形式.

【例 12.2】 求方程 $ye^x\,dx - (1 + e^x)\,dy = 0$ 的通解.

解 分离变量得

$$\frac{1}{y}\,dy = \frac{e^x}{1 + e^x}\,dx$$

两端同时积分,得

$$\int \frac{1}{y}\,dy = \int \frac{e^x}{1 + e^x}\,dx$$

$$\ln y = \ln(1 + e^x) + \ln C$$

得通解为

$$y = C(1 + e^x)\ (C\ 为任意常数)$$

【例 12.3】 求方程 $y' = e^{2x-y}$ 满足 $y(0) = 0$ 的特解.

解 分离变量得

$$e^y dy = e^{2x} dx$$

两端同时积分,得

$$e^y = \frac{e^{2x}}{2} + C$$

于是,通解为

$$y = \ln\left(\frac{e^{2x}}{2} + C\right)$$

将初始条件 $y(0) = 0$ 代入得 $C = \frac{1}{2}$,故特解为

$$y = \ln\left(\frac{e^{2x}}{2} + \frac{1}{2}\right)$$

12.2.2 齐次方程的分离变量

如果一阶微分方程可写为

$$\frac{dy}{dx} = f\left(\frac{y}{x}\right) \tag{12.10}$$

的形式,则称此方程为齐次微分方程,简称齐次方程. 例如

$$(xy + x^2) dy - (xy - y^2) dx = 0$$

就是齐次方程,因为它可写为

$$\frac{dy}{dx} = \frac{xy - y^2}{xy + x^2}$$

即

$$\frac{dy}{dx} = \frac{\frac{y}{x} - \left(\frac{y}{x}\right)^2}{\frac{y}{x} + 1}$$

求解齐次方程(12.10)的常用方法,称为变量代换法,即通过变量代换将其化成可分离变量方程,然后利用求解可分离变量方程的方法两边分别积分得到通解. 令

$$u = \frac{y}{x}$$

即

$$y = ux$$

两边求导,得

$$\frac{dy}{dx} = u + x\frac{du}{dx}$$

将其代入方程(12.10)并分离变量,得

$$\frac{1}{f(u)-u}du = \frac{1}{x}dx$$

两边积分,得

$$\int\frac{1}{f(u)-u}du = \int\frac{1}{x}dx$$

即

$$\int\frac{1}{f(u)-u}du = \ln|x| + C$$

其中, $\int\frac{1}{f(u)-u}du$ 表示 $\frac{1}{f(u)-u}$ 的某个原函数,最后回代即得方程(12.10)的通解.

【例 12.4】 求方程 $y^2 + x^2\frac{dy}{dx} = xy\frac{dy}{dx}$ 的通解.

解 原方程可写为

$$\frac{dy}{dx} = \frac{y^2}{xy-x^2} = \frac{\left(\frac{y}{x}\right)^2}{\frac{y}{x}-1}$$

此为齐次方程,令 $u = \frac{y}{x}$,则 $y = ux, dy = udx + xdu$,代入上式,得

$$u + x\frac{du}{dx} = \frac{u^2}{u-1}$$

化简、分离变量,得

$$\left(1-\frac{1}{u}\right)du = \frac{1}{x}dx$$

两边积分,得

$$u - \ln u + C_1 = \ln x$$

移项合并,得

$$\ln(ux) = u + C_1$$

回代 $u = \frac{y}{x}$,得到原方程的通解为

$$\ln y = \frac{y}{x} + C_1$$

即

$$y = Ce^{\frac{y}{x}}$$

其中,C 为任意常数.

【例 12.5】 求方程 $\frac{dy}{dx} = \frac{y}{x} + \tan\frac{y}{x}$ 满足 $y(1) = \frac{\pi}{2}$ 的特解.

解 此为齐次方程,令 $u = \frac{y}{x}$,则

$$y = ux, \frac{dy}{dx} = u + x\frac{du}{dx}$$

代入原方程,得

$$u + x \frac{\mathrm{d}u}{\mathrm{d}x} = u + \tan u$$

化简、分离变量,得

$$\frac{\mathrm{d}u}{\tan u} = \frac{\mathrm{d}x}{x}$$

两边积分,得

$$\ln(\sin u) = \ln x + \ln C$$

即

$$\sin u = Cx$$

回代 $u = \frac{y}{x}$,得原方程的通解为

$$\sin \frac{y}{x} = Cx$$

由初始条件 $y(1) = \frac{\pi}{2}$ 知,$C = 1$,于是,所求特解为

$$\sin \frac{y}{x} = x$$

12.2.3　变换后的齐次方程的分离变量

有些方程本身虽然不是齐次的,但通过适当的变换,可化为齐次方程. 形如

$$\frac{\mathrm{d}y}{\mathrm{d}x} = f\left(\frac{a_1 x + b_1 y + c_1}{a_2 x + b_2 y + c_2}\right) \tag{12.11}$$

的方程就属于这种情形.

①若 $c_1 = c_2 = 0$,则方程(12.11)已经是齐次方程.

②若 c_1, c_2 至少有一个不为 0,先求出两条直线

$$a_1 x + b_1 y + c_1 = 0, a_2 x + b_2 y + c_2 = 0$$

的交点,如果有交点 (x_0, y_0),则作平移变换

$$\begin{cases} X = x - x_0 \\ Y = y - y_0 \end{cases}$$

这时,$\frac{\mathrm{d}y}{\mathrm{d}x} = \frac{\mathrm{d}Y}{\mathrm{d}X}$,于是,原方程就化为齐次方程

$$\frac{\mathrm{d}Y}{\mathrm{d}X} = f\left(\frac{a_1 X + b_1 Y}{a_2 X + b_2 Y}\right)$$

如果没有交点,则两直线平行,即有 $\frac{a_1}{b_1} = \frac{a_2}{b_2} = \lambda$,令 $u = a_2 x + b_2 y$,方程(12.11)可化为

$$\frac{\mathrm{d}u}{\mathrm{d}x} = a_2 + b_2 \frac{\mathrm{d}y}{\mathrm{d}x} = a_2 + b_2 f\left(\frac{\lambda u + c_1}{u + c_2}\right)$$

这是关于 x, u 的可分离变量的方程.

【例 12.6】　求方程 $\dfrac{\mathrm{d}y}{\mathrm{d}x} = \dfrac{x-y+1}{x+y-3}$ 的通解.

解　直线 $x-y+1=0$ 和直线 $x+y-3=0$ 的交点是 $(1,2)$,因此作变换

$$x = X+1, y = Y+2$$

代入原方程,得

$$\frac{\mathrm{d}Y}{\mathrm{d}X} = \frac{X-Y}{X+Y} = \frac{1-\dfrac{Y}{X}}{1+\dfrac{Y}{X}}$$

令 $u = \dfrac{Y}{X}$,则 $Y = uX, \dfrac{\mathrm{d}Y}{\mathrm{d}X} = u + X\dfrac{\mathrm{d}u}{\mathrm{d}X}$,代入上式,得

$$u + X\frac{\mathrm{d}u}{\mathrm{d}X} = \frac{1-u}{1+u}$$

分离变量,得

$$\frac{1+u}{1-2u-u^2}\mathrm{d}u = \frac{1}{X}\mathrm{d}x$$

两边积分,得

$$-\frac{1}{2}\ln(1-2u-u^2) = \ln X + \ln C_1$$

即

$$1 - 2u - u^2 = \frac{C}{X^2}(C = C_1^{-2})$$

回代 $u = \dfrac{Y}{X}$,得

$$X^2 - 2XY - Y^2 = C$$

再将 $x = X+1, y = Y+2$ 回代,得所求方程的通解为

$$x^2 - 2xy - y^2 + 2x + 6y = C(C \text{ 为任意常数})$$

12.3　n 阶线性微分方程

线性微分方程是实际应用较广泛,也是研究最深入的部分. 本节不加证明地给出线性微分方程解的性质与解的结构定理.

12.3.1　n 阶线性微分方程

n 阶线性微分方程的一般形式为

$$y^{(n)} + a_1(x)y^{(n-1)} + \cdots + a_{n-1}(x)y' + a_n(x)y = f(x) \tag{12.12}$$

其中,$a_1(x), \cdots, a_{n-1}(x), a_n(x)$ 和 $f(x)$ 为 x 的已知连续函数.

如果 $f(x) \not\equiv 0$,则称方程(12.12)为 n 阶非齐次线性微分方程;如果 $f(x) \equiv 0$,则方程 (12.12) 可写为

$$y^{(n)} + a_1(x)y^{(n-1)} + \cdots + a_{n-1}(x)y' + a_n(x)y = 0 \qquad (12.13)$$

称方程(12.13)为 n 阶齐次线性微分方程,也称方程(12.12)的对应齐次方程.

由于微分方程解的结构定理涉及特解的线性相关性,下面先给出函数线性相关性的定义.

定义 2(线性相关性)　设函数组 $y_1(x), y_2(x), \cdots, y_n(x)$ 在区间 I 内有定义,若存在不全为 0 的常数 $C_1, C_2, \cdots, C_n$,使得对任意 $x \in I$,都有

$$C_1 y_1(x) + C_2 y_2(x) + \cdots + C_n y_n(x) = 0$$

则称函数组 $y_1(x), y_2(x), \cdots, y_n(x)$ 在区间 I 内是线性相关的;如果在区间 I 内,上式仅当 C_1, $C_2, \cdots, C_n$ 全为 0 时才成立,则称函数组 $y_1(x), y_2(x), \cdots, y_n(x)$ 在区间 I 内是线性无关的.

特别当 $n = 2$ 时,如果 $\dfrac{y_1(x)}{y_2(x)} \equiv C$($C$ 为非零常数),则称 $y_1(x)$ 与 $y_2(x)$ 线性相关;如果 $\dfrac{y_1(x)}{y_2(x)} \not\equiv C$($C$ 为非零常数),则称 $y_1(x)$ 与 $y_2(x)$ 线性无关.

例如,若两任意常数 $\lambda_1 \neq \lambda_2$,则 $\dfrac{\mathrm{e}^{\lambda_1 x}}{\mathrm{e}^{\lambda_2 x}} = \mathrm{e}^{(\lambda_1 - \lambda_2)x} \neq$ 常数,所以 $\mathrm{e}^{\lambda_1 x}$ 与 $\mathrm{e}^{\lambda_2 x}$ 线性无关;而 $\dfrac{1 + \tan^2 x}{\sec^2 x} \equiv 1$,所以 $1 + \tan^2 x$ 与 $\sec^2 x$ 线性相关.

定理 1(线性微分方程解的性质定理)

①齐次线性微分方程解的叠加原理:如果 $y_1(x), y_2(x), \cdots, y_m(x)$ 是方程(12.13)的 m 个解,则这 m 个解的线性组合

$$y(x) = C_1 y_1(x) + C_2 y_2(x) + \cdots + C_m y_m(x)$$

也是方程(12.13)的解.其中,$C_1, C_2, \cdots, C_n$ 为任意常数.

②n 阶齐次线性微分方程(12.13)一定存在 n 个线性无关的特解.

③如果 $y_1(x), y_2(x)$ 是方程(12.12)的两个解,则 $y_1(x) - y_2(x)$ 是方程(12.12)的对应齐次方程(12.13)的解.

④非齐次线性微分方程解的叠加原理:如果 $y_1(x), y_2(x)$ 分别是非齐次线性微分方程

$$y^{(n)} + a_1(x)y^{(n-1)} + \cdots + a_{n-1}(x)y' + a_n(x)y = f_1(x)$$

和

$$y^{(n)} + a_1(x)y^{(n-1)} + \cdots + a_{n-1}(x)y' + a_n(x)y = f_2(x)$$

的解,则 $y_1(x) + y_2(x)$ 是非齐次线性微分方程

$$y^{(n)} + a_1(x)y^{(n-1)} + \cdots + a_{n-1}(x)y' + a_n(x)y = f_1(x) + f_2(x)$$

的解.

定理 2(线性微分方程解的结构定理)

①如果 $y_1(x), y_2(x), \cdots, y_n(x)$ 是方程(12.13)的 n 个线性无关的特解,则

$$Y(x) = C_1 y_1(x) + C_2 y_2(x) + \cdots + C_n y_n(x)$$

是方程(12.13)的通解.其中,$C_1, C_2, \cdots, C_n$ 为任意常数.

②如果 $y^*(x)$ 是方程(12.12)的一个特解,$Y(x)$ 是方程(12.12)对应齐次方程(12.13)的通解,则

$$y(x) = Y(x) + y^*(x)$$

是方程(12.12)的通解.

定理 2 指出了求线性微分方程通解的解题思路：

① 如果是 n 阶齐次线性微分方程，求通解，只需求 n 个线性无关的特解.

② 如果是 n 阶非齐次线性微分方程，求通解，只需一个特解以及其对应齐次方程的通解.

12.3.2　一阶线性微分方程求解

一阶微分方程

$$\frac{\mathrm{d}y}{\mathrm{d}x} + P(x)y = Q(x) \tag{12.14}$$

称为一阶非齐次线性微分方程. 其中，$P(x)$，$Q(x)$ 为已知函数，且 $Q(x) \neq 0$. 若 $Q(x) \equiv 0$，方程（12.14）变为

$$\frac{\mathrm{d}y}{\mathrm{d}x} + P(x)y = 0 \tag{12.15}$$

称方程（12.15）为一阶齐次线性微分方程. 也称方程（12.15）为方程（12.14）的对应齐次方程.

将方程（12.15）直接分离变量，得

$$\frac{\mathrm{d}y}{y} = -P(x)\mathrm{d}x$$

两边积分，得

$$\ln y = -\int P(x)\mathrm{d}x + \ln C$$

于是，得方程（12.15）的通解

$$y = C\mathrm{e}^{-\int P(x)\mathrm{d}x} \tag{12.16}$$

其中，C 为任意常数，$\int P(x)\mathrm{d}x$ 为 $P(x)$ 的某个原函数.

通常采用常数变易法来求方程（12.14）的通解. 将方程（12.14）的对应齐次方程通解中的任意常数变易成待定函数 $u(x)$，即假设方程（12.14）的通解为

$$y = u(x)\mathrm{e}^{-\int P(x)\mathrm{d}x}$$

求导得

$$y' = u'(x)\mathrm{e}^{-\int P(x)\mathrm{d}x} + u(x)\left[-P(x)\right]\mathrm{e}^{-\int P(x)\mathrm{d}x}$$

将 y，y' 代入方程（12.14），得

$$u'(x) = Q(x)\mathrm{e}^{\int P(x)\mathrm{d}x}$$

积分得

$$u(x) = \int Q(x)\mathrm{e}^{\int P(x)\mathrm{d}x}\mathrm{d}x + C$$

从而方程（12.14）的通解为

$$y = \mathrm{e}^{-\int P(x)\mathrm{d}x}\left[\int Q(x)\mathrm{e}^{\int P(x)\mathrm{d}x}\mathrm{d}x + C\right] \tag{12.17}$$

其中，C 为任意常数.

【例 12.7】　求方程 $\dfrac{\mathrm{d}y}{\mathrm{d}x} - \dfrac{2y}{x+1} = (x+1)^{\frac{5}{2}}$ 的通解.

解　用常数变易法求解. 先求对应齐次方程

$$\frac{\mathrm{d}y}{\mathrm{d}x} - \frac{2y}{x+1} = 0$$

的解. 分离变量得 $\dfrac{\mathrm{d}y}{y} = \dfrac{2\mathrm{d}x}{x+1}$, 积分得

$$\ln y = 2\ln(x+1) + \ln C_1$$

即对应齐次方程的通解为

$$y = C_1(x+1)^2$$

令 $y = u(x)(x+1)^2$, 则

$$\frac{\mathrm{d}y}{\mathrm{d}x} = u'(x) \cdot (x+1)^2 + 2u(x) \cdot (x+1)$$

将 y, y' 代入原方程, 得

$$u'(x) = (x+1)^{\frac{1}{2}}$$

积分得

$$u(x) = \frac{2}{3}(x+1)^{\frac{3}{2}} + C$$

于是, 所求方程的通解为

$$y = (x+1)^2\left[\frac{2}{3}(x+1)^{\frac{3}{2}} + C\right] \quad (C\ \text{为任意常数})$$

【例 12.8】　求方程 $y' + \dfrac{1}{x}y = \dfrac{\sin x}{x}$ 的通解.

解　此方程为一阶非齐次线性微分方程, 令 $P(x) = \dfrac{1}{x}$, $Q(x) = \dfrac{\sin x}{x}$, 利用式(12.17) 得通解为

$$\begin{aligned}
y &= \mathrm{e}^{-\int \frac{1}{x}\mathrm{d}x}\left(\int \frac{\sin x}{x} \cdot \mathrm{e}^{\int \frac{1}{x}\mathrm{d}x}\mathrm{d}x + C\right) \\
&= \mathrm{e}^{-\ln x}\left(\int \frac{\sin x}{x} \cdot \mathrm{e}^{\ln x}\mathrm{d}x + C\right) \\
&= \frac{1}{x}(-\cos x + C)
\end{aligned}$$

其中, C 为任意常数.

【例 12.9】　求下列微分方程满足所给初始条件的特解

$$x\ln x\mathrm{d}y + (y - \ln x)\mathrm{d}x = 0, y\big|_{x=e} = 1$$

解　将方程标准化为

$$y' + \frac{1}{x\ln x}y = \frac{1}{x}$$

于是, 根据式(12.17) 得通解为

$$\begin{aligned}
y &= \mathrm{e}^{-\int \frac{\mathrm{d}x}{x\ln x}}\left(\int \frac{1}{x}\mathrm{e}^{\int \frac{\mathrm{d}x}{x\ln x}}\mathrm{d}x + C\right) \\
&= \mathrm{e}^{-\ln\ln x}\left(\int \frac{1}{x}\mathrm{e}^{\ln\ln x}\mathrm{d}x + C\right)
\end{aligned}$$

$$= \frac{1}{\ln x}\left(\frac{1}{2}\ln^2 x + C\right)$$

由初始条件$y|_{x=e} = 1$ 得 $C = \frac{1}{2}$,因此所求特解为

$$y = \frac{1}{2}\left(\ln x + \frac{1}{\ln x}\right)$$

12.3.3 二阶常系数线性微分方程求解

结合线性微分方程解的性质与定理,本节介绍二阶常系数线性微分方程的求解方法. 形如

$$y'' + ay' + by = f(x) \tag{12.18}$$

的方程,称为**二阶常系数非齐次线性微分方程**. 其中,a,b 是常数,$f(x)$ 是已知函数. 若 $f(x) = 0$,则方程(12.18) 写为

$$y'' + ay' + by = 0 \tag{12.19}$$

称为**二阶常系数齐次线性微分方程**,也称方程(12.18) 的对应齐次方程.

1)二阶常系数齐次线性微分方程

根据定理2①,求方程(12.19) 的通解,只需求两个线性无关的特解. 易知当 λ 为常数,指数函数 $e^{\lambda x}$ 的各阶导数只差常数因子. 根据指数函数的这个特点,因此可尝试令方程(12.19) 的特解为 $y = e^{\lambda x}$,试图选取适当的参数 λ 使得 $y = e^{\lambda x}$ 满足方程(12.19). 若 $y = e^{\lambda x}$,则 $y' = \lambda e^{\lambda x}$, $y'' = \lambda^2 e^{\lambda x}$,代入方程(12.19) 得

$$(\lambda^2 + a\lambda + b)e^{\lambda x} = 0$$

即

$$\lambda^2 + a\lambda + b = 0 \tag{12.20}$$

称方程(12.20) 为方程(12.19) 或方程(12.18) 的特征方程,特征方程的解称为**特征根**或**特征值**.

显然,要使 $y = e^{\lambda x}$ 是方程(12.19) 的特解,当且仅当参数 λ 是特征方程(12.20) 的根.

这样可将求二阶常系数齐次线性微分方程通解问题转化为求特征根问题,根据特征方程的判别式分以下 3 种情况讨论:

①$\Delta = a^2 - 4b > 0$ 时,特征方程有两个相异实根 λ_1,λ_2,即

$$\lambda_1 = \frac{a + \sqrt{a^2 - 4b}}{2}$$

$$\lambda_2 = \frac{a - \sqrt{a^2 - 4b}}{2}$$

于是,方程(12.19) 有两个特解

$$y = e^{\lambda_1 x}, y = e^{\lambda_2 x}$$

$\lambda_1 \neq \lambda_2$,则 $e^{\lambda_1 x}$ 与 $e^{\lambda_2 x}$ 线性无关. 因此,方程(12.19) 的通解为

$$y = C_1 e^{\lambda_1 x} + C_2 e^{\lambda_2 x} \tag{12.21}$$

其中,C_1,C_2 为任意常数.

②$\Delta = a^2 - 4b = 0$ 时,特征方程有两个相同实根 $\lambda = \lambda_1 = \lambda_2$,这时,只得到方程(12.19)的一个特解 $y_1 = e^{\lambda x}$. 直接验证可知,$y_2 = x e^{\lambda x}$ 也是方程(12.19)的一个特解,而且 $\dfrac{y_1}{y_2} \neq$ 常数,所以 $y_1(x), y_2(x)$ 线性无关. 于是,方程(12.19)的通解为

$$y = (C_1 + C_2 x) e^{\lambda x} \tag{12.22}$$

③$\Delta = a^2 - 4b < 0$ 时,特征方程有一对共轭复根 λ_1, λ_2,即

$$\lambda_1 = \alpha + i\beta, \lambda_2 = \alpha - i\beta$$

$$\alpha = -\frac{a}{2}, \beta = \frac{\sqrt{4b - a^2}}{2}$$

直接验证可知,函数

$$y_1 = e^{\alpha x} \cos \beta x, y_2 = e^{\alpha x} \sin \beta x$$

是方程(12.19)的两个线性无关的特解. 于是,方程(12.19)的通解为

$$y = e^{\alpha x}(C_1 \cos \beta x + C_2 \sin \beta x) \tag{12.23}$$

归纳可得,求二阶常系数齐次线性微分方程(12.19)通解的步骤如下:
①写出特征方程(12.20).
②求出特征方程的根.
③根据根的不同情况写出通解,见表12.1.

表 12.1

特征根	通解形式
相异实根 $\lambda_1 \neq \lambda_2$	$y = C_1 e^{\lambda_1 x} + C_2 e^{\lambda_2 x}$
相同实根 $\lambda = \lambda_1 = \lambda_2$	$y = (C_1 + C_2 x) e^{\lambda x}$
共轭复根 $\lambda_{1,2} = \alpha \pm i\beta$	$y = e^{\alpha x}(C_1 \cos \beta x + C_2 \sin \beta x)$

【例 12.10】 求方程 $y'' - 2y' - 3y = 0$ 的通解.
解 所求微分方程的特征方程为

$$\lambda^2 - 2\lambda - 3 = 0$$

有两相异特征根 $\lambda_1 = -1, \lambda_2 = 3$,所以所求方程通解为

$$y = C_1 e^{-x} + C_2 e^{3x}$$

其中,C_1, C_2 为任意常数.

【例 12.11】 求方程 $y'' + 4y' + 4y = 0$ 的通解.
解 所求微分方程的特征方程为

$$\lambda^2 + 4\lambda + 4 = 0$$

有两相同实根 $\lambda_1 = \lambda_2 = -2$,所以所求方程通解为

$$y = (C_1 + C_2 x) e^{-2x}$$

其中,C_1, C_2 为任意常数.

【例 12.12】 求方程 $y'' + 2y' + 5y = 0$ 的通解.
解 所求微分方程的特征方程为

$$\lambda^2 + 2\lambda + 5 = 0$$

有一对共轭复根 $\lambda_{1,2} = -1 \pm 2i$,所以所求方程通解为

$$y = e^{-x}(C_1 \cos 2x + C_2 \sin 2x)$$

其中,C_1,C_2 为任意常数.

2)二阶常系数非齐次线性微分方程

根据定理 2②,求方程(12.18)的通解,归结为求一个特解 $y^*(x)$ 以及其对应齐次方程(12.19)的通解 $Y(x)$,则方程(12.18)的通解为

$$y(x) = Y(x) + y^*(x)$$

通解 $Y(x)$ 上面已经介绍,下面利用"待定系数法"来求特解 $y^*(x)$. 其基本思想是,用与方程(12.18)中 $f(x)$ 形式相同但含有待定系数的函数作为方程(12.18)的特解,将此函数代入方程(12.18)确定待定系数得到特解. 这里只就 $f(x)$ 的两种常见形式进行讨论.

①$f(x) = P_m(x)e^{\mu x}$.

②$f(x) = e^{\mu x}(A \cos \omega x + B \sin \omega x)$.

其中,μ,ω,A,B 为常数,$P_m(x)$ 为 x 的 m 次多项式. 此时,不同的特解见表 12.2.

表 12.2

$f(x)$ 的类型	$f(x)$ 中 μ 取值情况	特解 $y^*(x)$ 的形式
$P_m(x)e^{\mu x}$,μ 为常数 $Q_m(x)$ 为待定 m 次多项式	μ 不是特征根	$Q_m(x)e^{\mu x}$
	μ 是单特征根	$xQ_m(x)e^{\mu x}$
	μ 是重特征根	$x^2 Q_m(x)e^{\mu x}$
$e^{\mu x}(A \cos \omega x + B \sin \omega x)$,$\mu,\omega,A,B$ 为常数	$\mu \pm i\omega$ 不是特征根	$e^{\mu x}(A_1 \cos \omega x + A_2 \sin \omega x)$
	$\mu \pm i\omega$ 是特征根	$xe^{\mu x}(A_1 \cos \omega x + A_2 \sin \omega x)$

注:$Q_m(x)$ 为 x 的待定 m 次多项式.

【例 12.13】 判定下列方程具有什么样形式的特解:

(1)$y'' + 5y' + 6y = e^{3x}$;

(2)$y'' + 5y' + 6y = 3xe^{-2x}$;

(3)$y'' + 2y' + y = -(3x^2 + 1)e^{-x}$.

解 (1)因 $\mu = 3$ 不是特征方程 $\lambda^2 + 5\lambda + 6 = 0$ 的根,所以特解形式为

$$y^*(x) = ce^{3x}$$

其中,c 为常数.

(2)因 $\mu = -2$ 是特征方程 $\lambda^2 + 5\lambda + 6 = 0$ 的单根,所以特解形式为

$$y^*(x) = x(c_0 + c_1 x)e^{-2x}$$

其中,c_0,c_1 为常数.

(3)因 $\mu = -1$ 是特征方程 $\lambda^2 + 2\lambda + 1 = 0$ 的二重特征根,所以特解形式为

$$y^*(x) = x^2(c_0 + c_1 x + c_2 x^2)e^{-x}$$

其中,c_0,c_1,c_2 为常数.

【例 12.14】 求方程 $y'' - 2y' - 3y = 3x + 1$ 的一个特解.

解 所求方程中等式右端 $f(x)$ 是 $P_m(x)e^{\mu x}$ 型,$P_m(x) = 3x + 1$,$\mu = 0$,特征方程为

$\lambda^2 - 2\lambda - 3 = 0$,特征根为 $\lambda_1 = -1, \lambda_2 = 3$.

因 $\mu = 0$ 不是特征方程 $\lambda^2 - 2\lambda - 3 = 0$ 的根,所以特解形式为 $y^*(x) = c_0 x + c_1$,其中,c_0, c_1 为待定常数. 将特解代入原方程,得

$$-3c_0 x - 2c_0 - 3c_1 = 3x + 1$$

比较系数,得

$$\begin{cases} c_0 = -1 \\ c_1 = \dfrac{1}{3} \end{cases}$$

因此,所求方程的特解为

$$y^*(x) = -x + \frac{1}{3}$$

【例 12.15】 求方程 $y'' - 3y' + 2y = xe^{2x}$ 的通解.

解 特征方程为 $\lambda^2 - 3\lambda + 2 = 0$,特征根为 $\lambda_1 = 1, \lambda_2 = 2$,故该方程对应齐次方程的通解为

$$Y(x) = C_1 e^x + C_2 e^{2x}$$

因 $\mu = 2$ 是特征方程 $\lambda^2 - 3\lambda + 2 = 0$ 的单根,所以特解形式为 $y^*(x) = x(A_0 x + A_1)e^{2x}$,代入原方程得,$A_0 = \dfrac{1}{2}, A_1 = -1$,所以一个特解为 $y^*(x) = x\left(\dfrac{1}{2}x - 1\right)e^{2x}$. 从而,所求方程的通解为

$$y = C_1 e^x + C_2 e^{2x} + x\left(\frac{1}{2}x - 1\right)e^{2x}$$

其中,C_1, C_2 为任意常数.

【例 12.16】 求方程 $y'' + y = \cos 2x$ 的通解.

解 特征方程为 $\lambda^2 + 1 = 0$,特征根为 $\lambda_{1,2} = \pm i$,故该方程对应齐次方程的通解为

$$Y(x) = C_1 \cos x + C_2 \sin x$$

因 $\mu = 0$ 不是特征方程 $\lambda^2 + 1 = 0$ 的根,所以特解形式为

$$y^*(x) = e^{0 \cdot x}(A_1 \cos 2x + A_2 \sin 2x)$$

代入原方程得,$A_1 = -\dfrac{1}{3}, A_2 = 0$,所以特解为

$$y^*(x) = -\frac{1}{3}\cos 2x$$

因此,所求方程的通解为

$$y(x) = Y(x) + y^*(x) = C_1 \cos x + C_2 \sin x - \frac{1}{3}\cos 2x$$

其中,C_1, C_2 为任意常数.

12.4 可降阶的高阶微分方程

本节将讨论二阶以及二阶以上的微分方程,即高阶微分方程. 对部分高阶微分方程,我

们可以通过代换将其化成较低阶的方程来求解.若我们能设法化成一阶,那么就能应用前面几节中所讲方法求解.

下面介绍 3 种容易降阶的高阶微分方程的求解方法.

12.4.1 $y^{(n)} = f(x)$ 型的微分方程

微分方程

$$y^{(n)} = f(x) \tag{12.24}$$

的右端项仅含有自变量 x. 若此时将 $y^{(n-1)}$ 看成一个新的未知函数,那么对式(12.24)就是一个关于新的未知函数的一阶微分方程.对上式两边积分,就能得到一个 $n-1$ 阶的微分方程

$$y^{(n-1)} = \int f(x)\,\mathrm{d}x + C_1$$

同理可得

$$y^{(n-2)} = \int \left[\int f(x)\,\mathrm{d}x + C_1 \right] \mathrm{d}x + C_2$$

按照此法继续进行下去,便可得到方程(12.24)的通解.

【例 12.17】 求微分方程 $y''' = \mathrm{e}^x - \cos x$ 的通解.

解 对已知方程积分 3 次,分别得到

$$y'' = \mathrm{e}^x - \sin x + C_1$$
$$y' = \mathrm{e}^x + \cos x + C_1 x + C_2$$
$$y = \mathrm{e}^x + \sin x + 0.5C_1 x^2 + C_2 x + C_3$$

最后一个式子即为所求方程的通解.

12.4.2 $y'' = f(x, y')$ 型的微分方程

微分方程

$$y'' = f(x, y') \tag{12.25}$$

的右端项不显含未知函数 y. 若令 $y' = p$,那么此式化为

$$p' = f(x, p)$$

即为一个关于变量 x,以 p 为未知函数的一阶微分方程.若能求出 p,则由关系式 $y' = p$ 即可求出 y.

【例 12.18】 求微分方程 $(1+x^2)y'' = 2xy'$ 满足初始条件

$$y\big|_{x=0} = 1, \quad y'\big|_{x=0} = 3$$

的特解.

解 已知微分方程为 $y'' = f(x, y')$ 型的.设 $y' = p$,代入方程中,并分离变量后,得

$$\frac{\mathrm{d}p}{p} = \frac{2x}{1+x^2}\mathrm{d}x$$

两端同时积分,得

$$\ln|p| = \ln(1+x^2) + C$$

即

$$p = y' = C_1(1 + x^2)(其中 C_1 = \pm e^C)$$

由条件 $y'|_{x=0} = 3$,得 $C_1 = 3$.

所以

$$y' = 3(1 + x^2)$$

两端再积分,得

$$y = x^3 + 3x + C_2$$

又由条件 $y|_{x=0} = 1$,得 $C_2 = 1$,

所求微分方程的特解为

$$y = x^3 + 3x + 1$$

12.4.3　$y'' = f(y, y')$ 型的微分方程

微分方程

$$y'' = f(y, y') \tag{12.26}$$

中,若令 $y' = p$,同时以 p 为未知函数,y 为新的自变量,则有

$$y' = p, y'' = \frac{dp}{dx} = \frac{dp}{dy} \cdot \frac{dy}{dx} = p\frac{dp}{dy}$$

将其代入式(12.26)得

$$p\frac{dp}{dy} = f(y, p)$$

此式是以 p 为未知函数的一阶微分方程,若解出 p,则由关系式 $y' = p$ 即可求解 y.

【例 12.19】　求微分方程 $yy'' - (y')^2 = 0$ 的通解.

解　令 $y' = p$,则 $y'' = p\frac{dp}{dy}$.代入方程中,得

$$py\frac{dp}{dy} - p^2 = 0$$

当 $y \neq 0$ 且 $p \neq 0$ 时,分离变量,得

$$\frac{dp}{p} = \frac{dy}{y}$$

两端积分,得

$$\ln|p| = \ln|y| + C$$

即

$$p = C_1 y 或 y' = C_1 y(其中 C_1 = \pm e^C)$$

再进行分离变量并两端积分,得通解

$$\ln|y| = C_1 x + C_2'$$

即

$$y = C_2 e^{C_1 x}(其中 C_2 = \pm e^{C_2'})$$

12.5　全微分方程

若一阶微分方程写成

$$P(x,y)\mathrm{d}x + Q(x,y)\mathrm{d}y = 0 \tag{12.27}$$

形式后,如果它的左端项恰好是某个函数 $u = u(x,y)$ 的全微分,即

$$\mathrm{d}u(x,y) = P(x,y)\mathrm{d}x + Q(x,y)\mathrm{d}y$$

那么方程(12.27)就叫作全微分方程. 此时

$$\frac{\partial u}{\partial x} = P(x,y), \frac{\partial u}{\partial y} = Q(x,y)$$

而此时方程(12.27)即为

$$\mathrm{d}u(x,y) = 0 \tag{12.28}$$

如果 $y = \varphi(x)$ 是方程(12.27)的解,那么此解满足方程(12.28),故有

$$\mathrm{d}u(x,\varphi(x)) \equiv 0$$

因此可得

$$u(x,\varphi(x)) \equiv C$$

这说明方程(12.27)的解 $y = \varphi(x)$ 是由方程 $u(x,y) \equiv C$ 确定的隐函数.

另一方面,如果方程 $u(x,y) \equiv C$ 确定一个可微的隐函数 $y = \varphi(x)$,则

$$u(x,\varphi(x)) \equiv C$$

上式两端对 x 求导,可得

$$\frac{\partial u}{\partial x} + \frac{\partial u}{\partial y} \cdot \frac{\mathrm{d}y}{\mathrm{d}x} = 0$$

或

$$\frac{\partial u}{\partial x}\mathrm{d}x + \frac{\partial u}{\partial y} \cdot \mathrm{d}y = 0$$

即

$$P(x,y)\mathrm{d}x + Q(x,y)\mathrm{d}y = 0$$

这也表明由方程 $u(x,y) \equiv C$ 所确定的隐函数是方程(12.27)的解.

因此,如果方程(12.27)的左端是函数的 $u(x,y)$ 全微分,那么

$$u(x,y) \equiv C$$

就是全微分方程(12.27)的隐式通解,其中 C 为任意常数.

由第10章定理5可知,当 $P(x,y), Q(x,y)$ 在单连通区域 G 内具有一阶的连续偏导数时,要使方程(12.27)是全微分方程,其充要条件是

$$\frac{\partial P}{\partial y} = \frac{\partial Q}{\partial x} \tag{12.29}$$

在区域 G 内恒成立,且当此条件满足时,全微分方程(12.27)的通解为

$$u(x,y) \equiv \int_{x_0}^{x} P(x,y)\mathrm{d}x + \int_{y_0}^{y} Q(x_0,y)\mathrm{d}y = C \tag{12.30}$$

其中, x_0, y_0 是在区域 G 内适当选定的点 $M_0(x_0,y_0)$ 的坐标.

【例 12.20】 求解方程 $(5x^4 + 3xy^2 - y^3)dx + (3x^2y - 3xy^2 + y^2)dy = 0$ 的通解.

解 此处易得

$$\frac{\partial P}{\partial y} = 6xy - 3y^2 = \frac{\partial Q}{\partial x}$$

因此这里是全微分方程. 可取 $x_0 = 0, y_0 = 0$, 根据式(12.30), 有

$$u(x,y) = \int_0^x (5x^4 + 3xy^2 - y^3)dx + \int_0^y y^2 dy$$

$$= x^5 + \frac{3}{2}x^2y^2 - xy^3 + \frac{1}{3}y^3$$

于是此方程的通解为

$$x^5 + \frac{3}{2}x^2y^2 - xy^3 + \frac{1}{3}y^3 = C$$

当条件(12.29)不能满足时, 方程(12.27)就不是全微分方程. 这时若有一个适当的函数 $\mu = \mu(x,y)(\mu(x,y) \neq 0)$, 使方程(12.27)在乘以 $\mu(x,y)$ 后, 所得的方程

$$\mu P dx + \mu Q dy = 0$$

是全微分方程, 则函数 $\mu(x,y)$ 叫作方程(12.27)的积分因子.

积分因子的求法, 一般较为困难. 不过在比较简单的情形下, 可以凭观察得到. 例如, 方程

$$y dx - x dy = 0$$

不是全微分方程. 但是由

$$d\left(\frac{x}{y}\right) = \frac{y dx - x dy}{y^2}$$

可知, $\frac{1}{y^2}$ 是一个积分因子. 同时也不难发现 $\frac{1}{xy}, \frac{1}{x^2}$ 也都是积分因子. 乘以其中任一个, 然后积分, 便能得到所求方程的通解

$$\frac{x}{y} = C$$

12.6 差分方程初步

在分析研究经济管理问题时, 经济变量值常常是随时间离散变化的, 从而建立的相关数学模型是离散型的. 本节介绍一类常见离散型的数学模型 —— 差分方程的基本概念以及一阶常系数线性差分方程的解法.

12.6.1 差分定义

设函数 $y_t = f(t)$, 其中自变量 $t \in Z, Z$ 为整数(显然自变量 t 的取值是离散的).

函数 $y_t = f(t)$ 在点 t 的一阶差分定义为

$$\Delta y_t = y_{t+1} - y_t = f(t+1) - f(t) \tag{12.31}$$

其中, $t = 0, \pm 1, \pm 2, \cdots$,符号"$\Delta$"称为差分,"$\Delta y_t$"表示对 y_t 的差分.

类似地, $\Delta y_{t+1}, \Delta y_{t-1}$ 可分别定义为

$$\Delta y_{t+1} = y_{t+2} - y_{t+1} = f(t+2) - f(t+1)$$

和

$$\Delta y_{t-1} = y_t - y_{t-1} = f(t) - f(t-1)$$

函数 $y_t = f(t)$ 在点 t 的二阶差分定义为

$$\Delta^2 y_t = \Delta y_{t+1} - \Delta y_t = (y_{t+2} - y_{t+1}) - (y_{t+1} - y_t)$$
$$= y_{t+2} - 2y_{t+1} + y_t$$

其中,"Δ^2"中的上标 2 表示进行两次差分运算.

一般 k 阶差分定义为(k 为正整数)

$$\Delta^k y_t = \Delta^{k-1} y_{t+1} - \Delta^{k-1} y_t$$

归纳得

$$\Delta^k y_t = \sum_{i=0}^{k} (-1)^i C_k^i y_{t+k-i} \quad (k = 1, 2, \cdots) \tag{12.32}$$

其中,组合数

$$C_k^i = \frac{k!}{i!(k-i)!}$$

式(12.32)表明,任何阶的差分都可表示为函数 $y_t = f(t)$ 在各不同点的函数值.

12.6.2 差分方程的基本概念

定义 3 含有自变量 t,函数值 $y_t, y_{t+1}, \cdots$(至少两个)的函数方程,称为常差分方程,简称**差分方程**;差分方程中未知函数下标的最大差,称为差分方程的**阶**.

n 阶差分方程的一般形式为

$$F(t, y_t, y_{t+1}, \cdots, y_{t+n}) = 0 \tag{12.33}$$

其中, $F(t, y_t, y_{t+1}, \cdots, y_{t+n})$ 是 $t, y_t, y_{t+1}, \cdots, y_{t+n}$ 的已知函数,为保证是 n 阶差分方程, y_t, y_{t+n} 必须出现.

如果将已知函数 $y_t = \varphi(t)$ 代入方程(12.33),能使方程(12.33)对任意 $t \in Z$ 恒成立,则称函数 $y_t = \varphi(t)$ 为方程(12.33)的解. 如果方程(12.33)的解中含有 n 个相互独立的任意常数,即 $y_t = \varphi(t, C_1, C_2, \cdots, C_n)$,则称此解为 n 阶差分方程(12.33)的通解. 根据条件,确定通解中的任意常数以后,就得到差分方程的特解.

通常为了确定 n 阶差分方程(12.33)的某个特解,需要给出确定通解中任意常数的条件,这样的条件称为初始条件. 求差分方程满足某个初始条件的特解问题,称为差分方程的初值问题.

例如,一阶差分方程

$$y_{t+1} - y_t = 1$$

的通解为 $y_t = t + C$(C 为任意常数). 如果解还要满足 $y_0 = 1$,则得到一特解 $y_t = t + 1$.

值得一提的是,如果保持差分方程(12.33)左端函数 $F(\cdots)$ 的结构不变,只将 $F(\cdots)$ 中各未知量的下标 t 向前或向后移动相同个单位,所得到的新的差分方程与原来的差分方程具有相同的解,即相互等价. 例如,一阶差分方程 $y_{t+1} - y_t = 1$ 与 $y_{t+5} - y_{t+4} = 1$ 是等价的.

利用差分方程的这个特点,在求解差分方程时,在保持方程的结构不变的条件下可随意地移动下标 t,也是基于这个原因,下面的讨论中仅规定 $t = 0,1,2,\cdots$.

12.6.3 线性差分方程解的性质与结构定理

n 阶非齐次线性差分方程的一般形式为

$$y_{t+n} + a_1(t)y_{t+n-1} + \cdots + a_{n-1}(t)y_{t+1} + a_n(t)y_t = f(t) \tag{12.34}$$

如果 $f(t) \equiv 0$,方程

$$y_{t+n} + a_1(t)y_{t+n-1} + \cdots + a_{n-1}(t)y_{t+1} + a_n(t)y_t = 0 \tag{12.35}$$

称为 n 阶齐次线性差分方程,也称为方程(12.34)的对应齐次方程. 其中,$a_1(t),\cdots,a_{n-1}(t)$,$a_n(t)$ 和 $f(t)$ 为 t 的已知函数,且 $a_n(t) \neq 0$.

类似地,可定义 n 阶常系数非齐次线性差分方程

$$y_{t+n} + a_1 y_{t+n-1} + \cdots + a_{n-1}y_{t+1} + a_n y_t = f(t) \tag{12.36}$$

以及方程(12.36)对应的齐次方程,即 n 阶常系数齐次线性差分方程

$$y_{t+n} + a_1 y_{t+n-1} + \cdots + a_{n-1}y_{t+1} + a_n y_t = 0 \tag{12.37}$$

其中,$a_1,\cdots,a_{n-1},a_n$ 均为常数,且 $a_n \neq 0$.

与线性微分方程类似,线性差分方程有以下基本定理:

定理 3(线性差分方程解的性质定理)

①叠加原理:如果 $y_1(t),y_2(t),\cdots,y_m(t)$ 是 n 阶齐次线性差分方程(12.35)的 m 个解,则这 m 个解的线性组合

$$y(t) = C_1 y_1(t) + C_2 y_2(t) + \cdots + C_m y_m(t)$$

也是方程(12.35)的解. 其中,$C_1,C_2,\cdots,C_n$ 为任意常数.

②n 阶齐次线性差分方程(12.35)一定存在 n 个线性无关的特解.

③如果 $y_1(t),y_2(t)$ 是方程(12.34)的两个解,则 $y_1(t) - y_2(t)$ 是方程(12.34)对应齐次方程(12.35)的解.

④如果 $y_1(t),y_2(t)$ 分别是非齐次线性差分方程

$$y_{t+n} + a_1(t)y_{t+n-1} + \cdots + a_{n-1}(t)y_{t+1} + a_n(t)y_t = f_1(t)$$

和

$$y_{t+n} + a_1(t)y_{t+n-1} + \cdots + a_{n-1}(t)y_{t+1} + a_n(t)y_t = f_2(t)$$

的解,则 $y_1(t) + y_2(t)$ 是非齐次线性微分方程

$$y_{t+n} + a_1(t)y_{t+n-1} + \cdots + a_{n-1}(t)y_{t+1} + a_n(t)y_t = f_1(t) + f_2(t)$$

的解.

定理 4(线性差分方程解的结构定理)

①如果 $y_1(t),y_2(t),\cdots,y_n(t)$ 是方程(12.35)的 n 个线性无关的特解,则

$$Y(t) = C_1 y_1(t) + C_2 y_2(t) + \cdots + C_n y_n(t)$$

是方程(12.35)的通解. 其中,$C_1,C_2,\cdots,C_n$ 为任意常数.

②如果 $y^*(t)$ 是方程(12.34)的一个特解,$Y(t)$ 是方程(12.34)对应的齐次方程(12.35)的通解,则

$$y(t) = Y(t) + y^*(t)$$

是方程(12.34)的通解.

定理 4 指出了求线性差分方程通解的解题思路：

①如果是 n 阶齐次线性差分方程求通解，只需求 n 个线性无关的特解.

②如果是 n 阶非齐次线性差分方程求通解，只需一个特解以及其对应齐次方程的通解.

12.6.4　一阶常系数线性差分方程

一阶常系数非齐次线性差分方程的标准形式为

$$y_{t+1} + ay_t = f(t) \tag{12.38}$$

其中，a 为非零常数，$f(t)$ 为 t 的已知函数，$t = 0,1,2,\cdots$.

若 $f(t) = 0$，则称方程

$$y_{t+1} + ay_t = 0 \tag{12.39}$$

为一阶常系数齐次线性差分方程，也称方程（12.39）为方程（12.38）的对应齐次方程.

1）一阶常系数齐次线性差分方程（12.39）的通解

采用迭代法：将方程（12.39）移项得

$$y_{t+1} = -ay_t, t = 0,1,2,\cdots$$

则有

$$y_1 = -ay_0, y_2 = -ay_1 = (-a)^2 y_0, \cdots$$

于是，方程（12.39）的通解为

$$y_t = C(-a)^t, t = 0,1,2,\cdots \tag{12.40}$$

其中，初值 $y_0 = C$ 为任意常数.

2）一阶常系数非齐次线性差分方程的通解

根据定理 4②，求方程（12.38）的通解，只需求对应齐次方程（12.39）的通解以及方程（12.38）的一个特解. 方程（12.39）的通解求解在上面已经介绍. 接下来，讨论方程（12.38）的特解求法. 与常微分方程类似，对方程（12.38）中常见的 $f(t)$，利用待定系数法来求特解，见表 12.3.

表 12.3

$f(t)$ 的形式	定特解 $y^*(t)$ 条件	待定特解 $y^*(t)$ 的形式
$\mu^t P_m(t)$	$\mu \neq -a$	$\mu^t Q_m(t)$
$\mu \neq 0$，常数	$\mu = -a$	$t\mu^t Q_m(t)$
$\mu^t(A\cos \omega t + B\sin \omega t)$	$\Delta \neq 0$	$\mu^t(A_1\cos \omega t + A_2\sin \omega t)$
$\mu \neq 0, A,B$ 不同为 0	$\Delta = 0$	$t\mu^t(A_1\cos \omega t + A_2\sin \omega t)$

注：①$P_m(t)$ 为 t 的已知 m 次多项式.

②$Q_m(t)$ 为 t 的待定 m 次多项式.

③$\Delta = \left(\dfrac{a}{\mu} + \cos \omega\right)^2 + \sin^2 \omega$.

【例 12.21】 求差分方程 $y_{t+1} - y_t = t2^t$ 的通解.

解 原方程对应齐次方程为

$$y_{t+1} - y_t = 0$$

对应齐次方程的通解为 $Y(t) = C$. 其中, C 为任意常数. 据表 12.3 中 $\mu \neq -a$ 的情形, 设特解 $y^*(t) = (At + B)2^t$, 代入原方程得

$$y^*(t+1) - y^*(t) = (At + 2A + B)2^t = t2^t$$

比较系数, 得

$$A = 1, B = -2$$

得特解为

$$y^*(t) = (t-2)2^t$$

从而所求方程的通解为

$$y(t) = C + (t-2)2^t$$

其中, C 为任意常数.

【例 12.22】 求差分方程 $y_{t+1} - 2y_t = t2^t$ 的通解.

解 原方程对应齐次方程为

$$y_{t+1} - 2y_t = 0$$

对应齐次方程的通解为 $Y(t) = C2^t$. 其中, C 为任意常数. 据表 9.3 中 $\mu = -a$ 的情形, 设特解 $y^*(t) = t(At + B)2^t$, 代入原方程得

$$y^*(t+1) - 2y^*(t) = 2(2At + A + B)2^t = t2^t$$

比较系数, 得

$$A = \frac{1}{4}, B = -\frac{1}{4}$$

所以特解为

$$y^*(t) = t\left(\frac{1}{4}t - \frac{1}{4}\right)2^t$$

于是, 所求方程的通解为

$$y(t) = \frac{1}{4}(t^2 - t + C)2^t$$

其中, C 为任意常数.

【例 12.23】 求差分方程 $y_{t+1} - 3y_t = 2^t \cos \pi t$ 的通解.

解 原方程对应齐次方程为

$$y_{t+1} - 3y_t = 0$$

对应齐次方程的通解为 $Y(t) = C3^t$. 其中, C 为任意常数. 据表 9.3 中 $\Delta \neq 0$ 的情形, 设特解 $y^*(t) = (A_1 \cos \pi t + A_2 \sin \pi t)2^t$, 代入原方程得

$$-5A_1 \cos \pi t - 5A_2 \sin \pi t = \cos \pi t$$

比较系数, 得

$$A_1 = -\frac{1}{5}, A_2 = 0$$

所以特解为

$$y^*(t) = -\frac{1}{5} \cdot 2^t \cdot \cos \pi t$$

于是,所求方程的通解为

$$y(t) = C3^t - \frac{1}{5} \cdot 2^t \cdot \cos \pi t$$

其中,C 为任意常数.

习题 12

(A)

1. 指出下列微分方程的阶数:

$(1) x(y')^2 - yy' + 2x = 0;$

$(2) xy''' - (y')^5 - y \cos x = 0;$

$(3) y'y'' + xy = 0;$

$(4) (x - y)dx - (x + y)dy = 0.$

2. 验证下列各题所给的函数是否为所写微分方程的解?若是,请说明是通解还是特解.

$(1) y = 2x, xy' = y;$

$(2) y = 2\cos x - \sin x, y'' + y = 0;$

$(3) y = Cx^{-3}, \dfrac{dy}{dx} + \dfrac{3y}{x} = 0;$

$(4) y = C_1 e^{-2x} + C_2 e^x, y'' + y' - 2y = 0.$

3. 求下列微分方程的通解或满足初始条件的特解:

$(1) (1 - y)dx + (x + 1)dy = 0;$

$(2) x\dfrac{dy}{dx} - y \ln y = 0;$

$(3) \sqrt{1 - x^2}\dfrac{dy}{dx} = \sqrt{1 - y^2};$

$(4) \dfrac{dy}{dx} = e^{2x+y};$

$(5) 2xydx + \sqrt{1 + x^2}dy = 0;$

$(6) (e^{x+y} - e^x)dx + (e^{x+y} + e^y)dy = 0;$

$(7) \dfrac{dy}{dx} = \dfrac{xy + y}{x + xy}, y(1) = 1;$

$(8) (xy^2 - x)dx + (x^2y + y)dy = 0, y(0) = 0.$

4. 求下列微分方程的通解或满足初始条件的特解:

$(1) (y + xe^{\frac{y}{x}})dx = xdy;$

$(2) xy' - y = \sqrt{x^2 + y^2};$

$(3) y' = \left(\dfrac{y}{x}\right)^2 + \dfrac{y}{x} + 4;$

$(4) (y^2 + x^2)dx - 2xydy = 0, y(1) = 0;$

$(5) (2y^3 - x^3)dx = 3xy^2dy, y(1) = 0;$

$(6) y' = \dfrac{y}{x} + \sin\dfrac{y}{x}, y(1) = \dfrac{\pi}{2}.$

5. 求下列微分方程的通解:

$(1) y' - \dfrac{1}{x + 2}y = x^2 + 2x;$

$(2) y' - \dfrac{y}{x} = -\dfrac{2}{x}\ln x;$

$(3) y' - \dfrac{2y}{x + 1} = (x + 1)^2 e^x;$

$(4) y' - 3x^2y = \dfrac{1}{3}x^2(x^3 + 1);$

$(5) \dfrac{dy}{dx} + 2xy = 4x;$

$(6) \dfrac{dy}{dx} + \dfrac{y}{x} = \dfrac{\sin x}{x}.$

6. 求下列微分方程的特解：

(1) $\dfrac{\mathrm{d}y}{\mathrm{d}x} + y = \mathrm{e}^{-x}, y(-1) = 0$;

(2) $xy' + y = x^2, y(1) = 1$;

(3) $(\tan x)y' - y = 1, y\left(\dfrac{\pi}{2}\right) = 0$;

(4) $(y\sin x - 1)\mathrm{d}x - \cos x\mathrm{d}y = 0, y(0) = 1$.

7. 写出由下列条件确定的曲线所满足的微分方程：

(1) 曲线在点 (x,y) 处切线的斜率等于该点横坐标的平方;

(2) 曲线在点 $P(x,y)$ 处法线与 x 轴的交点为 Q,且线段 PQ 被 y 轴平分.

8. 求过原点,且在点 (x,y) 处切线斜率等于 $2x + y$ 的曲线方程.

9. 求下列二阶常系数齐次线性微分方程的通解：

(1) $y'' + 3y' + 2y = 0$;   (2) $y'' - 4y' = 0$;

(3) $y'' + y = 0$;   (4) $y'' + 6y' + 13y = 0$;

(5) $y'' - 9y' + 8y = 0$;   (6) $y'' + 16y = 0$.

10. 求下列二阶常系数齐次线性微分方程满足初始条件的特解：

(1) $y'' - 3y' - 4y = 0, y(0) = 2, y'(0) = 3$;

(2) $y'' + 5y' + 6y = 0, y(0) = 0, y'(0) = -1$;

(3) $y'' - 2y' + 5y = 0, y\left(\dfrac{\pi}{4}\right) = 0, y'\left(\dfrac{\pi}{4}\right) = \mathrm{e}^{\frac{\pi}{4}}$.

11. 求下列二阶常系数非齐次线性微分方程的通解：

(1) $2y'' + y' - y = 2\mathrm{e}^x$;   (2) $y'' + a^2 y = \mathrm{e}^x$($a$ 为常数);

(3) $2y'' + 5y' = 5x^2 - 2x - 1$;   (4) $y'' - 2y' + 2y = 2x^2$;

(5) $y'' - 2y' + 5y = \mathrm{e}^x\sin 2x$;   (6) $y'' + 4y = x\cos x$;

(7) $y'' + y = \mathrm{e}^x + \cos x$;   (8) $y'' - y = \sin^2 x$.

12. 求下列二阶常系数非齐次线性微分方程满足初始条件的特解：

(1) $y'' - 5y' + 6y = x\mathrm{e}^{2x}, y(0) = 0, y'(0) = -3$;

(2) $y'' - y = 4x\mathrm{e}^x, y(0) = 0, y'(0) = 1$;

(3) $y'' + y = -\sin 2x, y(\pi) = 1, y'(\pi) = 1$;

(4) $y'' - 10y' + 9y = \mathrm{e}^{2x}, y(0) = \dfrac{6}{7}, y'(0) = \dfrac{33}{7}$.

13. 求下列高阶微分方程的通解及特解：

(1) $y^{(4)} = x$;   (2) $(1 + x^2)\dfrac{\mathrm{d}^2 y}{\mathrm{d}x^2} - 2x\dfrac{\mathrm{d}y}{\mathrm{d}x} = 0$;

(3) $yy'' - (y')^2 - y' = 0$;   (4) $yy'' + (y')^2 = 0$.

14. 确定下列差分方程的阶：

(1) $y_{t+2} - 5y_t = t + 3$;   (2) $y_{t+3} - 2y_t = 3$;

(3) $y_{t+2} - 6y_{t+1} + 5y_t = 0$;   (4) $2y_{t+9} - 2y_{t+5} + 5y_{t+4} = 3$.

15. 证明下列函数是给定差分方程的解(其中 a,b 是任意常数)：

(1) $y_t = a \cdot 5^t, y_{t+1} - 5y_t = 0$;

(2) $y_t = a \cdot 2^t + b \cdot 3^t + 2t + 3, y_{t+2} - 5y_{t+1} + 6y_t = 4t$;

$(3)y_t = a \cdot (-3)^t + (t^2 - t + b)3^t, y_{t+2} - 9y_t = 3^t(36t + 18).$

16. 求下列差分方程的通解或满足初始条件的特解：

$(1)y_{t+1} - y_t = 2^t - 1;$

$(2)y_{t+1} + 3y_t = -1;$

$(3)y_{t+1} - 5y_t = 8, y_0 = 0;$

$(4)y_{t+1} + y_t = 3^t, y_0 = \dfrac{1}{4};$

$(5)y_{t+1} + 2y_t = t + 3, y_0 = \dfrac{8}{9};$

$(6)y_{t+1} - 2y_t = 3^t\cos \pi t, y_0 = -\dfrac{1}{5}.$

（B）

一、填空题

1. $y' = \dfrac{y}{x}$ 的通解为_____.

2. 函数 $y = e^{x^2}$ 应满足的微分方程为_____.

3. $y' = 4e^x - 3y$ 的通解为_____.

4. 已知 $f(x)$ 是微分方程 $y' + p(x)y = q(x)$ 的一个特解，则该方程的通解为_____.

5. 求方程 $(x + 1)\dfrac{dy}{dx} - 2y = (x + 1)^4$ 满足 $y(0) = \dfrac{1}{2}$ 的特解为_____.

6. 微分方程 $(xy' - y)\cos^2\left(\dfrac{y}{x}\right) + x = 0$ 的通解为_____.

7. 差分方程 $y_{t+1} - 8y_t = 0$ 满足初始条件 $y_0 = 8$ 的特解为_____.

8. 差分方程 $y_{t+1} + 3y_t = 3^t\cos \pi t$ 的通解为_____.

二、单项选择题

1. 下列微分方程中属于可分离变量的方程是(　　).

   A. $x \sin(xy)dx + ydy = 0$ 　　　　　　B. $y' = \ln(x + y)$

   C. $y' + \dfrac{y}{x} = e^x y^2$ 　　　　　　D. $\dfrac{dy}{dx} = xe^{x+y^2}$

2. 下列微分方程中为一阶线性微分方程的是(　　).

   A. $xy' + y^2 = x$ 　　　　　　　　　　B. $y' + xy = \sin x$

   C. $yy' = x$ 　　　　　　　　　　　　D. $(y')^2 = xy$

3. 微分方程 $xy' + y = 3$ 的通解是(　　).

   A. $y = \dfrac{C}{x} + 3$ 　　B. $y = \dfrac{3}{x} + C$ 　　C. $y = -\dfrac{3 + C}{x}$ 　　D. $y = \dfrac{C}{x} - 3$

4. 方程 $y'' - 2y' + y = 12xe^x$ 满足 $y(0) = y'(0) = 1$ 的特解是(　　).

   A. $y = (1 + 2x^4)e^x$ 　　　　　　　　B. $y = \left(1 + \dfrac{1}{2}x^4\right)e^x$

   C. $y = (1 + 2x^3)e^x$ 　　　　　　　　D. $y = \left(1 + \dfrac{1}{2}x^3\right)e^x$

5. 下列差分方程中与方程 $y_{t+1} - 3y_t = 0$ 同解的是(　　).

   A. $y_{t+1} - 3y_t = 1$ 　　　　　　　　B. $y_{t+8} - 3y_{t+6} = 0$

   C. $y_{t+10} - 3y_{t+9} = 0$ 　　　　　　D. $y_{t+1} - y_t = 0$

高等数学下学期期末检测

检测卷一（理工类）

满分:100 分 时间:100 分钟 难度:适中

一、填空题(每空 3 分,共 15 分)

1. 函数 $f(x,y) = \dfrac{1}{\sqrt{3-xy}} + \ln(y-x)$ 的连续区域是_____.

2. $\lim\limits_{(x,y)\to(0,0)} \dfrac{2 - \sqrt{xy+4}}{xy} = $_____.

3. 函数 $z = \sin xy$ 的微分 $\mathrm{d}z = $_____.

4. 曲面 $x^2 + y^2 + z^2 = 14$ 在点 $(1,2,3)$ 处的切平面方程为_____.

5. 若 $f(x,y) = x^2 y^3$,则 $f(x,y)$ 的混合二阶导数函数 $f''_{xy}(x,y) = $_____.

二、单项选择题(每题 3 分,共 15 分)

1. 下列是二阶线性微分方程的是(   ).

A. $x(y')^2 - 2y' + x = 0$ B. $x^2 y'' - xy' + y = 0$

C. $y''y - xy' = 0$ D. $y'y + 2y' = x$

2. 函数 $f(x,y)$ 在点 (x_0,y_0) 处的某邻域内有定义,已知 $f'_x(x_0,y_0) = 0$ 且 $f'_y(x_0,y_0) = 0$,则在点 (x_0,y_0) 处,$f(x,y)$(   ).

A. 必有极大值   B. 必有极小值

C. 无极值   D. 是否极值不确定

3. 已知函数 $u = xyz$,则在点 $(1,1,2)$ 处,沿方向角 $\alpha = \dfrac{\pi}{3}, \beta = \dfrac{\pi}{4}, \gamma = \dfrac{\pi}{3}$ 的方向导数为(   ).

A. $\dfrac{1}{2} + \sqrt{2}$ B. $1 + \sqrt{2}$ C. $\dfrac{3}{2} + \sqrt{2}$ D. $2 + \sqrt{2}$

4. 交换积分次序,则累次积分 $\int_0^2 \mathrm{d}x \int_0^{x^2} f(x,y)\,\mathrm{d}y = ($).

A. $\int_0^4 dy \int_{\sqrt{y}}^2 f(x,y)\,dx$ 　　　　　B. $\int_0^4 dy \int_0^{\sqrt{y}} f(x,y)\,dx$

C. $\int_0^4 dy \int_{x^2}^2 f(x,y)\,dx$ 　　　　　D. $\int_0^4 dy \int_2^{\sqrt{y}} f(x,y)\,dx$

5. 设 $f(x,y)$ 为连续函数,则 $\int_0^{\frac{\pi}{4}} d\theta \int_0^1 f(r\cos\theta, r\sin\theta)r\,dr = ($ 　　 $)$.

A. $\int_0^{\frac{\sqrt{2}}{2}} dx \int_x^{\sqrt{1-x^2}} f(x,y)\,dy$ 　　　B. $\int_0^{\frac{\sqrt{2}}{2}} dx \int_0^{\sqrt{1-x^2}} f(x,y)\,dy$

C. $\int_0^{\frac{\sqrt{2}}{2}} dy \int_y^{\sqrt{1-y^2}} f(x,y)\,dx$ 　　　D. $\int_0^{\frac{\sqrt{2}}{2}} dy \int_0^{\sqrt{1-y^2}} f(x,y)\,dx$

三、计算题(第1—6题每题6分,第7—9题每题9分,共63分)

1. 讨论反常积分 $\int_0^2 \dfrac{dx}{(1-x)^2}$ 的敛散性.

2. 求极坐标 $\rho = 2a\cos\theta$ 围成的图形面积.

3. 求由函数 $y = x^2, x = y^2$ 围成的图形绕 y 周旋转而成的体积.

4. 已知有微分方程 $xdy + 2ydx = 0$ 及初值条件 $y|_{x=2} = 1$,求函数 y.

5. 求微分方程 $y'' + 2y' - 3y = 0$ 的通解.

6. 已知方程 $\cos(x + 3y - 3z) = x + 2y - 4z$ 确定函数 $z = f(x,y)$,求 $\dfrac{\partial z}{\partial x}, \dfrac{\partial z}{\partial y}$.

7. 计算 $\iint_D (xy^2)\,d\sigma$,其中 D 是由直线 $y = 2, y = x$ 及 $y = 2x$ 所围成的闭区域.

8. 求幂级数 $\sum_{n=1}^{\infty} \dfrac{(x-5)^n}{\sqrt{n}}$ 的收敛域.

9. 求椭圆 $\dfrac{x^2}{9} + \dfrac{y^2}{4} = 1$ 内接矩形的最大面积(提示:可设内接矩形面积 $S = 4xy$).

四、证明题(每题7分,共7分)

已知 $a = (a_x \quad a_y \quad a_z), b = (b_x \quad b_y \quad b_z), c = (c_x \quad c_y \quad c_z)$,证明:$(a \times b) \cdot c = (c \times a) \cdot b$.

检测卷二(经济管理类)

满分:100分　　　　时间:100分钟　　　　难度:适中

一、填空题(每空2分,共20分)

1. 函数 $f(x,y) = \dfrac{1}{x} + \ln(x + \sqrt{y})$ 的定义域是_____.

2. $\lim\limits_{(x,y)\to(1,1)} \dfrac{\sin(xy-1)}{2x} = $ _____.

3. 差分方程 $2y_{t+1} - t^3 y_t = y_{t+2}$ 的阶数为_____.

4. 若 $f(x,y) = xy\sin x + y$,则 $f'_y(0,2) = $ _____.

5. 级数 $\sum_{n=1}^{\infty} \left(\dfrac{2}{n} + \dfrac{3}{2^n}\right)$ 的敛散性是_____.

6. 函数 $z = x^2 + xy^2$ 的微分 $\mathrm{d}z =$ _____.

7. 已知 $\int_a^b 2f(x)\mathrm{d}x = 3, \int_b^a 3g(x)\mathrm{d}x = 4$,则 $\int_a^b [f(x) - g(x)]\mathrm{d}x =$ _____.

8. $\lim\limits_{(x,y)\to(0,2)} \dfrac{\tan(xy)}{xy^2} =$ _____.

9. 已知 $f(t) = \int_1^{t^2} x \sin x\mathrm{d}x$,则 $f'(t) =$ _____.

10. 若 $y'' = 1, y(0) = 0, y'(1) = 1$,则函数 $y =$ _____.

二、单项选择题(每题 2 分,共 16 分)

1. 下列是微分方程 $y'' - 2y' - 3y = 0$ 的解的是( ).

A. $y = e^x$ B. $y = e^{2x}$ C. $y = e^{3x}$ D. $y = e^{4x}$

2. 函数 $f(x,y) = yx^2 - xy + x$ 的驻点个数为( ).

A. 1   B. 2   C. 3   D. 4

3. 若级数 $\sum\limits_{n=1}^{\infty} a_n$ 发散,$\sum\limits_{n=1}^{\infty} b_n$ 收敛,则级数 $\sum\limits_{n=1}^{\infty} (2a_n + b_n)$( ).

A. 收敛   B. 发散

C. 可能收敛也可能发散   D. 无界

4. 累次积分 $\int_0^2 \mathrm{d}x \int_0^x f(x,y)\mathrm{d}y = $ ( ).

A. $\int_0^2 \mathrm{d}y \int_2^y f(x,y)\mathrm{d}x$ B. $\int_0^2 \mathrm{d}y \int_y^2 f(x,y)\mathrm{d}x$

C. $\int_0^x \mathrm{d}y \int_0^2 f(x,y)\mathrm{d}x$ D. $\int_0^x \mathrm{d}y \int_0^y f(x,y)\mathrm{d}x$

5. 下列是差分方程 $y_{t+2} + y_{t+1} - 2y_t = 12$ 的解的是( ).

A. $y_t = t$ B. $y_t = 4t + 2^t$

C. $y_t = 4t + (-2)^t$ D. $y_t = t2^t$

6. 已知函数的全微分 $\mathrm{d}f(x,y) = (x^2 + 2xy - y^2)\mathrm{d}x + (x^2 - 2xy - y^2)\mathrm{d}y$,则 $f(x,y) = $ ( ).

A. $\dfrac{x^3}{2} - x^2 y + xy^2 - \dfrac{y^3}{3} + C$ B. $\dfrac{x^3}{2} - x^2 y - xy^2 - \dfrac{y^3}{3} + C$

C. $\dfrac{x^3}{2} + x^2 y + xy^2 - \dfrac{y^3}{3} + C$ D. $\dfrac{x^3}{3} + x^2 y - xy^2 - \dfrac{y^3}{3} + C$

7. 下列说法正确的是( ).

A. 级数 $\sum\limits_{n=1}^{\infty} ku_n (k \neq 0)$ 与级数 $\sum\limits_{n=1}^{\infty} u_n$ 敛散性一致

B. 若 $\sum\limits_{n=1}^{\infty} u_n$ 收敛,则 $\sum\limits_{n=1}^{\infty} |u_n|$ 收敛

C. 若 $\lim\limits_{n\to\infty} u_n = 0$,则 $\sum\limits_{n=1}^{\infty} u_n$ 收敛

D. 若 $\sum\limits_{n=1}^{\infty} u_n$ 发散,则 $\lim\limits_{n\to\infty} u_n \neq 0$

8. 方程 $xyz = \arctan(xz)$,确定的隐函数为 $z = f(x,y)$,则 $\dfrac{\partial z}{\partial y} = $ ( ).

A. $\dfrac{z(1 + x^2 z^2)}{y(1 + x^2 z^2) - 1}$ 　　　　　　　B. $\dfrac{-z(1 + x^2 z^2)}{y(1 + x^2 z^2) - 1}$

C. $\dfrac{y(1 + x^2 z^2) - 1}{z(1 + x^2 z^2)}$ 　　　　　　　D. $-\dfrac{y(1 + x^2 z^2) - 1}{z(1 + x^2 z^2)}$

三、计算题(每题 7 分,共 56 分)

1. 已知 $z = u^2 \sin v, u = xy, v = x^2 + y^2$,求 $\dfrac{\partial z}{\partial y}, \dfrac{\partial z}{\partial x}$.

2. 计算定积分 $\displaystyle\int_0^{e^2} \left[\dfrac{(\ln x)^2}{x} + 2x^2 \right] \mathrm{d}x$.

3. 求极限 $\displaystyle\lim_{x \to 0} \dfrac{1}{x^2} \left[\int_0^x \sin t^2 \mathrm{d}t + 2x^2 \right]$.

4. 已知有微分方程 $y' = \dfrac{2y}{x}$ 及初值条件 $y|_{x=1} = 2$,求函数 y.

5. 计算 $\displaystyle\iint_D (2x + y^2) \mathrm{d}\sigma$,其中 D 是由直线 $y = 0, x = 0$ 及 $y = 2 - x$ 所围成的闭区域.

6. 求级数 $\displaystyle\sum_{n=1}^{\infty} n^2 (x-1)^n$ 的收敛域.

7. 试用比值判别法说明级数 $\displaystyle\sum_{n=1}^{\infty} \dfrac{2^n}{n!}$ 的敛散性.

8. 过点 $(1,0)$ 作曲线 $y = x^2$ 的切线,求切线与曲线 $y = x^2$ 所围平面图形的面积.

四、证明题(共 8 分)

证明:$\Delta(au_t + bv_t) = a\Delta u_t + b\Delta v_t$.

部分习题
参考答案

附录　初等数学常用公式

一、初等代数

(1) $a^n - b^n = (a - b)(a^{n-1} + a^{n-2}b + \cdots + ab^{n-2} + b^{n-1})$

(2) 平均值不等式　$\sqrt{ab} \leqslant \dfrac{a+b}{2} \leqslant \sqrt{\dfrac{a^2+b^2}{2}}(a,b \in R^+)$

$\sqrt[n]{a_1 a_2 \cdots a_n} \leqslant \dfrac{1}{n}(a_1 + a_2 + \cdots + a_n)(a_i > 0; i = 1,2,\cdots,n)$

(3) 二次方程 $ax^2 + bx + c = 0$:

判别式 $\Delta = b^2 - 4ac \begin{cases} > 0, 两互异实根 \\ = 0, 两相等实根 \\ < 0, 两共轭复根 \end{cases}$

求根公式 $x_{1,2} = \dfrac{1}{2a}(-b \pm \sqrt{\Delta})$

韦达定理: $x_1 + x_2 = -\dfrac{b}{a}, x_1 x_2 = \dfrac{c}{a}$

(4) 数列和:

$1 + 2 + \cdots + n = \dfrac{1}{2}n(n+1)$

$1^2 + 2^2 + \cdots + n^2 = \dfrac{1}{6}n(n+1)(2n+1)$

等差数列 $a, a+d, \cdots, a+(n-1)d, \cdots$

前 n 项和 $S_n = \dfrac{1}{2}n[2a + (n-1)d]$

等比数列 $a, aq, \cdots, aq^{n-1}, \cdots$

前 n 项和 $S_n = \dfrac{a(1-q^n)}{1-q}, q \neq 1$

(5) 指数运算:

$a^n \cdot a^m = a^{n+m}, \dfrac{a^n}{a^m} = a^{n-m}$

$(a^n)^m = a^{nm}, (ab)^n = a^n \cdot b^n$

$a^{\frac{m}{n}} = \sqrt[n]{a^m} = (\sqrt[n]{a})^m, \quad a^{-\frac{m}{n}} = \dfrac{1}{\sqrt[n]{a^m}}$

（6）对数运算$(0 < a \neq 1, 0 < b \neq 1, M > 0, N > 0)$：

$a^x = M \Leftrightarrow x = \log_a M$

$\log_a(MN) = \log_a M + \log_a N$

$\log_a\left(\dfrac{M}{N}\right) = \log_a M - \log_a N$

$\log_a M^\alpha = \alpha \log_a M (\alpha \text{ 为任意实数})$

$\log_{a^m} b^n = \dfrac{n}{m} \log_a b (m, n \text{ 为任意实数})$

$\log_a M = \dfrac{\log_b M}{\log_b a} (\text{换底公式})$

$a^{\log_a N} = N (\text{对数恒等式})$

二、初等几何

圆面积：$S = \pi R^2$，圆周长 $l = 2\pi R (R \text{ 为圆半径})$

弧长：$l = \dfrac{n\pi R}{180} = \alpha R$，扇形面积：$S = \dfrac{n\pi R^2}{360} = \dfrac{1}{2} lR = \dfrac{1}{2}\alpha R^2$

（n 为圆心角角度制度数，α 为圆心角弧度数，R 为半径，l 为扇形弧长）

球的体积 $V = \dfrac{4}{3}\pi R^3 (R \text{ 为球半径})$

三、三角函数

$\sin(-\alpha) = -\sin\alpha, \cos(-\alpha) = \cos a, \tan(-\alpha) = -\tan\alpha$

$\sin^2\alpha + \cos^2\alpha = 1, \sec^2\alpha = 1 + \tan^2\alpha, \csc^2\alpha = 1 + \cot^2\alpha$

倍角公式 $\begin{cases} \sin 2\alpha = 2\sin\alpha\cos\alpha \\ \cos 2\alpha = \cos^2\alpha - \sin^2\alpha = 2\cos^2\alpha - 1 = 1 - 2\sin^2\alpha \\ \tan 2\alpha = \dfrac{2\tan\alpha}{1 - \tan^2\alpha} \end{cases}$

半角公式 $\begin{cases} \sin^2\dfrac{\alpha}{2} = \dfrac{1}{2}(1 - \cos\alpha), \cos^2\dfrac{\alpha}{2} = \dfrac{1}{2}(1 + \cos\alpha) \\ \tan\dfrac{\alpha}{2} = \dfrac{\sin\alpha}{1 + \cos\alpha} = \dfrac{1 - \cos\alpha}{\sin\alpha} \end{cases}$

和角公式 $\begin{cases} \sin(\alpha \pm \beta) = \sin\alpha\cos\beta \pm \cos\alpha\sin\beta \\ \cos(\alpha \pm \beta) = \cos\alpha\cos\beta \mp \sin\alpha\sin\beta \\ \tan(\alpha \pm \beta) = \dfrac{\tan\alpha \pm \tan\beta}{1 \mp \tan\alpha\tan\beta} \end{cases}$

辅助角公式 $a\sin\alpha + b\cos\alpha = \sqrt{a^2 + b^2}\sin(\alpha + \varphi)$

$\left[\text{其中 } \tan\varphi = \dfrac{b}{a}, \varphi \text{ 所在象限与点 } P(a, b) \text{ 一致}\right]$

$$
和差化积公式
\begin{cases}
\sin \alpha + \sin \beta = 2 \sin \dfrac{\alpha + \beta}{2} \cos \dfrac{\alpha - \beta}{2} \\[2mm]
\sin \alpha - \sin \beta = 2 \cos \dfrac{\alpha + \beta}{2} \sin \dfrac{\alpha - \beta}{2} \\[2mm]
\cos \alpha + \cos \beta = 2 \cos \dfrac{\alpha + \beta}{2} \cos \dfrac{\alpha - \beta}{2} \\[2mm]
\cos \alpha - \cos \beta = -2 \sin \dfrac{\alpha + \beta}{2} \sin \dfrac{\alpha - \beta}{2}
\end{cases}
$$

$$
积化和差公式
\begin{cases}
\sin \alpha \sin \beta = -\dfrac{1}{2} \left[\cos(\alpha + \beta) - \cos(\alpha - \beta) \right] \\[2mm]
\cos \alpha \sin \beta = \dfrac{1}{2} \left[\sin(\alpha + \beta) - \sin(\alpha - \beta) \right] \\[2mm]
\cos \alpha \cos \beta = \dfrac{1}{2} \left[\cos(\alpha + \beta) + \cos(\alpha - \beta) \right]
\end{cases}
$$

四、排列组合

$$A_n^m = n \cdot (n-1) \cdot \cdots \cdot (n-m+1) = \frac{n!}{(n+m)!}$$

$$A_n^m = n \cdot (n-1) \cdot \cdots \cdot 2 \cdot 1 = n!$$

$$C_n^m = \frac{n \cdot (n-1) \cdot \cdots \cdot (n-m+1)}{m \cdot (m-1) \cdot \cdots \cdot 2 \cdot 1} = \frac{n!}{m!(n-m)!}$$

$$A_n^m = C_n^m \cdot A_m^m$$

$$C_n^m + C_n^{m+1} = C_{n+1}^{m+1} \ (n, m \in N^*)$$

二项式定理：$(a+b)^n = \sum\limits_{k=1}^{n} C_n^k a^{n-k} b^k$　　其中通项：$T_{k+1} = C_n^k a^{n-k} b^k$

五、平面解析几何

（1）直线方程形式

点斜式：$y - y_0 = k(x - x_0)$（过点(x_0, y_0)，斜率为k）

斜截式：$y = kx + b$（斜率为k，截距为b）

截距式：$\dfrac{x}{a} + \dfrac{y}{b} = 1$（$a, b$分别为$x$轴，$y$轴上的截距）

一般式：$Ax + By + C = 0$

（2）二次曲线方程

圆：$x^2 + y^2 = r^2$，圆半径为r，圆心为O

椭圆：$\dfrac{x^2}{a^2} + \dfrac{y^2}{b^2} = 1 \ (a > b > 0)$，长半轴为$a$，短半轴为$b$，焦点为$(\pm\sqrt{a^2 - b^2}, 0)$

抛物线：$y^2 = 2px$，焦点为$\left(\dfrac{1}{2}p, 0\right)$

$\qquad\qquad x^2 = 2px$，焦点为$\left(0, \dfrac{1}{2}p\right)$

双曲线：$\dfrac{x^2}{a^2} - \dfrac{y^2}{b^2} = 1$，实半轴为$a$，虚半轴为$b$，焦点为$(\pm\sqrt{a^2 + b^2}, 0)$

渐近线：$bx \pm ay = 0$

反比曲线:$xy = 1$

（3）直角坐标系与极坐标系

平面直角坐标系是指给定平面上一点 O,过该点引出两条互相垂直的射线 Ox,Oy,并取定相同的长度单位,如附图 1 所示.

点 O 称为坐标原点,两射线分别称为 Ox 轴(或横轴)、Oy 轴(或纵轴),给定平面上一点 M,过点 M 分别作垂直于 Ox 轴、Oy 轴的直线,垂足分别记作 x,y,则点 M 与数组 (x,y) 一一对应.

附图 1

极坐标系是指给定平面上一点 O,从点 O 引出一条射线 Ox,并在射线上确定长度单位,给定平面上一点 M,记 OM 的长度为 r.

通常,称点 O 为极点,射线 Ox 为极轴,OM 为极径,并称以极轴 Ox 为始边、极径 OM 为终边的夹角为极角(即极角按逆时针方向计算),记作 θ,通常限定

$$0 \leqslant r < +\infty,\ 0 \leqslant \theta \leqslant 2\pi$$

则平面上的点 M 与数组 (r,θ) 一一对应.

通常,将直角坐标系的原点与极坐标系的极点重合,将横轴 Ox 与极轴 Ox 重合,如附图 2 所示,这时,若点 M 在直角坐标系中坐标为 (x,y),在极坐标系中坐标为 (r,θ),则有

附图 2

$$\begin{cases} x = r\cos\theta \\ y = r\sin\theta \end{cases}$$

参考文献

[1] 费定晖,周学圣.吉米多维奇数学分析习题集题解[M].3 版.济南:山东科学技术出版社,2005.

[2] 龚德恩,张学贞.经济数学基础:第一分册·微积分[M].5 版.成都:四川人民出版社,2016.

[3] 李心灿.高等数学应用205 例[M].北京:高等教育出版社,1997.

[4] 同济大学数学系.高等数学[M].7 版.北京:高等教育出版社,2014.

[5] 王高雄,周之铭,朱思铭,等.常微分方程[M].4 版.北京:高等教育出版社,2010.

[6] 吴赣昌.高等数学:农林类[M].2 版.北京:中国人民大学出版社,2012.

[7] 吴赣昌.微积分:经管类·简明版[M].4 版.北京:中国人民大学出版社,2011.

[8] 吴纪桃,漆毅.高等数学(工专)[M].北京:北京大学出版社,2007.

[9] 张学奇,贺家宁,王芬.微积分[M].3 版.北京:中国人民大学出版社,2020.

[10] 赵树嫄.微积分[M].5 版.北京:中国人民大学出版社,2021.